D1702271

saur

PUBLISHER'S PRACTICAL DICTIONARY IN 20 LANGUAGES

DICTIONNAIRE PRATIQUE DE L'EDITION EN 20 LANGUES

WÖRTERBUCH DES VERLAGSWESENS IN 20 SPRACHEN

Edited by/Edité par/Herausgegeben von

IMRE MÓRA

K·G·Saur München · New York · London · Paris 1984

3rd revised edition/3e édition révisée/3. überarbeitete Auflage

CIP-Kurztitelaufnahme der Deutschen Bibliothek

Móra, Imre:
Publisher's practical dictionary in 20 languages
= Dictionnaire pratique de l'édition en 20
langues / ed. by Imre Móra. — 3., rev. ed. —
München ; New York ; London ; Paris : Saur,
1984
ISBN 3-598-10449-9
NE: HST

Co-edition of K. G. Saur Verlag KG, München and Akadémiai Kiadó, Budapest

Printed and bound in Hungary

ISBN 3—598—10449—9

EDITOR'S NOTE

Defying political tensions, contacts among the nations of the world in the field of culture are becoming more and more intensive. Through the communication media (press, books, radio, television, film) the products of the intellect find their way to more people even in the more distant territories. Statistical surveys show that about 40,000 book-translations are made every year. However, only a minor part of these appear in the so-called "world languages" while a great number are printed in the languages of the so-called small nations.

Another permanent trend throughout the world is the increasing cooperation among publishers, ascribed to the intensification of international cultural exchange and the process of economic integration. Even in the field of music, international cooperation between publishers covering several countries is becoming a rule, since virtually no single firm is capable adequately to provide the entire world market.

In view of these developments, AKADÉMIAI KIADÓ—the Publishing House of the Hungarian Academy of Sciences—in joint edition with K. G. SAUR VERLAG, has decided to publish "THE PUBLISHER'S PRACTICAL DICTIONARY IN TWENTY LANGUAGES" with the object of promoting the efficiency of business contacts between the publishers of the countries (practically all the states of Europe, North and South America) united in the Berne Convention and the Universal Copyright Convention.

The First Edition (1974) appeared with German headwords; this was followed by an unchanged Second Edition (1977). In view of the success of the work it has been decided to publish the present first "English" edition intended for the English-speaking world. While retaining the basic structure, the book has been completely revised: new words and terms were added, and the stock of words has been updated and enriched by new synonyms which seem to abound in the English usage.

The dictionary includes 20 languages, each represented by 950 to 1,100 terms. Since this is a technical dictionary limited in its scope by its very nature, the most urgent and most difficult task was to compile a reasonable selection of the most important terms and expressions. A certain vocabulary of, and familiarity with the other language by the user is presupposed. The selection of the technical terms called for utmost care, especially since the number of technical terms in each of the individual fields, e.g. bookprinting, runs into thousands, not to mention the commercial language with its constantly changing terminology. The book and music publishing trade is also known as a particularly complex technical field.

Thus, it was decided to trace and cover the customary route of works through the phases of international publishing trade, from manuscript to bookseller (alas, even to the papermill...). Accordingly, the compilation contains a carefully balanced selection of the terms from all the successive stages such as: the most important literary and musical genres; typical aspects of the publishing organization; publishing contracts (including the relevant legal and economic terminology); editing and redaction of the work; printing and production; main paper types; distribution, sales and agency; expedition; taxes and duties; joint editions; subpublishing; basic terms of copyright; publicity, etc.

The most important technical expressions of the music publishing trade—such as the usual forms of publication and the relevant copyright problems—have been given due consideration.

Similarly, the most important terms of broadcasting, television, records and film production have been included when related in any way with the conclusion of contracts.

A few words on what this work does *not* pretend to be. It is not—indeed it cannot be by reason of the sheer size—a complete dictionary of the technical terms of the printing industry. Therefore, those who will look for the terms of the most advanced technology of polygraphy may be disappointed: they are advised to consult another dictionary. Nevertheless, we have tried to include words that are *relevant*—i.e. actually used—in the publisher/publisher or author/publisher connection.

The use of the two main parts of the dictionary is self-explanatory. The equivalent words for a given English word in any of the languages are to be found in the same line. (Synonyms are separated by semicolons). When starting from one of the other 19 languages, in order to find the term in any other language, the user must look up the original word in the appropriate index, note the number, and turning to that page he will find the equivalent English word under the said number, together with all the other terms in foreign languages in the same line. (When translating from a language other than English into any other language, the English words found in the Index serve as an intermediary, mainly to facilitate finding the matching term in the target language.)

In case a key word is divided into 1 and 2, meanings in the other languages can be found *in the same line,* unless one term stands for both.

In addition to those institutions and persons who helped to revise the basic German edition, the following persons have rendered valuable assistance in compiling and revising the present, English one: Mme Marie Kulijevyčová (Czech and Slovak), Mr. Ernst van Altena (Dutch), collaborators of the firm Ricordi e Cia, Milano (Italian), Mr. Gorm Baekkelund (Norwegian), Mrs. Edith Brandau (Portuguese).

To all these I have pleasure in tendering my very sincere thanks.

Dr. I. Móra

PRÉSENTATION DU DICTIONNAIRE

En défiant la tension politique, dans le domaine de la culture les relations entre les nations du monde deviennent de plus en plus serrées. Par l'entremise des moyens de communications (tels la presse, les livres, la radio, la télévision, le film) les productions de l'esprit trouvent leur chemin au public même dans les territoires les plus éloignés. Des enquêtes statistiques nous révèlent que, chaque année, environ 40 000 livres sont traduits dans le monde, bien que seulement une faible part de ces traductions soit publiée dans les langues dites de rayonnement universel, alors que le nombre des traductions faites dans les langues des petits peuples est considérable.

Une autre tendance qui ne cesse de persister partout dans le monde est la coopération entre les éditeurs, dont l'intensité va en croissant due à l'intensification des échanges internationaux dans le domaine culturel et au progrès de l'intégration économique. Même dans le domaine de la musique la coopération entre les éditeurs est de règle, car aucune firme n'est capable de satisfaire entièrement aux demandes du marché mondial.

En tenant compte de ce développement, Akadémiai Kiadó — la maison d'édition de l'Académie des Sciences de Hongrie — a décidé de publier en édition commune avec les Éditions K. G. SAUR le « Publisher's Practical Dictionary in Twenty Languages » en vue de promouvoir les relations commerciales entre les éditeurs des différents pays (en fait de tous les États de l'Europe, de l'Amérique du Nord et du Sud) unis par la Convention de Berne et la Convention universelle des droits d'auteur.

La première édition de ce dictionnaire a été publiée, l'allemand étant la langue de source, avec des entrées allemandes (1974) suivie d'une édition inaltérée (1977). La publication de ce dictionnaire ayant trouvé un accueil très favorable, il a été décidé de publier la présente « édition anglaise » destinée aux pays d'expression anglaise. Tout en conservant la structure originale, le dictionnaire a été complètement revu: des mots et termes nouveaux y ont été ajoutés et le lexique modernisé et enrichi de nouveaux synonymes qui abondent dans le bon usage anglais.

Le dictionnaire est rédigé en 20 langues, chacune comprend 950 à 1100 termes. Étant donné que le présent dictionnaire est un dictionnaire technique, limité par sa nature, la tâche la plus urgente et la plus difficile était de faire une sélection raisonnable parmi les termes et expressions les plus importantes. Il est supposé, cependant, que ceux qui consultent le dictionnaire ont une certaine connaissance (et un vocabulaire limité) de l'autre langue. La sélection des termes techniques imposait une grande prudence, car le nombre des termes techniques de chacun des domaines p. ex. impression des livres s'élève à plusieurs mille pour ne pas mentionner les termes usuels du commerce avec sa terminologie en mutation constante. La nature technique complexe et diversifiée des activités commerciales dans le domaine de l'édition du livre et de la musique est aussi bien connue.

C'est pour cette raison qu'il a été décidé de suivre le chemin usuel par lequel passent les ouvrages dans les diverses étapes de la publication internationale depuis le manuscrit jusqu'aux librairies (et même, hélas, jusqu'au pilon...), conséquemment le lexique élaboré comprend une sélection soigneusement préparée des termes de toutes les étapes successives telles: les plus importants genres littéraires et musicaux, aspects typiques de l'organisation d'édition (comprenant les terminologies légale et économique valables et y relatives), rédaction et mise sous de l'ouvrage, impression et production, sortes de papier les plus importantes, distribution, vente, agence, expédition, taxes et impôts, éditions communes, sous-édition, termes de base des droits d'auteur, publicité, etc.

Une attention toute particulière a été donnée aux expressions techniques les plus importantes des activités d'édition dans le domaine de la musique — telles les formes usuelles de la publication et les problèmes y relatifs des droits d'auteur.

Les plus importants termes techniques de la radiodiffusion, de la télévision, des enregistrements et de la production cinématographique ont été pareillement admis, s'ils concernaient d'une façon ou d'une autre la conclusion des contrats.

Une courte notice encore sur ce que ce dictionnaire n'a pas ambitionné d'offrir à tous ceux qui le consultent. Il n'est pas — et, au fait, par des considérations de son volume, il ne peut l'être — un dictionnaire exhaustif, un inventaire des termes techniques de l'imprimerie. Conséquemment, tous ceux qui le consulteront pour y chercher les termes techniques de la technologie la plus avancée de la polygraphie, seront peut-être déçus; il leur serait plus judicieux de consulter un autre dictionnaire. Tout de même, nous nous sommes efforcés d'y admettre des mots qui sont actuellement en usage dans les rapports entre éditeur-éditeur ou auteur-éditeur.

L'utilisation des deux parts principales du dictionnaire ne devrait pas présenter des difficultés. Dans Part 1e — appelée le « Registre en 20 langues » — les mots équivalents d'un mot anglais donné dans n'importe quelle des autres langues se trouvent dans la même ligne (les synonymes sont séparés par un point-virgule). Si le point de départ n'est pas l'anglais, mais l'une des 19 langues admises, on utilisera d'abord Part 2e — dite l'« INDEX » — où le mot original doit être cherché dans l'index approprié. Il faut ensuite noter le numéro et le chercher dans le Registre. Le mot anglais équivalent sera sous le numéro indiqué, suivi par les termes de toutes les autres langues dans la même ligne. (Si la traduction est faite d'une autre langue, le mot anglais trouvé dans l'Index sert d'intermédiaire, en premier lieu pour rendre plus facile le mot propre de la langue cible.)

Au cas où l'entrée est divisée par les numéros 1 et 2, les significations des autres langues sont à trouver *dans la même ligne,* à moins que le terme s'applique à toutes les deux significations.

En complétant la liste des institutions et des personnes qui m'ont aidé à reviser l'édition de base allemande, les suivants m'ont accordé leur assistance très précieuse dans la rédaction et révision de la présente édition anglaise: Mme Marie Kulijevyčová (tchèque et slovaque), M. Ernst van Altena (hollandais), les collaborateurs de la firme Ricordi et Co, Milan (italien), M. Gorm Baekkelund (norvégien), Mme Edith Brandau (portugais). Je les prie de trouver ici l'expression de mes remerciements sincères pour leur obligeante collaboration.

Dr. I. Móra

VORWORT

In diesen Zeiten internationaler Spannungen würde man eine Verminderung der Kontakte zwischen den Nationen erwarten. Jedoch in der Wirklichkeit sieht es anders aus. Die Produkte des Geistes finden über die Kommunikationsmittel Presse, Buch, Rundfunk und Fernsehen bzw. Film den Weg zu immer mehr Menschen und in immer entfernter voneinander liegende Länder der Erde. Statistische Angaben bezeugen, daß jährlich mit etwa 40 000 Buch-Übersetzungen gerechnet werden muß. Jedoch nur ein kleinerer Teil davon erscheint in den „Weltsprachen", wogegen der erhebliche Anteil der in die Sprachen der sogenannten kleinen Nationen übersetzten Texte ins Auge fällt.

Ein anderer Trend, der sich in unseren Tagen weltweit bemerkbar macht, nämlich die Zunahme der Gemeinschaftsausgaben, steht ebenfalls mit den immer enger werdenden internationalen Beziehungen und dem wirtschaftlichen Integrationsprozeß im Zusammenhang. Auch im Bereiche der Musik ist die sich auf mehrere Länder erstreckende Kooperation der Verlage eine immer häufigere Erscheinung, sozusagen die Regel, da praktisch keine einzelne Firma imstande ist, die ganze Welt entsprechend zu betreuen.

Angesichts dieser Entwicklung hat der Verlag der Ungarischen Akademie der Wissenschaften AKADÉMIAI KIADÓ — in Gemeinschaftsausgabe mit dem K. G. SAUR VERLAG — den Entschluß gefaßt, ein „Zwanzigsprachiges Wörterbuch des Verlagswesens" herauszugeben, damit die Verleger der in der Berner Union und im Welturheberrechts-Abkommen vereinigten Staaten — sozusagen sämtlicher Staaten von Europa, Nord- und Südamerika — ihre gegenseitigen Beziehungen noch einfacher pflegen bzw. weiter ausbauen können.

Die erste Ausgabe (1974) erschien mit deutschen Stichwörtern; ihr folgte eine unveränderte zweite Ausgabe (1977). Mit Rücksicht auf den Erfolg des Werkes wurde beschlossen, die gegenwärtige erste „englische" Ausgabe zu veröffentlichen, die überwiegend für die englischsprachige Welt bestimmt ist. Während die Grundstruktur erhalten blieb, wurde der Inhalt einer gründlichen Revision unterzogen. Neue Wörter und Ausdrücke wurden ergänzt und der Wortschatz durch weitere Synonyme bereichert, deren hohe Anzahl für die englische Fachsprache charakteristisch ist.

Das Wörterbuch erfaßt 20 Sprachen mit je 950 bis 1 100 Wörtern. Da es sich hier um ein — wie immer, zwangsläufig beschränktes — Fachwörterbuch handelt, ergab sich als dringlichste und zugleich schwierigste Aufgabe, eine angemessene Auswahl der allerwichtigsten Begriffe bzw. Ausdrücke zu treffen. Bei der Zusammenstellung des Wortgutes wurde freilich vorausgesetzt, daß der Benutzer beim Übersetzen bereits über einen bestimmten Wortschatz verfügt bzw. die andere Sprache schon einigermaßen beherrscht. Selbst bei der Auswahl der eigentlichen Fachausdrücke war größte Sorgfalt geboten, zumal in einem Sachgebiet wie z. B. dem Buchdruck die Zahl der Fachwörter in die Tausende geht; von der Handelssprache mit ihrer vielseitigen und einem steten Wandel unterliegenden Terminologie gar nicht zu reden. Dabei ist — wie ja allgemein bekannt — das Verlegen von Büchern und Musikwerken ein ganz besonders komplexes Fachgebiet.

Wir entschieden uns daher für die Lösung, den üblichen Weg eines Werkes im internationalen Verlagswesen zu verfolgen, der etwa vom Manuskript bis zur Buchhandlung (mitunter noch bis zur

Papiermühle...) führt. Dementsprechend enthält die Zusammenstellung in wohlerwogener Auswahl die allernotwendigsten Begriffe aller praktisch in Frage kommender Phasen bzw. Sparten wie: die wichtigsten literarischen und musikalischen Gattungen — Typisches der Verlagsorganisation — der Verlagsvertrag (einschließlich der betreffenden juristischen und wirtschaftlichen Terminologie) — Bearbeitung u. Betreuung des Werkes — Drucklegung bzw. Herstellung — die hauptsächlichen Papiersorten — Vertrieb — Vertretung und Agenturwesen — Expedition — öffentliche Abgaben — Gemeinschaftsausgaben, Subverlag — Grundbegriffe des Urheberrechts — Werbung usw.

Die wichtigsten Fachausdrücke des Musikverlags — so die bedeutendsten Formen der Veröffentlichung sowie deren spezifische urheberrechtliche Belange — wurden nach Gebühr berücksichtigt.

Gleicherweise fanden in diesem Zusammenhang auch die wichtigsten Fachausdrücke des Rundfunks und Fernsehens, der Schallplatten- und Filmproduktion die ihnen hier angemessene Beachtung, soweit solche Spezialausdrücke bei den betreffenden Vertragsabschlüssen eine wesentliche Rolle spielen.

Vielleicht ein paar Worte darüber, was dieses Werk nicht beansprucht. Es ist kein Fachwörterbuch des Druckwesens; ja allein der Umfang des Buches schließt die Möglichkeit aus, alle technischen Ausdrücke der Polygraphie zu erfassen. Dementsprechend sind diejenigen, die sich für die modernsten Begriffe dieser Technologie interessieren, auf ein entsprechendes Wörterbuch angewiesen. Nichtdestoweniger waren wir bestrebt, die zu unserem Zweck wesentlichen Begriffe einzubauen, nämlich die, welche im Umgang zwischen Verleger und Verleger bzw. Autor und Verleger meist benutzt werden.

Der Gebrauch der beiden Hauptteile des Wörterbuches sollte dem Benutzer keine Schwierigkeiten bereiten. Im I. Teil — das zwanzigsprachige „Register" — ist die Ausgangsprache Englisch, wie bereits erwähnt. Wer in irgendeiner Sprache das dem Englischen entsprechende Wort erhalten will, findet es in der gleichen Reihe (die Synonyme sind durch Strichpunkt getrennt). Wer hingegen von einer der 19 anderen Sprachen ausgeht, muß das zu übersetzende Wort im betreffenden „Index" — II. Teil — nachschlagen und auf Grund der Leitzahl zuerst das englische Stichwort aufschlagen; die entsprechenden Begriffe aller anderen Sprachen findet man dann in der gleichen Reihe. (Bei der Übersetzung aus einer nicht-englischen Sprache in eine andere dienen also die englischen Wörter hauptsächlich zur raschen und sicheren Ermittlung des passenden Begriffs in der Zielsprache.)

Im Falle einer Unterteilung des Stichwortes nach 1, 2 sind die in der anderen Sprache sinngemäß entsprechenden Wörter jeweils in derselben Zeile zu suchen (es sei denn, daß in einer bestimmten Sprache die Bezeichnungen für beide Begriffe zusammenfallen; das Wort steht dann in der Höhe der Leitzahl).

Bei der Durchsicht des Wortgutes dieser neuen Ausgabe leisteten folgende Personen bzw. Institutionen (zusätzlich zu denen, die bei der Originalausgabe mitwirkten) wertvolle Hilfe: Frau Marie Kulijevyčová (tschechisch und slowakisch), Herr Ernst van Altena (holländisch), Mitarbeiter der Firma Ricordi e Cia, Mailand (italienisch), Herr Gorm Baekkelund (norwegisch), Frau Edith Brandau (portugiesisch).

Für ihre freundliche Mitwirkung sei hier ebenfalls gedankt.

Dr. I. Móra

CONTENTS/TABLE DES MATIÈRES/INHALTSVERZEICHNIS

Editor's note V
Présentation du dictionnaire VII
Vorwort IX
I. Combined glossary/Registre en 20 langues/Zwanzigsprachiges Register 1
II. Indexes/Index/Index 199
French — Français 201
German — Deutsch 211
Russian — Русский 221
Spanish — Español 235
Bulgarian — Български 247
Croatian — Hrvatski 261
Czech — Česky 275
Danish — Dansk 287
Dutch — Nederlands 297
Finnish — Suomi 309
Hungarian — Magyar 321
Italian — Italiano 333
Norwegian — Norsk 343
Polish — Polski 353
Portuguese — Português 363
Romanian — Român 373
Serbian — Српски 383
Slovak — Slovensky 397
Swedish — Svensk 409

I

Combined glossary

Registre en 20 langues

Zwanzigsprachiges Register

	ENGLISH	FRENCH Français	GERMAN Deutsch	RUSSIAN Русский	Spanish Español
1	**abbreviation** → abridgement	abréviation	Abkürzung; Kürzung	сокращение; аббревиатура	abreviatura
2	**about to be published** *s.* to appear shortly				
3	**abridged edition** *syn:* condensed edition	édition abrégée	gekürzte Ausgabe	сокращённое издание	edición abreviada
4	**abridgement** → abbreviation	raccourcissement; coupure	Kürzung; Abkürzung	сокращение	abreviación; reducción
5	**abstract** →summary; account; outline	extrait; résumé; sommaire	Auszug; Kurzfassung; Abriß	краткое содержание; краткое изложение содержания	sumario; resumen
6	**account** → report; abstract	rapport; compte rendu	Referat	реферат; доклад	resumen; relato; informe
7	**acknowledgements** *syn:* credits	mention des contributeurs/ayants droit	Dank den Mitwirkenden/Rechtsinhabern	выражение благодарности (сотрудникам)	agradecimiento
8	**to adapt** *syn:* to arrange; to reedit	adapter; arranger	bearbeiten	перерабатывать; обрабатывать; адаптировать	adaptar; rehacer; retocar
9	**adaptation**	adaptation; mise en œuvre	Bearbeitung	переработка; обработка; аранжировка	adaptación; elaboración
10	**addendum (addenda)** → supplement	complément; supplément	Ergänzung; Zusatz	дополнение; прибавление	suplemento
11	**additional copy**	exemplaire de passe; exemplaire hors tirage	Zuschußexemplar	дополнительный (бесплатный) экземпляр	ejemplar excedente (gratuito)
12	**address**	adresse	Anschrift	адрес	dirección; señas
13	**advance copy** → specimen copy	exemplaire précédant la mise en vente	Probeband; Musterband; Signalband; Vorausexemplar	сигнальный экземпляр; пробный экземпляр	ejemplar de preventa
14	**advance royalty**	avance sur les honoraires; à-valoir	Honorarvorschuß; Vorschuß auf das Honorar	аванс в счёт гонорара	adelanto de pago; honorarios anticipados
15	**advance sheet** *syn:* specimen sheet	bonne feuille	Aushang; Aushänger; Aushängebogen	чистый лист; пробный лист	muestra; espécimen; presentación
16	**advertisement** *syn:* announcement	annonce	Anzeige; Annonce	объявление	publicidad
17	**advertising strip** *syn:* book band	bande de publicité/de nouveauté; bande réclame	Reklamestreifen; Buchschleife; Schleife; Streifband; Bauchbinde	рекламный бумажный поясок (на книге)	faja de publicidad/de propaganda; faja anunciadora
18	**afterword** *s.* epilogue				
19	**agency agreement**	contrat de représentation	Vertretervertrag	договор о представительстве	contrato de representación
20	**agreement** *s.* contract				
21	**album**	album	Album	альбом	álbum
22	**"all rights reserved"**	« tous droits réservés »	„alle Rechte vorbehalten"	«все права сохраняются»	«todos los derechos reservados»
23	**almanac** → year-book	almanach	Almanach	альманах	almanaque

BULGARIAN Български	CROATIAN Hrvatski	CZECH Česky	DANISH Dansk	DUTCH Nederlands	
съкращение; абревиатура	kratica; skraćenica	zkratka	abbreviation; abbreviatur; afkortning	afkorting	1
					2
съкратено издание	skraćeno izdanje	zkrácené vydání	forkortet udgave	verkorte uitgave	3
съкращаване; скъсяване	skraćivanje (teksta)	zkrácení	forkortning; forkortelse	bekorting	4
резюме; късо изложение; сгъстяване	izvod; rezime	výtah	indholdsoversigt; referat; résumé	samenvatting; schets	5
реферат; отчет	referat; izvještaj	referát; zpráva	beretning; rapport	referaat; verslag	6
изказване на благодарности (към сътрудниците)	izraz zahvalnosti	poděkování autora	taksigelse for medarbejde	vermelding van de medewerkers	7
адаптирам; нагаждам; преработвам; аранжирам	preraditi; adaptirati	upravit; přepracovat	omarbejde; arrangere	bewerken	8
адаптация; преработка; аранжировка	prerada; adaptacija	zpracování; aranžmá	arrangement	bewerking; arrangement	9
допълнение; добавка	dodatak; dopuna	doplněk	tilføjelse	supplement; addenda	10
(безплатен) допълнителен екземпляр	(besplatni) dopunski primjerak	přídavek	ekstraeksemplar	extra-exemplaar	11
адрес; жилищен адрес	naslov; adresa	adresa	adresse	adres	12
пробен екземпляр	pokusni primjerak izdanja	ukázkový svazek	rentryk	proefexemplaar	13
аванс за сметка на хонорара	predujam/akontacija na honorar	záloha na honorář	honorarforskud	voorschot op honorarium/royalties	14
пробна печатна кола; сигнален лист	ogledni arak/primjerak	signální výtisk	udhæng; udhængsark	proefdruk; afgedrukt vel	15
обява	anonsa; oglas	inzerát	annonce; avertissement	advertentie	16
рекламна ивица (на книга)	reklamna vrpca	reklamní páska	mavebælte; reklamebanderole	reclamestrook	17
					18
договор за представителство	zastupnički ugovor	zastupitelská smlouva	agenturkontrakt	contract inzake agentuur	19
					20
албум	album	album	album	album	21
«всички права запазени»	»sva prava zadržana«	„veškerá práva vyhrazena“	»alle rettigheder forbeholdes«	„alle rechten voorbehouden”	22
алманах	almanah	ročenka	årbog; almanak	jaarboek; almanak	23

	FINNISH Suomi	HUNGARIAN Magyar	ITALIAN Italiano	NORWEGIAN Norsk	POLISH Polski
1	lyhennys	rövidítés	abbreviazione	forkortelse	skrót
2					
3	lyhennetty laitos/painos	rövidített kiadás	edizione accorciata	forkortet utgave	wydanie skrócone
4	lyhennys	rövidítés; húzás	riassunto; riduzione; accorciatura; abbreviazione	forkortning	skrót; skrócenie
5	sisällystiiviste; tiivistelmä	tartalmi kivonat; tömörítvény	selezione; sommario	innholdsoversikt; resymé	streszczenie
6	selostus; referaatti	referátum; beszámoló	rapporto; relazione; rendiconto	beretning; rapport	referat; sprawozdanie
7	kiitollisuudenosoitus	köszönetnyilvánítás *(közreműködőknek)*; autorizációk felsorolása	riferimento di grazie; elenco delle autorizzazioni	i takknemlighet	(po)dziękowanie; wyrażenie wdzięczności
8	sovittaa; mukailla	átdolgozni; adaptálni	rifare; aggiornare; adattare	omarbeide	przerobić; adaptować; aranżować
9	mukailu	átdolgozás; feldolgozás	rifacimento	omarbeidelse	przeróbka; opracowanie
10	liite	kiegészítés; pótlás	supplemento; aggiunto	tillegg	dodatek
11	lisäkappale; ylimääräinen kappale	(ingyenes) pótpéldány	esemplare supplementare (gratuito)	ekstraeksemplar	egzemplarz dodatkowy
12	osoite	cím; lakcím	indirizzo	adresse	adres
13	ennakkokappale; etukäteiskappale	előpéldány; előzetes példány	esemplare stampato prima della regolare pubblicazione	rentrykk	egzemplarz sygnałowy/-próbny/okazowy
14	tekijänpalkkioennakko	jogdíjelőleg	anticipo sui diritti d'autore	honorarforskudd	zaliczka (na honorarium)
15	ennakkoarkki; etukäteisarkki	szemleív	fogli sciolti (di una opera stampati prima della pubblicazione completa)	uthengsark	egzemplarz okazowy; arkusze sygnałowe
16	mainos; ilmoitus	hirdetés	pubblicità; annunzio	annonse	anons; ogłoszenie
17	mainosvyö(te)	reklámszalag *(könyvön)*; slejfni	fascetta editoriale; nastro pubblicitario (sulla copertina)	mavebelte; reklamebanderole	pasek reklamowy
18					
19	edustussopimus	képviseleti szerződés	contratto di agenzia/rappresentanza	agenturkontrakt	umowa przedstawicielska/reprezentacyjna
20					
21	kansio; albumi	album	album; albo	album	album
22	kaikki oikeudet pidätetään	„minden jog fenntartva"	«tutti i diritti riservati»	«alle rettigheter forbeholdes»	„wszelkie prawa zastrzeżone"
23	vuosikirja; almanakka	almanach; évkönyv	almanacco	årbok; årsskrift; årsberetning	almanach; rocznik

PORTUGUESE Português	ROMANIAN Român	SERBIAN Српски	SLOVAK Slovensky	SWEDISH Svensk	
abreviatura	prescurtare; abreviaţie	кратица; скраћеница	skratka	förkortning; abbreviation	1
					2
edição abreviada	ediţie scurtată	скраћено издање	skrátené vydanie	förkortad upplaga	3
abreviação; redução; corte	scurtare; tăiere; reducere	извод; сажетак	skrátenie	utdrag; sammandrag; resumé	4
sumário; resumo; compêndio	rezumat; sumar	извод; резиме	výťah	resumé	5
relatório; exposição	referat; raport	реферат; извештај	referát; správa	referat	6
agradecimento aos colaboradores	recunoştinţa autorului (către colaboratori)	изјава захвалности	poďakovanie autora	tacksägelse	7
adaptar; refundir	a prelucra; a adapta; a aranja	прерадити; адаптирати	upraviť; prepracovať	bearbeta	8
adaptação	prelucrare	прерада; адаптација	prepracovanie	bearbetning	9
complemento; suplemento	supliment	додатак; допуна	doplnok	supplement	10
exemplar excedente (gratuito)	exemplar suplimentar (gratuit)	(бесплатни) допунски примерак/егземплар	prídavok	extraexemplar	11
endereço; direcção	adresă	адреса	adresa	adress	12
exemplar anticipado	exemplar de probă	огледни/пробни примерак издања	ukážkový zväzok	förhandsexemplar; rentryck	13
adiantamento do honorário	avans de onorariu	предујам на хонорар; аконтација на хонорар	preddavok na honorár	förskottshonorar	14
edital; espécime; apresentação	coală definitivă	угледни табак/примерак; огледни табак/арак	signálny výtlačok	uthängs; rentryck(t ark)	15
anúncio	publicitate	оглас; објава	inzerát	annons	16
cinta de publicidade	banderolă de publicitate	рекламна врпца	reklamná páska	(reklam)banderoll	17
					18
contrato de representação	contract de reprezentanţă	заступнички уговор	zastupiteľská zmluva	agenturavtal	19
					20
álbum	album	албум	album	album	21
«reservados todos os direitos»	„toate drepturile rezervate”	»сва права задржана«	„všetky práva vyhradené“	»alla rättigheter förbehållna»; »eftertryck förbjudet»	22
almanaque	almanah	алманах	ročenka	almanack(a)	23

	ENGLISH	FRENCH Français	GERMAN Deutsch	RUSSIAN Русский	Spanish Español
24	**to alter** *s.* to change				
25	**amount of invoice** *s.* invoice amount/total				
26	**amusing fiction** *s.* light reading				
27	**annals** *s.* year-book				
28	**annex** *syn:* supplementation; appendix	annexe; supplément	Beilage; Beiblatt; Beiheft	приложение	anexo; apendice; suplemento
29	**annotated**	annoté	mit Noten/Anmerkungen versehen	снабжённый примечаниями; аннотированный	anotado
30	**annotation** *s.* footnote; outline				
31	**announcement** *s.* advertisement				
32	**annual**[1] *s.* year-book				
33	**annual**[2] *syn:* yearly	annuel; par an	jährlich	ежегодный; ежегодно	anual; anualmente
34	**annual volume/publication** *syn:* "year"	année	Jahrgang	годовой комплект (периодического издания); год издания (журнала)	año
35	**anonymous**	anonyme	anonym	анонимный	anónimo
36	**anthology** *syn:* compilation; → collection	anthologie	Anthologie	антология	antología
37	**to appear** *syn:* to be published; → in the press	paraître	erscheinen	выходить (из печати)	publicarse; aparecer; salir
38	**appearance** *syn:* making public; → publication	parution; publication	Erscheinen; Veröffentlichung; Herausgabe	выход (из печати)	aparición; publicación
39	**to appear shortly** *syn:* to be published shortly; "forthcoming originals"	paraîtra sous peu; paraîtra dans l'avenir prochain; à paraître prochainement	erscheint demnächst; kommende Neuerscheinungen; „in Vorbereitung"...	скоро выйдет; в последний час	aparecerá próximamente
40	**appendix** → supplement; annex	appendice; supplément; annexe	Anhang; Nachtrag	приложение	apéndice; suplemento; anexo
41	**appro.** *s.* on approval				
42	**to arrange** *s.* to adapt				
43	**arrangement** *(music)*	arrangement	Bearbeitung; Arrangement	аранжировка	transcripción
44	**art book**	livre d'art	Kunstbuch	книга по искусству	libro de arte
45	**article**	article	Artikel; Beitrag	статья	artículo
46	**artistic print**	impression d'art	Kunstdruck	художественная печать/репродукция	impresión artística

BULGARIAN Български	CROATIAN Hrvatski	CZECH Česky	DANISH Dansk	DUTCH Nederlands	
					24
					25
					26
					27
прибавка; притурка; приложение	suplement; prilog; dodatak; dopunski svezak	příloha	supplement; tillæg	bijlage; supplement	28
анотиран	anotiran; snabdjeven (za)bilješkama	anotovaný; s poznámkami	kommenteret; med noter	geannoteerd	29
					30
					31
					32
годишен; годишно	godišnji; svakogodišnji	roční; ročně	årlig	jaarlijks	33
годишнина	godište; godina	ročník	årgang	jaargang	34
анонимен; без името на автора	anoniman; neimenovan; nepoznata autorstva	anonymní	anonym	anoniem	35
антология	antologija	antologie	antologi	bloemlezing; antologie	36
излизам (от печат)	izlaziti; pojaviti se	vyjít	udkomme	verschijnen	37
излизане; публикуване	izlaženje; objavljivanje; publikacija	vydání	udgivelse; publikation	het verschijnen; publicatie	38
излиза наскоро (от печат); издава се скоро	uskoro izlazi (iz štampe)	vyjde nejblíže	udkommer i nær fremtid	verschijnt binnenkort	39
притурка; приложение; допълнение; прибавка	dodatak; dopuna	příloha; dodatek	appendix; tillæg	aanhangsel; bijvoegsel; appendix	40
					41
					42
аранжировка	obrada; aranžman	zpracování; aranžmá	arrangement	bewerking	43
книга за изкуство	umjetnička knjiga	umelecká kniha	kunstbog	kunstboek	44
статия	članak; napis	článek	artikel	artikel	45
художествен печат; художествена репродукция; щампа	umjetnički tisak; tiskanje umjetničkih reproduksija	umělecký tisk	kunsttryk	kunstdruk	46

3*

	FINNISH Suomi	HUNGARIAN Magyar	ITALIAN Italiano	NORWEGIAN Norsk	POLISH Polski
24					
25					
26					
27					
28	lisälehti; lisävihko; liite	melléklet; függelék	supplemento	tillegg; supplement; appendiks	dodatek; aneks; suplement
29	selityksillä varustettu	annotált; jegyzetes; jegyzetekkel ellátott	annotato	annotert; kommentert; forsynt med noter	z przypisami; z notatkami
30					
31					
32					
33	vuotuinen; vuotuis-; vuosi-	éves; évi; évente	annuale; annualmente	årlig	roczny, -nie
34	vuosikerta	évfolyam	annata	årgang	rok
35	nimetön; anonyymi; tekijännimetön	névtelen	anonimo	anonym	anonimowy; bezimienny
36	runovalikoima; antologia	antológia	antologia	antologi	antologia
37	ilmestyä	megjelenni	uscire (alla luce/alle stampe); essere pubblicato	utkomme	ukazać się (w druku)
38	ilmestyminen; julkaiseminen	megjelenés; nyilvánosságra hozatal	pubblicazione; divulgazione	utgivelse; publikasjon	ukazanie się; publikowanie
39	ilmestyy kohdakkoin	a közeljövőben megjelenik; előkészületben	uscirà fra breve	utkommer i nær fremtid	ukaże się wkrótce
40	täydennysosa; lisävihko	függelék	appendice; annesso	tillegg; appendiks	aneks; apendyks; dodatek
41					
42					
43	sovitus	arranzsálás	ritoccamento; riduzione musicale	arrangement	adaptacja; aranżowanie; transkrypcja
44	taidekirja	művészeti könyv	libro d'arte	kunstbok	książka sztuki
45	kirjoitus; artikkeli	cikk	articolo	artikkel	artykuł
46	taidepainate	műnyomat	stampa artistica	kunsttrykk	reprodukcja

PORTUGUESE Português	ROMANIAN Român	SERBIAN Српски	SLOVAK Slovensky	SWEDISH Svensk	
					24
					25
					26
					27
anexo; apêndice; suplemento	supliment; anexă; apendice	прилог; додатак; допунска свеска; суплемент	príloha	bilaga; bihang; supplement	28
anotado	adnotat	анотиран; снабдевен белешкама	anotovaný; s poznámkami	annoterad; (försedd) med noter; kommenterad	29
					30
					31
					32
anual	anual	годишњи; свакогодишњи	ročný; ročne	årlig	33
ano	an; serie	годиште; година	ročník	årgång	34
anónimo	anonim	анониман; неименован	anonymný	anonym	35
antologia	antologie	антологија	antológia	antologi	36
aparecer; publicar-se; sair	a ieşi de sub tipar; a se publica; a apărea	излазити	vyjsť	utkomma; publiceras	37
aparecimento; publicação	apariţie	излажење; објављивање; публикација	vydanie	publicering	38
aparecerá em breve; a publicar brevemente	apare în curînd	ускоро излази (из штампе)	vyjde najbližšie	utkommer/publiceras inom kort	39
apêndice; suplemento; anexo	apendice; supliment; anexă	додатак; допуна	príloha	bilaga; appendix; supplement; tillägg	40
					41
					42
transcrição	aranjament; parafrază	обрада; аранжман	spracovanie; aranžmán	bearbetning	43
livro de arte	carte de artă	уметничка књига	umelecká kniha	konstbok	44
artigo	articol	чланак; напис	článok	artikel	45
impressão artística	reproducţie	уметничка штампа; штампање уметничких репродукција	umelecká tlač	konsttryck	46

	ENGLISH	FRENCH Français	GERMAN Deutsch	RUSSIAN Русский	Spanish Español
47	**art paper**	papier chargé/chromé	Kunstdruckpapier	бумага для художественной печати	papel cargado
48	**artwork** *syn:* original	original (d'une illustration)	Vorlage	оригинал рисунка	modelo; patrón
49	**assembling** *s.* gathering				
50	**assignment**[1] *syn:* transfer of rights; cession	cession (des droits)	Übertragung *(der Rechte)*	передача (права)	cesión; transferencia
51	**assignment**[2] *s.* commission				
52	**atlas**	atlas	Atlas	атлас	atlas
53	**authentic**	authentique	authentisch	аутентичный	auténtico
54	**author**[1] *syn:* writer *(US)*	auteur	Urheber; Autor; Verfasser	автор	autor
55	**author**[2] *(writer of lyrics)* *syn:* lyricist	auteur du texte	Textdichter; Autor	автор текста	autor; libretista
56	**author index** *syn:* name index	index (des auteurs)	Autorenverzeichnis; Autorenregister; Verfasserverzeichnis	авторский указатель; указатель авторов	índice de autores
57	**authorization** *syn:* licence; licensing	autorisation	Autorisation; Genehmigung	авторизация; разрешение	autorización
58	**to authorize** *syn:* to license	autoriser	berechtigen; autorisieren	давать право; разрешать	autorizar
59	**authorized edition**	édition autorisée	autorisierte Ausgabe	авторизованное издание	edición autorizada/aprobada
60	**authorized translation**	traduction autorisée	autorisierte Übersetzung	авторизованный перевод	traducción autorizada/aprobada
61	**author's consent** → authorization	consentement de l'auteur	Einwilligung des Urhebers	согласие автора	consentimiento del autor
62	**author's copy** *syn:* complimentary copy; free specimen copy; presentation copy	hommage à l'auteur; spécimen; exemplaire gratuit	Autorenexemplar; Freiexemplar	авторский/бесплатный экземпляр	ejemplar gratuito
63	**author's corrections**	correction faite par l'auteur	Autorkorrektur; Verfasserkorrektur	авторская корректура	correcciones del autor
64	**author's fee** *s.* royalty				
65	**authorship**	qualité d'auteur; paternité	Urheberschaft; Verfasserschaft	авторство	paternidad literaria; cualidad de autor
66	**autobiography**	autobiographie	Selbstbiographie; Autobiographie	автобиография	autobiografía
67	**available** *syn:* in print; →inventory	disponible; en vente	lieferbar	имеющийся в продаже/наличии	disponible
68	**back** *syn:* spine	dos	Rücken	корешок (книги)	lomo (del libro)
69	**background material** *syn:* literature; → source	indication des sources; documentation générale	Quellenangabe; allgemeine Literaturunterlage	указание источников	documentación general

BULGARIAN Български	CROATIAN Hrvatski	CZECH Česky	DANISH Dansk	DUTCH Nederlands	
илюстрационна хартия	papir za umjetnički tisak	plněný papír; papír na umělecký tisk	kunsttrykpapir	kunstdruk(papier); chromé	**47**
оригинал (на рисунка)	original (slike)	předloha	originalbillede	origineel	**48**
					49
прехвърляне на права	prijenos prava (na nekoga); ustup prava (kome)	cese (práv); postoupení práv	overdragelse	cessie (van den rechten)	**50**
					51
атлас	atlas	atlas	atlas	atlas	**52**
автентичен; достоверен	autentičan; vjerodostojan	autentický; hodnověrný	autentisk	authentiek	**53**
автор	autor	autor	forfatter	auteur	**54**
автор на текста; либретист	autor; pisac libreta; libretist(a)	autor	forfatter	auteur; schrijver	**55**
указател/показалец на автори	indeks/kazalo imena; registar autora; imensko kazalo	jmenný seznam; autorský rejstřík	forfatterregister; navneregister	auteursregister	**56**
авторизация; авторизиране; упълномощаване	autorizacija; ovlašćenje	autorizace	autorisering	autorisatie	**57**
авторизирам	autorizirati; ovlastiti	autorizovat	berettige; autorisere	autoriseren	**58**
авторизирано издание	autorizirano izdanje	autorizované vydání	autoriseret udgave	geautoriseerde uitgave	**59**
авторизиран превод	autorizirani prijevod	autorizovaný překlad	autoriseret oversættelse	geautoriseerde vertaling	**60**
съгласие от автора	odobrenje autora; pristanak autora	autorské povolení	forfatterens samtykke	toestemming van de auteur	**61**
безплатен авторски екземпляр	počasni/besplatni primjerak	volný výtisk	frieksemplar	auteursexemplaar; schrijversexemplaar	**62**
авторска коректура/поправка	autorska korektura	autorská korektura	forfatterkorrektur; forfatterens rettelser	auteurscorrecties	**63**
					64
авторство	autorstvo	autorství	forfatterskab	auteurschap	**65**
автобиография	autobiografija	vlastní životopis; autobiografie	selvbiografi	autobiografie	**66**
доставим; наличен	nalazi se u prodaji	dostat; je na skladě	kan leveres; kan skaffes	verkrijgbaar; leverbaar	**67**
гръб на книга	hrbat knjige	hřbet (knihy)	ryg; bogryg	rug	**68**
посочване на източници; литература	označenje/navod izvora; literatura	uvedení pramenů	litteraturhenvisning; kildeangivelse	bronnenopgave	**69**

	FINNISH Suomi	HUNGARIAN Magyar	ITALIAN Italiano	NORWEGIAN Norsk	POLISH Polski
47	taidepainopaperi	műnyomó papír	carta patinata/avorio	kunsttrykkpapir	papier kredow(an)y
48	alkuperäinen kuva	képeredeti	bozzetto/disegno definitivo	originalbilde	oryginał
49					
50	siirto; luovutus	(jog)átruházás	cessione (di un diritto)	overdragelse	cesja praw; odstąpienie/przeniesienie praw
51					
52	kartasto; karttakirja	atlasz; térképgyűjtemény	atlante	atlas	atlas; mapa
53	autenttinen	autentikus; hiteles	autentico	autentisk	autentyczny
54	tekijä	szerző	autore	forfatter	autor
55	tekijä; kirjoittaja	szövegíró; szerző	paroliere	forfatter	autor
56	nimihakemisto; tekijähakemisto	index; névmutató	indice degli autori; indice onomastico	forfatterregister; navneregister	indeks/spis nazwisk; zestawienie/wykaz autorów
57	lupa; suostumus; hyväksyminen	autorizáció; jogosítás	autorizzazione	autorisering	autoryzacja; upoważnienie
58	oikeuttaa	(fel)jogosítani	autorizzare	berettige; autorisere	autoryzować; upoważni(a)ć; uprawnić
59	julkispainos; hyväksytty painos	jogosított/autorizált kiadás	edizione autorizzata/legittima	autorisert utgave	wydanie autoryzowane
60	tekijän luvalla julkaistu käännös	jogosított/autorizált fordítás	traduzione autorizzata/legittima	autorisert oversettelse	przekład autoryzowany; tłumaczenie autoryzowane
61	tekijän suostumus	szerző beleegyezése	consenso/approvazione dell'autore	forfatterens samtykke	zezwolenie/zgoda autora
62	kunniakappale; vapaakappale	tiszteletpéldány	copia-omaggio; esemplare gratuito	frieksemplar	egzemplarz gratisowy/dowodowy
63	tekijänvedos	szerzői korrektúra/javítás	correzioni/emendamenti dell'autore	forfatterkorrektur; forfatterens rettelser	korekta autorska
64					
65	tekijyys; isyys (teoksen)	szerzőség	qualità d'autore; paternità	forfatterskap	autorstwo
66	omaelämäkerta; oma tekemä elämäkerta	önéletrajz	autobiografia	selvbiografi	autobiografia
67	saatavissa	kapható	già apparso; in vendita	kan skaffes	do nabycia
68	selkä	gerinc; könyvgerinc	dorso	rygg; bokrygg	grzbiet
69	lähdeviittaus; lähdeviite	forrásmegjelölés	indicazione delle fonti	litteraturhenvisning	oznaczenie źródeł

PORTUGUESE Português	ROMANIAN Român	SERBIAN Српски	SLOVAK Slovensky	SWEDISH Svensk	
papel para reproduções artísticas	hîrtie cretată	хартија за уметничку штампу	plnený papier; papier na umelecký tlač	konsttryckpapper	47
modelo; padrão	originalul planşei	оригинал	predloha	original	48
					49
transferência	transfer (al unor drepturi)	пренос права *(на некога)*; уступ права *(коме)*	cesia; postúpenie práv	överlåtelse (av rättighet)	50
					51
atlas	atlas	атлас	atlas	atlas	52
auténtico	autentic	аутентичан; веродостојан	autentický; hodnoverný	autentisk; trovärdig	53
autor	autor	аутор	autor	författare	54
autor; libretista	autor; libretist	аутор; писац либрета; либретист(а)	autor	författare	55
índice de autores	indice	индекс/регистар имена/аутора; именски регистар	menný zoznam; autorský register	författarregister	56
autorização	autorizare	ауторизација; овлашћење	autorizácia	auktorisation	57
autorizar	a autoriza	ауторизовати; овластити	autorizovať	berättiga; auktorisera	58
edição autorizada	ediţie autorizată	ауторизовано издање	autorizované vydanie	av författaren godkänd upplaga	59
tradução autorizada	traducere autorizată	ауторизовани превод	autorizovaný preklad	auktoriserad översättning	60
consentimento do autor	consimţămînt de autor	одобрење аутора; пристанак аутора	autorské povolenie	författarens samtycke	61
exemplar gratuito	exemplar gratuit; omagiu	почасни примерак	voľný výtlačok	gratisexemplar	62
emendas do autor	corectură/corecţie de autor	ауторска коректура	autorská korektúra	författarkorrektur	63
					64
autoria	calitate de autor; paternitate (a unei cărţi)	ауторство	autorstvo	författarskap; auktorskap	65
autobiografia	autobiografie	аутобиографија	vlastný životopis; autobiografia	självbiografi	66
à venda; disponível	de vînzare; livrabil	налази се у продаји	dostať; je na sklade	leveransklar; kan skaffas	67
lombada (de livro)	dos; cotor de carte	хрбат књиге	chrbát knihy	(bok)rygg	68
documentação; indicação das fontes	indicarea izvoarelor folosite	означење извора; литература	uvedenie prameňov	angivande av källe	69

	ENGLISH	FRENCH Français	GERMAN Deutsch	RUSSIAN Русский	Spanish Español
70	**back page** *s.* verso				
71	**basic book** *s.* standard work				
72	**basic price**	prix de base	Grundpreis	основная цена	precio de base
73	**belles lettres** *syn:* imaginative literature; → fiction	belles-lettres	Belletristik	художественная литература; беллетристика	bellas letras; obras de imaginación
74	**Berne Convention**	Convention de Berne	Berner Übereinkunft/Konvention	Бернская Конвенция; Бернское Соглашение	Convención de Berna
75	**best-seller**	best-seller	Bestseller	бестселлер	libro de éxito; libro de mayor venta
76	**bible paper** *syn:* India paper/proof	papier-pelure	Bibeldruckpapier; Dünndruckpapier	библьдрук; словарная бумага	papel biblia
77	**bibliography**[1]	bibliographie	Bibliographie	библиография	bibliografía
78	**bibliography**[2] *(source material)*	bibliographie	Quellenangabe; Literaturverzeichnis	список литературы; библиография	bibliografía; repertorio bibliográfico
79	**bibliology** *syn:* book-lore	bibliologie	Buchwesen	книговедение; библиология	bibliología
80	**bibliophile edition**	édition pour amateurs; édition de bibliophilie	Liebhaberausgabe; bibliophile Ausgabe	дорогое издание; издание для библиофилов	edición para bibliófilos
81	**bilingual**	bilingue	zweisprachig	двуязычный	bilingüe
82	**bill of exchange**	lettre de change; traite	Wechsel	вексель	letra de cambio; giro; libranza
83	**to bind**	relier	einbinden	переплетать	encuadernar
84	**binding**	reliure	Einband	переплёт	encuadernación
85	**binding in paper covers**	reliure en papier	Broschur	брошюровка	cubierta en papel; encuadernación en rústica
86	**biography**	biographie	Biographie; Lebensbeschreibung	биография	biografía
87	**blank**[1]	fenêtre; page blanche	Vakatseite	вакат; чистая страница (в книге)	página en blanco
88	**blank**[2] *s.* form				
89	**blanket agreement**	accord-cadre	Rahmenvertrag	генеральный договор	contrato general
90	**blank space** *s.* break				
91	**blank (volume)** *s.* dummy				
92	**block** *syn:* plate; →cliché	cliché	Prägeplatte; Prägestempel; Mater	форма для тиснения; клише (с приправочным рельефом)	clisé
93	**blueprint**[1]	reproduction héliographique	Blaupause	синька *(бумага)*	copia azul; cianotipo

BULGARIAN Български	CROATIAN Hrvatski	CZECH Česky	DANISH Dansk	DUTCH Nederlands	
					70
					71
основна цена	osnovna cijena	základní cena	grundpris	grondprijs; basisprijs	**72**
белетристика	lijepa književnost; beletristika	beletrie; krásná literatura	skønlitteratur; fiktionslitteratur; digtning	belletrie; schone letteren	**73**
Конвенцията в Берн	Bernska konvencija	Bernská konvence	Bernerkonventionen	Berner Conventie	**74**
бестселър; най-търсена книга	bestseler	bestseller	bestseller	bestseller; succesboek	**75**
хартия библдрук	biblijski papir	bibliový papír	bibelpapir; indiapapir	bijbelpapier; dundrukpapier	**76**
библиография; книгопис	bibliografija; literatura	bibliografie	bibliografi	bibliografie	**77**
библиографски указател; използувана литература	korišćena literatura	(použitá) literatura	bibliografi	bibliografie	**78**
библиология; книгознание	bibliologija; knjigoznanstvo	knihověda	bibliologi; bogkundskab	bibliologie	**79**
библиофилско издание	bibliofilsko izdanje	bibliofilské vydání	bibliofiludgave	bibliofiel uitgave	**80**
двуезичен	dvojezičan	dvojjazyčný	tosproget	tweetalig	**81**
полица; менителница	mjenica	směnka	veksel	wissel; wisselbrief	**82**
подвързвам	povezati; uvezati; ukoričiti	vázat	indbinde	inbinden	**83**
подвързия	uvez; povez	vazba	bind; indbinding	band; boekband	**84**
мека подвързия	uvez u meke korice	brožování	brochering	het brocheren	**85**
биография; животопис	biografija; životopis	životopis	biografi	levensbeschrijving; levensgeschiedenis; biografie	**86**
празна страница	prazna stranica; vakat	vakat	blank side	blanke bladzijde	**87**
					88
типов договор	okvirni ugovor	rámcová smlouva	almen kontrakt; standardkontrakt (verdrørende mængder o. s. v.)	raamverdrag; raamcontract	**89**
					90
					91
клише	utiskivalo; kliše	razidlo	prægestempel; stempel	stempel	**92**
хелиографно копие	cijanotipijska kopija	ozalit	blåtryk	blauwdruk	**93**

	FINNISH Suomi	HUNGARIAN Magyar	ITALIAN Italiano	NORWEGIAN Norsk	POLISH Polski
70					
71					
72	perushinta	alapár	prezzo di base	grunnpris	cena podstawowa
73	kaunokirjallisuus	szépirodalom	belle lettere	skønnlitteratur; fiksjon; diktning	literatura piękna; beletrystyka
74	Bernin sopimus	Berni Egyezmény	Convenzione di Berna	Bernkonvensjonen	Konwencja Berneńska
75	menekkiykönnen; myyntiykkönen	bestseller	libro di grande successo; best seller	bestselger	bestseler
76	raamattupaperi; intianpaperi	biblianyomó papír; bibliapapír	carta bibbia (indica) d'Oxford	bibelpapir; indiapapir	papier biblijny
77	kirjallisuusluettelo; bibliografia	bibliográfia	bibliografia	bibliografi	bibliografia
78	kirjallisuusluettelo	(felhasznált) irodalom	bibliografia (delle fonti usate); indice bibliografico	bibliografi	wykaz literatury
79	kirjatiede; kirjaoppi	könyvtudomány; könyvészet	bibliologia	bibliologi; bokkunnskap	bibliografia i wydawnictwo; biblioznawstwo
80	bibliofiilipainos	bibliofil kiadás	edizione per bibliofili	bibliofilutgave	wydanie bibliofilskie
81	kaksikielinen	kétnyelvű	bilingue	tospråklig	dwujęzyczny
82	vekseli	váltó	cambiale; tratta	veksel	weksel
83	sitoa	bekötni	rilegare	innbinde	oprawić
84	sidos; sidonta	kötés; bekötés	legatura; rilegatura	bind; innbinding	oprawa
85	paperinidonta	bekötés papírba	legatura in carta	stifting	broszurowanie; zszywanie
86	elämäkerta	életrajz	biografia	biografi	biografia; życiorys
87	tyhjä sivu	üres oldal; vákát	pagina bianca	blankside; blank side	vacat
88					
89	runkosopimus	keretszerződés	accordo cornice	rammeavtale	umowa ramowa/blankietowa
90					
91					
92	puristuslaatta	klisé; véset	cliché	klisjé	klisza (drukarska); matryca
93	sinikopio	fénymásolat; kékmásolat	cianografia	blåkopi	cyjanotypia; kopia świetlna; niebieska kopia

PORTUGUESE Português	ROMANIAN Român	SERBIAN Српски	SLOVAK Slovensky	SWEDISH Svensk	
					70
					71
preço de base	preţ de bază	основна цена	základná cena	grundpris	72
boas-letras; belas-letras	beletristică	лепа књижевност; белетристика	beletria; krásna literatúra	vitterhet; skönlitteratur; belletristik	73
Convenção de Berna	pact/acord de la Bern	Бернска конвенција	Bernská konvencia	Bernkonventionen	74
livro de maior venda; „best-seller"	bestseler	бестселер	bestseller	bestseller	75
papel Biblia	hîrtie de tipar subţire; hîrtie pelur	библијска хартија	bibliový papier	bibelpapper; indiapapper	76
bibliografia	bibliografie	библиографија	bibliografia	bibliografi	77
bibliografia	bibliografie	литература; «коришћена дела»; библиографија	(použitá) literatura	bibliografi	78
bibliologia	bibliologie	библиологија	knihoveda	bokkunskap; bibliologi	79
edição para bibliófilos	ediţie pentru bibliofili	библиофилско издање	bibliofilské vydanie	bibliofilupplaga	80
bilingue	bilingv; în două limbi	двојезичан	dvojjazyčný	tvåspråkig	81
letra de câmbio; girada	poliţă; combie	меница	zmenka	växel	82
encapar; encadernar	a lega (o carte)	повезати; укоричити	viazať (knihu)	binda (in)	83
encadernação	legătură de carte	повез	väzba	band; bindning	84
brochura	cartonare	повез у меке корице	brožovanie	broschyrhäftning; broschering	85
biografia	biografie	биографија; животопис	životopis	biografi	86
página em branco	vacat; pagină albă	празна страница; вакат	vakat	blanksida; blank sida	87
					88
contrato geral	contract în cadră	оквирни уговор	rámcová zmluva	ramavtal	89
					90
					91
cliché	clişeu; gravură	утискивало; клише	razidlo	stämpel; kli(s)ché	92
cópia azul; cianotipo; fotocópia em papel azul	(fotocopie prin) cianotipie	цијанотипијска копија	ozalit	blåkopia	93

	ENGLISH	FRENCH Français	GERMAN Deutsch	RUSSIAN Русский	Spanish Español
94	**blueprint**[2] *s.* design				
95	**blurb** *syn:* flysheet; leaflet	feuille de publicité; papillon	„Waschzettel"	издательская реклама	solapa del libro; faja propagandística
96	**blurb-text**	en pochette: . .	Klappentext	текст на клапане суперобложки; рекламный текст на обложке	faja de publicidad; lengua de vaca
97	**boards**	plat	Deckel	крышка переплёта	tapa
98	**body size** *syn:* type size	corps	Schriftgrad; Schriftgröße	кегль шрифта	fuerza del cuerpo; cuerpo de letra
99	**body type**	caractère de labeur	Grundschrift	основной шрифт *(которым набран текст);* основной набор	caracteres de base; tipos usados en la composición del libro
100	**bold face**	gros; caractère gras	fette Schrift	жирный шрифт	caracteres en negrita
101	**book**	livre	Buch	книга	libro
102	**book band** *s.* advertising strip				
103	**book-block** *s.* copy in sheets				
104	**book club/guild**	amicale de livres; club des amis du livre	Buchklub; Buchgemeinschaft	клуб книги	club de lectores/bibliófilos
105	**book design** *syn:* make-up	présentation; préparation du projet	Gestaltung; Gesamtgestaltung; Entwurf (des Buches)	оформление (книги)	diseño; disposición del texto impreso
106	**book exhibition**	exposition de livres	Buchausstellung	выставка книг; книжная выставка	exposición de libros; muestra de libros
107	**book fair**	foire de livres	Buchmesse	книжная ярмарка	feria del libro
108	**booking** →order	réservation	Vormerkung	регистрация заказа; подписка	reservación
109	**book-jacket** *syn:* dust-cover; (dust-)jacket; wrapper	jaquette; couvre-livre; garde; couverture	Schutzumschlag; Schutzdecke; Umschlag	суперобложка	sobrecubierta; cubre-libro; camisa
110	**booklet** *syn:* brochure	brochure	Heft; Broschüre	брошюра	fascículo; cuadernillo
111	**booklist**	catalogue d'éditeur	Buchverzeichnis	список книг; издательский список	lista de libros
112	**book-lore** *s.* bibliology				
113	**book market**	marché de livres	Buchmarkt	книжный рынок	mercado de libros; mercado librero
114	**book of the month**	(le) livre (choisi) du mois	Buch des Monats	книга, избранная на месяц	(el) libro del mes
115	**book paper**	papier d'édition	Buchdruckpapier; Werkdruckpapier	типографская бумага; книжная бумага	papel de imprimir
116	**book-printing office/plant**	imprimerie	Buchdruckerei; Druckerei	типография (для книг)	imprenta; tipografía; establecimiento tipográfico
117	**bookseller** → retail bookseller	libraire	Buchhändler	книготорговец	librero

BULGARIAN Български	CROATIAN Hrvatski	CZECH Česky	DANISH Dansk	DUTCH Nederlands	
					94
отзив за книга от издателя	listić reklame	reklamní vložka	veskeseddel; forlagsreklame	omslagtekst	95
текст върху капачето на обложката с рекламно съдържание	tekst na klapni; (izdavačeva) pohvala na omotaču (knjige)	text na záložce	forlagsreklame; tekst op klaff	flaptekst; blurb	96
корица	korice; naslovna strana korica	(přední) deska	perm	bord; plat	97
големина на шрифта	veličina slova	stupen písma	skriftgrad	lettergrootte	98
основен шрифт на книжното тяло	osnovno pismo	základní písmo; základní sazba	grundskrift; brødskrift; hovedskrift; kegel	basis-lettertype; basiszetwerk	99
тлъст/черен шрифт	masna slova; fet	tučné písmo	fed skrift	vette letter; vet	100
книга	knjiga	kniha	bog	boek	101
					102
					103
клуб на любителите на книгата; клуб на книголюбци	klub prijatelja knjige	svaz přátelů krásných knih; čtenářské družstvo	bogklub	boekenclub	104
оформяне; полиграфско изпълнение	oblikovanje; projektiranje	úprava	formgivning	vormgeving	105
изложба на книги	izložba knjiga	výstava knih	bogudstilling	boekenexpositie	106
панаир за книги; базар на книги	sajam knjiga	knižní veletrh	bogmesse	boekenbeurs	107
подписка (за поръчка)	prenumeracija; predbilježba	předznamenání	subskription	boeking (van een order)	108
предпазна обвивка; обложка; суперобложка	zaštitni omot	ochranný obal	smudsomslag; omslag	omslag; stofomslag; kaft	109
брошура; свезка	svezak; brošura	sešit	brochure; pjece; hæfte	boekje; brochure	110
бюлетин (на книги)	spisak knjiga	seznam knih	bogfortegnelse	boekenlijst	111
					112
книжен пазар	tržište knjiga	knižní trh	bogmarked	boekenmarkt	113
книга от месеца	knjiga mjeseca	kniha měsíce	månedens bog	boek van de maand	114
печатарска хартия	tiskovni papir za knjige; knjižni papir	tiskový papír	bogtrykpapir	boekdrukpapier	115
книгопечатница	tiskara; štamparija	tiskárna	bogtrykkeri; officin	boekdrukkerij	116
книжар	knjižar	knihkupec	boghandler	boekhandelaar	117

	FINNISH Suomi	HUNGARIAN Magyar	ITALIAN Italiano	NORWEGIAN Norsk	POLISH Polski
94					
95	esittelyteksti (kustantajalta)	(behúzott) szórólap; reklámcédula	soffietto editoriale; foglietto	vaskeseddel	ulotka
96	esittelyteksti	fülszöveg	testo del risvolto	omslagstekst	tekst propagandowy; notki i zapowiedzi (na skrzydełkach)
97	kansi; kirjankansi	tábla	tavola; copertina	perm	okładka
98	kirjasinaste	betűnagyság; (betű)fokozat	grandezza del corpo	skriftgrad; typestørrelse	stopień czcionki
99	tekstilados; keili	könyvszedés; a főszöveg szedése	caratteri di base (usati nella stampa di un libro)	kegel; typelegeme	pismo tekstu głównego (bez wyróżnień)
100	lihava kirjain	vastag betű; fett; kövér betű	carattere grassetto; carattere grasso/nero	fet skrift	pismo grube
101	kirja	könyv	libro	bok	książka; księga
102					
103					
104	kirjakerho	könyvklub	circolo di lettori	bokklubb	klub/towarzystwo miłośników książki
105	muotoilu	kialakítás; megtervezés *(könyvé)*	formazione *(del libro)*	formgivning	opracowanie graficzne; szata graficzna; forma edytorska
106	kirjanäyttely	könyvkiállítás	esposizione di libri	bokutstilling	wystawa książek
107	kirjamessut	könyvvásár	fiera di libri	bokmesse	targi książki; kiermasz książek
108	ennakkotilaus	előjegyzés	prenotazione (di un comando)	subskripsjon	subskrypcja; zapisanie; wpisanie
109	suojapäällys	könyvborító; védőborító; burkoló	copertina (editoriale/mobile); fodera; involucro; sopraccoperta	smussomslag; omslag	obwoluta
110	vihko	füzet; könyvecske	fascicolo; quaderno	brosjyre; hefte	zeszyt
111	kirjaluettelo; kirjalista	könyvjegyzék	listino di libri	bokfortegnelse	biuletyn wydawniczy
112					
113	kirjamarkkina	könyvpiac	mercato del libro	bokmarked	rynek księgarski
114	tekstikirja	a hónap könyve	libro del mese	månedens bok	książka miesiąca
115	kirjapaperi	könyvnyomó papír	carta da stampa (per libri)	boktrykkpapir	papier dziełowy
116	kirjapaino	(könyv)nyomda	tipografia	boktrykkeri; offisin	drukarnia
117	kirjakauppias	könyvkereskedő	libraio; commerciante di libri	bokhandler	księgarz

PORTUGUESE Português	ROMANIAN Român	SERBIAN Српски	SLOVAK Slovensky	SWEDISH Svensk	
					94
cinta de publicidade	text de reclamă	листић рекламе	reklamná vložka	förlagsreklam	**95**
cinta	text de reclamă în supracopertă	текст на клапани	text na záložke	förlagsreklam; omslagspresentation	**96**
capa	scoarţă	насловна страна корица; корице	(predná) doska	(bok)pärm	**97**
corpo	mărime de litere de tipar	величина слова	stupeň písma	typgrad	**98**
tipos usados na composição do livro	caractere pentru cules de carte	основно писмо	základné písmo; základná sadzba	huvudstil; egentlig textstil; brödstil	**99**
caracteres negros	litere grase; vedetă	масна слова; фет	tučné písmo	fet stil; fetstil	**100**
livro	carte	књига	kniha	bok	**101**
					102
					103
clube do livro; clube de bibliófilos	asociaţie de bibliofili; club de carte	клуб пријатеља књиге	zväz priateľov krásnych kníh; členská knižnica	bokklubb; bokcirkel	**104**
esboço; bosquejo	formare; modelare; organizare	обликовање; пројектовање	úprava	utformning; gestaltning; utkast	**105**
exposição de livros	expoziţie de cărţi	изложба књига	knižná výstava; výstava kníh	bokutställning	**106**
feira de livros	tîrg de cărţi	сајам књига	knižný veľtrh	bokmässa	**107**
marcação	subscripţie	предбележење; пренумерација	predznačenie	anteckning; subskription	**108**
capa/cobertura do livro; cobre-livro	supracopertă; înveliş (protector)	заштитни омот	ochranný obal; prebal	(skydds)omslag	**109**
folheto; fascículo	caiet; fasciculă	свеска; брошура	zošit	häfte	**110**
lista dos livros	listă de cărţi	списак књига	zoznam kníh	boklista	**111**
					112
mercado de livros	piaţă de cărţi	тржиште књига	knižný trh	bokmarknad	**113**
o livro do mês	cartea lunii	књига месеца	kniha mesiaca	månadens bok	**114**
papel de impressão	hîrtie de tipar	штампарска хартија за књиге; књижна хартија	tlačový papier	bokpapper	**115**
imprensa; tipografia	tipografie	штампарија; тискара	tlačiareň; kníhtlačiareň	boktryckeri	**116**
vendedor (de livros)	librar	књижар	kníhkupec	bokhandlare	**117**

	ENGLISH	FRENCH Français	GERMAN Deutsch	RUSSIAN Русский	Spanish Español
118	**bookshop** *syn:* bookstore	librairie	Buchhandlung	книжный магазин	librería
119	**book trade**	commerce du livre	Buchhandel	книжная торговля; книготорговля	librería; comercio de libros
120	**bookstore** *s.* bookshop				
121	**booth** *(at exhibition)* *s.* stand				
122	**bound**	relié	gebunden	в переплёте	encuadernado
123	**breach of contract**	violation de contrat	Vertragsbruch	нарушение договора	infracción al contrato
124	**break** *syn:* blank space	renforcement	Vorschlag *(leere Fläche)*	верхний марзан	espacio en blanco; entrelínea
125	**broadcast(ing)**	radiodiffusion; émission	Rundfunksendung	передача по радио; радиопередача	radiodifúsión; radioemisión
126	**broadcasting right(s)**	droit de transmission; droits de radiophonisation	Senderecht; Rundfunkrecht(e)	право на передачу по радио; право трансляции; право адаптации для радио	derecho de radiodifusiones
127	**broadcasting royalty**	droits/tantième de transmission	Sendegebühr	плата за (радио)передачу; гонорар за передачу	derechos de autor por radiodifusiones
128	**brochure** *s.* booklet; pamphlet				
129	**bulk** *s.* copy in sheets				
130	**bulletin** → report	bulletin; communiqué	Bulletin	бюллетень	boletín; comunicado; prospecto
131	**calendar**	calendrier; almanach	Kalender	календарь	almanaque; calendario
132	**to cancel (an order)**	annuler (une commande)	stornieren *(eine Bestellung)*	сторнировать; аннулировать *(заказ)*	anular; retirar
133	**cancelling** *(obliterate)*	effacement; rature; biffure	Ausstreichung; Streichung	вычёркивание; вымарывание	cancelación
134	**capital letters** *syn:* capitals; caps	majuscule(s); gros caractère(s); capitale(s)	Großbuchstaben; Versalien	прописные буквы	letra capital/versal; mayúscula
135	**caption** *s.* legend				
136	**cardboard binding**	couverture en papier	Papp(ein)band	картонный переплёт	encuadernación en cartón
137	**cardboard-bound** *syn:* in boards	cartonné	kartoniert	в картонном переплёте	encartonado
138	**cardboard box** *s.* slip case				
139	**card index** *syn:* card catalog(ue)	catalogue sur fiches	Kartei	картотека; карточный каталог	catálogo en fichas
140	**case** *s.* cover; slip case				
141	**cash on delivery**	remboursement	Nachnahme	наложенный платёж	reembolso
142	**catalog(ue)**	catalogue	Katalog	каталог	catálogo

BULGARIAN Български	CROATIAN Hrvatski	CZECH Česky	DANISH Dansk	DUTCH Nederlands	
книжарница	knjižara	knihkupectví	boglade; boghandel	boekwinkel	**118**
книжарство; търговия с книги	knjižarstvo	knihkupectví	boghandel	boekhandel	**119**
					120
					121
подвързан	uvezan; u tvrdom uvezu	vázaný; vázaně	indbundet	gebonden; ingebonden	**122**
нарушение на договор	prekršaj ugovora	porušení smlouvy	kontraktbrud	contractbreuk	**123**
празно място в началото на нова глава	čisto (netiskano) mjesto nad poglavljem (u knjizi)	stránková zarážka	overanslag; blank øverdel	open ruimte bovenaan de eerste pagina (van een boek of boven een nieuw hoofdstuk)	**124**
радиопредаване; радиоразпръскване	radio-emisija	rozhlas; rozhlasové vysílání	radiospredning; radiotransmission; radiosending	radiouitzending	**125**
право за предаване по радио	pravo na emitiranje	právo vysílání	radioudsendelsesret; radiorettigheder	recht tot (radio)uitzending	**126**
хонорар за радиопредаване	honorar za emitiranje	prováděcí honorář za vysílání; provozorací honorář	radioafgift; radioudsendelseshonorar; fjernsynafgift	uitzendrecht	**127**
					128
					129
бюлетин; съобщение; информация	bilten; izvještaj	bulletin	beretning; meddelelse	bulletin; communiqué	**130**
календар	kalendar	kalendář	almanak; kalender	kalender; almanak	**131**
сторнирам (поръчка)	stornirati/povući narudžbinu	stornovat	afbestille	afbestellen	**132**
зачеркване	precrtavanje; brisanje	škrtnutí; škrt	udstregning; udslettelse	doorhaling	**133**
главна буква	velika slova; majuskula	majuskule; verzálka	stort bogstav; versal; majuskel	hoofdletter; kapitaal; bovenkast	**134**
					135
картонена подвързия	kartonski uvez	paperback; laciné vydání	cartonnage	kartonnen band	**136**
картониран; подвързан с картон; в мека подвързия	kartonirano; u kartonskom uvezu	kartónový	kartonneret	gekartonneerd	**137**
					138
картотека	ceduljni katalog; kartoteka	lístkový katalog	kartotek; seddelkatalog; kortkatalog	cartotheek; kaartcatalogus	**139**
					140
наложен платеж	pouzeće	dobírka	efterkrav	(onder)rembours	**141**
каталог	katalog	katalog	katalog	catalogus	**142**

	FINNISH Suomi	HUNGARIAN Magyar	ITALIAN Italiano	NORWEGIAN Norsk	POLISH Polski
118	kirjakauppa	könyvkereskedés; könyvesbolt	libreria	boklade; bokhandel	księgarnia
119	kirjakauppa(-ala)	könyvkereskedelem	commercio del libro	bokhandel	księgarstwo; handel książkami
120					
121					
122	sidottu; sidottuna	kötött; kötve	rilegato	bundet; innbundet	oprawiony; w oprawie
123	sopimuksen rikkominen	szerződésszegés	lesione/violazione del contratto	kontraktbrudd	naruszenie/złamanie umowy
124	tyhjä osa (luvun otsikon yläpuolella)	beütés	spazio bianco	blank overdel	światło
125	radiolähetys	rádiósugárzás; műsorszórás; rádiózás	trasmissione/emissione/diffusione radiofonica	kringkasting	audycja/transmisja (radiowa)
126	radiolähetysoikeus; radio-oikeus	sugárzási jog; rádióra való átdolgozás joga	diritto della trasmissione (radiofonica)	kringkastingsrettigheter	prawo transmisji
127	radiolähetyksen esityskorvaus	sugárzási jogdíj	diritti di trasmissione	kringkastingsvederlag	tantiema/zapłata za transmisję radiową
128					
129					
130	tiedonanto; tiedotus	bulletin; közlemény; tájékoztató	bolletino; comunicazione	beretning; meddelelse	biuletyn
131	kalenteri; almanakka	naptár; kalendárium	calendario	almanakk; kalendar	kalendarz
132	peruuttaa (tilaus)	stornírozni; visszavonni *(megrendelést)*	annullare; contromandare; mandare a monte; stornare	avbestille	stornować; anulować
133	poisto (tekstistä)	törlés	cassatura; rasura	utstrykelse	skreślenie
134	iso kirjain; versaali; majuskeli	nagybetű(k)	(lettere) maiuscole; (caratteri) maiuscoli	stor bokstav; versal; majuskel	wersaliki; majuskuły
135					
136	pahvisidos; pahvikannet	papírlemez/keménypapír kötés	legatura in cartone	pappbind; pappermer	oprawa tekturowa/kartonowa
137	paperikansissa; kartonkikansissa	papírkötésben; kartonálva	legato in cartone	kartonnert	w oprawie papierowej/tekturowej
138					
139	kortisto; korttiluettelo	cédulakatalógus	catalogo a schede; schedario	kartotek; seddelkatalog; kortkatalog	kartoteka
140					
141	jälkivaatimus	utánvét	(contro) assegno	etterkrav	zaliczanie pocztowe; pobranie
142	luettelo	katalógus	catalogo	katalog	katalog

PORTUGUESE Português	ROMANIAN Român	SERBIAN Српски	SLOVAK Slovensky	SWEDISH Svensk	
livraria; loja de livros	librărie	књижара	obchod s knihami	bokhandel; boklåda	**118**
comércio de livros	comerţ de cărţi	књижарство	kníhkupectvo	bokhandel	**119**
					120
					121
encadernado	legat	повезан; у тврдом повезу	viazaný; viazane	(in)bunden	**122**
violação do contrato; infracção do tratado	încălcarea contractului	прекршај уговора	porušenie zmluvy	kontaktsbrott	**123**
espaço em branco; entrelinha	forşlag; albitură de cap pe pagină	чисто (нештампано) место над поглављем (у књизи)	stránková zarážka	nedslag; blank överdel	**124**
radiodifusão	radioemisiune	радио-емисија	rozhlas	radioutsändning	**125**
direito de radiodifusões	drept la emisiune	право на емитовање	právo vysielania	radioutsändningsrätt; radiorätt	**126**
direitos de autor por radiodifusões	onorar pentru emisiune	хонорар за емитовање	prevádzkový honorár za vysielanie	utföranderättsersättning	**127**
					128
					129
boletim; comunicação; informação; prospecto	buletin; comunicat; anunţ	билтен; извештај	bulletin	meddelande; bulletin	**130**
almanaque; calendário	calendar	календар	kalendár	kalender; almanack(a)	**131**
anular	a storna	сторнирати; повући поруџбину	stornovať	avbeställa	**132**
cancelamento	ştergere; radere	прецртавање; брисање	škrt; škrtnutie	utstrykning	**133**
(letra) versal; maiúscula	verzală; literă mare; majusculă	велико слово; велика слова; мајускула	majuskula; verzálka	majuskel; versal; stor bokstav	**134**
					135
encadernação em cartão	cartonaj; legătură în carton	картонски повез	papierová väzba	pappärmar	**136**
cartonado	cartonat	картонисано; у картонском повезу	kartónový	kartonnerad; i pappband	**137**
					138
ficheiro	cartotecă; fişier	каталог на листићима; картотека	lístkový katalóg	kortkatalog	**139**
					140
reembolso	ramburs	поузеће	dobierka	postförskott; efterkrav	**141**
catálogo	catalog	каталог	katalóg	katalog	**142**

	ENGLISH	FRENCH Français	GERMAN Deutsch	RUSSIAN Русский	Spanish Español
143	**catalog(ue) price**	prix de catalogue	Katalogpreis	цена по каталогу	precio de catálogo
144	**catchword** *s.* entry				
145	**censorship**	censure	Zensur	цензура	censura
146	**cession** *s.* assignment				
147	**chamber of commerce**	chambre de commerce	Handelskammer	торговая палата	cámara de comercio
148	**change** *syn:* modification	changement; modification; remaniement	Änderung; Abänderung	изменение	alteración; modificación
149	**to change** *syn:* to alter; to modify	changer; modifier; varier	verändern	изменять	cambiar; alterar; modificar
150	**chapter**	chapitre	Kapitel; Abschnitt	глава	capítulo
151	**chapter heading**	titre du chapitre	Kapitelüberschrift	название; заголовок статьи	cabeza de capítulo
152	**character** *s.* letter				
153	**cheap novel** *syn:* dime novel *(US)*	littérature de pacotille	Kolportageroman; Schundliteratur; Unterhaltungsroman	развлекательная литература	novela sensacional; novelucha
154	**cheque; check**	chèque	Scheck	чек	cheque
155	**chief editor** *syn:* senior editor	rédacteur en chef; chef de la rédaction	Cheflektor; Chefredakteur	главный редактор	jefe de redacción; redactor jefe
156	**children's book**	livre pour les enfants/l'enfance	Kinderbuch	детская книга	libro para niños
157	**chrestomathy** *s.* selection; selected passages				
158	**circular**	circulaire	Rundschreiben	циркуляр; циркулярное письмо	circular
159	**circulating library** *s.* lending library				
160	**citation** *syn:* quotation	citation	Zitat	цитата	citación
161	**claim** *(complaint)* →to lodge a ~	réclamation	Reklamation	рекламация	reclamación
162	**classical edition** *s.* standard edition				
163	**cliché** *syn:* plate; →block	cliché	Klischee; Druckstock	клише	clisé
164	**clipping** *s.* press cutting				
165	**cloth binding**	reliure en toile; (reliure) pleine toile	Ganzleinen; Ganzleinwandband; Leinenband	коленкоровый переплёт	encuadernación en tela
166	**co-author** *syn:* joint author	coauteur	Miturheber; Mitverfasser; Mitautor	соавтор	coautor
167	**co-authorship**	collaboration des auteurs	Miturheberschaft; Mitverfasserschaft	соавторство	paternidad literaria común; propiedad de autor común
168	**coedition** *s.* joint edition				

BULGARIAN Български	CROATIAN Hrvatski	CZECH Česky	DANISH Dansk	DUTCH Nederlands	
цена по каталога	cijena po katalogu	katalogová cena	katalogpris	catalogusprijs; particuliere prijs	**143**
					144
цензура	cenzura	cenzura	censur	censuur	**145**
					146
търговска камара	trgovačka/trgovinska komora	obchodní komora	handelskammer	kamer van koophandel	**147**
изменение; модификация	izmjena; modifikacija	změna	forandring; ændring	verandering; wijziging	**148**
променям	(pro)mijeniti	změnit	forandre	veranderen	**149**
глава	poglavlje; glava	kapitola; hlava	kapitel	hoofdstuk	**150**
заглавие на глава	naslov poglavlja	název kapitoly; titul kapitoly	kapiteloverskrift	hoofdstuktitel	**151**
					152
булевarден роман; булевардна литература	zabavna literatura; šund	kolportážni román; braková literatura	underholdningslitteratur; knaldroman	stuiversroman; sensatieroman	**153**
чек	ček	šek	check	cheque	**154**
главен редактор	glavni urednik (naklade)	šéfredaktor; literární vedoucí	hovedredaktør; chefredaktør	hoofdredacteur	**155**
детска книга	knjiga za djecu; dječja knjiga	dětská kniha; knížka pro děti	børnebog	kinderboek; jeugdboek	**156**
					157
циркуляр; окръжно	okružnica; cirkularno pismo	oběžník	cirkulære; rundskrivelse	rondschrijven; circulaire	**158**
					159
цитат	citat; navod	citát	citat	aanhaling; citaat	**160**
рекламация	reklamacija	reklamace	reklamation; indvending	reclame; het reclameren	**161**
					162
клише	klišej; kliše	štoček	kliché	cliché	**163**
					164
цяла платнена подвързия	platneni uvez/povez; povez u platnu	celoplátěná vazba	hellærredsbind	(heel) linnen band	**165**
съавтор	autor-saradnik; koautor	spoluautor	medforfatter	mede-auteur; co-auteur	**166**
съавторство	kolektivno autorstvo; koautorstvo	spoluautorství	medforfatterskab	mede-auteurschap; co-auteurschap	**167**
					168

	FINNISH Suomi	HUNGARIAN Magyar	ITALIAN Italiano	NORWEGIAN Norsk	POLISH Polski
143	luettelohinta	katalógusár	prezzo di catalogo	katalogpris	cena katalogowa
144					
145	sensuuri; painotarkastus	cenzúra	censura	sensur	cenzura
146					
147	kauppakamari	kereskedelmi kamara	camera di commercio	handelskammer	izba handlowa
148	muutos	változtatás; módosítás	cambiamento; ritocco	forandring; endring	zmiana
149	muuttaa	(meg)változtatni	cambiare; mutare; modificare	forandre	zmienić
150	luku; luku kirjassa	fejezet	capitolo	kapittel	rozdział
151	luvunotsikko	fejezetcím	intestazione di capitolo	kapitteloverskrift	tytuł rozdziału
152					
153	ajanvietekirjallisuus; kioskikirja	szórakoztató irodalom; ponyva	letteratura gialla	underholdnings-litteratur	literatura rozrywkowa/brukowa
154	šekki	csekk	assegno	sjekk	czek
155	päätoimittaja; kirjallisuusosaston johtaja	főszerkesztő; irodalmi vezető	redattore capo; lettore principale	hovedredaktør; sjefredaktør	redaktor naczelny; kierownik redakcji
156	lastenkirja	gyermekkönyv	libro per ragazzi	barnebok	książka dla dzieci
157					
158	kiertokirje; jakelukirje; ryhmäkirje	körlevél	circolare	sirkulære; rundskriv	okólnik
159					
160	lainaus; toiste; sitaatti	idézet	citazione	sitat	cytata
161	valitus; reklamointi; reklamaatio	kifogásolás; reklamáció	reclamo; reclamazione	innvending; reklamasjon	reklamacja
162					
163	kuvalaatta; kuvake; klišee	klisé	cliché; lastra incisa	klisjé	klisza
164					
165	kangassidos; kloottisidos	vászonkötés	legatura in tutta tela; legatura all'inglese	lerretsbind	oprawa płócienna; płótno
166	toinen tekijä; tekijäkumppani	társszerző	coautore	medforfatter	współautor
167	tekijäkumppanuus	társszerzőség	qualità di coautore	medforfatterskap	współautorstwo; zbiorowe autorstwo
168					

PORTUGUESE Português	ROMANIAN Român	SERBIAN Српски	SLOVAK Slovensky	SWEDISH Svensk	
preço de catálogo	preţ de catalog	цена по каталогу	katalógová cena	katalogpris	**143**
					144
censura	cenzură	цензура	cenzúra	censur	**145**
					146
câmara de comércio	cameră de comerţ	трговачка комора; трговинска комора	obchodná komora	handelskammare	**147**
alteração; modificação	schimbare; modificare	промена; измена; модификација	zmena	(för)ändring; modifikation	**148**
mudar; alterar; modificar	a schimba	променити	zmeniť	förändra; modifiera	**149**
capítulo	capitol	поглавље; глава	kapitola; hlava	kapitel	**150**
título do capítulo	titlu de capitol	наслов поглавља	názov kapitoly	kapitelrubrik	**151**
					152
literatura barata	roman bulevardier; literatură de proastă calitate	забавна литература; шунд	braková literatúra; knižný brak	kiosklitteratur	**153**
cheque	cec	чек	šek	check	**154**
redactor-chefe; chefe da redacção	redactor-şef	главни уредник	šéfredaktor; literárny vedúci	huvudredaktör; redaktionschef	**155**
livro para crianças	carte pentru copii	књига за децу	detská kniha; knižka pre deti	barnbok	**156**
					157
circular	circulară	окружница; циркуларно писмо	obežník	cirkulär; rundskrivelse	**158**
					159
citação	citat	цитат	citát	citat	**160**
reclamação	reclamare	рекламација	reklamácia	reklamation	**161**
					162
cliché	clişeu	клише	klišé; štočok	kliché; klisché	**163**
					164
encadernação em pano	legătură (de carte) în pînză	целоплатнени повез; повез у платну	celoplátenná väzba	(helt) klotband; (helt) linneband	**165**
co-autor	coautor	аутор-сарадник; коаутор; суаутор	spoluautor	medförfattare	**166**
co-autoria	calitate de coautor; copaternitate	колективно ауторство; коауторство; суауторство	spoluautorstvo	medförfattarskap	**167**
					168

	ENGLISH	FRENCH Français	GERMAN Deutsch	RUSSIAN Русский	Spanish Español
169	**collaborator** *s.* contributor				
170	**collation** *s.* gathering				
171	**collected works (of...)** *s.* complete works				
172	**collection** *syn:* compilation	collection; recueil; compilation	Sammlung; Kollektion; Kompilation; Zusammenstellung	сборник	colección
173	**collective work** *s.* composite work				
174	**collotype** *s.* phototype				
175	**colophon**	colophon	Kolophon	колофон	colofón; pie de imprenta
176	**colo(u)r plate**	planche en couleurs	Farbtafel	цветная таблица	lámina en colores
177	**colo(u)r proof** *s.* progressive ~ ~				
178	**colportage** *syn:* hawking	colportage	Kolportage	продажа в разнос; книгоношество	comercio ambulante de libros
179	**column** *syn:* type page	colonne; placard	Spalte; Kolumne	гранка; столбец; колонка	columna
180	**comedy**	comédie	Komödie	комедия	comedia
181	**comic strip; comics**	roman en images; bande dessinée; comics	„Comic strip(s)"; Comics; Bilderstreifen	комиксы	historieta cómica ilustrada
182	**to comment** *s.* to review				
183	**commentary** *syn:* glossary	commentaire; annotations	Kommentar	комментарий; пояснение	comentario
184	**commercial law** *syn:* merchant law	droit commercial	Handelsrecht	торговое право	derecho mercantil
185	**commission** *syn:* assignment; on consignment	mandat; consignation	Auftrag; Kommission	поручение; комиссионное поручение	comisión; orden; consignación
186	**commissions**	commission; provision	Provision	комиссионные	comisión
187	**commission merchant**	(librairie) dépositaire	Kommissionär	комиссионер	comisionista
188	**communication**	communiqué; avis	Mitteilung; Bericht	сообщение	comunicación; informe
189	**compendium** *syn:* general treatise; survey; → digest; handbook	résumé; sommaire	Abriß; Kompendium	краткое руководство; краткий курс	compendio
190	**compensation of damages** *s.* indemnification				
191	**competent court** *s.* jurisdiction				
192	**compilation** *s.* collection				
193	**to compile** *syn:* to draw up; to work (up)	rédiger; traiter	zusammenstellen; redigieren	редактировать; составлять	compilar; redactar; elaborar

BULGARIAN Български	CROATIAN Hrvatski	CZECH Česky	DANISH Dansk	DUTCH Nederlands	
					169
					170
					171
сбирка; сборник	zbirka	sbírka	samling	verzameling; collectie	172
					173
					174
издателско каре; надпис в края на книга	kolofon	impressum	kolofon	colofon	175
цвятна таблица	tablica u boji	barevná tabulka	farvetavle; farve-planche	kleurenillustratie	176
					177
колпортаж	kolportaža	kolportáž	kolportage	colportage; huis-aan-huis verkoop	178
шпалта; колона	stupac	sloupec	spalte; klumme	kolom	179
комедия	komedija	veselohra; komedie	lystspil; komedie	blijspel; komedie	180
комикси	(šaljiv) strip; pripovijetka u slikama	comics; (kreslený) humoristický seriál	tegneserie	stripboek; beeldverhaal	181
					182
коментар; пояснение	komentar; tumačenje; objašnjenje	komentář	kommentar	commentaar; verklaring; toelichting; annotaties	183
търговско право	trgovinsko pravo	obchodní právo	handelsretten	handelsrecht	184
поръчение; поверяване; комисионна сделка; консигнация	nalog; ovlašćenje; komision	pověření; komise	kommission	opdracht; commissie	185
провизион; комисионни	provizija	provize	provision	provisie	186
комисионер	komisionar	komisionář	kommissionær	commissionair	187
съобщение	saopćavanje; saopćenje	sdělení; oznámení	meddelelse	mededeling	188
компендиум; очерк; кратко ръководство	(kratak) pregled; izvod; priručnik	základy	oversigt; kompendium	overzicht; schets; samenvatting	189
					190
					191
					192
редактирам; съставям; обработвам	urediti; prirediti; obraditi; sastaviti	zpracovat	redigere; omarbejde; bearbejde	bewerken; samenstellen; redigeren	193

	FINNISH Suomi	HUNGARIAN Magyar	ITALIAN Italiano	NORWEGIAN Norsk	POLISH Polski
169					
170					
171					
172	kokoelma	gyűjtemény	collezione; raccolta	samling	zbiór
173					
174					
175	painotiedot (kirjan lopussa)	kolofon	note tipografiche	kolofon; slutningstittel	kolofon; metryka książki
176	värikuvaliite; väripainanta	színes (kép)tábla	tavola colorata/ a colori	fargeplansje	kolorowa wklejka; tablica wielobarwna
177					
178	levittäminen	kolportázs	commercio (di libri) ambulante	kolportasje	kolportaż
179	palsta	hasáb	colonna; colonnina; rubrica	spalte	szpalta
180	huvinäytelmä; komedia	vígjáték	commedia	lystspill; komedie	komedia
181	sarjakuva	„comics"; képregény	fumetti	tegneserie	komiksy; opowieści rysunkowe
182					
183	kommentaari; selityksiä	kommentár; magyarázó,jegyzet	commento	kommentar	komentarz; objaśnienie
184	kauppaoikeus	kereskedelmi jog	diritto commerciale	handelsretten	prawo handlowe
185	määräys; toimeksianto; valiokunta; myyntikomissio	megbízás; bizomány	incarico; commissione	oppdrag	polecenie; poruczenie komis
186	välityspalkkio; provisio	províziό; jutalék	provvisione; provvigione	provisjon	prowizja
187	asioitsija; asiamies; kaupitsija	bizományos	commissionario	kommisjonær	komisjoner; komisant
188	tiedonanto; tiedotus	közlés; közlemény	comunicazione	meddelelse	doniesienie; relacja
189	suppea esitys; kompendi(umi)	kompendium	compendio	oversikt; oversiktsverk; kompendium	zarys
190					
191					
192					
193	toimittaa; koota; koostaa	(meg)szerkeszteni; összeállítani; feldolgozni	redigere; compilare	redigere; bearbeide	opracować; (z)redagować

PORTUGUESE Português	ROMANIAN Român	SERBIAN Српски	SLOVAK Slovensky	SWEDISH Svensk	
					169
					170
					171
colecção	colecţie	збирка; зборник	zbierka	samling	172
					173
					174
colofone	date tipografice (de carte)	колофон	impressum	inskrift	175
lámina a cores	policromie; planşă în culori	ликовни прилог у боји	farebná tabuľka	färgplansch	176
					177
divulgação de livros	vînzare ambulantă de cărţi; colportaj	колпортажа	kolportáž	kolportage	178
coluna	şpalt	стубац	stĺpec	spalt; kolumn	179
comédia	comedie	комедија	komédia; veselohra	komedi; lustspel	180
conto em imagens	comics	стрип; приповетка у сликама	comics; (kreslený) humoristický seriál	tecknad serie	181
					182
comentário	comentar	коментар; тумачење; објашњење	komentár	kommentar	183
direito comercial	drept comercial	трговинско право	obchodné právo	handelsrätt	184
encargo; ordem; comissão	însărcinare; misiune; comision	налог; комисион	poverenie; komisia	order; uppdrag; kommission	185
comissão	comision	провизија	provízia	provision; arvode	186
comissionista; comissionário	comisionar	комисионар	komisionár	kommissionär	187
comunicação; informação	comunicare; comunicat	саопштавање; саопштење; извештај	správa; oznam	meddelande	188
compêndio	compendiu	кратак преглед	základy	översikt; kompendium	189
					190
					191
					192
compilar; redigir; elaborar	a redacta; a compune	уредити; приредити; обрадити	spracovať	bearbeta	193

	ENGLISH	FRENCH Français	GERMAN Deutsch	RUSSIAN Русский	Spanish Español
194	**compiled by...** → to edit[1]	«rédigé par...»; rédacteur	zusammengestellt/herausgegeben von...; Herausgeber	составил...; под редакцией...; автор-составитель	redactor; compilador; redactado por...
195	**complete** →unabridged	complet	vollständig	полный	completo
196	**complete edition** *syn:* unabridged edition	édition in-extenso/intégrale	Gesamtausgabe	полное издание	edición completa
197	**complete (collection of) works** *syn:* collected works	édition complète; œuvres complètes	Gesamtausgabe; sämtliche Werke	собранные сочинения	obras completas
198	**complete set of music material**	matériel complet d'orchestre; jeu complet du matériel	vollständiges/komplettes Musikmaterial	комплектный музыкальный материал	material musical completo
199	**completion** *syn:* supplementation	complément	Ergänzung	дополнение; прибавление	complemento
200	**complimentary copy**[1] *(for the author)* *s.* author's copy				
201	**complimentary copy**[2] *(working copy)* *syn:* free specimen copy	exemplaire justificatif; hommage de l'auteur	Belegexemplar	бесплатный экземпляр	en obsequio; ejemplar de regalo
202	**composer**	compositeur	Komponist	композитор	compositor
203	**composing machine** *syn:* type-setting machine	machine à composer	Setzmaschine	наборная машина	máquina de componer
204	**composite work** *syn:* collective work; teamwork	œuvre collective; ouvrage collectif	Gemeinschaftswerk	совместный/коллективный труд	obra colectiva
205	**composition**[1] *(music)*	composition (musicale)	Komposition	композиция	obra/composición musical
206	**composition**[2] *(composing)* → type-setting	composition	Setzen; Satz	набор	composición
207	**compositor** *syn:* type-setter	compositeur	Setzer	наборщик	compositor; cajista
208	**concise** *syn:* condensed	concis; bref	kurzgefaßt; gedrängt	краткий; сжатый	sucinto; conciso
209	**conclusion** *s.* epilogue				
210	**condensed** *s.* concise				
211	**condensed edition** *s.* abridged edition				
212	**conditions of sale** *s.* terms of delivery				
213	**conference**	conférence	Konferenz	конференция; совещание	conferencia
214	**congress**	congrès	Kongreß	конгресс; съезд	congreso
215	**consideration**	contre-valeur; équivalent	Gegenwert *(in einem Vertrag)*	эквивалент; эквивалентная стоимость	compensación; equivalente; equivalencia
216	**conspectus** *s.* outline[1]				

BULGARIAN Български	CROATIAN Hrvatski	CZECH Česky	DANISH Dansk	DUTCH Nederlands	
съставен от . . .; (главен) редактор; под редакцията на . . .	redaktirao. . .; izradio. . .; sastavio. . .	připravil. . .; redakčně zpracoval. . .	kompilator; udgiver	bewerkt door. . .; samensteller	**194**
пълен	potpun; kompletan	úplný	komplet; fuldstændig	volledig; compleet	**195**
пълно издание	potpuno izdanje	úplné vydání	uforkortet/fuldstændig udgave	volledige uitgave	**196**
пълно събрание на произведенията	cjelokupna djela	sebraná díla; sebrané spisy	samlede værker/skrifter	volledige werken	**197**
комплектен музикален материал	kompletne muzikalije; kompletan muzički materijal	kompletní hudební materiál	komplet orkestermateriale	volledig muziekmateriaal/orkestmateriaal	**198**
допълнение	dopunjavanje; dopuna; popuna	doplnění	tilføjelse	aanvulling	**199**
					200
дар от автора в знак на уважение	besplatni primjerak	recenzní výtisk	prøveeksemplar	presentexemplaar	**201**
композитор	kompozitor; skladatelj	skladatel; komponista	komponist	componist	**202**
наборна машина	slagački stroj; slagarska mašina	sázeci stroj	sættemaskine	zetmachine	**203**
съвместен/общ труд; колективен труд	zajedničko djelo; kolektivni rad	kolektivní dílo/práce	fællesværk; fællesarbejde	collectief werk	**204**
композиция; музикално произведение	kompozicija; skladba	skladba; kompozice	komposition	compositie (muziek)	**205**
набиране; набор	(tiskarski) slog	sazba	sats; sætning	zetsel	**206**
словослагател	slagač	sazeč	sætter	zetter; letterzetter	**207**
сбит; кратък; резюмиран; сгъстен	sažet; kratak	stručný	kortfattet; kort; forkortet	kort; verkort	**208**
					209
					210
					211
					212
конференция; съвещание	konferencija; sjednica	konference	konference	conferentie	**213**
конгрес	kongres	kongres; sjezd	kongres	congres	**214**
равностойност	protuvrijednost; ekvivalent	protihodnota	tilsvarende værdi; kontraktbeløb; modværdi	tegenwaarde	**215**
					216

	FINNISH Suomi	HUNGARIAN Magyar	ITALIAN Italiano	NORWEGIAN Norsk	POLISH Polski
194	kokooja; kokoonpanija; koostaja	szerkesztette...; közreadta...	compilato da...; pubblicato da...	sammensett av...; redaktør	„Pod redakcją...”; wydawca; edytor
195	täydellinen	teljes; hiánytalan	completo	komplett; fullstendig	kompletny; pełny
196	täydellinen laitos	teljes/csonkítatlan kiadás	edizione integrale/piena	fullstendig utgave	wydanie kompletne; pełne wydanie
197	kootut teokset	összes/összegyűjtött művei; gyűjteményes kiadás	opere complete; opera omnia	samlede verker/skrifter	wszystkie dzieła
198	täydellinen nuottiaineisto	komplett zeneanyag/kottaanyag	materiale completo d'orchestra	komplett stemmemateriale	kompletny materiał muzyczny
199	täydennys; lisäys	kiegészítés; pótlás	supplemento; aggiunta	tillegg	uzupełnienie
200					
201	vapaakappale	ingyenpéldány; ingyenes példány; mutatványszám	copia gratuita; saggio gratuito	gaveeksemplar; forlagseksemplar	egzemplarz bezpłatny
202	säveltäjä	zeneszerző	compositore	komponist	kompozytor
203	latomakone	szedőgép	macchina compositrice	settemaskine	maszyna do składania
204	yhteisteos; yhteistyö	közös mű; kollektív munka	opera collettiva	felles verk/arbeid	dzieło zbiorowe; praca zbiorowa
205	sävellys	zenemű; szerzemény	composizione (di musica); opera musicale	komposisjon	kompozycja; utwór muzyczny
206	lados; latominen	szedés	composizione (tipografica)	sats; setning	skład
207	latoja	szedő	compositore (di tipografia)	setter	składacz; zecer
208	suppea; lyhyt	tömör; rövid	conciso; succinto; stringato	kortfattet; kort; forkortet	zwięzły; krótki; skrócony
209					
210					
211					
212					
213	konferenssi	konferencia	conferenza; riunione	konferanse; møte	konferencja; narada
214	kongressi	kongresszus	congresso	kongress	zjazd; kongres
215	vasta-arvo	ellenérték	controvalore; equivalente	kontraktbeløp	równowartość; wynagrodzenie
216					

PORTUGUESE Português	ROMANIAN Român	SERBIAN Српски	SLOVAK Slovensky	SWEDISH Svensk	
compilado por...	sub îngrijirea...	редактирао...; израдио...; саставио...	pripravil...; redakčne spracoval	(huvud)redaktör; kompilator	194
completo	complet	потпун; комплетан	úplný	fullständig	195
edição completa	ediţie completă	потпуно издање	úplné vydanie	oförkortad/fullständig upplaga	196
obras completas	opere complete	целокупна дела	zobrané diela/spisy	fullständig upplaga; samlade verk	197
completo material musical	material muzical complet	комплетне музикалије; комплетан музички материјал	kompletný hudobný materiál	fullständigt material; komplett serie (av musikalier)	198
completação	completare	допуњавање	doplnenie	tillägg	199
					200
exemplar dado em homenajem; exemplar gratuito	exemplar omagial; omagiu	бесплатни примерак	recenzný výtlačok	beläggexemplar	201
compositor	compozitor	композитор	(hudobný) skladateľ	kompositör	202
máquina de composição	maşină de cules	слагачка машина	sádzací stroj	sättmaskin	203
obra colectiva	operă colectivă; lucru colectiv	заједничко дело; колективни рад	kolektívne dielo; kolektívna práca	gemensamt verk; teamwork	204
composição (musical)	compoziţie	композиција	skladba; kompozícia	komposition	205
composição	cules; zaţ; culegere	(штампарски) слог	sadzba	sättning; sats	206
compositor; tipógrafo	culegător; zeţar	слагач	sadzač	sättare	207
sucinto; conciso; resumido	concis; scurtat; redus; scurt	сажет; кратак	stručný	kortfattad; koncis	208
					209
					210
					211
					212
conferência	conferinţă	конференција; седница	konferencia	konferens	213
congresso	congres	конгрес	kongres; zjazd	kongress	214
compensação; equivalente; equivalência	contravaloare echivalentă	противредност; еквивален(а)т	protihodnota	motsvarande värde; ekvivalent	215
					216

	ENGLISH	FRENCH Français	GERMAN Deutsch	RUSSIAN Русский	Spanish Español
217	**contemporary**	contemporain; actuel	zeitgenössisch	современный; тогдашний	contemporáneo; de época
218	**contents**	contenu; sommaire	Inhalt	содержание	contenido
219	**continuation** *syn:* sequel	continuation	Fortsetzung	продолжение	continuación
220	**to be continued**	à suivre; la suite au prochain numéro	Fortsetzung folgt	продолжение следует	continuará
221	**contract** *(between parties)* *syn:* agreement; treaty	contrat; accord	Vertrag; Kontrakt	договор; контракт	contrato
222	**contract authorizing public performances** →authorization	contrat d'exécution	Aufführungsvertrag	договор на право исполнения	contrato para representaciones
223	**"contract territory"**	territoire contractuel de vente; territoire concédé (dans le contrat)	Verwertungsgebiet; Vertragsgebiet	территория сбыта по договору	esfera del contrato
224	**contribution** *(paper)*	contribution; article; papier	Beitrag; Artikel; Aufsatz	статья	contribución
225	**contributor** *syn:* collaborator	collaborateur	Mitarbeiter	сотрудник	colaborador
226	**convention** *(between governments)* →Berne Convention; Universal Copyright Convention	convention; traité	Konvention; Übereinkunft; Abkommen	конвенция; соглашение	convención; tratado; pacto
227	**cookbook**	livre de cuisine	Kochbuch	поваренная книга	libro de cocina
228	**copy**[1] *syn:* transcript	copie; transcription	Kopie; Abschrift	копия	copia; transcripción
229	**copy**[2] *syn:* reproduction; →duplicate	imitation; reproduction; copie	Nachbildung; Reproduktion; Nachahmung	копия; имитация; подделка	imitación; reproducción
230	**copy**[3] *syn:* exemplar	exemplaire	Exemplar	экземпляр	ejemplar
231	**copy**[4] →manuscript; typescript	manuscrit; copie manuscrite	Manuskript	манускрипт; рукопись	manuscrito
232	**to copy**	copier	abschreiben; kopieren	переписать; перепечатать	copiar; sacar copia de...
233	**copying** *s.* reproduction				
234	**copy in sheets** *syn:* bulk; (gathered) unbound sheets; bookblock; folded sheets	exemplaire en feuilles	Rohexemplar; Exemplar in Rohbogen	непереплетённая книга; непереплетённый/ сырой экземпляр	ejemplar en pliegos/ en ramas
235	**copy preparation**	correction du manuscrit	Vorauskorrektur	вычитка рукописи; подготовка рукописи	corección preparatoria; preparación del manuscrito para la tipografía
236	**copyright**[1] *(law)*	droit d'auteur	Urheberrecht; Copyright	авторское право	derecho de autor

BULGARIAN Български	CROATIAN Hrvatski	CZECH Česky	DANISH Dansk	DUTCH Nederlands	
съвременен; днешен	suvremeni	soudobý; současný	nutidig; samtidig fra tiden	uit dezelfde tijd; hedendags; contemporain; contemporair	217
съдържание	sadržaj	obsah	indhold	inhoudsopgave	218
продължение	nastavljanje; nastavak	pokračování	fortsættelse	vervolg	219
следва	nastaviće se; nastavak sledi	pokračování příště	fortsættelse følger; fortsættes	wordt vervolgd	220
контракт; договор; споразумение	ugovor	smlouva; dohoda	kontrakt	contract; verdrag	221
договор за публично представление/изпълнение	ugovor o izvođenju/o izvedbi	smlouva o předvedení	opførelsekontrakt	opvoeringscontract	222
договорен район	ugovorno područje	smluvní oblast	kontraktområde	contractsgebied	223
принос; статия	članak; prilog	článek; příspěvek	bidrag	bijdrage	224
сътрудник	suradnik	spolupracovník	medarbejder	medewerker	225
конвенция	konvencija	konvence	konvention	conventie	226
готварска книга	kuhar (knjiga)	kuchařská kniha	kogebog	kookboek	227
копие; препис	kopija; prijepis	kopie; opis	kopi; afskrift; omskrivning	kopie; afschrift	228
копие; имитация; репродукция	reprodukcija	reprodukce; napodobenina	imitation; reproduktion	nadruk; kopie; reproductie	229
екземпляр; брой	primjerak	exemplář	eksemplar	exemplaar	230
ръкопис; материали	rukopis	rukopis; „materiál"	manuskript	manuscript; kopie	231
преписвам	prepisati	opsat	afskrive; kopiere	kopiëren	232
					233
книга на листове/коли	neuvezani primjerak	sládané archy nesešité; knižní blok	uindbundet eksemplar; eksemplar i materie	exemplaar in losse vellen; exemplaar in albis	234
оформяне на текста	pripremanje rukopisa	(korektorská) revize rukopisu	manuskriptets forberedelse/fremstilling	voorbereiding van het manuscript	235
авторско право	autorsko pravo; copyright; nakladno i autorsko pravo	autorské právo	forfatterret; ophavsret	auteursrecht	236

7*

	FINNISH Suomi	HUNGARIAN Magyar	ITALIAN Italiano	NORWEGIAN Norsk	POLISH Polski
217	nykyaikainen; nyky-; nykyajan; sen ajan; samanaikainen	korabeli; kortársi; mai	dell'epoca; contemporaneo	samtidig; dagens; nåværende	współczesny
218	sisällys	tartalom	contenuto	innhold	treść
219	jatko	folytatás	continuazione; puntata	fortsettelse	dalszy ciąg; kontynuowanie; odcinek
220	jatkoa seuraa; jatkuu	folytatása következik	continua...	fortsettes; vil bli fortsatt	ciąg dalszy nastąpi
221	sopimus	szerződés	contratto	kontrakt; overenskomst	umowa; kontrakt
222	sopimus esityksestä	előadási szerződés	contratto di rappresentazione	oppførelseskontrakt	kontrakt/umowa o prawie wykonania utworu
223	sopimusalue	szerződési terület	«il territorio contrattuale»; territorio concesso	kontraktsområde	teren umowny
224	kirjoitus; artikkeli	cikk	contributo; articolo	bidrag	artykuł
225	avustaja	munkatárs	collaboratore	medarbeider	współpracownik; przy współudziale
226	sopimus	egyezmény	convenzione	konvensjon	konwencja
227	keittiökirja	szakácskönyv	libro di cucina; cuciniere	kokebok	książka kucharska
228	jäljennös; kopio	másolat	copia; duplicato	kopi; avskrift	kopia
229	jäljittely	utánzat; reprodukció	imitazione; riproduzione	imitasjon; reproduksjon	odtwarzanie; odtworzenie; reprodukcja; kopia
230	kappale	példány	esemplare	eksemplar	egzemplarz
231	käsikirjoitus	kézirat; „anyag"	manoscritto; copia	manuskript; kopi	maszynopis; materiał
232	kopioida	(le)másolni	copiare	kopiere	skopiować; odpisać
233					
234	irtoarkki kappale; sitomaton kappale	krúda	(esemplare in) fogli piegati; volume in quaderno	ubundet eksemplar; eksemplar i materie	blok książki w stanie surowym
235	käsikirjoituksen korjausluku; korjattu käsikirjoitus	kézirat-előkészítés	preparazione del manoscritto	manuskriptets forberedelse	przygotowanie maszynopisu do składania; adiustacja maszynopisu
236	tekijänoikeus; kirjallinen omistusoikeus	szerzői jog	diritto d'autore	forfatterett; opphavsrett; copyright	prawo autorskie

PORTUGUESE Português	ROMANIAN Român	SERBIAN Српски	SLOVAK Slovensky	SWEDISH Svensk	
contemporâneo; coevo	contemporan	савремени	súdobý; súčasný	samtida; nutidig	217
conteúdo	conținut; cuprins; tabla de materii	садржај	obsah	innehåll	218
continuação	continuare	настављање; наставак	pokračovanie	fortsättning	219
continua; a continuar	va urma	наставиће се; наставак следи	pokračovanie nasleduje	fortsättning följer	220
tratado; contrato; pacto	contract	уговор; споразум	zmluva; dohoda	kontrakt; avtal; fördrag	221
contrato para representação	contract de executare/interpretare	уговор о извођењу	zmluva o predvedení	kontrakt berättigande till uppförande	222
esfera do contrato	teritoriu contractual de exploatare	уговорно подручје	zmluvná oblasť	kontraktsområde	223
contribuição; artigo	contribuție; articol	чланак; прилог	príspevok; článok	bidrag	224
colaborador	colaborator	сарадник	spolupracovník	medarbetare	225
convenção	pact; acord	конвенција	konvencia	konvention	226
livro de cozinha/ de receitas	carte de bucate	кувар (књига)	kuchárska kniha	kokbok	227
cópia; transcrição	copie	копија; препис	kópia; opis	kopia	228
imitação; reprodução	imitație	репродукција	reprodukcia; napodobnenina	efterbildning; kopiering; kopia	229
exemplar	exemplar	примерак	exemplár	exemplar	230
manuscrito; „material“	exemplar; copie; material	рукопис	rukopis; materiál	manuskript	231
copiar	a copia	преписати	odpisovať	avskriva	232
					233
exemplar em folhas soltas	coli adunate nelegate (crude)	неповезани примерак	skladané hárky nezošité; knižný blok	exemplar i lösa ark	234
emenda prévia	redactare precorectură	припремање рукописа	(korektorská) revízia rukopisu	manuskriptshärställning	235
direito de autor	drept/brevet de autor	ауторско право; издавачко и ауторско право	autorské právo	auktorrätt; författarrätt; upphovs(manna)rätt; copyright	236

	ENGLISH	FRENCH Français	GERMAN Deutsch	RUSSIAN Русский	Spanish Español
237	**copyright**[2] (*symbol* ©)	copyright	Copyright	копирейт	copyright; derecho de copia
238	**copyright**[3] *s.* right of reproduction				
239	**copyright(ed)**[4] *s.* protected by copyright				
240	**copyright application** *(US)*	déclaration de copyright	Copyright-Anmeldung	заявление авторского права	solicitud del derecho de autor
241	**copyright application form** *(US)*	bulletin de déclaration de copyright	Copyright-Formular	формуляр для заявления авторского права	formulario para el anuncio del derecho de autor
242	**copyright deposit**	dépôt légal	Ablieferungspflicht; Pflichtabgabe	сдача обязательных экземпляров	depósito legal
243	**copyright holder**	(personne) autorisée; ayant droit	Rechtsberechtigter	авторизованный; использователь авторского права	tenedor de los derechos de autor
244	**copyright infringement** *s.* infringement of copyright				
245	**copyright notice**	note de copyright	Copyright-Vermerk	отметка об авторском праве	mención del derecho de autor
246	**copyright owner**	ayant droit	Rechtsinhaber	владелец авторского права	poseedor de los derechos de autor
247	**copyright protection** *s.* protected by copyright				
248	**copyright protection office/bureau**	bureau pour la protection des droits d'auteur	Büro zur Wahrung der Urheberrechte	бюро по охране авторских прав	oficina para la protección de los derechos de autor
249	**copyright protection society** *syn:* performing rights society	société de protection de droit d'auteur	Urheber-Recht-schutzgesellschaft; Verwertungsgesellschaft	общество по охране авторских прав	sociedad para la protección de los derechos de autor
250	**copyright registration**	enregistrement/dépôt d'un copyright	Registrierung eines Copyrights	регистрация авторского права	registro del derecho del autor
251	**corporate author**	collectivité-auteur	Autorenkollektiv	коллектив авторов; авторский коллектив	colectividad/corporación de autores
252	**to correct**	corriger; améliorer	verbessern	исправлять	corregir; enmendar
253	**corrected edition**	édition corrigée	verbesserte Ausgabe	исправленное издание	edición corregida
254	**correction** *syn:* proof-reading	correction; lecture des épreuves	Korrektur; Korrekturlesen; Korrigieren	корректура; корректирование	corrección; lectura de pruebas

BULGARIAN Български	CROATIAN Hrvatski	CZECH Česky	DANISH Dansk	DUTCH Nederlands	
знак за авторските права	copyright	copyright	copyright	copyright	237
					238
					239
регистриране на авторското право	najava nakladnog i autorskog prava	přihláška copyrightu	ophavsrettens registrering	aanmelding/declaratie van het auteursrecht	240
формуляр/бланка за регистриране на авторското право	formular najave nakladnog i autorskog prava	žádost o copyright (formulář)	ophavsretsformular	copyrightformulier	241
депозит	predaja obveznog primjerka; obveza dostave tiskanih stvari	odevzdání povinného výtisku	pligtaflevering	wettelijk depot	242
възползуващ се с авторското право	opunomoćeni vlasnik prava	oprávněný	retsindehaver	licentiehouder	243
					244
отбелязване на авторското право	bilješka o nakladnom i autorskom pravu	označení copyrightu	copyright notits	copyrightvermelding	245
притежател на авторското право	vlasnik prava	držitel práva	retsindehaver	rechthebbende op het auteursrecht	246
					247
агенция за авторско право	autorska agencija; zavod za zaštitu autorskih prava	autorská ochranná organizace	Bureau til varetagelse af autorrettigheder	bureau ter bescherming van auteursrechten	248
дружество за реализиране на авторски права	društvo za zaštitu autorskog prava	autorská ochranná organizace; ochranný svaz	organisation til realisation af autorrettigheder	maatschappij voor bescherming van de auteursrechten	249
регистрация на авторското право	registriranje nakladnog i autorskog prava; bilješka o autorskom i nakladnom pravu	registrace copyrightu	forfatterrettens registrering	inschrijving/registratie van een auteursrecht	250
авторски колектив	kolektiv autora	autorský kolektiv	medforfattere; korporativ forfatter	auteurscollectief; gemeenschappelijke auteurs	251
поправям	popravljati; ispravljati	opravit	forbedre; rette	verbeteren	252
поправено издание	popravljeno izdanje	opravené vydání	forbedret udgave	verbeterde uitgave	253
коректура; поправка; коригиране, поправяне	ispravak; ispravka; korektura; korigiranje	korektura	rettelse; korrektur; korrekturlæsning	correctie; het corrigeren	254

	FINNISH Suomi	HUNGARIAN Magyar	ITALIAN Italiano	NORWEGIAN Norsk	POLISH Polski
237	tekijänoikeus	copyright (jel)	copyright	copyright	znak copyright
238					
239					
240	tekijänoikeutta koskeva tiedotus	copyrightbejelentés; copyrightolás	denunzia di copyright	opphavsrettens registrering	zgłoszenie copyrightu; zarejestrowanie publikacji przez Copyright Office
241	kaavake tekijänoikeutta koskevaa tiedotusta varten	copyrightbejelentési űrlap	modulo per la denunzia di copyright	opphavsrettsformular	formularz do zgłoszenia copyrightu
242	vapaakappaleluovutus	köteles példány beszolgáltatása	deposito legale	pliktavlevering	dostarczenie egzemplarzy obowiązkowych
243	oikeudenomistajan edustaja	jogosított; jogtulajdonos	persona autorizzata; avente diritto	rettighetshaver	upoważniony
244					
245	tekijänoikeusmerkintö; copyrightmerkki	„copyright"-jegyzet/jelzet	indicazione/annotazione sul copyright; indicazione sulla paternità	«copyright notice»	zapisek/formuła „copyright by..."
246	oikeudenomistaja	jogtulajdonos	avente diritto	rettsinnehaver	właściciel prawa (autorskiego)
247					
248	tekijänoikeustoimisto	szerzői jogvédő iroda	ufficio per la protezione dei diritti d'autore	opphavsrettsselskap; opphavsrettskontor	agencja autorska
249	tekijänoikeusjärjestö; tekijänoikeustoimisto	szerzői jogvédő/jogértékesítő társaság	società per la protezione/realizzazione dei diritti d'autore	opphavsrettsselskap	spółka dla ochrony praw autorskich
250	tekijänoikeuden rekisteröinti	copyrightbejegyzés; copyrightolás	registrazione del copyright	forfatterrettens registrering	zarejestrowanie publikacji przez Copyright Office
251	tekijäkunta; ryhmätekijä	szerzői munkaközösség	autore collettivo	medforfattere; korporativ forfatter	zespół autorski; „praca zbiorowa"
252	korjata; oikaista	(ki)javítani	correggere; emendare	forbedre; rette	poprawi(a)ć
253	korjattu painos	javított kiadás	edizione corretta/emendata	rettet utgave	wydanie poprawione
254	korjaus; oikaisu; korjausluku; oikaisuluku; korrehtuuri	javítás; korrektúra; korrigálás	correzione; bozza	rettelse; korrektur; korrekturlesning	poprawka; korekta

PORTUGUESE Português	ROMANIAN Român	SERBIAN Српски	SLOVAK Slovensky	SWEDISH Svensk	
copyright; copirraite	semnul „copyright"; semnul dreptului de autor	копирајт	copyright	copyright	**237**
					238
					239
anúncio/registro dos direitos de autor	declarația dreptului de autor	најава издавачког и ауторског права	prihláška copyrightu	copyright-anmälning	**240**
impresso para o anúncio do direito de autor	formular pentru declarația dreptului de autor	формулар најаве издавачког и ауторског права	žiadosť o copyright (tlačivo)	anmälningsblankett för copyright	**241**
depósito legal	depozit legal	предаја обавезног примерка	odovzdanie povinného výtlačku	pliktleverans	**242**
detentor dos direitos de autor; detentor legal	titular de drept de autor	опуномоћени власник права	oprávnený	rättsföreträdare	**243**
					244
menção do direito de autor	textul dreptului de autor	белешка о издавачком и ауторском праву	označenie copyrightu	copyright-uppgift	**245**
proprietário dos direitos de autor	persoană autorizată	власник права	držiteľ práva	rättsinnehavare	**246**
					247
oficina para a protecção dos direitos de autor	biroul pentru apărarea dreptului de autor	ауторска агенција; завод за заштиту ауторских права	autorská ochranná organizácia	upphovsrättssällskap	**248**
sociedade para a protecção dos direitos de autor	societate pentru protecția/de expłoatare drepturilor de autor	савез/друштво за заштиту ауторског права	autorská ochranná organizácia	upphovsrättssällskap	**249**
registração do direito de autor	înregistrarea dreptului de autor	белешка о ауторском и издавачком праву; регистровање издавачког и ауторског права	registrácia copyrightu	inregistrering av copyright/upphovsrätt	**250**
comunidade/corporação de autores	colectiv de autori	колектив аутора	autorský kolektív	korporativ författare	**251**
corrigir; emendar	a revedea; a corecta	поправљати; исправљати	opraviť	förbättra	**252**
edição emendada	ediție revăzută	поправљено издање	opravené vydanie	genomsedd upplaga	**253**
correcção de provas	corectură	исправка; коректура; кориговање	oprava; korektúra	rättelse; korrektur	**254**

8

	ENGLISH	FRENCH Français	GERMAN Deutsch	RUSSIAN Русский	Spanish Español
255	**corrector** *s.* proof-reader				
256	**correspondence**	correspondance	Korrespondenz; Briefwechsel	переписка; корреспонденция	correspondencia
257	**corrigenda** *s.* errata				
258	**costs of publishing**	frais d'édition	Verlagskosten	издержки по изданию; издержки издательства	gastos de publicación
259	**cover** *syn:* case	couverture; jaquette; couvre-livre	Decke	переплёт	cubierta; capa
260	**cover design**	dessin de couverture	Einbandgestaltung	чертёж обложки/суперобложки	diseño del forro/de la cubierta
261	**cover specimen** *s.* model cover				
262	**"crabs"** *s.* returns				
263	**credits** *s.* acknowledgements				
264	**crime fiction** *syn:* detective novel	roman policier	Kriminalroman; Detektivroman; „Krimi"	детектив(ный роман)	novela policíaca/detectivesca
265	**critic** *syn:* reviewer	critique	Kritiker; Rezensent	критик; рецензент	crítico
266	**critique** *syn:* criticism; →review	critique	Kritik; Besprechung	критика; критическая статья	crítica
267	**currency**	monnaie	Währung	валюта	divisa
268	**customs**	taxe de douane	Zoll	(таможенная) пошлина	(derechos de) aduana
269	**customs clearance**	examen douanier; dédouanage	Zollabfertigung	выполнение таможенных формальностей; таможенный осмотр	despacho de aduana
270	**customs rate**	position de tarif douanier	Zollsatz	ставка таможенной пошлины	tasa de aduana
271	**customs tariff/schedule**	tarif douanier	Zolltarif	таможенный тариф	tarifa de aduana
272	**cut** *n.* *s.* engraving				
273	**cut** *a.* *s.* trimmed				
274	**cyclopaedia, cyclopedia** *s.* encyclop(a)edia				
275	**damaged copies** *syn:* hurts *(US)*	livres/exemplaires endommagés	beschädigte Bücher/Exemplare	повреждённые экземпляры	ejemplares deteriorados
276	**damages** *s.* indemnification				
277	**date of delivery**	terme de livraison	Liefertermin	срок поставки	término de entrega
278	**date of printing**	date d'impression	Datum des Druckes	год издания; дата издания	fecha de la imprenta; año de la publicación

BULGARIAN Български	CROATIAN Hrvatski	CZECH Česky	DANISH Dansk	DUTCH Nederlands	
					255
кореспонденция; размяна на писма	korespondencija; dopisivanje; prepiska; izmena pisama	korespondence	brevveksling; korrespondance	briefwisseling; correspondentie	256
					257
издателски разноски	troškovi izdavanja	náklady vydání	publikationsomkostninger	uitgavekosten	258
подвързия; обвивка	omot; korice	desky; obálka	omslag	band; boekband	259
проект за корица	naslovnu koricu je izradio . . .; nacrt/projekt korica	vazbu/obálku navrhl(a)	omslagsbillede	omslagontwerp	260
					261
					262
					263
криминален/детективски роман	kriminalni roman	detektivní/kriminální román	kriminalroman; detektivroman	detectiveroman; speudersroman	264
критик; рецензент	kritičar; kritik; recenzent	recenzent	recensent; anmelder	recensent	265
критика	kritika; ocjena	kritika	kritik	kritiek; beoordeling	266
валута	valuta	měna	valuta	valuta; courant	267
мито	carina	clo	told	tol	268
митнически преглед	carinjenje	celní prohlídka	fortoldning	tolformaliteiten	269
норма на митническа тарифа	carinska stavka	celní sazba	toldtarifsats	toltariefpost	270
митническа тарифа	carinska tarifa	celní sazebník	toldtarif	toltarief	271
					272
					273
					274
повредени екземпляри	oštećeni egzemplari	poškozená kniha; poškozený exemplář	beskadiget eksemplar	beschadigde exemplaren	275
					276
срóк на доставката	vrijeme isporuke	dodací lhůta	leveringstid	leveringstermijn	277
дата на отпечатването	datum izdanja; godina izdanja	datum tisku; rok vydání	trykkeår	jaar van druk	278

	FINNISH Suomi	HUNGARIAN Magyar	ITALIAN Italiano	NORWEGIAN Norsk	POLISH Polski
255					
256	kirjeenvaihto	levelezés; levélváltás	corrispondenza	brevveksling; korrespondanse	korespondencja
257					
258	kustannuskulut	kiadási költségek	spese di pubblicazione	publikasjonsomkostninger	koszty wydania/ wydawnictwa
259	kansi; kansilehti	fedél; borító	copertina; custodia	omslag	okładzina; okładka
260	kansikuva	borítóterv	abbozzo di copertina	omslagsbilde	szata graficzna okładki
261					
262					
263					
264	salapoliisiromaani; "dekkari"	detektívregény; krimi; bűnügyi történet	romanzo poliziesco/ giallo	kriminalroman; detektivroman	powieść kryminalna
265	esittelijä; arvostelija; selostaja	kritikus; bíráló	critico; revisore	recensent; anmelder	recenzent
266	arvostelu	bírálat; kritika	critica; recensione	kritikk	krytyka
267	rahalaji; valuutta	pénznem	valuta	valuta	waluta
268	tulli	vám	dogana	toll	cło
269	tullikäsittely	vámkezelés	sdoganamento	tollklarering	odprawa celna
270	tullitaksa	vámtétel	tassa doganale	tolltariffsats	stawka/stopa celna
271	tullitariffi	vámtarifa	tariffa doganale	tolltariff	taryfa celna
272					
273					
274					
275	vahingoittunut kappale	sérült könyv/ példány	libro/esemplare dannegiato	ødelagte eksemplarer	egzemplarzy uszkodzone
276					
277	hankintamääräpäivä	szállítási határnap	(giorno di) scadenza di consegna	leveringsdag	termin dostawy
278	painovuosi; julkaisuvuosi; julkaisuaika	a kiadvány keltezése/kelte; kiadás éve	data di stampa	trykkeår	rok wydania

PORTUGUESE Português	ROMANIAN Român	SERBIAN Српски	SLOVAK Slovensky	SWEDISH Svensk	
					255
correspondência	corespondenţă	кореспонденција; дописивање; преписка	korešpondencia	brevväxling; korrespondens	**256**
					257
gastos de edição	cheltuieli de editare	трошкови издања	náklady vydania	utgivningskostnader	**258**
capa	legătură; copertă	омот; корице	dosky; obálka	(bok)band; omslag	**259**
desenho/maqueta da capa	proiect de copertă	насловну корицу је израдио...; пројект корица	väzbu/obálku navrhol	omslagsteckning	**260**
					261
					262
					263
romance policial	roman poliţist	криминални роман	kriminálny román	detektivroman; kriminalroman; deckare	**264**
crítico	recenzent	критичар; рецензент	recenzent	recensent; anmälare	**265**
crítica	critică	критика; оцена	kritika	kritik	**266**
divisa	valută; devize	валута; девизе	mena	valuta	**267**
direitos de alfândega	vamă	царина	clo	tull	**268**
despacho aduaneiro; despacho de alfândega	vămuire	царињење	colná prehliadka	tullbehandling	**269**
taxa de direitos de alfândega	taxă de tarif vamal	царинска ставка	colná sadzba	tullsats	**270**
tarifa de alfândegas	tarif vamal	царинска тарифа	colný sadzobník	tulltariff	**271**
					272
					273
					274
exemplar deteriorado; exemplares em mau estado	exemplar deteriorat	оштећени егземплари	poškodená kniha; poškodený exemplár	skadad exemplar	**275**
					276
data de entrega	dată de livrare	време испоруке	dodacia lehota	leveranstid	**277**
data da impressão; ano da publicação	data ediţiei/ publicaţiei	датум издања; година издања	dátum tlače; rok vydania	trykår	**278**

	ENGLISH	FRENCH Français	GERMAN Deutsch	RUSSIAN Русский	Spanish Español
279	**date of publication** *syn:* publishing date	date de publication	Erscheinungsdatum	дата выпуска; дата выхода (из печати)	fecha de publicación
280	**decimal classification**	classification décimale	Dezimalklassifikation	десятичная система классификация	clasificación decimal
281	**declaration**	déclaration	Erklärung; Deklaration	декларация; заявление	declaración
282	**dedicated**	dédié; dédicacé	gewidmet	посвящённый *(кому-л.)*; с посвящением	dedicado
283	**dedication**	dédicace	Widmung	посвящение	dedicatoria
284	**deduction** *syn:* rebate; →discount	déduction	Abzug; Nachlaß	вычет; удерживание	deducción; descuento
285	**defective** *syn:* imperfect; incomplete	défectueux; incomplet; imparfait	defekt; mangelhaft	дефектный; бракованный	defectuoso
286	**delivery[1]** *syn:* shipment	expédition	Versand; Auslieferung	отправка	expedición; envío
287	**delivery[2]**	délivrance; envoi; remise	Lieferung	доставка; поставка	suministro
288	**delivery note**	bordereau	Lieferschein	накладная; спецификация	boletín/talón de entrega
289	**delivery terms** *s.* terms of delivery				
290	**de luxe edition**	édition de luxe	Luxusausgabe	роскошное издание	edición de lujo
291	**demand** (*opposite:* offer)	demande	Nachfrage	спрос; запрос	demanda
292	**deposit copy** *syn:* statutory copy	dépôt légal	Pflichtexemplar	обязательный экземпляр	ejemplar de depósito legal
293	**design[1]** *syn:* blueprint; drawing; draft; →illustration	dessin	Zeichnung	рисунок; чертёж	dibujo
294	**design[2]** *syn:* project; →sketch	projet; dessein; ébauche	Entwurf; Gestaltung; Design	проект (оформления книги); эскиз	proyecto; esbozo; bosquejo
295	**design cover** *s.* model cover				
296	**detective novel** *s.* crime fiction				
297	**diagram**	diagramme; graphique	Diagramm	диаграмма; график	diagrama; gráfico
298	**diary** *syn:* journal	journal	Tagebuch; Tageszeitung	дневник; журнал	diario personal
299	**dictionary** *syn:* lexicon; →vocabulary	dictionnaire	Wörterbuch; Lexikon; Sachwörterbuch	словарь	diccionario; léxico; lexicón; enciclopedia

BULGARIAN Български	CROATIAN Hrvatski	CZECH Česky	DANISH Dansk	DUTCH Nederlands	
време на излизането/издаването	vrijeme/datum izlaženja/izlaska	datum vydání	trykkeår	datum van verschijning	**279**
десетична класификация	decimalna klasifikacija	desetinné třídění	decimalklassifikation	decimale classificatie	**280**
декларация; изявление	izjava; deklaracija	prohlášení	erklæring; udtalelse	declaratie	**281**
с посвещение; посветен	s posvetom; posvećen	dedikovaný; s věnováním	med dedikation; dedikations-	met opdracht	**282**
посвещение	posveta	věnování; dedikace	dedikation	opdracht	**283**
отбив; удръжка	odbitak	srážka	afdrag	korting	**284**
непълен; дефектен	nepotpun; manjkav; defektan	vadný	defekt; ukomplet	onvolledig	**285**
изпращане; експедиция	otprema; ekspedicija	expedice	forsendelse; forsending; ekspedition	levering; aflevering	**286**
доставка; изпълнение	dobava; otprema	dodávka	levering; leverance	levering; uitlevering	**287**
фактура; спецификация	dostavnica; otpremnica	dodací list	specifikation	geleidebiljet; specificatie	**288**
					289
разкошно издание	luksuzno izdanje	přepychové vydání	pragtudgave; luksusudgave	prachtuitgave; luxe-editie	**290**
търсене	potražnja	poptávka	efterspørgsel	vraag	**291**
екземпляр за задължително предаване на библиотека	obvezni primjerak	povinný výtisk	pligt(afleverings)-eksemplar	wettelijk verplicht	**292**
рисунка	crtež	kresba	tegning	tekening	**293**
планиране; проект	nacrt; plan; projekt	návrh; projekt	udkast; skitse	vormgeving; ontwerp; schets	**294**
					295
					296
диаграма; схема; график	dijagram; grafikon	diagram	diagram	diagram; grafiek	**297**
дневник	dnevnik	deník	dagbog	dagboek	**298**
речник	rječnik	slovník	ordbog	woordenboek	**299**

	FINNISH Suomi	HUNGARIAN Magyar	ITALIAN Italiano	NORWEGIAN Norsk	POLISH Polski
279	painovuosi	megjelenés időpontja	data di pubblicazione	trykkeår	termin ukazania się książki
280	kymmenluokitus	tizedes osztályozás	classificazione decimale	desimalklassifikasjon	klasyfikacja dziesiętna
281	lausunto; lausuma	nyilatkozat	dichiarazione	uttalelse	oświadczenie; deklaracja
282	omistuksineen; omistettu	ajánlással; dedikálva	dedicato	med dedikasjon	poświęcony; z dedykacją
283	omistuskirjoitus; omiste	ajánlás	dedica; dedicazione	dedikasjon	dedykacja
284	vähennys	levonás	deduzione; sconto	avdrag	potrącenie; odliczenie
285	puutteellinen	hiányos; hibás	difettoso; incompleto	defekt; ukomplett	niekompletny; niezupełny; mający braki/usterki; wadliwy
286	lähetys; lähettäminen	feladás; expediálás	spedizione; invio	forsendelse; ekspedisjon	wysyłka; ekspedycja
287	hankinta	teljesítés; szállítás	consegna	levering; leveranse	dostawa; dostarczenie; przewóz; wysyłka
288	rahtikirja; tavaraluettelo	szállítólevél; árujegyzék	nota/elenco di spedizione	spesifikasjon	list przewozowy
289					
290	korupainos; loistopainos	díszkiadás	edizione di lusso	praktutgave	wydanie luksusowe
291	kysyntä	kereslet	domanda; richiesta	behov; etterspørsel	popyt
292	pakkokappale	köteles példány	esemplarè d'obbligo; esemplare del deposito legale	avleveringseksemplar; pliktavleveringseksemplar	egzemplarz obowiązkowy
293	piirros; piirustus	rajz	disegno	tegning	rysunek
294	luonnos; skitsi	terv; tervezet; tervrajz; vázlat	disegno; progetto	utkast; skisse	projekt
295					
296					
297	diagrammi; käyrästö; graafinen esitys	diagram; sematikus ábra; grafikon	diagramma; grafico	diagram	wykres; diagram
298	päiväkirja	napló	diario	dagbok	dziennik; pamiętnik
299	sanakirja	szótár	dizionario; vocabolario	ordbok	słownik

PORTUGUESE Português	ROMANIAN Român	SERBIAN Српски	SLOVAK Slovensky	SWEDISH Svensk	
data de publicação	data apariţiei	време изласка; датум изласка/излажења	dátum vydania	utgivningsår	279
classificação decimal	clasificaţie decimală	децимална класификација	desatinné triedenie	decimalklassifikation	280
declaração	declaraţie	изјава	vyhlásenie	förklaring	281
dedicado; com dedicação	cu dedicaţie; dedicat	с посветом; посвећен	dedikovaný; s venovaním	dedicerad	282
dedicatória	dedicaţie	посвета	venovanie; dedikácia	dedikation	283
dedução; desconto	scăzămînt	одбитак	srážka	avdrag	284
defeituoso	incomplet; defectuos	непотпун; мањкав; мањичав; дефектан; шкартиран	chybný	defekt; ofullständig	285
expedição; envío	expediere; expediţie	отпрема; експедиција	expedícia	försändelse; sändning	286
entrega	livrare; predare; îndeplinire	добава; отпрема	dodávka	leverans	287
guia; recibo	bordero de livrare	доставница; отпремница	dodací list	följesedel; mottagningsbevis; fraktsedel	288
					289
edição de luxo	ediţie de lux	луксузно издање	prepychové vydanie	praktupplaga	290
procura; pedido	cerere; căutare	тражња	dopyt	efterfrågan	291
exemplar de depósito legal	exemplar de depozit	обавезни примерак	povinný výtlačok	biblioteksexemplar; pliktexemplar	292
desenho	desen	цртеж	kresba	teckning	293
plano; projecto; esboço; bosquejo	schiţă; plan; proiect	нацрт; план; пројек(а)т	návrh; projekt	skiss; utkast	294
					295
					296
diagrama; gráfico	diagramă	дијаграм; графикон	diagram	diagram	297
diário	jurnal; memoriu	дневник	denník	dagbok	298
dicionário	dicţionar	речник	slovník	ordbok; lexikon	299

	ENGLISH	FRENCH Français	GERMAN Deutsch	RUSSIAN Русский	Spanish Español
300	**digest** →compendium; outlines; synopsis	extrait; condensé; version abrégée	Kurzfassung; Auszug	(краткий) очерк; краткое изложение	resumen
301	**dime novel** *s.* cheap novel				
302	**directory** *s.* reference book				
303	**disc** *s.* phonograph record				
304	**discothèque** *s.* record library				
305	**discount** *syn:* rebate; →deduction	remise; rabais	Rabatt; Nachlaß	скидка; рабат	descuento; rebaja
306	**distribution**[1] →marketing	diffusion	Verbreitung; Vertrieb	распространение	difusión; divulgación; propagación
307	**distribution**[2] **(of royalties)**	répartition (des droits)	Aufteilung (der Rechte); Verteilung	распределение (авторских гонораров)	distribución; repartición
308	**distribution area** *s.* territory of distribution				
309	**documentation**	documentation	Dokumentation	документация	documentación
310	**domaine public** *syn:* public domain	domaine public	„Domaine public"; ungeschützt	неохраняемый; незащищённый (о произведении, об авторе)	caído en el dominio público; no protegido
311	**domestic trade** *syn:* home trade	commerce intérieur	Inlandshandel	внутренняя торговля	comercio interior
312	**draft** *s.* design				
313	**drama** *s.* play				
314	**drawing** *s.* design				
315	**to draw up** *s.* to compile				
316	**droit moral** *syn:* moral rights	droit moral	„Droit moral"	моральное авторское право	derecho moral del autor
317	**dummy (volume)** *syn:* blank (volume)	maquette (en blanc); livre modèle	Musterband; Probeband; Leermuster; Stärkeband	макет (книги)	libro de muestra; maqueta
318	**duplicate** →copy	duplicata	Duplikat	дубликат	duplicado
319	**duplicate print** →parallel print	impression parallèle; édition doublée	Doppelabdruck *(in verschiedenen Sprachen)*	одновременно издаваемый перевод	mutación
320	**dust cover/jacket** *s.* book-jacket				
321	**dutiable**	soumis à des droits (de douane)	zollpflichtig	облагаемый пошлиной	sujeto a derechos de aduana

BULGARIAN Български	CROATIAN Hrvatski	CZECH Česky	DANISH Dansk	DUTCH Nederlands	
съкратено изложение	rezime	přehled; kompendium	sammendrag	uittreksel; handleiding; verkorte versie	**300**
					301
					302
					303
					304
рабат; отстъпка	rabat; popust/ odbitak od cijene	rabat; sleva z ceny	rabat	rabatt	**305**
разпространяване	rasturanje	distribuce	fordeling	verbreiding	**306**
разделяне; разпределение (на авторския хонорар)	raspodjela (autorskih prava)	repartice práv	fordeling	auteursrecht-repartitie	**307**
					308
документация	dokumentacija	dokumentace	dokumentation	documentatie	**309**
обществено достояние	nezaštićen *(djelo, autor)*	volné dílo	fri (værk)	(werk) vrij van auteursrechten; publiek domein	**310**
вътрешна търговия	domaća/unutrašnja trgovina	vnitřní obchod	indenrigshandel	binnenlandse handel	**311**
					312
					313
					314
					315
морално авторско право	moralno autorsko pravo	osobní právo autorské	droit moral	moreel recht	**316**
макет на книгата	uzorni/pokusni primjerak; maketa	vzor vazby; maketa	prøvebind; prøvepap	dummy; bandmodel; model; mouster	**317**
дубликат	duplikat	duplikát	dublet	duplicaat; dubbel exemplaar; doublet	**318**
мутация; паралелен отпечатък	mutacija; dvostruki otisak *(na različitim jezicima)*	mutace	dobbeltaftryk *(i forskellige sprog)*	mutatie	**319**
					320
обмитваем; подлежащ на мито	podležan carini	podléhající clu	toldpligtig	tolplichtig	**321**

9*

	FINNISH Suomi	HUNGARIAN Magyar	ITALIAN Italiano	NORWEGIAN Norsk	POLISH Polski
300	lyhennetty laitos	kivonat; tömörítvény; kompendium	sommario; estratto	kortfatning	streszczenie
301					
302					
303					
304					
305	alennus	rabatt; árengedmény	ribasso; sconto	rabatt	rabat
306	jakelu	terjesztés	diffusione	fordeling	rozdawanie; upowszechnianie
307	tilitys (tekijäpalkkioiden)	felosztás; jogdíjak felosztása	ripartizione	avregning	podział (honorariów autorskich)
308					
309	kirjallisuuspalvelu; dokumentaatio	dokumentáció	documentazione	dokumentasjon	dokumentacja
310	vapaapainantainen teos	nem védett (mű vagy szerző)	in pubblico dominio; non protetto (autore o opera)	fri (verk)	nie ochroniony; domaine public
311	kotimaankauppa	belkereskedelem	commercio interno	innenrikshandel	handel wewnętrzny
312					
313					
314					
315					
316	moraalinen oikeus	szerzői személyiségi jog	diritto morale/personale (dell'autore)	«droit moral»	prawo moralne/ osobowościowe
317	mallikirja; mallisidos; mallinidos	próbakötet; makett	volume di saggio; modello	prøvebind	makieta
318	kaksoiskappale	duplikátum	duplicato	dublett	wtórnik; duplikat
319	toiskielinen painos	mutáció	impressione simultanea con mutamenti *(in lingue differenti)*	dobbelavtrykk (i forskjellige språk)	druk z podwójnym nakładaniem; mutacja
320					
321	tullinalainen	vámköteles	soggetto a dogana	tollpliktig	podlegający ocleniu

PORTUGUESE Português	ROMANIAN Român	SERBIAN Српски	SLOVAK Slovensky	SWEDISH Svensk	
resumo	rezumat; conspect	резиме	prehľad; kompendium	sammandrag	**300**
					301
					302
					303
					304
desconto; abatimento	rabat	рабат; попуст	rabat; zľava	rabatt; avdrag	**305**
divulgação; propagação; difusão	difuzare; propagare	растурање	distribúcia	distribution; spridning	**306**
distribução; repartição	împărţirea/repartiţia drepturilor	расподела (ауторских права)	repartícia práv	avräkning	**307**
					308
documentação	documentaţie	документација	dokumentácia	dokumentation	**309**
não protegido	neocrotit (de drept de autor)	незаштићен *(дело, аутор)*	voľné dielo	fritt verk	**310**
comércio interior	comerţ interior	унутрашња трговина	vnútorný obchod	ınrikeshandel	**311**
					312
					313
					314
					315
direito moral do autor	drept moral de autor; drept de autor individual	морално ауторско право	osobné právo autorské	ideell rätt	**316**
livro de amostra; maqu(i)eta	volum model	узорни примерак; макета	vzor väzby; maketa	dummy; knubb	**317**
duplicado	duplicat	дупликат	duplikát	dubblett	**318**
mutação	mutaţie	мутација; двоструки отисак *(на различитим језицима)*	(jazyková) mutácia	upplaga med motsvarande förändringar	**319**
					320
sujeito a direitos	supus vămii	подлежан царини	podliehajúci clu	'tullpliktig	**321**

	ENGLISH	FRENCH Français	GERMAN Deutsch	RUSSIAN Русский	Spanish Español
322	**duty-free** *syn:* exempt from duty	exempt de douane	zollfrei	беспошлинный; не облагаемый пошлиной	exento (franco/libre) de derechos de aduana
323	**to edit**[1] *syn:* to redact	rédiger; éditer	redigieren	составлять; редактировать	redactar
324	**to edit**[2]	classer et ordonner pour impression	(die) Drucklegung besorgen; in Druck geben	подготовить (книгу) к печати	editar
325	**edited by...** →editor	rédigé par...	herausgegeben von...	под редакцией...	redactado/editado por...
326	**edited in conjunction with** *s.* joint edition				
327	**editing** *syn:* redaction	rédaction	Redaktion; Herausgabe	редактирование; редакция	redacción
328	**edition**[1] *syn:* issue; redaction; →publication	édition; publication	Ausgabe; Veröffentlichung	издание	edición; publicación
329	**edition**[2] *syn:* impression; imprint; →size of edition	édition	Auflage; Auflagenhöhe	издание; тираж	edición
330	**editor**[1] *(as employee)*	rédacteur	Redaktor; Redakteur; Schriftleiter	редактор	redactor
331	**editor**[2] *(one who edits)* →edited by...	rédacteur; rédigé par...	Herausgeber	редактор	editor
332	**editorial board**	comité de rédaction	Redaktionskomitee; Schriftleitung	редакционная коллегия; редколлегия	redacción; conjunto de redactores
333	**editorial department**[1]**/staff**	lectorat	Lektorat	редакция издательства; редакционный отдел	lectorado
334	**editorial department**[2]**/division**	bureau de rédaction	Redaktion *(Abteilung)*; Schriftleitung	редакция	oficina de la redacción
335	**editorial manager** *s.* editor-in-chief				
336	**editorial offices**	salle de rédaction	Redaktion(sräume)	редакция; помещение редакции	(oficina de la) redacción
337	**editor-in-chief** *syn:* editorial manager	rédacteur en chef; directeur de l'édition	Redaktor; Chefredakteur; Verlagsleiter	главный редактор (издательства); директор издательства	jefe de redacción
338	**educational book** *s.* school-book				
339	**to elaborate** *syn:* to work out/up	élaborer; traiter	ausarbeiten	разрабатывать	elaborar
340	**embossing**	repoussage; estampage en relief	Reliefprägung	рельефное тиснение; рельефное печатание	estampado en relieve; repujado
341	**encyclop(a)edia** *syn:* lexicon	encyclopédie	Enzyklopädie; Konversationslexikon; Lexikon	энциклопедия	enciclopedia; diccionario enciclopédico

BULGARIAN Български	CROATIAN Hrvatski	CZECH Česky	DANISH Dansk	DUTCH Nederlands	
необмитваем; свободен от мито	oslobođen carine	prostý cla	toldfri	tolvrij	322
редактирам	sastaviti	redigovat	redigere	samenstellen; redigeren	323
поставям под печат; подготвям за печат	prirediti za tisak/štampu	připravit do tisku	udgive; i tryk give; offentliggøre	persklaar maken; in druk bezogen	324
под редакцията на...	sastavio...	sestavil...	redigeret; udgivet	bewerkt door...	325
					326
редакция	uređivanje	redakce	redigering	het redigeren	327
издаване; издание	izdavanje; opubliciranje; izdanje; opublikacija	vydání	udgave; publikation	uitgave; druk	328
издание; тираж	izdanje; naklada; tiraž(a)	náklad	udgave; oplag	oplage	329
редактор	urednik; redaktor	redaktor	redaktør; chefredaktør	redacteur	330
редактор	redaktor; editor	vydavatel	udgiver; forlægger	uitgever	331
редакционен комитет; редколегия; редакционна колегия	uređivački odbor; redakcijski kolegij	redakční kruk/rada	redaktionskomité	redactie; redactiecommissie	332
лекторат; издателска редакция	nakladna/izdavačka redakcija	lektorát	forlagskonsulenternes afdeling; forlagsredaktion	afdeling van de lectors	333
редакция	uredništvo; redakcija	redakce	redaktion	redactie	334
					335
редакция	redakcija	redakční místnost	redaktion	redactiebureaus	336
главен редактор	glavni urednik	redaktor; autor	chefredaktør	redacteur	337
					338
изработвам	izraditi; razraditi	vypracovat	udarbejde	uitwerken	339
релефен печат	reljefno tiskanje	reliéfové ražení; vypouklé ražení	relieftryk	reliefdruk; blinddruk	340
енциклопедия; енциклопедически речник	(konverzacioni) leksikon	lexikon	konversationsleksikon; encyklopædi	encyclopedie	341

	FINNISH Suomi	HUNGARIAN Magyar	ITALIAN Italiano	NORWEGIAN Norsk	POLISH Polski
322	tullivapaa; tulliton	vámmentes	esente/franco di dogana	tollfri	wolny od cła; niepodlegający ocleniu
323	toimittaa; laatia (paino)kuntoon	(meg)szerkeszteni	redigere	redigere	opracować; sporządzić; ułożyć
324	valmistaa painoon; julkaista	sajtó alá rendezni; gondozni	curare l'edizione	forlegge	przygotować do druku
325	julkaistu; toimitettu	szerkesztette...	a cura di...; redatto...	forlagt av...; i redaksjon...; utgiver	pod redakcją
326					
327	toimittaminen	szerkesztés	redazione	redigering	redakcja
328	julkaiseminen; julkaisu; painos; laitos	kiadás	edizione; pubblicazione; editoria	utgave; publikasjon	wydanie
329	painos; laitos	kiadás; példányszám	edizione; stampa; impressione	opplag	wydanie; nakład
330	toimittaja	szerkesztő	redattore (capo)	redaktør	redaktor
331	julkaisija; kustantaja	szerkesztő	redattore	forlegger; utgiver	wydawca
332	toimitusvaliokunta	szerkesztőbizottság	comitato editoriale; comitato di redazione	redaksjonskomite	zespół/komitet redakcyjny; redakcja
333	toimitusosasto	lektorátus	reparto redazionale	forlagskonsulenternes avdeling; forlagsredaksjon	redakcja
334	toimitus; toimitusosasto	szerkesztőség	redazione; sezione editoriale; amministrazione	redaksjon	redakcja
335					
336	toimitus	szerkesztőség; kiadóhivatal *(mint helyiség)*	redazione	redaksjon	redakcja; warsztat edytorski
337	tieteellinen johtaja; erikoisalan päätoimittaja	főszerkesztő; (kiadói) igazgató	redattore capo; editore capo; direttore della sezione editoriale	sjefredaktør	redaktor naczelny
338					
339	valmistaa; laittaa valmiiksi; saattaa kuntoon	kidolgozni	elaborare	utarbeide	wypracować
340	kohopuristus; korkopuristus	domborítás	stampe a/in rilievo	relieftrykk	relief; tłoczenie
341	tietosanakirja; ensyklopedia	lexikon; enciklopédia	enciclopedia; lessico	konversasjonsleksikon	encyklopedia powszechna; mała encyklopedia; leksykon

PORTUGUESE Português	ROMANIAN Român	SERBIAN Српски	SLOVAK Slovensky	SWEDISH Svensk	
isento de direitos	liber/scutit de vamă	ослобођен царине	oslobodený od cla; nepodliehajúci clu	tullfri	**322**
redigir	a edita; a întocmi	саставити	redigovať	redigera	**323**
editar	a îngriji apariţia unei opere; a edita	приредити за штампу	pripraviť do tlače	förbereda på tryck; presslägga	**324**
redigido/editado por...	redactat de...	саставио...	vydané nakladateľstvom...; vydal...	redigerad; utgiven	**325**
					326
redacção	redactare	уређивање	redakcia	redaktion	**327**
edição	editare; ediţie	издавање; публиковање; издање	vydanie	edition; upplaga; utgåva	**328**
edição	ediţie; tiraj	издање; наклада; тираж	náklad	upplaga; utgåva; edition	**329**
redactor; redactor-chefe	redactor	уредник	redaktor	redaktör	**330**
editor	editor	уредник	vydavateľ	utgivare; redaktör	**331**
commissão de redacção	comitetul de redacţie	уреднички сабор; уредништво	redakčný kruh; redakčná rada	redaktionskommitté	**332**
leitorado	lectorat	издавачка редакција	lektorát	redaktion	**333**
redacção	redacţie	уредништво; редакција	redakcia	redaktion	**334**
					335
(lugar da) redacção	redacţie	редакција	redakcia	redaktion	**336**
redactor-chefe	redactor-şef	главни уредник	(hlavný) redaktor; autor	huvudredaktör	**337**
					338
elaborar; redigir	a elabora	израдити; разрадити	vypracovať	utarbeta	**339**
estampado em relevo	tipar în relief	рељефно штампање	reliéfové razenie	relieftryck	**340**
enciclopédia	dicţionar enciclopedic; lexicon	(конверзациони) лексикон	lexikon	konversationslexikon	**341**

	ENGLISH	FRENCH Français	GERMAN Deutsch	RUSSIAN Русский	Spanish Español
342	**engraving** *syn:* cut	gravure; estampe	Stich; Kupferstich	гравюра	grabado; estampa; lámina
343	**engraving of music**	gravure de notes	Notenstich	гравирование нотных досок	grabación de música
344	**enlarged edition** *syn:* expanded edition	édition augmentée	erweiterte Ausgabe	дополненное издание	edición aumentada
345	**entertainment** *s.* light reading				
346	**entry (word)** *syn:* catchword; →subject heading	mot-rubrique	Stichwort	заглавное слово (в словаре); предметная рубрика	epígrafe; palabra clave
347	**epilogue** *syn:* conclusion; afterword	épilogue; postface	Schlußwort	послесловие	epílogo; conclusión
348	**errata** *syn:* corrigenda	errata	Errata; Druckfehler-Berichtigung/-Verzeichnis	список опечаток	errata; fe de erratas
349	**error in composition**	faute de composition; coquille; faute typographique	Satzfehler; Druckfehler	ошибка при наборе	errata; falta tipográfica; error tipográfico; error de caja/impresión
350	**essay** →treatise; study	essai	Essay	эссе; очерк; этюд	ensayo
351	**estate tax** *s.* inheritance tax				
352	**even page** *s.* verso				
353	**examination copy** *syn:* sample copy	(numéro) spécimen	Prüfungsexemplar	пробный номер/экземпляр	ejemplar de prueba; espécimen
354	**excerpt(s)** *syn:* extract	morceau(x) choisi(s); passage(s) tiré(s)	Auszug	выдержка; отрывки	extracto; excerpta
355	**exclusive**	exclusif	ausschließlich	исключительный	exclusivo
356	**exclusive agency** *syn:* sole agency	représentation/agence exclusive	Alleinvertretung	исключительное представительство	agencia exclusiva
357	**exclusive distribution (rights)**	exclusivité de diffusion	Alleinvertrieb	исключительное право распространения	derecho exclusivo de difusión; monopolio
358	**exemplar** *s.* copy				
359	**exempt from duty** *s.* duty-free				
360	**exempt from taxation** *s.* tax-free				
361	**exhibition**	exposition	Ausstellung	выставка	exposición; exhibición
362	**expanded edition** *s.* enlarged edition				
363	**expenses**	dépenses	Auslage(n); Kosten	расход(ы)	expensas; gastos
364	**explanation** *syn:* explication; →commentary	explication; commentaire	Erklärung; Erläuterung	пояснение; объяснение	explicación; leyenda

BULGARIAN Български	CROATIAN Hrvatski	CZECH Česky	DANISH Dansk	DUTCH Nederlands	
гравюра	urez; urezivanje	rytina	stik	prent; gravure	342
гравюра на ноти	rezanje nota	notová grafika	nodestik	het graveren van noten	343
разширено издание	prošireno/dopunjeno izdanje	rozšířené vydání	forøget udgave	vermeerderde uitgave	344
					345
заглавна дума	naslovna riječ	heslo	oplagsord; stikord; ordningsord	titelwoord; trefwoord	346
послеслов	pogovor	epilog; doslov	efterskrift	nawoord; slotwoord; nabericht; narede	347
списък на печатни грешки	popis (tiskarskih) pogrešaka; ispravke	errata	fejlsliste	errata; lijst van drukfouten	348
грешка при набиране	slagačka (po)greška	chybná sazba	satsfejl	zetfout	349
есе	esej; ogled	esej	essay	essay; verhandeling; dissertatie	350
					351
					352
пробен вкземпляр	ogledni primjerak	ukázkové číslo	prøveeksemplar	proefexemplaar; proefnummer	353
извадка; част	odlomak; ogled	výtah	uddrag; excerpt	uittreksel; excerpt	354
изключителен	isključiv	výhradný; výlučný	udelukkende	exclusief; uitsluitend	355
единствено представителство (в даден район)	isključivo zastupstvo	výhradné zastoupení	eneberettiget forhandler	alleenvertegenwoordiging	356
(право за) монополно разпространяване	isključiva prodaja; pravo isključivog rasturivanja	výhradný prodej	udelukkende ret til forhandling	exclusief verspreidingsrecht	357
					358
					359
					360
изложба	izložba	výstava	udstilling	tentoonstelling	361
					362
разходи	izdatak (izdaci); trošak (troškovi)	náklady; útraty	udlæg	uitgaven; kosten	363
обяснение; тълкуване	objašnjenje; tumačenje	výklad	forklaring	verklaring	364

	FINNISH Suomi	HUNGARIAN Magyar	ITALIAN Italiano	NORWEGIAN Norsk	POLISH Polski
342	kaiverros	metszet	incisione; stampa	stikk	sztych; rycina
343	nuottienkaiverrus	kottagrafika	incisione (grafica) di musica	notestikk	sztych nut
344	täydennetty laitos/ painos; laajennettu/ lisätty painos	bővített kiadás	edizione aumentata	forøket/utvidet ut-gave	wydanie poszerzone/ rozszerzone/uzupełnione
345					
346	hakusana	címszó	richiamo; parola fondamentale	oppslagsord; stikkord; ordningsord	hasło
347	jälkilause; jälkisanat	utószó	epilogo	etterskrift	posłowie
348	erehdyksiä ja vir-heitä	errata; nyomdahiba-jegyzék; hiba-igazító	errata	feilsliste	errata
349	latomisvirhe	szedéshiba; betűhiba	sbaglio di composizione	satsfeil	błąd składu (zecerskiego); literówka
350	essee	esszé	saggio	essay	esej
351					
352					
353	näytekappale	mutatványpéldány/-szám	(numero di) saggio	prøveeksemplar	egzemplarz/numer próbny
354	otteita; valitut kappaleet	részlet; szemelvény	estratto	utdrag; ekserpt	wyjątek
355	yksin-; yksinomainen	kizárólag(os)	esclusivo	utelukkende	wyłączny
356	yksinedustus	kizárólagos képviselet	agenzia/rappresen-tanza esclusiva	utelukkende/enebe-rettiget agentur	wyłączne przedsta-wicielstwo
357	yksinjakelu; yksinja-keluoikeus	kizárólagos terjesz-tés(i jog)	(diritto di) diffusione esclusiva	utelukkende rett til fordeling	wyłączna sprzedaż
358					
359					
360					
361	näyttely	kiállítás	esposizione	utstilling	wystawa
362					
363	kulut; menot	kiadás(ok)	spese	utlegg	wydatki
364	selitys	magyarázat	spiegazione	forklaring	wyjaśnienie; objaś nienie

PORTUGUESE Português	ROMANIAN Român	SERBIAN Српски	SLOVAK Slovensky	SWEDISH Svensk	
gravura	gravură	урез; урезивање	rytina	gravyr; stick	**342**
gravação de música	gravură de note	резање нота	notový rez	gravyr av noter	**343**
edição aumentada	ediţie lărgită	проширено издање; допуњено издање	rozšírené vydanie	utökad/utvidgad upplaga	**344**
					345
título	cuvînt-titlu; cuvînt semnal	насловна реч	heslo	stickord; uppslagsord; ordningsord	**346**
epílogo; conclusão	cuvînt de încheiere	поговор	epilóg; doslov	efterskrift; slutord	**347**
errata	erată	списак (штампарских) грешака; исправке	erráta	errata; rättelser	**348**
errata; gralha	greşeală de cules	слагачка грешка	chybná sadzba	sättfel; tryckfel	**349**
ensaio	eseu	есеј; оглед	esej	essä	**350**
					351
					352
exemplar de amostra; espécime	număr de probă	угледни примерак	ukážkové číslo	provexemplar	**353**
extracto	fragment; pagini alese	одломак	úryvok; výťah	utdrag; excerpt	**354**
exclusivo	exclusiv	искључив	výhradný; výlučný	uteslutande	**355**
agência exclusiva	reprezentanţă unică/exclusivă	искључиво заступништво	výhradné zastúpenie	ensamagentur	**356**
direito exclusivo de difusão; monopólio	difuzare/vînzare exclusivă	искључиво растурање	výhradný predaj	ensamförsäljning	**357**
					358
					359
					360
exposição; exibição	expoziţie	изложба	výstava	utställning	**361**
					362
despesas	cheltuieli; speze	издатак (издаци); трошак (трошкови)	trovy; útraty	utlägg; utgift	**363**
explicação	explicaţie; lămurire	објашњење; тумачење	výklad	förklaring	**364**

	ENGLISH	FRENCH Français	GERMAN Deutsch	RUSSIAN Русский	Spanish Español
365	**exploitation** *s.* utilization				
366	**extended term**	délai supplémentaire	Nachfrist	отсрочка; дополнительный срок	prórroga; prolongación del plazo
367	**extract** *s.* excerpt				
368	**facsimile**	fac-similé	Faksimile	факсимиле	facsímile
369	**faithful translation**	traduction fidèle	wortgetreue/treue Übersetzung	верный перевод	traducción fiel
370	**fiche internationale** *syn:* international catalog(ue) card	fiche internationale	internationaler Katalogzettel	международная каталожная карточка	ficha internacional
371	**fiction** *syn:* imaginative literature; → belles-lettres; novel	le roman; production romancière	Romanliteratur	романы; жанр романов	novelas; relatos
372	**figure**[1] →illustration; picture	image; illustration; figure; planche	Abbildung; Bild; Illustration	иллюстрация; рисунок; картинка	ilustración; imagen
373	**figure**[2] *s.* text illustration				
374	**filming** *s.* use in film				
375	**film rights** *syn:* movie/synchronization rights	droits d'adaptation; à l'écran; droits de transposition/adaptation cinématographique	Filmrechte; Verfilmungsrechte	право экранизации	derecho cinematográfico; derecho de adaptar a la pantalla
376	**first edition** *syn:* original edition	édition originale; première édition; édition princeps	Originalausgabe; Erstausgabe	первоначальное издание; первое издание	edición original/príncipe; primera edición
377	**flap** *s.* jacket-flap				
378	**flat sheets** *s.* in flat sheets				
379	**flexible cover/binding** *syn:* soft cover	reliure souple/anglaise	flexibler Einband	гибкий переплёт	encuadernación flexible
380	**fly-leaf** *syn:* paste-down	(feuillet de) garde; feuille volante	Vorsatz; Vorsatzblatt	форзац	fachada
381	**flysheet**[1], **flying sheet** *s.* leaflet				
382	**flysheet**[2] *s.* blurb				
383	**fold**	pliure; pliage	Falz	фальц; сгиб	pliegue
384	**folded sheets** *s.* copy in sheets				
385	**fold-out** *s.* throw-out				
386	**folio**[1] *(format)*	in-folio	Folioformat; Folioband; Bogenformat	фолио; ин-фолио; фолиант	en folio
387	**folio**[2] *syn:* page number	pagination	Seitenzahl; Paginierung	номер страницы	número de página
388	**follow-up rights, follow-ups** *(US)* *s.* subsidiary rights				

BULGARIAN Български	CROATIAN Hrvatski	CZECH Česky	DANISH Dansk	DUTCH Nederlands	
					365
допълнителен срок	naknadni rok	dodatečná lhůta	forlængelse	verlengingstermijn; nieuwe termijn	366
					367
факсимиле	faksimil	faksimile	faksimile; facsimile	facsimile	368
верен превод	vjeran prijevod	věrný překlad	tro oversættelse	trouwe vertaling	369
международно каталожно картонче	međunarodna kataloška kartica	lístek mezinárodního formátu	kort i internationalt format	„fiche internationale"	370
роман	romani	románová literatura	romandigtning	romanliteratuur; verhalend proza	371
илюстрация; образ; фигура; картина	ilustracija; slika	vyobrazení; obrázek; ilustrace	illustration; figur; billede	illustratie; afbeelding; beeld	372
					373
					374
филмови права; право/права за филмиране	filmska prava; prava ekranizacije	filmové právo	filmrettigheder; filmatiseringsretter	filmrechten; verfilmingsrechten	375
оригинално издание; първо(начално) издание	originalno/prvo izdanje	původní vydání; originál	originaludgave; førsteudgave	oorspronkelijke uitgave; originele uitgave; eerste uitgave	376
					377
					378
гъвкава подвързия	gibak uvez	ohebná vazba	blød kartonnage	soepele band	379
форзац	predlistak; postava (u knjizi)	předsádka	forsats; forsatsspejl; forsatsblad	schutblad	380
					381
					382
фалц	pregib (araka)	falc; zlom	fals	vouw	383
					384
					385
във формат фолио; фолиант	folio	foliant	foliant; folio	folio	386
номер на лист	pagina	čislo strany	sidetal	nummer van de bladzijde; paginering	387
					388

	FINNISH Suomi	HUNGARIAN Magyar	ITALIAN Italiano	NORWEGIAN Norsk	POLISH Polski
365					
366	pidennetty määräaika; lisämääräaika	póthatáridő	termine supplementare	forlengelse	termin dodatkowy
367					
368	faksimile	fakszimile	facsimile	faksimile	faksymile
369	tarkka käännös	hű fordítás	traduzione fedele	tro oversettelse	wierny przekład; wierne tłumaczenie
370	kansainvälinen vakiokortti	„fiche"; nemzetközi nyilvántartó lap	«fiche»; scheda internazionale	internasjonalt katalogkort	międzynarodowa kartka katalogowa
371	romaanikirjallisuus; romaanilaji	regény(irodalom); regényműfaj	romanzo	romanlitteratur	literatura powieściowa
372	kuva	illusztráció; ábra; kép	figura; illustrazione	illustrasjon; figur; bilde	ilustracja
373					
374					
375	elokuvaamisoikeus	filmjogok; megfilmesítési jogok	diritti di adattamento allo schermo; diritti cinematografici	filmrettigheter	prawa sfilmowania
376	kantapainos; ensipainos; ensimmäinen painos	eredeti kiadás; első kiadás	edizione originale/ principe	original utgave; førsteutgave	wydanie pierwsze
377					
378					
379	taipuisa sidos	flexikötés	legatura pieghevole/ flessibile	mykt bind	oprawa miękka
380	etupaperi; kansivuoraus	előzéklap	antiporta; foglio di guardia; sguardia	forsatsspeil; forsatsblad	forzac; wyklejka
381					
382					
383	taite; taive	hajtás	piegatura	false	falc
384					
385					
386	folio; yksitatteiskoko	fólióalak; fóliáns	foglio	folio	folio
387	sivunumero	oldal-/lapszám	numero della pagina	sidetall	pagina; numer stronicy
388					

PORTUGUESE Português	ROMANIAN Român	SERBIAN Српски	SLOVAK Slovensky	SWEDISH Svensk	
					365
prorrogação de prazo	termen nou; amînare (de termen)	допунски рок	dodatočná lehota	förlängd termin	**366**
					367
fac-símile	facsimil	факсимил	faksimile	faksimil(e)	**368**
tradução fiel	traducere fidelă	веран превод	verný preklad	trogen översättning	**369**
ficha internacional	fişă internaţională	међународна каталошка картица	lístok medzinárodného formátu	internationellt katalogkort	**370**
literatura de ficção	roman	романи	románová literatúra	romanlitteratur	**371**
ilustração; imagem	figură; illustraţie; tablou	илустрација; слика	vyobrazenie; obrázok; ilustrácia	figur; illustration; bild	**372**
					373
					374
direitos cinematográficos	drepturi de filmare	филмска права; права екранизације	filmové právo	filmrättigheter	**375**
primeira edição; edição original	ediţie originală/princeps; întîia ediţie	оригинално издање; прво издање	pôvodné vydanie; pôvodina	originalupplaga; första upplaga	**376**
					377
					378
encadernação flexível	legătură flexibilă	гибак повез	ohybná väzba	flexibelt band; mjukt	**379**
fachada	forzaţ	предлистак; постава (у књизи)	predsádka	försättsblad	**380**
					381
					382
vinco	falţ	прегиб табака	lom; falc	fals	**383**
					384
					385
formato in-fólio	format în-folio; folio	фолио	fólio	foliant; folio	**386**
número de página	numărul paginii; paginare	пагина	číslo strany	sidnummer; paginasiffra	**387**
					388

	ENGLISH	FRENCH Français	GERMAN Deutsch	RUSSIAN Русский	Spanish Español
389	**footnote** *syn:* annotation	note de bas de page; note infrapaginale	Fußnote	сноска; подстрочное примечание	nota al pie de página
390	**foreword** *s.* preface; introduction				
391	**form** *syn:* blank	formulaire; bulletin	Formular; Vordruck	формуляр; бланк	fórmula; formulario
392	**format** *syn:* size of page	format	Format	формат	formato real
393	**for own account**	pour son propre compte	für eigene Rechnung	за свой счёт	por cuenta propia
394	**forthcoming originals** *s.* to appear shortly				
395	**four-colo(u)r process**	quadrichromie; impression en quatre couleurs	Vierfarbendruck	четырёхкрасочная печать	impresión en cuatro colores
396	**free lance** *s.* outside collaborator				
397	**free of charge**	gratuit	gratis; kostenlos	бесплатный; бесплатно	gratis; gratuito
398	**free specimen copy** *s.* complimentary copy				
399	**frontispiece**	frontispice	Frontispiz; Titelbild	фронтиспис	frontispicio; portada ornada/grabada
400	**full-page**	couvrant une page entière	ganzseitig	занимающий всю страницу	a toda página; a página completa
401	**galley proof** *syn:* slip proof	épreuve en placard; placard	Fahne; Fahnenabzug; Fahnenkorrektur	гранка; корректура в гранках; корректурный оттиск с набора в гранках	galerada; prueba de galera/en tira/en columna
402	**gathering** *syn:* assembling; collation	assemblage	Zusammentragen	подборка; комплектировка	alzado
403	**general agency**	représentation générale	Generalvertretung	генеральное агентство	agencia general
404	**general books/ literature**	ouvrages généraux	allgemeine Bücher/ Literatur	общие книги; общая литература	obras generales
405	**general conditions (of sale)** *s.* terms of delivery				
406	**general treatise** *s.* outlines; compendium				
407	**get-up (of a book)** *s.* technical make-up				
408	**glazed paper** *syn:* glossy paper	papier glacé/satiné	Glanzpapier	глянцевая бумага	papel glasé/satinado
409	**glossary**[1] *s.* commentary				

BULGARIAN Български	CROATIAN Hrvatski	CZECH Česky	DANISH Dansk	DUTCH Nederlands	
забележка под линия	podnožna zabilješka/primjedba; fusnota	poznámka pod čarou	fodnote	voetnooot	**389**
					390
бланка; формуляр	formular; obrazac	formulář; blanket	formular; blanket	formulier	**391**
формат; размер(и)	format	formát	format; størrelse	formaat	**392**
на своя сметка	na vlastiti račun	na vlastní účet	på egen regning	voor eigen rekening	**393**
					394
четирицветен печат	četvorobojno tiskanje	čtyřbarevní tisk	firfarvetryk	vierkleurendruk	**395**
					396
безплатно; безплатен	besplatno (besplatan); gratis	zdarma	gratis	gratis; present	**397**
					398
фронтиспис	frontispis	frontispice	frontispice	frontispice; titelblad; titelvignet	**399**
на цялата страница	koji zahvata cijelu stranicu; cijelostranični	celostránkový	helsides-	full-page; over hele pagina	**400**
коректурен отпечатък	korekturni otisak stupca	sloupcový obtah	spaltekorrektur	losse proeven	**401**
свързване/набиране на отпечатани коли	skupljanje tiskanih araka	snášení (listů)	optagning	het vergaren	**402**
генерално представителство	generalno zastupstvo	generální zastoupení	generalagentur; hovedagentur	hoofdagentschap	**403**
общи творби; популярна литература	knjige za svakoga; popularna književnost	knihy všech oborů	almindelig litteratur	algemene boeken/literatuur	**404**
					405
					406
					407
гланцова хартия	sjajni papir	lesklý papír	glanspapir; glacépapir	glanzend/gesatineerd papier; glacépapier; geglaceerd papier	**408**
					409

	FINNISH Suomi	HUNGARIAN Magyar	ITALIAN Italiano	NORWEGIAN Norsk	POLISH Polski
389	alaviite; alahuomautus; alanootti	lábjegyzet	nota in calce	fotnote	przypis (pod tekstem)
390					
391	lomake	űrlap	modulo; formulario	formular; skjema; blankett	przedruk; formularz
392	koko; formaatti	formátum; méret(ek)	formato; sesto	format; størrelse	format
393	omaan laskuun	saját számlára	per conto proprio	på egen regning	na własny rachunek
394					
395	neliväripainanta	négyszínnyomás	stampa a quattro colori; quadricromia	firfargetrykk	druk czterobarwny
396					
397	ilmainen; maksuton; vapaa(-)	ingyen(es)	gratuito	gratis; fri	gratisowy; bezpłatny, -nie
398					
399	alkukuva; nimiökuva; esiökuva	címkép; címmetszet	antiporta/frontespizio (con tavola)	frontbilde; frontispise	rycina na karcie tytułowej
400	kokosivun; koko sivun käsittävä	egészoldalas	(in) piena pagina	helsides	całostronny
401	palstavedos	kutyanyelv; hasáblevonat; hasábkorrektúra	bozza in colonnini; bozze di vantaggio	spaltekorrektur	szpalta; odbitka korektorska
402	(arkhien) koonti	összehordás	raccolta	opptakning	zbieranie (złamanych arkuszy)
403	pääedustus	kizárólagos képviselet; vezérképviselet	rappresentanza generale	hovedagentur	generalne przedstawicielstwo
404	yleinen kirjallisuus	általános (tárgyú) könyv/irodalom	letteratura generale; libri di «primo approccio»	litteratur	literatura powszechna
405					
406					
407					
408	kiiltopaperi	fénypapír	carta lucida	glittet papir	papier satynowany (z połyskiem)
409					

PORTUGUESE Português	ROMANIAN Român	SERBIAN Српски	SLOVAK Slovensky	SWEDISH Svensk	
anotação	notă de subsol	фуснота; забелешка	poznámka pod čiarou	fotnot	389
					390
impresso	formular	формулар; образац	formulár; blanketa	formulär; blankett	391
formato	format	формат	formát	storlek; format	392
por conta própria	pe cont propriu	на властити рачун	na vlastný účet	för egen räkning	393
					394
impressão em quatro cores	patrucromie	четворобојно штампање	štvorfarebná tlač	fyrfärgstryck	395
					396
gratis; gratuito	gratuit	бесплатно (бесплатан)	zadarmo	gratis	397
					398
frontispício	frontispiciu	фронтиспис	frontispice; protititulný obraz	frontespis	399
a toda a página	de pagină întreagă	који захвата целу страницу; целостранични	celostranový; celostránkový	helsides-	400
prova de granel	șpalt; tipar de corectură; tras	коректурни отисак ступца	stĺpcový obťah	korrekturavdrag i spalter	401
alçado	adunarea colilor	скупљање штампаних арака	znášanie (listov)	upptagning	402
agência geral	reprezentanță generală	генерално заступништво; генерално представништво	generálne zastúpenie	generalagentur	403
literatura geral	literatură în general	књиге за свакога; популарна књижевност	knihy všetkých odborov	allmän litteratur	404
					405
					406
					407
papel setim/assetinado	hîrtie satinată/lucioasă	сјајна хартија	lesklý papier	glanspapper	408
					409

	ENGLISH	FRENCH Français	GERMAN Deutsch	RUSSIAN Русский	Spanish Español
410	**glossary**[2] *s.* vocabulary				
411	**glossy paper** *s.* glazed paper				
412	**good for print** →ready for print	bon à tirer	„gut/fertig zum Druck!"; druckfertig; druckreif	«в печать!»	listo para imprimir
413	**gramophone record** *s.* phonograph record				
414	**"grands droits"**	grands droits	großes Recht	«большое (авторское) право»	grandes derechos
415	**graphic(al)**	graphique	graphisch	графический	gráfico
416	**guardsheet**	(page de) couverture	Deckblatt	лист бумаги для защиты художественной вклейки	hoja de papel; volante pequeño
417	**guide(-book)** *syn:* textbook; manual of instruction; introduction to...	manuel scolaire; précis de...; introduction à...; traité pratique	Leitfaden; Lehrbuch	курс; руководство; введение (в...)	guía; introducción
418	**half-title** → subtitle	titre courant; faux titre; avant-titre	Schmutztitel; Vortitel	шмуцтитул	anteportada
419	**handbook** →manual; compendium; guide	manuel; traité pratique de...; précis de...	Handbuch; Grundriß	руководство; справочник	manual; compendio
420	**handguide** *s.* manual				
421	**hand proof** *syn:* rough proof	épreuve (à la brosse)	Bürstenabzug; Probeabzug	оттиск (корректурный) при помощи щётки	prueba al cepillo; primera prueba
422	**hardcover (edition)** *syn:* hardback edition; hardbound (edition)	relié; édition reliée	im festen Einband; gebunden; Hardcover	издание в твёрдом переплёте	edición en encuadernación sólida
423	**hawking** *s.* colportage				
424	**headline**	titre manchette; titre en vedette	Schlagzeile	крупный заголовок	título de encabezamiento; epígrafe
425	**hire contract** *(for music material)*	contrat de location	Revers; Leihvertrag	договор о прокате музыкальных материалов	contrato de préstamo
426	**hire fee** *syn:* rental fee *(US)*	(prix de) location de matériel	Leihgebühr; Materialgebühr	плата за прокат (нотных) материалов	tasa de préstamo
427	**hire material** *s.* material on hire				
428	**history**	histoire	Geschichte	история	historia
429	**home trade** *s.* domestic trade				

BULGARIAN Български	CROATIAN Hrvatski	CZECH Česky	DANISH Dansk	DUTCH Nederlands	
					410
					411
готово за печат	»neka se tiska«	připravený na tisk	»kan trykkes«; »til tryk«	„afdrukken"; persklaar	412
					413
голямото право	»veliko pravo«	(velká) práva	grands droits; dramatiske rettigheder (musik og/eller tekst)	groot recht (toneelopvoeringsrecht)	414
графичен; графически	grafički	grafický	grafisk	grafisch	415
предпазна тънка хартия	(tanak) zaštitni list	superobal; přebal	beskyttelsesblad	schutblad	416
учебник; ръководство; въведение/увод в...	udžbenik; priručnik; uvod u...	průvodce; příručka; úvod do...	lærebog; vejledning; fører	handleiding; gids; leerboek	417
шмуцтитул	prednaslov (u knjizi)	patitul	smudstitel	Franse titel; voortitel	418
наръчник; ръководство	priručnik	rukovět; příručka	håndbog	handboek	419
					420
коректура	otisak četkom; korekturni otisak	kartáčový obtah/otisk	børsteaftryk	borstelproef	421
(издание) с твърда подвързия	u tvrdom povezu	vázaná kniha; vázané vydání	indbunden	gebonden uitgave	422
					423
тлъсто/едро напечатано заглавие	glavni naslov	hlavní titulek; zalomený titulek	stor overskrift	opschrift; kop	424
договор за заемане на (музикални) материали	revers; ugovor o pozajmici/o iznajmljivanju (muzičkih materijala)	smlouva o zapůjčení materiálu	lejekontrakt	huurvereenkomst (voor orkestmateriaal)	425
такса за заемане на музикални материали	pristojba za posuđivanje (nota)	půjčovné	materialeleje	materiaalhuur	426
					427
история	povijest; (h)istorija; povjesnica	dějiny; historie	historie	geschiedenis	428
					429

	FINNISH Suomi	HUNGARIAN Magyar	ITALIAN Italiano	NORWEGIAN Norsk	POLISH Polski
410					
411					
412	"painettakoon!" hyväksytty painettavaksi	nyomható!	«si stampi»	«kan trykkes»	„imprimatur!"; „wolno drukować!"
413					
414	suuret oikeudet	nagyjog	« grands droits »	store rettigheter	wielkie prawa
415	graafinen	grafikai; grafikus	grafico	grafisk	graficzny
416	suojalehti	fedőlap	foglio di guardia	beskyttelsesblad	karta ochronna; papier ochronny; obwoluta; okładka przezroczysta
417	oppikirja; opas	tankönyv; vezérfonal; bevezetés a ...-ba	libro scolastico; guida; manuale	lærebok; fører; veiledning	podręcznik; poradnik; wstęp do...
418	esinimiö; esinimeke	szalagcím; szennycím	occhietto; mezzo titolo	smusstittel	przedtytuł; szmuctytuł; tytuł wstępny
419	käsikirja	kézikönyv	manuale; compendio	håndbok	podręcznik
420					
421	harjavedos	kefelenyomat; kefe	bozza a mano	avtrykk med børste	odbitka szczotkowa
422	kovakantinen, sidottu	keménykötésű kiadás	edizione «hardcover»	innbundet	wydanie w twardej oprawie
423					
424	iskuotsikko; suurotsikko	nagybetűs cím; főcím	titolo principale; titolo a grossi caratteri	stor overskrift	nagłówek
425	vuokrasopimus	anyagkölcsön-szerződés; anyagbérleti szerződés	contratto di noleggio materiali	leieavtale	wynajęcie; umowa/kontrakt najmu; rewers
426	vuokra; lainausmaksu; materiaalimaksu	anyagkölcsöndíj; anyagbérleti díj	noleggio; nolo	leieavgift	opłata/należność za użytkowanie/wynajem
427					
428	historia	történelem	storia	historie	dzieje; historia
429					

PORTUGUESE Português	ROMANIAN Român	SERBIAN Српски	SLOVAK Slovensky	SWEDISH Svensk	
					410
					411
imprimível	bun de tipar	«нека се штампа»	pripravený na tlač	tryckfärdig	**412**
					413
grandes direitos	„drept mare/major“	»велико право«	(veľké) práva	stora rättigheter	**414**
gráfico	grafic	графички	grafický	grafisk	**415**
coberta	hîrtie subţire de protecţie	(танак) заштитни лист	superobal; prebal	skyddsblad	**416**
guia; introdução	fir călăuzitor; manual; iniţiere	уџбеник; приручник; увод у...	sprievodca; príručka; úvod do...	handledning; kortfattad lärobok	**417**
título abreviado	şmuţtitlu	преднаслов *(у књизи)*	patitul; prednázov	smutstitel; förtitel	**418**
manual; compêndio	manual	приручник	rukoväť; príručka	handbok	**419**
					420
prova a escova; primeira prova	corectură; perie; tras; tiparul de probă	отисак четком; коректурни отисак	kefový obťah	avklappning med borste; borstavdrag	**421**
edição cartonada/com capa rígida	ediţie cartonată	у тврдом повезу	viazaná kniha; viazané vydanie	hårdpärmad inbunden	**422**
					423
letreiro; título	manşetă (de ziar)	главни наслов	hlavný titulok; zalomený titulok	rubrik	**424**
contrato de empréstimo	tratat de împrumut pentru materiale muzicale	реверс; уговор о позајмици материјала; уговор о изнајмљивању (музичких) материјала	zmluva o zapožičaní materiálu	revers; hyreskontrakt	**425**
(propina de) empréstimo	taxă de împrumut (la note)	пристојба за посуђивање (нота)	požičovné	hyresavgift	**426**
					427
historia	istorie	(х)историја; повест	dejiny	historia	**428**
					429

	ENGLISH	FRENCH Français	GERMAN Deutsch	RUSSIAN Русский	Spanish Español
430	**hurts** *(US)* *s.* damaged copies				
431	**illustration** →design; figure; picture	illustration; gravure	Illustration; Bild	иллюстрация; картинка; рисунок	ilustración; imagen; grabado
432	**imaginative literature** *s.* belles-lettres; fiction				
433	**imitation** →reproduction	imitation	Nachahmung; Nachbildung	имитация; подделка	imitación
434	**imperfect** *s.* defective				
435	**impression** *s.* size of edition; edition				
436	**imprimatur**	imprimatur; bonnes feuilles	Imprimatur; Druckreifeerklärung	подписание к печати	imprimátur
437	**imprint**[1] *syn:* printer's address	adresse bibliographique; achevé d'imprimer; nom de l'imprimeur	Druckvermerk	(издательско-регистрационные) выходные данные/сведения	pie de imprenta; colofón
438	**imprint**[2] *s.* edition				
439	**in boards** *s.* cardboard-bound				
440	**income tax**	taxe sur le(s) revenu(s)	Einkommensteuer	подходный налог	impuesto sobre la renta
441	**incomplete** *s.* defective				
442	**indemnification** *syn:* (compensation of) damages; reimbursement	dommages-intérêts; indemnité	Schadenersatz	возмещение убытков	indemnización
443	**to indent**	aller à la ligne; renfoncer; passer à l'alinéa	absetzen *(eine Zeile)*	делать абзац	sangrar
444	**index** *s.* author index; subject index; table of contents				
445	**Indian ink**	encre de Chine	Tusche	тушь	tinta china
446	**India paper/proof** *s.* bible paper				
447	**in flat sheets**	en feuilles	in Rohbogen	в виде несфальцованных печатных листов	en pliegos; en ramas
448	**infringement of copyright** *syn:* piracy; pirating	contravention/infraction au droit d'auteur; contrefaçon	Urheberrechtsverletzung	нарушение авторского права	violación del derecho de autor
449	**inheritance tax** *syn:* estate tax	droit de succession; taxe successorale	Erbschaftssteuer	налог с наследства	impuesto sobre la herencia
450	**in print** *s.* available				
451	**inquiry**	demande; sollicitation	Anfrage	запрос	interés

BULGARIAN Български	CROATIAN Hrvatski	CZECH Česky	DANISH Dansk	DUTCH Nederlands	
					430
илюстрация; образ; фигура; картина	ilustracija; slika	ilustrace	illustration; figur	illustratie; afbeelding; beeld	**431**
					432
подражание	patvorina; patisak	napodobenina	imitation	imitatie; namaak; nadruk	**433**
					434
					435
разрешение за печатане	imprimatur; odobrenje za tisak	imprimatur	godkendelse til tryk	imprimatur; verlof tot afdrukken	**436**
издателско каре; издателски данни	impresum; kolofon	tiráž; impressum	imprint	imprint; bibliografisch adres	**437**
					438
					439
данък върху дохода	porez na prihod	důchodová daň; daň z příjmů	indkomstskat	inkomstenbelasting	**440**
					441
обезщетение	naknada štete; otšteta	náhrada škody; odškodné	skadeserstatning	schadevergoeding	**442**
започвам нов ред (в набора)	uvući (red); uvlačiti	sázet se zarážkou	indrykke	laten inspringen	**443**
					444
туш	tuš	tuš	tusch	Oostindische inkt	**445**
					446
на коли	u araku	v arších	(eksemplar) i materie	in losse vellen	**447**
нарушение на авторското право	prekršaj/povreda autorskog prava	porušení autorského práva	krænkelse af ophavsretten	inbreuk op het auteursrecht	**448**
данък върху наследство	porez na baštinu/na nasledstvo	dědická daň	arveafgift; arveskat	erfbelasting	**449**
					450
интерес	upit; informiranje	dotaz	forespørgsel	aanvraag	**451**

	FINNISH Suomi	HUNGARIAN Magyar	ITALIAN Italiano	NORWEGIAN Norsk	POLISH Polski
430					
431	kuva	illusztráció; ábra; kép	illustrazione; figura	illustrasjon; figur; bilde	ilustracja
432					
433	jäljittely	utánzás	imitazione	imitasjon	imitacja; naśladowanie
434					
435					
436	painolupa; painatuslupa; imprimatur	imprimatúra	imprimatur	godkjennelse till trykk	imprimatur
437	julkaisutiedot; painotiedot	impresszum	note tipografiche	trykkangivelse	metryka książki; kolofon; „stopka"
438					
439					
440	tulovero	jövedelmi adó	imposta sul reddito	inkomstskatt	podatek dochodowy
441					
442	vahinkojen korvaus	kártérítés	risarcimento danni; indennità	skadeserstatning	wynagrodzenie za szkodę; odszkodowanie
443	aloittaa uusi kappale (latomisessa)	bekezdeni; bekezdéssel szedni	fare/comporre un'alinea	innrykke	rozpocząć z wcięciem wciąć (wiersz)
444					
445 446	tušši	tus	inchiostro della Cina	tusj	tusz
447	irtoarkkeina	ívben	in fogli (non piegati)	(eksemplar) i materie	w arkuszach
448	tekijänoikeuden loukkaus	szerzői jogbitorlás; szerzői jog megsértése	violazione/usurpazione del diritto d'autore	krenkelse av opphavsretten	naruszenie prawa autorskiego
449	perintövero	örökösödési adó	imposta sulle successioni	arveavgift	podatek spadkowy
450					
451	tarjouksenpyyntö	érdeklődés; ajánlatkérés	chiesta di notizie; richiesta	forespørsel	zapytanie

PORTUGUESE Português	ROMANIAN Român	SERBIAN Српски	SLOVAK Slovensky	SWEDISH Svensk	
					430
ilustração; imagem; gravura	ilustrație; figură; planșă	илустрација; слика	ilustrácia	illustration; figur; bild	**431**
					432
imitação	imitație; copie neautorizată	имитација; патворина	napodobnenina	imitation	**433**
					434
					435
imprimátur	bun de tipar	импримaтур; одобрење за штампу	imprimatur	imprimatur; tryckningstillstånd	**436**
anotação final; colofone	adresă bibliografică	импресум; колофон	tiráž; impressum	tryckuppgift; tryckort; kolofon	**437**
					438
					439
imposto sobre o rendimento	impozit pe venit	порез на приход	dôchodková daň; daň z príjmov	inkomstskatt	**440**
					441
indemnização	despăgubire	накнада штете; отштета	náhrada škody; odškodné	skadeersättning	**442**
alinear; fazer parágrafo; começar uma linha deixando	a culege un alineat	увући (ред)	sádzať so zarážkou	indra(ga); sätta med indrag	**443**
					444
tinta da China	tuș	туш	tuš	tusch	**445**
					446
em folhas soltas	în coli	у табаку, у араку	v hárkoch	i lösa ark	**447**
violação dos direitos de autor	prejudiciul dreptului de autor	повреда ауторског права	porušenie autorského práva	överträdelse av upphovsrätten	**448**
imposto de transmissão	impozit pe succesiune	проез на наследство	dedičská daň	arvskatt	**449**
					450
pergunta	întrebare	питање; тражење обавештења	dotaz	intresse; efterfrågan; efterfrågning	**451**

	ENGLISH	FRENCH Français	GERMAN Deutsch	RUSSIAN Русский	Spanish Español
452	**to insert** *syn:* to intercalate	insérer; intercaler	einfügen	вставить	intercalar; insertar
453	**instalment**	paiement fractionné; règlement à tempérament	Ratenzahlung; Teilzahlung	уплата в рассрочку	pago a plazos; plazo
454	**institute**	institut	Institut; Anstalt	институт	instituto; establecimiento
455	**instructional media/ materials** *s.* school-books				
456	**insurance**	assurance	Versicherung	страхование; страховка	seguro
457	**intaglio printing**	procédé en creux	Tiefdruck	глубокая печать	huecograbado; impresión en hueco
458	**intellectual property** *syn:* literary property	propriété intellectuelle	geistiges Eigentum	«духовная собственность»	propiedad intelectual
459	**to intercalate** *s.* to insert				
460	**interested readers** *syn:* readership *(US)*	les lecteurs	Leserkreis	круг читателей	círculo de lectores; lectores
461	**interleaf**	feuille intercalaire	Zwischenblatt	вкладка; прокладка	hoja intercalada
462	**to interleave**	interfolier; imposer	einschießen	прокладывать (оттиски)	interfoliar; intercalar una hoja
463	**international catalog(ue) card** *s.* fiche internationale				
464	**in the press** →to appear	sous presse	im Druck	в печати	en prensa; en curso de publicación
465	**introduction**[1] *syn:* foreword; →preface	introduction	Einführung; Einleitung; Vorwort	введение; вступление; вступительное слово; вступительная часть/статья	introducción
466	**"introduction[2] to..."** *s.* guide-book				
467	**inventory** →available	stock; (le) disponible; inventaire	Bestand	запас; состав; инвентарь; наличие	fondo; existencias; inventario
468	**invoice**	facture	Rechnung; Faktura	фактура; счёт	factura
469	**to invoice**	facturer	in Rechnung stellen	поставить в счёт	facturar
470	**invoice amount/total** *syn:* amount of invoice	montant de la facture	Rechnungsbetrag	сумма счёта	importe de la factura
471	**in volume form**	en volume	in Buchform	в виде книги; отдельной книгой	en forma de libro
472	**in writing**	écrit; en écriture	schriftlich	письменно	escrito; por escrito
473	**issue** *s.* number; edition				

BULGARIAN Български	CROATIAN Hrvatski	CZECH Česky	DANISH Dansk	DUTCH Nederlands	
вмъквам; включвам	umetnuti	vložit	indsætte; indklæbe; indhæfte	invoegen	**452**
изплащане на части	obročno plaćanje; plaćanje u ratama/obrocima	splátka; splácení (v částkách)	ratebetaling; afdragsvis	afbetaling bij termijnen	**453**
институт	institut; zavod	ústav	institut	instituut	**454**
					455
застраховка	osiguranje	pojištění	forsikring	verzekering	**456**
дълбок печат	duboki tisak	hlubotisk	dybtryk	diepdruk	**457**
духовно имущество	duhovna svojina	duševní vlastnictví	litterær ejendom	intellectuele eigendom	**458**
					459
кръг на читателите; заинтересуваните	krug čitatelja	kruh čtenářů; čtenářská obec	læsekreds; læsere	lezers; lezerskring	**460**
допълнително вмъкнат бял лист	ubačeni list; umetak; umetnut/prošiven čist list	vložený list	indskudt blad	tussenblad	**461**
вмъквам бели/чисти листа в книга	umetnuti čiste listove	prokládat	interfoliere; indskyde	interfoliëren; met wit (papier) doorschieten	**462**
					463
под печат; преди излизането	u tisku; u štampi	v tisku	i trykken; under udgivelse	ter perse	**464**
въведение; увод	uvod (u knjizi); predgovor (u knjizi)	úvod	indledning	inleiding; voorwoord; ten geleide	**465**
					466
запас; наличност; инвентар	zaliha; brojno stanje; fond; inventar	knižní fond	bestand	inventaris; voorraad	**467**
фактура; сметка	robni račun; faktura	účet	fakture	faktuur; rekening	**468**
издавам фактура	staviti u račun; fakturisati; načiniti robni račun	účtovat	opstille regningen	factureren	**469**
сума на фактурата	računski iznos; iznos računa	účetní částka	regningsbeløb	som/bedrag van de rekening	**470**
във форма на книга	u formi knjige	knižně	i bogform	in boekvorm; als boek	**471**
писмено	pismeno; napismeno	písemní	skriftlig	schriftelijk	**472**
					473

	FINNISH Suomi	HUNGARIAN Magyar	ITALIAN Italiano	NORWEGIAN Norsk	POLISH Polski
452	pistää väliin; liittää väliin	beilleszteni	inserire; intercalare	innsette; innklebe; innhefte	wstawić; wkładać; włożyć
453	vähittäismaksu	részletfizetés	pagamento rateale	ratebetaling; (på) avdrag; avbetaling	zapłata ratalna spłata w ratach/na raty
454	laitos	intézet	istituto	institutt	instytut; ośrodek; placówka
455					
456	vakuutus	biztosítás	assicurazione	forsikring	ubezpieczenie
457	syväpainanta; syväpaino	mélynyom(tat)ás	stampa ad intaglio; stampa a incavo	dyptrykk	druk wklęsły
458	kirjallinen omistus	szellemi tulajdon	proprietà intellettuale	intellektuell/ litterær eiendom	własność umysłowa
459					
460	lukijakunta	olvasók köre; érdeklődők	pubblico di lettori	lesere	„przeznaczony dla...”; czytelnicy; krąg interesujących się
461	välilehti; liitesivu; liitelehti	betétlap (könyvben); beillesztett/belőtt lap	foglio bianco inserito	innskutt blad	wkładka; wklejka; karta wkładana
462	välilehdittää	belőni	interfogliare	interfoliere; innskyte	wstawić
463					
464	painossa	sajtó alatt; megjelenés előtt	in corso di stampa	i trykken; under utgivelse	w druku
465	opas; opaskirja	bevezetés	introduzione	innledning	wstęp
466					
467	kappalemäärä; varasto	készlet; állomány; leltár	stock; assortimento; inventario	bestand	zapas; remanent
468	faktuura; lähetyslasku	számla	fattura	faktura	faktura; rachunek
469	laskuttaa	számlázni	fatturare	oppstille regningen	wstawić rachunek; policzyć
470	laskun summa	számlaösszeg	(l')ammontare della fattura	regningsbeløp	suma (rachunku)
471	kirjan muodossa; kirjana	könyvalakban	in volume	i bokform	w postaci książki; jako książka
472	kirjallinen; kirjallisesti	írásban	in/per iscritto	skriftlig	pisemny; na piśmie
473					

PORTUGUESE Português	ROMANIAN Român	SERBIAN Српски	SLOVAK Slovensky	SWEDISH Svensk	
intercalar; inserir	a încadra; a insera; a intercala	уметнути	vložiť	infoga	452
pagamento em prestações	plată în rate	плаћање у ратама	splátka; splácanie (v čiastkach)	avbetalning	453
instituto	institut	институт; завод	ústav	institut; anstalt	454
					455
seguro	asigurare	осигурање	poistenie	försåkring; assurans	456
ocogravura	tifdruc	дубока штампа	hĺbkotlač	djuptryck	457
propriedade intelectual	proprietate intelectuală	духовна својина	duševné vlastníctvo	litterär äganderätt	458
					459
leitores; público	cerc de cititori; interesați	круг читалаца	kruh čitateľov; čitateľská obec	läsekrets	460
folha intercalada	pagină intermediară	убачени лист; уметак	vložený list	mellanblad	461
interfoliar; pôr entrefolhas	a interfolia; a intercala	уметнути чисте листове	prekladať	interfoliera	462
					463
no prelo; em impressão; a imprimir-se	sub tipar	у штампи	v tlači	under tryckning	464
introdução	introducere; prefață	увођење; увод	úvod	inledning	465
					466
existências; inventário	fond; stoc; inventar	залиха; бројно стање; фонд; инвентар	knižný fond	bestånd; inventarium	467
factura	factură	фактура	účet	faktura; räkning	468
facturar	a factura	ставити у рачун; фактурисати	účtovať	fakturera	469
importância	sumă de cont	рачунски износ	účtovaná suma	fakturabelopp	470
em forma de livro	în formă de carte	у форми књиге	knižne	i bokform	471
escrito; por escrito	în scris	писмено; написмено	písomný	skriftlig	472
					473

	ENGLISH	FRENCH Français	GERMAN Deutsch	RUSSIAN Русский	Spanish Español
474	**to issue** *s.* to publish				
475	**italics**	italique	Kursivschrift; Schrägschrift	курсив; курсивный шрифт	caracteres aldinos/ cursivos
476	**jacket** *s.* book jacket				
477	**jacket-flap** *syn:* flap	pochette	Klappe	клапан (супероб-ложки)	guarda/solapa de la cubierta del libro
478	**jobwork** *syn:* processing	travail à façon; opération de finissage sur commande	Lohnarbeit	подряд; полиграфические услуги	trabajo a contrato/ destajo; elaboración
479	**joint edition** *syn:* coedition	coédition; en coédition avec...	Gemeinschaftsausgabe	совместное издание	edición colectiva
480	**journal** *s.* diary; periodical				
481	**jurisdiction** *syn:* competent court	compétence; tribunal compétent	Gerichtsstand	юрисдикция; подсудность	jurisdicción; tribunal competente
482	**just issued/published**	vient de paraître	soeben erschienen	только что вышло в свет; последняя новинка	acaba de aparecer; recién publicado
483	**juvenile literature**	littérature pour la jeunesse	Jugendliteratur; Jugendbücher	юношеская литература; литература для юношества	literatura para jóvenes
484	**to keep standing (the matter)**	conserver (la composition)	stehen lassen (den Satz)	сохранять (набор)	conservar/guardar la composición
485	**key (to the signs)**	légende; explication des signes	Zeichenerklärung; Legende	объяснение знаков (на карте, диаграмме)	leyenda de los signos convencionales
486	**language**	langue	Sprache	язык	idioma; lengua; habla
487	**law**	loi; droit	Gesetz; Recht	закон; право	ley; estatuto; derecho
488	**layout**[1]	instructions/brouillon pour la composition	Werkstattskizze; Layout	указания (и схематические чертежи) по набору и вёрстке	diseño para la disposición de la composición; disposición esbozada del texto impreso
489	**layout**[2] →printing order	disposition de la composition	Satzanordnung	компоновка набора	disposición de la composición/del texto impreso
490	**layout**[3] *s.* type area				
491	**leaf** *s.* sheets				
492	**leaflet**[1] *syn:* flysheet; →booklet; prospectus	feuille volante; brochure	Flugblatt; Flugschrift; Prospekt	листовка; брошюра	folleto; opúsculo
493	**leaflet**[2] *(in the book)* *s.* blurb				

BULGARIAN Български	CROATIAN Hrvatski	CZECH Česky	DANISH Dansk	DUTCH Nederlands	
					474
курсивен шрифт; курсив	kurzivno pismo; kurziv	kurzíva	kursiv	cursief; cursieve letter	**475**
					476
капаче на обложка (вътрешната страна на обложката/ обвивката)	klapna (unutarnja strana zaštitnog omota)	záložka	beskyttelsesbladets indre side; klaff	flap	**477**
наемен труд; ишлеме	najamni rad	námezdní práce	lønarbejde	werk op contract; werk in opdracht; loonarbeid	**478**
съвместно издание	zajedničko izdanje	společné vydání	fællesudgave	co-editie; gemeenschappelijke uitgave	**479**
					480
компетентност на съдебна инстанция	nadležnost suda; nadležni sud	příslušnost soudu	kompetent domstol	bevoegde/competen-de rechtbank	**481**
току-що излезе от печат	upravo izašlo iz tiska	právě vyšlo	lige/netop udkommet; nyudkommen	zo juist verschenen; pas verschenen	**482**
детско-юношеска литература	omladinska knji-ževnost	dětská literatura	ungdomslitteratur	jeugdboeken	**483**
съхранявам (набора)	staviti slog nerastu-reno na stranu	odložit sazbu	lade (satsen) blive stående	(zetsel) laten staan; smouten	**484**
легенда; обяснение на условните знаци	tumač znakova; objašnjenje znakova; legenda	klíč značek	signaturforklaring	legende; verklaring der tekens	**485**
език; реч	jezik	jazyk	sprog	taal	**486**
закон; право	zakon; pravo	zákon; právo	lov; ret	wet; recht	**487**
скица за извършва-не на набора и връзването му в страници	grafičko/nacrtno uputstvo za slaga-nje; skica za slaganje	náčrt úpravy sazby	satsbillede; layout; opsætning	aanwijzing voor het zetten	**488**
типографско оформ-ление	(instrukcija za) tipografiziranje	typografické vyzna-čení	layout; satsbillede	opmaak	**489**
					490
					491
позив; хвърчащ лист	letak; brošura; knjižica	leták	flyveblad	folder; vlugschrift	**492**
					493

	FINNISH Suomi	HUNGARIAN Magyar	ITALIAN Italiano	NORWEGIAN Norsk	POLISH Polski
474					
475	kursiivi; vinokirjoitus	kurzív; dőlt betű	(carattere) italico/ corsivo	kursiv	kursywa; druk pochyły
476					
477	suojalehden sisäpuoli	fül	risvolto	beskyttelsesbladets indre side	skrzydełko
478	työ tilaajan (antamista) aineista	(nyomdai) bérmunka	lavoro a cottimo	foredling	usługi (poligraficzne)
479	yhteisjulkaisu	közös kiadás	edizione congiunta; co-pubblicazione	felles utgave	wspólne wydanie; koedycja
480					
481	tuomiovallanalaisuus	bírói illetékesség; illetékes bíróság	competenza giudiziaria; giurisdizione	kompetent domstol; verneting	kompetencja (sądova)
482	vasta ilmestynyt; juuri ilmestynyt	most jelent meg	appena pubblicato	nettopp utkommet	nowość; dopiero co ukazało się
483	nuorisokirjallisuus	ifjúsági irodalom	ad usum Delphini; letteratura per l'infanzia/per la gioventù	ungdomslitteratur	literatura młodzieżowa; pisma dla młodzieży
484	säilyttää (lados)	állni hagyni (a szedést)	conservare la composizione *(per ulteriore utilizzazione)*	ha (satsen) stående	pozostać
485	merkkien selitykset	jelmagyarázat	spiegazione dei segni; leggenda	tegnforklaring	objaśnienie znaków; legenda
486	kieli	nyelv	lingua	språk	język; mowa
487	laki	törvény; jog	legge; diritto	lov	ustawa; prawo
488	muoto-ohje; luonnos; muotoilu	szedési vázlat; nyomtatványvázlat; montázs	abbozzo della disposizione per la composizione	arrangementsskisse; layout; skisse	makieta/szkic do składu i łamania
489	latomisohjeet	tipografálás	disposizione di una composizione	layout; arrangementsskisse	adiustacja maszynopisu; szkic do składu
490					
491					
492	lentolehtinen	röpirat	foglio volante	flygeblad	pismo ulotne; ulotka
493					

PORTUGUESE Português	ROMANIAN Român	SERBIAN Српски	SLOVAK Slovensky	SWEDISH Svensk	
					474
itálicos	caractere cursive; italice	курзивно писмо; курзив	kurzíva	kursiv(stil)	**475**
					476
bandas de sobrecapa	clapă de supracopertă	клапна *(унутрашња страна заштитног омота)*	záložka	omslagsklaff; flik; klaff; uppslag	**477**
trabalho remunerado/contratual; elaboração	serviciu poligrafic; afacere de prelucrare	најамни рад	námezdná práca	legoarbete	**478**
edição colectiva	coeditare	заједничко издање	spoločné vydanie	gemensam upplaga	**479**
					480
jurisdição; tribunal competente	jurisdicţie; tribunal competent	надлежност суда; надлежни суд	súdna príslušnosť	laga domstol	**481**
acaba de publicar-se; publicado recentemente	recent apărut; recent ieşit de sub tipar	управо изашло из штампе	práve vyšlo	nyutkommen	**482**
literatura para jovens	literatură pentru tineret	омладинска књижевност	detská literatúra	ungdomslitteratur	**483**
conservar/guardar a composição	a rezerva (cules)	ставити слог нерастурено на страну	odložiť sadzbu	ha (satsen) stående	**484**
explicação de/dos sinais	legendă; explicaţia semnelor	објашњење знакова; легенда	kľúč značiek	teckenförklaring	**485**
língua; idioma	limbă; grai	језик	jazyk	språk	**486**
lei; estatuto	lege; statut; drept	закон; право	zákon; právo	lag; rätt	**487**
desenho para a disposição da composição	instrucţiuni cu schiţă pentru cules	графичко/нацртано упутство за слагање; скица за слагање	náčrt úpravy sadzby	layout	**488**
disposição da composição	tipografizare	(инструкција за) типографизирање	typografické vyznačenie	satsens utformning; satsanordning; layout	**489**
					490
					491
folheto; opúsculo	foaie volantă	летак	leták	flygblad; flygskrift	**492**
					493

	ENGLISH	FRENCH Français	GERMAN Deutsch	RUSSIAN Русский	Spanish Español
494	**leather binding**	reliure en cuir/en peau	Ledereinband	кожаный переплёт	encuadernación en piel/en cuero
495	**lecture**	lecture; conférence	Vortrag	доклад; лекция	conferencia
496	**left-hand page** *s.* verso				
497	**legal licence**	licence légale	Zwangslizenz; Licence legale; gesetzliche Autorisation	право на использование по закону; законное право на использование	licencia legal; permiso legal
498	**legend** *syn:* caption	légende	Bild(er)text; Bildlegende; Legende	пояснение к рисунку	leyenda
499	**lending** *syn:* loan	prêt	Ausleihe	прокат; выдача на дом	préstamo
500	**lending library** *syn:* rental library; circulating library	bibliothèque de prêt; cabinet de lecture	Ausleihbibliothek; Leihbücherei	библиотека с выдачей книг на дом	biblioteca circulante; biblioteca para suscriptores
501	**letter**[1] *syn:* character; →type	lettre; caractère	Buchstabe	буква; литера; шрифт	carácter; letra de imprenta; tipo
502	**letter**[2] *(epistle)*	lettre	Brief	письмо	carta
503	**letters, the** *s.* literature				
504	**lexicon** *s.* dictionary; vocabulary; encyclop(a)edia				
505	**library**	bibliothèque	Bibliothek; Bücherei	библиотека	biblioteca
506	**librettist** *syn:* writer of lyrics; lyricist; →author	librettiste; parolier	Textdichter	либреттист; автор текста	libretista
507	**libretto** *(text of an opera)*	libretto; livret	Operntextbuch; Libretto	либретто оперы	libreto; texto de una ópera
508	**licence** *s.* authorization				
509	**licence of reprinting**	licence de reproduction; autorisation à la reproduction	Nachdrucklizenz; Lizenz	право перепечатки	derecho de reproducción
510	**to license** *s.* to authorize				
511	**licensing** *s.* authorization				
512	**light reading** *syn:* amusing fiction; entertainment; recreational reading	lecture récréative	Unterhaltungsliteratur; Lektüre	развлекательная литература	lectura recreativa
513	**line drawing**	dessin au trait	Strichzeichnung	штриховой рисунок	dibujo al trazo
514	**linotype**	linotype	Linotype	линотип	linotipia
515	**liquidated damages** *s.* penalty				

BULGARIAN Български	CROATIAN Hrvatski	CZECH Česky	DANISH Dansk	DUTCH Nederlands	
кожена подвързия	kožni uvez	kožená vazba	(hel)skindbind	lederen band; leren band	**494**
сказка; лекция; доклад	predavanje	přednáška	forelæsning; foredrag	voordracht; lezing	**495**
					496
право за използване по закона	zakonsko pravo korišćenja; zakonska licencija	zákonná licence	tvangslicens	dwanglicentie	**497**
надпис на картина/фигура	potpis ispod slike; opis slike	legenda	billedtekst; billedunderskrift	onderschrift; bijschrift; legende	**498**
заемане	pozajmljivanje; posuđivanje	vypůjčení; výpůjčka	udlån; lån; hjemlån	uitlening	**499**
заемна библиотека	pozajmna/posudbena knjižnica/biblioteka	půjčovna knih	udlånsbibliotek	leesbibliotheek; winkelbibliotheek; uitleenbibliotheek	**500**
буква	slovo	písmeno	bogstav	letter	**501**
писмо	pismo	dopis	brev	brief	**502**
					503
					504
библиотека	biblioteka; knjižnica	knihovna	bibliotek	bibliotheek; boekerij	**505**
либретист	pisac teksta; libretist	libretista	librettoforfatter; tekstforfatter	librettist; librettoschrijver	**506**
либрето на опера	libreto; tekst za operu	libreto	libretto	libretto; tekstboekje	**507**
					508
право за препечатване	pravo pretiska/preštampanja	licenčni právo na nové vydání	ret til gengivelse; tilladelse/licens til eftertryk	recht tot nadruk; nadruklicentie	**509**
					510
					511
забавна литература	zabavna literatura	zábavná literatura	underholdningslitteratur	ontspanningslectuur	**512**
щрихова рисунка	linijski crtež	kresba čárami	stregtegning	lijntekening	**513**
наборна линотипна машина; линотип	linotip	linotyp(ie)	linotype	linotype	**514**
					515

	FINNISH Suomi	HUNGARIAN Magyar	ITALIAN Italiano	NORWEGIAN Norsk	POLISH Polski
494	nahkasidos	bőrkötés	legatura in cuoio	helskinnbind	oprawa skórzana; oprawa w skórze
495	esitelmä; luento	előadás; felolvasás	discorso; lettura	foredrag; forelesning	odczyt; wykład; recytacja
496					
497	pakkolupa	törvényi felhasználási jog; „licence légale"	licenza legale	tvangslisens	licencja przymusowa
498	kuvateksti	képszöveg; ábra-/képaláírás	didascalia; leggenda	billedtekst; billedunderskrift	podpisy pod rysunkami; opis/tytuł rysunku
499	lainaus	kölcsönzés	prestito	lån; utlån; hjemlån	pożyczenie
500	lainakirjasto	kölcsönkönyvtár	biblioteca circolante	utlånsbibliotek	wypożyczalnia książek; biblioteka
501	kirjain	betű	lettera; carattere	bokstav	litera
502	kirje	levél	lettera	brev	list
503					
504					
505	kirjasto	könyvtár	biblioteca	bibliotek	biblioteka
506	libretisti; oopperatekstin kirjoittaja	szövegíró	librettista; autore del testo	librettoforfatter; tekstforfatter	librecista
507	libretto; oopperateksti	szövegkönyv	libretto (di un'opera)	libretto	libretto (opery)
508					
509	jälkipainantaoikeus; jälkipainosoikeus	utánnyomási jog	diritto di ristampa	reproduksjonsrett; lisens til ettertrykk	prawo/licencja przedruku
510					
511					
512	ajanvietekirjallisuus; viihdekirjallisuus	szórakoztató irodalom; lektűr	lettura amena/ricreativa	underholdningslitteratur	literatura rozrywkowa; (lekka) lektura
513	viivapiirros; viivapiirustus	vonalas ábra	disegno al tratto	strektegning	rycina
514	linotyyppi	linotype	linotype	linotype	linotyp
515					

PORTUGUESE Português	ROMANIAN Român	SERBIAN Српски	SLOVAK Slovensky	SWEDISH Svensk	
encadernação em couro	legătură în piele	кожни повез	kožená väzba	skinnband; helfranskt band	**494**
conferência	conferință; lectură; audiție	предавање	prednáška	föreläsning; föredrag	**495**
					496
licença/autorização legal	licență legală	законско право коришћења; законска лиценција	zákonná licencia	tvångslicens	**497**
legenda; epígrafe; texto explicativo	inscripție de ilustrații; legendă de figuri	опис слика; текст испод слике	legenda	bildtext	**498**
empréstimo	împrumutare	позајмљивање; посуђивање	vypožičanie; výpožička	utlåning	**499**
biblioteca pública/ambulante; biblioteca para subscritores	bibliotecă de împrumut	позајмна библиотека; позајмна књижница	požičovňa kníh	lån(e)bibliotek	**500**
tipo de imprensa	literă	слово	písmeno	bokstav	**501**
carta	scrisoare	писмо	list	brev	**502**
					503
					504
biblioteca	bibliotecă	библиотека; књижница	knižnica	bibliotek	**505**
libretista	libretist	писац текста; либретист(а)	libretista	librettoförfattare; textförfattare	**506**
libreto	libret de operă	либрето	libreto	libretto	**507**
					508
direito de reimpressão	autorizare la reeditare	право прештампавања	licencné právo na nové vydanie	eftertrycksrätt; tillåtelse/licens för eftertryckning	**509**
					510
					511
literatura recreativa/amena	literatură distractivă	забавна литература	zábavná literatúra	förströelselitteratur; förströelselektyr	**512**
desenho a traços	figură liniată	линијски цртеж	kresba čiarami	streckteckning	**513**
linótipo	linotip	линотип	linotypia	linotype	**514**
					515

	ENGLISH	FRENCH Français	GERMAN Deutsch	RUSSIAN Русский	Spanish Español
516	**list** *syn:* register	liste; registre	Verzeichnis; Liste	список	lista; registro
517	**list price**	prix de catalogue	Listenpreis; Katalogpreis	цена по прейскуранту	precio de venta
518	**literal** →word for word	littéral; textuel	buchstäblich; Wort für Wort	буквальный	literal; textual; a la letra
519	**literal translation** *syn:* raw translation	brouillon; traduction «mot à mot»	Rohübersetzung	подстрочный перевод	traducción literal
520	**literary and artistic copyright**	droit littéraire et artistique	literarisches und künstlerisches Urheberrecht	авторское право на литературные и художественные произведения	propiedad literaria y artística
521	**literary property** *s.* intellectual property				
522	**literary pseudonym** *syn:* pen-name; →pseudonym	nom de plume; pseudonyme	Schriftstellername; Pseudonym	писательский псевдоним	(p)seudónimo
523	**literary remains** *s.* remains				
524	**literature**[1] *syn:* letters, the	littérature; lettres	Literatur; Schrifttum	литература	literatura
525	**literature**[2] (general) *(source used in book)* *s.* background material				
526	**loan** *s.* lending				
527	**to lodge a claim**	faire une réclamation	reklamieren	объявлять рекламацию	reclamar; protestar
528	**loose-leaf book**	livre à feuillets mobiles; reliure mobile	Lose-Blatt-Ausgabe	выпуск с нескреплёнными листами; листковое издание	libro de hojas sueltas; volumen de hojas movibles
529	**lower case** *s.* small letters				
530	**lump sum (fee)** *s.* outright fee				
531	**lyricist** *s.* author; librettist				
532	**lyrics** *(under music)* *syn:* words	paroles *(d'une chanson)*	Liedertext; Text	слова *(песен)*	letra *(de una canción)*
533	**machining** *s.* printing				
534	**mailing list**	répertoire d'adresses; bottin; registre de la clientèle	Adressenliste	список адресов/покупателей	registro de direcciones; guía de domicilios
535	**mail-order business**	maison distribuant les livres par poste; commerce de livres par poste	Versandgeschäft	магазин типа «книга — почтой»	agencia de expedición por Correos
536	**make-up**[1] *(making up)*	mise en page	Umbruch	вёрстка	compaginación

BULGARIAN Български	CROATIAN Hrvatski	CZECH Česky	DANISH Dansk	DUTCH Nederlands	
списък; регистър; именник	lista; spisak; kazalo; *(registar)*: popis	seznam	liste	lijst; register	**516**
стойност по ценоразписа	cijena po katalogu	ceníková cena	katalogpris	catalogusprijs	**517**
буквално; дословно	doslovno (doslovan); bukvalno (bukvalan); od riječi do riječi	doslovně	bogstavelig	letterlijk	**518**
суров превод	grub prijevod	surový překlad	ordret oversættelse	ruwe vertaling	**519**
авторско право на литературни и художествени творби	autorsko pravo književnih i umjetničkih djela	autorské právo literárních a uměleckých děl	ophavsret af litterære og kunstværker	literair en artistiek auteursrecht	**520**
					521
писателски псевдоним	književno ime; pseudonim	pseudonym	(forfatterens) pseudonym	schuilnaam; deknaam; pseudoniem	**522**
					523
литература; художествена книжнина	književnost; literatura	literatura	litteratur	literatuur; letteren	**524**
					525
					526
правя рекламация	reklamirati; staviti/izneti prigovor	reklamovat	reklamere; indvende	reclameren	**527**
издание с неподшити/свободни листа	knjiga sa nepovezanim/slobodnim listovima	vydání na volných listech	løsbladsbog	losbladig boek; losbladige uitgave	**528**
					529
					530
					531
думите (на песен)	riječi pjesme; tekst	text písně	ord; tekst	liedtekst; liedjetekst; liedertekst	**532**
					533
адресник; списък на купувачи	popis adresa/kupaca/pretplatnika/poručilaca	adresář	adresseliste	adreslijst	**534**
предприятие за изпращане на книги по поща; „Книгопоща"	poduzeće za otpremu knjiga poštom	zásilkový obchod	»bog per post« (handelshus)	postorderbedrijf	**535**
свързване на набор в страници	prelamanje; prelom (sloga)	lámání	ombrydning	vormgeving	**536**

	FINNISH Suomi	HUNGARIAN Magyar	ITALIAN Italiano	NORWEGIAN Norsk	POLISH Polski
516	luettelo	jegyzék; lajstrom; lista	listino; elenco	fortegnelse	spis; wykaz; rejestr
517	luettelonmukainen hinta	árjegyzéki ár	prezzo di catalogo/ di tariffa	katalogpris	cena katalogowa
518	kirjaimellinen; kirjaimellisesti	betű szerint; szó szerint	letterale; alla lettera	bokstavelig; ord for ord	dosłowny, -nie; literalny, -nie
519	sananmukainen käännös	nyersfordítás	traduzione grezza	ordrett oversettelse	surowy przekład; surowe tłumaczenie
520	kirjallisten ja taideteosten tekijänoikeus	irodalmi és művészeti alkotások szerzői joga	proprietà letteraria e artistica	opphavsrett av litterære og kunstverker	prawo autora dzieła literackiego, naukowego lub artystycznego
521					
522	(kirjailijan) salanimi; kirjailijannimi	írói álnév	pseudonimo letterario	(forfatterens) pseudonym	pseudonym
523					
524	kirjallisuus	irodalom	letteratura	litteratur	literatura; piśmiennictwo
525					
526					
527	valittaa; reklamoida	kifogásolni; (meg-) reklamálni	reclamare; presentare un reclamo	innvende; reklamere	reklamować
528	irtolehtikirja; irtolehtijulkaisu	szabadlapos kiadás	libro/edizione a fogli mobili	løsbladbok	wydanie w luźnych arkuszach
529					
530					
531					
532	sanat; teksti	szöveg; dalszöveg	parole	ord; tekst	tekst; słowa do pieśni
533					
534	osoiteluettelo	címjegyzék; vevőlista	elenco degli indirizzi (dei clienti)	adresseliste	spis odbiorców
535	postilähetysliike	„könyvet postán"; postai könyvterjesztő cég/üzletág	casa che manda i libri per posta; commercio di libri per posta	bok per post (handelshus)	rozpowszechnianie wysyłkowe; „Powszechna Księgarnia Wysyłkowa"
536	taitto	tördelés	impaginazione	ombrekking	łamanie

PORTUGUESE Português	ROMANIAN Român	SERBIAN Српски	SLOVAK Slovensky	SWEDISH Svensk	
lista; registro	listă; registru	казало; листа; попис; списак	zoznam	förteckning; lista; register	**516**
preço de venda	preţ de listă	цена по каталогу	cenníková cena; cena podľa cenníka	katalogpris	**517**
literal(mente); conforme à letra do texto	textual; literal	дословно (дослован); буквално (буквалан); од речи до речи	doslovný; doslova	ordagrann	**518**
tradução literal	traducere literală	сирови/необрађени превод	surový preklad	ordagrann översättning	**519**
propriedade literária e artística	drept de autor pentru opere literare şi artistice	ауторско право књижевних и уметничких дела	autorské právo literárnych a umeleckých diel	litterär och konstnärlig upphovs(manna)rätt	**520**
					521
pseudónimo	pseudonim	књижевно име; псеудоним	pseudonym	pseudonym	**522**
					523
literatura	literatură	књижевност; литература	literatúra	litteratur	**524**
					525
					526
reclamar; protestar	a reclama	рекламирати; ставити приговор	reklamovať	reklamera	**527**
livro de folhas soltas	ediţie cu foi nebroşate	књига са неповезаним листовима; књига са слободним листовима	vydanie na voľných listoch	lösbladsbok	**528**
					529
					530
					531
letra da canção	text	текст; речи песме	text piesne	text	**532**
					533
guia de domicílios; lista da clientela	registru de adrese	списак адреса; списак купаца/претплатника	adresár	beställningsregister; adresslista	**534**
agência de expedição postal	casă de expediţie; „cartea prin poştă“	предузеће за отпрему књига поштом	zásielkový obchod	postorderaffär; postorderfirma	**535**
compaginação	punere în pagină; paginare; paginaţie	преламање; прелом (слога)	lámanie	ombrytning	**536**

	ENGLISH	FRENCH Français	GERMAN Deutsch	RUSSIAN Русский	Spanish Español
537	**make-up**[2] *s.* book design; technical make-up				
538	**to make up**	mettre en page	umbrechen	верстать	compaginar; ajustar
539	**making public** *s.* publication				
540	**manual** *syn:* text-book; handguide; →school-book; handbook; pocket-book	livre/manuel scolaire; cours de...	Lehrbuch; Schulbuch; Handbuch	учебник	libro de texto; libro escolar; manual
541	**manual of instruction** *s.* guide-book				
542	**manuscript** →typescript; copy	manuscrit; copie	Manuskript; Handschrift	манускрипт; авторская рукопись	manuscrito; copia manuscrita
543	**map**	carte géographique	Karte; Landkarte	карта; географическая карта	mapa
544	**market**	marché	Markt	рынок	mercado
545	**marketing** →distribution	diffusion; vente; colportage	Vertrieb	сбыт; распространение	difusión; divulgación; propagación
546	**material on hire** *syn:* hire material	matériel loué/en location	Leihmaterial; reversgebundenes Material	музыкальный материал, подлежащий прокату	material en alquiler
547	**matrix**	matrice	Matrize; Mater	матрица	matriz; molde
548	**matter** *syn:* type-setting; →composition	composition	Satz; Schriftsatz	набор	composición
549	**mechanical reproduction rights**	droit de reproduction/d'édition mécanique	mechanisches Vervielfältigungsrecht	право механического размножения	derecho de reproducción mecánica
550	**memoirs**	mémoires	Erinnerungen; Memoiren	воспоминания; мемуары	memorias autobiográficas
551	**merchant law** *s.* commercial law				
552	**micro-copy**	microcopie; microphotocopie	Mikrokopie	микрокопия	microfotocopia; microcopia
553	**microfilm**	microfilm	Mikrofilm	микрофильм; микроплёнка	microfilm; micropelícula
554	**miniature score** *s.* pocket score				
555	**minimum stock**	ultime réserve	eiserner Bestand	неприкосновенный запас	últimas reservas; reserva intangible
556	**minutes** *s.* protocol				
557	**misprint** *syn:* printer's error	erreur d'impression/typographique	Druckfehler; Satzfehler	опечатка	errata
558	**mistery story** *s.* thriller				
559	**model cover** *syn:* design cover; cover specimen	plat-modèle	Probedecke	макет крышки; макет переплёта	modelo de encuadernación

BULGARIAN Български	CROATIAN Hrvatski	CZECH Česky	DANISH Dansk	DUTCH Nederlands	
					537
връзвам в страници; свързвам на страници	prelamati (slog)	lámat	ombryde	opmaken	**538**
					539
учебник	udžbenik	učebnice	lærebog; skolebog	leerboek; schoolboek	**540**
					541
ръкопис; машинопис	rukopis	rukopis	manuskript	handschrift; manuscript; kopij	**542**
карта	zemljopisna karta/mapa; zemljovid	mapa	kort; landkort	kaart; landkaart; geografische kaart	**543**
пазар	tržište; pijaca	trh	marked	markt	**544**
разпространяване; пласиране; пласмент	rasturanje; distribucija	distribuce; marketing	fordeling; salg; omsætning	verbreiding; verdeling	**545**
музикални материали под наем	iznajmljeni muzički materijal	materiál odplatně půjčený	lejematerialе	huurmateriaal	**546**
матрица	matrica	matrica	støbeform; matrice	matrijs	**547**
набор; набрани букви	(tiskarski) slog	sazba	sats; sætning	zetsel; letterzetten	**548**
право за механическо размножение	pravo na mehaničke reprodukcije	právo mechanického rozmnožení	mekanisk reproduktionsret	mechanisch reproduktierecht	**549**
спомени; възпоменания; мемоари	sjećanja; memoari; spomenica	paměti; memoáry	erindringer; memoirer	memoires; gedenkschriften	**550**
					551
микрокопие	mikrokopija	mikrokopie	mikrokopi; mikrofilmkopi	microfotocopie	**552**
микрофилм	mikrofilm	mikrofilm	mikrofilm	microfilm	**553**
					554
неприкосновен запас	stalni rezervni fond	železná zásoba	varig/fast bestand; reserveforråd	minimum voorraad	**555**
					556
печатна грешка	tiskarska/štamparska (po)greška	tisková chyba	trykfejl	drukfout; zetfout	**557**
					558
макет за корица	probna tabla; probni primjerak korica	ukázka vazby	prøveomslag	bandontwerp	**559**

	FINNISH Suomi	HUNGARIAN Magyar	ITALIAN Italiano	NORWEGIAN Norsk	POLISH Polski
537					
538	taittaa	(be)tördelni	impaginare	brekke om	łamać
539					
540	oppikirja; koulukirja	tankönyv	libro scolastico	lærebok; skolebok	podręcznik
541					
542	käsikirjoitus	kézirat; gépirat	manoscritto	manuskript; manus	maszynopis; rękopis
543	kartta	térkép	carta geografica	kart	mapa; mapka; plan
544	markkina	piac	mercato	marked	rynek
545	myyntitoiminta	terjesztés; marketing	diffusione; propagazione	fordeling; salg; omsetning	rozpowszechnianie; sprzedaż; zbyt
546	vuokramateriaali; vuokra-aineisto	anyagdíj alá eső zeneanyag	materiale musicale sottomesso al/fornito in noleggio	leiemateriale	materiał wynajmowany/zwrotowy
547	matriisi	matrica	matrice; impronte	matrise	matryca
548	lados; latominen	szedés	composizione (tipografica)	sats; setning	skład
549	mekanisoimisoikeus; oikeus mekaaniseen monistamiseen	mechanikai többszörözési jog	diritti di riproduzione meccanica	rett til mekanisk reproduksjon	prawo mechanicznego powielania
550	muistelmat	visszaemlékezések; memoár; emlékiratok	memorie; ricordi	erindringer; memoarer	wspomnienia; pamiętniki
551					
552	mikrofilmikopio; mikrofilmijäljennös	mikrokópia	microfotocopia	mikrofilmkopi	mikrokopia
553	mikrofilmi	mikrofilm	microfilm	mikrofilm	mikrofilm
554					
555	varakappaleet	vastartalék	ultima riserva	reserveeksemplarer; reserveforråd	zapas żelazny
556					
557	painovirhe	nyomdahiba; sajtóhiba	errore di stampa	trykkfeil	błąd drukarski; literówka
558					
559	kansimalli; mallikansi	táblaminta; mintatábla; kötésminta	piatta copertina di saggio	prøveomslag	okładka próbna

PORTUGUESE Português	ROMANIAN Român	SERBIAN Српски	SLOVAK Slovensky	SWEDISH Svensk	
					537
compaginar	a pagina; a pune în pagină	преламати (слог)	lámať	bryta om	**538**
					539
livro escolar; manual	manual; tratat	уџбеник	učebnica	lärobok; skolbok	**540**
					541
manuscrito	manuscris; text dactilografiat	рукопис	rukopis	manuskript; handskrift	**542**
carta geográfica; mapa	hartă	географска/земљописна карта; мапа	mapa	karta	**543**
mercado	piaţă; debuşeu	тржиште; пијаца	trh	marknad	**544**
divulgação; propagação	difuzare; propagare	растурање; дистрибуција	distribúcia; marketing	avsättning	**545**
material alugado	materiale muzicale pentru taxă de împrumut	изнајмљени музички материјал	materiál odplatne požičaný	hyresmaterial	**546**
matriz; molde	matriţă	матрица	matrica	matris	**547**
composição	cules; zaţ; culegere	(штампарски) слог	sadzba	sättning; sats	**548**
direito de reprodução mecánica	drept pentru multiplicare mecanică	механичко право умножавања; право на механичка умножавања	právo mechanického rozmnoženia	mekaniska rättigheter	**549**
memórias	amintiri; memorii	успомене; сећања; мемоари	pamäti; memoáre	memoarer; minnen	**550**
					551
microcópia	microcopie	микрокопија	mikrokópia	mikrofilmkopia	**552**
microfilme; micropelícula	microfilm	микрофилм	mikrofilm	mikrofilm	**553**
					554
últimas reservas	fond de rezervă; fond rezervă intangibilă	стални резервни фонд	železná zásoba	reservförråd	**555**
					556
errata; gralha	greşeală/eroare de tipar	штампарска грешка	tlačová chyba	tryckfel	**557**
					558
amostra da capa da encadernação	probă de înveliş/scoarţă	пробна табела; пробни примерак корица	ukážka väzby	provband	**559**

	ENGLISH	FRENCH Français	GERMAN Deutsch	RUSSIAN Русский	Spanish Español
560	**modification** *s.* change				
561	**to modify** *s.* to change				
562	**monograph**	monographie	Monographie	монография	monografía
563	**monotype**	monotype	Monotype	монотип	monotipia
564	**monthly publication**	revue mensuelle	Monatsheft	ежемесячник	publicación mensual
565	**moral rights** *s.* droit moral				
566	**movie rights** *s.* film rights				
567	**multilingual** *s.* polyglot				
568	**music**	musique	Musik	музыка	música
569	**musical**	drame lyrique; musical	Musical	мюзикл	musical
570	**music paper**	papier à musique	Notenpapier	нотная бумага	papel de música; hoja de música
571	**music publisher**	éditeur de musique	Musikverleger; Musikedition	музыкальное издательство	editor de música
572	**mutation** *s.* parallel print				
573	**name**	nom	Name	имя	nombre; apellido
574	**name index** *s.* author index				
575	**name of author**	nom de l'auteur	Name des Autors	имя автора	nombre del autor
576	**national library**	bibliothèque nationale	Nationalbibliothek	национальная/государственная библиотека	biblioteca nacional
577	**net price**	prix net	Nettopreis	цена нетто	precio neto
578	**new edition**	édition nouvelle	Neuausgabe; neue Ausgabe	новое издание; переиздание	edición nueva; reedición
579	**new publication** *syn:* new title	publication récente; nouveauté *(livre)*	Neuerscheinung	книжная новинка; новинка	publicación nueva; novedad
580	**newspaper**	journal	Zeitung	газета; журнал	diario; periódico; gaceta
581	**newsprint**	papier en rouleau; papier journal	Zeitungsdruckpapier; Rotationspapier	газетная бумага	papel de periódico/de diario
582	**new title** *s.* new publication				
583	**non-exclusive**	non-exclusif	nicht-ausschließlich	неисключительный	no exclusivo
584	**non-fiction** *s.* professional publication				
585	**non-protected**	non protégé; en domaine public; D. P.	ungeschützt	неохраняемый	no protegido
586	**novel** →fiction	roman	Roman	роман	novela

BULGARIAN Български	CROATIAN Hrvatski	CZECH Česky	DANISH Dansk	DUTCH Nederlands	
					560
					561
монография	monografija	monografie	monografi	monografie	**562**
наборна монотипна машина	monotip	monotyp(ie)	monotype	monotype; letterzetmachine	**563**
месечно списание; месечник	mjesečnik	měsičník	månedsskrift	maandblad	**564**
					565
					566
					567
музика	glazba; muzika	hudba	musik	muziek	**568**
мюзикъл	musical	musical	musical	musical	**569**
хартия за ноти; нотна хартия	papir za note	notový papír	nodepapir	notenpapier	**570**
музикално издателство	nakladno poduzeće za muzikalije	vydavatelství hudebnin	musikforlægger	muziekuitgever	**571**
					572
име	ime	jméno	navn	naam	**573**
					574
име на автора	ime autora	jméno autora	forfatterens navn	auteursnaam	**575**
народна библиотека	narodna biblioteka	zemská knihovna	statsbibliotek; nationalbibliotek	nationale bibliotheek; staatsbibliotheek	**576**
нетна цена	neto-cijena	netto cena	nettopris	nettoprijs	**577**
ново издание	novo izdanje	nové vydání	nyudgave	nieuwe uitgave	**578**
новоизлязла книга; нова книга	nova publikacija	novinka	nyhed	nieuwe uitgave	**579**
вестник; ежедневник	novine; list	noviny	avis; dagblad	krant; dagblad; courant	**580**
вестникарска хартия; хартия за ротативна машина; ролна хартия	novinski/rotacioni papir	novinový papír	avispapir	krantepapier	**581**
					582
неизключителен	neisključiv(o)	nevýhradní	ikke udelukkende	niet-uitsluitend	**583**
					584
незащитен	nezaštićen	nechráněný	ubeskyttet	onbeschermd; vrij van auteursrecht	**585**
роман	roman	román	roman	roman	**586**

	FINNISH Suomi	HUNGARIAN Magyar	ITALIAN Italiano	NORWEGIAN Norsk	POLISH Polski
560					
561					
562	erikoistutkimus; erikoistutkielma; monografia	monográfia	monografia	monografi	monografia
563	monotyyppi	monotype	monotype	monotype	monotyp
564	kuukausilehti; kuukausijulkaisu	havi folyóirat	periodico mensile	månedlig publikasjon	miesięcznik
565					
566					
567					
568	musiikki	zene	musica	musikk	muzyka
569	musical	musical	commedia musicale	musical	musical
570	nuottipaperi	kottapapír	carta da musica	notepapir	papier nutowy
571	musiikkikustantaja; musiikinkustantaja	zeneműkiadó	editore di musica; casa editrice di musica	musikkforlegger	wydawnictwo muzyczne
572					
573	nimi	név	nome	navn	nazwisko; imię
574					
575	tekijän nimi	(a) szerző neve	nome dell'autore	forfatterens navn	nazwisko autora
576	valtionkirjasto; kansalliskirjasto	országos könyvtár	biblioteca nazionale	statsbibliotek; nasjonalbibliotek	biblioteka narodowa
577	puhtohinta	nettó ár	prezzo netto	nettopris	cena netto
578	uusi painos	új kiadás	nuova edizione	ny utgave	nowe wydanie
579	uutuus; kirjauutuus	új kiadvány; (könyv-) újdonság	novità; libri nuovi	nyhet	nowość (wydawnicza)
580	(sanoma)lehti; päivälehti	újság; lap	giornale	avis; dagsavis; dagblad	gazeta; dziennik
581	sanomalehtipaperi	rotációs papír	carta rotativa	avispapir	papier rotacyjny
582					
583	epäyksinomainen	nem kizárólagos	non-esclusivo	ikke utelukkende	nie wyłączny
584					
585	suojaamaton	nem védett	non protetto; in dominio pubblico (D. P.)	ubeskyttet	nie chroniony
586	romaani	regény	romanzo	roman	powieść

PORTUGUESE Português	ROMANIAN Român	SERBIAN Српски	SLOVAK Slovensky	SWEDISH Svensk	
					560
					561
monografia	monografie	монографија	monografia	monografi	**562**
monótipo	monotip	монотип	monotypia	monotype	**563**
publicação mensal	revistă lunară	месечник	mesačník	månatlig publika-tion; månadsskrift	**564**
					565
					566
					567
música	muzică	музика	hudba	musik	**568**
musical; comédia musical	muzical	мјузикел	musical	musical	**569**
papel de música; papel pautado	hîrtie de muzică	хартија за ноте	notový papier	notpapper	**570**
editor de músicas	editură de muzică	издавачко предузеће за музикалије	vydavateľstvo hudobnín	musikförläggare	**571**
					572
nome; apelido	nume	име	meno	namn	**573**
					574
nome do autor	numele autorului	име аутора	meno autora	författarens namn	**575**
biblioteca nacional	bibliotecă naţională	народна библиотека	krajinská knižnica	nationalbibliotek	**576**
preço líquido	preţ net	нето-цена	netto cena	nettopris	**577**
nova edição; reedi-ção	ediţie nouă; elabo-rare nouă	ново издање	nové vydanie	ny upplaga	**578**
publicação nova; novidade literária	publicaţie nouă; noutate în librării	нова публикација	novinka	(bok)nyhet; nyut-kommen bok	**579**
jornal; periódico; diário	ziar; gazetă	новине; лист	noviny	tidning; daglig tid-ning	**580**
papel de periódico/de diário	hîrtie de ziar	новинска хартија; ротациона хартија	novinový papier	tidningspapper	**581**
					582
não-exclusivo	neexclusiv	неискључив(о)	nevýhradný	icke-uteslutande	**583**
					584
não protegido	neapărat	незаштићен	nechránený	ej skyddad (genom upphovsrätten)	**585**
romance	roman	роман	román	roman	**586**

	ENGLISH	FRENCH Français	GERMAN Deutsch	RUSSIAN Русский	Spanish Español
587	**novelette** *s.* short story				
588	**novelist**	romancier	Romancier; Romandichter	писатель-романист	novelista
589	**number**[1] *(figure)*	chiffre; numéro	Zahl	число	número
590	**number**[2] *syn:* issue	livraison; fascicule; numéro	Nummer; Lieferung	выпуск; номер	entrega; fascículo; número
591	**numbered copy**	exemplaire numéroté	numeriertes Exemplar	нумерованный экземпляр	ejemplar numerado
592	**numbering of sections**	foliotage	Bogenzählung	нумерация листов	numeración de pliegos
593	**number of printed pages** *s.* total number of pages				
594	**oblong** *(in book-printing)*	oblong	quer	поперечный	oblongo
595	**oblong format**	format album/oblong/à l'italienne	Querformat	поперечный/альбомный формат	folio oblongo
596	**offer** (*opp.* demand)	offre	Angebot; Offerte	предложение	oferta
597	**offprint** *syn:* separate printing/impression; →reprint	tirage/tiré à part; preprint	Sonderdruck	(отдельный) оттиск; оттиск в виде брошюры; оттиск статьи	tirada aparte; separata
598	**offset printing**	impression sur offset	Offsetdruck	офсетная печать	impreso en offset; offset; rotocalcografía
599	**on approval; appro.** →review copy	aux fins d'inspection	zur Ansicht	на осмотр/просмотр; для ознакомления	a prueba; para examinar
600	**on consignment** *s.* commission				
601	**onion-skin** *syn:* transparent paper	papier coquille pelure	Zwiebelhautpapier	тонкая прозрачная бумага	papel cebolla
602	**orchestral parts**	parties d'orchestre	Harmonie	гармония; оркестровые голоса	partes orquestales
603	**order** →booking	commande; ordre	Bestellung; Auftrag	заказ	encargo; pedido
604	**original**[1]	original	original	подлинный; оригинальный	original
605	**original**[2] *(of an illustration)* *s.* artwork				
606	**original edition** *s.* first edition				
607	**original publisher(s)**	éditeur original	Originalverlag/-verleger	издательство, осуществившее первое издание произведения	editor original
608	**original text**	texte original	Urtext	первоначальный текст; оригинальный текст; оригинал; подлинник	texto original

BULGARIAN Български	CROATIAN Hrvatski	CZECH Česky	DANISH Dansk	DUTCH Nederlands	
					587
романист (писател); новелист	romanopisac	románopisec	romanforfatter	romanschrijver	**588**
число; цифра	broj	číslo	tal; antal	tal	**589**
книжка; брой	svezak; broj	sešit; číslo; dodání	nummer	nummer; deel levering; aflevering	**590**
номериран екземпляр	numeriran primjerak	číslovaný exemplář	nummererede eksemplar	genummerd exemplaar	**591**
номериране/номерация на колите	numeriranje araka	číslování archů	arknummerering	katernnummering; signatuur	**592**
					593
напречен; удължен	poprečan	příční	tvær-	oblong; dwars	**594**
напречен формат	široki format	příční formát	tværformat	oblong formaat; dwarsformaat	**595**
предложение; оферта	ponuda	nabídka	offerte; tilbud; udbud	aanbieding; aanbod	**596**
отделен отпечатък	posebni otisak; separat	separát	særtryk	overdruk	**597**
офсетов печат	ofsetno tiskanje	ofset	offsettryk	offsetdruk	**598**
за преглед	na viđenje; na uvid	na ukázku	til gennemsyn	ter inzage; op zicht	**599**
					600
тънка (като ципата на лук) прозрачна хартия	pelir-papir; papir za kopiranje	překlepový/letecký papír	kalkerpapir	calqueerpapier; transparant papier	**601**
щимове за оркестър	harmonija; orkestarski motivi	harmonie	orkesterstemmer; orkestermateriale	partijen	**602**
поръчка	narudžba; narudžbina	objednávka; zakázka	bestilling; ordre	bestelling; order	**603**
оригинален	originalan	původní; originální	original; oprindelig	oorspronkelijk	**604**
					605
					606
първоначално издателство	originalni izdavač	původní vydavatel	originalforlag	oorspronkelijke uitgever	**607**
оригинален/първоначален текст	originalni tekst	původní text	grundtekst; originaltekst	oorspronkelijke tekst; origineel	**608**

	FINNISH Suomi	HUNGARIAN Magyar	ITALIAN Italiano	NORWEGIAN Norsk	POLISH Polski
587					
588	romaanikirjailija	regényíró	romanziere	romanforfatter	powieściopisarz
589	luku; lukumäärä; numero	szám	numero	tal; tall; antal	liczba; numer
590	numero; vihko	füzet; szám	dispensa; fascicolo	nummer	numer; zeszyt
591	numeroitu kappale	számozott példány	esemplare numerato	nummererte eksemplar	egzemplarz numerowany
592	arkkinumerointi; arkkien numerointi	ívszámozás	numerazione dei fogli	nummerering av ark; arksignering	numeracja arkuszy
593					
594	poikittainen; poikittais-	haránt	oblungo	tverr	podłużny
595	poikittaiskoko; poikittaismuoto	széles formátum	formato oblungo	tverrformat	format podłużny
596	tarjous; tarjonta	ajánlat; kínálat	offerta; proposta	offerte; tilbud; bud	oferta; podaż
597	eripainos	különlenyomat	tiratura a parte; estratto	særtrykk	separatum; odbitka wyjątkowa
598	offsetpainanta	ofszetnyomás	stampa in offset	offsettrykk; gummitrykk	offset; druk offsetowy
599	nähtäväksi	betekintésre	per visione; a scopo di esame	til gjennomsyn	do przejrzenia; na pokaz
600					
601	kuultopaperi	másolópapír; transzparens papír	pelle d'aglio; carta sottile	kalkerpapir	papier pelurowy
602	nuottimateriaali	zenekari szólamok	armonia; parti (musicali)	orkesterstemmer	partie orkiestralne; harmonia
603	tilaus	megrendelés	ordinazione; commissione	bestilling; ordre	zamówienie
604	alkuperäinen; kanta-	eredeti	originale	original; opprinnelig	oryginalny
605					
606					
607	alkuperäinen kustantaja	eredeti kiadó	editore originale	originalforlag; originalforlegger	wydawca oryginalny
608	alku(peräis)teksti	eredeti szöveg	testo originale	grunntekst; originaltekst	tekst oryginalny

PORTUGUESE Português	ROMANIAN Român	SERBIAN Српски	SLOVAK Slovensky	SWEDISH Svensk	
					587
romancista	romancier	романописац	románopisec	romanförfattare	**588**
número	număr; cifră	број	číslo	tal; antal	**589**
fascículo; número	fasciculă	свеска; број	zošit; číslo; dodanie	häfte; nummer	**590**
exemplar numerado	exemplar numerotat	нумерисан примерак	číslovaný exemplár	numrerat exemplar	**591**
numeração das folhas	numerotarea colilor	нумерисање табака/ арака	číslovanie hárkov	arknumrering	**592**
					593
oblongo	curmeziș; transverzal	попречан	priečny	i tvärformat	**594**
formato oblongo	format de album	широки формат	priečny formát	tvärformat	**595**
oferta	ofertă	понуда	ponuka	offert	**596**
separata	extras	посебни отисак; сепарат	separát	särtryck	**597**
impressão offset	ofsettipie	офсетно штампање	ofset	offsettryck	**598**
de amostra	pentru alegere	на увид; на разматрање; на преглед	na ukážku	till påseende	**599**
					600
papel cebolha/transparente	hîrtie transparentă	пелир-папир; хартија за копирање	prieklepový/letecký papier	kalkerpapper	**601**
partes orquestrais; orquestração	voci orchestrale	хармонија; оркестарски мотиви	harmónia	orkesterstämmor; notmaterialstämmor	**602**
encomenda; pedido	comandă; ordin	поруџбина; наруџбина	objednávka; zákazka	beställning	**603**
original	original	оригиналан	pôvodný; originálny	originell; original	**604**
					605
					606
editor original	editură originală	оригинални издавач	pôvodný vydavateľ	originalförlag	**607**
original	text original	оригинални текст	pôvodný text	originaltext	**608**

	ENGLISH	FRENCH Français	GERMAN Deutsch	RUSSIAN Русский	Spanish Español
609	**outline(s)**[1] *syn:* conspectus; annotation; survey; →abstract; digest; synopsis; summary	analyse; extrait; esquisse; sommaire; arguments; présentation	Inhaltsangabe; Zusammenfassung; kurzer Abriß	краткое изложение содержания; конспект книги; краткое руководство; краткий справочник	resumen; sinopsis; argumentos
610	**outline(s)**[2] *syn:* general treatise; system; principles of...	manuel; traité pratique de...; précis de...; ouvrage de référence	Grundriß; Abriß; umfassender...	основы; компендиум	manual; compendio; base; fundamento; cimientos
611	**out of print** *syn:* sold out	pas en magasin; vendu	vergriffen	распродан(ный)	agotado
612	**out of stock** *syn:* sold out	épuisé	nicht vorrätig	не имеется на складе; распродан	sin existencias en depósito; agotado
613	**outright fee** *syn:* lump-sum (fee)	honoraires forfaitaires; droits à forfait; rémunération globale	Pauschalhonorar	гонорар по ставкам; паушальная сумма авторского гонорара	honorarios globales
614	**outside collaborator** *syn:* free lance	collaborateur externe	freier Mitarbeiter	внештатный сотрудник	colaborador exterior
615	**overstock** →remainders	excédent	Überbestand	излишки; остатки	existencias; exceso; demasía; residuo
616	**"owner"** *(US)* *s.* copyright owner				
617	**package** →post parcel	paquet; colis	Paket; Kollo	колло; место	bulto; fardo
618	**packing costs**	frais d'emballage	Verpackungskosten	стоимость упаковки; расходы на упаковку	gastos de embalaje
619	**page** →sheets	page	Seite	страница	página
620	**page number** *s.* folio				
621	**page proof**	épreuve mise en page	Umbruch	корректурный оттиск (страниц)	prueba de página
622	**to paginate**	paginer; numéroter les pages	numerieren; paginieren	нумеровать (страницы)	paginar; numerar las páginas
623	**pagination**	pagination	Paginierung	пагинация	paginación; numeración de las páginas
624	**pamphlet** *syn:* tract; brochure; →prospectus	brochure; plaquette; tract	Broschüre; Heft	брошюра	opúsculo; plaqueta; folleto
625	**paper**	papier	Papier	бумага	papel
626	**paperback**	livre broché; édition populaire	Paperback	книга в бумажном переплёте; популярное издание	libro en rústica; libro con cubierta de papel; edición popular
627	**to paperback** *(US)*	faire une édition populaire	Paperback-Ausgabe machen	издать в популярном издании	publicar un libro a la rústica
628	**paper-bound book**	livre broché/cartonné	broschiertes Buch; geheftetes Buch	книга в бумажном переплёте; книга в картонном переплёте	libro en rústica; libro con cubierta de papel
629	**paper cover(s)**	reliure en papier	Broschur *(Einband)*	брошюра	cubierta en papel; encuadernación en rústica

BULGARIAN Български	CROATIAN Hrvatski	CZECH Česky	DANISH Dansk	DUTCH Nederlands	
кратко съдържание; резюме	izvod iz sadržaja; sinopsis; kratko izlaganje sadržaja	stručný obsah	indholdsoversigt	inhoudsoverzicht	**609**
наръчник; ръководство; основи на...	priručnik; opći prikaz; sažeti pregled; osnove...	základy	håndbog	handboek; handleiding; overzicht	**610**
изчерпан; разпродаден	rasprodano	rozebrané	udsolgt	uitverkocht	**611**
изпродаден; изчерпан	rasprodano; nema na skladištu	rozebrané; nedostat	ikke på lager	niet in voorraad	**612**
глобален хонорар	paušalni honorar	paušální honorář	gennemsnitshonorar; pauschalhonorar; engangsbeløb	honorarium in een bedrag ineens	**613**
външен сътрудник	vanjski suradnik	externista; externí spolupracovník	fri medarbejder	free-lancer	**614**
излишък от запаси	višak	přebytek	restoplag	uitgevers overschot; rams	**615**
					616
колет; пакет	koleto	balík	collo	collo; stuk; vracktgoed	**617**
разноски за амбалаж/опаковане; опаковъчни разноски	troškovi pakovanja	náklady balení	indpakningsomkostninger	verpakkingkosten	**618**
страница	stranica; pagina	strana	side	bladzijde; zijde; pagina	**619**
					620
коректура на страници	otisak prelomljenog sloga	lámaný/stránkový obtah	ombrudt korrektur	proefpagina; proefblad	**621**
пагинирам	paginirati	paginovat; stránkovat	nummerere; paginere	pagineren; nummeren	**622**
пагинация	paginacija	paginace; stránkování	paginering	paginering; nummering van bladzijden	**623**
брошура; тетрадка	brošura; svezak	brožurka	brochure; pjece	brochering	**624**
хартия	papir	papír	papir	papier	**625**
неподвързана книга; популярно издание	izdanje u jeftinom uvezu; džepno izdanje	paperback; laciné vydání	billigbog	paperback; populaire editie; volksuitgave	**626**
издавам неподвързано	objavit u džepnom izdanju	vydávat paperbacky	udgive i paperback	als paperback uitgeven	**627**
подшита/брошурана книга; книга в картонена подвързия	broširana knjiga; knjiga u mekom uvezu	brožovaná kniha; brožura	brocheret bog	gebrocheerd boek	**628**
мека подвързия	meki uvez	brožování	brochering	papieren band	**o29**

	FINNISH Suomi	HUNGARIAN Magyar	ITALIAN Italiano	NORWEGIAN Norsk	POLISH Polski
609	sisällystiiviste; tiivistelmä	tartalmi kivonat; szinopszis; annotáció; vázlat; összefoglalás	sommario; sinossi	(innholds)oversikt; synopsis; resymé	streszczenie; konspekt dzieła; adnotacja
610	käsikirja; opas; kompendi(umi)	kézikönyv; alapvetés; a ... alapvonalai; a ... alapjai; rendszeres...	compendio; schema	håndbok	zarys; podręcznik; Podstawy...
611	loppuunmyyty	kifogyott	esaurito	utsolgt	rozsprzedane
612	loppunut varastosta	nincs raktáron; kifogyott	esaurito	ikke på lager	wyczerpane
613	tekijänpalkkion kokonaissumma	jogdíjátalány	diritti complessivi; onorario forfetario	pauschalhonorar	honorarium ryczałtowe
614	ulkonainen avustaja	külső munkatárs	collaboratore esterno	fri medarbeider; frilanser	współpracownik na zlecenie
615	jäänöserä	fölös készlet; túlkészletezés; fölösleg	eccedenza; giacenza	overflødig	nadmiar zapasu
616					
617	tavarakolli; kolli	postacsomag	pacco; collo	kolli	paczka; przesyłka
618	pakkauskulut	csomagolási költség	spese d'imballaggio	innpakningsomkostninger	koszty opakowania
619	sivu	oldal	pagina	side	strona
620					
621	taittovedos	tördelt levonat/oldal	bozza d'impaginazione	ombrukket korrektur	kolumna
622	numeroida	oldalszámozással ellátni	numerare le pagine	nummerere; paginere	paginować
623	sivunumerointi	lap-/oldalszámozás; paginázás	paginazione	paginering	paginacja; pagina
624	vihko(nen;) (lento)-kirjanen; brošyyri	brosúra; füzet; röpirat	opuscolo; opuscoletto	brosjyre	broszura; zeszyt
625	paperi	papír	carta	papir	papier
626	taskukirja	paperback; népszerű kiadás	edizione popolare/ economica	billigbok; pocketbok; paperback	paperback; tomik z serii popularnej
627	pehmeäkantinen nidottu	népszerű kiadásban megjelentetni	stampare/fare un'edizione economica	utgi i paperback	wydać w oprawie broszurowej
628	nidottu kirja; paperikantinen kirja	fűzött könyv *(papírkötésben)*; kartonborítású könyv	libro cucito/sciolto; libro legato in carta	brosjert bok	broszura; książka w oprawie miękkiej
629	paperisidos	papírkötés	rilegatura in carta	brosjyrarbeid	broszura; oprawa broszurowa

PORTUGUESE Português	ROMANIAN Român	SERBIAN Српски	SLOVAK Slovensky	SWEDISH Svensk	
resumo; sumário; sinopse	rezumat; sumar; cuprins	извод из садржаја; синопсис; кратко излагање садржаја	krátky/stručný obsah; podanie obsahu	synopsis; sammanfattning av innehållet; resumé	**609**
manual; compêndio; base; princípio	manual; elemente; principii	приручник; општи приказ; сажети преглед; основе...	základy	översikt; kompendium; grunddragen	**610**
esgotado	epuizat; vîndut	распродато	rozobrané	utgången; utsåld	**611**
sem existências no depósito; esgotado	epuizat	распродато; нема на складишту	rozobrané; nedostať	inte i lager	**612**
honorários globales	onorar(iu) global/paușal	паушални хонорар	paušálny honorár	pauschalhonorar; medeltalshonorar	**613**
colaborador exterior/independente	colaborator disponibil/exterior	спољни сарадник	externista; externý spolupracovník	frilans	**614**
stock; existências; sobras	excedent; plus	вишак	prebytok	restupplaga	**615**
					616
fardo; encomenda	colet	свежањ; (поштанско) колето	balík	kolli	**617**
gastos de embalagem	cheltuieli de ambalaj	трошкови паковања	náklady balenia	förpackningskostnader; emballagekostnader	**618**
página	pagină	страница; пагина	strana	sida	**619**
					620
prova de página	corectură de pagini	отисак преломљеног слога	lámaný/stánkový obťah	ombrutet korrektur	**621**
paginar; numerar as páginas	a pagina	пагинирати	paginovať; stránkovať	paginera	**622**
paginação	paginare; paginație	пагинација	paginácia; stránkovanie	paginering	**623**
opúsculo; folheto	broșură; fasciculă; caiet	брошура; свеска	brožúrka	broschyr; småtryck	**624**
papel	hîrtie	хартија; папир	papier	papper	**625**
edição popular; brochado	ediție nelegată/populară; broșat	издање у јефтином повезу; џепно издање	paperback; populárne vydanie	pocketbok; billigbok; fickbok	**626**
reeditar em edição popular/corrente	a edita în formă broșată	објавити у џепном издању	vydavať paperbacky	(mjukpärmad) häfta	**627**
livro brochado	carte broșată	броширана књига; књига у меком повезу	brožovaná kniha; brožúra	häftad bok; fickbok; billigbok	**628**
brochura	cartonaj	меки повез	brožovanie	pappersband	**629**

	ENGLISH	FRENCH Français	GERMAN Deutsch	RUSSIAN Русский	Spanish Español
630	**paper free from cellulose** *s.* paper without woodpulp				
631	**paper(s)** *(at a conference etc.)*	étude; mémoire *(d'une conférence)*	Aufsatz; Aufsätze; Beitrag	статья; очерк; материалы конференции/совещания	ensayo; documentación
632	**paper weight**	poids spécifique du papier	Papiergewicht	вес бумаги	peso de papel
633	**paper without woodpulp**	pur chiffon; papier exempt de pâte de bois	holzfreies Papier	бумага без содержания древесной массы	papel libre de celulosa
634	**paragraph**	paragraphe; passage	Abschnitt; Paragraph	раздел; пункт	párrafo; pasaje
635	**parallel print** *syn:* mutation; →duplicate print	impression parallèle; édition doublée en une langue différente; mutation	Mutation; mutierte Auflage; Doppelabdruck	мутация; издание со сменными полосами	mutación
636	**part**	part; partie	Teil	часть; раздел	parte
637	**parts** *s.* orchestral parts				
638	**passed (for the press)** *s.* ready for the press				
639	**to pass for (the) press**	mettre sous presse; passer pour presse	in Druck geben	сдавать в набор; сдавать в типографию; спускать в печать	meter en prensa
640	**paste-down** *s.* fly-leaf				
641	**payment**	paiement	Zahlung	платёж	paga; pago
642	**penalty** *syn:* liquidated damages	pénalité	Konventionalstrafe; Strafgeld; *(Austria:)* Pönale	(договорная) неустойка; конвенциональный штраф; пеня	multa convencional/contractual
643	**pen-name** *s.* literary pseudonym				
644	**penny dreadful** *s.* trash				
645	**performance**[1] *(of a contract)*	exécution	Erfüllung	выполнение	cumplimiento; realización
646	**performance**[2] *(of a work)*	représentation; spectacle; production; exécution	Aufführung	исполнение; представление; постановка	representación; función; interpretación; ejecución
647	**performing artist**	exécutant; interprète; présentateur	ausübender Künstler	(артист-)исполнитель	ejecutante; intérprete
648	**performing right(s)**	droits d'exécution/de représentation	Aufführungsrecht(e)	право постановки; право исполнения; гонорар исполнения	derecho de representación
649	**performing rights society** *s.* copyright protection society				
650	**periodical**[1] *n.* *syn:* journal; →review	périodique; revue; magazine	Zeitschrift	журнал	periódico; publicación periódica; revista
651	**periodical**[2] *a.*	périodique	periodisch	периодический	periódico
652	**periodicals**	(les) périodiques	Periodika	периодика	periódicos; revistas

BULGARIAN Български	CROATIAN Hrvatski	CZECH Česky	DANISH Dansk	DUTCH Nederlands	
					630
студия; проучване; писмени материали	članak; saopćenja; informacije	článek; příspěvek; materiál (konference)	afhandling; videnskabelig meddelelse	opstel; essay; lezing	**631**
тегло на хартията	težina papira	váha papíru	papirets vægt	papiergewicht	**632**
хартия холцфрай	bezdrvni papir	bezdřevý papír	træfrit papir	houtvrij (papier)	**633**
раздел; параграф	odjeljak; paragraf	odstavec	afsnit	paragraaf	**634**
мутация	mutacija	mutace	dobbeltaftryk; »mutation«	parallele/simultane/meertalige uitgave	**635**
част; дял; раздел	dio; deo	část	del	deel	**636**
					637
					638
давам за печат(ане); слагам под печат; отпечатвам	dati u tisak/u štampu	připravit do tisku	i tryk give	laten drukken	**639**
					640
плащане; платеж	plaćanje	placení; platba	betaling	betaling	**641**
неустойка	ugovorna kazna; globa; penal; ugovorena odšteta	smluvní pokuta	konventionalbøde	contractuele boete	**642**
					643
					644
изпълнение	izvršenje; ispunjenje	splnění	opfyldelse	uitvoering (van het contract)	**645**
представление; изпълнение	predstava; izvođenje; izvedba	předvedení; představení	opførelse	opvoering; uitvoering	**646**
изпълнител	umjetnik-izvoditelj	výkonný umělec	opførende artist	uitvoerend kunstenaar	**647**
право за представление/изпълнение	pravo izvođenja/izvedbe	právo předvedení	opførelsesret	opvoeringsrecht; opvoeringshonorarium	**648**
					649
списание	časopis	časopis	tidsskrift; periodicum	tijdschrift	**650**
периодичен	periodičan	periodický	periodisk	periodiek	**651**
списания; периодика	periodika	časopisy; periodica	tidsskrifter; periodica	periodieken	**652**

	FINNISH Suomi	HUNGARIAN Magyar	ITALIAN Italiano	NORWEGIAN Norsk	POLISH Polski
630					
631	tutkielma; esitelmät	tanulmány; írásos anyag; konferencia-anyag	studio; saggio; atti (di una conferenza)	avhandling; (vitenskapelig) meddelelse	artykuł; rozprawa; rozmaitości; materiały; studia
632	paperin paino	papírsúly	peso della carta	papirets vekt	gramatura papieru
633	hiokkeeton paperi	famentes papír	carta senza pasta di legno	trefritt papir	papier bezdrzewny
634	jakso; kappale	szakasz	paragrafo; capoverso	avsnitt	paragraf
635	muutettu painos; toiskielinen painos	mutáció	impressione/edizione simultanea con mutamenti paralleli	dobbelavtrykk; «mutation»	mutacja
636	osa	rész	parte	del	część; partia
637					
638					
639	painattaa; jättää painettavaksi	nyomdába adni; kinyom(t)atni	dare alla stampa; licenziare per la stampa	utgi i trykk	oddać do druku/ drukarni; dać wydrukować
640					
641	maksu	fizetés	pagamento	betaling	zapłata; płacenie; płatność
642	viivästyskorko; myöhästyskorko	kötbér	penale; penalità	konvensjonalbot	kara umowna
643					
644					
645	täyttäminen	teljesítés	esecuzione; adempimento	oppfyllelse	wykonanie; spełnienie
646	esitys; esittäminen	előadás	rappresentazione; esecuzione	oppførelse	przedstawienie
647	esittäjä (taiteilija)	előadóművész	esecutore; interpretatore	oppførende artist; fremfører	artysta
648	tekijänpalkkio esityksestä; esitysoikeus	előadási jog/jogdíj	diritti di esecuzione/ rappresentazione	oppførelsesrett	prawo przedstawienia; opłata za prawo przedstawienia
649					
650	aikakauslehti; aikakausjulkaisu; aikakauskirja	folyóirat	periodico; rivista	tidsskrift; periodikum	czasopismo
651	aikakaus-	időszaki	periodico	periodisk	periodyczny
652	aikakauslehdet	folyóiratok	periodici	tidsskrifter; periodika	czasopisma; periodyki

PORTUGUESE Português	ROMANIAN Român	SERBIAN Српски	SLOVAK Slovensky	SWEDISH Svensk	
					630
ensaio; estudo; documentação	articol; studiu; materie	чланак; саопштења; информације; оглед	článok; príspevok; material (konferencie)	uppsats; avhandling	**631**
peso de papel	greutate de hîrtie	тежина хартије	váha papiera	pappersvikt	**632**
papel sem celulose	hîrtie velină	бездрвна хартија	bezdrevný papier	träfritt papper	**633**
parágrafo	pasaj; paragraf	одељак; параграф	odsek	avdelning; paragraf	**634**
mutação	mutaţie	мутација	mutácia	mutation	**635**
parte	parte	део	časť	del	**636**
					637
					638
imprimir	a da la tipar; a tipări	дати у штампу	dať do tlače	lämna till tryckning	**639**
					640
paga; pagamento	plată	плаћање	platenie; platba	betalning	**641**
multa convencional/ contratual	amendă convenţio-nală	уговорна казна; глоба	zmluvná pokuta; penále	konventionalstraff	**642**
					643
					644
cumprimento; realização	îndeplinire; executare	извршење; испуњење	plnenie; splnenie	fullgörande	**645**
representação; interpretação; execução	reprezentaţie; interpretare; spectacol	представа; извођење	predvedenie; predstavenie	framförande; uppförande; föreställning	**646**
executante; intérprete	interpret(ă)	уметник-извођач	výkonný umelec	utövande konstnär; artist	**647**
direito de representaçôes	drept la reprezentare	право извођења	právo predvedenia	uppföranderätt	**648**
					649
revista	revistă	часопис	časopis	tidskrift; periodisk skrift; periodicum	**650**
periódico	periodic	периодичан	periodický	periodisk	**651**
revistas	periodice; presă periodică	периодика	periodika; časopisy	tidskrifter; periodica	**652**

	ENGLISH	FRENCH Français	GERMAN Deutsch	RUSSIAN Русский	Spanish Español
653	**period of protection**	durée de la protection	Schutzfrist; Schutzdauer	срок охраны (авторского права)	duración del derecho de autor; plazo de protección legal
654	**"petits droits"** *syn:* "small" performing rights	petits droits	kleine Rechte; petits droits	«малое (авторское) право»	derechos pequeños
655	**phonograph record** *syn:* disc; (gramophone) record	disque	Schallplatte	граммофонная пластинка; грампластинка	disco
656	**photocopy** *syn:* photostat	photocopie	Photokopie; Fotokopie	фотокопия	fotocopia
657	**photograph; photo**	photographie	Photo(graphie); Fotografie	фотоснимок; фотография	fotografía; foto
658	**photographic print**	épreuve photographique	photographischer Abzug	фотоотпечаток	positiva
659	**photostat (copy)** *s.* photocopy				
660	**phototype** *syn:* collotype	phototypie	Lichtdruck	фототипия; коллотипия	fototipia
661	**piano-copy** *s.* piano-song version				
662	**piano score** *syn:* vocal score	réduction pour piano	Klavierauszug	клавир; клавираусцуг	partitura para piano
663	**piano-song version** *syn:* piano-copy	version piano-chant	„Klavier und Gesang"	аранжировка для рояля и голоса	partitura para piano y canto
664	**picture** →illustration; figure	image; illustration; figure	Bild; Illustration; Figur	иллюстрация; картинка	imagen; ilustración; grabado
665	**picture-book**[1]	album d'images	Album; Bildband	альбом	álbum de imágenes
666	**picture-book**[2]	livre d'images/ illustré	Bilderbuch	детская книга с картинками	libro de imágenes
667	**piece**	pièce	Stück	штука	pieza
668	**piracy, pirating** *s.* infringement of copyright				
669	**pirated edition**	édition subreptice	Raubdruck; (unerlaubter) Nachdruck	неавторизованное издание	edición pirata; edición hecha sin autorización
670	**to place at somebody's disposal**	mettre à la disposition	zur Verfügung stellen	предоставить в распоряжение	poner a disposición (de)
671	**plagiarism**	plagiat	Plagiat	плагиат	plagio
672	**plain matter**	composition sans renforcement, en caractères ordinaires etc.; labeur	glatter Satz	сплошной набор	composición simple (sin sangrado etc.)
673	**plastic binding**	reliure plastique	Plasteinband	пластмассовый переплёт	encuadernación de plástico
674	**plate**[1]	planche	Bildtafel	вкладка; таблица (с иллюстрациями)	lámina

BULGARIAN Български	CROATIAN Hrvatski	CZECH Česky	DANISH Dansk	DUTCH Nederlands	
срок за запазено право на авторство	zaštitno vrijeme; zaštitni period	ochranná doba	beskyttelsesperiode	beschermingsduur	**653**
малките права	»mala prava«	malá práva	petits droits	klein recht (muziek-uitvoeringsauteurs-recht)	**654**
грамофонна плоча	gramofonska ploča	gramofonová deska	plade; grammo-fonplade	grammofoonplaat	**655**
фотокопие	fotokopija	fotokopie	fotokopi	fotocopie	**656**
(фотографска) сним-ка; фото	fotografija; snimak	fotografie	fotografi	fotografie; foto	**657**
фотографско копие	fotografska kopija	fotografický obtah	fotoavtryk	(fotografische) af-druk	**658**
					659
фототипия; светлопе-чат	svjetlotisak; foto-tipija	světlotisk; fototypie	lystryk	lichtdruk	**660**
					661
извлечение за пиано	klavirski izvadak	klavírní výtah	klaverudtog	klavieruittreksel; pianouittreksel	**662**
аранжировка за пиано и пеене	aranžman za klavir i pjevanje	pro klavír a zpěv	udgave for klaver of sang	zang- en pianopartij	**663**
картина; илюстра-ция; образ	slika; ilustracija	obraz	billede; illustration	beeld; illustratie	**664**
албум от изгледи/картин(к)и	album slika	obrázková kniha	billedealbum	prentenboek; plaat-werk	**665**
детска книга с кар-тинки; книга с кар-тини	slikovnica	obrázková kniha	billedbog	prentenboek; geil-lustreerd boek	**666**
парче	komad	kus	stykke	stuk	**667**
					668
незаконно пре-печатано издание; пиратско/неавтори-зирано издание	gusarsko izdanje	patisk; nezákonné vydání	piratudgave	roofdruk; illegale na-druk	**669**
предоставям на разположение	staviti na raspola-ganje	dát k dispozici	stille til disposition	ter beschikking stel-len	**670**
плагиат	plagijat	plagiát	plagiat	plagiaat; letterdie-verij	**671**
гладък набор	običan slog	hladká sazba	skær sats; brødskrift	eenvoudig/vlot zetsel	**672**
пластмасова под-вързия	plastični uvez	vazba PVC	plastikbind	plastic band	**673**
таблица	likovni prilog	celostránková ilust-race	planche; tavle	plaat; prent	**674**

	FINNISH Suomi	HUNGARIAN Magyar	ITALIAN Italiano	NORWEGIAN Norsk	POLISH Polski
653	suoja-aika	védelmi idő	termine di protezione	(opphavsrettens) vernetid	okres ochronny
654	pienet oikeudet	kisjog	«petits droits»	små rettigheter	małe prawa; prawo przedstawienia
655	äänilevy	hanglemez	disco	plate; grammofonplate	płyta (gramofonowa)
656	fotokopio	fotokópia	fotocopia	fotokopi	fotokopia
657	valokuva	fénykép; fotó	fotografia	fotografi	zjdęcie; fotografia; fotos
658	valojäljennös	(fénykép)másolat	copia fotografica	fotoavtrykk	odbitka fotograficzna
659					
660	valopainate	fénynyomat; fénynyomás	fototipia	lystrykk	fototypia; kopia świetlna
661					
662	pianosovitus	zongorakivonat	spartito/riduzione per pianoforte	klaveruttog	wyciąg fortepianowy
663	pianosäestyksellinen laulu	ének-zongora letét	(versione) canto-pianoforte	piano og sang	transkrypcja „na głos i fortepian"
664	kuva	kép; illusztráció; ábra	immagine; illustrazione; figura	bilde; figur; illustrasjon	ilustracja; obrazek; rysunek
665	kuvakirja; kuva-albumi	képes album	album illustrato	billedalbum	album; księga ilustracyjna
666	kuvakirja	képeskönyv	libro illustrato	billedbok	książka z obrazkami
667	kappale	darab	pezzo	stykke	sztuka
668					
669	varaspainos	kalózkiadás	edizione contraffatta	piratutgave	wydanie pirackie; nielegalne wydanie
670	asettaa käytettäväksi; luovuttaa/myöntää käyttöön	rendelkezésre bocsátani	mettere/porre a disposizione	stille til disposisjon	stawiać do dyspozycji
671	kirjallinen varkaus; plagiaatti; plagiointi	plágium	plagio	plagiat	plagiat
672	tasalados; tekstilados	sima szedés	composizione a dilungo; giustezza completa	glatt sats	skład zwykły
673	muovisidos	műanyag kötés	legatura in plastico	plastikkbind	oprawa plastyczna; oprawa z tworzywa
674	kuvataulu	képtábla	tavola	plansje	tablica ilustracyjna; ilustracja oddzielna

PORTUGUESE Português	ROMANIAN Român	SERBIAN Српски	SLOVAK Slovensky	SWEDISH Svensk	
prazo legal de proteção	timp de protecţie	заштитно време; заштитни период	ochranná doba	skyddstid	**653**
direito pequeno	„drept minor"	«мала права»	malé práva	små rättigheter	**654**
disco de gramofone	placă de patefon; disc	грамофонска плоча	gramofónová platňa	grammofonskiva; skiva	**655**
fotocópia	fotocopie	фотокопија	fotokópia	fotostatkopia	**656**
fotografia; foto	fotografie; poză	фотографија	fotografia	fotografi; foto	**657**
prova positiva	copie	фотографска копија	fotografický obťah	kopia	**658**
					659
fototipia	fototipie	фототипија	svetlotlač; fototypia	ljustryck; fototypi	**660**
					661
partitura para piano	extras pentru pian	клавирски извадак	klavírny výťah	pianoutdrag	**662**
partitura para piano e canto	aranjament pentru pian şi cîntare	аранжман за клавир и певање	pre klavír a spev	sång och piano	**663**
imagem; ilustração; gravura	planşă; ilustraţie; figură	слика; илустрација	obraz	bild; illustration; figur	**664**
álbum de imagens	album de vederi	албум слика	obrázková kniha	bilderbok	**665**
livro de imagens	carte cu figuri/poze; carte ilustrată	сликовница	obrázková kniha	bilderbok	**666**
peça	bucată	комад	kus	stycke	**667**
					668
edição pirata	ediţie neautorizată	гусарско издање	patlač; nezákonné vydanie	piratupplaga; tjuvtryck; eftertryck	**669**
pôr à disposição (de)	a pune la dispoziţie	ставити на расположење	dať k dispozícii	ställa till någons förfogande	**670**
plágio	plagiat	плагијат	plagiát	plagiat	**671**
composição simples (sem alínea)	culegere netedă; cules neted	обичан слог	hladká sadzba	slät sats; brödstil	**672**
encadernação de plástico	legătură în material plastic	пластични повез	väzba PVC	plastband	**673**
lámina	planşă	ликовни прилог/ уметак	celostranová ilustrácia	plansch	**674**

	ENGLISH	FRENCH Français	GERMAN Deutsch	RUSSIAN Русский	Spanish Español
675	**plate**[2] *s.* block; cliché				
676	**play** *syn:* drama	pièce de théâtre; œuvre dramatique; drame	Schauspiel; Theaterstück	пьеса; драма	obra de teatro; drama
677	**playwright**	auteur dramatique; écrivain de théâtre	Bühnenautor	драматург	dramaturgo; autor dramático
678	**pocket-book** *syn:* pocket-companion; vademecum; →manual	livre en format de poche	Taschenbuch; Vademecum	вадемекум; карманная книга; книжка	vademécum; prontuario
679	**pocket dictionary**	dictionnaire de poche	Taschenwörterbuch	карманный словарь	diccionario de bolsillo; diccionario portátil
680	**pocket score** *syn:* miniature score	partition de poche; partition de format réduit	Taschenpartitur	карманная партитура	partitura de bolsillo/de estudio
681	**pocket-size edition**	édition de format pochable	Taschenbuch *(Format)*	издание карманного формата; портативное издание	edición de bolsillo
682	**poem** *syn:* verse	poème	Gedicht; Vers; Dichtung	стихи; стихотворение	poesía; poema
683	**poet**	poète	Dichter	поэт	poeta
684	**poetry**	poésie	Dichtung; Poesie	поэзия	poesía
685	**polyglot** *syn:* multilingual	polyglotte	polyglott; mehrsprachig	многоязычный	políglota
686	**popular**[1]	populaire	volkstümlich	популярный	popular
687	**popular**[2]	de vulgarisation scientifique	populärwissenschaftlich	научно-популярный	de divulgación científica
688	**poster**	placard	„Poster"	плакат	cartel
689	**posthumous**	posthume	postum, posthum(us)	посмертный	póstumo
690	**posthumous work** →remains	œuvre posthume	nachgelassenes Werk	посмертно опубликованное произведение	obra póstuma
691	**post parcel** →package	colis postal; paquet-poste	Postpaket	почтовая посылка	paquete postal
692	**postscript**	post-scriptum	Nachschrift; Postskriptum	приписка; постскриптум	posdata
693	**practical dictionary**	dictionnaire usuel/abrégé	Handwörterbuch	настольный словарь; словарь среднего формата	diccionario manual
694	**prayer-book**	livre de prières	Gebetbuch	молитвенник	libro de oraciones
695	**preface** *syn:* foreword; →introduction	préface; avant-propos; introduction	Vorwort; Geleitwort; Vorrede	предисловие	prefacio; proemio

BULGARIAN Български	CROATIAN Hrvatski	CZECH Česky	DANISH Dansk	DUTCH Nederlands	
					675
пиеса; театрална пиеса; драма	kazališni komad; drama	činohra; divadelní hra	skuespil; drama	toneelspel; drama; toneelstuk	**676**
драматург	dramatičar; dramski pisac; pisac kazališnih komada	jevištní autor; dramatik	skuespilforfatter; dramatiker; teaterdigter	toneelschrijver; toneeldichter	**677**
бележник; тефтерче	priručnik; džepna knjiga	kapesní příručka	billigbog; lommeudgave	pocketboek	**678**
джобен речник	džepni rječnik	kapesní slovník	lommeordbog	zakwoordenboek	**679**
партитура в джобен формат	džepna partitura; mala partitura	kapesní partitura	lommepartitur	kleine partituur; studiepartituur	**680**
книга/справочник в джобен формат; джобно издание	džepna knjiga; džepno izdanje	kapesní příručka	billigbog; lommeudgave	uitgave in zakformaat	**681**
стихотворение	pjesma; stih	báseň	digt; digtning	gedicht; vers	**682**
поет	pjesnik	básník	digter; poet	dichter	**683**
поезия	poezija; pjesništvo	básnictví; poezie	poesi; digtekunst	dichtkunst; poëzie	**684**
многоезичен	poliglotski; mnogojezičan	vícejazyčný	polyglot-	veeltalig	**685**
популярен	popularan	populární	folkelig; populær	populair	**686**
научно-популярен	znanstveno-popularan; naučno-popularan	populárně vědecký	populær videnskabelig	populairwetenschappelijk	**687**
плакат; постер	plakat(a); »poster«	plakát	plakat	aanplakbiljet; poster	**688**
посмъртен	posmrtni	posmrtný; posthumní	posthum	postuum; nagelaten	**689**
посмъртен труд; посмъртно издание	posmrtno izdanje	posmrtné dílo	posthumt værk	postuum werk; nagelaten werk	**690**
пощенски колет	poštanski paket	poštovní balík	postpakke	postpakket; poststuk	**691**
послепис; постскриптум; после писано	postskriptum	postskriptum	efterskrift; postscriptum	naschrift	**692**
наръчен речник	priručni rječnik	příruční slovník	praktisk ordbog	handwoordenboek	**693**
молитвеник	molitvenik	modlitební knížka	bønnebog	gebedenboek	**694**
предговор; увод	predgovor; uvod	předmluva	forord	voorwoord; woord vooraf; voorrede; inleiding	**695**

	FINNISH Suomi	HUNGARIAN Magyar	ITALIAN Italiano	NORWEGIAN Norsk	POLISH Polski
675					
676	näytelmä; draama	színmű; színjáték; színdarab; dráma	dramma; spettacolo	skuespill; drama	sztuka teatralna; dramat; utwór sceniczny
677	näytelmänkirjoittaja	színpadi szerző; színdarabíró	autore drammatico	skuespillforfatter	dramatopisarz; dramaturg; autor sceniczny
678	taskukirja	zsebkönyv	manualetto tascabile; vademecum	billigbok; «pocketbok»	(mały) poradnik/podręcznik
679	taskusanakirja	zsebszótár	dizionario tascabile	lommeordbok	słownik kieszonkowy
680	pienoispartituuri	zsebpartitúra; kispartitúra	partitura tascabile	lommepartitur	mała partytura; partytura kieszonkowa/podręczna
681	taskukoko; taskupainos	zsebkiadás	(edizione) tascabile	lommeutgave	książka kieszonkowa; wydanie kieszonkowe
682	runo; runoelma	költemény	poesia; poema	dikt	poemat; poezja
683	runoilija	költő	poeta	dikter	poeta
684	runous	költészet	poesia	poesi; diktekunst	poezja
685	monikielinen; monikielis-	többnyelvű	poliglotta	polyglott; på flere språk	wielojęzyczny
686	kansanomainen; kansantajuinen	népszerű	popolare	folkelig; populær	popularny
687	yleistajuinen tieteellinen	(tudományos) ismeretterjesztő; népszerű-tudományos	divulgativo	populærvitenskapelig	popularno-naukowy
688	mainos; juliste; plakaatti	plakát; poszter	cartello artistico	poster	plakat
689	postuumi; jälkeis-	posztumusz	postumo	posthum	pośmiertny
690	jälkeisteos; postuumi teos; jälkeenjäänyt teos	posztumusz mű	opera postuma	posthumt verk	praca pośmiertna; dzieło pozostałe
691	postipaketti	postacsomag	pacco postale	postpakke	paczka pocztowa
692	jälkikirjoitus	utóirat	poscritto	etterskrift	dopisek; postscriptum
693	käsisanakirja	kéziszótár	dizionario	praktisk ordbok	słownik podręczny
694	rukouskirja	imakönyv	libro di preghiere/di devozione	bønnebok	modlitewnik książka do modlitwy
695	alkulause; alkusanat; esipuhe	előszó; bevezetés	prefazione; introduzione	forord	przedmowa; wstęp; słowo wstępne

PORTUGUESE Português	ROMANIAN Român	SERBIAN Српски	SLOVAK Slovensky	SWEDISH Svensk	
					675
peça de teatro; drama	piesă de teatru; dramă	позоришни комад; драма	činohra; divadelná hra	skådespel; pjäs; drama	**676**
dramaturgo; autor de obras dramáticas	dramaturg	драматичар; драмски писац; писац позоришних комада	javiskový autor; dramatik	dramatisk författare	**677**
prontuário	mic manual; carnet	приручник	príručka do vrecka	fickbok; pocketbok	**678**
dicionário de bolso	dicţionar de buzunar	џепни речник	vreckový slovník	fickordbok	**679**
partitura de bolso/de estudo	partitură de buzunar; partitură mică	џепна/мала партитура	vrecková partitúra	fickpartitur; studiepartitur	**680**
edição de bolso	ediţie de buzunar	џепна књига	príručka do vrecka	fick(boks)upplaga	**681**
poesia; poema	poemă	песма; стих	báseň	dikt	**682**
poeta	poet	песник	básnik	diktare; poet; skald	**683**
poesia; arte poética	poezie	поезија; песништво	poézia; básnictvo	poesi	**684**
poliglota	poliglot	полиглотски; многојезичан	viacjazyčný	flerspråkig; polyglott-	**685**
popular	popular	популаран	populárny	populär; folklig	**686**
de divulgação científica; popular	de popularizare; de răspîndirea cunoştinţelor	научно-популаран	populárno-vedecký	populärvetenskaplig	**687**
poster; cartaz	„poster“	плакат; »постер«	plagát	plakat	**688**
póstumo	postum	посмртни	posthumný; posmrtný	postum; efterlämnad	**689**
obra póstuma	operă postumă	посмртно издање	posmrtné dielo	postumt verk; efterlämnat verk	**690**
encomenda postal	colet poştal	поштански пакет	poštový balík	postpaket	**691**
pós-escrito	post-scriptum	постскриптум	postskriptum	efterskrift; postskripten	**692**
dicionário portátil	dicţionar portativ	приручни речник	príručný slovník	handlexikon	**693**
livro de orações	carte de rugăciuni; molitvelnic	молитвеник	modlitebná knižka	bönbok	**694**
prefácio	prefaţă; introducere	предговор; увод	predslov	företal; förord	**695**

	ENGLISH	FRENCH Français	GERMAN Deutsch	RUSSIAN Русский	Spanish Español
696	**prelims**	pièces/pages liminaires	Titelei; Vorspann	сборный лист	piezas liminares; páginas (pre)liminares; hoja del título
697	**première**	première	Erstaufführung; Uraufführung	премьера	estreno
698	**presentation copy** *s.* author's copy				
699	**press**[1] *(generally)*	presse	Presse	печать; пресса	prensa
700	**press**[2] *s.* printing office				
701	**press cutting** *syn:* clipping	coupure de presse	Zeitungsausschnitt	газетная вырезка	recorte de diario; extracto de prensa
702	**press release**	communiqué	Presseinformation	сообщение для печати	comunicado de prensa
703	**price**	prix	Preis	цена	precio
704	**price calculated on the stitched copy**	prix calculé sur l'exemplaire broché	„broschierter Preis"	цена в бумажных переплётах	precio puesto al libro encuadernado en rústica
705	**price list**	catalogue; tarif; barème	Preisliste	прейскурант	precio corriente; tarifa
706	**principles of...** *s.* outlines				
707	**print**[1]	imprimé; produit de la presse	Druckschrift; Druckerzeugnis	печатное произведение	libro impreso; impreso
708	**print**[2]	tirage; impression	Druck; Abdruck	оттиск; отпечаток	imprenta; impresión; estampa
709	**print**[3] *s.* type				
710	**print**[4] *s.* printing				
711	**to print**	imprimer	drucken; abdrucken	печатать	imprimir
712	**"printed matter"**	« Imprimé »	Drucksache	«печатное»; бандероль	impreso
713	**printed music** *syn:* sheet music	musique; œuvres musicales imprimées	Musikalien; Noten	печатные музыкальные произведения; музыкальные издания; ноты	música impresa; composición musical (papeles de) música
714	**printed sheet** *syn:* section; printer's sheet	feuille	Druckbogen	печатный лист	pliego de imprenta
715	**printer**	imprimeur	Drucker; Buchdrucker	печатник; книгопечатник	tipógrafo
716	**"printers"** *s.* printing office				
717	**printer's address** *s.* imprint				
718	**printer's error** *s.* misprint				
719	**printer's ink**	encre noire; encre d'imprimerie	Druckerfarbe	типографская/печатная краска	tinta de imprenta

BULGARIAN Български	CROATIAN Hrvatski	CZECH Česky	DANISH Dansk	DUTCH Nederlands	
страници пред текста	naslovne stranice	titulní strany	preliminærblade; titelark	voorwerk	696
премиера; първо представление	premijera	premiéra	første opførelse; premiere	première; eerste opvoering	697
					698
печат; преса	štampa	tisk	presse	pers	699
					700
изрезка от вестник	izrez iz novina	výstřižek z novin	avisudklip; udklip	knipsel; kranten-knipsel	701
комюнике	komunike(j)	komuniké	presseinformation; pressemeddelelse	persbericht	702
цена	cijena	cena	pris	prijs	703
цена на подшит/броширан екземпляр	cijena u mekom uvezu	brožovaná cena	pris brocheret	prijs gebrocheerd	704
ценоразпис; тарифа	cjenik; tarifa	ceník	prisliste; priskurant; prisfortegnelse	prijslijst; prijscourant	705
					706
шрифт; печат; печатно (произведение)	tiskarski proizvod	tiskovina	tryksag	drukwerk; gedrukt boek/werk	707
печат; шрифт; печатано; щампа	tisak; štampa	otisk	optryk; aftryk	afdruk; proef-druk; editie	708
					709
					710
печатам; отчечатвам	štampati; tiskati	tisknout	trykke	drukken	711
печатно (произведение)	»Tiskanica«; »Štampane stvari«	„Tiskopis“	tryksager	drukwerk	712
музикално произведение	glazbena djela; muzikalije	hudebniny	musikalier; noder	bladmuziek; partituur	713
печатна кола	tiskovni/štampani arak	tiskový arch	(trykt) ark	gedrukt vel; gedruk-t(e) katern; vel druks	714
печатар; типограф	štampar; tiskar	tiskař	bogtrykker	drukker	715
					716
					717
					718
печатарско мастило	tiskarska boja	tiskárenská barva	trykfarve; tryksværte	drukinkt	719

	FINNISH Suomi	HUNGARIAN Magyar	ITALIAN Italiano	NORWEGIAN Norsk	POLISH Polski
696	nimiösivut; nimiölehdet	címoldalak; címnegyed; előzékek	preliminari (fogli)	preliminærblad; tittelark	arkusz tytułowy
697	ensiesitys; ensi-ilta; premiääri	bemutató/első előadás; premier	première; prima (assoluta)	première	premiera
698					
699	lehdistö; sanomalehdistö	sajtó	stampa	presse	prasa
700					
701	sanomalehtileike; leike	újságkivágás	ritaglio di giornale	avisutklipp; utklipp	wycinek z gazety
702	lehdistötiedote	kommüniké	comunicato stampa	pressemelding	komunikat
703	hinta	ár	prezzo	pris	cena
704	hinta nidottuna	„fűzött ár"	prezzo calcolato sull' esemplare cucito	pris brosjert	cena brutto egzemplarza broszurowego
705	hinnasto; hintaluettelo	árjegyzék	listino dei prezzi; tariffa	prisliste; priskurant	cennik
706					
707	painotuote	sajtótermék	stampati	trykksak	druk; wytwór poligraficzny
708	painate	nyomat; lenyomat	tiratura; impressione; copia	trykk; avtrykk	druk; odbitka
709					
710					
711	painaa	nyomtatni; ki-/lenyomtatni	stampare	trykke	drukować
712	painotuotteet	„Nyomtatvány"	stampato; sottofascia	trykksaker	„(jako) druk"
713	musiikkiteos	zenemű	musica stampata; musiche	musikalier; noter	muzykalia
714	painoarkki	nyomdai ív	foglio di stampa	(trykt) ark	arkusz drukarski; arkusz (druku/ książki)
715	kirjapainaja	nyomdász	stampatore; tipografo	trykker	drukarz
716					
717					
718					
719	painoväri; painomuste	nyomdafesték	inchiostro tipografico	trykkfarge; trykksverte	farba drukarska

PORTUGUESE Português	ROMANIAN Român	SERBIAN Српски	SLOVAK Slovensky	SWEDISH Svensk	
páginas (pre)liminares	pagini de titlu	насловне странице	titulné strany	titelark	**696**
estreia	premieră	премијера	premiéra	premiär	**697**
					698
prensa; imprensa	presă	штампа	tlač	press	**699**
					700
recorte	tăietură din ziar	изрез из новина; исечак	výstrižok z novín	tidningsutklipp	**701**
comunicado; informação de imprensa	comunicat (pentru presă)	комунике(j)	komuniké	presskommuniké	**702**
preço	preţ	цена	cena	pris	**703**
preço posto ao livro brochado	preţ broşat	цена у меком повезу	brožovaná cena	priset på häftat	**704**
tabela de preços	listă de preţuri; tarif	ценовник; тарифа	cenník	prislista; priskurant	**705**
					706
impresso	tipăritură; publicaţie	штампарски производ	tlač	tryckt skrift; tryck	**707**
obra impressa; edição	stampă; tipar; tras	штампа; тисак	odtlačok	tryck	**708**
					709
					710
imprimir	a tipări	штампати; тискати	tlačiť; vytlačiť	trycka	**711**
impresso	imprimat; tipăritură	»Тисканица«; »Штампане ствари«	„Tlačivo"	trycksak(er)	**712**
músicas	operă muzicală; compoziţie; note	музичка дела; музикалије	muzikálie; hudobniny	musikalier; noter	**713**
pliego de imprensa	coală de tipar	штампани табак	tlačový hárok	tryckark	**714**
impressor; tipógrafo	tipograf; poligrafist	штампар; тискар	tlačiar	boktryckare	**715**
					716
					717
					718
tinta de impressão	cerneală de tipar	штампарска боја	tlačiarenská farba	tryckfärg; trycksvärta	**719**

	ENGLISH	FRENCH Français	GERMAN Deutsch	RUSSIAN Русский	Spanish Español
720	**printer's reader** →proof-reader	correcteur (de la maison)	Hauskorrektor	типографический корректор	corrector de la imprenta
721	**printer's sheet** *s.* printed sheet				
722	**printing** *(action of printing)* *syn:* machining; print	impression	Druck; Druckverfahren	печатание; печать	impresión
723	**printing costs**	frais d'impression	Druckkosten	типографские расходы; расходы на типографские работы; стоимость печати	gastos de imprenta
724	**printing house** *s.* printing office				
725	**printing instructions** *s.* printing order				
726	**printing office** *syn:* printing press; printing plant; printing house; printers	imprimerie	Druckerei	типография	imprenta; estampa; oficina tipográfica; taller tipográfico; establecimiento tipográfico
727	**printing order** *syn:* printing instructions; setting instructions; →layout	instruction pour la composition	Satzanweisung	спецификация к набору	instrucciones para la disposición de la composición
728	**printing paper**	papier d'impression	Druckpapier	печатная бумага	papel de imprimir
729	**printing plant** *s.* printing office				
730	**printing-press** *s.* printing office				
731	**proceedings** *(of a conference)* *s.* transactions				
732	**processing** *s.* jobwork				
733	**production department/division**	division de la production	Herstellungsabteilung	производственный отдел	sección de producción
734	**professional publication** *syn:* non-fiction (book)	livre spécial/technique	Fachbuch; Sachbuch	специальная книга; книга по какой-л. специальности	libro técnico
735	**progressive colour proof**	épreuve de tirage en couleurs	Skalendruck	пробный оттиск при многокрасочной печати	prueba plana en la impresión de colores
736	**project** *s.* design; sketch				
737	**promotion** *s.* publicity				
738	**proof**	épreuve; tirage	Abzug *(vom Satz)*	оттиск	prueba (de imprenta)

BULGARIAN Български	CROATIAN Hrvatski	CZECH Česky	DANISH Dansk	DUTCH Nederlands	
домашен коректор	kućni korektor; korektor tiskare	domácí korektor	huskorrekturlæser	huiscorrector; corrector van de uitgeverij/drukkerij	**720**
					721
печатане; отпечатване	tiskanje; štampanje	tisk	tryk; trykning	druk	**722**
разноски по отпечатването	tiskarski troškovi	náklady tisku	trykningsomkost-ninger	drukkosten	**723**
					724
					725
печатница; книго-печатница	tiskara; štamparija	tiskárna	trykkeri; bogtryk-keri; officin	drukkerij	**726**
указание за набиране на текста	uputa za slaganje	legenda pro sazeče	layout; opsætning	aanwijzing voor het zetten	**727**
печатна хартия	tiskovni papir	tiskový papír	trykpapir	drukpapier	**728**
					729
					730
					731
					732
технически/произ-водствен отдел	tehnički/proiz-vodni odjel	výrobní oddělení	teknisk afdeling	productieafdeling; technische afdeling	**733**
специална книга; книга за специали-сти	stručna knjiga	odborná kniha	fagbog	vakboek; non-fiction boek	**734**
пробен отпечатък при многоцветен печат	otisak skale (u boji)	stupnicový nátisk; škálový nátisk (barev)	prøvetryk (af farve-tryk)	kleurengamma-afdruk	**735**
					736
					737
отпечатък	otisak	obtah	aftryk	proef; drukproef	**738**

	FINNISH Suomi	HUNGARIAN Magyar	ITALIAN Italiano	NORWEGIAN Norsk	POLISH Polski
720	oma korrehtuurin-lukija (kirjapai-nossa)	belső/saját korrektor	correttore interno	huskorrekturleser	korektor na etacie; korektor wydaw-nictwa
721					
722	painanta; paina-minen	nyomás	stampa; impressione	trykk; trykking	druk
723	painokulut	nyomdaköltség	spese di stampa	trykkingsomkost-ninger	koszty druku
724					
725					
726	kirjapaino	nyomda; könyv-nyomda	tipografia; stamperia	trykkeri; boktrykkeri; offisin	drukarnia; zakład (poli)graficzny
727	latomisohjeet	nyomdai/szedési utasítás	istruzioni per la composizione	layout; setningsan-visning; anvisning til setning	adiustacja maszyno-pisu; dyspozycje dot. składu
728	painopaperi	nyomópapír	carta da stampa	trykkpapir	papier typograficzny
729					
730					
731					
732					
733	teknillinen osasto; tuotanto-osasto	műszaki/termelési osztály	departamento tecni-co/di produzione	teknisk avdeling	dział produkcyjny
734	ammattikirja; ammattijulkaisu	szakkönyv; nem szépirodalom	libro tecnico	fagbok	książka fachowa/spe-cjalistyczna; pod-ręcznik; monografia
735	väriasteikkovedos	(színes) skálalevonat	bozza a colori sem-plici	prøvetrykk (av far-getrykk)	odbitka skalowa
736					
737					
738	vedos	levonat	tiratura; bozza/prova di stampa	avtrykk	odbitka

PORTUGUESE Português	ROMANIAN Român	SERBIAN Српски	SLOVAK Slovensky	SWEDISH Svensk	
corrector da imprensa	corector de tipografie	кућни коректор; коректор штампарије	domáci korektor	(hemma)korrekturläsare	**720**
					721
impressão	imprimare; tipar	штампање; тискање	tlač	tryckning; tryck	**722**
gastos de impressão	cheltuieli de tipărit	штампарски трошкови	tlačové náklady	tryckningskostnader	**723**
					724
					725
tipografia; imprensa	tipografie; imprimerie	штампарија	tlačiareň; kníhtlačiareň	tryckeri	**726**
instrução para a disposição da composição	instrucţiuni de/pentru culegere	упутство за слагање	legenda pre sadzača	sättningsanvisning	**727**
papel de imprimir	hîrtie de tipar	хартија за штампање	tlačový papier	tryckpapper	**728**
					729
					730
					731
					732
secção de produção	secţie de producţie; secţie tehnică	техничко одељење; одељење производње	výrobné oddelenie	produktionsavdelning; teknisk avdelning	**733**
livro técnico	carte de specialitate; monografie	стручна књига	odborná kniha	fackbok	**734**
prova de tipocromia; prova a cores	probă de scală	отисак скале (у боји)	stupnicový nátlačok; škálový nátlačok (farieb)	provtryck av färgtryck	**735**
					736
					737
prova tipográfica	probă de tipar; imprimare; tras	отисак	obťah	avdrag; avtryck	**738**

	ENGLISH	FRENCH Français	GERMAN Deutsch	RUSSIAN Русский	Spanish Español
739	**proof-correction symbol** *syn:* proof-reader's mark(s)	signes de correction	Korrekturzeichen	корректурный знак	signos de corrección
740	**proof-reader; proof--corrector** *syn:* corrector; →printer's reader	correcteur	Korrektor; Druckberichtiger	корректор	corrector
741	**proof-reader's mark** *s.* proof-correction symbol				
742	**proof-reading** *s.* correction				
743	**prose**	prose	Prosa	проза	prosa
744	**prospectus** → pamphlet; leaflet	prospectus	Prospekt	проспект	prospecto; circular comercial
745	**"protected by copyright"** *syn:* copyrighted	protégé par le droit d'auteur	urheberrechtlich geschützt	охраняемый по авторскому праву	protegido por los derechos de autor
746	**protection period** *s.* period of protection				
747	**protocol** *syn:* minutes; record	procès-verbal	Protokoll	протокол; акт	acta de una asamblea
748	**pseudonym** →literary pseudonym	pseudonyme; nom de plume	Pseudonym; Deckname; Schriftstellername	псевдоним	(p)seudónimo; nombre ficticio; alónimo
749	**publication**[1] *syn:* making public; →appearance	mise en public; divulgation; publication	Veröffentlichung; Publikation	опубликование	publicación
750	**publication**[2] *(a work published)* →edition; work	publication	Titel; Publikation	номер; выпуск	publicación
751	**public domain, (in)** *s.* domaine public				
752	**publicity** *syn:* promotion	publicité; propagande	Werbung; Propaganda	реклама	propaganda; publicidad
753	**publicity manager**	chef de service de publicité	Werbeleiter	заведующий отделом рекламы; руководитель отделения рекламы	director de propaganda; jefe de la sección de publicidad
754	**public performance**	exécution publique	öffentliche Aufführung	публичное исполнение	representación pública
755	**public reading/presentation**	conférence/lecture publique; récit public	öffentlicher Vortrag	публичное выступление	lectura pública
756	**to publish** *syn:* to issue	publier	verlegen; herausgeben; veröffentlichen	издавать; выпускать	publicar; editar
757	**"to be published"** *s.* to appear				
758	**published by...**	aux éditions...; édité chez...	im Verlag(e)...; erschienen bei...	выпущенный издательством...	editado por...; publicado por...
759	**publisher**	éditeur	Verleger; Herausgeber	издатель; книгоиздатель	editor

BULGARIAN Български	CROATIAN Hrvatski	CZECH Česky	DANISH Dansk	DUTCH Nederlands	
коректурен знак	korekturni znak	korektorské značky	korrekturtegn	correctieteken	**739**
коректор	korektor	korektor	korrekturlæser	corrector	**740**
					741
					742
проза	proza	próza	prosa	proza	**743**
проспект	prospekt	prospekt	prospekt	prospectus	**744**
защитен от авторско право	zaštićen(o) autorskim pravom	chráněno autorským právem	ophavsretligt beskyttet	auteursrechtelijk beschermd	**745**
					746
протокол	zapisnik; protokol	protokol; zápis	protokol	notulen	**747**
псевдоним	pseudonim; lažno ime	pseudonym	pseudonym	pseudoniem	**748**
публикуване; публикация	izdavanje; publikovanje	publikace; uveřejnění	offentliggørelse; publikation	publicatie	**749**
публикация; издание; заглавие	publikacija; izdanje	publikace	publikation; udgave	publicatie	**750**
					751
реклама и информация; пропаганда	propaganda	propaganda	reklame; reklamevirksomhed	propaganda	**752**
завеждащ отдел пропаганда	rukovodilac odjeljenja za propagandu	vedoucí propagačního oddelení	reklameafdelingschef	propagandachef	**753**
публично изпълнение	javna izvedba	veřejné představení	offentlig opførelse	openbare voorstelling/uitvoering	**754**
публично представление/четене	javno predavanje	veřejný přednes	offentlig opførelse	openbare voordracht	**755**
издавам; публикувам	publikovati; izdati; izdavati	vydat	udgive; forlægge; offentliggøre	uitgeven	**756**
					757
издаден от...	u izdanju...; u nakladi...	nákladem...	udgivet af...	uitgegeven van...	**758**
издател	izdavač; nakladnik	vydavatel; nakladatel	forlægger; udgiver	uitgever	**759**

	FINNISH Suomi	HUNGARIAN Magyar	ITALIAN Italiano	NORWEGIAN Norsk	POLISH Polski
739	korjausmerkki; korrehtuurimerkki	korrektúrajel	segni per la correzione delle bozze	korrekturtegn	znak korektorski
740	korjauslukija; oikaisulukija	korrektor	correttore	korrekturleser	korektor
741					
742					
743	proosa	próza	prosa	prosa	proza
744	esittelylehti(nen); esittelyvihko(nen); esite; prospekti	prospektus	prospetto	prospekt	prospekt
745	tekijänoikeuslain soujaama	szerzői jogilag védett	protetto dalla legge di autore	opphavsrettslig vernet	chroniony przez prawo autorskie
746					
747	pöytäkirja	jegyzőkönyv	protocollo	protokoll	protokół
748	salanimi; pseudonyymi	álnév	pseudonimo	pseudonym	pseudonym
749	julkaiseminen; julkaisu	nyilvánosságra hozatal	palesamento; divulgazione	offentliggjørelse; publikasjon	publikowanie; publikacja
750	julkaisu	kiadvány; cím	pubblicazione	publikasjon; utgave	tytuł; pozycja
751					
752	mainostus	hírverés; propaganda	pubblicità; propaganda	reklame	reklama; propaganda
753	mainososaston johtaja	propaganda-osztályvezető	capo servizio propaganda	reklameavdelingssjef	kierownik działu reklamy
754	julkinen esitys	nyilvános előadás	esecuzione in pubblico	offentlig oppførelse	przedstawienie publiczne
755	julkinen esitys	nyilvános előadás/ felolvasás *(irodalmi műé)*	recita pubblica; discorso pubblico	offentlig oppførelse	recytacja; odczyt publiczny
756	julkaista; kustantaa	kiadni	pubblicare; uscire un' edizione	utgi; forlegge; publisere; offentliggjøre	wydać; publikować
757					
758	...n kustantama-(na)	... kiadásában	pubblicato da ...	utgitt av ...	nakładem
759	(kirjan)kustantaja; kustantamo; kustannusliike	kiadó; könyvkiadó	editore	forlegger; forlag	wydawca

PORTUGUESE Português	ROMANIAN Român	SERBIAN Српски	SLOVAK Slovensky	SWEDISH Svensk	
sinal de correcção	semn de corectură	коректурни знак	korektorské značky	korrekturtecken	739
corrector	corector	коректор	korektor	korrekturläsare	740
					741
					742
prosa	proză	проза	próza	prosa	743
prospecto; circular comercial	prospect	проспект	prospekt	prospekt	744
copyright por...; protegido pelo direito autoral	ocrotit prin dreptul de autor	заштиħен(о) ауторским правом	všetky práva vyhradené	skyddadgenom upphovsrätten	745
					746
acta; protocolo	proces-verbal; protocol	записник	protokol; zápis; zápisnica	protokoll	747
pseudónimo	pseudonim	псеудоним	pseudonym	pseudonym	748
publicação	publicare	публиковање; издавање	publikácia; uverejnenie	offentliggörande; utgivande; utgivning	749
publicação	publicaţie	публикација	publikácia	publikation	750
					751
propaganda; publicidade	publicitate; reclamă; propagandă	пропаганда	propaganda	reklam; propaganda	752
director de propaganda; chefe da secção de publicidade	şef de secţie de propagandă	руководилац одељења за пропаганду	vedúci propagačného oddelenia	reklamchef	753
representação pública	reprezentaţie publică; spectacol public	јавно извођење	verejné predstavenie	offentligt uppförande	754
recitação/conferência pública	conferinţă/prelegere publică	јавно предавање	verejný prednes	offentligt föredrag	755
publicar; editar	a edita; a publica	издати; публиковати; издавати	vydať	förlägga; giva ut; ge ut; utgiva; publicera	756
					757
editado por...; publicado por...	în/la editură...	у издању...	nákladom...	förlagd av...; utgiven av...	758
editor	editor	издавач	vydavateľ; nakladateľ	(bok)förläggare	759

	ENGLISH	FRENCH Français	GERMAN Deutsch	RUSSIAN Русский	Spanish Español
760	**publishers** *s.* publishing house				
761	**publisher's adviser** *s.* publisher's reader				
762	**publisher's agreement** *syn:* publishing agreement	contrat d'édition	Verlagsvertrag	издательский договор	contrato entre autor y editor; contrato de edición
763	**publisher's catalogue**	catalogue d'éditeur; «répertoire»	Verlagskatalog	список изданий; каталог издательства	catálogo de editor
764	**publisher's emblem** *syn:* publisher's device/mark	marque d'éditeur	Verlagszeichen; Signet	эмблема издательства	marca de editor; escudete del editor
765	**publisher's reader** *syn:* publisher's adviser	lecteur	Lektor	редактор издательства	lector
766	**publisher's schedule** *s.* publishing programme				
767	**publishing agreement** *s.* publisher's agreement				
768	**publishing date** *s.* date of publication				
769	**publishing house** *syn:* publishers	maison d'édition; éditeur; «éditions»	Verlagsanstalt; Verlagsfirma	издательство	casa editora; editorial
770	**publishing programme** *syn:* publishing schedule; publisher's schedule	plan d'édition; programme d'édition	Verlagsprogramm	тематический план (изданий)	plan editorial
771	**publishing rights**	droit de publication; droit d'édition	Verlagsrecht(e)	право издания	derechos de edición
772	**publishing trade, the**	librairie (d'édition)	Verlagsbuchhandel	издательская книготорговля	comercio de libros
773	**to pulp**	envoyer au pilon	einstampfen; makulieren	пускать в макулатуру; передать (книгу) для переработки в макулатуру	reducir (el papel viejo) a pasta
774	**quarterly (review)**	revue trimestrielle	vierteljährliche Zeitschrift; Quartalschrift	журнал, выходящий раз в три месяца; трёхмесячный журнал; квартальный журнал	(revista) trimestral
775	**questionnaire**	questionnaire	Fragebogen	анкета	cuestionario
776	**quotation**[1] *s.* citation				
777	**quotation**[2]	offre de prix	Preisangebot	предложение с указанием цены	oferta
778	**radio-play**	pièce radiophonique	Hörspiel	радиопьеса; радиопостановка	radiopieza

BULGARIAN Български	CROATIAN Hrvatski	CZECH Česky	DANISH Dansk	DUTCH Nederlands	
					760
					761
договор с издателство; издателски договор	izdavački/nakladni ugovor	vydavatelská/autorská smlouva	forlæggerkontrakt	contract tussen auteur en uitgever	762
издателски каталог	izdavački/nakladni katalog	vydavatelský/nakladatelský katalog	forlagskatalog	fondscatalogus	763
емблема на издателство	izdavački/nakladni emblem; izdavački znak	emblém/znak nakladatelství	forlæggermærke	uitgeversmerk	764
лектор; издателски редактор	recenzent; lektor	lektor	forlagskonsulent	lector; lezer; adviseur	765
					766
					767
					768
книгоиздателство; издателство; издателска къща	izdavačko/nakladno poduzeće	nakladatelství; vydavatelství	forlag; forlægger	uitgeverij	769
тематичен план	izdavački/nakladni plan	edični/vydavatelský plán	forlagsprogram	plan van de uitgeverij	770
издателско право; право на издаване	izdavačko pravo; pravo izdavanja/naklade	právo na vydání; vydavatelské právo	forlagsret	kopijrecht; recht tot uitgeven	771
книгоиздаване	izdavačka/nakladna djelatnost	vydavatelský obchod	forlagsvirksomhed	uitgeverij-boekhandel	772
давам книгата за стопяване; претопявам	poslati u stupu; makulirati; samljeti; preraditi kao makulaturu	makulovat; sešrotovat	opløse (makulatur)	vernietigen	773
тримесечен; излизащ на три месеци	kvartalni; tromjesečni (časopis)	čtvrtletní; čtvrtroční (časopis)	kvartalsrevy; kvartalsskrift	driemaandelijks tijdschrift; kwartaalschrift	774
въпросник	upitni list; upitnica	dotazník	spørgeskema; spørgeliste	vragenlijst	775
					776
предложение за цена	ponuda (cijena); ponuda uz označenje cijena	cenová nabídka; nabídka ceny	offerte med prisangivelser	offerte met prijsaangeving; prijsaanbieding	777
радиопиеса	radiodrama	rozhlasová hra	hørespil	hoorspel	778

	FINNISH Suomi	HUNGARIAN Magyar	ITALIAN Italiano	NORWEGIAN Norsk	POLISH Polski
760					
761					
762	kustannussopimus	kiadói szerződés	contratto di pubblicazione/edizione	forlagskontrakt	umowa wydawnicza
763	kustantajan luettelo; kustanneluettelo	kiadó katalógusa; „repertoár"	catalogo editoriale	forlagskatalog	katalog wydawniczy
764	kustantajanmerkki	kiadó emblémája; szignet	marca editoriale; emblema	forlagsmerke	znak firmowy/ wydawnictwa
765	kustannustoimittaja; käsikirjoitusten arvostelija	lektor	lettore (nella casa editrice)	forlagskonsulent	redaktor; recenzent; opiniodawca
766					
767					
768					
769	kustannusliike; (kirjan)kustantaja; kustantamo	kiadóvállalat; könyvkiadó vállalat	casa editrice; editori di libri	forlag; forlegger	wydawnictwo; zakład wydawniczy
770	kustannussuunnitelmat	kiadói terv	programma di pubblicazione	forlagsprogram	plan wydawniczy; plan tematyczny
771	julkaisuoikeus	kiadói jog; a kiadás joga	diritto di pubblicazione	forlagsrett	prawo wydania; prawo do publikowania dzieła
772	kustannusala	könyvkiadás; könyvszakma	commercio editoriale	forlagsbokhandel; forlagsvirksomhet	księgarstwo nakładowe
773	muuttaa massaksi	bezúzni; zúzdába adni	mettere in macero	oppløse (makulatur)	przemleć; użyć na makulaturę/przemiał
774	neljästi vuodessa ilmestyvä	negyedéves folyóirat	rivista trimestrale	kvartalsrevy; kvartalsutgave	kwartalnik
775	kyselylomake	kérdőív	questionario	spørreskjema; spørreliste	kwestionariusz; ankieta
776					
777	hintatarjous	árajánlat	profferta di prezzo; offerta	offerte med prisangivelser	oferta
778	kuunnelma	hangjáték	dramma radiofonico	hørespill	słuchowisko; sztuka radiowa

PORTUGUESE Português	ROMANIAN Român	SERBIAN Српски	SLOVAK Slovensky	SWEDISH Svensk	
					760
					761
contrato entre autor e editor; contrato de edição	contract cu editură	издавачки уговор	autorská zmluva; vydavateľská zmluva	förlagskontrakt; förlagsavtal	**762**
catálogo de editor	catalog de editură	издавачки каталог	vydavateľský katalóg	förlagskatalog	**763**
marca de editor	emblemă de editură; monograma/semnul editurii	издавачки емблем	emblém/znak vydavateľstva	förlagsmärke	**764**
leitor	lector	рецензент	lektor	lektör; lektris	**765**
					766
					767
					768
casa editora; editora	casă de editură; editură	издавачко предузеће; издавачка кућа	vydavateľstvo; nakladateľstvo	(bok)förlag	**769**
plano editorial	plan tematic	издавачки план	vydavateľský plán; edičný plán	förlagsprogram	**770**
direitos editoriais	drepturi de editare	издавачко право; право издавања	právo na vydanie; vydavateľské právo	förlagsrätt; utgivningsrätt	**771**
comércio de livros	editare (de cărţi)	издавачка делатност	vydavateľský obchod	förlagsbokhandel	**772**
reduzir (papel velho) a massa	a concasa; a prelucra (cărţi pentru fabricarea hîrtiei)	«макулирати»; прерадити као макулатуру; самлети	zošrotovať; makulovať	mala till pappersmassa; makulera	**773**
trimestral	revistă trimestrială	квартални/тромесечни часопис	štvrťročný (časopis)	kvartalsrevy; kvartalsskrift	**774**
questionário	chestionar	анкетни лист	dotazník	frågeformulär	**775**
					776
oferta	ofertă	понуда (цена)	ponuka ceny	offert; prisuppgift	**777**
peça radiofónica	piesă radiofonică	радио-драма	rozhlasová hra	hörspel; radiopjäs	**778**

	ENGLISH	FRENCH Français	GERMAN Deutsch	RUSSIAN Русский	Spanish Español
779	**raw translation** *s.* literal translation				
780	**to read**	lire	lesen	читать	leer
781	**reader**[1] *(person)*	lecteur	Leser	читатель	lector
782	**reader**[2] *(profession)* *s.* publisher's reader				
783	**reader**[3] *s.* reading book				
784	**readership** *(US)* *s.* interested readers				
785	**reading book** *syn:* reader	livre de lecture; méthode	Lesebuch	книга для чтения	libro de lectura
786	**reading (the) galley proofs**	lecture des épreuves	Fahnenkorrektur	корректура в гранках	corrección de las galeradas
787	**ready for dispatch**	prêt à la livraison	versandbereit	готовый к отправке	listo para la expedición
788	**ready for print** *s.* good for print; ready for the press				
789	**ready for the press** *syn:* passed	bon à tirer; imprimable	druckfertig; fertig zum Druck	готовый к печати	listo para imprimir
790	**rebate** *s.* discount; deduction				
791	**reciprocity**	réciprocité	Gegenseitigkeit	взаимность; обоюдность	reciprocidad
792	**record**[1] *s.* protocol				
793	**record**[2] *s.* phonograph record				
794	**recording** →sound recording	phonogramme; enregistrement	Tonträger; Tonaufnahme	звукозапись	grabación
795	**record library** *syn:* discotheque	discothèque	Schallplattenarchiv; Diskothek	архив грампластинок	discoteca
796	**recto** *s.* right-hand page				
797	**recreational reading** *s.* light reading				
798	**to redact** *s.* to edit				
799	**redaction** *s.* editing; edition				
800	**to reedit** *s.* to adapt				
801	**reference book** *syn:* directory	ouvrage de référence; les usuels	Nachschlagewerk; Handbuch	справочник; справочное издание; пособие	obra de referencia/de información

BULGARIAN Български	CROATIAN Hrvatski	CZECH Česky	DANISH Dansk	DUTCH Nederlands	
					779
чета	čitati	číst	læse	lezen	780
читател	čitatelj	čtenář	læser	(de) lezer	781
					782
					783
					784
читанка	čitanka	čítanka	læsebog	leesboek	785
коректура на шпалти	korektura stupaca/u stupcu	sloupcová korektura	spaltekorrektur-læsning	correctie van de losse proeven	786
готов за изпращане	pripremljeno za ekspediciju/za otpremu	přípravený k expedici	færdig til forsending	bereid tot aflevering	787
					788
готов за печат	imprimiran; odobreno za tisak; spremno za tisak	připravený na tisk	»kan trykkes«; »til tryk«; trykklar	persklaar	789
					790
взаимност	uzajamnost	reciprocita	gensidighed	wederkerigheid; reciprociteit	791
					792
					793
звукозапис	(sredstvo za) tonsko snimanje	nosič zvuku	lydoptagelse (kollektiv beteggelse for gramofonplader, kassetter og bånd)	geluidsdrager	794
дискотека	diskoteka	diskotéka	diskotek; pladesamling	discotheek	795
					796
					797
					798
					799
					800
наръчник; справочник	priručnik	rukověť; příručka	håndbog; opslagsværk	naslagwerk	801

	FINNISH Suomi	HUNGARIAN Magyar	ITALIAN Italiano	NORWEGIAN Norsk	POLISH Polski
779					
780	lukea	olvasni	leggere	lese	czytać
781	lukija	olvasó	lettore	leser	czytelnik
782					
783					
784					
785	lukemisto	olvasókönyv	letture	lesebok	czytanki; książka/ tom z czytankami
786	palstavedoskorjaus- luku	hasábkorrektúra	correzione delle bozze	spaltekorrektur- lesning	korekta w szpaltach
787	valmis (lähetyserä)	szállításra kész	pronto per spedizione	ferdig til forsendelse	gotowy do wysyłki
788					
789	hyväksytty painet- tavaksi; painoval- mis	imprimált; nyomható; nyomdakész	pronto per la stampa	kan trykkes; trykk- ferdig; trykk-klar	gotowy do druku
790					
791	molemminpuolisuus	viszonosság	reciprocità	gjensidighet	wzajemność
792					
793					
794	äänite	hangrögzítés	registrazione; incisione	lydopptak	nośnik dźwięku
795	äänilevyarkisto; äänilevykokoelma; diskoteekki	lemezarchívum/-tár	discoteca	diskotek; platesam- ling	płytoteka
796					
797					
798					
799					
800					
801	käsikirja; hakuteos	kézikönyv; tanácsadó	manuale di consultazio- ne; prontuario	oppslagsverk; hånd- bok	podręcznik

PORTUGUESE Português	ROMANIAN Român	SERBIAN Српски	SLOVAK Slovensky	SWEDISH Svensk	
					779
ler	a citi	читати	čítať	läse	**780**
leitor	cititor	читалац	čitateľ	läsare	**781**
					782
					783
					784
livro de leitura	carte de citire	читанка	čítanka	läsebok	**785**
correcção da prova de granel	corectare de şpalt	коректура у ступцу	stĺpcová korektúra	spaltkorrekturläsning	**786**
pronto a ser expedido	gata de expediere	припремљено за експедицију; припремљено за отпрему	pripravený k expedícii	färdig till försändning	**787**
					788
imprimível; imprimase	bun de tipar	одобрено за штампу; спремно за штампу	pripravený na tlač	tryckfärdig	**789**
					790
reciprocidade	reciprocitate	узајамност	reciprocita	reciprocitet; ömsesidighet	**791**
					792
					793
gravação	înregistrarea sunetelor	(средство за) тонско снимање	nosič zvuku	ljudupptagning	**794**
discoteca	discotecă	дискотека	diskotéka	skivarkiv; diskotek	**795**
					796
					797
					798
					799
					800
obra de consulta; prontuário	călăuză; carte de consultare	приручник	rukoväť; príručka	uppslagsbok	**801**

	ENGLISH	FRENCH Français	GERMAN Deutsch	RUSSIAN Русский	Spanish Español
802	**reference copy** *(for internal purposes)*	spécimen; pièce à l'appui	Belegexemplar	рабочий экземпляр; контрольный экземпляр	ejemplar de referencia
803	**register** *s.* list				
804	**registration of copyright** *s.* copyright registration				
805	**regulation**	prescription; règlement	Vorschrift; Bestimmungen	предписание; правила; инструкция	regla; reglamento; norma
806	**reimbursement** *s.* indemnification				
807	**re-issue** *syn:* republication; →reprint	nouveau tirage; édition nouvelle (seconde, troisième etc.)	Neuauflage	переиздание; повторное издание	nueva tirada; reimpresión
808	**relief printing**	procédé en relief	Hochdruck	высокая печать	impresión en relieve
809	**to remainder**	solder; vendre à grand rabais	verramschen; ausverkaufen	распродавать по сниженным ценам/со скидкой	liquidar; vender con rebaja de precios
810	**remainders** →overstock	stock restant	Auflagenrest; Ramsch	остаток тиража	resto de edición
811	**remains** *syn:* literary remains; →posthumous work	œuvres posthumes; héritage de...	Nachlaß	литературное наследие	herencia; obras póstumas
812	**to remake up**	remettre en pages	wiederumbrechen	переверстать	rehacer la compaginación
813	**remark**	remarque; note	Bemerkung; Anmerkung; Note	примечание; заметка	observación; nota
814	**to render** *s.* to translate				
815	**rental fee** *(US)* *s.* hire fee				
816	**rental library** *(US)* *s.* lending library				
817	**report** →account; bulletin	rapport; bulletin	Bericht; Mitteilung	доклад; сообщение; отчёт	informe; relación; boletín
818	**reprint**[1] *syn:* republication; →re-issue	reproduction; réimpression	Nachdruck; Neudruck	перепечатка; повторное издание	reimpresión
819	**reprint**[2] →offprint	réimpression; réédition	Nachauflage	переиздание; второе, стереотипное издание	reimpresión; segunda edición; nueva edición inalterada
820	**reprint(ing) in the press**	reproduction dans un journal	Presseabdruck	перепечатка в газете	reproducción en un periódico
827	**reproduction**[1] *(product)* *s.* copy				
822	**reproduction**[2] *(process)* *syn:* copying; →imitation	reproduction	Vervielfältigung; Reproduktion	размножение; репродукция; воспроизведение в печати	reproducción; multiplicación
823	**reprography**	reprographie	Reprographie	репрография	reprografía

BULGARIAN Български	CROATIAN Hrvatski	CZECH Česky	DANISH Dansk	DUTCH Nederlands	
работен/контролен екземпляр	dokazni primjerak	základní exemplář	forlagseksemplar	bewijsexemplaar; bewijsnummer	**802**
					803
					804
предписание; правила	propis	předpis	forskrift; regel	voorschrift; regelen	**805**
					806
ново издание; преиздаване	nova tiraža; novo izdanje	nové vydání	optryk	herdruk; nieuwe uitgave; nieuwe oplage	**807**
висок релефен печат	visoki tisak; knjigotisak	tisk z výšky	højtryk	hoogdruk; boekdruk	**808**
разпродавам (на намалени цени)	rasprodati (sa povlasticom)	prodávat ležáky pod cenou	udsælge	uitverkopen; opruimen tegen verlaagde prijs	**809**
остатък от тираж на книга	preostala naklada	neprodané výtisky	resoplag	uitgaverestant; restant van de oplage	**810**
посмъртен архив; посмъртни съчинения; литературно наследство	(književna) ostavština	pozůstalost	efterladte skrifter	nagelatene werken	**811**
отново връзвам в страници	ponovo prelamati slog; promijeniti prelom sloga	přelámat	bryde om	opnieuw opmaken	**812**
бележка; забележка	bilješka; zabilješka; opaska; napomena	poznámka	note; anmærkning	noot; aantekening	**813**
					814
					815
					816
доклад; реферат; отчет	izvještaj; referat	zpráva	beretning; rapport	verslag; rapport	**817**
препечатване	pretiskavanje; pretisak	dotisk; novotisk	eftertryk	herdruk; nadruk; heruitgave	**818**
второ издание; второ стереотипно издание	dotiskano izdanje	druhé/další (nezměněné) vydání	optryk	herdruk; nieuwe oplage	**819**
препечатване в печата/пресата	pretisak u novinama	publikování/vydání v tisku	eftertryk i pressen	nadruk in de pers	**820**
					821
размножаване; репродукция	umnožavanje; reprodukciranje	reprodukce; rozmnožení	reproduktion; mangfoldiggørelse	verveelvoudiging; het vermenigvuldigen	**822**
репрография	reprografija	reprografie	reprografi	reprographie	**823**

	FINNISH Suomi	HUNGARIAN Magyar	ITALIAN Italiano	NORWEGIAN Norsk	POLISH Polski
802	työkappale	támpéldány	copia giustificativa	forlagseksemplar	egzemplarz podstawowy/wzorowy
803					
804					
805	sääntö; säännös; määräys	előírás; szabály	regola(mento)	forskrift; vedtekt; regel	przepis
806					
807	uusi painos	új kiadás	nuova edizione; ristampa	opptrykk	nowe wydanie; wznowienie; przedruk
808	kohopainanta; korkopainanta	magasnyomtatás	stampa a/in rilievo	høytrykkmetode; boktrykkmetode	druk wypukły typograficzny
809	loppuunmyydä	kiárusítani (árengedménnyel)	stralciare; smerciare	utselge	sprzedać z zniżką cen; sprzedać za bezcen
810	jäännöserä	maradék készlet	rimanenza	restopplag	reszta nakładu
811	kirjallinen perintö; jälkeenjääneet teokset	hagyaték; „hátrahagyott művek"	lascito	etterlatenskap	dzieła pozostałe
812	taittaa uudestaan	áttördelni; újratördelni	spaginare	brekke om	przełamać
813	huomautus; muistutus	megjegyzés; jegyzet	commento; nota; annotazione	note; anmerkning	przypis; uwaga; notka
814					
815					
816					
817	tiedonanto; tiedotus; selostus	jelentés; beszámoló	rapporto; relazione	beretning; rapport	sprawozdanie; relacja
818	jälkipainos; jälkipainanta	utánnyomás	ristampa	ettertrykk	przedruk
819	uusintapainos	második kiadás; változatlan új kiadás; utánnyomás	ristampa; seconda edizione	opptrykk	wznowienie
820	jälkipainos lehdissä	utánnyomás újságban	ristampa in un giornale	ettertrykk i pressen	przedruk w prasie
821					
822	monistus; monistaminen	sokszorosítás; reprodukálás; többszörözés	riproduzione; poligrafia	reproduksjon; mangfoldiggjørelse	reprodukcja; powielanie
823	reprografia	reprográfia	reprografia	reprografi	reprografia

PORTUGUESE Português	ROMANIAN Român	SERBIAN Српски	SLOVAK Slovensky	SWEDISH Svensk	
exemplar de referência/consulta	exemplar de control	доказни примерак	základný exemplár	beläggexemplar	**802**
					803
					804
prescrição; regulamento; regra; norma	prescripţie; regulament	пропис	predpis	föreskrift	**805**
					806
nova tiragem; reimpressão	ediţie nouă	нови тираж; ново издање	nové vydanie	ny upplaga	**807**
impressão em relevo	tipar înalt	висока штампа	tlač z výšky	relieftryck	**808**
liquidar; vender com rebaixa	a solda (cu reducerea preţurilor)	распродати (са попластицом)	predávať ležiaky s veľkým rabatom	slumpa bort	**809**
resto de edição	rest de tiraj	остатак тиража; залихе	nepredané výtlačky	restupplaga	**810**
herança; obras póstumas	moştenire literară	(књижевна) оставштина	(literárna) pozostalosť	kvarlåtenskap; efterlämnade verk	**811**
recompaginar	a pagina din nou	поново преламати (слог); променити прелом (слога)	prelámať	återombryta	**812**
observação; nota	notă; notiţă; observaţie	белешка; забелешка; примедба; напомена	poznámka	anmärkning; not	**813**
					814
					815
					816
informação; informe; boletim; relação	raport; referat	извештај; реферат	správa	berättelse; redogörelse; rapport	**817**
reimpressão	reproducere	прештампање	dotlač; novotlač; nové vydanie	eftertryck	**818**
reimpressão; segunda edição; nova edição inalterada	ediţie a doua (neschimbată)	доштампано издање	druhé/ďalšie (nezmenené) vydanie	nytryck; omtryck	**819**
reimpressão num periódico	reproducere în presă	прештампавање у новинама	publikovanie v tlači; vydanie v tlači	avdrag i pressen	**820**
					821
reprodução; multiplicação	reproducţie; multiplicare	умножавање; репродукција; размножење	reprodukcia; rozmnoženie	reproduktion; mångfaldigande	**822**
reprografia; reprodução	reprografie	репрографија	reprografia	reprografi	**823**

	ENGLISH	FRENCH Français	GERMAN Deutsch	RUSSIAN Русский	Spanish Español
824	**republication** *s.* reprint; re-issue				
825	**reseller** *(US)* *s.* retail bookseller				
826	**reserve stock**	stocks; réserves	Reservelager	резервные запасы	existencias de reserva
827	**residuals** *(US)* *s.* subsidiary rights				
828	**retail bookseller** *syn:* retailer; reseller *(US);* →bookseller	libraire détaillant/d'assortiment	Sortimenter; Buchhändler	(розничный) книготорговец; магазин, торгующий книгами разных издательств	librero al detalle/al menudeo
829	**retail price** →sales price	prix de détail	Einzelhandelspreis	розничная/продажная цена	precio de venta/de detalle; precio al menudeo
830	**returns** *syn:* unsold copies; "crabs"	invendus; bouillons; marchandise retournée	Remittende(n); Krebse	возврат (непроданных экземпляров); излишки	remanente de ejemplares no vendidos
831	**reverse** *s.* verso				
832	**review**[1] →critique	compte rendu; article d'information	Rezension; Besprechung	рецензия; отзыв	crítica; recensión
833	**review**[2] →periodical	revue	Rundschau	обозрение; обзор	revista
834	**to review** *syn:* to comment	rendre compte; analyser	besprechen	рецензировать	reseñar
835	**review copy** *(on publication)* →on approval	exemplaire de service de presse	Rezensionsbeleg; Besprechungsexemplar	экземпляр, (посылаемый) на рецензию	ejemplar para recensión
836	**reviewer** *s.* critic				
837	**to revise** *s.* to rewrite				
838	**revised**	revu; révisé	neu bearbeitet	переработанный	revisado
839	**revised edition**	édition revue/révisée	revidierte Ausgabe	пересмотренное издание; переработанное издание	edición revisada
840	**revision**	révision	Revision	сверка (корректура)	revisión; recuento
841	**to rewrite** *syn:* to revise; to rework	remanier; refondre	umarbeiten; neubearbeiten	перерабатывать	retocar; refundir
842	**right-hand page** *syn:* right-hand side; recto	recto; belle page	Vorderseite	правая полоса; нечётная полоса	recto; anverso
843	**right(s) of reproduction** *syn:* copyright	droit de reproduction	Vervielfältigungsrecht	право на воспроизведение в печати	derecho de reproducción
844	**"roman à clef"**	roman à clef/clé	Schlüsselroman	роман о живых людях под вымышленными именами	novela de clave
845	**roman type**	romain; caractère romain	Antiqua	прямой шрифт; антиква	caracteres romanos

BULGARIAN Български	CROATIAN Hrvatski	CZECH Česky	DANISH Dansk	DUTCH Nederlands	
					824
					825
резервен фонд	rezervne zalihe	rezervní zásoby	reserveforråd	reservevoorraad	**826**
					827
книжар; книжарница (на дребно)	knjižar; sortimenter; knjižara	sortimentář	sortiments-boghandler	sortiments boekhandelaar	**828**
цена на дребно	maloprodajna cijena; cijena na malo	maloobchodní cena	bogladepris	verkoopprijs	**829**
останали/върнати непродадени екземпляри	remitenda	remitenda	retureksemplarer; usolgt restoplag	retouren	**830**
					831
рецензия; отзив	recenzija; prikaz; kritika	recenze	anmeldelse; recension	recensie; bespreking; beoordeling; kritiek	**832**
преглед; обзор	prijegled; pregled	revue	rundskue (tidsskrift)	revue	**833**
рецензирам; разглеждам	prikazati; ocijeniti; recenzirati	recenzovat	anmelde	recenseren; bespreken	**834**
екземпляр за рецензия	primjerak za recenziju; recenzijski primjerak	recenzní výtisk	anmeldereksemplar	recensie-exemplaar	**835**
					836
					837
преработен	prerađen(o)	přepracovaný	omarbejdet; (ny)revideret	herziene uitgave	**838**
преработено издание	revidirano izdanje	přepracované vydání	revideret udgave	herziene uitgave	**839**
преглед; ревизия	revizija	revize	revision; sidste korrektur	revisie	**840**
преработвам	preraditi	přepracovat	omarbejde	omwerken; bewerken	**841**
дясната страница на отворена книга	desna strana (otvorene knjige)	recto	rectoside; forside	recto; voorzijde	**842**
право за размножаване	pravo na umnožavanje	právo na rozmnožení	ret til gengivelse	recht tot nadruk; kopijrecht	**843**
роман, визиращ съвременността	roman sa ključem	klíčový román	nøgleroman	sleutelroman	**844**
антиква	antikva	antikva	antikva	romein; antiqua	**845**

	FINNISH Suomi	HUNGARIAN Magyar	ITALIAN Italiano	NORWEGIAN Norsk	POLISH Polski
824					
825					
826	varaerät; varamäärä	tartalékkészlet	riserva	reserveforråd	rezerwa; zapas/zasób rezerwowy
827					
828	kirjakauppias	könyvkereskedő; könyvüzlet; szortimenter	libraio; commerciante di libri	sortimentsbokhandler	sortymenter; księgarz sortymentowy
829	kirjakauppahinta	kiskereskedelmi ár	prezzo al dettaglio	bokladepris	cena detaliczna
830	palautuskappaleet	remittenda; visszáru	resa (di copie non vendute); merce di ritorno	retureksemplarer	remitenda
831					
832	esittely; selostus; kirjailmoitus	recenzió; ismertetés; bírálat; kritika	recensione	anmeldelse; recensjon	recenzja
833	katsaus	szemle	rivista; rassegna	rundskue; revy; kringsjå	rewia
834	esitellä; selostaa; arvostella	ismertetni; recenzálni	recensire; recensionare	anmelde	recenzować
835	arvostelijankappale	recenziós példány; támpéldány *(recenzióhoz)*	esemplare per recensione	anmeldereksemplar	egzemplarz recenzyjny
836					
837					
838	uusittu; mukailtu; taikistettu	átdolgozva; átdolgozott (kiadás)	riveduto; riscritto	omarbeidet; revidert	nowo opracowany; poprawiony; całkowicie zmieniony
839	uusittu painos	átdolgozott kiadás	edizione riveduta	revidert utgave	wydanie przejrzane
840	(viimeinen) tarkistusvedos; revideeri	átnézés; revízió	revisione	revisjon; siste korrektur	rewizja; przejrzenie
841	sovittaa	átdolgozni	rifondere; rielaborare; ritoccare	omarbeide	przerobić; całkowicie zmieni(a)ć
842	oikea sivu	rektó; jobb oldal	recto	rectoside	strona nieparzysta; prawa stronica; recto
843	jälkipainantaoikeus; jälkipainosoikeus	többszörözési jog	diritti di riproduzione	reproduksjonsrett; fremstillingsrett	prawo powielania/reprodukowania
844	avainromaani	kulcsregény	romanzo a chiave	nøkkelroman	powieść z kluczem
845	antiikva	antikva	(carattere) romano	antikva	antykwa

PORTUGUESE Português	ROMANIAN Român	SERBIAN Српски	SLOVAK Slovensky	SWEDISH Svensk	
					824
					825
existências de reserva	stoc de rezervă	резервне залихе	rezervné zásoby	reservlager	**826**
					827
vendedor (de livros) a retalho	librar (cu amănuntul)	књижар; сортиментер; књижара	sortimentár	sortimentsbokhandlare	**828**
preço de venda	preţ cu amănuntul	малопродајна цена; цена на мало	maloobchodná cena	minutpris	**829**
sobejos; exemplares não vendidos	exemplare remitente/ nevîndute; cărţi returnate	ремитенда	remitenda	returer	**830**
					831
crítica; recensão; resenha	recenzie; critică	рецензија; приказ; критика	recenzia	recension; anmälan; kritik	**832**
revista	revistă; cronică	преглед	revue	tidskrift	**833**
resenhar	a recenza	приказати; оценити; рецензовати	recenzovať	recensera; anmäla	**834**
exemplar de resenha/ de crítica; exemplar para a resenha	exemplar de recenzie	примерак за рецензију; рецензијски примерак	recenzný výtlačok	recensionsexemplar	**835**
					836
					837
refundido	revăzut; nou-elaborat	прерађен(о)	prepracovaný; zrevidovaný	omarbetad; reviderad	**838**
edição revisada	ediţie revăzută	ревидирано издање	prepracované vydanie	reviderad upplaga	**839**
revisão	revizie	ревизија; преглед	revízia	revision	**840**
refazer; refundir	a prelucra	прерадити	prepracovať	omarbeta	**841**
anverso	recto; faţă	десна страна	recto	recto; högersida	**842**
direito de reprodução	drept de multiplicare	право на умножавање	právo rozmnoženia	reproduktionsrätt	**843**
romance de clave	roman cu cheie	роман са кључем	kľúčový román	nyckelroman	**844**
letra redonda	anticvă	антиква	antikva	antikva	**845**

	ENGLISH	FRENCH Français	GERMAN Deutsch	RUSSIAN Русский	Spanish Español
846	**rotogravure**	rotogravure	Rotationstiefdruck	ротационная глубокая печать	rotograbado
847	**rough-proof** *s.* hand proof				
848	**royalty** *syn:* author's fee	honoraires/droits d'auteur	Honorar	гонорар; авторский гонорар; авторские	derechos de autor; honorarios
849	**sale(s)**	vente(s)	Verkauf	продажа	venta
850	**sales price** *syn:* selling price; →retail price	prix de vente	Ladenpreis	розничная/продажная цена	precio de venta/de librero
851	**sample copy** *s.* examination copy				
852	**scenario** *syn:* script	scénario	Drehbuch	(кино)сценарий	guión
853	**scholarly book** *s.* scientific publication				
854	**school-book** *syn:* educational book; instructional media/materials; text-book; →manual	livre d'école; manuel scolaire	Schulbuch	учебник; учебная/школьная книга	libro escolar; manual; libro de texto
855	**science**	science	Wissenschaft	наука	ciencia; erudición
856	**science fiction**	roman d'anticipation scientifique	Science-Fiction; Zukunftsroman	научно-фантастическая литература; научная фантастика	novelas científicas; ciencia-ficción
857	**scientific publication** *syn:* scholarly book	ouvrage scientifique	wissenschaftliches Werk	научный труд	obra científica
858	**score**	partition	Partitur	партитура	partitura
859	**screen**	trame	Raster	растр	pantalla
860	**screening** *s.* use in film				
861	**script**[1] *syn:* writing	écriture	Schrift	письмо	escritura; letra
862	**script**[2] *s.* scenario				
863	**second-hand copy**	exemplaire d'occasion	antiquarisches Exemplar	букинистическая книга	ejemplar de ocasión; libro de segunda mano
864	**section** *s.* printed sheet; subchapter				
865	**selected passages** *syn:* chrestomathy; selection; text specimen	morceaux choisis; passages (tirés de...)	Textproben; Leseproben; Probetext	отрывки из произведения	trozos selectos; selecciones
866	**selection**[1] *syn:* selected works	sélection; œuvres choisies; recueil de morceaux choisis	ausgewählte Werke	избранные произведения/сочинения	selecciones; trozos selectos
867	**selection**[2] *syn:* chrestomathy	sélection; morceaux choisis; chrestomathie	Auswahl; Chrestomathie	сборник (избранных сочинений); избранные сочинения	selecciones; crestomatía
868	**selection**[3] *s.* selected passages				

BULGARIAN Български	CROATIAN Hrvatski	CZECH Česky	DANISH Dansk	DUTCH Nederlands	
ротационен дълбок печат	rotaciono duboko štampanje	rotační hlubotisk	rotationsdybtryk	rotatiediepdruk; rotogravure	**846**
					847
хонорар; възнаграждение	honorar; autorski honorar	honorář	forfatterhonorar; royalty	royalties; honorarium; auteurshonorarium	**848**
продаване; продажба	prodaja	prodej	salg	verkoop	**849**
продажна цена	prodajna cijena; cijena na malo	prodejní cena	bogladepris	verkoopprijs	**850**
					851
сценарий	scenarij	scénář	drejebog	draaiboek; scenario	**852**
					853
учебник	udžbenik; školska knjiga	učebnice	skolebog	schoolboek; leerboek	**854**
наука	nauka; znanost	věda	videnskab	wetenschap	**855**
научно-фантастичен разказ/роман; научна фантастика	znanstveno-fantastični roman	vědecko-fantastický román	science fiction	(wetenschappelijke) toekomstroman	**856**
научен труд	znanstveno djelo	vědecké dílo	videnskabeligt værk	wetenschappelijk werk	**857**
партитура	partitura	partitura	partitur	partituur	**858**
растър	raster	raster	raster	raster	**859**
					860
шрифт; почерк	pismo	písmo	skrift	schrift	**861**
					862
антикварен екземпляр	antikvarni primjerak	antikvární exemplář	antikvarisk eksemplar	antiquarisch exemplaar	**863**
					864
христоматия; избрани откъси	izabrani ulomci teksta	ukázky textu	udvalg; udvalgte stykker	tekstproeven	**865**
избрани творби	izabrana djela	vybraná díla	udvalg; udvalgte stykker/værker	bloemlezing; keur uit de werken	**866**
избор; сбирка; христоматия	izbor; hrestomatija	vyběr	udvalg; udvalgte stykker	antologie; bloemlezing	**867**
					868

	FINNISH Suomi	HUNGARIAN Magyar	ITALIAN Italiano	NORWEGIAN Norsk	POLISH Polski
846	syväpainantarotaatio	rotációs mélynyomtatás	stampa a/in rotocalco	rotasjonsdyptrykk	rotograwiura
847					
848	tekijänpalkkio	honorárium; (szerzői) jogdíj	diritti d'autore; royalty; onorario	forfatterhonorar; royalty	honorarium (autorskie)
849	myynti	eladás	vendita	salg	sprzedaż
850	myyntihinta; kirjakauppahinta	bolti ár	prezzo di vendita	bokladepris; pris i bokhandelen	cena sprzedaży; cena egzemplarza
851					
852	elokuvakäsikirjoitus; skenaario	forgatókönyv	scenario; sceneggiatura	dreiebok	scenariusz
853					
854	koulukirja	tankönyv	libro scolastico	skolebok; lærebok	książka szkolna
855	tiede	tudomány	scienza	vitenskap	nauka
856	tieteiskertomus; tieteisromaani	tudományos-fantasztikus elbeszélés/regény; sci-fi	fantascienza	science fiction	science-fiction; sci-fi; powieści fantastyczno-naukowe
857	tieteellinen teos	tudományos mű	opera scientifica	vitenskapelig verk	dzieło naukowe; praca naukowa
858	partituuri	partitúra	partitura	partitur	partytura
859	rasteri	raszter	reticolo	raster	raster
860					
861	kirjoitus	írás; kézírás; betű	scritto; scrittura	skrift	pismo
862					
863	antikvaarinen kappale	antikvár példány	esemplare d'occasione/di seconda mano	antikvarisk eksemplar	egzemplarz antykwaryczny
864					
865	tekstinäytteet; poiminto; valitut palat	szemelvények	selezione dal testo; brani scelti dal testo	utvalg; utvalgte stykker	wybór tekstów
866	valitut teokset; valikoima	válogatás; válogatott művek	opere scelte; selezione	utvalg; utvalgte stykker/verker	wybór; dzieła/pisma wybrane
867	valikoima; lukemisto	válogatás; szemelvénygyűjtemény	selezione; crestomazia	utvalg; utvalgte stykker	wybór; wypisy
868					

PORTUGUESE Português	ROMANIAN Român	SERBIAN Српски	SLOVAK Slovensky	SWEDISH Svensk	
rotogravura	tifdruc de rotaţie	ротационо дубоко штампање	rotačná tlač z hĺbky; rotačná hĺbkotlač	rotogravyr	**846**
					847
honorário; direito de autor	onorar(iu)	хонорар; ауторски хонорар	honorár	författarhonorar; royalty	**848**
venda	vînzare	продаја	predaj	försäljning	**849**
preço de venda/de capa	preţ de vînzare (în magazin)	продајна цена; цена на мало	predajná cena	försäljningspris	**850**
					851
argumento (cinematográfico)	scenariu	сценарио	scenár	scenario	**852**
					853
livro escolar; manual	manual; curs; carte de şcoală	уџбеник	učebnica	skolbok; lärobok	**854**
ciência	ştiinţă	наука	veda	vetenskap	**855**
contos fantásticos científicos; literatura de ficção científica	poveste ştiinţifică fantastică	научно-фантастични роман	vedecko-fantastický román	»science fiction«	**856**
obra científica	operă ştiinţifică	научно дело	vedecké dielo	vetenskapligt verk	**857**
partitura	partitură	партитура	partitúra	partitur	**858**
pantalha	raster	растер	raster	raster	**859**
					860
escrita; letra	scriere	писмо	písmo	skrift	**861**
					862
exemplar antigo	exemplar de la anticar	антикварни примерак	antikvárny exemplár	antikvariskt exemplar	**863**
					864
troços selectos; selecções	pagini/bucăţi alese	изабрани одломци текста	ukážky textu	valda stycken; urval	**865**
selecção; troços selectos	opere alese	одабрана дела	vybrané diela	valda verk; skrifter i urval	**866**
selecção; crestomatia; antologia	alegere; crestomatie	избор; хрестоматија	výber	urval; krestomati	**867**
					868

	ENGLISH	FRENCH Français	GERMAN Deutsch	RUSSIAN Русский	Spanish Español
869	**selling price** *s.* sales price				
870	**senior editor** *s.* chief editor				
871	**separate printing/ impression** *s.* offprint				
872	**sepia print**	sépia	Braunpause	сепия	impresión en sepia
873	**sequel** *s.* continuation				
874	**serial**	publications en cours; roman-feuilleton	Fortsetzungswerk; Buchreihe	произведение, печатающееся с продолжением; серия	obra en fascículos; publicación seriada
875	**serialization**	édition en plusieurs tranches/parts	Ausgabe in Fortsetzungen; Fortsetzungsausgabe	издание в продолжениях	publicación seriada
876	**series**	série	Serie; Folge; Reihe	серия	serie
877	**setting instructions** *s.* printing order				
878	**setting up in type** *syn:* type-setting	composition	(das) Setzen; Absetzen *(zum Druck)*	набор	composición
879	**to set up**	composer	absetzen *(zum Druck)*	набирать	componer
880	**to sew**	brocher; coudre	heften	сшивать; прошивать (книги); брошюровать (брошюры)	encuadernar a la rústica
881	**sheet**	feuille	Bogen	лист *(печатный; издательский)*	pliego; folio
882	**sheets** *syn:* leaf; →page	feuillet; page	Blatt *(Papier)*	лист; страница	hoja; página
883	**sheet music** *s.* printed music				
884	**sheet music sales**	«ventes papier» *(des notes imprimées)*	Papiergeschäft *(im Musikverlag)*	продажа нот	venta de música
885	**shipment** *s.* delivery				
886	**shop-window**	étalage	Schaufenster	витрина	escaparate
887	**"a short introduction to..."** *s.* outline				
888	**short story** *syn:* novelette	nouvelle; conte	Kurzgeschichte; Novelle	короткий рассказ; рассказ; новелла; повесть	novela corta; cuento
889	**showcase**	étalage; vitrine	Schaukasten; Auslage; Vitrine	витрина	vitrina; exhibición
890	**size of edition** *syn:* impression; →edition	tirage	Auflagenhöhe; Auflage; Höhe der Auflage	тираж	tirada
891	**size of page** *s.* format				

BULGARIAN Български	CROATIAN Hrvatski	CZECH Česky	DANISH Dansk	DUTCH Nederlands	
					869
					870
					871
кафяв печат	dijazo-kopija	sépiový otisk	sepiatryk	sepiadruk	**872**
					873
труд с продължения; серия	djelo u nastavcima; serija	seriál	fortsættelsesværk	werk in afleveringen; serie	**874**
издаване в продължения	izdanje u nastavcima	(román) na pokračování; ediční série	udgave i fortsættelse	feuilleton; uitgave in serie	**875**
серия; поредица	serija	série	serie; række	reeks; serie; volgreeks	**876**
					877
набиране (на ръкописа); набор	slaganje	sazba	opsætning	zetsel	**878**
набирам	složiti	vysázet	sætte (færdig)	zetten	**879**
броширам; подшивам	meko uvezati; prošivati (knjigu); broširati	sešít; brožovat	hæfte	innaaien; brocheren	**880**
кола; лист	arak	arch	ark	vel; een vel druks	**881**
лист	list (papira)	list	blad	blad	**882**
					883
продажба на ноти	prodaja nota	prodej hudebnin	nodesalg	verkoop van muziekbladen	**884**
					885
витрина	izlog	výloha	montre	vitrine	**886**
					887
повест; новела; разказ	kratka priča; novela; pripovijetka	novela; kratší román	novelle	novelle; kort verhaal; verhaal	**888**
витрина; изложени стоки; шкаф	izlog; vitrina	výloha; vyložené zboží; výkladní skříň	fremlæggelse; vinduesudstilling; montre; udstillingsvindue	étalage; vitrine; tentoonstelling	**889**
тираж	naklada; tiraž(a)	náklad	oplagstal; oplag	oplagecijfer	**890**
					891

	FINNISH Suomi	HUNGARIAN Magyar	ITALIAN Italiano	NORWEGIAN Norsk	POLISH Polski
869					
870					
871					
872	seepiapainate	szépianyomat	stampa in seppia	sepiatrykk	sepia
873					
874	jatkoteos; jatkojulkaisu	folytatásos mű; sorozat	opera/pubblicazione a dispense	fortsettelsesverk; seriesverk	wydawnictwo/dzieło ciągłe/seryjne; dzieło/praca/wydanie w odcinkach
875	jatkokertomus	folytatásokban történő kiadás	edizione in puntate; pubblicazione a dispense	utgave i fortsettelse	wydawnictwo seryjne; seria wydawnicza
876	sarja	sorozat	serie; collana	serie; rekke	seria
877					
878	ladonta; latominen	(ki)szedés	composizione	oppsetting	skład
879	latoa (koko teksti)	kiszedni	comporre	sette (ferdig)	składać; złożyć
880	nitoa	fűzni	cucire; legare alla rustica	hefte	z(e)szywać
881	arkki	ív	foglio	ark	arkusz
882	lehti	lap	foglio; pagina	blad	kartka; arkusz papieru; strona
883					
884	nuottinen myynti	kottaeladás	vendita di musiche	notesalg	sprzedaż nut
885					
886	näyteikkuna	kirakat	vetrina	butikkvindu	wystawa; witryna
887					
888	novelli; lyhyt kertomus	novella; kisregény; elbeszélés	racconto; novella	novelle	nowel(k)a; historyjka; powiastka; opowiadanie
889	näyteikkuna; lasikko; vitriini; lasikaappi	kirakatszekrény; vitrin	vetrina; vetrina d'esposizione (per libri)	utstillingsvindu; montre; utlegging	wystawa; witryna; gablota
890	painosmäärä	példányszám	tiratura	opplagstall; opplag	nakład
891					

PORTUGUESE Português	ROMANIAN Român	SERBIAN Српски	SLOVAK Slovensky	SWEDISH Svensk	
					869
					870
					871
impressão em sépia	tipar de sepie	дијазо-копија	sépiový odtlačok	sepiatryck	**872**
					873
publicação serial	operă literară în continuări	дело у наставцима; серија	seriál	fortsättningsverk	**874**
publicação em série	serializare	издање у наставцима	(román) na pokračovanie; edičná séria	följetong	**875**
série	serie	серия	séria; cyklus	serie; följd	**876**
					877
composição	cules; zaţ	слагање	sadzba	sättning	**878**
compor	a culege; a zeţui	сложити	vysádzať	sätta up	**879**
brochar	a broşa	меко везати; прошивати (књигу); броширати	zošiť; brožovať	häfta	**880**
folha	coală	табак; арак	hárok	ark	**881**
folha; página	foaie	лист *(хартије)*	list	blad	**882**
					883
venda de músicas	vînzare de note	продаја нота	predaj hudobnín	notbladhandel	**884**
					885
montra; vitrina	vitrină (de prăvălie)	излог	výklad	skyltfönster	**886**
					887
novela; conto	nuvelă; poveste	кратка прича; новела; приповетка	novela; kratší román	novell; »short story»	**888**
vitrina; montra	vitrină	излог; витрина	výklad; výkladná skriňa	monter; skyltskåp	**889**
tiragem	tiraj	тираж; наклада	náklad	upplagesiffra; upplagans storlek	**890**
					891

	ENGLISH	FRENCH Français	GERMAN Deutsch	RUSSIAN Русский	Spanish Español
892	**size of the book** *(in pages)*	nombre des pages d'un livre	Umfang; Seitenzahl	объём (книги) *(в листах);* листаж (книги)	volumen; número de pliegos
893	**sketch** *syn:* project; →study	esquisse; croquis	Skizze; Entwurf	эскиз; набросок; очерк	diseño; esbozo; croquis
894	**slip case** *syn:* cardboard box; case	gaine de carton	Schutzkarton; Schuber	защитный картон	estuche; vaina de cartón
895	**slip proof** *s.* galley proof				
896	**small capitals**	petites capitales	Kapitälchen	капительные буквы; капитель	mayúscula pequeña; versalita
897	**small letters** *syn:* lower case	lettre(s) bas de casse; minuscule(s)	Kleinbuchstaben	строчные буквы	letras de caja baja; letras minúsculas
898	**"small" performing rights** *s.* petits droits				
899	**soft cover** *s.* flexible cover				
900	**sold out** *s.* out of print/stock				
901	**sole agency** *s.* exclusive agency				
902	**sole selling rights**	exclusivité (de ventes)	Alleinverkaufsrecht	исключительное право продажи	derecho de venta exclusivo
903	**song**	chant; chanson	Lied; Gesang	песня	canto; canción
904	**song-book**	livre de chant; recueil de chants; chansonnier	Liederbuch	песенник; сборник песен	cancionero
905	**sound recording** →recording	enregistrement (du son)	Tonaufnahme	звукозапись	grabación de sonidos
906	**source** →background material	source	Quelle	источник	fuente; origen
907	**special bibliography**	bibliographie spéciale/spécialisée	Fachbibliographie	специальная библиография	bibliografía especializada; bibliografía por materias
908	**special journal/periodical** *syn:* technical journal/periodical	revue spécialisée; organe technique	Fachzeitschrift; Fachblatt	специальный журнал	diario técnico; periódico técnico
909	**special library**	bibliothèque spécialisée	Fachbibliothek	специальная библиотека	biblioteca especializada
910	**special price**	prix de faveur; prix réduit	Vorzugspreis; vergünstigter Preis	льготная цена	precio reducido
911	**specimen copy** →advance copy	spécimen	Leseexemplar	пробный экземпляр	espécimen; muestra
912	**specimen sheet** *s.* advance sheet				
913	**spine** *s.* back				

BULGARIAN Български	CROATIAN Hrvatski	CZECH Česky	DANISH Dansk	DUTCH Nederlands	
обем/големина на книгата; брой на страниците	obim (tabaka)	počet archů	omfang	omvang van het boek; aantal van de gedrukte bladzijden	**892**
скица; очерк	skica; nacrt	skica	skitse	schets	**893**
мапа за книга	zaštitni karton (knjige)	ochranné pouzdro; kartón	kassette; papæske	schutkarton	**894**
					895
капител	kapitel	kapitálka	kapitel; »små store«	kleine kapitaal	**896**
малките букви	mala slova; kurentna slova; minuskula	minuskula	lille bogstav; minuskel	kleine letter(s); onderkast	**897**
					898
					899
					900
					901
право за монополна продажба	isključivo pravo prodaje	právo výhradního prodeje	udelukkende ret til salg	alleenverkooprecht	**902**
песен	pjesma; pjevanje	zpěv; píseň	sang	lied; liedje; zang	**903**
песнопойка	pjesmarica	zpěvník	sangbog	lied(er)boek; gezangboek	**904**
звукозапис	tonska snimka; snimanje na traku; zvučni snimak	zvukový záznam	lydoptagelse	klankopname	**905**
извор; източник	izvor; istočnik	pramen	kilde	bron	**906**
специална/специализирана библиография	stručna bibliografija	odborná bibliografie	specialbibliografi; fagbibliografi	vakbibliografie; speciale bibliografie	**907**
специално списание	stručni časopis	odborný časopis; odborný list	fagblad; fagtidsskrift	vaktijdschrift; technisch tijdschrift; vakblad	**908**
специална библиотека	stručna biblioteka/knjižnica	odborná knihovna	specialbibliotek; fagbibliotek	vakbibliotheek; speciale bibliotheek	**909**
специална/понижена цена	povlašćena cijena; cijena sa popustom	přednostní cena; výhodná cena	favørpris	bijzondere prijs	**910**
пробен екземпляр	primjerak za čitanje; probni primjerak'	ukázkový exemplář	prøveeksemplar; håndeksemplar	proefexemplaar	**911**
					912
					913

	FINNISH Suomi	HUNGARIAN Magyar	ITALIAN Italiano	NORWEGIAN Norsk	POLISH Polski
892	laajuus; sivumäärä; arkkimäärä	(ív)terjedelem	amplitudine del libro; numero delle pagine stampate	omfang	objętość (arkuszowa)
893	luonnos; skitsi	vázlat; karcolat; rajz	schizzo; abbozzo	skisse	zarys; szkic
894	suojakartonki; pahvikotelo	védőtok; tok	custodia; cofanetto; teca	(bok)kaseti; kartonasje; (bok)futteral	futerał (na książkę)
895					
896	kapiteeli	kapitälchen	maiuscoletti	kapitél	kapitaliki
897	pieni kirjain; minuskeli	kisbetű(k); kurrens	lettere di bassa cassa; (lettere) minuscole	liten bokstav; minuskel	minuskuły; czcionki tekstowe
898					
899					
900					
901					
902	yksinmyyntioikeus	kizárlólagos eladási jog	esclusività di vendita	utelukkende rett til salg	wyłączna sprzedaż; prawo wyłącznej sprzedaży
903	laulu	ének; dal	canzone	sang	pieśń
904	laulukirja	énekkönyv; daloskönyv	canzoniere	sangbok	śpiewnik
905	äänitys; nauhoitus; nauhoite	hangfelvétel	registrazione del suono; fonoincisione; incisione	lydopptak	nagrywanie dźwięku; nagranie
906	lähde	forrás	fonte	kilde	źródło
907	erikoisbibliografia	szakbibliográfia	bibliografia speciale	spesialbibliografi; fagbibliografi	bibliografia fachowa/przedmiotu; piśmiennictwo fachowe/działowe/zakresu
908	ammattilehti; teknillinen aikakauslehti	szaklap; szakfolyóirat	rivista specializzata; periodico tecnico	fagblad; fagtidsskrift	(czaso)pismo fachowe
909	erikoiskirjasto; ammattikirjasto	szakkönyvtár	biblioteca speciale	spesialbibliotek; fagbibliotek	biblioteka fachowa/specjalna/działowa
910	alennushinta	kedvezményes ár	prezzo di favore	favørpris	cena ulgowa
911	näytekappale	olvasópéldány	esemplare di saggio	prøveeksemplar; håndeksemplar	egzemplarz próbny; egzemplarz dla zaopiniowania
912					
913					

PORTUGUESE Português	ROMANIAN Român	SERBIAN Српски	SLOVAK Slovensky	SWEDISH Svensk	
volume; número das folhas	coli; volum	обим *(табака)*	počet hárkov	omfång	**892**
esboço; rascunho	schiţă	скица; нацрт	skica	skiss; utkast	**893**
estujo	carton de protecţie	заштитни картон *(књиге)*	ochranné puzdro; kartón	kartong; kassett; fodral; pappask	**894**
					895
versalete	capitaluţă	капител	kapitálka	kapitäl	**896**
letra minúscula; letra de caixa baixa	literă minusculă/mică	мала/курентна слова; минускула	minuskula	minuskel; liten bokstav; gemena	**897**
					898
					899
					900
					901
direito de venda exclusivo	monopol de vînzare	искључиво право продаје	právo výhradného predaja	ensamrätt till försäljning; ensamförsäljningsrätt	**902**
canto	cîntec; cîntare	песма; певање	spev; pieseň	sång	**903**
cancioneiro	carte de cîntece	песмарица	spevník	sångbok	**904**
gravação do som	fonogramă	тонска снимка; снимање на траку; снимање звука	zvukový záznam	bandupptagning; ljudupptagning	**905**
fonte	izvor	извор; источник	prameň	källa	**906**
bibliografia especializada	bibliografie specială	стручна библиографија	odborná bibliografia	fackbibliografi; specialbibliografi	**907**
diário/jornal técnico	revistă de specialitate	стручни часопис	odborný časopis/list	facktidskrift; teknisk tidskrift	**908**
biblioteca especializada	bibliotecă specială	стручна библиотека; стручна књижница	odborná knižnica	specialbibliotek	**909**
preço especial; preço de amigo	preţ de favoare	повлашћена цена; цена са попустом	prednostná cena	undantagspris; subskriptionspris	**910**
exemplar de amostra	exemplar de probă	примерак за читање	ukážkový exemplár	exemplar till påseende	**911**
					912
					913

	ENGLISH	FRENCH Français	GERMAN Deutsch	RUSSIAN Русский	Spanish Español
914	**spiral binding**	reliure à spirale	Spiralheftung	соединение блока спиралью	encuadernación en espiral
915	**spoiled sheet**	maculature; bouillon	Makulatur	макулатура	hoja perdida/deteriorada; maculatura
916	**stage adaptation**	adaptation à la scène; version théâtrale	Bühnenbearbeitung	инсценировка; театрализация	adaptación escénica
917	**stage music**	musique scénique; musique sur scène	Bühnenmusik	музыка для театра; музыка (исполняемая) на сцене	música escénica
918	**stamping**	estampage (en relief)	Prägung	тиснение	estampado (en relieve); repujado
919	**stand** *syn:* booth	stand	Messe-/Ausstellungsstand	киоск; стенд	puesto; barraca; pabellón; quiosco
920	**standard edition** *syn:* classical edition	édition classique	Standardausgabe	основное издание; стандартное издание	edición clásica/estandardizada
921	**standard work** *syn:* basic book	ouvrage fondamental; livre de fond	Standardwerk	основной труд	edición básica
922	**standing order**	souscription continue; commande courante	Dauerauftrag; laufende Bestellung	постоянный заказ; постоянная подписка	pedido permanente; pedido de obras en continuación
923	**standing type**	composition conservée	stehender Satz; Stehsatz	нерассыпанный/сохранённый набор	composición conservada
924	**statement of account**	arrêté de comptes; décompte	Abrechnung; Kontoauszug	расчёт	finiquito; saldo de cuentas
925	**statutory copy** *s.* deposit copy				
926	**statutory limitation**	prescription	Verjährung	давность	(plazo de) prescripción
927	**to stitch**	brocher; agrafer	broschieren	брошюровать	encuadernar en rústica
928	**stitched**	broché; cartonné	broschiert; fadengeheftet	сброшюрованный	encuadernado a la rústica
929	**stock**	marchandise en stock; restant; stock	Lagerbestand; Vorrat	книги на складе; складская наличность *(книг);* запас	existencias en depósito; stock; existencia
930	**to stock**	stocker; avoir en provision	auf Lager haben	иметь в запасе	almacenar
931	**storage**	stockage; magasinage	Lagerung	хранение на складе	almacenamiento; almacenaje
932	**story** *syn:* tale	récit; nouvelle; conte; histoire	Erzählung; Geschichte	рассказ; история; повесть	narración; cuento; relato; historieta; novela corta
933	**study** →sketch; essay	étude; essai	Studie	исследование; очерк	bosquejo literario
934	**subchapter** *syn:* section	subdivision; souschapitre	Unterabschnitt	подраздел	subcapítulo

BULGARIAN Български	CROATIAN Hrvatski	CZECH Česky	DANISH Dansk	DUTCH Nederlands	
спирално подшиване	spiralni uvez	spirálová vazba	spiralhæftning	spiraalband	**914**
макулатура; непотребна хартия	makulatura	makulatura	makulaturark; makulatur	misdruk; maculatuur	**915**
драматизация	prerada za kazalište; scenska adaptacija	divadelní úprava	teaterbearbejdelse; iscenesættelse; scenearrangement	dramatisering; toneelbewerking	**916**
театрална музика	scenska glazba	scénická hudba	teatermusik	toneelmuziek	**917**
релефен печат	utiskivanje; reljefni tisak	ražba	prægning	stempeling	**918**
щанд; кабина	štand	stánek	kiosk	boekenstalletje	**919**
стандартно издание	standardno izdanje	standardní vydání	standardudgave	standaarduitgave	**920**
стандартен/меродавен труд	standardno djelo	základní dílo	standardværk	standaardwerk	**921**
постоянна поръчка; текущи поръчки	stalna narudžba	trvalá objednávka	stående ordre; løbende bestilling	staande order; doorlopende bestelling	**922**
съхранен набор	nerastureni slog	odložená sazba	stående sats	staand zetsel	**923**
отчет; извлечение от сметка	obračun	vyúčtování	afregning	afrekening	**924**
					925
давност	zastarjelost	promlčení	hævd	verjaring	**926**
броширам; подшивам	broširati	brožovat	brochere	brocheren; innaaien	**927**
броширан; подшит	broširan; broširano; u mekom uvezu	brožovaný	brocheret	gebrocheerd; ingenaaid	**928**
складова наличност; запас	zaliha na skladištu; neprodani primjerci na skladištu; zaliha; rezerva	zásoby	restoplag; forråd	magazijnexemplaren; bezit; inventaris; voorraad	**929**
държа/имам на склад	imati na skladištu	mít na skladě; skladovat	ha på lager	in voorraad hebben/houden	**930**
складиране; съхранение	uskladištenje; smještanje u skladište	skladování	magasinering	opslag (in magazijn)	**931**
разказ; история	povijest; pripovijetka; priča	povídka; příběh	historie; fortælling	vertelling; verhaal; novelle	**932**
студия; проучване	studija	studie	afhandling	studie	**933**
подраздел	odsjek poglavlja	pododdíl	underafsnit	onderkapittel	**934**

	FINNISH Suomi	HUNGARIAN Magyar	ITALIAN Italiano	NORWEGIAN Norsk	POLISH Polski
914	kierrenidonta	spirálkötés	legatura a spirale	spiralhefting	zszywanie spiralą
915	hylkyarkki; makulatuuri(arkki); "makkeli"	makulatúra	foglio scartato	makulaturark; makulatur	makulatura
916	dramatisointi	színpadi átdolgozás; színpadra alkalmazás	drammatizzazione; adattamento per la scena	skuespillbearbeidelse	opracowanie dla sceny; dramatyzacja
917	teatterimusiikki; näyttämömusiikki	színpadi zene	musica sul palco; musica di teatro	teatermusikk	muzyka sceniczna; akompaniament dla sceny
918	puristus	préselés; dombornyomás	torchiatura; stampa a/in rilievo	preging	tłoczenie; odbijanie; matrycowanie
919	kioski	„stand"; fülke	stand; posteggio	kiosk	stoisko
920	klassillinen painos; peruspainos; vakiopainos	standard kiadás	edizione classica; edizione di base/fondamentale	standardutgave	wydanie standardowe
921	klassillinen teos	standard/alapvető mű	opera fondamentale/classica	standardverk	dzieło standardowe
922	pysyväistilaus; jatkotilaus	állandó rendelés	ordine permanente/continuo	fast bestilling; stående ordre	stałe zamówienie; zamówienie na stałe
923	säilölados	álló szedés	composizione conservata	stående sats	skład stały/nieruszony
924	tilitys; tilinteko	elszámolás; folyószámlakivonat	resa dei conti; rendiconti	avregning	rozliczenie
925					
926	vanhentuminen	elévülés	prescrizione	hevd	przedawnienie
927	nitoa	fűzni	cucire	brosjere; stifte	zszywać; broszurować
928	nidottu; nidottuna	fűzött; fűzve	cucito; legato alla rustica	brosjert	w broszurze
929	jäännöserä; varastossa olevat kappaleet; varastoon jääneet kappaleet; varasto	raktáron levő/maradt példányok; készlet	rimanenza; fondo (di libri)	restopplag; forråd	zapas; zasób; remanent; ilość egzemplarzy na składzie
930	pitää varastossa	raktáron/készleten tartani; készletezni	avere in giacenza; tenere in assortimento	ha på lager	składować; mieć w zapasie
931	varastosäilytys; varastointi	raktározás	magazzinaggio	magasinering	magazynowanie; składowanie
932	kertomus	történet; elbeszélés	narrazione; racconto; novella; storia	historie; fortelling	opowieść; opowiadanie; nowela; historia; historyjka
933	tutkielma; essee	tanulmány	studio; saggio	avhandling	studia
934	alaluku	alfejezet	suddivisione; sottocapitolo	underavsnitt	podrozdział

PORTUGUESE Português	ROMANIAN Român	SERBIAN Српски	SLOVAK Slovensky	SWEDISH Svensk	
encadernação em espiral	broşare în spirală	спирални повез	špirálová väzba	spiralhäftning	**914**
folha mal impressa; maculatura	maculatură	макулатура	makulatúra	makulaturark	**915**
adaptação cénica	dramatizare; adaptare pentru scenă	прерада за позориште; сценска адаптација	divadelná úprava	iscensättning; bearbetning (för scenen)	**916**
música de cena	muzică scenică	сценска музика	scénická hudba	teatermusik	**917**
estampado (em relevo)	ştanţare; întipărire	утискивање; рељефна штампа	razenie	prägling	**918**
posto; barraca; pavilhão; quiosque	boxă	тезга; штанд	stánok	stånd	**919**
edição clássica/definitiva/normal	ediţie standard	стандардно издање	štandardné vydanie	standardupplaga	**920**
edição básica	operă fundamentală	стандардно дело	základné dielo	standardverk	**921**
pedido permanente; pedido com a continuação	comandă continuă; comandă permanentă	стална поруџбина	stála objednávka; objednávka trvalá	stående order	**922**
composição conservada	cules rezervat	нерастурени слог	odložená sadzba	stående sats	**923**
liquidação de contas; saldo duma conta	decont; decontare	обрачун	vyúčtovanie	avräkning	**924**
					925
prescrição	perempţiune	застарелост	premlčanie	preskription	**926**
brochar	a broşa	броширати	brožovať	häfta; broschera	**927**
brochado	broşat	броширан(о); у меком повезу	brožovaný	häftad; broscherad	**928**
existências (no depósito)	stoc; inventar de mărfuri; rezerve	залиха на складишту; непродани примерци на складишту; залиха; резерва	zásoby; stav skladu	lager; restupplaga; förråd	**929**
ter em stock; formar estoque	a stoca; a ţine în stoc	имати на складишту	mať na sklade; skladovať	hava i lager	**930**
armazenagem	înmagazinare; depozitare; stocaj	ускладиштење; смештање у складиште	skladovanie	magasinering	**931**
narrativa; narração; conto	poveste	повест; приповетка; прича	poviedka; rozprávka; príbeh	berättelse; historia	**932**
estudo	studiu	студија	štúdia	studie; essä; uppsats	**933**
subcapítulo	subcapitol	одсек поглавља	pododdiel	underkapitel	**934**

	ENGLISH	FRENCH Français	GERMAN Deutsch	RUSSIAN Русский	Spanish Español
935	**subject heading** →entry	mot-rubrique	Schlagwort	предметная рубрика (в каталоге)	encabezamiento de materia; titulación
936	**subject index**	index (des matières); registre	Sachverzeichnis; Sachregister	предметный указатель	índice; tabla de materias
937	**sub-publisher**	sous-éditeur	Subverlag; Subverleger	«суб-издательство» (на известную территорию)	subeditor
938	**sub-publishing agreement**	contrat de sous--édition	Subverlagsvertrag	договор об издании с суб-издательством	contrato de subedición
939	**subscription**	abonnement	Abonnement	подписка	subscripción; suscripción
940	**subsidiary rights** *syn:* follow-up rights; residuals *(US)*	droits subsidiaires	Nebenrechte	второстепенные/ производные авторские права	derechos accesorios
941	**subtitle** →half-title	sous-titre	Untertitel; Nebentitel; Subtitel	подзаголовок	subtítulo
942	**successor**	successeur (légitime)	Nachfolger; Rechtsnachfolger	наследник; правопреемник	sucesor
943	**summary** →outline; abstract	résumé	Zusammenfassung; Synopsis; Resümee	резюме	compendio; resumen; sumario; epítome
944	**super-calendered paper**	papier surglacé	Hochglanzpapier	особо глянцевая бумага	papel superglasé/ supersatinado
945	**supplement**[1] *(additional part)* →appendix; addendum	supplément; appendice; addenda	Nachtrag; Anhang	дополнение	suplemento; apéndice; adiciones; aditamentos
946	**supplement**[2] *(of a periodical)*	annexe	Beiblatt; Beiheft; Beilage	приложение (к газете)	suplemento
947	**supplement(ation)** *s.* annex; completion				
948	**supplementary hire fee**	location supplémentaire	Materialgebühr-Entgelt	дополнительная плата за прокат (или замещение проката) музыкальных материалов	tasa suplementaria de préstamo
949	**survey** *s.* compendium; outline				
950	**synchronization (rights)** *s.* film rights; use in film				
951	**synopsis** →digest; summary; outline	extrait; résumé; analyse	Synopsis; Zusammenfassung	синопсис; краткое изложение; резюме	sinopsis; resumen; argumentos; exposición
952	**system of...** *s.* outlines				

BULGARIAN Български	CROATIAN Hrvatski	CZECH Česky	DANISH Dansk	DUTCH Nederlands	
предметна рубрика (в каталог)	naslovna riječ	heslo	stikord	trefwoord; onderwerpswoord	**935**
предметен указател	indeks; predmetno kazalo	věcný ukazatel/index/rejstřík	emneregister; sagregister	onderwerpsregister; zaakregister	**936**
суб-издател	podizdavač	subvydavatelství	subforlag	sub-uitgever; onderuitgever	**937**
договор със суб--издател	ugovor o podizdavačkom pravu	subvydavatelská smlouva	subforlagsaftale	sub-uitgavekontrakt	**938**
абонамент	pretplata; abonman	předplacení; subskripce	abonnement; subskription	abonnement	**939**
допълнителни права	sporedna prava	vedlejší práva	birettigheder	nevenrechten; afgeleiderechten	**940**
подзаглавие	podnaslov	podtitul	undertitel	ondertitel	**941**
наследник; приемник; правоприемник	pravni nasljednik	(právní) nástupce	efterfølger	rechtverkrijgende	**942**
резюме	rezime; rekapitulacija; izlaganje	shrnutí; resumé	sammenfatning; résumé	samenvatting	**943**
силно гланцирана хартия	visokosjajni papir; visokosatinirani papir	papír s vysokým leskem	højglittet papir	hoogglans (papier)	**944**
допълнение; притурка; добавка	dodatak; dopuna	dodatek	tilføjelse	aanvulling; toevoegsel	**945**
притурка; приложение	priloženi list; prilog	příloha	supplement; tillæg	bijblad	**946**
					947
еднократна такса при заемане на музикални материали	dopunska pristojba na materijal	dodatkové půjčovné	materialeleje	aanvullende/extra materiaalhuur	**948**
					949
					950
конспект; резюме	sinopsa; izvod; osvrt; pregled	teze; podání obsahu; synopsis	indholdsoversigt	inhoudsoverzicht; samenvatting	**951**
					952

	FINNISH Suomi	HUNGARIAN Magyar	ITALIAN Italiano	NORWEGIAN Norsk	POLISH Polski
935	hakusana	címszó (katalógusban)	parola d'ordine per soggetto; intestazione	stikkord	hasło
936	(asia)hakemisto	tárgymutató; index	indice per soggetti	emneregister; sakregister	spis rzeczy; indeks
937	alikustantaja	alkiadó	sub-editore	subforlegger	podwydawca; subwydawca
938	alikustannussopimus	alkiadási szerződés	contratto di subedizione	subforlagsavtale	umowa podwydawnicza
939	tilaus (esim. lehden)	előfizetés	abbonamento	abonnement; subskripsjon	prenumerata; subskrypcja
940	oheisoikeudet	mellékjogok; származékos jogok	diritti secondari	sub-rettigheter	prawa uboczne/ wtórne
941	alanimike	alcím	sottotitolo	undertittel	podtytuł
942	seuraaja	jogutód	successore legale; successore nei diritti	etterfolger; etterfølger	następca; następca prawny
943	tiivistelmä; seloste; sisällyskeskite	összefoglalás	riassunto; ricapitolazione; compendio	sammenfatning; sammendrag; oppsummering	streszczenie
944	superkalanteroitu paperi	tükörfényezett papír	carta fortemente calandrata; carta ultra-patinata	høyglittet papir	papier satynowany z wysokim połyskiem
945	täydennys; lisäys; liite	kiegészítés; pótlás	supplemento; annesso; aggiunto	tillegg	suplement; dodatek; apendyks
946	lisälehti; lisävihko	melléklet	supplemento	supplement	dodatek
947					
948	lisävuokra	anyagdíjmegváltás; pótanyagdíj	noleggio supplementare	tillegg til leieavgift	dodatkowa opłata za wynajem
949					
950					
951	sisällyskatsaus; synopsis	szinopszis; kivonat; összefoglalás	sinossi; presentazione (dell'autore)	oversikt; synopsis	konspekt (dzieła); notka informacyjna
952					

PORTUGUESE Português	ROMANIAN Român	SERBIAN Српски	SLOVAK Slovensky	SWEDISH Svensk	
cabeçalho de materia; título	titlu	насловна реч	heslo	ämnesord; slagord	**935**
índice das matérias; repertório	tablă de materii; indice	индекс; казало предмета; предметни именик/регистар	vecný ukazovateľ/ zoznam/index	sakregister	**936**
subeditora	subeditură; subediţie	подиздавач	subvydavateľstvo	subförlag	**937**
contrato de subedição	contract de subeditare	уговор о подиздавачком праву	subvydavateľská zmluva	subförlagskontrakt	**938**
subscrição	abonament	претплата	predplatenie; subskripcia	prenumeration; abonnemang	**939**
direitos subsidiários/ adicionais	drepturi subsidiare	споредна права	vedľajšie práva	birättigheter	**940**
subtítulo	subtitlu	поднаслов	podtitul	undertitel	**941**
sucessor	succesor; succesor legal	наследник; правни наследник	nástupca; právny nástupca	efterföljare; successor	**942**
sumário; resumo; compêndio	rezumat; recapitulare	резиме; рекапитулација; излагање	zhrnutie; resumé	sammanfattning; sammandrag; resumé	**943**
papel superassetinado	hîrtie lustruită	високосјајна хартија; високосатинисана хартија	papier s vysokým leskom	högglättat papper	**944**
suplemento; aditamento; apêndice	completare; supliment; adaos	допуна; додатак	dodatok	tillägg; bihang; supplement	**945**
suplemento	supliment	приложени лист; прилог	príloha	bilaga; tillägg	**946**
					947
propina suplementar de empréstimo	taxă de împrumut pentru materiale muzicale suplimentară	допунска пристојба на материјал	dodatkové požičovné	tilläggsavgift för hyresmaterial	**948**
					949
					950
sinopse; resumo	conspect; rezumat	синопсис; извод; осврт	tézy; synopsis; podanie obsahu	synopsis; sammanfattning av innehållet; resumé	**951**
					952

	ENGLISH	FRENCH Français	GERMAN Deutsch	RUSSIAN Русский	Spanish Español
953	**table**	tableau	Tabelle; Tafel	таблица	cuadro; tabla
954	**table of contents** *syn:* index	table des matières	Inhaltsverzeichnis	оглавление	índice; tabla de materias
955	**tale** *s.* story				
956	**tape**	bande (magnétique)	Tonband; Magnettonband	магнитофонная лента	cinta magnetofónica
957	**tax**	taxe; impôt	Steuer	налог	impuesto
958	**taxable**	imposable; taxable	steuerpflichtig	подлежащий обложению налогом	sujeto a impuestos
959	**taxation**	contribution; charge fiscale; taxation; imposition	Besteuerung	обложение налогом	pago de impuestos; imposición; tributación
960	**tax-free** *syn:* exempt from taxation	quitte d'impôt; exempt des droits	steuerfrei; abgabenfrei	не облагаемый налогом; не подлежащий обложению налогом	exento de impuestos
961	**tax rate**	barème d'impôt; taux de l'impôt	Steuersatz	размер/ставка налога	tasa de impuesto
962	**teamwork** *s.* composite work				
963	**technical journal/ periodical** *s.* special journal/ periodical				
964	**technical make-up** *syn:* get-up	présentation	Ausstattung	(внешнее) оформление	exterior; presentación material
965	**television**	télévision	Fernsehen; Television	телевидение	televisión
966	**television/TV-broadcasting rights**	droits de télévision; droits d'adaptation à la télévision	Fernseh-Rechte; Televisionsrechte	право телевизионной передачи; право обработки для телевидения	derechos de (adaptación a) televisión
967	**temporarily out of print (t.o.p.)**	temporairement épuisé	vorläufig vergriffen	временно распродано	actualmente agotado
968	**term of production** *(of a book)*	durée de production	Herstellungszeit	время полиграфического исполнения	plazo de producción
969	**terms of delivery** *syn:* conditions of sale; general conditions of delivery	conditions (générales) de vente/livraison	Lieferbedingungen	условия поставок	condiciones de venta/ de entrega
970	**territory of distribution** *syn:* distribution area	territoire (contractuel) de diffusion/ de placement	Vertriebsgebiet	территория сбыта	terreno de propagación
971	**text**	texte	Text	текст; слова	texto; letra

BULGARIAN Български	CROATIAN Hrvatski	CZECH Česky	DANISH Dansk	DUTCH Nederlands	
таблица	tabela	tabulka	tabel	tabel	**953**
конспект; съдържание на книга	sadržaj	obsah	indholdsfortegnelse	inhoudsopgave	**954**
					955
магнитофонна лента	vrpca za snimanje; magnetofonska vrpca/traka	zvuková páska	(lyd)bånd	magnetofoonband; band	**956**
налог; данък	porez	daň	afgift; skat	belasting; cijns	**957**
подлежащ на налози/данъци	porezno obvezan	podléhající dani	afgiftspligtig; skattepligtig	belastbaar; belastingplichtig; cijnsbaar; cijnsplichtig	**958**
данъчно облагане	oporezovanje	zdanění	beskatning	belasting	**959**
освободен от налози/данъци; необлагаем	oslobođen od poreza; neoporezovan	daněprostý	afgiftsfri; skattefri	belastingvrij	**960**
данъчна ставка	porezni ključ; poreske stope; porezna stavka	daňová sazba	skattebeløb	belastingpost; cijnspost	**961**
					962
					963
оформление; външен вид	oprema	vnější úprava	formgivning	uitdossing; (uiterlijke) vormgeving	**964**
телевизия	televizija	televize	fjernsyn; television	televisie	**965**
телевизионни права	televizijska prava	práva na televizní vysílání	TV-rettigheder	televisierechten	**966**
временно изчерпан	(momentalno) rasprodano	vyprodáno; rozprodáno	endnu ikke disponibel	nog niet in herdruk	**967**
срок на производството	vrijeme proizvodnje	výrobní doba	fremstillingstid	productietermijn; vervaardigingstermijn	**968**
условия за доставката	uvjeti isporuke	dodací podmínky	leveringsvilkår; leveringsbetingelser	leveringsvoorwarden	**969**
район за пласиране	područje rasturanja	distribuční oblast	afsætningsområde	verbreidingsgebied	**970**
текст; думи	tekst	text	tekst	tekst; woorden	**971**

	FINNISH Suomi	HUNGARIAN Magyar	ITALIAN Italiano	NORWEGIAN Norsk	POLISH Polski
953	taulukko	táblázat	tabella	tabell	tablica; tabela; przegląd syntetyczny
954	sisällysluettelo	tartalomjegyzék	indice delle materie	innholdsfortegnelse	spis rzeczy/treści
955					
956	(äänitys)nauha	hangszalag; magnetofonszalag	nastro magnetico	(lyd)bånd	taśma magnetyczna/magnetofonowa; taśma z nagraniem
957	vero	adó	tassa; imposta	skatt; avgift	podatek
958	veronalainen; verovelvollinen	adóköteles	soggetto a tassa; imponibile; tassabile	skattepliktig	podlegający opodatkowaniu
959	verotus	adózás; megadóztatás	tassazione; imposizione di tasse	beskatning	opodatkowanie
960	veroton; verovapaa	adómentes	esente da tasse	skattefri	nie podlegający opodatkowaniu
961	verokanta	adókulcs; adótétel	tasso dell'imposta; aliquota della tassa	skattebeløp	klucz/wskaźnik podatkowy
962					
963					
964	ulkoasu; ulkomuoto	(külső) kiállítás; köntös	veste (tipografica)	formgivning	opracowanie graficzne; szata graficzna
965	televisio	televízió	televisione	fjernsyn	telewizja
966	esitysoikeus televisiossa	televíziós jogok	diritti di televisione; diritti dell'adattamento televisivo	TV-rettigheter	prawa do nadawania w telewizji
967	ei vielä varastossa	jelenleg nem kapható	esaurito; sfornito	for tiden ikke i trykk	aktualnie wyczerpany
968	valmistusaika; painatusaika	előállítási idő; nyomdai átfutás	durata di produzione	fremstillingstid	cykl produkcyjny
969	hankintaehdot	szállítási feltételek	condizioni di fornitura; condizioni generali	leveringsbetingelser	warunki dostawy
970	myyntialue	terjesztési terület	territorio di diffusione (di un agente)	kontraktsområde	teren rozpowszechniania
971	teksti; sanat	szöveg	testo	tekst	tekst; słowa

PORTUGUESE Português	**ROMANIAN** Român	**SERBIAN** Српски	**SLOVAK** Slovensky	**SWEDISH** Svensk	
tabela; quadro sinóptico	tabel	табела	tabuľka	tabell	**953**
índice; sumário	tablă de materii	садржај	obsah	innehållsförteckning	**954**
					955
fita de magnetofone	bandă sonoră; bandă de magnetofon	трака за снимање; магнетофонска трака	zvuková páska	ljudband; (stål)band	**956**
imposto	impozit	порез	daň	skatt	**957**
sujeito a impostos	impozabil	порезно обавезан; опорежљив	podliehajúci dani	skattepliktig; skattskyldig	**958**
pagamento de impostos; imposição; contribuição; tributação	impunere; supunere la taxe	опорезовање	zdanenie	beskattning	**959**
isento de impostos	scutit de impozite	неопорезован; ослобођен од пореза	nepodliehajúci dani; oslobodený od dane	skattefri	**960**
taxa de impostos	barem de impozit	порески кључ; пореска ставка	daňový kľúč; daňová sadzba	skattefot	**961**
					962
					963
apresentação	condiţie grafică	опрема	vonkajšia forma; (grafická) úprava	utstyrsel	**964**
televisão	televiziune	телевизија	televízia	television(TV)	**965**
direitos de televisão	drepturi de transmisiune prin televiziune	телевизијска права	práva na televízne vysielanie	televisionsrättigheter	**966**
(actualmente) esgotado	nu se găseşte; epuisat	(моментално) распродано	výpredané; rozpredané	ännu ej tillgängelig	**967**
prazo de produção	timp de producţie	време производње	výrobná doba; výrobný cyklus	produktionstid; framställningstid	**968**
condições de venda/ de entrega	condiţii de livrare	услови испоруке	dodacie podmienky	leveransvillkor	**969**
campo de divulgação	teritoriu de vînzare	подручје растурања	distribučná oblasť	avsättningsområde	**970**
texto; letra	text	текст	text	text; libretto	**971**

	ENGLISH	FRENCH Français	GERMAN Deutsch	RUSSIAN Русский	Spanish Español
972	**text-book** *s.* school-book; manual; guide--book				
973	**text illustration** *syn:* figure	illustration dans le texte	Textabbildung	рисунок в тексте	ilustración en el texto
974	**text specimen(s)** *s.* selected pas-sages				
975	**three-colour process/ reproduction**	impression en trois couleurs; trichromie	Dreifarbendruck	трёхкрасочная печать	tricromía; impresión en tres colores
976	**thriller** *syn:* mistery story	roman à mystères; roman de suspense; thriller	„Thriller"	сенсационный роман; (приключенческий, детективный роман)	novela de aventuras/ de intrigas; novela emocionante
977	**throw-out** *(illustra-tion)* *syn:* fold-out	pliant; dépliant; carte dépliante	Falttafel	складывающаяся таблица	hoja desplegable
978	**time of delivery**	délai de livraison	Lieferfrist; Liefer-zeit	срок поставки	plazo de entrega
979	**title**	titre	Titel	название; титул	título
980	**title page**	feuille/page de titre	Titelblatt	титул; титульный лист	portada; frontispicio
981	**tome** *s.* volume				
982	**total number of pages** *syn:* number of printed pages; →size of the book	ampleur du livre; nombre des pages	Seitenzahl	число страниц	número de páginas
983	**to touch up**	retoucher	retuschieren	ретушировать	retocar
984	**tract** *s.* pamphlet				
985	**trade**	commerce	Handel	торговля	comercio
986	**transactions** *(of a conference)* *syn:* proceedings	bulletin; « actes »; comptes rendus (d'une conférence); travaux	Mitteilungen *(einer Konferenz);* Tagungsberichte	доклады и сообще-ния (совещания); материалы совеща-ния/конференции	informe; relato; actas
987	**transcript** *s.* copy				
988	**transcription**	transcription	Transkription	транскрипция	transcripción
989	**transfer of rights** *s.* assignment				
990	**to translate** *syn:* to render	traduire; interpréter	übersetzen	переводить	traducir
991	**translation**	traduction	Übersetzung; Über-tragung	перевод	traducción; versión
992	**transmission** *(broadcast)*	transmission	Übertragung	(радио)передача; трансляция	transmisión
993	**transparent foil**	pellicule; rhodoïd (transparent)	Glanzfolie	блестящая прозрач-ная плёнка	hoja satinada
994	**transparent paper** *s.* onion-skin				

BULGARIAN Български	CROATIAN Hrvatski	CZECH Česky	DANISH Dansk	DUTCH Nederlands	
					972
рисунка в текста	slika/ilustracija u tekstu	ilustrace v textě	tekstbillede; illustration	afbeelding in de tekst; illustratie (in de tekst)	**973**
					974
трицветен печат	trobojni tisak	trojbarevný tisk	trefarvetryk	driekleurendruk	**975**
сензационен роман	avanturistički roman; pustolovni roman	napínavý/sensační román	gyser	thriller; griezelverhaal	**976**
разгъваем лист (за илюстрация); дипленка	preklopni list; preklopna tabla	skládací list	udfoldelig planche; foldeplanche	uitvouwbare plaat	**977**
срок за доставка	rok isporuke	dodací lhůta	leveringsfrist	leveringstermijn	**978**
заглавие	naslov	titul	titel	titel	**979**
титулна страница; титул	naslovna stranica; naslovni list	titulní list	titelblad; titelside	titelblad; titelpagina	**980**
					981
общ брой на страниците; обем на книгата	broj stranica	počet stran	sidetal	aantal van de bladzijden	**982**
ретуширам	retuširati	retušovat	retouchere	retoucheren	**983**
					984
търговия	trgovina	obchod	handel	handel	**985**
известия; материали на конференцията/съвещанието	saopćenja; materijal (sa) konferencije; osvrt	uveřejnění materiálů (konference); zpráva o jednání	forhandlinger; meddelelser	handelingen; mededelingen; verslagen	**986**
					987
транскрипция	prijepis; transkripcija	přepis; transkrípce	transkription	translitteratie; transcriptie	**988**
					989
превеждам	prevoditi; prevesti	přeložit; překládat	oversætte	vertalen	**990**
превод	prijevod	překlad	oversættelse	vertaling	**991**
предаване (по радиото/телевизията)	prijenos (preko radia, televizije)	přenos	udsendelse; transmission	uitzending	**992**
прозрачен лист	(transparentna) folija	fólie	gennemsigtigt blad; folie	transparante folie; glansfolie	**993**
					994

	FINNISH Suomi	HUNGARIAN Magyar	ITALIAN Italiano	NORWEGIAN Norsk	POLISH Polski
972					
973	tekstikuva	szövegközti ábra	tavola nel testo; figura	illustrasjon (i teksten)	ilustracja w tekście; klisza/ilustracja obłamywana
974					
975	kolmiväripainanta	háromszínnyomás	tricromia	trefargetrykk	druk trójbarwny
976	jännityskertomus; jännitysrommaani; "t(h)rilleri"	kalandregény; rémtörténet	romanzo sensazionale	grøsser; thriller	thriller
977	taiveliite; taiteliite	kihajtható lap; leporelló	carta pieghevole; illustrazione piegata	foldeplansje; sammenfoldet plansje	alonż; przedłużka
978	hankinta-aika	szállítási határidő	termine di consegna	leveringstermin	termin dostawy
979	nimi; nimiö; nimeke	cím; főcím	titolo	tittel	tytuł
980	nimiösivu; nimiölehti	címlap; főcím	frontespizio; pagina col titolo	tittelblad; tittelside	strona/karta tytułowa
981					
982	sivumäärä	oldalszám-terjedelem	numero delle pagine; amplitudine del libro	sidetall	liczba stron
983	retušoida	retusálni	ritoccare	retusjere	retuszować
984					
985	kauppa; kauppa-ala	kereskedelem	commercio	handel	handel
986	toimituksia	„közlemények"; „Acta"; konferenciaanyag; összefoglaló *(konferenciáról)*	atti (di una conferenza); rendiconti	forhandlinger; meddelelser	wiadomości; Acta; referaty; materiały konferencji; sprawozdania z posiedzeń; materiały konferencyjne/zjazdowe
987					
988	siirtokirjoitus; transkriptio	átírás	trascrizione	transkripsjon	transkrypcja
989					
990	kääntää	fordítani; lefordítani	tradurre; interpretare	oversette	przekładać; tłumaczyć
991	käännös	fordítás; műfordítás	traduzione	oversettelse	przekład; tłumaczenie
992	lähetys; välitys	közvetítés *(rádió, TV)*	trasmissione *(radio, TV)*	utsendelse; transmisjon	audycja (radiowa); transmisja (radiowa/telewizyjna)
993	kuultolehti	(transzparens) fólia	velina; lucido	gjennomsiktig blad	folia przeroczysta; celofan; transparent
994					

PORTUGUESE Português	ROMANIAN Român	SERBIAN Српски	SLOVAK Slovensky	SWEDISH Svensk	
					972
ilustração no texto; gravura	figură/ilustraţie în text	слика у тексту	ilustrácia v texte	textillustration; textfigur	973
					974
tricromia; impressão em três cores	tipar în tricromie	тробојна штампа	trojfarebná tlač	trefärgstryck	975
romance de aventura; conto de fantasmas	roman de aventură	авантуристички роман; пустолов-ни роман	napínavý/senzačný román	»thriller»; »rysare»	976
lámina despregável; folha destacável	planşă pliantă	преклопни лист; преклопна табла	skladací list	utvikningskarta; utvikningsplansch	977
prazo de entrega	termen de livrare	рок испоруке	dodacia lehota	leveranstid	978
título	titlu; titulatură	наслов	titul	titel	979
portada	frontispiciu; foaie de titlu	насловна страница; насловни лист	titulný list	titelblad	980
					981
número de páginas	numărul total pagi-nilor	број страница	počet strán	sidantal	982
retocar	a retuşa	ретуширати	retušovať	retuschera	983
					984
comércio	comerţ	трговина	obchod	handel	985
acta; actas	materiale de confe-rinţă; sumar	саопштења; матери-јал (са) конферен-ције; осврт	uverejnenie materiá-lov; správa o rokovaní	(för)handlingar; meddelanden	986
					987
transcrição	transcripţie	препис; транскрип-ција	prepis; transkripcia	transkription	988
					989
traduzir; verter	a traduce	преводити; превести	preložiť; prekladať	översätta	990
tradução; versão	traducere	превод	preklad	översättning	991
transmissão; audição	(re)transmisie (radio-fonică)	пренос	prenos	utsändning	992
folha satinada	foaie subţire	(транспарентна) фолија	fólia	glanzfolie	993
					994

	ENGLISH	FRENCH Français	GERMAN Deutsch	RUSSIAN Русский	Spanish Español
995	**trash** *syn:* penny dreadful; yellow-back	littérature de bas étage; littérature médiocre ou sans valeur	Schundliteratur	бульварная литература	literatura sin valor; literatura de pacotilla
996	**treatise** →essay	traité; thèse; essai	Abhandlung	трактат; труд; научная статья	tratado; disertación
997	**treaty** *s.* contract				
998	**trimmed** *syn:* cut	massicoté; rogné	beschnitten	обрезной	recortado
999	**turnover tax**	taxe/impôt sur le chiffre d'affaires	Umsatzsteuer	налог с оборота	impuesto sobre la venta
1000	**TV-play; teleplay**	téléspectacle	Fernsehspiel	телевизионный спектакль; телевизионная постановка	teleteatro
1001	**type(s)**[1] →letter(s)	lettre	Schrift	буква; шрифт; литера	carácter; letra de imprenta; tipo
1002	**type**[2] *syn:* print	caractère imprimé	Druckschrift	типографский шрифт	carácter; letra de imprenta; tipo
1003	**type area** *syn:* layout	surface/dimension de la composition	Satzspiegel	зеркало набора; площадь набора	trazado de la composición
1004	**type page** *s.* column				
1005	**typescript** *syn:* typed copy; typewritten manuscript	exemplaire/manuscrit dactylographié	Typoskript	машинописный экземпляр	ejemplar dactilografiado
1006	**type-setter** *s.* compositor				
1007	**type-setting** *s.* setting up in type; composition; matter				
1008	**type-setting machine** *s.* composing machine				
1009	**type size** *s.* body size				
1010	**typewritten**	tapé à la machine	maschinengeschrieben	машинописный; напечатанный на машинке	dactilografiado; escrito a máquina
1011	**typewritten manuscript** *s.* typescript				
1012	**typist's error**	erreur de frappe; faute de tape	Tippfehler	опечатка (в машинописном тексте)	falta de pulsación/de tecleo; errata de mecanógrafo
1013	**typographical point** *(0,353 mm)*	point *(unité de mesure pour les caractères)*	typographischer Punkt *(0,376 mm)*	типографский пункт; пункт Дидо	punto; punto Didot
1014	**typography**	typographie	Typographie	книгопечатание	tipografía
1015	**unabridged** →complete	complet; non-abrégé	unverkürzt; vollständig	полный; несокращённый	no abreviado; integro

BULGARIAN Български	CROATIAN Hrvatski	CZECH Česky	DANISH Dansk	DUTCH Nederlands	
булевардна литература	šund(-literatura)	braková literatura; brak	kulørt litteratur	minderwaardige literatuur	**995**
дисертация; изложение	rasprava	esej	afhandling	verhandeling; dissertatie	**996**
					997
орязан	obrezan	ořezaný	beskåret	afgesneden	**998**
данък върху оборота	porez na promet	daň z obratu	omsætningsafgift	accijns; omzetbelasting	**999**
телевизионна пиеса	TV-drama	televizní hra	TV-spil; fjernsynsspil	televisiespel	**1000**
буква	tip slova	písmo	type; skriftsnit	letter	**1001**
шрифт	štampana slova	typ	type; skriftsnit	letter; zetletter	**1002**
наборна плоскост/площ	raspoređaj sloga; format sloga	zrcadlo sazby	klumme; kolumne	zetspiegel	**1003**
					1004
машинописен екземпляр; машинопис	tipkani primjerak	klepaný exemplář	maskinskrevet eksemplar	getikte tekst; getypte tekst	**1005**
					1006
					1007
					1008
					1009
писан на машина; написан на пишеща машина	tipkano pisaćim strojem; pisan strojem/mašinom	strojem psaný; strojopisný	maskinskrevet	getypt; getikt	**1010**
					1011
грешка на машинопис; машинописна грешка	pogreška u tipkanju	překlep	slagfejl	tikfout	**1012**
типографски пункт	tipografska/tipometrijska točka	typografický bod	typografisk punkt	punt (typografische); Didot-punt	**1013**
книгопечатане; типография	tiskarstvo; tipografija	typografie; knihtisk	bogtryk; bogtrykkerkunst	typografie; boekdruk	**1014**
несъкратен	potpun; neskraćen	nekrácené; nezkrácené	fullstændig	volledig	**1015**

	FINNISH Suomi	HUNGARIAN Magyar	ITALIAN Italiano	NORWEGIAN Norsk	POLISH Polski
995	roskakirjallisuus	selejtes irodalom; ponyva	letteratura mediocre/ gialla	døgnlitteratur	literatura brukowa/ straganowa
996	tutkielma	értekezés	trattato; tesi	avhandling	rozprawa
997					
998	leikattu; tasoitettu	levágott; leszélezett	tagliato (margine)	beskåret; renskåret	obcięty
999	aksiisi	forgalmi adó	imposta sul giro d'affari; I. G. E.	omsetningsavgift	podatek obrotowy
1000	TV-näytelmä	tv-játék	telespettacolo; spettacolo televisivo	TV-teater; fjernsyns-spill	sztuka telewizyjna; film fabularny TV
1001	kirjasin; kirjake	(nyomdai) betűtípus	carattere	type; skrifttype; skiftsnitt	pismo
1002	kirjasin; kirjake	(nyomda)betű	carattere	type; skrifttype	czcionka; drukarskie pismo
1003	ladosala	(szedés)tükör	sesto; pagina; superficie della composizione; spazio riservato al te-sto	satsspeil; satsflate	format składu
1004					
1005	koneella kirjoitettu kappale; konekir-joite	gépelt példány	copia scritta a mac-china; manoscritto dattilografato	maskinskrevet ek-semplar	maszynopis
1006					
1007					
1008					
1009					
1010	koneella kirjoitettu	(író)géppel írt	scritto a macchina; dattiloscritto	maskinskrevet	(prze)pisany na maszynie
1011					
1012	harhalyönti; lyön-tivirhe	gépelési hiba	errore dattilografico	feilslag	błąd w maszynopisie
1013	typografinen piste	tipográfiai pont	punto tipografico	typografisk punkt	punkt typograficzny
1014	kirjapainotaito	nyomdászat; tipog-ráfia	tipografia	boktrykkerkunst; trykking	poligrafia; typografia
1015	täydellinen	teljes; nem rövidített	completo; non-accor-ciato; non censurato	fuldstendig	nieskrócony; bez skróceń

PORTUGUESE Português	ROMANIAN Român	SERBIAN Српски	SLOVAK Slovensky	SWEDISH Svensk	
literatura barata	literatură proastă	шунд(-литература)	braková literatúra	värdelös litteratur; smörja; »sublitteratur»	**995**
tratado; dissertação	disertație; tratat	расправа	esej	avhandling	**996**
					997
recortado	tăiat	обрезан	orezaný	skuren	**998**
imposto sobre a venda	impozit pe cifra de afaceri	порез на промет	daň z obratu	omsättningsskatt; oms	**999**
teleteatro	telepiesă	ТВ-драма	televízna hra	TV-spel	**1000**
tipo; carácter	(fel de) literă; caracter	тип слова	písmo	stil; typer	**1001**
carácter; letra; tipo	caractere tipografice	штампарска слова	typ	tryckstil	**1002**
superfície/plano da composição	oglinda/lumina paginii; lumina zațului	распоређај слога; формат слога	zrkadlo sadzby	satsyta	**1003**
					1004
exemplar dactilografado	exemplar dactilografiat	откуцани примерак	klepaný exemplár	maskinskrivet exemplar; maskinskrivet manuskript	**1005**
					1006
					1007
					1008
					1009
dactilografado; escrito a máquina	dactilografiat	куцано писаћом машином; дактилографски	strojom písaný; strojopisný	maskinskriven	**1010**
					1011
erro de dactilografia	greșeală dactilografică	грешка у куцању	preklep	maskinskrivningsfel	**1012**
punto; punto Didot	punct tipografic	типографска тачка	typografický bod	punkt	**1013**
tipografia	tipografie; poligrafie	штампарство	typografia; kníhtlač	typografi	**1014**
completo; não abreviado; integral	neprescurtat	потпун; нескраћен	neskrátené	fullständig	**1015**

	ENGLISH	FRENCH Français	GERMAN Deutsch	RUSSIAN Русский	Spanish Español
1016	**unabridged edition** *s.* complete edition				
1017	**unaltered** *s.* unchanged				
1018	**unauthorized**	non autorisé	unberechtigt; nicht-autorisiert	неавторизованный	sin autorización
1019	**unbound**	non relié	ungebunden	без переплёта	sin encuadernar; a la rústica; en rústica
1020	**unbound sheets** *s.* copy in sheets				
1021	**unchanged** →unvaried; unaltered	inchangé; inalteré; invariable	unverändert	неизменённый; неизменный	inalterado; invariado
1022	**Universal Copyright Convention**	Convention universelle sur le droit d'auteur	Welturheberrechts-Abkommen	Всеобщее соглашение по авторскому праву	Convención Universal sobre Derechos de Autor
1023	**unopened copy**	exemplaire non coupé	unaufgeschnittenes Exemplar	экземпляр с неразрезанными листами	ejemplar intonso; ejemplar con todos los márgenes
1024	**unpublished**	inédit	ungedruckt; unveröffentlicht	неизданный; неопубликованный	inédito
1025	**unsold copies** *s.* returns				
1026	**untrimmed**	non rogné	unbeschnitten	необрезной	no recortado; con todos los márgenes
1027	**unvaried** *s.* unchanged				
1028	**upright format**	format en hauteur	Hochformat	высокий/стоячий/вертикальный формат	formato alargado
1029	**use** *s.* utilization				
1030	**use in film** *syn:* filming; screening; synchronization (right)	adaptation à l'écran; utilisation dans un film	Verfilmung	экранизация	adaptación/versión cinematográfica
1031	**utilization** *syn:* use; exploitation	utilisation	Benutzung; Verwendung	использование	uso; empleo
1032	**vademecum** *s.* pocket-book				
1033	**variant; variation** *s.* version				
1034	**verbatim** *s.* word for word				
1035	**verse** *s.* poem				
1036	**version** *syn:* variation; variant	version; variante	Fassung; Version	вариант; редакция	versión; versión en...

BULGARIAN Български	CROATIAN Hrvatski	CZECH Česky	DANISH Dansk	DUTCH Nederlands	
					1016
					1017
неавторизиран	neovlašćen; neautorizi-ran	neoprávněný	ikke autoriseret	niet-geautoriseerd; onrechtmatig; niet gerechtigt	1018
неподвързан	bez uveza; neuvezan	nevázaný; bez vazby	uindbundet	ongebonden; niet gebonden; niet ingebonden	1019
					1020
непроменен; неизме-нен	nepromijenjen(o)	nezměněný	uforandret	onveranderd	1021
Световна конвен-ция по авторското право	Univerzalna konven-cija o autorskom pravu	Mezinárodni konven-ce o autorském právu	verdensophavsrets-konventionen	Universele Auteurs-recht Conventie	1022
неразрязан екзем-пляр	nerazrezani primje-rak	nerozřezaný exemplář	uopskåret eksemplar	niet opengesneden exemplaar	1023
неиздаден; непеча-тан	neizdat	nevydaný	ikke offentliggørt; hidtil utrykt	onuitgegeven	1024
					1025
неорязан	neobrezan	neořezaný	ubeskåret	onafgesneden	1026
					1027
стоящ/изправен/прав формат (на книга)	visoki/stojeći format	formát na výšku	højformat	rugformaat	1028
					1029
филмиране	adaptiranje za film; snimanje na film; ekranizacija	zfilmování	filmatisering	verfilming	1030
използуване	korišćenje	použití	benyttelse; brug	gebruik	1031
					1032
					1033
					1034
					1035
редакция; издание на . . . език; вари-ант(а)	verzija; varijanta (na . . . jeziku)	verze	variant; affattelse	versie	1036

	FINNISH Suomi	HUNGARIAN Magyar	ITALIAN Italiano	NORWEGIAN Norsk	POLISH Polski
1016					
1017					
1018	luvaton; hyväksymätön	jogosítatlan; inautorizált	non autorizzato; clandestino	ikke autorisert	nie autoryzowany
1019	sitomaton	kötés nélküli; kötetlen	non rilegato	ubundet	nieoprawny
1020					
1021	muuttumaton	változatlan	invariato	uforandret	niezmienny
1022	yleismaailmallinen tekijänoikeussopimus	Egyetemes Szerzői Jogi Egyezmény	Convenzione Universale per la protezione del diritto d'autore	Verdenskonvensjonen på opphavsrettensområde	Międzynarodowa umowa dot. ochrony dzieł literackich i artystycznych
1023	aukileikkaamaton kappale	felvágatlan példány	esemplare con margini non tagliati	uoppskåret eksemplar	egzemplarz nie rozcięty
1024	julkaisematon	kiadatlan	inedito	ikke utkommet; hittil ikke trykt	nie wydany
1025					
1026	leikkaamaton; tasoittamaton	leszélezetlen	con margini non tagliati	ubeskåret	nieobcinany; nieobcięty
1027					
1028	pystykoko; pystymuoto; pystyformaatti	álló formátum *(könyvnél)*	formato verticale	høyformat	format stojący
1029					
1030	filmatisointi; filmaus; elokuvaus	megfilmesítés	filmare; adattamento allo schermo/cinematografico	filmatisering	sfilmowanie
1031	käyttö	felhasználás	utilizzazione	benyttelse; bruk	wykorzystanie; używanie
1032					
1033					
1034					
1035					
1036	muunnos	változat; ... (nyelvű) kiadás	versione; versione in...; variante	fatning; variant	wersja

PORTUGUESE Português	ROMANIAN Român	SERBIAN Српски	SLOVAK Slovensky	SWEDISH Svensk	
					1016
					1017
sem autorização	neautorizat	неовлашћен; неауторизован	neoprávnený	oberättigad	**1018**
sem encadernar; brochado	nelegat	без повеза; неповезан	neviazaný; bez väzby	oinbunden; obunden	**1019**
					1020
inalterado	neschimbat	непромењено	nezmenený	oförändrad	**1021**
Convenção Universal sobre os Direitos de Autor	Convenţie mondială/universală de drept de autor	Универзална конвенција о ауторском праву	Medzinárodná konvencia o autorskom práve	Världskonventionen om upphovsrätt	**1022**
exemplar intonso; exemplar com todas as margens	exemplar netăiat	неразрезани примерак	nerozrezaný exemplár	ouppskuret exemplar	**1023**
inédito	inedit; nepublicat	неиздат	nevydaný	outgiven; otryckt	**1024**
					1025
não cortado; com todas as margens	netăiat împrejur	необрезан	neorezaný	oskuren	**1026**
					1027
formato alongado/vertical	format stătător	високи формат; стојећи формат	formát na výšku	höjdformat	**1028**
					1029
adaptação cinematográfica	filmare	адаптација за филм; снимање на филм; екранизација	sfilmovanie	filmatisering	**1030**
utilização; uso; emprego	folosire	коришћење	použitie	användning; begagnande; bruk; nyttjande	**1031**
					1032
					1033
					1034
					1035
versão	versiune	верзија; варијанта	verzia	version; tolkning; variant	**1036**

	ENGLISH	FRENCH Français	GERMAN Deutsch	RUSSIAN Русский	Spanish Español
1037	**verso** *syn:* even/back page; reverse; left-hand page	dos; verso; page paire	Kehrseite; Verso; Rückseite	версо; левая сторона листа	reverso; vuelto
1038	**vocabulary** →dictionary; glossary	vocabulaire; glossaire	Vokabular; Wörterverzeichnis	вокабулярий; список слов; словник	vocabulario; glosario
1039	**vocal score** *s.* piano score				
1040	**volume** *syn:* tome	volume; tome	Band	том	volumen; tomo
1041	**volume of illustrations**	tome/volume d'illustrations	Bildband	том с иллюстрациями	láminas
1042	**volume; in two volumes**	en deux volumes	in zwei Bänden	в двух томах	en dos volúmenes
1043	**weekly**[1] *n.*	revue hebdomadaire	Wochenschrift	еженедельник; еженедельный журнал	hebdomadario; semanario
1044	**weekly**[2] *a.*	hebdomadaire	wöchentlich	еженедельный	semanal; hebdomadario
1045	**wholesale bookseller/dealer** *s.* wholesaler				
1046	**wholesale book trade**	commerce du livre en gros	Großbuchhandel	оптовая книжная торговля	comercio de libros al por mayor
1047	**wholesale distributing agent**	libraire (d'assortiment)	Kommissionsbuchhändler; Buchhändler	(оптовый) комиссионный книготорговец	comisionista en librería; mayorista
1048	**wholesale price**	prix de vente en gros	Großhandelspreis	оптовая цена	precio por mayor
1049	**wholesaler** *syn:* wholesale bookseller/dealer	marchand de livres en gros; grossiste	Grossist	оптовый книготорговец	mayorista; comisionista en librería
1050	**to withdraw from circulation**	retirer du commerce	aus dem Umlauf ziehen	изымать из обращения	retirar de la circulación
1051	**wood-pulp paper**	papier de pâte de bois	holzhaltiges Papier	бумага, содержащая древесную массу	papel de pasta de madera
1052	**word**	parole	Wort	слово	palabra
1053	**word for word** *syn:* verbatim; →literal	mot à mot; textuel(lement)	Wort für Wort; buchstäblich	дословный; дословно	literal(mente)
1054	**words** *s.* lyrics				
1055	**work** *syn:* writing; →publication	œuvre; ouvrage	Werk	сочинение; труд	obra
1056	**to work (up)** *s.* to compile; to elaborate				
1057	**wrapper** *s.* book-jacket				
1058	**to write**	écrire	schreiben	писать	escribir
1059	**writer**[1]	écrivain	Schriftsteller	писатель	escritor

BULGARIAN `Български	CROATIAN Hrvatski	CZECH Česky	DANISH Dansk	DUTCH Nederlands	
лявата страница на отворена книга	naličje	verso	bagside	verso; ommezijde; weerpagina	**1037**
списък на думи; словник	popis riječi; glosar; mali rječnik	slovníček; rejstřík slov	glossar	woordenlijst; glossarium; vocabularium	**1038**
					1039
том	svezak; tom	svazek	bind	band; deel	**1040**
том от илюстрации/картини	svezak sa ilustracijama/slikama	obrázkový svazek	billedbind	illustratieband	**1041**
в два тома	u dva toma	o dvou svazcích	i to bind	in twee deelen/banden	**1042**
седмичник	tjedna publikacija; tjednik	týdeník	ugeblad; ugeskrift	weekblad	**1043**
седмичен	tjedni	týdenní; týdenně	ugentlig	wekelijks	**1044**
					1045
търговия с книги на едро	trgovina knjigama na veliko; veletrgovina knjigama	knižní velkoobchod	kommissionsboghandel	commissieboekhandel; groothandel	**1046**
търговец с книги на комисионни начала (на едро)	komisionalni knjižar (na veliko)	(knihkupecký) komisionář	boggrosserer	consignatieboekhandelaar	**1047**
цена на едро	cijena na veliko; velikoprodajna cijena	velkoobchodní cena	engrospris	groothandelsprijs	**1048**
книжар ангросист	veletrgovac knjigama; knjižar na veliko	velkoobchodník	grosserer; engroshandlende	boekengrossier; boekengroothandelaar	**1049**
изземвам от обращение	povući iz prometa	stáhnout z oběhu	tage ud of omløb	uit de circulatie nemen	**1050**
хартия от дървесина	papir sa sadržajem drvenjače	dřevitý papír	træholdigt papir	houthoudend (papier)	**1051**
дума	riječ	slovo	ord	woord	**1052**
дословно; дословен	doslovno; bukvalno; od riječi do riječi	doslovný; doslovně	ordret	woord voor woord	**1053**
					1054
труд; съчинение; публикация	djelo; publikacija	dílo	værk	werk	**1055**
					1056
					1057
пиша	pisati	psát	skrive	schrijven	**1058**
писател	književnik; pisac	spisovatel	forfatter; skribent	schrijver	**1059**

	FINNISH Suomi	HUNGARIAN Magyar	ITALIAN Italiano	NORWEGIAN Norsk	POLISH Polski
1037	kääntöpuoli	hátoldal; hátlap; verzó	verso	bakside	lewa stronica; verso; strona odwrotna
1038	sanasto; sanaluettelo	szójegyzék; szószedet; kis szótár	lista (di parole); glossario	glossar	słownik; spis/słownik/zbiór wyrazów/terminów
1039					
1040	nidos	kötet	volume; tomo	bind	tom; tomik
1041	kuvanidos; kuvaosa	a képes kötet *(ti. a képmellékletekkel)*	tomo di illustrazioni	billedbind	tom z ilustracjami; część ilustracyjna
1042	kahdessa nidoksessa	két kötetben	in due volumi	i to bind	w dwóch tomach
1043	viikkolehti; viikkojulkaisu	hetilap	(giornale) settimanale; ebdomadario; rivista settimanale	ukeblad; ukeskrift	tygodnik
1044	viikko-; kerran viikossa (ilmestyvä)	heti	settimanale	ukentlig	tygodniowy
1045					
1046	tukkukirjakauppa; välityskirjakauppa	nagybani könyvkereskedelem	libreria commissionaria	kommisjonsbokhandel	księgarstwo hurtowe
1047	tukkukauppias	könyvbizományos; bizományi könyvkereskedő	libraio commissionario	bokgrosserer; engroskommisjonær	księgarz komisowy
1048	tukkuhinta	nagykereskedelmi ár	prezzo all'ingrosso	engrospris	cena hurtowa
1049	tukkukirjakauppias; tukkukauppias	könyvnagykereskedő	libraio commissionario	grosserer; grossist	hurtownik
1050	poistaa liikkeestä	forgalomból kivonni	ritirare dalla circolazione	ta ut av omløpet	wycofać z obiegu
1051	hiokepitoinen paperi	fatartalmú papír	carta di pasta di legno	treholdig papir	papier drzewny
1052	sana	szó	parola	ord	słowo
1053	sananmukainen; sanasanainen; sanasta sanaan	szó szerint(i)	testualmente; parola per parola; alla lettera	ordrett; ord for ord	dosłownie
1054					
1055	teos	mű	opera	verk	dzieło; praca
1056					
1057					
1058	kirjoittaa	(meg)írni	scrivere	skrive	pisać
1059	kirjailija; tekijä	író	scrittore	forfatter	pisarz

PORTUGUESE Português	ROMANIAN Român	SERBIAN Српски	SLOVAK Slovensky	SWEDISH Svensk	
reverso	verso; revers; dos de pagină	наличје	verso	vänstersida; verso	**1037**
vocabulário; glossário	registru de cuvinte; glosar; vocabular	списак речи; мали речник	register slov; slovníček	ordlista; ordförteckning; glossarium	**1038**
					1039
volume; tomo	volum; tom	свеска; том	zväzok	band; volym	**1040**
tomo de imagens	volum de planşe	том са илустрацијама/сликама	obrázkový zväzok	bildband	**1041**
em dois volumes	întru două volume	у два тома	v dvoch zväzkoch	i två band	**1042**
revista semanal; hebdomadário	săptămînal; hebdomadar	недељна публикација; недељник	týždenník	veckotidning; veckoskrift	**1043**
semanal	săptămînal; de/pe săptămînă	недељни	týždenný; týždenne	alla veckor; per vecka	**1044**
					1045
comércio de livros por grosso	comerţ de cărţi en gros	трговина књигама на велико; велетрговина књигама	knižný veľkoobchod	speditionsbokhandel; kommissionsbokhandel	**1046**
comerciante de livros por junto	comisionar librar	комисиони књижар (на велико)	komisionár (kníhkupecký)	kommissionsbokhandlare	**1047**
preço por grosso	preţ en gros	цена на велико; великопродајна цена	veľkoobchodná cena	grosshandelspris; partipris; engrospris	**1048**
negociante de livros por grosso	angrosist	гросист(а)/велетрговац књигама; књижар на велико	veľkoobchodník	grossist; kommissionsbokhandlare	**1049**
retirar de circulação	a scoate din circulaţie	повући из промета	stiahnuť z obehu	dra in (en upplaga)	**1050**
papel de celulose	hîrtie semivelină	хартија са садржајем дрвењаче	drevitý papier	trähaltigt papper	**1051**
palavra	vorbă; cuvînt	реч	slovo	ord	**1052**
literal(mente)	literă cu literă; literal; textual	дословно; буквално	doslovný; doslovne	ord för ord; ordagrann	**1053**
					1054
obra	operă; publicaţie	дело; публикација	dielo	verk; arbete	**1055**
					1056
					1057
escrever	a scrie	писати	písať	skriva; författa	**1058**
escritor	scriitor	писац; књижевник	spisovateľ	skriftställare	**1059**

	ENGLISH	FRENCH Français	GERMAN Deutsch	RUSSIAN Русский	Spanish Español
1060	**writer**[2] *(US)* *s.* author				
1061	**writer of lyrics** *s.* librettist				
1062	**writing** *s.* script; work				
1063	**xerography**	xérographie	Xerographie	ксерография	xerografía; jerografía
1064	**"year"** *s.* annual volume				
1065	**year-book** *syn:* annual; annals; →almanac	annuaire; annales; almanach	Jahrbuch; Almanach	ежегодник	anuario
1066	**yearly** *s.* annual				
1067	**yellow-back** *s.* trash				

BULGARIAN Български	CROATIAN Hrvatski	CZECH Česky	DANISH Dansk	DUTCH Nederlands	
					1060
					1061
					1062
ксерография	kserografija	xerografie	xerografi	xerografie	**1063**
					1064
годишник	godišnjak; ljetopis; almanah	ročenka	årbog; årsskrift; årsberetning	jaarboek; jaarbericht; almanak	**1065**
					1066
					1067

	FINNISH Suomi	HUNGARIAN Magyar	ITALIAN Italiano	NORWEGIAN Norsk	POLISH Polski
1060					
1061					
1062					
1063	kserografia; kseropainanta; kserotypia	xerográfia	xerografia	xerografi	kserografia
1064					
1065	vuosikirja	évkönyv	almanacco; annuario; annali	årbok; årskrift; årsberetning	rocznik; almanach
1066					
1067					

PORTUGUESE Português	ROMANIAN Român	SERBIAN Српски	SLOVAK Slovensky	SWEDISH Svensk	
					1060
					1061
					1062
xerografia	xerografie	ксерографија	xerografia	xerografi	**1063**
					1064
anuário	anuar	годишњак; летопис; алманах	ročenka	årsbok; årsskrift; annaler	**1065**
					1066
					1067

II

Indexes

Index

Index

FRENCH — FRANÇAIS

a/à/â, b, c/ç, d, e/è/é/ê/ë, f, g, h, i/î/ï, j, k, l, m, n, o/ô, p, q, r, s, t, u/ù/û/ü, v, w, x, y, z

actuel contemporary 217
abonnement subscription 939
abréviation abbreviation 1
accord contract 221
accord-cadre blanket agreement 89
achevé d'imprimer imprint[1] 437
actes transactions 986
adaptation adaptation 9
adaptation à la scène stage adaptation 916
adaptation à l'écran use in film 1030
adapter to adapt 8
addenda supplement[1] 945
adresse address 12
adresse bibliographique imprint[1] 437
agence exclusive exclusive agency 356
agrafer to stitch 927
almanach almanac, calendar, year-book 23, 131, 1065
album album 21
album d'images picture-book[1] 665
aller à la ligne to indent 443
améliorer to correct 252
amical de livres book club 104
ampleur du livre total number of pages 982
an; par ~ annual[2] 33
analyse outline(s)[1], synopsis 609, 951
analyser to review 834
annales year-book 1065
année annual volume 34
annonce advertisement 16
annotations commentary 183
annoté annotated 29
annuaire year-book 1065
annuel annual[2] 33
annuler (une commande) to cancel (an order) 132
anonyme anonymous 35
anthologie anthology 36
annexe annex, appendix, supplement[2] 28, 40, 946

appendice appendix, supplement[1] 40, 945
arguments outline(s)[1] 609
arrangement arrangement 43
arranger to adapt 8
arrêté de comptes statement of account 924
article article, contribution 45, 224
article d'information review[1] 833
assemblage gathering 402
assurance insurance 456
à suivre to be continued 220
atlas atlas 52
auteur author[1] 54
auteur dramatique playwright 677
auteur du texte author[2] 55
authentique authentic 53
autobiographie autobiography 66
autorisation authorization 57
autorisation à la reproduction licence of reprinting 509
autorisé copyright holder 243
autorisé; non ~ unauthorized 1018
autorisé; personne ~e copyright holder 243
autoriser to authorize 58
aux éditions... published by... 758
aux fins d'inspection on approval 599
à-valoir advance royalty 14
avance sur les honoraires advance royalty 14
avant-propos preface 695
avant-titre half-title 418
avis communication 188
avoir en provision to stock 930
ayant droit copyright holder, copyright owner 243, 246

bande tape 956
bande de publicité/de nouveauté advertising strip 17
bande dessinée comic strip 181

bande magnétique tape 956
bande réclame advertising strip 17
barème price list 705
barème d'impôt tax rate 961
belle page right-hand page 842
belles-lettres belles-lettres 73
best-seller best-seller 75
bibliographie bibliography[1, 2] 77, 78
bibliographie spéciale special bibliography 907
bibliographie spécialisée special bibliography 907
bibliologie bibliology 79
bibliothèque library 505
bibliothèque de prêt lending library 500
bibliothèque nationale national library 576
bibliothèque spécialisée special library 909
biffure cancelling 133
bilingue bilingual 81
biographie biography 86
bon à tirer good for print, ready for the press 412, 789
bonne feuille advance sheet 15
bonnes feuilles imprimatur 436
bordereau delivery note 288
bottin mailing list 534
bouillon(s) returns, spoiled sheet 830, 915
bref concise 208
broché stitched 928
brocher to sew, to stitch 880, 927
brochure booklet, leaflet[1], pamphlet 110, 492, 624
brouillon literal translation 519
brouillon pour la composition layout[1] 488
bulletin bulletin, form, report, transactions 130, 391, 817, 986
bulletin de déclaration de copyright copyright application form 241
bureau de rédaction editorial department[2] 334
bureau pour la protection des droits d'auteur copyright protection office 248

cabinet de lecture lending library 500
calendrier calendar 131
capitale(s) capital letters 134
capitale; petites ~s small capitals 896
caractère letter[1] 501
caractère; gros ~(s) capital letters 134
caractère de labeur body type 99
caractère gras bold face 100
caractère imprimé type[2] 1002
caractère romain roman type 845
carte dépliante throw-out 977
carte géographique map 543
cartonné cardboard-bound, stitched 137, 928
catalogue catalog(ue), price list 142, 705
catalogue d'éditeur booklist, publisher's catalogue 111, 763
catalogue sur fiches card index 139
censure censorship 145
cession (des droits) assignment[1] 50
chambre de commerce chamber of commerce 147

changement change 148
changer to change 149
chanson song 903
chansonnier song-book 904
chant song 903
chapitre chapter 150
charge fiscale taxation 959
chef de la rédaction chief editor 155
chef de service de publicité publicity manager 753
chèque cheque 154
chiffon; pur ~ paper without woodpulp 633
chiffre number[1] 589
chrestomathie selection[2] 867
circulaire circular 158
citation citation 160
classer et ordonner pour impression to edit[2] 324
classification décimale decimal classification 280
cliché block, cliché 92, 163
club des amis du livre book club 104
coauteur co-author 166
coédition joint edition 479
colis package 617
colis postal post parcel 691
collaborateur contributor 225
collaborateur externe outside collaborator 614
collaboration des auteurs co-authorship 167
collection collection 172
collectivité-auteur corporate author 251
colonne column 179
colophon colophon 175
colportage colportage, marketing 178, 545
comédie comedy 180
comics comic strips 181
comité de rédaction editorial board 332
commande order 603
commande courante standing order 922
commentaire commentary, explanation 183, 364
commerce trade 985
commerce de livres par poste mail-order business 535
commerce du livre book trade 119
commerce du livre en gros wholesale book trade 1046
commerce intérieur domestic trade 311
commission commissions 186
communiqué bulletin, communication, press release 130, 188, 702
compétence jurisdiction 481
compilation collection 172
complément addendum, completion 10, 199
complet complete, unabridged 195, 1015
composer to set up 879
compositeur composer, compositor 202, 207
composition composition[1, 2], matter, setting up in type 205, 206, 548, 878
composition conservée standing type 923
composition sans renforcement, en caractères ordinaires etc. plain matter 672
compte; pour son propre ~ for own account 393
compte rendu account, review[1] 6, 832
comptes rendus transactions 986

concis concise 208
condensé digest 300
conditions de livraison terms of delivery 969
conditions de vente terms of delivery 969
conférence conference, lecture 213, 495
conférence publique public reading 755
congrès congress 214
consentement de l'auteur author's consent 61
conserver (la composition) to keep standing 484
consignation commission 185
conte short story, story 888, 932
contemporain contemporary 217
contenu contents 218
continuation continuation 219
contrat contract 221
contrat d'édition publisher's agreement 762
contrat de location hire contract 425
contrat de représentation agency agreement 19
contrat de sous-édition sub-publishing agreement 938
contrat d'exécution contract authorizing public performances 222
contravention au droit d'auteur infringement of copyright 448
contrefaçon infringement of copyright 448
contre-valeur consideration 215
contribution contribution, taxation 224, 959
convention convention 226
Convention de Berne Berne Convention 74
Convention universelle sur le droit d'auteur Universal Copyright Convention 1022
copie copy[1, 2], manuscript 228, 229, 542
copie manuscrite copy[4] 231
copier to copy 232
copyright copyright 237
coquille error in composition 349
corps body size 98
correcteur printer's reader, proof-reader 720, 740
correction correction 254
correction du manuscrit copy preparation 235
correction faite par l'auteur author's corrections 63
correspondance correspondence 256
corriger to correct 252
coudre to sew 880
coupure abridgement 4
coupure de presse press cutting 701
cours de... manual 540
couverture book-jacket, cover, guardsheet 109, 259, 416
couverture en papier cardboard binding 136
couvrant une page entière full-page 400
couvre-livre book-jacket, cover 109, 259
critique critic, critique 265, 266
croquis sketch 893

date de publication date of publication 279
date d'impression date of printing 278
déclaration declaration 281
déclaration de copyright copyright application 240
décompte statement of account 924
dédicace dedication 283
dédicacé dedicated 282
dédié dedicated 282
dédouanage customs clearance 269
déduction deduction 284
défectueux defective 285
délai de livraison time of delivery 978
délai supplémentaire extended term 366
délivrance delivery[2] 287
demande demand, inquiry 291, 451
dépenses expenses 363
dépliant throw-out 977
dépositaire commission merchant 187
dépôt d'un copyright copyright registration 250
dépôt légal copyright deposit, deposit copy 242, 292
dessein design[2] 294
dessin design[1] 293
dessin au trait line drawing 513
dessin de couverture cover design 260
diagramme diagram 297
dictionnaire dictionary 299
dictionnaire abrégé practical dictionary 693
dictionnaire de poche pocket dictionary 679
dictionnaire usuel practical dictionary 693
diffusion distribution[1], marketing 306, 545
dimension de la composition type area 1003
directeur de l'édition editor-in-chief 337
discothèque record library 795
disponible available, inventory 67, 467
disposition; mettre à la ~ to place at somebody's disposal 670
disposition de la composition layout[2] 489
disque phonograph record 655
division de la production production department 733
divulgation publication[1] 749
documentation documentation 309
documentation générale background material 69
domaine public domaine public 310
dommages-intérêts indemnification 442
dos back, verso 68, 1037
D. P. non-protected 585
drame play 676
drame lyrique musical 569
droit law 487
droit commercial commercial law 184
droit d'auteur copyright[1] 236
droit d'édition publishing rights 771
droit d'édition mécanique mechanical reproduction rights 549
droit de publication publishing rights 771
droit de reproduction right(s) of reproduction 843
droit de reproduction mécanique mechanical reproduction rights 549
droit de succession inheritance tax 449
droit de transmission broadcasting right(s) 126
droit littéraire et artistique literary and artistic copyright 520
droit moral droit moral 316
droits; exempt des ~ tax-free 960

droits; grands ~ "grands droits" 414
droits à forfait outright fee 613
droits d'adaptation à la télévision television-broadcasting rights 966
droits d'adaptation à l'écran film rights 375
droits d'adaptation cinématographique film rights 375
droits d'auteur royalty 848
droits de radiophonisation broadcasting right(s) 126
droits de représentation performing right(s) 648
droits de télévision television-broadcasting rights 966
droits de transmission broadcasting royalty 127
droits de transposition cinématographique film rights 375
droits d'exécution performing right(s) 648
droits subsidiaires subsidiary rights 940
duplicata duplicate 318
durée de la protection period of protection 653
durée de production term of production 968

ébauche design[2] 294
écrire to write 1058
écrit in writing 472
écriture script[1] 861
écriture; en ~ in writing 472
écrivain writer[1] 1059
écrivain de théâtre playwright 677
édité chez... published by... 758
éditer to edit[1] 323
éditeur publisher, publishing house 759, 769
éditeur de musique music publisher 571
éditeur original original publisher(s) 607
édition edition[1, 2] 328, 329
édition; première ~ first edition 376
édition abrégée abridged edition 3
édition augmentée enlarged edition 344
édition autorisée authorized edition 59
édition classique standard edition 920
édition complète complete (collection of) works 197
édition corrigée corrected edition 253
édition de bibliophilie bibliophile edition 80
édition de format pochable pocket-size edition 681
édition de luxe de luxe edition 290
édition doublée duplicate print 319
édition doublée en une langue différente parallel print 635
édition en plusieurs parts/tranches serialization 875
édition in-extenso/intégrale complete edition 196
édition nouvelle new edition, re-issue 578, 807
édition originale first edition 376
édition populaire paperback 626
édition populaire; faire une ~ to paperback 627
édition pour amateurs bibliophile edition 80
édition princeps first edition 376
édition reliée hardcover 422
édition révisée/revue revised edition 839
édition subreptice pirated edition 669
«éditions» publishing house 769
éditions; aux ~ ... published by... 758
effacement cancelling 133
élaborer to elaborate 339
émission broadcast(ing) 125
en coédition avec... joint edition 479
encre de Chine Indian ink 445
encre d'imprimerie printer's ink 719
encre noire printer's ink 719
encyclopédie encyclop(a)edia 341
en deux volumes in two volumes 1042
en domaine public non-protected 585
en écriture in writing 472
en feuilles in flat sheets 447
enregistrement recording, sound recording 794, 905
enregistrement d'un copyright copyright registration 250
envoi delivery[2] 287
en volume in volume form 471
envoyer au pilon to pulp 773
épilogue epilogue 347
épreuve proof 738
épreuve (à la brosse) hand proof 421
épreuve en placard galley proof 401
épreuve de tirage en couleurs progressive colour proof 735
épreuve mise en page page proof 621
épreuve photographique photographic print 658
épuisé out of stock 612
équivalent consideration 215
errata errata 348
erreur de frappe typist's error 1012
erreur d'impression misprint 557
erreur typographique misprint 557
esquisse outline(s)[1], sketch 609, 893
essai essay, study, treatise 350, 933, 966
estampage stamping 918
estampage en relief embossing 340
estampe engraving 342
étalage shop-window, showcase 886, 889
étude paper(s), study 631, 933
examen douanier customs clearance 269
excédent overstock 615
exclusif exclusive 355
exclusivité sole selling rights 902
exclusivité de diffusion exclusive distribution 357
exécutant performing artist 647
exécution performance[1, 2] 645, 646
exécution publique public performance 754
exemplaire copy[3] 230
exemplaire dactylographié typescript 1005
exemplaire de passe additional copy 11
exemplaire de service de presse review copy 835
exemplaire d'occasion second-hand copy 863
exemplaires endommagés damaged copies 275
exemplaire en feuilles copy in sheets 234
exemplaire gratuit author's copy 62
exemplaire hors tirage additional copy 11
exemplaire justificatif complimentary copy[2] 201
exemplaire non coupé unopened copy 1023
exemplaire numéroté numbered copy 591
exemplaire précédant la mise en vente advance copy 13

exempt de douane duty-free 322
exempt des droits tax-free 960
expédition delivery[1] 286
explication explanation 364
explication des signes key 485
exposition exhibition 361
exposition de livres book exhibition 106
extrait abstract, digest, outline(s)[1], synopsis 5, 300, 609, 951

fac-similé facsimile 368
facture invoice 468
facturer to invoice 469
faire une édition populaire to paperback 627
faire une réclamation to lodge a claim 527
fascicule number[2] 590
faute de composition error in composition 349
faute de tape typist's error 1012
faute typographique error in composition 349
faux titre half-title 418
fenêtre blank[1] 87
feuille printed sheet, sheet 714, 881
feuille; bonne ~ advance sheet 15
feuille; bonnes ~s imprimatur 436
feuille; en ~s in flat sheets 447
feuille de publicité blurb 95
feuille de titre title page 980
feuille intercalaire interleaf 461
feuillet sheets 882
feuillet de garde fly-leaf 380
feuille volante fly-leaf, leaflet[1] 380, 492
fiche internationale fiche internationale 370
figure figure[1], picture 372, 664
fin; aux ~s d'inspection on approval 599
foire de livres book fair 107
foliotage numbering of sections 592
format format 392
format album oblong format 595
format à l'italienne oblong format 595
format en hauteur upright format 1028
format oblong oblong format 595
formulaire form 391
frais d'édition costs of publishing 258
frais d'emballage packing costs 618
frais d'impression printing costs 723
frontispice frontispiece 399

gaine de carton slip case 894
garde book-jacket, fly-leaf 109, 380
glossaire vocabulary 1038
grands droits "grands droits" 414
graphique diagram 297
graphique graphic(al) 415
gratuit free of charge 397
gravure engraving, illustration 342, 431
gravure de notes engraving of music 343
gros bold face 100
gros caractère(s) capital letters 134
grossiste wholesaler 1049

hebdomadaire weekly[2] 1044
héritage de... remains 811
histoire history, story 428, 932
hommage à l'auteur author's copy 62
hommage de l'auteur complimentary copy[2] 201
honoraires d'auteur royalty 848
honoraires forfaitaires outright fee 613

illustration figure[1], illustration, picture 372, 431, 664
illustration dans le texte text illustration 973
image figure[1], picture 372, 664
imitation copy[2], imitation 229, 433
imparfait defective 285
imposable taxable 958
imposer to interleave 462
imposition taxation 959
impôt tax 957
impôt sur le chiffre d'affaires turnover tax 999
impression print[2], printing 708, 722
impression d'art artistic print 46
impression en quatre couleurs four-colour process 395
impression en trois couleurs three-colour process 975
impression parallèle duplicate print, parallel print 319, 635
impression sur offset offset printing 598
imprimable ready for the press 789
imprimatur imprimatur 436
imprimé print[1] 707
« Imprimé » "printed matter" 712
imprimer to print 711
imprimerie book-printing office, printing office 116, 726
imprimeur printer 715
inaltéré unchanged 1021
inchangé unchanged 1021
incomplet defective 285
indemnité indemnification 442
index subject index 936
index (des auteurs) author index 56
indication des sources background material 69
inédit unpublished 1024
in-folio folio[1] 386
infraction au droit d'auteur infringement of copyright 448
insérer to insert 452
institut institute 454
instruction pour la composition printing order 727
instructions pour la composition layout[1] 488
intercaler to insert 452
interfolier to interleave 462
interprète performing artist 647
interpréter to translate 990
introduction introduction[1], preface 465, 695
introduction à... guide(-book) 417
invariable unchanged 1021
invendus returns 830
inventaire inventory 467
italique italics 475

jaquette book-jacket, cover 109, 259
jeu complet du matériel
complete set of music material 198
journal diary, newspaper 298, 580

labeur plain matter 672
langue language 486
lecteur publisher's reader, reader[1] 765, 781
lecteurs interested readers 460
lectorat editorial department[1] 333
lecture lecture 495
lecture des épreuves correction, reading (the) galley proofs 254, 786
lecture publique public reading 755
lecture récréative light reading 512
légende key, legend 485, 498
lettre letter[1, 2], type(s)[1] 501, 502, 1001
lettre de change bill of exchange 82
lettres literature[1] 524
lettres bas de casse small letters 897
libraire bookseller, wholesale distributing agent 117, 1047
libraire d'assortiment retail bookseller 828
libraire détaillant retail bookseller 828
librairie bookshop, publishing trade 118, 772
librairie dépositaire commission merchant 187
librettiste librettist 506
libretto libretto 507
licence légale legal licence 497
licence de reproduction licence of reprinting 509
linotype linotype 314
lire to read 780
liste list 516
littéral literal 518
littérature literature[1] 524
littérature de bas étage trash 995
littérature de pacotille cheap novel 153
littérature médiocre ou sans valeur trash 995
littérature pour la jeunesse juvenile literature 483
livraison number[2] 590
livre book 101
livre à feuillets mobiles loose-leaf book 528
livre broché paperback, paper-bound book 626, 628
livre cartonné paper-bound book 628
livre (choisi) du mois book of the month 114
livre d'art art book 44
livre de chant song-book 904
livre d'école school-book 854
livre de cuisine cookbook 227
livre de fond standard work 921
livre de lecture reading book 785
livre de prières prayer-book 694
livre d'images picture-book[2] 666
livre en format de poche pocket-book 678
livre illustré picture-book[2] 666
livre modèle dummy 317
livre pour les enfants/l'enfance children's book 156
livre scolaire manual 540
livres endommagés damaged copies 275
livre spécial professional publication 734
livret libretto 507
livre technique professional publication 734
location de matériel hire fee 426
location supplémentaire supplementary hire fee 948
loi law 487

machine à composer composing machine 203
maculature spoiled sheet 915
magasin; pas en ~ out of print 611
magasinage storage 931
magazine periodical[1] 650
maison d'édition publishing house 769
maison distribuant les livres par poste
mail-order business 535
majuscule(s) capital letters 134
mandat commission 185
manuel handbook, outline(s)[2] 419, 610
manuel scolaire guide(-book), manual, school-book 417, 540, 854
manuscrit copy[4], manuscript 231, 542
manuscrit dactylographié typescript 1005
maquette dummy 317
marchand de livres en gros wholesaler 1049
marchandise en stock stock 929
marchandise retournée returns 830
marché market 544
marché de livres book market 113
marque d'éditeur publisher's emblem 764
massicoté trimmed 998
matériel complet d'orchestre
complete set of music material 198
matériel en location material on hire 546
matériel loué material on hire 546
matrice matrix 547
mémoire paper(s) 631
mémoires memoirs 550
mention des contributeurs/ayants droit acknowledgements 7
méthode reading book 785
mettre à la disposition
to place at somebody's disposal 670
mettre en page to make up 538
mettre sous presse to pass for press 639
microcopie micro-copy 552
microfilm microfilm 553
microphotocopie micro-copy 552
minuscule(s) small letters 897
mise en œuvre adaptation 9
mise en page make-up[1] 536
mise en public publication[1] 749
modification change 148
modifier to change 149
monnaie currency 267
monographie monograph 562
monotype monotype 563
montant de la facture invoice amount 470
morceaux choisis excerpt(s), selected passages, selection[2] 354, 865, 867
mot à mot word for word 1053
mot-rubrique entry, subject heading 346, 935

musical musical 569
musique music, printed music 568, 713
musique scénique stage music 917
musique sur scène stage music 917
mutation parallel print 635

nom name 573
nombre des pages total number of pages 982
nombre des pages d'un livre size of the book 892
nom de l'auteur name of author 575
nom de l'imprimeur imprint[1] 437
nom de plume literary pseudonym, pseudonym 522, 748
non-abrégé unabridged 1015
non autorisé unauthorized 1018
non-exclusif non-exclusive 583
non protégé non-protected 585
non relié unbound 1019
non rogné untrimmed 1026
note remark 813
note de bas de page footnote 389
note de copyright copyright notice 245
note infrapaginale footnote 389
nouveauté new publication 579
nouveauté; bande de ~ advertising strip 17
nouveau tirage re-issue 807
nouvelle short story, story 888, 932
numéro number[1, 2] 589, 590
numéro spécimen examination copy 353
numéroter les pages to paginate 622

oblong oblong 594
œuvre work 1055
œuvre collective composite work 204
œuvre dramatique play 676
œuvre posthume posthumous work 690
œuvres choisies selection[1] 866
œuvres complètes complete (collection of) works 197
œuvres musicales imprimées printed music 713
œuvres posthumes remains 811
offre offer 596
offre de prix quotation[2] 777
opération de finissage sur commande jobwork 478
ordre order 603
organe technique special journal 908
original original[1] 604
original (d'une illustration) artwork 48
ouvrage work 1055
ouvrage collectif composite work 204
ouvrage de référence outline(s)[2], reference book 610, 801
ouvrage fondamental standard work 921
ouvrages généraux general books 404
ouvrage scientifique scientific publication 857

page page, sheets 619, 882
page; belle ~ right-hand page 842
page blanche blank[1] 87
page de couverture guardsheet 416
page de titre title page 980
page paire verso 1037
pages liminaires prelims 696
pagination folio[2], pagination 387, 623
paginer to paginate 622
paiement payment 641
paiement fractionné instalment 453
papier contribution, paper 224, 625
papier à musique music paper 570
papier chargé/chromé art paper 47
papier coquille pelure onion-skin 601
papier d'édition book paper 115
papier de pâte de bois wood-pulp paper 1051
papier d'impression printing paper 728
papier en rouleau newsprint 581
papier exempt de pâte de bois paper without woodpulp 633
papier glacé glazed paper 408
papier journal newsprint 581
papier-pelure bible paper 76
papier satiné glazed paper 408
papier surglacé super-calendered paper 944
papillon blurb 95
paquet package 617
paquet-poste post parcel 691
paragraphe paragraph 634
paraîtra dans l'avenir prochain to appear shortly 39
paraîtra sous peu to appear shortly 39
paraître to appear 37
paraître; à ~ prochainement to appear shortly 39
paraître; vient de ~ just issued 482
par an annual[2] 33
parole word 1052
paroles lyrics 532
parolier librettist 506
part part 636
partie part 636
parties d'orchestre orchestral parts 602
partition score 858
partition de format réduit pocket score 680
partition de poche pocket score 680
parution appearance 38
pas en magasin out of print 611
passage paragraph 634
passages selected passages 865
passage(s) tiré(s) excerpt(s) 354
passer à l'alinéa to indent 443
passer pour presse to pass for press 639
paternité authorship 65
pellicule transparent foil 993
pénalité penalty 642
périodique periodical[1, 2] 650, 651
périodiques periodicals 652
personne autorisée copyright holder 243
petites capitales small capitals 896
petits droits "petit droits" 654
phonogramme recording 794

photocopie photocopy 656
photographie photograph 657
phototypie phototype 660
pièce piece 667
pièce à l'appui reference copy 802
pièce de théâtre play 676
pièce radiophonique radio-play 778
pièces liminaires prelims 696
placard column, galley proof, poster 179, 401, 688
plagiat plagiarism 671
planche figure[1], plate[1] 372, 674
planche en couleurs colo(u)r plate 176
plan d'édition publishing programme 770
plaquette pamphlet 624
plat boards 97
plat-modèle model cover 559
pleine toile cloth binding 165
pliage fold 383
pliant throw-out 977
pliure fold 383
pochette jacket-flap 477
pochette; ˎ٦ ~:... blurb-text 96
poème poem 682
poésie poetry 684
poète poet 683
poids spécifique du papier paper weight 632
point typographical point 1013
polyglotte polyglot 685
populaire popular[1] 686
position de tarif douanier customs rate 270
postface epilogue 347
posthume posthumous 689
post-scriptum postscript 692
pour son propre compte for own account 393
précis de... guide(-book), handbook, outline(s)[2] 417, 419, 610
préface preface 695
première première 697
première édition first edition 376
préparation du projet book design 105
preprint offprint 597
prescription regulation, statutory limitation 805, 926
présentateur performing artist 647
présentation book design, outline(s)[1], technical make-up 105, 609, 964
presse press[1] 699
presse; mettre sous ~ to pass for press 639
presse; passer pour ~ to pass for press 639
presse; sous ~ in the press 464
prêt lending 499
prêt à la livraison ready for dispatch 787
prix price 703
prix calculé sur l'exemplaire broché price calculated on the stitched copy 704
prix de base basic price 72
prix de catalogue catalog(ue) price, list price 143, 517
prix de détail retail price 829
prix de faveur special price 910
prix de location de matériel hire fee 426
prix de vente sales price 850
prix de vente en gros wholesale price 1048
prix net net price 577
prix réduit special price 910
procédé en creux intaglio printing 457
procédé en relief relief printing 808
procès-verbal protocol 747
production performance[2] 646
production romancière fiction 371
produit de la presse print[1] 707
programme d'édition publishing programme 770
projet design[2] 294
propagande publicity 752
propriété intellectuelle intellectual property 458
prose prose 743
prospectus prospectus 744
protégé par le droit d'auteur "protected by copyright" 745
provision commissions 186
provision; avoir en ~ to stock 930
pseudonyme literary pseudonym, pseudonym 522, 748
publication appearance, edition[2], publication[1, 2] 38, 328, 749, 750
publication récente new publication 579
publications en cours serial 874
publicité publicity 752
publicité; bande de ~ advertising strip 17
publier to publish 756
pur chiffon paper without woodpulp 633

quadrichromie four-colour process 395
qualité d'auteur authorship 65
questionnaire questionnaire 775
quitte d'impôt tax-free 960

rabais discount 305
rabais; vendre à grand ~ to remainder 809
raccourcissement abridgement 4
radiodiffusion broadcast(ing) 125
rapport account, report 6, 817
rature cancelling 133
réciprocité reciprocity 791
récit story 932
récit public public reading 755
réclamation claim 161
réclamation; faire une ~ to lodge a claim 527
réclame; bande ~ advertising strip 17
recto right-hand page 842
recueil collection 172
recueil de chants song-book 904
recueil de morceaux choisis selection[1] 866
rédacteur compiled by..., editor[1, 2] 194, 330, 331
rédacteur en chef chief editor, editor-in-chief 155, 337
rédaction editing 327
rédigé par... compiled by..., edited by..., editor[2] 194, 325, 331
rédiger to compile, to edit[1] 193, 323
réduction pour piano piano score 662
réédition reprint[2] 819

refondre to rewrite 841
registre list, subject index 516, 936
registre de la clientèle mailing list 534
règlement regulation 805
règlement à tempérament instalment 453
réimpression reprint[1, 2] 818, 819
relié bound, hardcover 122, 422
relié; non ~ unbound 1019
relier to bind 83
reliure binding 84
reliure anglaise flexible cover 379
reliure à spirale spiral binding 914
reliure en cuir leather binding 494
reliure en papier binding in paper covers, paper cover(s) 85, 629
reliure en peau leather binding 494
reliure en toile cloth binding 165
reliure mobile loose-leaf book 528
reliure plastique plastic binding 673
reliure pleine toile cloth binding 165
reliure souple flexible cover 379
remaniement change 148
remanier to rewrite 841
remarque remark 813
remboursement cash on delivery 141
remettre en pages to remake up 812
remise delivery[2], discount 287, 305
rémunération globale outright fee 613
rendre compte to review 834
renfoncer to indent 443
renforcement break 124
répartition distribution[2] 307
«répertoire» publisher's catalogue 763
répertoire d'adresses mailing list 534
repoussage embossing 340
représentation performance[2] 646
représentation; droits de ~ performing right(s) 648
représentation exclusive exclusive agency 356
représentation générale general agency 403
reprographie reprography 823
reproduction copy[2], reprint[1], reproduction[2] 229, 818, 822
reproduction dans un journal reprint(ing) in the press 820
reproduction héliographique blueprint[1] 93
réservation booking 108
réserve; ultime ~ minimum stock 555
réserves reserve stock 826
restant stock 929
résumé abstract, compendium, summary, synopsis 5, 189, 943, 951
retirer du commerce to withdraw from circulation 1050
retoucher to touch up 983
révisé revised 838
révision revision 840
revu revised 838
revue periodical[1] 650
revue hebdomadaire weekly[1] 1043
revue mensuelle monthly publication 564
revue spécialisée special journal 908
revue trimestrielle quarterly 774
rhodoïd transparent foil 993
rogné trimmed 998
rogné; non ~ untrimmed 1026
romain roman type 845
roman novel 586
roman; le ~ fiction 371
roman à clef/clé "roman à clef" 844
roman à mystères thriller 976
romancier novelist 588
roman d'anticipation scientifique science fiction 586
roman de suspense thriller 976
roman en images comic strip 181
roman-feuilleton serial 874
roman policier crime fiction 264
rotogravure rotogravure 846

salle de rédaction editorial offices 336
scénario scenario 852
science science 855
sélection selection[1, 2] 866, 867
sépia sepia print 872
série series 876
signes de correction proof-correction symbol 739
société de protection de droit d'auteur copyright protection society 249
solder to remainder 809
sollicitation inquiry 451
sommaire abstract, compendium, contents, outline(s)[1] 5, 189, 218, 609
soumis à des droits dutiable 321
source source 906
souschapitre subchapter 934
souscription continue standing order 922
sous-éditeur sub-publisher 937
sous presse in the press 464
sous-titre subtitle 941
spécimen author's copy, examination copy, reference copy, specimen copy 62, 353, 802, 911
spectacle performance[2] 646
stand stand 919
stock inventory, stock 467, 929
stockage storage 931
stocker to stock 930
stock restant remainders 810
stocks reserve stock 826
subdivision subchapter 934
successeur successor 942
suite au prochain numéro to be continued 220
suivre; à ~ to be continued 220
supplément addendum, annex, appendix, supplement[1] 10, 28, 40, 945
surface de la composition type area 1003

tableau table 953
table des matières table of contents 954

tantième de transmission broadcasting royalty 127
tapé à la machine typewritten 1010
tarif price list 705
tarif douanier customs tariff 271
taux de l'impôt tax rate 961
taxable taxable 958
taxation taxation 959
taxe tax 957
taxe de douane customs 268
taxe successorale inheritance tax 449
taxe sur le chiffre d'affaires turnover tax 999
taxe sur le(s) revenu(s) income tax 440
téléspectacle TV-play 1000
télévision television 965
temporairement épuisé temporarily out of print 967
terme de livraison date of delivery 277
territoire concédé "contract territory" 223
territoire contractuel de vente "contract territory" 223
territoire de diffusion territory of distribution 970
territoire de placement territory of distribution 970
texte text 971
texte original original text 608
textuel literal, word for word 518, 1053
textuellement word for word 1053
thèse treatise 996
thriller thriller 976
tirage print[2], proof, size of edition 708, 738, 890
tirage; nouveau ~ re-issue 807
tirage à part offprint 597
tiré à part offprint 597
titre title 979
titre; faux ~ half-title 418
titre courant half-title 418
titre du chapitre chapter heading 151
titre en vedette headline 424
titre manchette headline 424
toile; (reliure) pleine ~ cloth binding 165
tome volume 1040
tome d'illustrations volume of illustrations 1041
«tous droits réservés» "all rights reserved" 22
tract pamphlet 624
traduction translation 991
traduction autorisée authorized translation 60
traduction fidèle faithful translation 369
traduction «mot à mot» literal translation 519
traduire to translate 990
traite bill of exchange 82
traité convention, treatise 226, 996
traité pratique guide(-book) 417
traité pratique de... handbook, outline(s)[2] 419, 610
traiter to compile, to elaborate 193, 339
trame screen 859
transcription copy[1], transcription 228, 988
transmission transmission 992
travail à façon jobwork 478
travaux transactions 986
tribunal compétent jurisdiction 481
trichromie three-colour process 975
typographie typography 1014

ultime réserve minimum stock 555
usuels reference book 801
utilisation utilization 1031
utilisation dans un film use in film 1030

variante version 1036
varier to change 149
vendre à grand rabais to remainder 809
vendu out of print 611
vente marketing 545
vente; en ~ available 67
vente(s) sale(s) 849
«ventes papier» sheet music sales 884
version version 1036
version abrégée digest 300
version piano-chant piano-song version 663
version théâtrale stage adaptation 916
verso verso 1037
vient de paraître just issued 482
violation de contrat breach of contract 123
vitrine showcase 889
vocabulaire vocabulary 1038
volume volume 1040
volume; en ~ in volume form 471
volume; en deux ~s in two volumes 1042
volume d'illustrations volume of illustrations 1041
vulgarisation; de ~ scientifique popular[2] 687

xérographie xerography 1063

GERMAN — DEUTSCH

a/ä, b, c, d, e, f, g, h, i, j, k, l, m, n, o/ö, p, q, r, s, t, u/ü, v, w, x, y, z

Abänderung change 148
Abbildung figure[1] 372
Abdruck print[2] 708
abdrucken to print 711
abgabenfrei tax-free 960
Abhandlung treatise 996
Abkommen convention 226
Abkürzung abbreviation, abridgement 1, 4
Ablieferungspflicht copyright deposit 242
Abonnement subscription 939
Abrechnung statement of account 924
Abriß abstract, compendium, outline(s)[2] 5, 189, 610
Abriß; kurzer ~ outline(s)[1] 609
Abschnitt chapter, paragraph 150, 634
abschreiben to copy 232
Abschrift copy[1] 228
absetzen to indent, to set up 443, 879
Absetzen setting up in type 878
Abzug deduction, proof 284, 738
Abzug; photographischer ~ photographic print 658
Adressenliste mailing list 534
Album album, picture-book[1] 21, 665
Alleinverkaufsrecht sole selling rights 902
Alleinvertretung exclusive agency 356
Alleinvertrieb exclusive distribution 357
„alle Rechte vorbehalten" "all rights reserved" 22
allgemeine Bücher general books 404
allgemeine Literatur general books 404
allgemeine Literaturunterlage background material 69
Almanach almanac, year-book 23, 1065
Änderung change 148
Anfrage inquiry 451
Angebot offer 596
Anhang appendix, supplement[1] 40, 945
Anmerkung remark 813
Anmerkungen; mit ~ versehen annotated 29
Annonce advertisement 16
anonym anonymous 35
Anschrift address 12
Ansicht; zur ~ on approval 599
Anstalt institute 454
Anthologie anthology 36
Antiqua roman type 845
antiquarisches Exemplar second-hand copy 863
Anzeige advertisement 16
Arrangement arrangement 43
Artikel article, contribution 45, 224
Atlas atlas 52
Aufführung performance[2] 646
Aufführung; öffentliche ~ public performance 754
Aufführungsrecht(e) performing right(s) 648
Aufführungsvertrag
contract authorizing public performances 222
Auflage edition[2], size of edition 329, 890
Auflage; mutierte ~ parallel print 635
Auflagenhöhe edition[2], size of edition 329, 890
Auflagenrest remainders 810
Aufsatz contribution, paper 224, 631
Aufsätze papers 631
Aufteilung distribution[2] 307
Auftrag commission, order 185, 603
ausarbeiten to elaborate 339
aus dem Umlauf ziehen to withdraw
from circulation 1050
Ausgabe edition[1] 328
Ausgabe; autorisierte ~ authorized edition 59
Ausgabe; bibliophile ~ bibliophile edition 80
Ausgabe; erweiterte ~ enlarged edition 344
Ausgabe; gekürzte ~ abridged edition 3
Ausgabe; neue ~ new edition 578
Ausgabe; revidierte ~ revised edition 839
Ausgabe; verbesserte ~ corrected edition 253
Ausgabe in Fortsetzungen serialization 875
ausgewählte Werke selection[1] 866
Aushang advance sheet 15
Aushängebogen advance sheet 15

Aushänger advance sheet 15
Auslage showcase 889
Auslagen expenses 363
Ausleihbibliothek lending library 500
Ausleihe lending 499
Auslieferung delivery[1] 286
ausschließlich exclusive 355
Ausstattung technical make-up 964
Ausstellung exhibition 361
Ausstellungsstand stand 919
Ausstreichung cancelling 133
ausübender Künstler performing artist 647
ausverkaufen to remainder 809
Auswahl selection[2] 867
Auszug abstract, digest, excerpt(s) 5, 300, 354
authentisch authentic 53
Autobiographie autobiography 66
Autor author[1, 2] 54, 55
Autorenexemplar author's copy 62
Autorenkollektiv corporate authors 251
Autorenregister, Autorenverzeichnis author index 56
Autorisation authorization 57
Autorisation; gesetzliche ~ legal licence 497
autorisieren to authorize 58
autorisierte Ausgabe authorized edition 59
autorisierte Übersetzung authorized translation 60
Autorkorrektur author's corrections 63

Band volume 1040
Band; in zwei Bänden in two volumes 1042
Bauchbinde advertising strip 17
bearbeiten to adapt 8
Bearbeitung adaptation, arrangement 9, 43
Beiblatt annex, supplement[2] 28, 946
Beiheft annex, supplement[2] 28, 946
Beilage annex, supplement[2] 28, 946
Beitrag article, contribution, paper(s) 45, 224, 631
Belegexemplar complimentary copy[2], reference copy 201, 802
Belletristik belles-lettres 73
Bemerkung remark 813
Benutzung utilization 1031
berechtigen to authorize 58
Bericht communication, report 188, 817
Berner Übereinkunft/Konvention Berne Convention 74
beschädigte Bücher/Exemplare damaged copies 275
beschnitten trimmed 998
besprechen to review 834
Besprechung critique, review[1] 266, 832
Besprechungsexemplar review copy 835
Bestand inventory 467
Bestand; eiserner ~ minimum stock 555
Bestellung order 603
Bestellung; laufende ~ standing order 922
Besteuerung taxation 959
Bestimmungen regulations 805
Bestseller best-seller 75
Bibeldruckpapier bible paper 76
Bibliographie bibliography[1] 77
bibliophile Ausgabe bibliophile edition 80
Bibliothek library 505
Bild figure[1], illustration, picture 372, 431, 664
Bildband picture-book[1], volume of illustrations 665, 1041
Bilderbuch picture-book[2] 666
Bilderstreifen comic strips 181
Bildertext, Bildlegende legend 498
Bildtafel plate[1] 674
Bildtext legend 498
Biographie biography 86
Blatt sheets 882
Blaupause blueprint[1] 93
Bogen sheet 881
Bogenformat folio[1] 386
Bogenzählung numbering of sections 592
Braunpause sepia print 872
Brief letter[2] 502
Briefwechsel correspondence 256
broschieren to stitch 927
broschiert stitched 928
„broschierter Preis" price calculated on the stitched copy 704
broschiertes Buch paper-bound book 628
Broschur binding in paper covers, paper cover(s) 85, 629
Broschüre booklet, pamphlet 110, 624
Buch book 101
Buch; allgemeine Bücher general books 404
Buch; beschädigte Bücher damaged copies 275
Buch; broschiertes ~ paper-bound book 628
Buch; geheftetes ~ paper-bound book 628
Buchausstellung book exhibition 106
Buch des Monats book of the month 114
Buchdrucker printer 715
Buchdruckerei book-printing office 116
Buchdruckpapier book-paper 115
Bücherei library 505
Buchform; in ~ in volume form 471
Buchgemeinschaft book club 104
Buchhandel book trade 119
Buchhändler bookseller, retail bookseller, wholesale distributing agent 117, 828, 1047
Buchhandlung bookshop 118
Buchklub book club 104
Buchmarkt book-market 113
Buchmesse book fair 107
Buchreihe serial 874
Buchschleife advertising strip 17
Buchstabe letter[1] 501
buchstäblich literal 518
Buchverzeichnis booklist 111
Buchwesen bibliology 79
Bühnenautor playwright 677
Bühnenbearbeitung stage adaptation 916
Bühnenmusik stage music 917
Bulletin bulletin 130
Büro zur Wahrung der Urheberrechte copyright protection office 248
Bürstenabzug hand proof 421

Cheflektor chief editor 155
Chefredakteur chief editor, editor-in-chief 155, 337
Chrestomathie selection[2] 867
Comics, „Comic strip(s)“ comic strips 181
Copyright copyright[1, 2] 236, 237
Copyright-Anmeldung copyright application 240
Copyright-Formular copyright application form 241
Copyright-Vermerk copyright notice 245

Dank den Mitwirkenden/Rechtsinhabern acknowledgements 7
Datum des Druckes date of printing 278
Dauerauftrag standing order 922
Deckblatt guardsheet 416
Decke cover 259
Deckel boards 97
Deckname pseudonym 748
defekt defective 285
Deklaration declaration 281
Design design[2] 294
Detektivroman crime fiction 264
Dezimalklassifikation decimal classification 280
Diagramm diagram 297
Dichter poet 683
Dichtung poem, poetry 682, 684
Diskothek record library 795
Dokumentation documentation 309
„Domaine public“ domaine public 310
Doppelabdruck duplicate print, parallel print 319, 635
Drehbuch scenario 852
Dreifarbendruck three-colour process 975
„Droit moral“ droit moral 316
Druck print[2], printing 708, 722
Druck; „gut/fertig zum ~!“ good for print 412
Druck; im ~ in the press 464
Druck; in ~ geben to edit[2], to pass for press 324, 639
Druckberichtiger proof-reader 740
Druckbogen printed sheet 714
drucken to print 711
Drucker printer 715
Druckerei book-printing office, printing office 116, 726
Druckerfarbe printer's ink 719
Druckerzeugnis print[1] 707
Druckfehler error in composition, misprint 349, 557
Druckfehler-Berichtigung errata 348
Druckfehler-Verzeichnis errata 348
druckfertig good for print, ready for the press 412, 789
Druckkosten printing costs 723
Drucklegung besorgen to edit[2] 324
Druckpapier printing paper 728
druckreif good for print 412
Druckreifeerklärung imprimatur 436
Drucksache “printed matter” 712
Druckschrift print[1], type[2] 707, 1002
Druckstock cliché 163
Druckverfahren printing 722
Druckvermerk imprint[1] 437
Dünndruckpapier bible paper 76
Duplikat duplicate 318

Eigentum; geistiges ~ intellectual property 458
Einband binding 84
Einband; flexibler ~ flexible cover 379
Einband; im festen ~ hardcover 422
Einbandgestaltung cover design 260
einbinden to bind 83
einfügen to insert 452
Einführung introduction[1] 465
Einkommensteuer income tax 440
Einleitung introduction[1] 465
einschießen to interleave 462
einstampfen to pulp 773
Einwilligung des Urhebers author's consent 61
Einzelhandelspreis retail price 829
eiserner Bestand minimum stock 555
Entwurf design[2], sketch 294, 893
Entwurf (des Buches) book design 105
Enzyklopädie encyclop(a)edia 341
Erbschaftssteuer inheritance tax 449
Erfüllung performance[1] 645
Ergänzung addendum, completion 10, 199
Erinnerungen memoirs 550
Erklärung declaration, explanation 281, 364
Erläuterung explanation 364
Errata errata 348
erscheinen to appear 37
Erscheinen appearance 38
erscheint demnächst to appear shortly 39
Erscheinung appearance 38
Erscheinungsdatum date of publication 279
erschienen; soeben ~ just issued 482
erschienen bei... published by... 758
Erstaufführung première 697
Erstausgabe first edition 376
erweiterte Ausgabe enlarged edition 344
Erzählung story 932
Essay essay 350
Exemplar copy[3] 230
Exemplar; antiquarisches ~ second-hand copy 863
Exemplar; beschädigte ~e damaged copies 275
Exemplar; numeriertes ~ numbered copy 591
Exemplar; unaufgeschnittenes ~ unopened copy 1023
Exemplar in Rohbogen copy in sheets 234

Fachbibliographie special bibliography 907
Fachbibliothek special library 909
Fachblatt special journal 908
Fachbuch professional publication 734
Fachzeitschrift special journal 908
fadengeheftet stitched 928
Fahne galley proof 401

Fahnenabzug galley proof 401
Fahnenkorrektur galley proof, reading 401, 786
Faksimile facsimile 368
Faktura invoice 468
Falttafel throw-out 977
Falz fold 383
Farbtafel colo(u)r plate 176
Fassung version 1036
Fernsehen television 965
Fernseh-Rechte television-broadcasting rights 966
Fernsehspiel TV-play 1000
fertig zum Druck good for print, ready for the press 412, 789
fette Schrift bold face 100
Figur picture 664
Filmrechte film rights 375
flexibler Einband flexible cover 379
Flugblatt, Flugschrift leaflet[1] 492
Folge series 876
Folioband, Folioformat folio[1] 386
Format format 392
Formular form 391
Fortsetzung continuation 219
Fortsetzung folgt to be continued 220
Fortsetzungsausgabe serialization 875
Fortsetzungswerk serial 874
Fotografie photograph 657
Fotokopie photocopy 656
Fragebogen questionnaire 775
freier Mitarbeiter outside collaborator 614
Freiexemplar author's copy 62
Frontispiz frontispiece 399
für eigene Rechnung for own account 393
Fußnote footnote 389

Ganzleinen cloth binding 165
Ganzleinwandband cloth binding 165
ganzseitig full-page 400
Gebetbuch prayer-book 694
gebunden bound, hardcover 122, 422
Gedicht poem 682
gedrängt concise 208
Gegenseitigkeit reciprocity 791
Gegenwert consideration 215
geheftetes Buch paper-bound book 628
geistiges Eigentum intellectual property 458
gekürzte Ausgabe abridged edition 3
Geleitwort preface 695
Gemeinschaftsausgabe joint edition 479
Gemeinschaftswerk composite work 204
Genehmigung authorization 57
Generalvertretung general agency 403
Gerichtsstand jurisdiction 481
Gesamtausgabe complete edition, complete (collection of) works 196, 197
Gesamtgestaltung book design 105
Gesang song 903
Geschichte history, story 428, 932
geschützt; urheberrechtlich ~ "protected by copyright" 745
Gesetz law 487
gesetzliche Autorisation legal licence 497
Gestaltung book design, design[2] 105, 294
gewidmet dedicated 282
Glanzfolie transparent foil 993
Glanzpapier glazed paper 408
glatter Satz plain matter 672
graphisch graphic(al) 415
gratis free of charge 397
Großbuchhandel wholesale book trade 1046
Großbuchstaben capital letters 134
großes Recht "grands droits" 414
Großhandelspreis wholesale price 1048
Grossist wholesaler 1049
Grundpreis basic price 72
Grundriß handbook, outline(s)[2] 419, 610
Grundschrift body type 99
„gut zum Druck!" good for print 412

Handbuch handbook, manual, reference book 419, 540, 801
Handel trade 985
Handelskammer chamber of commerce 147
Handelsrecht commercial law 184
Handschrift manuscript 542
Handwörterbuch practical dictionary 693
Hardcover hardcover 422
Harmonie orchestral parts 602
Hauskorrektor printer's reader 720
Heft booklet, pamphlet 110, 624
heften to sew 880
Herausgabe appearance, editing 38, 327
herausgeben to publish 756
Herausgeber compiled by..., editor[2], publisher 194, 331, 759
herausgegeben von... compiled by..., edited by... 194, 325
Herstellungsabteilung production department 733
Herstellungszeit term of production 968
Hochdruck relief printing 808
Hochformat upright format 1028
Hochglanzpapier super-calendered paper 944
Höhe der Auflage size of edition 890
holzfreies Papier paper without woodpulp 633
holzhaltiges Papier wood-pulp paper 1051
Honorar royalty 848
Honorarvorschuß advance royalty 14
Hörspiel radio-play 778

Illustration figure[1], illustration, picture 372, 431, 664
im Druck in the press 464
im festen Einband hardcover 422
Imprimatur imprimatur 436
im Verlag(e)... published by... 758
in Buchform in volume form 471
in Druck geben to edit[2], to pass for press 324, 639

Inhalt contents 218
Inhaltsangabe outline(s)[1] 609
Inhaltsverzeichnis table of contents 954
Inlandshandel domestic trade 311
in Rechnung stellen to invoice 469
in Rohbogen in flat sheets 447
Institut institute 454
internationaler Katalogzettel fiche internationale 370
in zwei Bänden in two volumes 1042

Jahrbuch year-book 1065
Jahrgang annual volume/publication 34
jährlich annual[2] 33
Jugendbücher juvenile literature 483
Jugendliteratur juvenile literature 483

Kalender calendar 131
Kapitälchen small capitals 896
Kapitel chapter 150
Kapitelüberschrift chapter heading 151
Karte map 543
Kartei card index 139
kartoniert cardboard-bound 137
Katalog catalog(ue) 142
Katalogpreis catalog(ue) price, list price 143, 517
Katalogzettel; internationaler ~
fiche internationale 370
Kehrseite verso 1037
Kinderbuch children's book 156
Klappe jacket-flap 477
Klappentext blurb-text 96
„Klavier und Gesang" piano-song version 663
Klavierauszug piano score 662
Kleinbuchstaben small letters 897
kleine Rechte "petits droits" 654
Klischee cliché 163
Kochbuch cookbook 227
Kollektion collection 172
Kollo package 617
Kolophon colophon 175
Kolportage colportage 178
Kolportageroman cheap novel 153
Kolumne column 179
kommende Neuerscheinungen to appear
shortly 39
Kommentar commentary 183
Kommission commission 185
Kommissionär commission merchant 187
Kommissionsbuchhändler
wholesale distributing agent 1047
Komödie comedy 180
Kompendium compendium 189
Kompilation collection 172
komplettes Musikmaterial
complete set of music material 198
Komponist composer 202
Komposition composition[1] 205
Konferenz, Kongreß conference 213
Kontoauszug statement of account 924
Kontrakt contract 221
Konvention convention 226
Konventionalstrafe penalty 642
Konversationslexikon encyclop(a)edia 341
Kopie copy[1] 228
kopieren to copy 232
Korrektor proof-reader 740
Korrektur correction 254
Korrekturlesen correction 254
Korrekturzeichen
proof-correction symbol 739
Korrespondenz correspondence 256
Korrigieren correction 254
Kosten expenses 363
kostenlos free of charge 397
Krebse returns 830
„Krimi", Kriminalroman crime fiction 264
Kritik critique 266
Kritiker critic 265
Kunstbuch art book 44
Kunstdruck artistic print 46
Kunstdruckpapier art paper 47
Künstler; ausübender ~ performing artist 647
Kupferstich engraving 342
Kursivschrift italics 475
kurzer Abriß outline(s)[1] 609
Kurzfassung abstract, digest 5, 300
kurzgefaßt concise 208
Kurzgeschichte short story 888
Kürzung abbreviation, abridgement 1, 4

Ladenpreis sales price 850
Lager; auf ~ haben to stock 930
Lagerbestand stock 929
Lagerung storage 931
Landkarte map 543
laufende Bestellung standing order 922
Layout layout[1] 488
Lebensbeschreibung biography 86
Ledereinband leather binding 494
Leermuster dummy 317
Legende key, legend 485, 498
Lehrbuch guide(-book), manual 417, 540
Leihbücherei lending library 500
Leihgebühr hire fee 426
Leihmaterial material on hire 546
Leihvertrag hire contract 425
Leinenband cloth binding 165
Leitfaden guide(-book) 417
Lektor publisher's reader 765
Lektorat editorial department[1] 333
Lektüre light reading 512
Lesebuch reading book 785
Leseexemplar specimen copy 911
lesen to read 780
Leseproben selected passages 865
Leser reader[1] 781
Leserkreis interested readers 460

Lexikon dictionary, encyclop(a)edia **299, 341**
Libretto libretto **507**
Licence legale legal licence **497**
Lichtdruck phototype **660**
Liebhaberausgabe bibliophile edition **80**
Lied song **903**
Liederbuch song-book **904**
Liedertext lyrics **532**
lieferbar available **67**
Lieferbedingungen terms of delivery **969**
Lieferfrist time of delivery **978**
Lieferschein delivery note **288**
Liefertermin date of delivery **277**
Lieferung delivery[2], number[2] **287, 590**
Lieferzeit time of delivery **978**
Linotype line drawing **513**
Liste list **516**
Listenpreis list price **517**
literarisches und künstlerisches Urheberrecht literary and artistic copyright **520**
Literatur literature[1] **524**
Literatur; allgemeine ~ general books **404**
Literaturunterlage; allgemeine ~ background material **69**
Literaturverzeichnis bibliography[2] **78**
Lizenz licence of reprinting **509**
Lohnarbeit jobwork **478**
Lose-Blatt-Ausgabe loose-leaf book **528**
Luxusausgabe de luxe edition **290**

Magnettonband tape **956**
Makulatur spoiled sheet **915**
makulieren to pulp **773**
mangelhaft defective **285**
Manuskript copy[4], manuscript **231, 542**
Markt market **544**
maschinengeschrieben typewritten **1010**
Mater block, matrix **92, 547**
Material; reversgebundenes ~ material on hire **546**
Materialgebühr hire fee **426**
Materialgebühr-Entgelt supplementary hire fee **948**
Matrize matrix **547**
mechanisches Vervielfältigungsrecht mechanical reproduction rights **549**
mehrsprachig polyglot **685**
Memoiren memoirs **550**
Messestand stand **919**
Mikrofilm microfilm **553**
Mikrokopie micro-copy **552**
Mitarbeiter contributor **225**
Mitarbeiter; freier ~ outside collaborator **614**
Mitautor co-author **166**
Mitteilung communication, report **188, 817**
Mitteilungen transactions **986**
Miturheber co-author **166**
Miturheberschaft co-authorship **167**
Mitverfasser co-author **166**
Mitverfasserschaft co-authorship **167**
Monatsheft monthly publication **564**
Monographie monograph **562**
Monotype monotype **563**
Musical musical **569**
Musik music **568**
Musikalien printed music **713**
Musikedition music publisher **571**
Musikmaterial; vollständiges/komplettes ~ complete set of music material **198**
Musikverleger music publisher **571**
Musterband advance copy, dummy **13, 317**
Mutation, mutierte Auflage parallel print **635**

Nachahmung copy[2], imitation **229, 433**
Nachauflage reprint[2] **819**
Nachbildung copy[2], imitation **229, 433**
Nachdruck pirated edition, reprint[1] **669, 818**
Nachdruck; unerlaubter ~ pirated edition **669**
Nachdrucklizenz licence of reprinting **509**
Nachfolger successor **942**
Nachfrage demand **291**
Nachfrist extended term **366**
nachgelassenes Werk posthumous work **690**
Nachlaß deduction, discount, remains **284, 305, 811**
Nachnahme cash on delivery **141**
Nachschlagewerk reference book **801**
Nachschrift postscript **692**
Nachtrag appendix, supplement[1] **40, 945**
Name name **573**
Name des Autors name of author **575**
Nationalbibliothek national library **579**
Nebenrechte subsidiary rights **940**
Nebentitel subtitle **941**
Nettopreis net price **577**
Neuauflage re-issue **807**
Neuausgabe new edition **578**
neubearbeiten to rewrite **841**
neu bearbeitet revised **838**
Neudruck reprint[1] **818**
neue Ausgabe new edition **578**
Neuerscheinung new publication **579**
nicht vorrätig out of stock **612**
nicht-ausschließlich non-exclusive **583**
nichtautorisiert unauthorized **1018**
Note remark **813**
Noten printed music **713**
Noten; mit ~ versehen annotated **29**
Notenpapier music paper **570**
Notenstich engraving of music **343**
Novelle short story **888**
numerieren to paginate **622**
numeriertes Exemplar numbered copy **591**
Nummer number[2] **590**

öffentliche Aufführung public performance **754**
öffentlicher Vortrag public reading **755**
Offerte offer **596**

Offsetdruck offset printing 598
Operntextbuch libretto 507
original original[1] 604
Originalausgabe first edition 376
Originalverlag original publisher(s) 607
Originalverleger original publisher(s) 607

paginieren to paginate 622
Paginierung folio[2], pagination 387, 623
Paket package 617
Paperback paperback 626
Paperback-Ausgabe machen to paperback 627
Papier paper 625
Papier; holzfreies ~ paper without woodpulp 633
Papier; holzhaltiges ~ wood-pulp paper 1051
Papiergeschäft sheet music sales 884
Papiergewicht paper weight 632
Papp(ein)band cardboard binding 136
Paragraph paragraph 634
Partitur score 858
Pauschalhonorar outright fee 613
Periodika periodicals 652
periodisch periodical[2] 651
petits droits "petits droits" 654
Pflichtabgabe copyright deposit 242
Pflichtexemplar deposit copy 292
Photo(graphie) photograph 657
photographischer Abzug photographic print 658
Photokopie photocopy 656
Plagiat plagiarism 671
Plasteinband plastic binding 673
Poesie poetry 684
polyglott polyglot 685
Pönale penalty 642
populärwissenschaftlich popular[2] 687
„Poster" poster 688
posthum(us) posthumous 689
Postpaket post parcel 691
Postskriptum postscript 692
postum posthumous 689
Prägeplatte block 92
Prägestempel block 92
Prägung stamping 918
Preis price 703
Preis; „broschierter ~" price calculated on the stitched copy 704
Preis; vergünstigter ~ special price 910
Preisangebot quotation[2] 777
Preisliste price list 705
Presse press[1] 699
Presseabdruck reprint(ing) in the press 820
Presseinformation press release 702
Probeabzug hand-proof 421
Probeband advance copy, dummy 13, 317
Probedecke model cover 559
Probetext selected passages 865
Propaganda publicity 752
Prosa prose 743
Prospekt leaflet[1], prospectus 492, 744
Protokoll protocol 747
Provision commissions 186
Prüfungsexemplar examination copy 353
Pseudonym literary pseudonym, pseudonym 522, 748
Publikation publication[1, 2] 749, 750
Punkt; typographischer ~ typographical point 1013

Quartalschrift quarterly 774
Quelle source 906
Quellenangabe background material, bibliography[2] 69, 78
quer oblong 594
Querformat oblong format 595

Rabatt discount 305
Rahmenvertrag blanket agreement 89
Ramsch remainders 810
Raster screen 859
Ratenzahlung instalment 453
Raubdruck pirated edition 669
Rechnung invoice 468
Rechnung; für eigene ~ for own account 393
Rechnung; in ~ stellen to invoice 469
Rechnungsbetrag invoice amount 470
Recht law 487
Recht; großes ~ "grands droits" 414
Recht; kleine ~e "petits droits" 654
Rechtsberechtigter copyright holder 243
Rechtsinhaber copyright owner 246
Rechtsnachfolger successor 942
Redakteur editor[1] 330
Redaktion editing, editorial department[2], editorial offices 327, 334, 336
Redaktionskomitee editorial board 332
Redaktionsräume editorial offices 336
Redakteur editor[1] 330
redigieren to compile, to edit[1] 193, 323
Referat account 6
Registrierung eines Copyrights copyright registration 250
Reihe series 876
Reklamation claim 161
Reklamestreifen advertising strip 17
reklamieren to lodge a claim 527
Reliefprägung embossing 340
Remittende(n) returns 830
Reproduktion copy[2], reproduction[2] 229, 822
Reprographie reprography 823
Reservelager reserve stock 826
Resümee summary 943
retuschieren to touch up 983
Revers hire contract 425
reversgebundenes Material material on hire 546
revidierte Ausgabe revised edition 839
Revision revision 840

Rezensent critic 365
Rezension review[1] 832
Rezensionsbeleg review copy 835
Rohbogen; in ~ in flat sheets 447
Rohexemplar copy in sheets 234
Rohübersetzung literal translation 519
Roman novel 586
Romancier novelist 588
Romandichter novelist 588
Romanliteratur fiction 371
Rotationspapier newsprint 581
Rotationstiefdruck rotogravure 846
Rücken back 68
Rückseite verso 1037
Rundfunkrecht(e) broadcasting right(s) 126
Rundfunksendung broadcast(ing) 125
Rundschau review[2] 833
Rundschreiben circular 158

Sachbuch professional publication 734
Sachregister subject index 930
Sachverzeichnis subject index 930
Sachwörterbuch dictionary 299
Sammlung collection 172
sämtliche Werke complete (collection of) works 197
Satz composition[2], matter 206, 548
Satz; stehender ~ standing type 923
Satzanordnung layout[2] 489
Satzanweisung printing order 727
Satzfehler error in composition, misprint 349, 557
Satzspiegel type area 1003
Schadenersatz indemnification 442
Schallplatte phonograph record 655
Schallplattenarchiv record library 795
Schaufenster shop-window 880
Schaukasten showcase 889
Schauspiel play 676
Scheck cheque 154
Schlagwort subject heading 935
Schlagzeile headline 424
Schleife advertising strip 17
Schlüsselroman "roman à clef" 844
Schlußwort epilogue 347
Schmutztitel half-title 418
Schrägschrift italics 475
schreiben to write 1058
Schrift script[1], type(s)[1] 861, 1001
Schrift; fette ~ bold face 100
Schriftgrad body size 98
Schriftgröße body size 98
Schriftleiter editor[1] 330
Schriftleitung editorial board, editorial department[2] 332, 334
schriftlich in writing 472
Schriftsatz matter 548
Schriftsteller writer[1] 1059
Schriftstellername literary pseudonym, pseudonym 522, 748
Schrifttum literature[1] 524
Schuber slip case 894
Schulbuch manual, school-book 540, 854
Schundliteratur cheap novel, trash 153, 995
Schutzdauer period of protection 653
Schutzdecke book-jacket 109
Schutzfrist period of protection 653
Schutzkarton slip case 894
Schutzumschlag book-jacket 109
Science-fiction science fiction 856
Seite page 619
Seitenzahl folio[2], size of the book, total number of pages 387, 892, 982
Selbstbiographie autobiography 66
Sendegebühr broadcasting royalty 127
Senderecht broadcasting right(s) 126
Serie series 876
Setzen composition[2], setting up in type 206, 878
Setzer compositor 207
Setzmaschine composing machine 203
Signalband advance copy 13
Signet publisher's emblem 764
Skalendruck progressive colour proof 735
Skizze sketch 893
soeben erschienen just issued 482
Sonderdruck offprint 597
Sortimenter retail bookseller 828
Spalte column 179
Spiralheftung spiral binding 914
Sprache language 486
Standardausgabe standard edition 920
Standardwerk standard work 921
Stärkeband dummy 317
stehen lassen to keep standing 484
stehender Satz standing type 923
Stehsatz standing type 923
Steuer tax 957
steuerfrei tax-free 960
steuerpflichtig taxable 958
Steuersatz tax rate 961
Stich engraving 342
Stichwort entry 346
stornieren (eine Bestellung) to cancel (an order) 132
Strafgeld penalty 642
Streichung cancelling 133
Streifband advertising strip 17
Strichzeichnung line drawing 513
Stück piece 667
Studie study 933
Subtitel subtitle 941
Subverlag sub-publisher 937
Subverlagsvertrag sub-publishing agreement 938
Subverleger sub-publisher 937
Synopsis summary, synopsis 943, 951

Tabelle table 953
Tafel table 953

Tagebuch, Tageszeitung diary 298
Tagungsberichte transactions 986
Taschenbuch pocket-book, pocket-size edition 678, 681
Taschenpartitur pocket score 680
Taschenwörterbuch pocket dictionary 679
Teil part 636
Teilzahlung instalment 453
Television television 965
Televisionsrechte television-broadcasting rights 966
Text lyrics, text 532, 971
Textabbildung text illustration 973
Textdichter author[2], librettist 55, 506
Textproben selected passages 865
Theaterstück play 676
„Thriller" thriller 976
Tiefdruck intaglio printing 457
Tippfehler typist's error 1012
Titel publication[2], title 750, 979
Titelbild frontispiece 399
Titelblatt title page 980
Titelei prelims 696
Tonaufnahme recording, sound recording 794, 905
Tonband tape 956
Tonträger recording 794
Transkription transcription 988
treue Übersetzung faithful translation 369
Tusche Indian ink 445
Typographie typography 1014
typographischer Punkt typographical point 1013

Überbestand overstock 615
Übereinkunft convention 226
übersetzen to translate 990
Übersetzung translation 991
Übersetzung; treue/wortgetreue ~ faithful translation 369
Übertragung assignment[1], translation, transmission 50, 991, 992
umarbeiten to rewrite 841
umbrechen to make up 538
Umbruch make-up[1], page proof 536, 621
Umfang size of the book 892
umfassender... outline(s)[2] 610
Umlauf; aus dem ~ ziehen to withdraw from circulation 1050
Umsatzsteuer turnover tax 999
Umschlag book-jacket 109
unaufgeschnittenes Exemplar unopened copy 1023
unberechtigt unauthorized 1018
unbeschnitten untrimmed 1026
unerlaubter Nachdruck pirated edition 669
ungebunden unbound 1019
ungedruckt unpublished 1024
ungeschützt domaine public, non-protected 310, 585
Unterabschnitt subchapter 934
Unterhaltungsliteratur light reading 512
Unterhaltungsroman cheap novel 153
Untertitel subtitle 941
unverändert unchanged 1021
unverkürzt unabridged 1015
unveröffentlicht unpublished 1024
Uraufführung première 697
Urheber author[1] 54
Urheberrecht copyright[1] 236
Urheberrecht; literarisches und künstlerisches ~ literary and artistic copyright 520
urheberrechtlich geschützt "protected by copyright" 745
Urheber-Rechtschutzgesellschaft copyright protection society 249
Urheberrechtsverletzung infringement of copyright 448
Urheberschaft authorship 65
Urtext original text 608

Vademecum pocket book 678
Vakatseite blank[1] 87
verändern to change 149
verbessern to correct 252
verbesserte Ausgabe corrected edition 253
Verbreitung distribution[1] 306
Verfasser author[1] 54
Verfasserkorrektur author's corrections 63
Verfasserschaft authorship 65
Verfasserverzeichnis author index 56
Verfilmung use in film 1030
Verfilmungsrechte film rights 375
Verfügung; zur ~ stellen to place at somebody's disposal 670
vergriffen out of print 611
vergriffen; vorläufig ~ temporarily out of print 967
vergünstigter Preis special price 910
Verjährung statutory limitation 920
Verkauf sale(s) 849
Verlag; im ~(e) ... published by ... 758
Verlagsanstalt publishing house 769
Verlagsbuchhandel publishing trade 772
Verlagsfirma publishing house 769
Verlagskatalog publisher's catalogue 763
Verlagskosten costs of publishing 258
Verlagsleiter editor-in-chief 337
Verlagsprogramm publishing programme 770
Verlagsrecht(e) publishing rights 771
Verlagsvertrag publisher's agreement 762
Verlagszeichen publisher's emblem 764
verlegen to publish 756
Verleger publisher 759
veröffentlichen to publish 756
Veröffentlichung appearance, edition, publication[1] 38, 328, 749
Verpackungskosten packing costs 618
verramschen to remainder 809
Vers poem 682
Versalien capital letters 134
Versand delivery[1] 286

versandbereit ready for dispatch 787
Versandgeschäft mail-order business 535
Versicherung insurance 456
Version version 1036
Verso verso 1037
Verteilung distribution[2] 307
Vertrag contract 221
Vertragsbruch breach of contract 123
Vertragsgebiet "contract territory" 223
Vertretervertrag agency agreement 19
Vertrieb distribution[1], marketing 306, 545
Vertriebsgebiet territory of distribution 970
Vervielfältigung reproduction[2] 822
Vervielfältigungsrecht
right(s) of reproduction 843
Vervielfältigungsrecht; mechanisches ~
mechanical reproduction rights 549
Verwendung utilization 1031
Verwertungsgebiet "contract territory" 223
Verwertungsgesellschaft
copyright protection society 249
Verzeichnis list 516
Vierfarbendruck four-colour process 395
vierteljährliche Zeitschrift quarterly 774
Vitrine showcase 889
Vokabular vocabulary 1038
volkstümlich popular[1] 686
vollständig complete, unabridged 195, 1015
vollständiges Musikmaterial
complete set of music material 198
Vorausexemplar advance copy 13
Vorauskorrektur copy preparation 235
Vorbereitung; „in ~" to appear shortly 39
Vorderseite right-hand page 842
Vordruck form 391
Vorlage artwork 48
vorläufig vergriffen temporarily
out of print 967
Vormerkung booking 108
Vorrat stock 929
Vorrede preface 695
Vorsatz, Vorsatzblatt fly-leaf 380
Vorschlag (leere Fläche) break 124
Vorschrift regulation 805
Vorschuß auf das Honorar advance royalty 14
Vorspann prelims 696
Vortitel half-title 418
Vortrag lecture 495
Vortrag; öffentlicher ~ public reading 755
Vorwort introduction[1], preface 465, 695
Vorzugspreis special price 910

Währung currency 267
„Waschzettel" blurb 95
Wechsel bill of exchange 82
Welturheberrechts-Abkommen
Universal Copyright Convention 1022
Werbeleiter publicity manager 753
Werbung publicity 752
Werk work 1055
Werk; ausgewählte ~e selection[1] 866
Werk; nachgelassenes ~ posthumous work 690
Werk; sämtliche ~e
complete (collection of) works 197
Werk; wissenschaftliches ~
scientific publication 857
Werkdruckpapier book paper 115
Werkstattskizze layout[1] 488
Widmung dedication 283
wiederumbrechen to remake up 812
Wissenschaft science 855
wissenschaftliches Werk
scientific publication 857
Wochenschrift weekly[1] 1043
wöchentlich weekly[2] 1044
Wort word 1052
Wörterbuch dictionary 299
Wörterverzeichnis vocabulary 1038
Wort für Wort literal, word for word 518, 1053
wortgetreue Übersetzung faithful translation 369

Xerographie xerography 1063

Zahl number[1] 589
Zahlung payment 641
Zeichenerklärung key 485
Zeichnung design[1] 293
zeitgenössisch contemporary 217
Zeitschrift periodical[1] 650
Zeitschrift; vierteljährliche ~ quarterly 774
Zeitung newspaper 580
Zeitungsausschnitt press cutting 701
Zeitungsdruckpapier newsprint 581
Zensur censorship 145
Zitat citation 160
Zoll customs 268
Zollabfertigung customs clearance 269
zollfrei duty-free 322
zollpflichtig dutiable 321
Zollsatz customs rate 270
Zolltarif customs tariff 271
Zukunftsroman science fiction 856
zur Ansicht on approval 599
zur Verfügung stellen
to place at somebody's disposal 670
Zusammenfassung outline(s)[1], summary,
synopsis 609, 943, 951
zusammengestellt von . . . compiled by . . . 194
zusammenstellen to compile 193
Zusammenstellung collection 172
Zusammentragen gathering 402
Zusatz addendum 10
Zuschußexemplar additional copy 11
Zwangslizenz legal licence 497
zweisprachig bilingual 81
Zwiebelhautpapier onion-skin 601
Zwischenblatt interleaf 461

RUSSIAN — РУССКИЙ

а, б, в, г, д, е/ё, ж, з, и, й, к, л, м, н, о, п, р, с, т, у, ф, х, ц, ч, ш, щ, ъ, ы, ь, э, ю, я

аббревиатура abbreviation 1
абзац; делать ~ to indent 443
аванс в счёт гонорара advance royalty 14
автобиография autobiography 66
автор author[1] 54
авторизация authorization 57
авторизованное издание authorized edition 59
авторизованный copyright holder 243
авторизованный перевод authorized translation 60
авторская корректура author's corrections 63
авторская рукопись manuscript 542
авторские royalty 848
авторский гонорар royalty 848
авторский коллектив corporate author 251
авторский указатель author index 56
авторский экземпляр author's copy 62
авторское право copyright[1] 236
авторское право; большое ~ "grands droits" 414
авторское право; малое ~ "petits droits" 654
авторское право; моральное ~ droit moral 316
авторское право на литературные и художественные произведения literary and artistic copyright 520
автор-составитель compiled by . . . 194
авторство authorship 65
автор текста author[2], librettist 55, 506
агентство; генеральное ~ general agency 403
адаптировать to adapt 8
адрес address 12
акт protocol 747
альбом album, picture-book[1] 21, 665
альбомный формат oblong format 595
альманах almanac 23
анкета questionnaire 775
аннотированный annotated 29
аннулировать to cancel (an order) 132
анонимный anonymous 35
антиква roman type 845
антология anthology 36
аранжировка adaptation, arrangement 9, 43
аранжировка для рояля и голоса piano-song version 663
артист-исполнитель performing artist 647
архив грампластинок record library 795
атлас atlas 52
аутентичный authentic 53

бандероль "printed matter" 712
без переплёта unbound 1019
беллетристика belles-lettres 73
Бернская Конвенция Berne Convention 74
Бернское Соглашение Berne Convention 74
бесплатно free of charge 397
бесплатный free of charge 397
бесплатный экземпляр author's copy, complimentary copy[2] 62, 201
беспошлинный duty-free 322
бестселлер best-seller 75
библиография bibliography[1, 2] 77, 78
библиография; специальная ~ special bibliography 907
библиология bibliology 79
библиотека library 505
библиотека; государственная ~ national library 576
библиотека; национальная ~ national library 576
библиотека; специальная ~ special library 909
библиотека с выдачей книг на дом lending library 500
библьдрук bible paper 76
биография biography 86

бланк form 391
блестящая прозрачная плёнка transparent foil 993
«большое (авторское) право» "grands droits" 414
бракованный defective 285
брошюра booklet, leaflet[1], pamphlet, paper cover(s) 110, 492, 624, 629
брошюровать to sew, to stitch 880, 927
брошюровка binding in paper covers 85
буква letter[1], type(s)[1] 501, 1001
буква; капительные буквы small capitals 896
буква; прописные буквы capital letters 134
буква; строчные буквы small letters 897
буквальный literal 518
букинистическая книга second-hand copy 863
бульварная литература trash 995
бумага paper 625
бумага; газетная ~ newsprint 581
бумага; глянцевая ~ glazed paper 408
бумага; книжная ~ book paper 115
бамага; нотная ~ music paper 570
бумага; особо глянцевая ~ super-calendered paper 944
бумага; печатная ~ printing paper 728
бумага; словарная ~ bible paper 76
бумага; типографская ~ book paper 115
бумага; тонкая прозрачная ~ onion-skin 601
бумага без содержания древесной массы paper without woodpulp 633
бумага для художественной печати art paper 47
бумага, содержащая древесную массу wood-pulp paper 1051
бюллетень bulletin 130
бюро по охране авторских прав copyright protection office 248

вадемекум pocket book 678
вакат blank[1] 87
валюта currency 267
вариант version 1036
введение introduction[1] 465
введение в ... guide(-book) 417
в виде книги in volume form 471
в виде несфальцованных печатных листов in flat sheets 447
в двух томах in two volumes 1042
вексель bill of exchange 82
верный перевод faithful translation 369
версо verso 1037
верстать to make up 538
вёрстка make-up[1] 536
вертикальный формат upright format 1028
верхний марзан break 124
вес бумаги paper weight 632
взаимность reciprocity 791
вид; в ~е книги in volume form 471
вид; в ~е несфальцованных печатных листов in flat sheets 447
витрина shop-window, showcase 886, 889
вкладка interleaf, plate[1] 461, 674
владелец авторского права copyright owner 246
внешнее оформление technical make-up 964
внештатный сотрудник outside collaborator 614
внутренняя торговля domestic trade 311
возврат returns 830
возмещение убытков indemnification 442
вокабулярий vocabulary 1038
воспоминания memoirs 550
воспроизведение в печати reproduction[2] 822
в печати in the press 464
«в печать!» good for print 412
в последний час to appear shortly 39
временно распродано temporarily out of print 967
время полиграфического исполнения term of production 968
Всеобщее соглашение по авторскому праву Universal Copyright Convention 1022
«все права сохраняются» "all rights reserved" 22
вставить to insert 452
вступительная статья/часть introduction[1] 465
вступительное слово introduction[1] 465
вступление introduction[1] 465
второе, стереотипное издание reprint[2] 819
второстепенные авторские права subsidiary rights 940
выдача на дом lending 499
выдержка excerpt(s) 354
выйти; скоро выйдет to appear shortly 39
выйти; только вышло в свет just issued 482
вымарывание cancelling 133
выполнение performance[1] 645
выполнение таможенных формальностей customs clearance 269
выпуск number[2], publication[2] 590, 750
выпускать to publish 756
выпуск с нескреплёнными листами loose-leaf book 528
выпущенный издательством ... published by ... 758
выражение благодарности (сотрудникам) acknowledgements 7
вырезка; газетная ~ press cutting 701
высокая печать relief printing 808
высокий формат upright format 1028
выставка exhibition 361
выставка; книжная ~ book exhibition 106
выставка книг book exhibition 106
выступление; публичное ~ public reading 755
выход (из печати) appearance 38
выходить (из печати) to appear 37
выходные данные/сведения imprint[1] 437
вычёркивание cancelling 133
вычет deduction 284
вычитка рукописи copy preparation 235

газета newspaper 580
газетная бумага newsprint 581

газетная вырезка press cutting 701
гармония orchestral parts 602
генеральное агентство general agency 403
генеральный договор blanket agreement 89
географическая карта map 543
гибкий переплёт flexible cover 379
глава chapter 150
главный редактор chief editor 155
главный редактор (издательства) editor-in-chief 337
глубокая печать intaglio printing 457
глянцевая бумага glazed paper 408
год издания date of printing 278
год издания (журнала) annual volume 34
годовой комплект (периодического издания) annual volume 34
голос; оркестровые ~а orchestral parts 602
гонорар; (авторский ~) royalty 848
гонорар за передачу broadcasting royalty 127
гонорар исполнения performing right(s) 648
гонорар по ставкам outright fee 613
государственная библиотека national library 576
готовый к отправке ready for dispatch 787
готовый к печати ready for the press 789
гравирование нотных досок engraving of music 343
гравюра engraving 342
граммофонная пластинка phonograph record 655
грампластинка phonograph record 655
гранка column, galley proof 179, 401
график diagram 297
графический graphic(al) 415

давать право to authorize 58
давность statutory limitation 926
данные; выходные ~ imprint[1] 437
дата выпуска date of publication 279
дата выхода (из печати) date of publication 279
дата издания date of printing 278
двуязычный bilingual 81
декларация declaration 281
делать абзац to indent 443
десятичная система классификации decimal classification 280
детектив crime fiction 264
детективный роман crime fiction 264
детская книга children's book 156
детская книга с картинками picture-book[2] 666
дефектный defective 285
диаграмма diagram 297
директор издательства editor-in-chief 337
для ознакомления on approval 599
дневник diary 298
договор contract 221
договор; генеральный ~ blanket agreement 89
договор; издательский ~ publisher's agreement 762
договор на право исполнения contract authorizing public performances 222
договорная неустойка penalty 642
договор об издании с суб-издательством sub-publishing agreement 938
договор о представительстве agency agreement 19
договор о прокате музыкальных материалов hire contract 425
доклад account, lecture, report 6, 495, 817
доклады и сообщения transactions 986
документация documentation 309
дополнение addendum, completion, supplement[1] 10, 199, 945
дополненное издание enlarged edition 344
дополнительная плата за прокат музыкальных материалов supplementary hire fee 948
дополнительный (бесплатный) экземпляр additional copy 11
дополнительный срок extended term 366
дорогое издание bibliophile edition 80
дословно, дословный word for word 1053
доставка delivery[2] 287
драма play 676
драматург playwright 677
дубликат duplicate 318
«духовная собственность» intellectual property 458

ежегодник year-book 1065
ежегодно, ежегодный annual[2] 33
ежемесячник monthly publication 564
еженедельник weekly[1] 1043
еженедельный weekly[2] 1044
еженедельный журнал weekly[1] 1043

жанр романов fiction 371
жирный шрифт bold face 100
журнал diary, newspaper, periodical[1] 298, 580, 650
журнал; еженедельный ~ weekly[1] 1043
журнал; квартальный ~ quarterly 774
журнал; специальный ~ special journal 908
журнал; тьёхмесячный ~ quarterly 774
журнал, выходящий раз в три месяца quarterly 774

заведующий отделом рекламы publicity manager 753
заглавное слово entry 346
заголовок; крупный ~ headline 424
заголовок статьи chapter heading 151
заказ order 603
заказ; постоянный ~ standing order 922
закон law 487
законное право на использование legal licence 497
заметка remark 813
занимающий всю страницу full-page 400

запас inventory, stock 467, 929
запас; иметь в ~е to stock 930
запас; неприкосновенный ~ minimum stock 555
запасы; резервные ~ reserve stock 826
запрос demand, inquiry 291, 451
за свой счёт for own account 393
защитный картон slip case 894
заявление declaration 281
заявление авторского права copyright application 240
звукозапись recording, sound recording 794, 905
зеркало набора type area 1003
знак; корректурный ~ proof-correction symbol 739
знак; объяснение ~ов key 485

избранные произведения selection[1] 866
избранные сочинения selection[1, 2] 866, 867
издавать to publish 756
издание edition[1, 2] 328, 329
издание; авторизованное ~ authorized edition 59
издание; второе, стереотипное ~ reprint[2] 819
издание; год издания date of printing 278
издание; год издания (журнала) annual volume 34
издание; дополненное ~ enlarged edition 344
издание; дорогое ~ bibliophile edition 80
издание; исправленное ~ corrected edition 253
издание; листковое ~ loose-leaf book 528
издание; музыкальные издания printed music 713
издание; неавторизованное ~ pirated edition 669
издание; новое ~ new edition 578
издание; основное ~ standard edition 920
издание; первое ~ first edition 376
издание; первоначальное ~ first edition 376
издание; переработанное/пересмотренное ~ revised edition 839
издание; повторное ~ re-issue, reprint[1] 807, 818
издание; полное ~ complete edition 196
издание; популярное ~ paperback 626
издание; портативное ~ pocket-size edition 681
издание; роскошное ~ de luxe edition 290
издание; совместное ~ joint edition 479
издание; сокращённое ~ abridged edition 3
издание; справочное ~ reference book 801
издание; стандартное ~ standard edition 920
издание в продолжениях serialization 875
издание в твёрдом переплёте hardcover (edition) 422
издание для библиофилов bibliophile edition 80
издание карманного формата pocket-size edition 681
издание со сменными полосами parallel print 635
издатель publisher 759
издательская книготорговля publishing trade 772
издательская реклама blurb 95
издательский договор publisher's agreement 762
издательский список booklist 111
издательство publishing house 769
издательство; музыкальное ~ music publisher 571
издательство, осуществившее первое издание произведения original publisher(s) 607
издать в популярном издании to paperback 627
издержки издательства costs of publishing 258
издержки по изданию costs of publishing 258
излишки overstock, returns 615, 830
изложение; краткое ~ digest, synopsis 300, 951
изложение; краткое ~ содержания abstract, outline(s)[1] 5, 609
изменение change 148
изменять to change 149
изымать из обращения to withdraw from circulation 1050
иллюстрация figure[1], illustration, picture 372, 431, 664
иметь в запасе to stock 930
имеющийся в продаже/наличии available 67
имитация copy[2], imitation 229, 433
имя name 573
имя автора name of author 575
инвентарь inventory 467
институт institute 454
инструкция regulation 805
инсценировка stage adaptation 916
ин-фолио folio[1] 386
исключительное право продажи sole selling rights 902
исключительное право распространения exclusive distribution 357
исключительное представительство exclusive agency 356
исключительный exclusive 355
исполнение performance[2] 646
исполнение; публичное ~ public performance 754
исполнитель performing artist 647
использование utilization 1031
использователь авторского права copyright holder 243
исправленное издание corrected edition 253
исправлять to correct 252

исследование study 933
история history, story 428, 932
источник source 906

календарь calendar 131
капитель small capitals 896
капительные буквы small capitals 896
карманная книга pocket-book 678
карманная партитура pocket score 680
карманный словарь pocket dictionary 679
карта; (географическая ~) map 543
картинка figure[1], illustration, picture 372, 431, 664
картон; защитный ~ slip case 894
картонный; в картонном переплёте cardboard-bound 137
картонный переплёт cardboard binding 136
картотека card index 139
карточка; международная каталожная ~ fiche internationale 370
карточный каталог card index 139
каталог catalog(ue) 142
каталог; карточный ~ card index 139
каталог издательства publisher's catalogue 763
квартальный журнал quarterly 774
кегль шрифта body size 98
киносценарий scenario 852
киоск stand 919
клавир(аусцуг) piano score 662
клапан jacket-flap 477
клише cliché 163
клише (с приправочным рельефом) block 92
клуб книги book club 104
книга book 101
книга; букинистическая ~ second-hand copy 863
книга; детская ~ children's book 156
книга; детская ~ с картинками picture-book[2] 666
книга; карманная ~ pocket book 678
книга; непереплетённая ~ copy in sheets 234
книга; общие книги general books 404
книга; поваренная ~ cookbook 227
книга; специальная ~ professional publication 734
книга; учебная ~ school-book 854
книга; школьная ~ school-book 854
книга в бумажном переплёте paperback, paper-bound book 626, 628
книга в картонном переплёте paper-bound book 628
книга для чтения reading book 785
книга, избранная на месяц book of the month 114
книга по искусству art book 44
книга по какой-л. специальности professional publication 734
книги на складе stock 929
книговедение bibliology 79
книгоиздатель publisher 759
книгоношество colportage 178
книгопечатание typography 1014
книгопечатник printer 715
книготорговец bookseller, retail bookseller 117, 828
книготорговец; оптовый ~ wholesaler 1049
книготорговец; (оптовый) комиссионный ~ wholesale distribution agent 1047
книготорговля book trade 119
книготорговля; издательская ~ publishing trade 772
книжка pocket book 678
книжная бумага book paper 115
книжная выставка book exhibition 106
книжная новинка new publication 579
книжная торговля book trade 119
книжная ярмарка book fair 107
книжный магазин bookshop 118
книжный рынок book market 113
кожаный переплёт leather binding 494
коленкоровый переплёт cloth binding 165
коллегия; редакционная ~ editorial board 332
коллектив; авторский ~ corporate author 251
коллектив авторов corporate author 251
коллективный труд composite work 204
колло package 617
коллотипия phototype 660
колонка column 179
колофон colophon 175
комедия comedy 180
комиксы comic strip 181
комиссионер commission merchant 187
комиссионное поручение commission 185
комиссионные commissions 186
комментарий commentary 183
компендиум outline(s)[2] 610
комплект; годовой ~ (периодического издания) annual volume 34
комплектировка gathering 402
комплектный музыкальный материал complete set of music material 198
композитор composer 202
композиция composition[1] 205
компоновка набора layout[2] 489
конвенциональный штраф penalty 642
конвенция convention 226
конгресс congress 214
конспект книги outline(s)[1] 609
контракт contract 221
контрольный экземпляр reference copy 802
конференция conference 213
копирейт copyright[2] 237
копия copy[1, 2] 228, 229
корешок (книги) back 68
короткий рассказ short story 888
корректирование correction 254

корректор proof-reader 740
корректор; типографический ~ printer's reader 720
корректура correction 254
корректура; авторская ~ author's corrections 63
корректура в гранках galley proof, reading (the) galley proofs 401, 786
корректурный знак proof-correction symbol 739
корректурный оттиск page proof 621
корректурный оттиск при помощи щётки hand proof 421
корректурный оттиск с набора в гранках galley proof 401
корреспонденция correspondence 256
краска; печатная ~ printer's ink 719
краска; типографская ~ printer's ink 719
краткий concise 208
краткий курс compendium 189
краткий очерк digest 300
краткий справочник outline(s)[1] 609
краткое изложение digest, synopsis 300, 951
краткое изложение содержания abstract, outline(s)[1] 5, 609
краткое руководство compendium, outline(s)[1] 189, 609
краткое содержание abstract 5
критик critic 265
критика critique 266
критическая статья critique 266
круг читателей interested readers 460
крупный заголовок headline 424
крышка переплёта boards 97
ксерография xerography 1063
курс guide(-book) 417
курс; краткий ~ compendium 189
курсив italics 475
курсивный шрифт italics 475

левая сторона листа verso 1037
легенда key 485
лекция lecture 495
лента; магнитофонная ~ tape 956
либреттист librettist 506
либретто оперы libretto 507
линотип linotype 314
лист sheet, sheets 881, 882
лист; печатный ~ printed sheet 714
лист; пробный ~ advance sheet 15
лист; сборный ~ prelims 696
лист; титульный ~ title page 980
лист; чистый ~ advance sheet 15
листаж size of the book 892
лист бумаги для защиты художественной вклейки guardsheet 416
листковое издание loose-leaf book 528
листовка leaflet[1] 492
литера letter[1], type(s)[1] 501, 1001
литература literature[1] 524
литература; бульварная ~ trash 995
литература; научно-фантастическая ~ science fiction 856
литература; общая ~ general books 404
литература; развлекательная ~ cheap novel, light reading 153, 512
литература; художественная ~ belles-lettres 73
литература; юношеская ~ juvenile literature 483
литература для юношества juvenile literature 483
литературное наследие remains 811
льготная цена special price 910

магазин; книжный ~ bookshop 118
магазин типа «книга-почтой» mail-order business 535
магазин, торгующий книгами разных издательств retail bookseller 828
магнитофонная лента tape 956
макет (книги) dummy 317
макет крышки model cover 559
макет переплёта model cover 559
макулатура spoiled sheet 915
макулатура; пускать в макулатуру to pulp 773
«малое (авторское) право» "petits droits" 654
манускрипт copy[4], manuscript 231, 542
материал; музыкальный ~, подлежащий прокату material on hire 546
материалы конференции paper(s), transactions 631, 986
материалы совещания paper(s), transactions 631, 986
матрица matrix 547
машина; наборная ~ composing machine 203
машинописный typewritten 1010
машинописный экземпляр typescript 1005
международная каталожная карточка fiche internationale 370
мемуары memoirs 550
место package 617
микрокопия micro-copy 552
микроплёнка microfilm 553
микрофильм microfilm 553
многоязычный polyglot 685
молитвенник prayer-book 694
монография monograph 562
монотип monotype 563
моральное авторское право droit moral 316
музыка music 568
музыка для театра stage music 917
музыка (исполняемая) на сцене stage music 917
музыкальное издательство music publisher 571

музыкальные издания printed music 713
музыкальный материал, подлежащий прокату material on hire 546
мутация parallel print 635
мюзикл musical 569

набирать to set up 879
набор composition[2], matter, setting up in type 206, 548, 878
набор; нерассыпанный ~ standing type 923
набор; основной ~ body type 99
набор; сдать в ~ to pass for press 639
набор; сохранённый ~ standing type 923
набор; сплошной ~ plain matter 672
наборная машина composing machine 203
наборщик compositor 207
набросок sketch 893
название chapter heading, title 151, 979
накладная delivery note 288
наличие inventory 467
наличность; складская ~ stock 929
налог tax 957
налог; подоходный ~ income tax 440
налог с наследства inheritance tax 449
налог с оборота turnover tax 999
наложенный платёж cash on delivery 141
на осмотр on approval 599
напечатанный на машинке typewritten 1010
на просмотр on approval 599
нарушение авторского права infringement of copyright 448
нарушение договора breach of contract 123
наследие; литературное ~ remains 811
наследник successor 942
настольный словарь practical dictionary 693
наука science 855
научная статья treatise 996
научная фантастика science fiction 856
научно-популярный popular[2] 687
научно-фантастическая литература science fiction 856
научный труд scientific publication 857
национальная библиотека national library 576
неавторизованное издание pirated edition 669
неавторизованный unauthorized 1018
незащищённый domaine public 310
неизданный unpublished 1024
неизме(нё)нный unchanged 1021
не имеется на складе out of stock 612
неисключительный non-exclusive 583
не облагаемый налогом tax-free 960
не облагаемый пошлиной duty-free 322
необрезной untrimmed 1026
неопубликованный unpublished 1024
неохраняемый domaine public, non-protected 310, 585
непереплетённая книга copy in sheets 234
переплетённый экземпляр copy in sheets 234
не подлежащий обложению налогом tax-free 960
неприкосновенный запас minimum stock 555
нерассыпанный набор standing type 923
несокращённый unabridged 1015
неустойка; (договорная ~) penalty 642
нечётная полоса right-hand page 842
новелла short story 888
новинка new publication 579
новинка; книжная ~ new publication 579
новинка; последняя ~ just issued 482
новое издание new edition 578
номер number[2], publication[2] 590, 750
номер; пробный ~ examination copy 353
номер страницы folio[2] 387
нотная бумага music paper 570
ноты printed music 713
нумерация листов numbering of sections 592
нумерованный экземпляр numbered copy 591
нумеровать to paginate 622

обзор review[2] 833
облагаемый пошлиной dutiable 321
обложение налогом taxation 959
обозрение review[2] 833
обоюдность reciprocity 791
обрабатывать to adapt 8
обработка adaptation 9
обрезной trimmed 998
общая литература general books 404
общество по охране авторских прав copyright protection society 249
общие книги general books 404
объём size of the book 892
объявление advertisement 16
объявлять рекламацию to lodge a claim 527
объяснение explanation 364
объяснение знаков key 485
обязательный экземпляр deposit copy 292
оглавление table of contents 954
одновременно издаваемый перевод duplicate print 319
ознакомление; для ознакомления on approval 599
опечатка misprint, typist's error 557, 1012
оптовая книжная торговля wholesale book trade 1046
оптовая цена wholesale price 1048
оптовый книготорговец wholesaler 1049
оптовый комиссионный книготорговец wholesale distributing agent 1047
опубликование publication[1] 749
оригинал original text 608
оригинал рисунка artwork 48
оригинальный original[1] 604
оригинальный текст original text 608
оркестровые голоса orchestral parts 602

осмотр; на ~ on approval 599
осмотр; таможенный ~ customs clearance 269
основная цена basic price 72
основное издание standard edition 920
основной набор body type 99
основной труд standard work 921
основной шрифт body type 99
основы outline(s)[2] 610
особо глянцевая бумага super-calendered paper 944
остатки overstock 615
остаток тиража remainders 810
отдел; производственный ~ production department 733
отдел; редакционный ~ editorial department[1] 333
отдельной книгой in volume form 471
отдельный оттиск offprint 597
отзыв review[1] 832
отметка об авторском праве copyright notice 245
отпечаток print[2] 708
отправка delivery[1] 286
отрывки excerpt(s) 354
отрывки из произведения selected passages 865
отсрочка extended term 366
оттиск offprint, print[2], proof 597, 708, 738
оттиск; корректурный ~ page proof 621
оттиск; корректурный ~ с набора в гранках galley proof 401
оттиск; отдельный ~ offprint 597
оттиск в виде брошюры offprint 597
оттиск при помощи щётки hand proof 421
оттиск статьи offprint 597
отчёт report 817
оформление; (внешнее) ~ technical make-up 964
оформление (книги) book design 105
офсетная печать offset printing 598
охраняемый по авторскому праву "protected by copyright" 745
очерк essay, paper(s), sketch, study 350, 631, 893, 933
очерк; краткий ~ digest 300
ошибка при наборе error in composition 349

пагинация pagination 623
палата; торговая ~ chamber of commerce 147
партитура score 858
партитура; карманная ~ pocket score 680
паушальная сумма авторского гонорара outright fee 613
пеня penalty 642
первое/первоначальное издание first edition 376
первоначальный текст original text 608
переверстать to remake up 812
перевод translation 991
перевод; авторизованный ~ authorized translation 60
перевод; верный ~ faithful translation 369
перевод; одновременно издаваемый ~ duplicate print 319
перевод; подстрочный ~ literal translation 519
переводить to translate 990
передать (книгу) для переработки в макулатуру to pulp 773
передача transmission 992
передача по радио broadcast(ing) 125
передача (права) assignment[1] 50
переиздание new edition, re-issue, reprint[2] 578, 807, 819
перепечатать to copy 232
перепечатка reprint[1] 818
перепечатка в газете reprint(ing) in the press 820
переписать to copy 232
переписка correspondence 256
переплёт binding, cover 84, 259
переплёт; без ~а unbound 1019
переплёт; в ~е bound 122
переплёт; в картонном ~е cardboard-bound 137
переплёт; гибкий ~ flexible cover 379
переплёт; картонный ~ cardboard binding 136
переплёт; кожаный ~ leather binding 494
переплёт; коленкоровый ~ cloth binding 165
переплёт; пластмассовый ~ plastic binding 673
переплетать to bind 83
перерабатывать to adapt, to rewrite 8, 841
переработанное издание revised edition 839
переработанный revised 838
переработка adaptation 9
пересмотренное издание revised edition 839
периодика periodicals 652
периодический periodical[2] 651
песенник song-book 904
песня song 903
печатание printing 722
печатание; рельефное ~ embossing 340
печатать to print 711
печатная бумага printing paper 728
печатная краска printer's ink 719
печатник printer 715
«печатное» "printed matter" 712
печатное произведение print[1] 707
печатные музыкальные произведения printed music 713
печатный лист printed sheet 714
печать press[1], printing 699, 722
печать; в ~ good for print 412

печать; в печати in the press 464
печать; высокая ~ relief printing 808
печать; глубокая ~ intaglio printing 457
печать; офсетная ~ offset printing 598
печать; ротационная глубокая ~ rotogravure 846
печать; спускать в ~ to pass for press 639
печать; трёхкрасочная ~ three-colour process 975
печать; художественная ~ artistic print 46
печать; четырёхкрасочная ~ four-colour process 395
писатель writer[1] 1059
писатель-романист novelist 588
писательский псевдоним literary pseudonym 522
писать to write 1058
письменно in writing 472
письмо letter[2], script[1] 502, 861
письмо; циркулярное ~ circular 158
плагиат plagiarism 671
плакат poster 688
план; тематический ~ publishing programme 770
пластинка; граммофонная ~ phonograph record 655
пластмассовый переплёт plastic binding 673
плата; дополнительная ~ за прокат музыкальных материалов supplementary hire fee 948
плата за прокат нотных материалов hire fee 426
плата за (радио)передачу broadcasting royalty 127
платёж payment 641
платёж; наложенный ~ cash on delivery 141
плёнка; блестящая прозрачная ~ transparent foil 993
площадь набора type area 1003
поваренная книга cookbook 227
повесть short story, story 888, 932
повреждённые экземпляры damaged copies 275
повторное издание re-issue, reprint[1] 807, 818
подборка gathering 402
подготовить (книгу) к печати to edit[2] 324
подготовка рукописи copy preparation 235
подделка copy[2], imitation 229, 433
подзаголовок subtitle 941
подлежащий обложению налогом taxable 958
подлинник original text 608
подлинный original[1] 604
подоходный налог income tax 440
подписание к печати imprimatur 436
подписка booking, subscription 108, 939
подписка; постоянная ~ standing order 922
подраздел subchapter 934
под редакцией . . . compiled by . . ., edited by . . . 194, 325
подряд jobwork 478
подстрочное примечание footnote 389
подстрочный перевод literal translation 519
подсудность jurisdiction 481
полиграфические услуги jobwork 478
полное издание complete edition 196
полный complete, unabridged 195, 1015
полоса; нечётная ~ right-hand page 842
полоса; правая ~ right-hand page 842
помещение редакции editorial offices 336
поперечный oblong 594
поперечный формат oblong format 595
популярное издание paperback 626
популярный popular[1] 686
портативное издание pocket-size edition 681
поручение; (комиссионное ~) commission 185
посвящение dedication 283
посвящение; с ~м dedicated 282
посвящённый dedicated 282
последняя новинка just issued 482
послесловие epilogue 347
посмертно опубликованное произведение posthumous work 690
посмертный posthumous 689
пособие reference book 801
поставить в счёт to invoice 469
поставка delivery[2] 287
постановка performance[2] 646
постановка; телевизионная ~ TV-play 1000
постоянная подписка standing order 922
постоянный заказ standing order 922
постскриптум postscript 692
почтовая посылка post parcel 691
пошлина customs 268
поэзия poetry 684
поэт poet 683
пояснение commentary, explanation 183, 364
пояснение к рисунку legend 498
поясок; рекламный бумажный ~ advertising strip 17
правая полоса right-hand page 842
правила regulation 805
право law 487
право; авторское ~ copyright[1] 236
право; авторское ~ на литературные и художественные произведения literary and artistic copyright 520
право; «большое (авторское) ~» “grands droits” 414
право; второстепенные авторские права subsidiary rights 940
право; законное ~ на использование legal licence 497
право; исключительное ~ продажи sole selling rights 902
право; исключительное ~ распространения exclusive distribution 357
право; «малое (авторское) ~» “petits droits” 654
право; моральное авторское ~ droit moral 316
право; производные авторские права subsidiary rights 940
право; торговое ~ commercial law 184
право адаптации для радио broadcasting right(s) 126
право издания publishing rights 771

право исполнения performing right(s) 648
право механического размножения mechanical reproduction rights 549
право на воспроизведение в печати right(s) of reproduction 843
право на использование по закону legal licence 497
право на передачу по радио broadcasting right(s) 126
право обработки для телевидения television-broadcasting rights 966
право перепечатки licence of reprinting 509
право постановки performing right(s) 648
правопреемник successor 942
право телевизионной передачи television-broadcasting rights 966
право трансляции broadcasting right(s) 126
право экранизации film rights 375
предисловие preface 695
предложение offer 596
предложение с указанием цены quotation[2] 777
предметная рубрика entry, subject heading 346, 935
предметный указатель subject index 936
предоставить в распоряжение to place at somebody's disposal 670
предписание regulation 805
представительство; исключительное ~ exclusive agency 356
представление performance[2] 646
прейскурант price list 705
премьера première 697
пресса press[1] 699
прибавление addendum, completion 10, 199
приложение annex, appendix, supplement[2] 28, 40, 946
примечание remark 813
примечание; подстрочное ~ footnote 389
примечание; снабжённый примечаниями annotated 29
приписка postscript 692
пробный лист advance sheet 15
пробный номер examination copy 353
пробный оттиск при многокрасочной печати progressive colour proof 735
пробный экземпляр advance copy, examination copy, specimen copy 13, 353, 911
продажа sale(s) 849
продажа в разнос colportage 178
продажа нот sheet music sales 884
родажная цена retail price, sales price 829, 850
продолжение continuation 219
продолжение следует to be continued 220
проект (оформления книги) design[2] 294
проза prose 743
произведение, печатающееся с продолжением serial 874
произведение; печатное ~ print[1] 707
произведение; печатные музыкальные произведения printed music 713
произведение; посмертно опубликованное ~ posthumous work 690
произведения; избранные ~ selection[1] 866
производные авторские права subsidiary rights 940
производственный отдел production department 733
прокат lending 499
прокладка interleaf 461
прокладывать to interleave 462
прописные буквы capital letters 134
просмотр; на ~ on approval 599
проспект prospectus 744
протокол protocol 747
прошивать to sew 880
прямой шрифт roman type 845
псевдоним pseudonym 748
псевдоним; писательский ~ literary pseudonym 522
публичное выступление public reading 755
публичное исполнение public performance 754
пункт paragraph 634
пункт; типографский ~ typographical point 1013
пункт Дидо typographical point 1013
пускать в макулатуру to pulp 773
пьеса play 676

рабат discount 305
рабочий экземпляр reference copy 802
радиопередача broadcast(ing), transmission 125, 992
радиопостановка radio-play 778
радиопьеса radio-play 778
развлекательная литература cheap novel, light reading 153, 512
раздел paragraph, part 634, 636
размер налога tax rate 961
размножение reproduction[2] 822
разрабатывать to elaborate 339
разрешать to authorize 58
разрешение authorization 57
распоряжение; предоставить в ~ to place at somebody's disposal 670
распределение (авторских гонораров) distribution[2] 307
распродавать по сниженным ценам to remainder 809
распродавать со скидкой to remainder 809
распродан(ный) out of print, out of stock 611, 612
распространение distribution[1], marketing 306, 545
рассказ short story, story 888, 932
рассказ; короткий ~ short story 888
растр screen 859
расход(ы) expenses 363
расходы; типографские ~ printing costs 723
расходы на типографские работы printing costs 723
расходы на упаковку packing costs 618
расчёт statement of account 924
регистрация авторского права copyright registration 250

регистрация заказа booking 108
редактирование editing redaction 327
редактировать to compile, to edit[1] 193, 323
редактор editor[1, 2] 330, 331
редактор; главный ~ chief editor 155
редактор; главный ~ (издавательства) editor-in-chief 337
редактор издательства publisher's reader 765
редакционная коллегия editorial board 332
редакционный отдел editorial department[1] 333
редакция editing redaction, editorial department[2], editorial offices, version 327, 334, 336, 1036
редакция; под редакцией ... compiled by ..., edited by ... 194, 325
редакция издательства editorial department[1] 333
редколлегия editorial board 332
резервные запасы reserve stock 826
резюме summary, synopsis 943, 951
реклама publicity 752
реклама; издательская ~ blurb 95
рекламация claim 161
рекламация; заявлять рекламацию to lodge a claim 527
рекламный бумажный поясок advertising strip 17
рекламный текст на обложке blurb-text 96
рельефное печатание/тиснение embossing 340
репрография reprography 823
репродукция reproduction[2] 822
репродукция; художественная ~ artistic print 46
ретушировать to touch up 983
реферат account 6
рецензент critic 265
рецензировать.to review 834
рецензия review[1] 832
рисунок design[1], figure[1], illustration 293, 372, 431
рисунок; штриховой ~ line drawing 513
рисунок в тексте text illustration 973
розничная цена retail price, sales price 829, 850
розничный книготорговец retail bookseller 828
роман novel 586
роман; детективный ~ crime fiction 264
роман; сенсационный ~ thriller 976
роман о живых людях под вымышленными именами "roman à clef" 844
романы fiction 371
роскошное издание de luxe edition 290
ротационная глубокая печать rotogravure 846
рубрика; предметная ~ entry, subject heading 346, 935
руководитель отделения рекламы publicity manager 753
руководство guide(-book), handbook 417, 419
руководство; краткое ~ compendium, outline(s)[1] 189, 609
рукопись copy[4] 231
рукопись; авторская ~ manuscript 542
рынок market 544
рынок; книжный ~ book market 113

сборник collection, selection[2] 172, 867
сборник песен song-book 904
сборный лист prelims 969
сброшюрованный stitched 928
сбыт marketing 545
сведения; выходные ~ imprint[1] 437
сверка revision 840
сгиб fold 383
сдавать в набор/в типографию to pass for press 639
сдача обязательных экземпляров copyright deposit 242
сенсационный роман thriller 976
сепия sepia print 872
серия serial, series 874, 876
сжатый concise 208
сигнальный экземпляр advance copy 13
синопсис synopsis 951
синька blueprint[1] 93
система; десятичная ~ классификации decimal classification 280
скидка discount 305
склад; не имеется на ~е out of stock 612
складская наличность stock 929
складывающаяся таблица throw-out 977
скоро выйдет to appear shortly 39
слова lyrics, text 532, 971
словарная бумага bible paper 76
словарь dictionary 299
словарь; карманный ~ pocket dictionary 679
словарь; настольный ~ practical dictionary 693
словарь среднего формата practical dictionary 693
словник vocabulary 1038
слово word 1052
слово; вступительное ~ introduction[1] 465
слово; заглавное ~ entry 346
снабжённый примечаниями annotated 29
сноска footnote 389
соавтор co-author 166
соавторство co-authorship 167
собранные сочинения complete (collection of) works 197
собственность; «духовная ~» intellectual property 458
совещание conference 213
совместное издание joint edition 479
совместный труд composite work 204
современный contemporary 217
согласие автора author's consent 61
соглашение convention 226
содержание contents 218
содержание; краткое ~ abstract 5
соединение блока спиралью spiral binding 914
сокращение abbreviation, abridgement 1, 4
сокращённое издание abridged edition 3
сообщение communication, report 188, 817

сообщение для печати press release 702
состав inventory 467
составил . . . compiled by . . . 194
составлять to compile, to edit[1] 193, 323
сотрудник contributor 225
сотрудник; внештатный ~ outside collaborator 614
сохранённый набор standing type 923
сохранять (набор) to keep standing 484
сочинение work 1055
сочинения; избранные ~ selection[1, 2] 866, 867
сочинения; собранные ~ complete (collection of) works 197
спектакль; телевизионный ~ TV-play 1000
специальная библиография special bibliography 907
специальная библиотека special library 909
специальная книга professional publication 734
специальный журнал special journal 908
спецификация delivery note 288
спецификация к набору printing order 727
список list 516
список; издательский ~ booklist 111
список адресов mailing list 534
список изданий publisher's catalogue 763
список книг booklist 111
список литературы bibliography[2] 78
список опечаток errata 348
список покупателей mailing list 534
список слов vocabulary 1038
сплошной набор plain matter 672
с посвящением dedicated 282
справочник handbook, reference book 419, 801
справочник; краткий ~ outline(s)[1] 609
справочное издание reference book 801
спрос demand 291
спускать в печать to pass for press 639
срок; дополнительный ~ extended term 366
срок охраны period of protection 653
срок поставки date of delivery, time of delivery 277, 978
ставка налога tax rate 961
ставка таможенной пошлины customs rate 270
стандартное издание standard edition 920
статья article, contribution, paper(s) 45, 224, 631
статья; вступительная ~ introduction[1] 465
статья; критическая ~ critique 266
статья; научная ~ treatise 996
стенд stand 919
стихи poem 682
стихотворение poem 682
стоимость; эквивалентная ~ consideration 215
стоимость печати printing costs 723
стоимость упаковки packing costs 618
столбец column 179
сторнировать to cancel (an order) 132
сторона; левая ~ **листа** verso 1037
стоячий формат upright format 1028
страница page, sheets 619, 882
страница; чистая ~ blank[1] 87
страхование insurance 456
страховка insurance 456
строчные буквы small letters 897
«суб-издательство» sub-publisher 937
сумма; паушальная ~ **авторского гонорара** outright fee 613
сумма счёта invoice amount 470
суперобложка book-jacket 109
сценарий scenario 852
счёт invoice 468
счёт; за свой ~ for own account 393
счёт; поставить в ~ to invoice 469
счёт; сумма ~**а** invoice amount 470
сшивать to sew 880
съезд congress 214
сырой экземпляр copy in sheets 234

таблица plate[1], table 674, 953
таблица; складывающаяся ~ throw-out 977
таблица; цветная ~ colo(u)r plate 176
таможенный осмотр customs clearance 269
таможенный тариф customs tariff 271
театрализация stage adaptation 916
текст text 971
текст; оригинальный ~ original text 608
текст; первоначальный ~ original text 608
текст; рекламный ~ **на обложке** blurb-text 96
текст на клапане суперобложки blurb-text 96
телевидение television 965
телевизионная постановка TV-play 1000
телевизионный спектакль TV-play 1000
тематический план publishing programme 770
территория сбыта territory of distribution 970
территория сбыта по договору "contract territory" 223
типографический корректор printer's reader 720
типография printing office 726
типография (для книг) book-printing office 116
типография; сдавать в типографию to pass for press 639
типографская бумага book paper 115
типографская краска printer's ink 719
типографские расходы printing costs 723
типографский пункт typographical point 1013
типографский шрифт type[2] 1002
тираж edition[2], size of edition 329, 890
тиснение stamping 918
тиснение; рельефное ~ embossing 340
титул title, title page 979, 980
титульный лист title page 980
тогдашний contemporary 217
только что вышло в свет just issued 482
том volume 1040
том; в двух ~**ах** in two volumes 1042
том с иллюстрациями volume of illustrations 1041
тонкая прозрачная бумага onion-skin 601
торговая палата chamber of commerce 147

торговля trade 985
торговля; внутренняя ~ domestic trade 311
торговля; книжная ~ book trade 119
торговля; оптовая книжная ~ wholesale book trade 1046
торговое право commercial law 184
трактат treatise 996
транскрипция transcription 988
трансляция transmission 992
трёхкрасочная печать three-colo(u)r process 975
трёхмесячный журнал quarterly 774
труд treatise, work 966, 1055
труд; коллективный ~ composite work 204
труд; научный ~ scientific publication 857
труд; основной ~ standard work 921
труд; совместный ~ composite work 204
тушь Indian ink 445

удерживание deduction 284
указание источников background material 69
указания и схематические чертежи по набору и вёрстке layout[1] 488
указатель; авторский ~ author index 56
указатель; предметный ~ subject index 936
указатель авторов author index 56
уплата в рассрочку instalment 453
условия поставок terms of delivery 969
услуги; полиграфические ~ jobwork 478
учебная книга school-book 854
учебник manual, school-book 540, 854

факсимиле facsimile 368
фактура invoice 468
фальц fold 383
фантастика; научная ~ science fiction 856
фолиант folio[1] 386
фолио folio[1] 386
форзац fly-leaf 380
форма для тиснения block 92
формат format 392
формат; альбомный ~ oblong format 595
формат; вертикальный ~ upright format 1028
формат; высокий ~ upright format 1028
формат; поперечный ~ oblong format 595
формат; стоячий ~ upright format 1028
формуляр form 391
формуляр для заявления авторского права copyright application form 241
фотография photograph 657
фотокопия photocopy 656
фотоотпечаток photographic print 658
фотоснимок photograph 657
фототипия phototype 660
фронтиспис frontispiece 399

хранение на складе storage 931
художественная литература belles-lettres 73
художественная печать/репродукция artistic print 46

цветная таблица colo(u)r plate 176
цена price 703
цена; льготная ~ special price 910
цена; оптовая ~ wholesale price 1048
цена; основная ~ basic price 72
цена; продажная ~ retail price, sales price 829, 850
цена; розничная ~ retail price, sales price 829, 850
цена в бумажных переплётах price calculated on the stitched copy 704
цена нетто net price 577
цена по каталогу catalog(ue) price 143
цена по прейскуранту list price 517
цензура censorship 145
циркуляр circular 158
циркулярное письмо circular 158
цитата citation 160

час; в последний ~ to appear shortly 39
часть part 636
часть; вступительная ~ introduction[1] 465
чек cheque 154
чертёж design[1] 293
чертёж обложки cover design 260
чертёж суперобложки cover design 260
четырёхкрасочная печать four-colo(u)r process 395
число number[1] 589
число страниц total number of pages 982
чистая страница blank[1] 87
чистый лист advance sheet 15
читатель reader[1] 781
читать to read 780

школьная книга school-book 854
шмуцтитул half-title 418
шрифт letter, type(s)[1] 501, 1001
шрифт; жирный ~ bold face 100
шрифт; курсивный ~ italics 475
шрифт; основной ~ body type 99
шрифт; прямой ~ roman type 845
шрифт; типографский ~ type[2] 1002
штраф; конвенциональный ~ penalty 642
штриховой рисунок line drawing 513
штука piece 667

эквивалент consideration 215
эквивалентная стоимость consideration 215
экземпляр copy[3] 230
экземпляр; авторский ~ author's copy 62
экземпляр; бесплатный ~ author's copy, complimentary copy[2] 62, 201
экземпляр; дополнительный (бесплатный) ~ additional copy 11

экземпляр; контрольный ~ reference copy **802**
экземпляр; машинописный ~ typescript **1005**
экземпляр; непереплетённый ~ copy in sheets **234**
экземпляр; нумерованный ~ numbered copy **591**
экземпляр; обязательный ~ deposit copy **292**
экземпляр; повреждённые ~ы damaged copies **275**
экземпляр; пробный ~ advance copy, examination copy, specimen copy **13, 353, 911**
экземпляр; рабочий ~ reference copy **802**
экземпляр; сигнальный ~ advance copy **13**
экземпляр; сырой ~ copy in sheets **234**
экземпляр, (посылаемый) на рецензию review copy **835**
экземпляр с неразрезанными листами unopened copy **1023**
экранизация use in film **1030**
эмблема издательства publisher's emblem **764**
энциклопедия encyclop(a)edia **341**
эскиз design², sketch **294, 893**
эссе essay **350**
этюд essay **350**

юношеская литература juvenile literature **483**
юрисдикция jurisdiction **481**

язык language **486**
ярмарка; книжная ~ book fair **107**

SPANISH — ESPAÑOL

a/á, b, c, ch, d, e/é, f, g, h, i/í, j, k, l, ll, m, n, ñ, o/ó, p, q, r, s, t, u/ú/ü, v, x, y, z

abreviación abridgement 4
abreviatura abbreviation 1
acaba de aparecer just issued 482
acta de una asamblea protocol 747
actas transactions 986
actualmente agotado temporarily out of print 967
adaptación adaptation 9
adaptación cinematográfica use in film 1030
adaptación escénica stage adaptation 916
adaptar to adapt 8
adelanto de pago advance copy 14
adiciones, aditamentos supplement[1] 945
aduana customs 268
agencia de expedición por Correos mail-order business 535
agencia exclusiva exclusive agency 356
agencia general general agency 403
agotado out of print, out of stock 611, 612
agradecimiento acknowledgements 7
ajustar to make up 538
a la rústica unbound 1019
álbum album 21
álbum de imágenes picture-book[1] 665
almacenaje storage 931
almacenamiento storage 931
almacenar to stock 930
almanaque almanac, calendar 23, 131
alónimo pseudonym 748
alteración change 148
alterar to change 149
alzado gathering 402
anexo annex, appendix 28, 40
anónimo anonymous 35
anotado annotated 29
anteportada half-title 418
antología anthology 36
anual annual[2] 33
anualmente annual[2] 33
anuario year-book 1065
anular to cancel (an order) 132
anverso right-hand page 842
año annual volume 34
año de la publicación date of printing 278
a página completa full-page 400
aparecer to appear 37
aparecerá próximamente to appear shortly 39
aparición appearance 38
apellido name 573
apéndice annex, appendix, supplement[1] 28, 40, 945
a prueba on approval 599
argumentos outline(s)[1], synopsis 609, 951
artículo article 45
atlas atlas 52
a toda página full-page 400
auténtico authentic 53
autobiografía autobiography 66
autor author[1, 2] 54, 55
autor dramático playwright 677
autorización authorization 57
autorización; sin ~ unauthorized 1018
autorizar to authorize 58

barraca stand 919
base outline(s)[2] 610
bellas letras belles-lettres 73
bibliografía bibliography[1, 2] 77, 78
bibliografía especializada special bibliography 907
bibliografía por materias special bibliography 907
bibliología bibliology 79
biblioteca library 505
biblioteca circulante lending library 500
biblioteca especializada special library 909
biblioteca nacional national library 576

biblioteca para suscriptores lending library 500
bilingüe bilingual 81
biografía biography 86
boletín bulletin, report 130, 817
boletín de entrega delivery note 288
bosquejo design[2] 294
bosquejo literario study 933
bulto package 617

cabeza de capítulo chapter heading 151
caído en el dominio público domaine public 310
cajista compositor 207
calendario calendar 131
cámara de comercio chamber of commerce 147
cambiar to change 149
camisa book-jacket 109
cancelación cancelling 133
canción song 903
cancionero song-book 904
canto song 903
capa cover 259
capítulo chapter 150
carácter letter[1], type(s)[1, 2] 501, 1001, 1002
caracteres aldinos italics 475
caracteres cursivos italics 475
caracteres de base body type 99
caracteres en negrita bold face 100
caracteres romanos roman type 845
carta letter[2] 502
cartel poster 688
casa editora publishing house 769
catálogo catalog(ue) 142
catálogo de editor publisher's catalogue 763
catálogo en fichas card index 139
censura censorship 145
cesión assignment[1] 50
cianotipo blueprint[1] 93
ciencia science 855
ciencia-ficción science fiction 856
cimientos outline(s)[2] 610
cinta magnetofónica tape 956
circular circular 158
circular comercial prospectus 744
círculo de lectores interested readers 460
citación citation 160
clasificación decimal decimal classification 280
clisé block, cliché 92, 163
club de bibliófilos book club 104
club de lectores book club 104
coautor co-author 166
colaborador contributor 225
colaborador exterior outside collaborator 614
colección collection 172
colectividad de autores corporate author 251
colofón colophon, imprint[1] 175, 437
columna column 179
comedia comedy 180
comentario commentary 183
comercio trade 985
comercio ambulante de libros colportage 178
comercio de libros book trade, publishing trade 119, 772
comercio de libros al por mayor wholesale book trade 1046
comercio interior domestic trade 311
comisión commission, commissions 185, 186
comisionista commission merchant 187
comisionista en librería wholesale distributing agent, wholesaler 1047, 1049
compaginación make-up[1] 536
compaginar to make-up 538
compendio compendium, handbook, outline(s)[2], summary 189, 419, 610, 943
compensación consideration 215
compilador compiled by . . . 194
compilar to compile 193
complemento completion 199
completo complete 195
componer to set up 879
composición composition[2], matter, setting up in type 206, 548, 879
composición conservada standing type 923
composición musical composition[1], printed music 205, 713
composición simple plain matter 672
compositor composer, compositor 202, 207
comunicación communication 188
comunicado bulletin 130
comunicado de prensa press release 702
conciso concise 208
conclusión epilogue 347
condiciones de entrega terms of delivery 969
condiciones de venta terms of delivery 969
conferencia conference, lecture 213, 495
congreso congress 214
conjunto de redactores editorial board 332
consentimiento del autor author's consent 61
conservar la composición to keep standing 484
consignación commission 185
contemporáneo contemporary 217
contenido contents 218
continuación continuation 219
continuará to be continued 220
contrato contract 221
contrato de edición publisher's agreement 762
contrato de préstamo hire contract 425
contrato de representación agency agreement 19
contrato de subedición sub-publishing agreement 938
contrato entre autor y editor publisher's agreement 762
contrato general blanket agreement 89
contrato para representaciones contract authorizing public performances 222
contribución contribution 224
convención convention 226

Convención de Berna Berne Convention 74
Convención Universal sobre Derechos de Autor Universal Copyright Convention 1022
copia copy[1] 228
copia azul blueprint[1] 93
copia manuscrita manuscript 542
copiar to copy 232
copyright copyright[2] 237
corporación de autores corporate author 251
corrección correction 254
corrección de las galeradas reading (the) galley proofs 786
correcciones del autor author's corrections 63
corrección preparatoria copy preparation 235
corrector proof-reader 740
corrector de la imprenta printer's reader 720
corregir to correct 252
correspondencia correspondence 256
crestomatía selection[2] 867
crítica critique, review[1] 266, 832
crítico critic 265
croquis sketch 893
cuadernillo booklet 110
cuadro table 953
cualidad de autor authorship 65
cubierta cover 259
cubierta en papel binding in paper covers, paper cover(s) 85, 629
cubrelibro book-jacket 109
cuento short story, story 888, 932
cuerpo de letra body size 98
cuestionario questionnaire 775
cumplimiento performance[1] 645

cheque cheque 154

dactilografiado typewritten 1010
declaración declaration 281
dedicado dedicated 282
dedicatoria dedication 283
deducción deduction 284
de época contemporary 217
defectuoso defective 285
demanda demand 291
demasía overstock 615
depósito; sin existencias en ~ out of stock 612
depósito legal copyright deposit 242
derecho law 487
derecho cinematográfico film rights 375
derecho de adaptar a la pantalla film rights 375
derecho de autor copyright[1] 236
derecho de copia copyright[2] 237
derecho de radiodifusiones broadcasting right(s) 126
derecho de representación performing right(s) 648
derecho de reproducción licence of reprinting, right(s) of reproduction 509, 843
derecho de reproducción mecánica mechanical reproduction rights 549
derecho de venta exclusivo sole selling rights 902
derecho exclusivo de difusión exclusive distribution 357
derecho mercantil commercial law 184
derecho moral del autor droit moral 316
derechos; grandes ~ "grands droits" 414
derechos accesorios subsidiary rights 940
derechos de aduana customs 268
derechos de autor royalty 848
derechos de autor por radiodifusiones broadcasting royalty 127
derechos de edición publishing rights 771
derechos de televisión television-broadcasting rights 966
derechos pequeños "petits droits" 654
descuento deduction, discount 284, 305
despacho de aduana customs clearance 269
diagrama diagram 297
diario newspaper 580
diario personal diary 298
diario técnico special journal 908
dibujo design[1] 293
dibujo al trazo line drawing 513
diccionario dictionary 299
diccionario de bolsillo pocket dictionary 679
diccionario enciclopédico encyclop(a)edia 341
diccionario manual practical dictionary 693
diccionario portátil pocket dictionary 679
difusión distribution[1], marketing 306, 545
dirección address 12
director de propaganda publicity manager 753
disco phonograph record 655
discoteca record library 795
diseño book design, sketch 105, 893
diseño de la cubierta cover design 260
diseño del forro cover design 260
diseño para la disposición de la composición layout[1] 488
disertación treatise 996
disponible available 67
disposición; poner a ~ to place at somebody's disposal 670
disposición de la composición layout[2] 489
disposición del texto impreso book design, layout[2] 105, 489
disposición esbozada del texto impreso layout[1] 488
distribución distribution[2] 307
divisa currency 267
divulgación distribution[1], marketing 306, 545
divulgación; de ~ científica popular[2] 687
documentación documentation, paper(s) 309, 631
documentación general background material 69
drama play 676
dramaturgo playwright 677

duplicado duplicate 318
duración del derecho de autor period of protection 653

edición edition[1,2] 328, 329
edición; nueva ~ inalterada reprint[2] 819
edición; primera ~ first edition 376
edición; segunda ~ reprint[2] 819
edición abreviada abridged edition 3
edición aprobada authorized edition 59
edición aumentada enlarged edition 344
edición autorizada authorized edition 59
edición básica standard work 921
edición clásica standard edition 920
edición colectiva joint edition 479
edición completa complete edition 196
edición corregida corrected edition 253
edición de bolsillo pocket-size edition 681
edición de lujo de luxe edition 290
edición en encuadernación sólida hardcover 422
edición estandardizada standard edition 920
edición hecha sin autorización pirated edition 669
edición nueva new edition 578
edición original first edition 376
edición para bibliófilos bibliophile edition 80
edición pirata pirated edition 669
edición popular paperback 626
edición príncipe first edition 376
edición revisada revised edition 839
editado por ... edited by, published by ... 325, 758
editar to edit[2], to publish 324, 756
editor editor[2], publisher 331, 759
editor de música music publisher 571
editorial publishing house 769
editor original original publisher(s) 607
ejecución performance[2] 646
ejecutante performing artist 647
ejemplar copy[3] 230
ejemplar con todos los márgenes unopened copy 1023
ejemplar dactilografiado typescript 1005
ejemplar de depósito legal deposit copy 292
ejemplar de ocasión second-hand copy 863
ejemplar de preventa advance copy 13
ejemplar de prueba examination copy 353
ejemplar de referencia reference copy 802
ejemplar de regalo complimentary copy[2] 201
ejemplar en pliegos copy in sheets 234
ejemplar en ramas copy in sheets 234
ejemplares deteriorados damaged copies 275
ejemplar excedente (gratuito) additional copy 11
ejemplar gratuito author's copy 62
ejemplar intonso unopened copy 1023
ejemplar numerado numbered copy 591
ejemplar para recensión review copy 835
elaboración jobwork, adaptation 9, 478
elaborar to compile, to elaborate 193, 339
empleo utilization 1031
encabezamiento de materia subject heading 935
encargo order 603
encartonado cardboard-bound 137
enciclopedia dictionary, encyclop(a)edia 299, 341
encuadernación binding 84
encuadernación de plástico plastic binding 673
encuadernación en cartón cardboard binding 136
encuadernación en cuero leather binding 494
encuadernación en espiral spiral binding 914
encuadernación en piel leather binding 494
encuadernación en rústica binding in paper covers, paper cover(s) 85, 629
encuadernación en tela cloth binding 165
encuadernación flexible flexible cover 379
encuadernado bound 122
encuadernado a la rústica stitched 928
encuadernar to bind 83
encuadernar; sin ~ unbound 1019
encuadernar a la rústica to sew 880
encuadernar en rústica to stitch 927
en curso de publicación in the press 464
en dos volúmenes in two volumes 1042
en folio folio[1] 386
en forma de libro in volume form 471
enmendar to correct 252
en obsequio complimentary copy[2] 201
en pliegos in flat sheets 447
en prensa in the press 464
en ramas in flat sheets 447
en rústica unbound 1019
ensayo essay, paper(s) 350, 631
entrega number[2] 590
entrelínea break 124
envío delivery[1] 286
epígrafe entry, headline 346, 424
epílogo epilogue 347
epítome summary 943
época; de ~ contemporary 217
equivalencia consideration 215
equivalente consideration 215
errata errata, error in composition, misprint 348, 349, 557
errata de mecanógrafo typist's error 1012
error de caja error in composition 349
error de impresión error in composition 349
error tipográfico error in composition 349
erudición science 855
esbozo design[2], sketch 294, 893
escaparate shop-window 886
escribir to write 1058
escrito in writing 472
escrito a máquina typewritten 1010
escritor writer[1] 1059
escritura script[1] 861
escudete del editor publisher's emblem 764
esfera del contrato "contract territory" 223
espacio en blanco break 124
espécimen advance sheet, examination copy, specimen copy 15, 353, 911

establecimiento institute 454
establecimiento tipográfico book-printing office, printing office 116, 726
estampa engraving, print[2], printing office 342, 708, 726
estampado stamping 918
estampado en relieve embossing 340
estatuto law 487
estreno première 697
estuche slip case 894
examinar; para ~ on approval 599
excerpta excerpt(s) 354
exceso overstock 615
exclusivo exclusive 355
exento de derechos de aduana duty-free 322
exento de impuestos tax-free 960
exhibición exhibition, showcase 361, 889
existencia stock 929
existencias inventory, overstock 467, 615
existencias de reserve reserve stock 826
existencias en depósito stock 929
expedición delivery[1] 286
expensas expenses 363
explicación explanation 364
exposición exhibition, synopsis 361, 951
exposición de libros book exhibition 106
exterior technical make-up 964
extracto excerpt(s) 354
extracto de prensa press cutting 701

facsímile facsimile 368
factura invoice 468
facturar to invoice 469
fachada fly-leaf 380
faja anunciadora advertising strip 17
faja de propaganda advertising strip 17
faja de publicidad advertising strip, blurb-text 17, 96
faja propagandística blurb 95
falta de pulsación typist's error 1012
falta de tecleo typist's error 1012
falta tipográfica error in composition 349
fardo package 617
fascículo booklet, number[2] 110, 590
fecha de la imprenta date of printing 278
fecha de publicación date of publication 279
fe de erratas errata 348
feria del libro book fair 107
ficha internacional fiche internationale 370
finiquito statement of account 924
folio sheet 881
folio; en ~ folio[1] 386
folio oblongo oblong format 595
folleto leaflet[1], pamphlet 492, 624
fondo inventory 467
forma; en ~ de libro in volume form 471
formato alargado upright format 1028
formato real format 392
fórmula form 391
formulario form 391
formulario para el anuncio del derecho de autor copyright application form 241
foto photo 657
fotocopia photocopy 656
fotografía photograph 657
fototipia phototype 660
franco de derechos de aduana duty-free 322
frontispicio frontispiece, title page 399, 980
fuente source 906
fuerza del cuerpo body size 98
función performance[2] 646
fundamento outline(s)[2] 610

gaceta newspaper 580
galerada galley proof 401
gastos expenses 363
gastos de embalaje packing costs 618
gastos de imprenta printing costs 723
gastos de publicación costs of publishing 258
giro bill of exchange 82
glosario vocabulary 1038
grabación recording 794
grabación de música engraving of music 343
grabación de sonidos sound recording 905
grabado engraving, illustration, picture 342, 431, 664
gráfico diagram, graphic(al) 297, 415
grandes derechos "grands droits" 414
gratis free of charge 397
gratuito free of charge 397
guarda de la cubierta del libro jacket-flap 477
guardar la composición to keep standing 484
guía guide(-book) 417
guía de domicilios mailing list 534
guión scenario 852

habla language 486
hebdomadario weekly[1,2] 1043, 1044
herencia remains 811
historia history 428
historieta story 832
historieta cómica ilustrada comic strip 181
hoja sheets 882
hoja del título prelims 696
hoja de música music paper 570
hoja de papel guardsheet 416
hoja desplegable throw-out 977
hoja deteriorada spoiled sheet 915
hoja intercalada interleaf 461
hoja perdida spoiled sheet 915
hoja satinada transparent foil 993
honorarios royalty 848
honorarios anticipados advance royalty 14

honorarios globales outright fee 613
huecograbado intaglio printing 457

idioma language 486
ilustración figure[1], illustration, picture 372, 431, 664
ilustración en el texto text illustration 973
imagen figure[1], illustration, picture 372, 431, 664
imitación copy[2], imitation 229, 433
importe de la factura invoice amount 470
imposición taxation 959
imprenta book-printing office, print[2], printing office 116, 708, 726
impresión print[2], printing 708, 722
impresión artística artistic print 46
impresión en cuatro colores four-colour process 395
impresión en hueco intaglio printing 457
impresión en relieve relief printing 808
impresión en sepia sepia print 872
impresión en tres colores three-colour process 975
impreso print[1], "printed matter" 707, 712
impreso en offset offset printing 598
imprimátur imprimatur 436
imprimir to print 711
impuesto tax 957
impuesto sobre la herencia inheritance tax 449
impuesto sobre la renta income tax 440
impuesto sobre la venta turnover tax 999
inalterado unchanged 1021
indemnización indemnification 442
índice subject index, table of contents 936, 954
índice de autores author index 56
inédito unpublished 1024
informe account, communication, report, transactions 6, 188, 817, 986
infracción al contrato breach of contract 123
insertar to insert 452
instituto institute 454
instrucciones para la disposición de la composición printing order 727
íntegro unabridged 1015
intercalar to insert 452
intercalar una hoja to interleave 462
interés inquiry 451
interfoliar to interleave 462
interpretación performance[2] 646
intérprete performing artist 647
intonso; ejemplar ~ unopened copy 1023
introducción guide(-book), introduction 417, 465
invariado unchanged 1021
inventario inventory 467

jefe de la sección de publicidad publicity manager 753
jefe de redacción chief editor, editor-in-chief 155, 337
jerografía xerography 1063
jurisdicción jurisdiction 481

lámina engraving, plate[1] 342, 674
lámina en colores colo(u)r plate 176
láminas volume of illustrations 1041
lector publisher's reader, reader[1] 765, 781
lectorado editorial department[1] 333
lectores interested readers 460
lectura de pruebas correction 254
lectura pública public reading 755
lectura recreativa light reading 512
leer to read 780
lengua language 486
lengua de vaca blurb-text 96
letra lyrics, script[1], text 532, 861, 971
letra; a la ~ literal 518
letra capital capital letters 134
letra de cambio bill of exchange 82
letra de imprenta letter[1], type(s)[1, 2] 501, 1001, 1002
letra versal capital letters 134
letras de caja baja small letters 897
letras minúsculas small letters 897
ley law 487
leyenda explanation, legend 364, 498
leyenda de los signos convencionales key 485
léxico dictionary 299
lexicón dictionary 299
libranza bill of exchange 82
libre de derechos de aduana duty-free 322
librería bookshop, book trade 118, 119
librero bookseller 117
librero al detalle retail bookseller 828
librero al menudeo retail bookseller 828
libretista author[2], librettist 55, 506
libreto libretto 507
libro book 101
libro con cubierta de papel paperback, paper-bound book 626, 628
libro de arte art book 44
libro de cocina cookbook 227
libro de éxito best-seller 75
libro de hojas sueltas loose-leaf book 528
libro de imágenes picture-book[2] 666
libro de lectura reading book 785
libro del mes book of the month 114
libro de mayor venta best-seller 75
libro de muestra dummy 317
libro de oraciones prayer-book 694
libro de segunda mano second-hand copy 863
libro de texto manual, school-book 540, 854
libro en rústica paperback, paper-bound book 626, 628
libro escolar manual, school-book 540, 854
libro impreso print[1] 707
libro para niños children's book 156

libro técnico professional publication 734
licencia legal legal licence 497
linotipia linotype 314
liquidar to remainder 809
lista list 516
lista de libros booklist 111
listo para imprimir good for print, ready for the press 412, 789
listo para la expedición ready for dispatch 787
literal literal, word for word 518, 1053
literalmente word for word 1053
literatura literature[1] 524
literatura de pacotilla trash 995
literatura para jóvenes juvenile literature 483
literatura sin valor trash 995
lomo (del libro) back 68

maculatura spoiled sheet 915
manual handbook, manual, outline(s)[2], school-book 419, 540, 610, 854
manuscrito copy[4], manuscript 231, 542
mapa map 543
maqueta dummy 317
máquina de componer composing machine 203
marca de editor publisher's emblem 764
margen; con todos los márgenes untrimmed 1026
material en alquiler material on hire 546
material musical completo complete set of music material 198
matriz matrix 547
mayorista wholesale distributing agent, wholesaler 1047, 1049
mayúscula capital letters 134
mayúscula pequeña small capitals 896
memorias autobiográficas memoirs 550
mención del derecho de autor copyright notice 245
mercado market 544
mercado de libros book market 113
mercado librero book market 113
meter en prensa to pass for press 639
microcopia micro-copy 552
microfilm microfilm 553
microfotocopia micro-copy 552
micropelícula microfilm 553
modelo artwork 48
modelo de encuadernación model cover 559
modificación change 148
modificar to change 149
molde matrix 547
monografía monograph 562
monopolio exclusive distribution 357
monotipia monotype 563
muestra advance sheet, specimen copy 15, 911
muestra de libros book exhibition 106
multa contractual penalty 642
multa convencional penalty 642
multiplicación reproduction[2] 822
música music, printed music 568, 713
música escénica stage music 917
música impresa printed music 713
musical musical 569
mutación duplicate print, parallel print 319, 635

narración story 932
no abreviado unabridged 1015
no exclusivo non-exclusive 583
nombre name 573
nombre del autor name of author 575
nombre ficticio pseudonym 748
no protegido domaine public, non-protected 310, 585
norma regulation 805
nota remark 813
nota al pie de página footnote 389
novedad new publication 579
novela novel 586
novela corta short story, story 888, 932
novela de aventuras thriller 976
novela de clave "roman à clef" 844
novela de intrigas thriller 976
novela detectivesca crime fiction 264
novela emocionante thriller 976
novela policíaca crime fiction 264
novelas fiction 371
novelas científicas science fiction 856
novela sensacional cheap novel 153
novelista novelist 588
novelucha cheap novel 153
nueva edición inalterada reprint[2] 819
nueva tirada re-issue 807
numeración de las páginas pagination 623
numeración de pliegos numbering of sections 592
numerar las páginas to paginate 622
número number[1, 2] 589, 590
número de página folio[2] 387
número de páginas total number of pages 982
número de pliegos size of the book 892

oblongo oblong 594
obra work 1055
obra científica scientific publication 857
obra colectiva composite work 204
obra de información reference book 801
obra de referencia reference book 801
obra de teatro play 676
obra en fascículos serial 874
obra musical composition[1] 205
obra póstuma posthumous work 690
obras completas complete (collection of) works 197
obras de imaginación belles-lettres 73
obras generales general books 404

obras póstumas remains 811
obsequio; en ~ complimentary copy[2] 201
observación remark 813
oferta offer, quotation[2] **596, 777**
offset offset printing 598
oficina de la redacción editorial department[2], editorial offices **334, 336**
oficina para la protección de los derechos de autor copyright protection officc 248
oficina tipográfica printing office 726
orden commission 185
origen source 906
original original[1] 604
opúsculo leaflet[1], pamphlet **492, 624**

pabellón stand 919
pacto convention 226
paga payment 641
página page, sheets **619, 882**
página; a ~ completa full-page 400
página; a toda ~ full-page 400
paginación pagination 623
página en blanco blank[1] 87
paginar to paginate 622
páginas (pre)liminares prelims 696
pago payment 641
pago a plazos instalment 453
pago de impuestos taxation 959
palabra word 1052
palabra clave entry 346
pantalla screen 859
papel paper 625
papel biblia bible paper 76
papel cargado art paper 47
papel cebolla onion-skin 601
papel de diario newsprint 581
papel de imprimir book paper, printing paper **115, 728**
papel de música music paper 570
papel de pasta de madera wood-pulp paper 1051
papel de periódico newsprint 581
papeles de música printed music 713
papel glasé glazed paper 408
papel libre de celulosa paper without woodpulp 633
papel satinado glazed paper 408
papel superglasé super-calendered paper 944
papel supersatinado super-calendered paper 944
paquete postal post parcel 691
para examinar on approval 599
párrafo paragraph 634
parte part 636
partes orquestales orchestral parts 602
partitura score 858
partitura de bolsillo pocket score 680
partitura de estudio pocket score 680
partitura para piano piano score 662
partitura para piano y canto piano-song version 663
pasaje paragraph 634
paternidad literaria authorship 65
paternidad literaria común co-authorship 167
patrón artwork 48
pedido order 603
pedido de obras en continuación standing order 922
pedido permanente standing order 922
periódico newspaper, periodical[1, 2] **580, 650, 651**
periódicos periodicals 652
periódico técnico special journal 908
permiso legal legal licence 497
peso de papel paper weight 632
pie de imprenta colophon, imprint[1] **175, 437**
pieza piece 667
piezas liminares prelims 696
plagio plagiarism 671
plan editorial publishing programme 770
plaqueta pamphlet 624
plazo instalment 453
plazo de entrega time of delivery 978
plazo de prescripción statutory limitation 926
plazo de producción term of production 968
plazo de protección legal period of protection 653
pliego sheet 881
pliego de imprenta printed sheet 714
pliegos; en ~ in flat sheets 447
pliegue fold 383
poema poem 682
poesía poem, poetry **682, 684**
poeta poet 683
políglota polyglot 685
poner a disposición to place at somebody's disposal 670
popular popular[1] 686
por cuenta propia for own account 393
por escrito in writing 472
portada title page 980
portada grabada frontispiece 399
portada ornada frontispiece 399
posdata postscript 692
poseedor de los derechos de autor copyright owner 246
positiva photographic print 658
póstumo posthumous 689
precio price 703
precio al menudeo retail price 829
precio corriente price list 705
precio de base basic pricc 72
precio de catálogo catalog(ue) price 143
precio de detalle retail price 829
precio de librero sales price 850
precio de venta list price, retail price, sales price **517, 829, 850**
precio neto net price 577
precio por mayor wholesale price 1048

precio puesto al libro encuadernado en rústica price calculated on the stitched copy 704
precio reducido special price 910
prefacio preface 695
prensa press[1] 699
prensa; en ~ in the press 464
preparación del manuscrito para la tipografía copy preparation 235
prescripción; plazo de ~ statutory limitation 926
presentación advance sheet 15
presentación material technical make-up 964
préstamo lending 499
primera edición first edition 376
primera prueba hand-proof 421
proemio preface 695
prolongación del plazo extended term 366
prontuario pocket book 678
propagación distribution[1], marketing 306, 545
propaganda publicity 752
propiedad de autor común co-authorship 167
propiedad intelectual intellectual property 458
propiedad literaria y artística literary and artistic copyright 520
prórroga extended term 366
prosa prose 743
prospecto bulletin, prospectus 130, 744
protegido por los derechos de autor "protected by copyright" 745
protestar to lodge a claim 527
proyecto design[2] 294
prueba proof 738
prueba; a ~ on approval 599
prueba; primera ~ hand proof 421
prueba al cepillo hand proof 421
prueba de galera galley proof 401
prueba de página page proof 621
prueba en columna galley proof 401
prueba en tira galley proof 401
prueba plana en la impresión de colores progressive colour proof 735
pseudónimo literary pseudonym, pseudonym 522, 748
publicación appearance, edition[1], publication[1, 2] 38, 328, 749, 750
publicación; en curso de ~ in the press 464
publicación mensual monthly publication 564
publicación nueva new publication 579
publicación periódica periodical[1] 650
publicación seriada serial, serialization 874, 875
publicado por ... published by ... 758
publicar to publish 756
publicarse to appear 37
publicar un libro a la rústica to paperback 627
publicidad advertisement, publicity 16, 752
puesto stand 919
punto typographical point 1013
punto Didot typographical point 1013

quiosco stand 919

radiodifusión broadcast(ing) 125
radioemisión broadcast(ing) 125
radiopieza radio-play 778
rama; en ~s in flat sheets 447
realización performance[1] 645
rebaja discount 305
recensión review[1] 833
recién publicado just issued 482
reciprocidad reciprocity 791
reclamación claim 161
reclamar to lodge a claim 527
recortado trimmed 998
recortado; no ~ untrimmed 1026
recorte de diario press cutting 701
recto right-hand page 842
recuento revision 840
redacción editing, editorial board, editorial offices 327, 332, 336
redactado por ... compiled by ..., edited by ... 194, 325
redactar to compile, to edit[1] 193, 323
redactor compiled by..., editor[1] 194, 330
redactor jefe chief editor 155
reducción abridgement 4
reducir a pasta to pulp 773
reedición new edition 578
reembolso cash on delivery 141
refundir to rewrite 841
registro list 516
registro de direcciones mailing list 534
registro del derecho del autor copyright registration 250
regla regulation 805
reglamento regulation 805
rehacer to adapt 8
rehacer la compaginación to remake up 812
reimpresión re-issue, reprint[1, 2] 807, 818, 819
relación report 817
relato account, story, transactions 6, 932, 986
relatos fiction 371
remanente de ejemplares no vendidos returns 830
repartición distribution[2] 207
repertorio bibliográfico bibliography[2] 78
representación performance[2] 646
representación pública public performance 754
reproducción copy[2], reproduction[2] 229, 882
reproducción en un periódico reprint(ing) in the press 820
reprografía reprography 823
repujado embossing, stamping 340, 918
reseñar to review 834
reserva; últimas ~s minimum stock 555
reservación booking 108
reserva intangible minimum stock 555

residuo overstock 615
resto de edición remainders 810
resumen abstract, account, digest, outline(s)[1], summary, synopsis 5, 6, 300, 609, 943, 951
retirar to cancel (an order) 132
retirar de la circulación to withdraw from circulation 1050
retocar to adapt, to rewrite, to touch up 8, 841, 983
reverso verso 1037
revisado revised 838
revisión revision 840
revista periodical[1], review 650, 833
revistas periodicals 652
revista trimestral quarterly 774
rotocalcografía offset printing 598
rotograbado rotogravure 846
rústica; a la ~ unbound 1019
rústica; en ~ unbound 1019

sacar copia de ... to copy 232
saldo de cuentas statement of account 924
salir to appear 37
sangrar to indent 443
sección de producción production department 733
segunda edición reprint[2] 819
seguro insurance 456
selecciones selected passages, selection[1, 2] 865, 866, 867
semanal weekly[2] 1044
semanario weekly[1] 1043
señas address 12
separata offprint 597
serie series 876
seudónimo literary pseudonym, pseudonym 522, 748
signos de corrección proof-correction symbol 739
sin autorización unauthorized 1018
sin encuadernar unbound 1019
sin existencias en depósito out of stock 612
sinopsis outline(s)[1], synopsis 609, 951
sobrecubierta book-jacket 109
sociedad para la protección de los derechos de autor copyright protection society 249
solapa de la cubierta del libro jacket-flap 477
solapa del libro blurb 95
solicitud del derecho de autor copyright application 240
stock stock 929
subcapítulo subchapter 934
subeditor sub-publisher 937
subscripción subscription 939
subtítulo subtitle 941
sucesor successor 942
sucinto concise 208
sujeto a derechos de aduana dutiable 321
sujeto a impuestos taxable 958
sumario abstract, summary 5, 943
suministro delivery[2] 287
suplemento additional copy, annex, appendix, supplement[1, 2] 10, 28, 40, 945, 946
suscripción subscription 939

tabla table 953
tabla de materias subject index, table of contents 936, 954
talón de entrega delivery note 288
taller tipográfico printing office 726
tapa boards 97
tarifa price list 705
tarifa de aduana customs tariff 271
tasa de aduana customs rate 270
tasa de impuesto tax rate 961
tasa de préstamo hire fee 426
tasa suplementaria de préstamo supplementary hire fee 948
teleteatro TV-play 1000
televisión television 965
tenedor de los derechos de autor copyright holder 243
término de entrega date of delivery 277
terreno de propagación territory of distribution 970
texto text 971
texto de una ópera libretto 507
texto original original text 608
textual literal 518
tinta china Indian ink 445
tinta de imprenta printer's ink 719
tipo letter[1], type(s)[1, 2] 501, 1001, 1002
tipografía book-printing office, typography 116, 1014
tipográfico; establecimiento ~ book-printing office 116
tipógrafo printer 715
tipos usados en la composición del libro body type 99
tirada size of edition 890
tirada; nueva ~ re-issue 807
tirada aparte offprint 597
titulación subject heading 935
título title 979
título de encabezamiento headline 424
«todos los derechos reservados» "all rights reserved" 22
tomo volume 1040
trabajo a contrato jobwork 478
trabajo a destajo jobwork 478
traducción translation 991
traducción aprobada/autorizada authorized translation 60
traducción fiel faithful translation 369
traducción literal literal translation 519
traducir to translate 990
transcripción arrangement, copy[1], transcription 43, 228, 988

transferencia assignment[1] **50**
transmisión transmission **992**
tratado convention, treatise **226, 996**
trazado de la composición type area **1003**
tribunal competente jurisdiction **481**
tributación taxation **959**
tricromía three-colour process **975**
trimestral quarterly **774**
trozos selectos selected passages, selection[2] **865, 866**

últimas reservas minimum stock **555**
uso utilization **1031**

vademécum pocket book **678**
vaina de cartón slip case **894**
vender con rebaja de precios to remainder **809**
venta sale(s) **849**
venta de música sheet music sales **884**
versal; letra ~ capital letters **134**
versalita small capitals **896**
versión translation, version **991, 1036**
versión cinematográfica use in film **1030**
violación del derecho de autor infringement of copyright **448**
vitrina showcase **889**
vocabulario vocabulary **1038**
volante pequeño guardsheet **416**
volumen size of the book, volume **892, 1040**
volumen de hojas movibles loose-leaf book **528**
volumen; en dos volúmenes in two volumes **1042**
vuelto verso **1037**

xerografía xerography **1063**

BULGARIAN — БЪЛГАРСКИ

а, б, в, г, д, е, ж, з, и, й, к, л, м, н, о, п, р, с, т, у, ф, х, ц, ч, ш, щ, ъ, ь, ю, я

абонамент subscription 939
абревиатура abbreviation 1
аванс за сметка на хонорара advance royalty 14
аванс от хонорара advance royalty 14
автентичен authentic 53
автобиография autobiography 66
автор author[1] 54
авторизация authorization 57
авторизирам to authorize 58
авторизиране authorization 57
авторизирано издание authorized edition 59
авторизиран превод authorized translation 60
автор на текста author[2] 55
авторска коректура author's corrections 63
авторска поправка author's corrections 63
авторски колектив corporate author 251
авторско право copyright[1] 236
авторското право на литературни и художествени творби literary and artistic copyright 520
авторство authorship 65
агенция за авторско право copyright protection office 248
адаптация adaptation 9
адаптирам to adapt 8
адрес address 12
адресник mailing list 534
албум album 21
албум от изгледи picture-book[1] 665
албум от картин(к)и picture-book[1] 665
алманах almanac 23
анонимен anonymous 35
анотиран annotated 29
антиква roman type 845
антикварен екземпляр second-hand copy 863
антология anthology 36
аранжирам to adapt 8
аранжировка adaptation, arrangement 9, 43
аранжировка за пиано и пеене piano-song version 663
архив; посмъртен ~ remains 811
атлас atlas 52

базар на книги book fair 107
без името на автора anonymous 35
безплатен free of charge 397
безплатен авторски екземпляр author's copy 62
безплатен допълнителен екземпляр additional copy 11
безплатно free of charge 397
бележка remark 813
бележник pocket book 678
белетристика belles-lettres 73
бестселър best-seller 75
библдрук; хартия ~ bible paper 76
библиография bibliography[1] 77
библиография; специализирана/специална ~ special bibliography 907
библиографски указател bibliography[2] 78
библиология bibliology 79
библиотека library 505
библиотека; заемна ~ lending library 500
библиотека; народна ~ national library 576
библиотека; специална ~ special library 909
библиофилско издание bibliophile edition 80
биография biography 86
бланка form 391
бланка за регистриране на авторското право copyright application form 241
брой number 590
брой на страниците size of the book (in pages) 892
броширам to sew, to stitch 880, 927
броширан stitched 928

брошираиа книга paper-bound book 628
брошура booklet, pamphlet 110, 624
буква letter, type(s)[1] 501, 1001
буква; главна ~ capital letters 134
буквално literal 518
букви; набрани ~ matter 548
булеварден роман cheap novel 153
булевардна литература cheap novel, trash 153, 995
бюлетин bulletin 130
бюлетин (на книги) booklist 111

вариант(а) version 1036
в два тома in two volumes 1042
верен превод faithful translation 369
вестник newspaper 580
вестникарска хартия newsprint 581
взаимност reciprocity 791
вид; външен ~ technical make-up 964
висок релефен печат relief printing 808
витрина shop-window, showcase 886, 889
включивам to insert 452
в мека подвързия cardboard-bound 137
вмъквам to insert 452
вмъквам бели/чисти листа в книга
to interleave 462
време на издаването/излизането
date of publication 279
временно изчерпан
temporarily out of print 967
връзвам; отново ~ в страници
to remake up 812
връзвам в страници to make up 538
връзване на набор в страници
make-up[1] 536
«всички права запазени» "all rights reserved" 22
второ (стереотипно) издание reprint[2] 819
въведение introduction 465
въведение в . . . guardsheet 417
във форма на книга in volume form 471
във формат фолио folio[1] 386
възнаграждение royalty 848
възползуващ се с авторското право
copyright holder 243
възпоменания memoirs 550
външен вид technical make-up 964
външен сътрудник outside collaborator 614
въпросник questionnaire 775
върнати непродадени екземпляри returns 830
вътрешна търговия domestic trade 311

генерално представителство general agency 403
глава chapter 150
главен редактор chief editor, compiled by,
editor-in-chief 155, 194, 337
главна буква capital letters 134
гладък набор plain matter 672
гланцова хартия glazed paper 408
глобален хонорар outright fee 613

годишен annual[2] 33
годишник year-book 1065
годишнина annual volume 34
годишно annual[2] 33
големина на книгата size of the book 892
големина на шрифта body size 98
голямото право "grands droits" 414
готварска книга cookbook 227
готов за изпращане ready for dispatch 787
готов за печат ready for the press 789
готово за печат good for print 412
гравюра engraving 342
гравюра на ноти
engraving of music 343
грамофонна плоча phonograph record 655
график diagram 297
графичен, графически graphic(al) 415
грешка; машинописна ~ typist's error 1012
грешка; печатна ~ misprint 557
грешка на машинопис typist's error 1012
грешка при набиране
error in composition 349
гръб на книга back 68
гъвкава подвързия flexible cover 379

давам за печат(ане) to pass for press 639
давам книгата за стопяване to pulp 773
давност statutory limitation 926
данни; издателски ~ imprint 437
данък tax 957
данък върху дохода income tax 440
данък върху наследство inheritance tax 449
данък върху оборота turnover tax 999
данъчна ставка tax rate 961
данъчно облагане taxation 959
дар от автора в знак на уважение
complimentary copy[2] 201
дата на отпечатването date of printing 278
двуезичен bilingual 81
декларация declaration 281
депозит copyright deposit 242
десетична класификация decimal classification 280
детективски роман crime fiction 264
детска книга children's book 156
детска книга с картинки picture-book[2] 666
детско-юношеска литература
juvenile literature 483
дефектен defective 285
джобен речник pocket dictionary 679
джобно издание pocket-size edition 681
диаграма diagram 297
дипленка throw-out 977
дисертация treatise 996
дискотека record library 795
дневник diary 298
днешен contemporary 217
добавка addendum, supplement[1] 10, 945
договор contract 221
договор; издателски ~ publisher's agreement 762

договор; типов ~ blanket agreement 89
договорен район "contract territory" 223
договор за заемане на музикални материали hire contract 425
договор за представителство agency agreement 19
договор за публично представление/изпълнение contract authorizing public performances 222
договор с издателство publisher's agreement 762
договор със суб-издател sub-publishing agreement 938
доклад lecture, report 495, 817
документация documentation 309
домашен коректор printer's reader 720
допълнение addendum, appendix, completion, supplement[1] 10, 40, 199, 945
допълнителен екземпляр additional copy 11
допълнителен срок extended term 366
допълнителни права subsidiary rights 940
допълнително вмъкнат бял лист interleaf 461
дословен word for word 1053
дословно literal, word for word 518, 1053
доставим available 67
доставка delivery[2] 287
достоверен authentic 53
достояние; обществено ~ domaine public 310
драма play 676
драматизация stage adaptation 916
драматург playwright 677
дружество за реализиране на авторски права copyright protection society 249
дубликат duplicate 318
дума word 1052
дума; заглавна ~ entry 346
думи text 971
думите (на песен) lyrics 532
духовно имущество intellectual property 458
дълбок печат intaglio printing 457
държа на склад to stock 930
дял part 636
дясната страница на отворена книга right-hand page 842

единствено представителство exclusive agency 356
еднократна такса при заемане на музикални материали supplementary hire fee 948
едро напечатано заглавие headline 424
ежедневник newspaper 580
език language 486
екземпляр copy[3] 230
екземпляр; антикварен ~ second-hand copy 863
екземпляр; безплатен авторски ~ author's copy 62
екземпляр; безплатен допълнителен ~ additional copy 11
екземпляр; машинописен ~ typescript 1005
екземпляр; неразрязан ~ unopened copy 1023
екземпляр; номериран ~ numbered copy 591
екземпляр; пробен ~ advance copy, examination copy, specimen copy 13, 353, 911
экземпляр за задължително предаване на библиотека deposit copy 292
екземпляр за рецензия review copy 835
екземпляри; останали/върнати непродадени ~ returns 830
екземпляри; повредени ~ damaged copies 275
експедиция delivery[1] 286
емблема на издателство publisher's emblem 764
енциклопедически речник encyclop(a)edia 341
енциклопедия encyclop(a)edia 341
есе essay 350

животопис biography 86
жилищен адрес address 12

забавна литература light reading 512
забележка remark 813
забележка под линия footnote 389
завеждащ отдел пропаганда publicity manager 753
заглавие publication[2], title 750, 979
заглавие; едро напечатано ~ headline 424
заглавие; тлъсто напечатано ~ headline 424
заглавие на глава chapter heading 151
заглавна дума entry 346
заемане lending 499
заемна библиотека lending library 500
заинтересуваните interested readers 460
закон law 487
запас inventory, stock 467, 929
запас; неприкосновен ~ minimum stock 555
започвам нов ред to indent 443
за преглед on approval 599
застраховка insurance 456
зачеркване cancelling 133
защитен от авторско право "protected by copyright" 745
звукопис recording, sound recording 794, 905
знак; коректурен ~ proof-correction symbol 739
знак за авторските права copyright[2] 237

ивица; рекламна ~ advertising strip 17
избор selection[2] 867
избрани откъси selected passages 865
избрани творби selection[1] 866
извадка excerpt(s) 354
известия transactions 986
извлечение за пиано piano score 662

извлечение от сметка statement of account 924
извор source 906
издавам to publish 756
издавам неподвързано to paperback 627
издавам фактура to invoice 469
издаване edition[1] 328
издаване в продължения serialization 875
издава се скоро to appear shortly 39
издаден от... published by 758
издание edition[1, 2], publication[2] 328, 329, 750
издание; библиофилско ~ bibliophile edition 80
издание; второ (стереотипно) ~ reprint[2] 819
издание; джобно ~ pocket-size edition 681
издание; неавторизирано ~ pirated edition 669
издание; ново ~ new edition 578
издание; оригинално ~ first edition 376
издание; пиратско ~ pirated edition 669
издание; популярно ~ paperback 626
издание; преработено ~ revised edition 839
издание; пълно ~ complete edition 196
издание; първо(начално) ~ first edition 376
издание; разкошно ~ de luxe edition 290
издание; разширено ~ enlarged edition 344
издание; стандартно ~ standard edition 920
издание; съвместно ~ joint edition 479
издание; съкратено ~ abridged edition 3
издание на ... език version 1036
издание с неподшити листа loose-leaf book 528
издание с свободни листа loose-leaf book 528
издание с твърда подвързия hardcover (edition) 422
издател publisher 759
издателска къща publishing house 769
издателска редакция editorial department[1] 333
издателски данни imprint 437
издателски договор publisher's agreement 762
издателски каталог publisher's catalogue 763
издателски разноски costs of publishing 258
издателски редактор publisher's reader 765
издателско каре colophon, imprint 175, 437
издателско право publishing rights 771
издателство publishing house 769
издателство; музикално ~ musical publisher 571
издателство; първоначално ~ original publisher(s) 607
изземвам от обращение to withdraw from circulation 1050
изказване на благодарности (към сътрудниците) acknowledgements 7
изключителен exclusive 355
излизам (от печат) to appear 37
излиза наскоро от печат to appear shortly 39
излизане appearance 38
излизане; преди ~то in the press 464
излизащ на три месеци quarterly 774
излишък от запаси overstock 615
изложба exhibition 361
изложба на книги book exhibition 106
изложение treatise 996
изложение; късо ~ abstract 5
изложение; съкратено ~ digest 300
изложени стоки showcase 889
изменение change 148
изплащане на части instalment 453
използувана литература bibliography[2] 78
използуване utilization 1031
изправен формат upright format 1028
изпращане delivery[1] 286
изпродаден out of stock 612
изпълнение delivery[2], performance[1, 2] 287, 645, 646
изпълнение; полиграфско ~ book design 105
изпълнение; публично ~ public performance 754
изпълнител performing artist 647
изработвам to elaborate 339
изрезка от вестник press cutting 701
източник source 906
изчерпан out of print, out of stock 611, 612
изявление declaration 281
илюстрационна хартия art paper 47
илюстрация figure[1], illustration, picture 372, 431, 664
имам на склад to stock 930
име name 573
име на автора name of author 575
именник list 516
имитация copy[2] 229
имущество; духовно ~ intellectual property 458
инвентар inventory 467
институт institute 454
интерес inquiry 451
информация bulletin 130
история history, story 428, 932
ишлеме jobwork 478

кабина stand 919
календар calendar 131
камара; търговска ~ chamber of commerce 147
капаче на обложка jacket-flap 477
капител small capitals 896
каре; издателско ~ colophon, imprint 175, 437
карта map 543
картина figure[1], illustration, picture 372, 431, 664
картонена подвързия cardboard binding 136
картониран cardboard-bound 137
картонче; международно каталожно ~ fiche internationale 370
картотека card index 139
каталог catalog(ue) 142
каталог; издателски ~ publisher's catalogue 763

каталожна цена list price 517
кафяв печат sepia print 872
класификация; десетична ~ decimal classification 280
клише block, cliché 92, 163
клуб на книголюбци book club 104
клуб на любителите на книгата book club 104
книга book 101
книга; брошираната ~ paper-bound book 628
книга; готварска ~ cookbook 227
книга; детска ~ children's book 156
книга; детска ~ с картинки picture-book[2] 666
книга; нова/новоизлязла ~ new publication 579
книга; подшита ~ paper-bound book 628
книга; неподвързана ~ paperback 626
книга; специална ~ professional publication 734
книга в джобен формат pocket-size edition 681
книга в картонена подвързия paper-bound book 628
книга за изкуство art book 44
книга за специалисти professional publication 734
книга на коли copy in sheets 234
книга на листове copy in sheets 234
книга от месеца book of the month 114
книга с картини picture-book[2] 666
книгознание bibliology 79
книгоиздаване publishing trade 772
книгоиздателство publishing house 769
книгопечатане typography 1014
книгопечатница book-printing office, printing office 116, 726
книгопис bibliography[1] 77
«Книгопоща» mail-order business 535
книжар bookseller, retail bookseller 117, 828
книжар ангросист wholesaler 1049
книжарница bookshop, retail bookseller 118, 828
книжарство book trade 119
книжен пазар book market 113
книжка number 590
книжнина; художествена ~ literature 524
кожена подвързия leather binding 494
кола sheet 881
кола; печатна ~ printed sheet 714
кола; пробна печатна ~ advance sheet 15
колегия; редакционна ~ editorial board 332
колективен труд composite work 204
колет package 617
коли; на ~ in flat sheets 447
колектив; авторски ~ corporate author 251
колона column 179
колпортаж colportage 178
комедия comedy 180
коментар commentary 183
комикси comic strip 181
комисионер commission merchant 187
комисионна сделка commission 185
комисионни commissions 186
комитет; редакционен ~ editorial board 332
компендиум compendium 189
компетентност на съдебна инстанция jurisdiction 481
комплектен музикален материал complete set of music material 198
композитор composer 202
композиция composition[1] 205
комюнике press release 702
конвенция convention 226
Конвенцията в Берн Berne Convention 74
конгрес congress 214
консигнация commission 185
конспект synopsis, table of contents 951, 954
контракт contract 221
контролен екземпляр reference copy 802
конференция conference 213
копие copy[1, 2] 228, 229
копие; фотографско ~ photographic print 658
копие; хелиографно ~ blueprint[1] 93
коректор proof-reader 740
коректор; домашен ~ printer's reader 720
коректура correction, hand proof 254, 421
коректура на страници page proof 621
коректура на шпалти reading (the) galley proofs 786
коректурен знак proof-correction symbol 739
коректурен отпечатък galley proof 401
корекция; авторска ~ author's corrections 63
кореспонденция correspondence 256
коригиране correction 254
корица boards 97
кратко ръководство compendium 189
кратко съдържание outline(s)[1] 609
кратък concise 208
криминален роман crime fiction 264
критик critic 265
критика critique 266
кръг на читателите interested readers 460
ксерография xerography 1063
курсив, курсивен шрифт italics 475
късо изложение abstract 5
къща; издателска ~ publishing house 769

легенда key 485
лектор publisher's reader 765
лекторат editorial department[1] 333

лекция lecture 495
лента; магнитофонна ~ tape 956
либретист author[2], librettist 54, 506
либрето на опера libretto 507
линотип linotype 514
лист sheet, sheets 881, 882
лист; заглавен ~ guardsheet 416
лист; прозрачен ~ transparent foil 993
лист; разгъваем ~ throw-out 977
лист; сигнален ~ advance sheet 15
лист; хвърчащ ~ leaflet 492
литература background material, literature 69, 524
литература; булевардна ~ cheap novel, trash 153, 995
литература; детско-юношеска ~ juvenile literature 483
литература; забавна ~ light reading 512
литература; използувана ~ bibliography[2] 78
литература; популярна ~ general books 404
литературно наследство remains 811
лявата страница на отворена книга verso 1037

магнитофонна лента tape 956
макет за корица model cover 559
макет на книгата dummy 317
макулатура spoiled sheet 915
малките букви small letters 897
малките права "petits droits" 654
мапа за книга slip case 894
мастило; печатарско ~ printer's ink 719
материал; комплектен музикален ~ complete set of music material 198
материали copy[4] 231
материали; музикални ~ под наем material on hire 546
материали; писмени ~ paper(s) 631
материали на конференцията transactions 986
материали на съвещанието transactions 986
матрица matrix 547
машина; наборна ~ composing machine 203
машина; наборна линотипна ~ linotype 514
машина; наборна монотипна ~ monotype 563
машинопис manuscript, typescript 542, 1005
машинописен екземпляр typescript 1005
машинописна грешка typist's error 1012
международно каталожно картонче fiche internationale 370
мека подвързия binding in paper covers, paper-cover(s) 85, 629
мемоари memoirs 550
менителница bill of exchange 82
меродавен труд standard work 922
месечник monthly publication 564
месечно списание monthly publication 564
микрокопие micro-copy 552
микрофилм microfilm 553
митническа тарифа customs tariff 271
митнически преглед customs clearance 269
мито customs 268
многоезичен polyglot 685
модификация change 148
молитвеник prayer-book 694
монография monograph 562
монополно разпространяване exclusive distribution 357
морално авторско право droit moral 316
музика music 568
музика; театрална ~ stage music 917
музикални материали под наем material on hire 546
музикално издателство music publisher 571
музикално произведение composition[1], printed music 205, 713
мутация duplicate print, parallel print 319, 635
мюзикъл musical 569

набирам to set up 879
набиране composition[2], setting up in type 206, 878
набиране на отпечатани коли gathering 402
набор composition[2], matter, setting up in type 206, 548, 878
набор; гладък ~ plain matter 672
набор; съхранен ~ standing type 923
наборна линотипна машина linotype 514
наборна машина composing machine 203
наборна монотипна машина monotype 563
наборна плоскост/площ type area 1003
набрани букви matter 548
нагаждам to adapt 8
надпис в края на книга colophon 175
надпис на картина/на фигура legend 498
наемен труд jobwork 478
най-търсена книга best-seller 75
на коли in flat sheets 447
наличен available 67
наличност inventory 467
наличност; складова ~ stock 929
налог tax 957
наложен платеж cash on delivery 141
написан на пишеща машина typewritten 1010
напречен oblong 594
напречен формат oblong format 595
народна библиотека national library 576
нарушение на авторското право infringement of copyright 448
нарушение на договор breach of contract 123
наръчен речник practical dictionary 693
наръчник handbook, outline(s)[2], reference book 419, 610, 801
на своя сметка for own account 393
наследник successor 942
наследство; литературно ~ remains 811
наука science 855
научен труд scientific publication 857
научна фантастика science fiction 856
научно-популярен popular[2] 687
научно-фантастичен разказ/роман science fiction 856

на цялата страница full-page 400
неавторизиран unauthorized 1018
неавторизирано издание pirated edition 669
незаконно препечатано издание pirated edition 669
незащитен non-protected 585
неиздаден unpublished 1024
неизключителен non-exclusive 583
неизменен unchanged 1021
необлагаем tax-free 960
необмитваем duty-free 322
неорязан untrimmed 1026
непечатан unpublished 1024
неподвързан unbound 1019
неподвързана книга paperback 626
непотребна хартия spoiled sheet 915
неприкосновен запас minimum stock 555
непроменен unchanged 1021
непълен defetive 285
неразрязан екземпляр unopened copy 1023
несъкратен unabridged 1015
нетна цена net price 577
неустойка penalty 642
нова книга new publication 579
новела short story 888
новелист novclist 588
ново издание new edition, re-issue 578, 807
новоизлязла книга new publication 579
номерация на колите numbering of sections 592
номериран екземпляр numbered copy 591
номериране на колите numbering of sections 592
номер на лист folio[2] 387
норма на митническа тарифа customs rate 270
нотна хартия music paper 570

обвивка cover 259
обвивка; предпазна ~ book-jacket 109
обезщетение indemnification 442
обем size of the book 892
обем на книгата total number of pages 982
обзор review[2] 833
облагане; данъчно ~ taxation 959
обложка book-jacket 109
обмитваем dutiable 321
обработвам to compile 193
образ figure[1], illustration, picture 372, 431, 664
общ брой на страниците total number of pages 982
обществено достояние domaine public 310
общи творби general books 404
общ труд composite work 204
обява advertisement 16
обяснение explanation 364
обяснение на условните знаци key 485
окръжно circular 158
опаковъчни разноски packing costs 618

оригинален original 604
оригинален текст original text 608
оригинал на рисунка artwork 48
оригинално издание first edition 376
орязан trimmed 998
освободен от данъци/от налози tax-free 960
основен шрифт на книжното тяло body type 99
основи на ... outline(s) 610
основна цена basic price 72
останали непродадени екземпляри returns 830
остатък от тираж на книга remainders 810
отбелязване на авторското право copyright notice 245
отбив deduction 284
отдел; завещан ~ пропаганда publicity manager 753
отдел; производствен ~ production department 733
отдел; технически ~ production department 733
отделен отпечатък offprint 597
отзив review[1] 832
отзив за книга от издателя blurb 95
отново връзвам в страници to remake up 812
отпечатвам to pass for press, to print 639, 711
отпечатване printing 722
отпечатък proof 738
отпечатък; коректурен ~ galley proof 401
отпечатък; отделен ~ offprint 597
отпечатък; пробен ~ при многоцветен печат progressive colour proof 735
отстъпка discount 305
отчет account, report, statement of account 6, 817, 924
оферта offer 596
оформление technical make-up 964
оформяне book design 105
оформяне на текста copy preparation 235
офсетов печат offset printing 598
очерк compendium, sketch 189, 893

пагинация pagination 623
пагинирам to paginate 622
пазар market 544
пазар; книжен ~ book market 113
пакет package 617
панаир за книги book fair 107
параграф paragraph 634
паралелен отпечатък duplicate print 319
партитура score 858
партитура в джобен формат pocket score 680
парче piece 667
периодика periodicals 652
периодичен periodical[2] 651
песен song 903
песнопойка song-book 904

печат press[1], print[1,2] 699, 707, 708
печат; висок релефен ~ relief printing 808
печат; дълбок ~ intaglio printing 457
печат; кафяв ~ sepia print 872
печат; офсетов ~ offset printing 598
печат; под ~ in the press 464
печат; релефен ~ embossing, stamping 340, 918
печат; ротационен дълбок ~ rotogravure 846
печат; трицветен ~ three-colour process 975
печат; четирицветен ~ four-colour process 395
печатам to print 711
печатане printing 722
печатано print[2] 708
печатар printer 715
печатарска хартия book paper 115
печатарско мастило printer's ink 719
печатна грешка misprint 557
печатна кола printed sheet 714
печатна хартия printing paper 728
печатница printing office 726
печатно (произведение) print[1], "printed matter" 708, 712
пиеса play 676
пиеса; театрална ~ play 676
пиеса; телевизионна ~ TV-play 1000
пиратско издание pirated edition 669
писан на машина typewritten 1010
писано; после ~ postscript 692
писател writer[1] 1059
писателски псевдоним literary pseudonym 522
писмени материали paper(s) 631
писмено in writing 472
писмо letter 502
пиша to write 1058
плагиат plagiarism 671
плакат poster 688
план; тематичен ~ publishing programme 770
планиране design[2] 294
пласиране, пласмент marketing 545
пластмасова подвързия plastic binding 673
платеж payment 641
платеж; наложен ~ cash on delivery 141
плащане payment 641
плоскост; наборна ~ type area 1003
плоча; грамофонна ~ phonograph record 655
площ; наборна ~ type area 1003
поверяване commission 185
повест short story 888
повредени екземпляри damaged copies 275
подвързан bound 122
подвързан в картон cardboard-bound 137
подвързвам to bind 83
подвързия binding, cover 84, 259
подвързия; гъвкава ~ flexible cover 379
подвързия; картонена ~ cardboard binding 136
подвързия; кожена ~ leather binding 494
подвързия; мека ~ binding in paper covers 85
подвързия; пластмасова ~ plastic binding 673
подвързия; цяла платнена ~ cloth binding 165
подготвям за печат to edit[2] 324
подзаглавие subtitle 941
подлежащ на данъци/на налози taxable 958
подлежащ на мито dutiable 321
под печат in the press 464
подписка book 108
подражание imitation 433
подраздел subchapter 934
под редакцията на ... compiled by, edited by 194, 325
подшивам to sew, to stitch 880, 927
подшиване; спирално ~ spiral binding 914
подшит stitched 928
подшита книга paper-bound book 628
поезия poetry 684
поет poet 683
позив leaflet 491
показалец на автори author index 56
полиграфско изпълнение book design 105
полица bill of exchange 82
понижена цена special price 910
поправено издание corrected edition 253
поправка correction 254
поправка; авторска ~ author's corrections 63
поправям to correct 252
поправяне correction 254
популярен popular[1] 686
популярна литература general books 404
популярно издание paperback 626
поредица series 876
поръчение commission 185
поръчка order 603
поръчка; постоянна ~ standing order 922
поръчки; текущи ~ standing order 922
посветен dedicated 282
посвещение dedication 283
посвещение; с ~ dedicated 282
послепис postscript 692
после писано postscript 692
послеслов epilogue 347
посмъртен posthumous 689
посмъртен архив remains 811
посмъртен труд posthumous work 690
посмъртни съчинения remains 811
посмъртно издание posthumous work 690
посочване на източници background material 69
поставям под печат to edit[2] 324
постер poster 688
постоянна поръчка standing order 922
постскриптум postscript 692
почерк script[1] 861
пощенски колет post parcel 691
пояснение commentary 183

права; филмови ~ film rights 375
права за филмиране film rights 375
правила regulation 805
право law 487
право; авторско ~ copyright[1] 236
право; авторското ~ на литературни и художествени творби literary and artistic copyright 520
право; голямото ~ "grands droits" 414
право; допълнителни права subsidiary rights 940
право; издателско ~ publishing rights 771
право; малките права "petits droits" 654
право; морално авторско ~ droit moral 316
право; телевизионни права television-broadcasting rights 966
право; търговско ~ commercial law 184
право за използване по закона legal licence 497
право за изпълнение performing right(s) 648
право за механическо размножение mechanical reproduction rights 549
право за монополна продажба sole selling rights 902
право за монополно разпространяване exclusive distribution 357
право за предаване по радио boroadcasting right(s) 126
право за представление performing right(s) 648
право за препечатване licence of reprinting 509
право за размножаване right(s) of reproduction 843
право за филмиране film rights 375
право на издаване publishing rights 771
правоприемник successor 942
прав формат upright format 1028
правя рекламация to lodge a claim 527
празна страница blank[1] 87
празно място в началото на нова глава break 124
превеждам to translate 990
превод translation 991
превод; авторизиран ~ authorized translation 60
превод; верен ~ faithful translation 369
превод; суров ~ literal translation 519
преглед review[2], revision 833, 840
преглед; за ~ on approval 599
преглед; митнически ~ customs clearance 269
предаване transmission 992
предговор preface 695
преди излизането in the press 464
предложение offer 596
предложение за цена quotation[2] 777
предметен указател subject index 936
предметна рубрика (в каталог) subject heading 935
предоставям на разположение to place at somebody's disposal 670
предпазна обвивка book-jacket 109
предпазна тънка хартия guardsheet 416
предписание regulation 805
предприятие за изпращане на книги по поща mail-order business 535
представителство; генерално ~ general agency 403
представителство; единствено ~ exclusive agency 356
представление performance[2] 646
представление; публично ~ public reading 755
представление; първо ~ première 697
преиздаване re-issue 807
премиера première 697
препечатване reprint[1] 818
препечатване в печата/в пресата reprint(ing) in the press 820
препис copy[1] 228
преписвам to copy 232
преработвам to adapt, to rewrite 8, 841
преработен revised 838
преработено издание revised edition 839
преработка adaptation 9
преса press[1] 699
претопявам to pulp 773
прехвърляне на права assignment[1] 50
прибавка annex, appendix 28, 40
приемник successor 942
приложение annex, appendix, supplement[2] 28, 40, 946
принос contribution 224
притежател на авторското право copyright owner 246
притурка annex, appendix, supplement[1, 2] 28, 40, 945, 946
пробен екземпляр advance copy, examination copy, specimen copy 13, 353, 911
пробен отпечатък при многоцветен печат progressive colour proof 735
пробна печатна кола advance sheet 15
провизион commissions 186
продаване, продажба sale(s) 849
продажба на ноти sheet music sales 884
продажна цена sales price 850
продължение continuation 219
проект design[2] 294
проект за корица cover design 260
проза prose 743
прозрачен лист transparent foil 993
прозрачна хартия; тънка ~ onion-skin 601
произведение; музикално ~ composition[1], printed music 205, 713
производствен отдел production department 733
променям change 149
пропаганда publicity 752
проспект prospectus 744

протокол protocol 747
проучване paper(s), study 631, 933
псевдоним pseudonym 748
псевдоним; писателски ~ literary pseudonym 522
публикация publication[1, 2], work 749, 750, 1055
публикувам to publish 756
публикуване appearance, publication[1] 38, 749
публично изпълнение public performance 754
публично представление public reading 755
публично четене public reading 755
пункт; типографски ~ typographical point 1013
пълен complete 195
пълно издание complete edition 196
пълно събрание на произведенията complete (collection of) works 197
първо издание first edition 376
първоначален текст original text 608
първоначално издание first edition 376
първоначално издателство original publisher(s) 607
първо представление première 697

рабат discount 305
работен екземпляр reference copy 802
равностойност consideration 215
радиопиеса radio-play 778
радиопредаване, радиоразпръскване broadcast(ing) 125
разглеждам to review 834
разгъваем лист throw-out 977
раздел paragraph, part 634, 636
разделяне distribution[2] 307
разказ short story, story 888, 932
разкошно издание de luxe edition 290
размер(и) format 392
размножаване reproduction[2] 822
размяна на писма correspondence 256
разноски; опаковъчни ~ packing costs 618
разноски за амбалаж/за опаковане packing costs 618
разноски по отпечатването printing costs 723
разпределение distribution[2] 307
разпродавам to remainder 809
разпродаден out of print 611
разпространяване distribution[1], marketing 306, 545
разпространяване; монополно ~ exclusive distribution 357
разрешение за печатане imprimatur 436
разходи expenses 363
разширено издание enlarged edition 344
район; договорен ~ "contract territory" 223
район за пласиране territory of distribution 970
растър screen 859
ревизия revision 840
регистрация на авторското право copyright registration 250
регистриране на авторското право copyright application 240
регистър list 516
редактирам to compile, to edit[1] 193, 323
редактор compiled by, editor[1, 2] 194, 330, 331
редактор; главен ~ chief editor, editor-in-chief 155, 337
редактор; издателски ~ publisher's reader 765
редакционен комитет editorial board 332
редакционна колегия editorial board 332
редакция editing, editorial department[2], editorial offices, version 327, 334, 336, 1036
редакция; издателска ~ editorial department[1] 333
редакция; под ~та на ... edited by 325
редколегия editorial board 332
резервен фонд reserve stock 826
резюме abstract, outline(s)[1], summary, synopsis 5, 609, 943, 951
резюмиран concise 208
реклама и информация publicity 752
рекламация claim 161
рекламация; правя ~ to lodge a claim 527
рекламна ивица advertising strip 17
релефен печат embossing, stamping 340, 918
репрография reprography 823
репродукция copy[2], reproduction[2] 229, 822
репродукция; художествена ~ artistic print 46
ретуширам to touch up 983
реферат account, report 6, 817
рецензент critic 265
рецензирам to review 834
рецензия review[1] 832
реч language 486
речник dictionary 299
речник; джобен ~ pocket dictionary 679
речник; енциклопедически ~ encyclop(a)edia 341
речник; наръчен ~ practical dictionary 693
рисунка design[1] 293
рисунка; щрихова ~ line drawing 513
рисунка в текста text illustration 973
ролна хартия newsprint 581
роман fiction, novel 371, 586
роман; булеварден ~ cheap novel 153
роман; детективски ~ crime fiction 264
роман; криминален ~ crime fiction 264
роман; сензационен ~ thriller 976
роман, визиращ съвременността "roman à clef" 844
романист (писател) novelist 588
ротационен дълбок печат rotogravure 846
рубрика; предметна ~ subject heading 935
ръководство guardsheet, handbook, outline(s)[2] 417, 419, 610
ръководство; кратко ~ compendium 189
ръкопис copy[4], manuscript 231, 542

сбирка collection, selection[2] 172, 867
сбит concise 208
сборник collection 172
свезка booklet 110
светлопечат phototype 660
Световна конвенция по авторското право
Universal Copyright Convention 1022
свободен от мито duty-free 322
свързвам на страници to make up 538
свързване на отпечатани коли gathering 402
сгъстен concise 208
сгъстяване abstract 5
сделка; комисионна ~ commission 185
седмичен weekly[2] 1044
седмичник weekly[1] 1043
сензационен роман thriller 976
серия serial, series 874, 876
сигнален лист advance sheet 15
силно гланцирана хартия
super-calendered paper 944
сказка lecture 495
скица sketch 893
скица за извършване на набора и свързването му в страници layout[1] 488
складиране storage 931
складова наличност stock 929
скъсяване abridgment 4
слагам под печат to pass for press 639
следва to be continued 220
словник vocabulary 1038
словослагател compositor 207
сметка invoice 468
сметка; на своя ~ for own account 393
снимка; фотографска ~ photograph 657
специализирана библиография
special bibliography 907
специална библиография special bibliography 907
специална библиотека special library 909
специална книга professional publication 734
специална цена special price 910
специално списание special journal 908
спецификация delivery note 288
спирално подшиване spiral binding 914
списание periodical[1] 650
списание; месечно ~
monthly publication 564
списание; специално ~
special journal 908
списания periodicals 652
списък list 516
списък на думи vocabulary 1038
списък на купувачи mailing list 534
списък на печатни грешки errata 348
спомени memoirs 550
споразумение contract 221
справочник reference book 801
справочник в джобен формат
pocket-size edition 681
срок; допълнителен ~ extended term 366
срок за доставка time of delivery 978
срок за запазено право на авторство
period of protection 653
срок на доставката date of delivery 277
срок на производството
term of production 968
ставка; данъчна ~ tax rate 961
стандартен труд standard work 922
стандартно издание standard edition 920
статия article, contribution 45, 224
с твърда подвързия
hardcover (edition) 422
стихотворение poem 682
стойност по ценоразписа list price 517
стоки; изложени ~ showcase 889
сторнирам (поръчка)
to cancel (an order) 132
стоящ формат upright format 1028
страница page 619
страница; лявата ~ на отворена книга
verso 1037
страница; на цялата ~ full-page 400
страница; празна ~ blank[1] 87
страница; титулна ~ title page 980
страници пред текста prelims 696
студия paper(s), study 631, 933
суб-издател sub-publisher 937
сума на фактурата invoice amount 470
суперобложка book-jacket 109
суров превод literal translation 519
схема diagram 297
сценарий scenario 852
съавтор co-author 166
съавторство co-authorship 167
съвещание conference 213
съвместен труд composite work 204
съвместно издание joint edition 479
съвременен contemporary 217
съгласие от автора author's consent 61
съдържание contents 218
съдържание; кратко ~ outline(s)[1] 609
съдържание на книга table of contents 954
съкратено издание abridged edition 3
съкратено изложение digest 300
съкращаване abridgment 4
съкращение abbreviation 1
съобщение bulletin, communication 130, 188
съставен от ... compiled by 194
съставям to compile 193
сътрудник contributor 225
сътрудник; външен ~
outside collaborator 614
съхранение storage 931
съхранен набор standing type 923
съхранявам to keep standing 484
съчинение work 1055
съчинения; посмъртни ~ remains 811

таблица plate[1], table 674, 953
таблица; цвятна ~ colo(u)r plate 176
такса; еднократна ~ при заемане на музикални материали supplementary hire fee 948
такса за заемане на музикални материали hire fee 426
тарифа price list 705
тарифа; митническа ~ customs tariff 271
творби; общи ~ general books 404
театрална музика stage music 917
театрална пиеса play 676
тегло на хартията paper weight 632
текст text 971
текст; оригинален/първоначален ~ original text 608
текст върху капачето на обложката blurb-text 96
текущи поръчки standing order 922
телевизионна пиеса TV-play 1000
телевизионни права television-broadcasting rights 966
телевизия television 965
тематичен план publishing programme 770
тетрадка pamphlet 624
тефтерче pocket-book 678
технически отдел production department 733
типов договор blanket agreement 89
типограф printer 715
типография typography 1014
типографски пункт typographical point 1013
типографско оформление layout[2] 489
тираж edition[2], size of edition 329, 890
титул title page 980
титулна страница title page 980
тлъсто напечатано заглавие headline 424
тлъст шрифт bold face 100
току-що излезе от печат just issued 482
том volume 1040
том; в два ~а in two volumes 1042
том от картини/от илюстрации volume of illustrations 1041
транскрипция transcription 988
тримесечен quarterly 774
трицветен печат three-colour process 975
труд work 1055
труд; колективен ~ composite work 204
труд; меродавен ~ standard work 921
труд; наемен ~ jobwork 478
труд; научен ~ scientific publication 857
труд; общ ~ composite work 204
труд; стандартен ~ standard work 921
труд; съвместен ~ composite work 204
труд с продължения serial 874
туш Indian ink 445
тълкуване explanation 364
тъька, като ципата на лук, прозрачна хартия onion-skin 601
търговец с книги на комисионни начала wholesale distributing agent 1047
търговия trade 985
търговия; вътрешна ~ domestic trade 311
търговия с книги book trade 119
търговия с книги на едро wholesale book trade 1046
търговска камара chamber of commerce 147
търговско право commercial law 184
търсене demand 291

увод introduction, preface 465, 695
увод в ... guide(-book) 417
удръжка deduction 284
удължен oblong 594
указание за набиране на текста printing order 727
указател; библиографски ~ bibliography[2] 78
указател; предметен ~ subject index 936
указател на автора author index 56
упълномощаване authorization 57
условия за доставката terms of delivery 969
учебник guardsheet, manual, school-book 417, 540, 854

факсимиле facsimile 368
фактура delivery note, invoice 288, 468
фалц fold 383
фантастика; научна ~ science fiction 856
фигура figure[1], illustration 372, 431
филмиране use in film 1030
филмови права film rights 375
фолиант folio[1] 386
фолио; във формат ~ folio[1] 386
фонд; резервен ~ reserve stock 826
форзац fly-leaf 280
форма; във ~ на книга in volume form 471
формат format 392
формат; изправен ~ upright format 1028
формат; напречен ~ oblong format 595
формат; прав ~ upright format 1028
формат; стоящ ~ upright format 1028
формат фолио folio[1] 386
формуляр form 391
формуляр за регистриране на авторското право copyright application form 241
фото photo 657
фотографска снимка photograph 657
фотографско копие photographic print 658
фотокопие photocopy 656
фототипия phototype 660
фронтиспис frontispiece 399

хартия paper 625
хартия; вестникарска ~ newsprint 581
хартия; гланцова ~ glazed paper 408
хартия; илюстрационна ~ art paper 47

хартия; непотребна ~ spoiled sheet 915
хартия; нотна ~ music paper 570
хартия; печатарска ~ book paper 115
хартия; печатна ~ printing paper 728
хартия; ролна ~ newsprint 581
хартия; силно гланцирана ~
super-calendered paper 944
хартия; тънка (като ципата на лук) прозрачна ~
onion-skin 601
хартия библдрук bible paper 76
хартия за ноти music paper 570
хартия за ротативна машина
newsprint 581
хартия от дървесина wood-pulp paper 1051
хартия холцфрай paper without wood-pulp 633
хвърчащ лист leaflet 492
хелиографно копие blueprint[1] 93
хонорар royalty 848
хонорар; глобален ~ outright fee 613
хонорар за радиопредаване
broadcasting royalty 127
христоматия selected passages, selection[2] 865, 867
художествен печат artistic print 46
художествена книжнина literature 524
художествена репродукция artistic print 46

цвятна таблица colo(u)r plate 176
цена price 703
цена; каталожна ~ list price 517
цена; нетна ~ net price 577
цена; основна ~ basic price 72
цена; понижена ~ special price 910
цена; продажна ~ sales price 850
цена; специална ~ special price 910
цена на броширан екземпляр
price calculated on the stitched copy 704
цена на дребно retail price 829
цена на едро wholesale price 1048
цена на подшит екземпляр
price calculated on the stitched copy 704
цена по каталога catalog(ue) price 143
цензура censorship 145
ценоразпис price list 705
циркуляр circular 158
цитат citation 160
цифра number 589
цяла платнена подвързия
cloth binding 165

част excerpt(s), part 354, 636
чек cheque 154
черен шрифт bold face 100
чета to read 780
четене; публично ~ public reading 755
четирицветен печат four-colour process 395
число number[1] 589
читанка reading book 785
читател reader[1] 781

шкаф showcase 889
шмутцтитул half-title 418
шпалта column 179
шрифт print[1, 2], script[1],
type[2] 707, 708, 861, 1002
шрифт; курсивен ~ italics 475
шрифт; основен ~ на книжното тяло
body type 99
шрифт; тлъст ~ bold face 100
шрифт; черен ~ bold face 100

щампа artistic print, print[2] 46, 708
щанд stand 919
щимове за оркестър
orchestral parts 602
щрихова рисунка line drawing 513

CROATIAN — HRVATSKI

a, b, c, č, ć, d, dž, đ, e, f, g, h, i, j, k, l, lj, m, n, nj, o, p, r, s, š, t, u, v, z, ž

abonman subscription 939
adaptacija adaptation 9
adaptacija; scenska ~ stage adaptation 916
adaptiranje za film use in film 1030
adaptirati to adapt 8
adresa address 12
agencija; autorska ~ copyright protection office 248
akontacija na honorar advance royalty 14
album album 21
album slika picture-book[1] 665
almanah almanac, year-book 23, 1065
anoniman anonymous 35
anonsa advertisement 16
anotiran annotated 29
antikva roman type 845
antikvarni primjerak second-hand copy 863
antologija anthology 36
arak sheet 881
arak; numeriranje ~a numbering of sections 592
arak; ogledni ~ advance sheet 15
arak; štampani ~ printed sheet 714
arak; tiskovni ~ printed sheet 714
arak; u ~u in flat sheets 447
aranžman arrangement 43
aranžman za klavir i pjevanje piano-song version 663
atlas atlas 52
autentičan authentic 53
autobiografija autobiography 66
autor author[1, 2] 54, 55
autorizacija authorization 57
autorizirani prijevod authorized translation 60
autorizirano izdanje authorized edition 59
autorizirati to authorize 58
autor-saradnik co-author 166
autorska agencija copyright protection office 248
autorska korektura author's corrections 63
autorski honorar royalty 848
autorsko pravo copyright[1] 236
autorsko pravo; društvo za zaštitu autorskog prava copyright protection society 249
autorsko pravo; moralno ~ droit moral 316
autorsko pravo književnih i umjetničkih djela literary and artistic copyright 520
autorstvo authorship 65
autorstvo; kolektivno ~ co-authorship 167
autorstvo; nepoznata autorstva anonymous 35
avanturistički roman thriller 976

beletristika belles-lettres 73
Bernska konvencija Berne Convention 74
besplatan free of charge 397
besplatni dopunski primjerak additional copy 11
besplatni primjerak author's copy, complimentary copy[2] 62, 201
besplatno free of charge 397
bestseler best-seller 75
bezdrvni papir paper without woodpulp 633
bez uveza unbound 1019
biblijski papir bible paper 76
bibliofilsko izdanje bibliophile edition 80
bibliografija bibliography[1] 77
bibliografija; stručna ~ special bibliography 907
bibliologija bibliology 79
biblioteka library 505
biblioteka; narodna ~ national library 576
biblioteka; stručna ~ special library 909
bilješka remark 813
bilješka; snabdjeven ~ma annotated 29
bilješka o nakladnom i autorskom pravu copyright notice, copyright registration 245, 250
biografija biography 86
bilten bulletin 130
boja; tiskarska ~ printer's ink 711

brisanje cancelling 133
broj number[1, 2] 589, 590
brojno stanje inventory 467
broj stranica total number of pages 982
broširana knjiga paper-bound book 628
broširan(o) stitched 928
broširati to sew, to stitch 880, 927
brošura booklet, leaflet, pamphlet 110, 492, 624
bukvalan literal 518
bukvalno literal, word for word 518, 1053

carina customs 268
carinska stavka customs rate 270
carinska tarifa customs tariff 271
carinjenje customs clearance 269
ceduljni katalog card index 139
cenzura censorship 145
cijanotipijska kopija blueprint[1] 93
cijelostranični full-page 400
cijena price 703
cijena; maloprodajna ~ retail price 829
cijena; osnovna ~ basic price 72
cijena; povlašćena ~ special price 910
cijena; prodajna ~ sales price 850
cijena; velikoprodajna ~ wholesale price 1048
cijena na malo retail price, sales price 829, 850
cijena na veliko wholesale price 1048
cijena po katalogu catalogue price, list price 143, 517
cijena sa popustom special price 910
cijena u mekom uvezu price calculated on the stitched copy 704
cirkularno pismo circular 158
citat citation 160
cjelokupna djela complete (collection of) works 197
cjeloplatneni povez cloth binding 165
cjeloplatneni uvez cloth binding 165
cjenik price list 705
copyright copyright[1, 2] 236, 237
crtež design[1] 293
crtež; linijski ~ line drawing 513

časopis periodical[1] 650
časopis; stručni ~ special journal 908
ček cheque 154
četvorobojno tiskanje four-colour process 395
čisto (netiskano) mjesto nad poglavljem break 124
čitanka reading book 785
čitatelj reader[1] 781
čitati to read 780
članak article, contribution, paper(s) 45, 224, 631

dati u štampu/tisak to pass for press 639
datum izdanja date of printing 278
datum izlaska date of publication 279
datum izlaženja date of publication 279
decimalna klasifikacija decimal classification 280
defektan defective 285
deo part 636
desna strana right-hand page 842
dijagram diagram 297
dijazo-kopija sepia print 872
dio part 636
diskoteka record library 795
distribucija marketing 545
dječja knjiga children's book 156
djelatnost; izdavačka ~ publishing trade 772
djelatnost; nakladna ~ publishing trade 772
djelo work 1055
djelo; cjelokupna djela complete (collection of) works 197
djelo; glazbena djela printed music 713
djelo; izabrana djela selection[1] 866
djelo; standardno ~ standard work 921
djelo; zajedničko ~ composite work 204
djelo; znanstveno ~ scientific publication 857
djelo u nastavcima serial 874
dnevnik diary 298
dobava delivery[2] 287
dodatak addendum, annex, appendix, supplement[1] 10, 28, 40, 945
dokazni primjerak reference copy 802
dokumentacija documentation 309
domaća trgovina domestic trade 311
dopisivanje correspondence 256
dopuna addendum, appendix, completion, supplement[1] 10, 40, 199, 945
dopunska pristojba na materijal supplementary hire fee 948
dopunski primjerak additional copy 11
dopunski svezak annex 28
dopunjavanje completion 199
dopunjeno izdanje enlarged edition 344
doslovan literal 518
doslovno literal, word for word 518, 1053
dostavnica delivery note 288
dotiskano izdanje reprint[2] 819
drama play 676
dramatičar playwright 677
dramski pisac playwright 677
društvo za zaštitu autorskog prava copyright protection society 249
duboki tisak intaglio printing 457
duhovna svojina intellectual property 458
duplikat duplicate 318
dvojezičan bilingual 81
dvostruki otisak duplicate print 319

džepna knjiga pocket-book, pocket-size edition 678, 681
džepna partitura pocket score 680
džepni rječnik pocket dictionary 679
džepno izdanje paperback, pocket-size edition 626, 681

editor editor[2] 331
egzemplar; oštećeni ~i
damaged copies 275
ekranizacija use in film 1030
ekspedicija delivery[1] 286
ekvivalent consideration 215
emblem; izdavački/nakladni ~
publisher's emblem 764
emitiranje; pravo na ~
broadcasting right(s) 125
esej essay 350

faksimil facsimile 368
faktura invoice 468
fakturisati to invoice 469
fet bold face 100
film; adaptiranje za ~
use in film 1030
filmska prava film rights 375
folija transparent foil 993
folio folio[1] 386
fond inventory 467
fond; stalni rezervni ~ minimum stock 555
forma; u formi knjige in volume form 471
format format 392
format; stojeći ~ upright format 1028
format; široki ~ oblong format 595
format; visoki ~ upright format 1028
format sloga type area 1003
formular form 391
formular najave nakladnog i autorskog prava
copyright application form 241
fotografija photograph 657
fotografska kopija photographic print 658
fotokopija photocopy 656
fototipija phototype 660
frontispis frontispiece 399
fusnota footnote 389

generalno zastupstvo general agency 403
gibak uvez flexible cover 379
glava chapter 150
glavni naslov headline 424
glavni urednik editor-in-chief 337
glavni urednik naklade chief editor 155
glazba music 568
glazba; scenska ~ stage music 917
glazbena djela printed music 713
globa penalty 642
glosar vocabulary 1038
godina annual volume 34
godina izdanja date of printing 278
godišnjak year-book 1065
godišnji annual[2] 33
godište annual volume 34
grafički graphic(al) 415
grafičko uputstvo za slaganje
layout[1] 488

488
grafikon diagram 297
gramofonska ploča phonograph record 655
gratis free of charge 397
greška; slagačka ~
error in composition 349
grub prijevod literal translation 519
gusarsko izdanje pirated edition 669

harmonija orchestral parts 602
hartija → papir
historija history 428
honorar royalty 848
honorar; autorski ~ royalty 848
honorar; paušalni ~ outright fee 613
honorar za emitiranje broadcasting royalty 127
hrbat knjige back 68
hrestomatija selection[2] 867

ilustracija figure[1], illustration, picture 372, 431, 664
ilustracija u tekstu text illustration 973
imati na skladištu to stock 930
ime name 573
ime autora name of author 575
ime; književno ~ literary pseudonym 522
ime; lažno ~ pseudonym 748
imensko kazalo author index 56
impresum imprint[1] 437
imprimatur imprimatur 436
imprimiran ready for the press 789
indeks subject index 936
indeks imena author index 56
informacije paper(s) 631
informiranje inquiry 451
institut institute 454
instrukcija za tipografiziranje layout[2] 489
inventar inventory 467
isključiv exclusive 355
isključiva prodaja exclusive distribution 357
isključivo pravo prodaje
sole selling rights 902
isključivo zastupstvo exclusive agency 356
isporuka; rok isporuke time of delivery 978
isporuka; uvjeti isporuke
terms of delivery 969
ispravak correction 254
ispravka correction 254
ispravke errata 348
ispravljati to correct 252
ispunjenje performance[1] 645
istočnik source 906
istorija history 428
izabrana djela selection[1] 866
izabrani ulomci teksta
selected passages 865
izašlo; upravo izašlo iz tiska
just issued 482
izbor selection[2] 867
izdaci expenses 363

izdanje edition[1,2], publication[2] 328, 329, 750
izdanje; autorizirano ~ authorized edition 59
izdanje; bibliofilsko ~ bibliophile edition 80
izdanje; dopunjeno ~ enlarged edition 344
izdanje; dotiskano ~ reprint[2] 819
izdanje; džepno ~ paperback, pocket-size edition 626, 681
izdanje; gusarsko ~ pirated edition 669
izdanje; luksuzno ~ de luxe edition 290
izdanje; novo ~ new edition, re-issue 578, 807
izdanje; originalno ~ first edition 376
izdanje; popravljeno ~ corrected edition 253
izdanje; posmrtno ~ posthumous work 690
izdanje; potpuno ~ complete edition 196
izdanje; prošireno ~ enlarged edition 344
izdanje; prvo ~ first edition 376
izdanje; revidirano ~ revised edition 839
izdanje; skraćeno ~ abridged edition 3
izdanje; standardno ~ standard edition 920
izdanje; zajedničko ~ joint edition 479
izdanje u jeftinom uvezu paperback 626
izdanje u nastavcima serialization 875
izdatak expenses 363
izdati to publish 756
izdavač publisher 759
izdavač; originalni ~ original publisger(s) 607
izdavačeva pohvala na omotaču (knjige) blurb-text 96
izdavačka djelatnost publishing trade 772
izdavačka redakcija editorial department[1] 333
izdavački emblem publisher's emblem 764
izdavački katalog publisher's catalogue 763
izdavački plan publishing programme 770
izdavački ugovor publisher's agreement 762
izdavački znak publisher's emblem 764
izdavačko poduzeće publishing house 769
izdavačko pravo publishing rights 771
izdavanje edition[1], publication[1] 328, 749
izdavati to publish 756
izjava declaration 281
izlaganje summary 943
izlaganje; kratko ~ sadržaja outline(s)[1] 609
izlazak; datum izlaska date of publication 279
izlaziti to appear 37
izlaženje appearance 38
izlaženje; vrijeme/datum izlaženja date of publication 279
izlog shop-window, showcase 886, 889
izložba exhibition 361
izložba knjige book exhibition 106
izmjena change 148
izmjena pisama correspondence 256
iznajmljeni muzički materijal material on hire 546
izneti prigovor to lodge a claim 527
iznos; računski ~ invoice amount 470
iznos računa invoice amount 470
izradio . . . compiled by 194
izraditi to elaborate 339
izraz zahvalnosti acknowledgements 7
izrez iz novina press cutting 701
izvadak; klavirski ~ piano score 662
izvedba performance[2] 646
izvedba; javna ~ public performance 754
izvještaj account, bulletin, report 6, 130, 817
izvod abstract, compendium, synopsis 5, 189, 951
izvod iz sadržaja outline(s)[1] 609
izvođenje performance[2] 646
izvor source 906
izvršenje performance[1] 645

javna izvedba public performance 754
javno predavanje public reading 755
jezik language 486

kalendar calendar 131
kapitel small capitals 896
karta; zemljopisna ~ map 543
kartica; međunarodna kataloška ~ fiche internationale 370
karton; zaštitni ~ slip case 894
kartonirano cardboard-bound 137
kartonski uvez cardboard binding 136
kartoteka card index 139
katalog catalog(ue) 142
katalog; ceduljni ~ card index 139
katalog; izdavački/nakladni ~ publisher's catalogue 763
kazališni komad play 676
kazalo list 516
kazalo imena author index 56
kazalo; imensko ~ author index 56
kazalo; predmetno ~ subject index 936
kazna; ugovorna ~ penalty 642
klapna jacket-flap 477
klasifikacija; decimalna ~ decimal classification 280
klavirski izvadak piano score 662
kliše(j) block, cliché 92, 163
klub prijatelja knjige book club 104
ključ; porezni ~ tax rate 961
knjiga book 101
knjiga; broširana ~ paper-bound book 628
knjiga; dječja ~ children's book 156
knjiga; džepna ~ pocket book, pocket-size edition 678, 681
knjiga; stručna ~ professional publication 734
knjiga; školska ~ school-book 854
knjiga; umjetnička ~ art book 44
knjiga za djecu children's book 156
knjiga mjeseca book of the month 114
knjiga poštom mail-order business 535
knjiga sa nepovezanim/slobodnim listovima loose-leaf book 528
knjiga u mekom uvezu paper-bound book 628
knjige za svakoga general books 404
knjigotisak relief printing 808
knjigoznanstvo bibliology 79

knjižar bookseller, retail bookseller **117, 828**
knjižar; komisionalni ~ wholesale distributing agent **1047**
knjižara bookshop, retail bookseller **118, 828**
knjižar na veliko wholesaler **1049**
knjižarstvo book trade **119**
književna ostavština remains **811**
književnik writer[1] **1059**
književno ime literary pseudonym **522**
književnost literature[1] **524**
književnost; lijepa ~ belles-lettres **73**
književnost; omladinska ~ juvenile literature **483**
književnost; popularna ~ general books **404**
knjižica leaflet[1] **492**
knjižnica library **505**
knjižnica; posudbena ~ lending **500**
knjižnica; pozajmna ~ lending library **500**
knjižnica; stručna ~ special library **909**
knjižni papir book paper **115**
koautor co-author **166**
koautorstvo co-authorship **167**
koji zahvata cijelu stranicu full-page **400**
kolegij; redakcijski ~ editorial board **332**
kolektiv autora corporate author **251**
kolektivno autorstvo co-authorship **167**
koleto package **617**
kolofon colophon, imprint[1] **175, 437**
kolportaža colportage **178**
komad piece **667**
komad; kazališni ~ play **676**
komedija comedy **180**
komentar commentary **183**
komision commission **185**
komisionalni knjižar wholesale distributing agent **1047**
komisionar commission merchant **187**
komora; trgovačka/trgovinska ~ chamber of commerce **147**
kompletan complete **195**
kompletan muzički materijal complete set of music material **198**
kompletne muzikalije complete set of music material **198**
kompozicija composition[1] **205**
kompozitor composer **202**
komunike(j) press-release **702**
konferencija conference **213**
kongres congress **214**
konvencija convention **226**
konvencija; Bernska ~ Berne Convention **74**
konverzacioni leksikon encyclop(a)edia **341**
kopija copy[1] **228**
kopija; cijanotipijska ~ blueprint[1] **93**
kopija; dijazo-~ sepia print **872**
kopija; fotografska ~ photographic print **658**
korektor proof-reader **740**
korektor; kućni ~ printer's reader **720**
korektor tiskare printer's reader **720**
korektura correction **254**
korektura; autorska ~ author's corrections **63**
korektura stupaca reading (the) galley proofs **786**
korektura u stupcu reading (the) galley proofs **786**
korekturni otisak hand proof **421**
korekturni otisak stupca galley proof **401**
korekturni znak proof-correction symbol **739**
korespondencija correspondence **256**
korice boards, cover **97, 259**
korigiranje correction **254**
korišćena literatura bibliography[2] **78**
korišćenje utilization **1031**
kožni uvez leather binding **494**
kratak concise **208**
kratak pregled compendium **189**
kratica abbreviation **1**
kratka priča short story **888**
kratko izlaganje sadržaja outline(s)[1] **609**
kriminalni roman crime fiction **264**
kritičar critic **265**
kritik critic **265**
kritika critique, review[1] **266, 832**
krug čitatelja interested readers **460**
kserografija xerography **1063**
kućni korektor printer's reader **720**
kuhar cookbook **227**
kurentna slova small letters **897**
kurziv, kurzivno pismo italics **475**
kvartalni quarterly **774**

lažno ime pseudonym **748**
legenda key **485**
leksikon encyclop(a)edia **341**
lektor publisher's reader **765**
letak leaflet[1] **492**
libretist(a) author[2], librettist **55, 506**
libreto libretto **507**
licencija; zakonska ~ legal licence **497**
lijepa književnost belles-lettres **73**
likovni prilog plate[1] **674**
linijski crtež line drawing **513**
linotip linotype **514**
list newspaper, sheets **580, 882**
list; naslovni ~ title page **980**
list; preklopni ~ throw-out **977**
list; priloženi ~ supplement[2] **946**
list; prošiven čist ~ interleaf **461**
list; tanak zaštitni ~ guardsheet **416**
list; ubačeni ~ interleaf **461**
list; umetnut čist ~ interleaf **461**
list; upitni ~ questionnaire **775**
list; zaštitni ~ guardsheet **416**
lista list **516**
listić reklame blurb **95**
literatura background material, bibliography[1], literature[1] **69, 77, 524**
literatura; zabavna ~ cheap novel, light reading **153, 512**

luksuzno izdanje de luxe edition 290
ljetopis year-book 1065

magnetofonska traka/vrpca tape 956
majuskula capital letters 134
maketa dummy 317
makulatura spoiled sheet 915
makulirati to pulp 773
mala partitura pocket score 680
»mala prava« "petits droits" 654
mala slova small letters 897
mali rječnik vocabulary 1038
maloprodajna cijena retail price 829
manjkav defective 285
mapa; zemljopisna ~ map 543
masna slova bold face 100
mašina; slagarska ~ composing machine 203
materijal; iznajmljeni muzički ~
material on hire 546
materijal; kompletan muzički ~
complete set of music material 198
materijal (sa) konferencije transactions 986
matrica matrix 547
međunarodna kataloška kartica
fiche internationale 370
meki uvez paper cover(s) 629
meko uvezati to sew 880
memoari memoirs 550
mijeniti to change 149
mikrofilm microfilm 553
mikrokopija micro-copy 552
minuskula small letters 897
mjenica bill of exchange 82
mjesečnik monthly publication 564
mnogojezičan polyglot 685
modifikacija change 148
molitvenik prayer-book 694
momentalno rasprodano temporarily out of print 967
monografija monograph 562
monotip monotype 563
moralno autorsko pravo droit moral 316
motivi; orkestarski ~ orchestral parts 602
musical musical 569
mutacija duplicate print, parallel print 319, 635
muzika music 568
muzikalije printed music 713
muzikalije; kompletne ~
complete set of music material 198

nacrt design[2], sketch 294, 893
nacrt korica cover design 260
nacrtno uputstvo za slaganje layout[1] 488
načiniti robni račun to invoice 469
nadležni sud, nadležnost suda jurisdiction 481
najamni rad jobwork 478
najava nakladnog i autorskog prava
copyright application 240
naklada edition[2], size of edition 329, 890
naklada; pravo naklade publishing rights 771
naklada; preostala ~ remainders 810
nakladna djelatnost publishing trade 772
nakladna redakcija editorial department[1] 333
nakladni emblem publisher's emblem 764
nakladnik publisher 759
nakladni katalog publisher's catalogue 763
nakladni plan publishing programme 770
nakladni ugovor publisher's agreement 762
nakladno i autorsko pravo copyright[1] 236
nakladno poduzeće publishing house 769
nakladno poduzeće za muzikalije
music publisher 571
naknada štete indemnification 442
naknadni rok extended term 366
nalazi se u prodaji available 67
naličje verso 1037
nalog commission 185
napis article 45
napismeno in writing 472
napomena remark 813
narodna biblioteka national library 576
narudžba order 603
narudžba; stalna ~ standing order 922
narudžbina order 603
naslov address, title 12, 979
naslov; glavni ~ headline 424
naslovna riječ entry, subject heading 346, 935
naslovna strana korica boards 97
naslovna stranica title page 980
naslovne stranice prelims 696
naslovni list title page 980
naslovnu koricu je izradio ...
cover design 260
naslov poglavlja chapter heading 151
nasljednik; (pravni ~) successor 942
nastavak continuation 219
nastavak sledi to be continued 220
nastaviće se to be continued 220
nastavljanje continuation 219
naučno-popularan popular[2] 687
nauka science 855
na uvid on approval 599
na viđenje on approval 599
na vlastiti račun for own account 393
navod citation 160
navod izvora background material 69
neautoriziran unauthorized 1018
neimenovan anonymous 35
neisključiv(o) non-exclusive 583
neizdat unpublished 1024
»neka se tiska« good for print 412
nema na skladištu out of stock 612
neobrezan untrimmed 1026
neoporezovan tax-free 960
neovlašćen unauthorized 1018
nepotpun defective 285
nepoznata autorstva anonymous 35
neprodani primjerci na skladištu stock 929
nepromijenjen(o) unchanged 1021

nerastureni slog standing type 923
nerazrezani primjerak unopened copy 1023
neskraćen unabridged 1015
neto-cijena net price 577
neuvezan unbound 1019
neuvezani primjerak copy in sheets 234
nezaštićen domaine public, non-protected 310, 585
nota; prodaja ~ sheet music sales 884
nova publikacija new publication 579
nova tiraža re-issue 807
novela short story 888
novine newspaper 580
novinski papir newsprint 581
novo izdanje new edition, re-issue 578, 807
numeriran primjerak numbered copy 591
numeriranje araka
numbering of sections 592

običan slog plain matter 672
obim size of the book 892
objašnjenje commentary, explanation 183, 364
objašnjenje znakova key 485
objaviti u džepnom izdanju
to paperback 627
objavljivanje appearance 38
oblikovanje book design 105
obračun statement of account 924
obrada arrangement 43
obraditi to compile 193
obrazac form 391
obrezan trimmed 998
obročno plaćanje instalment 453
obveza dostave tiskanih stvari
copyright deposit 242
obvezni primjerak deposit copy 292
obvezni primjerak; predaja obveznog primjerka
copyright deposit 242
ocijeniti to review 834
ocjena critique 266
odbitak deduction 284
odbitak od cijene discount 305
odbor; urednički ~ editorial board 332
odjel; proizvodni/tehnički ~
production department 733
odjeljak paragraph 634
odlomak excerpt(s) 354
odobreno za tisak ready for the press 789
odobrenje autora author's consent 61
odobrenje za tisak imprimatur 436
od riječi do riječi literal,
word for word 518, 1053
odsjek poglavlja subchapter 934
odšteta; ugovorena ~ penalty 642
ofsetno tiskanje offset printing 598
oglas advertisement 16
ogled essay, excerpt(s), paper(s) 350, 354, 631
ogledni arak advance sheet 15
ogledni primjerak advance sheet,
examination copy 15, 353

okružnica circular 158
okvirni ugovor blanket agreement 89
omladinska književnost juvenile literature 483
omot cover 259
omot; zaštitni ~ book-jacket 109
opaska remark 813
opći prikaz outline(s)[2] 610
opis slike legend 498
oporezovanje taxation 959
oprema technical make-up 964
opubliciranje edition[1] 328
opublikacija edition[1] 328
opunomoćeni vlasnik prava copyright holder 243
original artwork 48
originalan original[1] 604
originalni izdavač original publisher(s) 607
originalni tekst original text 608
originalno izdanje first edition 376
original slike artwork 48
orkestarski motivi orchestral parts 602
osiguranje insurance 456
oslobođen carine duty-free 322
oslobođen od poreza tax-free 960
osnove outline(s)[2] 610
osnovna cijena basic price 72
osnovno pismo body type 99
ostavština remains 811
osvrt synopsis, transactions 951, 986
oštećeni egzemplari damaged copies 275
otisak proof 738
otisak; dvostruki ~ duplicate print 319
otisak; korekturni ~ hand proof 421
otisak; korekturni ~ stupca
galley proof 401
otisak; posebni ~ offprint 597
otisak četkom hand proof 421
otisak prelomljenog sloga page proof 621
otisak skale (u boji)
progressive colour proof 735
otprema delivery[1, 2] 286, 287
otpremnica delivery note 288
otšteta indemnification 442
ovlastiti to authorize 58
ovlašćenje authorization, commission 57, 185
označenje izvora background material 69

pagina folio[2], page 387, 619
paginacija pagination 623
paginirati to paginate 622
paket; poštanski ~ post parcel 691
papir paper 625
papir; bezdrvni ~ paper without woodpulp 633
papir; biblijski ~ bible paper 76
papir; knjižni ~ book paper 115
papir; novinski ~ newsprint 581
papir; rotacioni ~ newsprint 581
papir; sjajni ~ glazed paper 408
papir; tiskovni ~ printing paper 728
papir; tiskovni ~ za knjige book paper 115

papir; visokosjajni ~ super-calendered paper 944
papir sa sadržajem drvenjače wood-pulp paper 1051
papir za kopiranje onion-skin 601
papir za note music paper 570
papir za umjetnički tisak art paper 47
paragraf paragraph 634
partitura score 858
partitura; džepna/mala ~ pocket score 680
patisak imitation 433
patvorina imitation 433
paušalni honorar outright fee 613
pelir-papir onion-skin 601
penal penalty 642
period; zaštitni ~ period of protection 653
periodičan periodical[2] 651
periodika periodicals 652
pijaca market 544
pisac writer[1] 1059
pisac; dramski ~ playwright 677
pisac kazališnih komada playwright 677
pisac libreta author[2] 55
pisac teksta librettist 506
pisan mašinom/strojem typewritten 1010
pisati to write 1058
pismeno in writing 472
pismo letter[2], script[1] 502, 861
pismo; cirkularno ~ circular 158
pismo; kurzivno ~ italics 475
pismo; osnovno ~ body type 99
pjesma poem, song 682, 903
pjesmarica song-book 904
pjesnik poet 683
pjesništvo poetry 684
pjevanje song 903
plaćanje payment 641
plaćanje; obročno ~ instalment 453
plaćanje u obrocima/u ratama instalment 453
plagijat plagiarism 671
plakat(a) poster 688
plan design[2] 294
plan; izdavački/nakladni ~ publishing programme 770
plastični uvez plastic binding 673
ploča; gramofonska ~ phonograph record 655
počasni primjerak author's copy 62
podizdavač sub-publisher 937
podležan carini dutiable 321
podnaslov subtitle 941
podnožna zabilješka footnote 389
područje; ugovorno ~ "contract territory" 223
područje rasturanja territory of distribution 970
poduzeće; izdavačko/nakladno ~ publishing house 769
poduzeće; nakladno ~ za muzikalije music publisher 571
poduzeće za otpremu knjiga poštom mail-order business 535
poezija poetry 684
poglavlje chapter 150
pogovor epilogue 347
pogreška; slagačka ~ error in composition 349
pogreška; štamparska/tiskarska ~ misprint 557
pogreška u tipkanju typist's error 1012
pohvala na omotaču (knjige) blurb-text 96
pojaviti se to appear 37
pokusni primjerak dummy 317
pokusni primjerak izdanja advance copy 13
poliglotski polyglot 685
ponovo prelamati slog to remake up 812
ponuda offer, quotation[2] 596, 777
ponuda uz označenje cijena quotation[2] 777
popis list 516
popis adresa/kupaca/poručilaca/pretplatnika mailing list 534
popis riječi vocabulary 1038
popis tiskarskih pogrešaka errata 348
popravljati to correct 252
popravljeno izdanje corrected edition 253
poprečan oblong 594
popularan popular[1] 686
popularna književnost general books 404
popuna completion 199
popust; cijena sa ~om special price 910
popust od cijene discount 305
poreske stope tax rate 961
porez tax 957
porez na baštinu/na nasledstvo inheritance tax 449
porez na prihod income tax 440
porez na promet turnover tax 999
porezna stavka tax rate 961
porezni ključ tax rate 961
porezno obvezan taxable 958
posebni otisak offprint 597
poslati u stupu to pulp 773
posmrtni posthumous 689
posmrtno izdanje posthumous work 690
postava fly-leaf 380
»poster« poster 688
postskriptum postscript 692
posudbena knjižnica lending library 500
posuđivanje lending 499
posvećen dedicated 282
posveta dedication 283
posveta; s posvetom dedicated 282
poštanski paket post parcel 691
potpis ispod slike legend 498
potpun complete, unabridged 195, 1015
potpuno izdanje complete edition 196
potražnja demand 291
pouzeće cash on delivery 141
povez binding 84
povez; cjeloplatneni ~ cloth binding 165
povez; u tvrdom ~u hardcover 422
povezati to bind 83
povez u platnu cloth binding 165

povijest history, story 428, 932
povjesnica history 428
povlašćena cijena special price 910
povreda autorskog prava infringement of copyright 448
povući iz prometa to withdraw from circulation 1050
povući narudžbinu to cancel (an order) 132
pozajmljivanje lending 499
pozajmna knjižnica lending library 500
prava ekranizacije film rights 375
pravni nasljednik successor 942
pravo law 487
pravo; → autorsko ~ copyright[1] 236
pravo; filmska prava film rights 375
pravo; isključivo ~ prodaje sole selling rights 902
pravo; izdavačko ~ publishing rights 771
pravo; moralno autorsko ~ droit moral 316
pravo; nakladno i autorsko ~ copyright[1] 236
pravo; prijenos prava assignment[1] 50
pravo; sporedna prava subsidiary rights 940
pravo; televizijska prava television-broadcasting rights 966
pravo; trgovinsko ~ commercial law 184
pravo; ustup prava assignment[1] 50
pravo; zakonsko ~ korišćenja legal licence 497
pravo isključivog rasturivanja exclusive distribution 357
pravo izdavanja publishing rights 771
pravo izvedbe/izvođenja performing right(s) 648
pravo na emitiranje broadcasting right(s) 125
pravo naklade publishing rights 771
pravo na mehaničke reprodukcije mechanical reproduction rights 549
pravo na umnožavanje right(s) of reproduction 843
pravo preštampanja/pretiska licence of reprinting 509
prazna stranica blank[1] 87
precrtavanje cancelling 133
predaja obveznog primjerka copyright deposit 242
predavanje lecture 495
predavanje; javno ~ public reading 755
predbilježba booking 108
predgovor preface 695
predgovor u knjizi introduction[1] 465
predlistak fly-leaf 380
predmetno kazalo subject index 936
prednaslov half-title 418
predstava performance[2] 646
predujam na honorar advance royalty 14
pregib fold 383
pregled compendium, review[2], synopsis 189, 833, 951
pregled; kratak ~ compendium 189
pregled; sažeti ~ outline(s)[2] 610
preklopna tabla throw-out 977
preklopni list throw-out 977
prekršaj autorskog prava infringement of copyright 448
prekršaj ugovora breach of contract 123
prelamanje make-up[1] 536
prelamati (slog) to make up 538
prelom (sloga) make-up[1] 536
premijera première 697
prenumeracija booking 108
preostala naklada remainders 810
prepisati to copy 232
prepiska correspondence 256
prerada adaptation 9
prerada za kazalište stage adaptation 916
preraditi to adapt, to rewrite 8, 841
preraditi kao makulaturu to pulp 773
prerađen(o) revised 838
pretisak reprint[1] 818
pretisak u novinama reprint(ing) in the press 820
pretiskavanje reprint[1] 818
pretplata subscription 939
prevesti/prevoditi to translate 990
priča story 932
priča; kratka ~ short story 888
prigovor; izneti ~ to lodge a claim 527
prigovor; staviti ~ to lodge a claim 527
prijegled → pregled
prijenos transmission 992
prijenos prava assignment[1] 50
prijepis copy[1], transcription 228, 988
prijevod translation 991
prijevod; autorizirani ~ authorized translation 60
prijevod; grub ~ literal translation 519
prijevod; vjeran ~ faithful translation 369
prikaz review[1] 832
prikaz; opći ~ outline(s)[2] 610
prikazati to review 834
prilog annex, contribution, supplement[2] 28, 224, 946
prilog; likovni ~ plate[1] 674
priloženi list supplement[2] 946
primjedba footnote 389
primjerak copy[3] 230
primjerak; antikvarni ~ second-hand copy 863
primjerak; besplatni ~ author's copy, complimentary copy 62, 201
primjerak; besplatni dopunski ~ additional copy 11
primjerak; dokazni ~ reference copy 802
primjerak; nerazrezani ~ unopened copy 1023
primjerak; neuvezani ~ copy in sheets 234
primjerak; numeriran ~ numbered copy 591
primjerak; obvezni ~ deposit copy 292
primjerak; ogledni ~ advance sheet, examination copy 15, 353
primjerak; počasni ~ author's copy 62
primjerak; pokusni ~ dummy 317
primjerak; pokusni ~ izdanja advance copy 13
primjerak; probni ~ specimen copy 911
primjerak; probni ~ korica model cover 559
primjerak; recenzijski ~ review copy 835
primjerak; tipkani ~ typescript 1005
primjerak; uzorni ~ dummy 317
primjerak za čitanje specimen copy 911

primjerak za recenziju review copy 835
pripovijetka short story, story 888, 932
pripovijetka u slikama comics 181
pripremanje rukopisa copy preparation 235
pripremljeno za ekspediciju/otpremu ready for dispatch 787
prirediti to compile 193
prirediti za štampu/za tisak to edit[2] 324
priručnik compendium, guide(-book), handbook, outline(s)[2], pocket-book, reference book 189, 417, 419, 610, 678, 801
priručni rječnik practical dictionary 693
pristanak autora author's consent 61
pristojba; dopunska ~ na materijal supplementary hire fee 948
pristojba za posuđivanje (nota) hire fee 426
probna tabla model cover 559
probni primjerak specimen copy 911
probni primjerak korica model cover 559
prodaja sale(s) 849
prodaja; isključiva ~ exclusive distribution 357
prodaja; nalazi se u prodaji available 67
prodaja nota sheet music sales 884
prodajna cijena sales price 850
proizvod; tiskarski ~ print[1] 707
proizvodni odjel production department 733
proizvodnja; vrijeme proizvodnje term of production 968
projekt design[2] 294
projektiranje book design 105
projekt korica cover design 260
promijeniti to change 149
promijeniti prelom sloga to remake up 812
propaganda publicity 752
propis regulation 805
prospekt prospectus 744
prošireno izdanje enlarged edition 344
prošivati to sew 880
prošiven čist list interleaf 461
protokol protocol 747
protuvrijednost consideration 215
provizija commissions 186
proza prose 743
prvo izdanje first edition 376
pseudonim literary pseudonym, pseudonym 522, 748
publikacija appearance, publication[2], work 38, 750, 1055
publikacija; nova ~ new publication 579
publikacija; tjedna ~ weekly[1] 1043
publikovanje publication[1] 749
publikovati to publish 756
pustolovni roman thriller 976

rabat discount 305
račun; iznos ~a invoice amount 470
račun; na vlastiti ~ for own account 393
račun; robni ~ invoice 468
računski iznos invoice amount 470
rad; najamni ~ jobwork 478
radiodrama radio-play 778
radio-emisija broadcast(ing) 125
raspodjela distribution[2] 307
raspolaganje; staviti na ~ to place at somebody's disposal 670
raspored sloga type area 1003
rasprava treatise 996
rasprodano out of print, out of stock, temporarily out of print 611, 612, 967
rasprodati (sa povlasticom) to remainder 809
raster screen 859
rasturanje distribution[1], marketing 306, 545
rasturanje; područje rasturanja territory of distribution 970
razraditi to elaborate 339
recenzent critic, publisher's reader 265, 765
recenzija review[1] 832
recenzijski primjerak review copy 835
recenzirati to review 834
redakcija editorial department[2], editorial offices 334, 336
redakcija; izdavačka/nakladna ~ editorial department[1] 333
redakcijski kolegij editorial board 332
redaktirao ... compiled by 194
redaktor editor[1, 2] 330, 331
referat account, report 6, 817
registar autora author index 56
registriranje nakladnog i autorskog prava copyright registration 250
rekapitulacija summary 943
reklama; listić reklame blurb 95
reklamacija claim 161
reklamirati to lodge a claim 527
reklamna vrpca advertising strip 17
reklamni trak advertising strip 17
reljefni tisak stamping 918
reljefno tiskanje embossing 340
remitenda returns 830
reprodukcija copy[2] 229
reprodukciranje reproduction[2] 822
reprografija reprography 823
retuširati to touch up 983
revers hire contract 425
revidirano izdanje revised edition 839
revizija revision 840
rezanje nota engraving of music 343
rezerva stock 929
rezervne zalihe reserve stock 826
rezime abstract, digest, summary 5, 300, 943
riječ word 1052
riječ; naslovna ~ entry, subject heading 346, 935
riječ; od ~i do ~i literal, word for word 518, 1053
riječi pjesme lyrics 532
rječnik dictionary 299
rječnik; džepni ~ pocket dictionary 679
rječnik; mali ~ vocabulary 1038
rječnik; priručni ~ practical dictionary 693
robni račun invoice 468
rok; naknadni ~ extended term 366
rok isporuke time of delivery 978
roman novel 586
roman; avanturistički ~ thriller 976

roman; kriminalni ~ crime fiction 264
roman; pustolovni ~ thriller 976
roman; znanstveno-fantastični ~ science fiction 856
romani fiction 371
roman sa ključem "roman à clef" 844
romanopisac novelist 588
rotacioni papir newsprint 581
rotaciono duboko štampanje rotogravure 846
rukopis copy[4], manuscript 231, 542
rukopis; pripremanje ~a
copy preparation 235
rukovodilac odjeljenja za propagandu
publicity manager 753

sadržaj contents, table of contents 218, 954
sajam knjiga book fair 107
samljeti to pulp 773
saopćavanje communication 188
saopćenja paper(s), transactions 631, 986
saopćenje communication 188
sastavio ... compiled by, edited by 194, 325
sastaviti to compile, to edit[1] 193, 323
sažet concise 208
sažeti pregled outline(s)[2] 610
scenarij scenario 852
scenska adaptacija stage adaptation 916
scenska glazba stage music 917
separat offprint 597
serija serial, series 874, 876
sinopsa synopsis 951
sinopsis outline(s)[1] 609
sjajni papir glazed paper 408
sjećanja memoirs 550
sjednica conference 213
skala; otisak skale (u boji)
progressive colour proof 735
skica sketch 893
skica za slaganje layout[1] 488
skladatelj composer 202
skladba composition[1] 205
skladište; imati na skladištu to stock 930
skladište; nema na skladištu
out of stock 612
skladište; neprodani primjerci na skladištu
stock 929
skladište; smještanje u ~ storage 931
skraćenica abbreviation 1
skraćeno izdanje abridged edition 3
skraćivanje (teksta) abridgement 4
skupljanje tiskanih araka gathering 402
slagač compositor 207
slagačka (po)greška error in composition 349
slagački stroj composing machine 203
slaganje setting up in type 878
slagarska mašina composing machine 203
slika figure[1], illustration, picture 372, 431, 664
slika u tekstu text illustration 973
slikovnica picture-book[2] 666
slog composition[2] 206
slog; nerastureni ~ standing type 923
slog; običan ~ plain matter 672
slog; prelom ~a make-up[1] 536
slog; tiskarski ~ matter 548
slovo letter[1] 509
slovo; kurentna/mala slova small letters 897
slovo; masna slova bold face 100
slovo; štampana slova type[2] 1002
složiti to set up 879
smještanje u skladište storage 931
snabdjeven (za)bilješkama annotated 29
snimak photograph 657
snimak; zvučni ~ sound recording 905
snimanje; tonsko ~ recording 794
snimanje na film use in film 1030
snimanje na traku sound recording 905
snimka; tonska ~ sound recording 905
sortimenter retail bookseller 828
spiralni uvez spiral binding 914
spisak list 516
spisak knjiga booklist 111
spomenica memoirs 550
sporedna prava subsidiary rights 940
s posvetom dedicated 282
spremno za tisak ready for the press 789
sredstvo za tonsko snimanje recording 794
stalna narudžba standing order 922
stalni rezervni fond minimum stock 555
standardno djelo standard work 921
standardno izdanje standard edition 920
stanje; brojno ~ inventory 467
staviti na raspolaganje
to place at somebody's disposal 670
staviti prigovor to lodge a claim 527
staviti slog nerastureno na stranu
to keep standing 484
staviti u račun to invoice 469
stavka; carinska ~ customs rate 270
stavka; porezna ~ tax rate 961
stih poem 682
stojeći format upright format 1028
stopa; poreske stope tax rate 961
stornirati narudžbinu to cancel (an order) 132
strana; desna ~ right-hand page 842
strana; naslovna ~ **korica** boards 97
stranica page 619
stranica; koji zahvata cijelu stranicu
full-page 400
stranica; naslovna ~ title page 980
stranica; naslovne stranice prelims 696
stranica; prazna ~ blank[1] 87
strip comic strip 181
stroj; slagački ~ composing machine 203
stručna bibliografija special bibliography 907
stručna biblioteka special library 909
stručna knjiga professional publication 734
stručna knjižnica special library 909
stručni časopis special journal 908
studija paper(s), study 631, 933
stupac column 179

stupac; korektura ~a reading (the) galley proofs 786
sud; nadležni ~ jurisdiction 481
sud; nadležnost ~a jurisdiction 481
suplement annex 28
suradnik contributor 225
suradnik; vanjski ~ outside collaborator 614
suvremeni contemporary 217
svakogodišnji annual[2] 33
»sva prava zadržana« "all rights reserved" 22
svezak booklet, number[2], pamphlet, volume 110, 590, 624, 1040
svezak; dopunski ~ annex 28
svezak sa ilustracijama/sa slikama volume of illustrations 1041
svjetlotisak phototype 660
svojina; duhovna ~ intellectual property 458

šaljiv strip comic strip 181
široki format oblong format 595
školska knjiga school-book 854
štampa press[1], print[2] 699, 708
štampa; dati u štampu to pass for press 639
štampa; u štampi in the press 464
štampana slova type[2] 1002
»Štampane stvari« "printed matter" 712
štampani arak printed sheet 714
štampanje printing 722
štampanje; rotaciono duboko ~ rotogravure 846
štampar printer 715
štamparija book-printing office, printing office 116, 726
štamparska (po)greška misprint 557
štampati to print 711
štand stand 919
šteta; naknada štete indemnification 442
šund cheap novel, trash 153, 995
šund-literatura trash 995

tabela table 953
tabla; preklopna ~ throw-out 977
tabla; probna ~ model cover 559
tablica u boji colo(u)r plate 176
tanak zaštitni list guardsheet 416
tarifa price list 705
tarifa; carinska ~ customs tariff 271
tehnički odjel production department 733
tekst lyrics, text 532, 971
tekst; originalni ~ original text 608
tekst na klapni blurb-text 96
tekst za operu libretto 507
televizija television 965
televizijska prava television-broadcasting rights 966
težina papira paper weight 632
tipkani primjerak typescript 1005
tipkano pisaćim strojem typewritten 1010
tipografija typography 1014
tipografiziranje layout[2] 489
tipografska/tipometrijska točka typographical point 1013
tip slova type(s)[1] 1001
tiraž(a) edition[2], size of edition 329, 890
tiraža; nova ~ re-issue 807
tisak print[2] 708
tisak; dati u ~ to pass for press 639
tisak; duboki ~ intaglio printing 457
tisak; papir za umjetnički ~ art paper 47
tisak; odobrenje za ~ imprimatur 436
tisak; reljefni ~ stamping 918
tisak; trobojni ~ three-colour process 975
tisak; umjetnički ~ artistic print 46
tisak; u tisku in the press 464
tisak; visoki ~ relief printing 808
»Tiskanica« "printed matter" 712
tiskanje printing 722
tiskanje; četvorobojno ~ four-colour process 395
tiskanje; ofsetno ~ offset printing 598
tiskanje; reljefno ~ embossing 340
tiskanje umjetničkih reprodukcija artistic print 46
tiskar printer 715
tiskara book-printing office, printing office 116, 726
tiskarska boja printer's ink 711
tiskarska (po)greška misprint 557
tiskarski proizvod print[1] 707
tiskarski slog composition[2], matter 206, 548
tiskarski troškovi printing costs 723
tiskarstvo typography 1014
tiskati to print 711
tiskovni arak printed sheet 714
tiskovni papir printing paper 728
tiskovni papir za knjige book paper 115
tjedna publikacija weekly[1] 1043
tjedni weekly[2] 1044
tjednik weekly[1] 1043
točka; tipografska/tipometrijska ~ typographical point 1013
tom volume 1040
tom → svezak
tom; u dva ~a in two volumes 1042
tonska snimka sound recording 905
tonsko snimanje recording 794
trak; reklamni ~ advertising strip 17
traka; magnetofonska ~ tape 956
transkripcija transcription 988
transparentna folija transparent foil 993
trgovačka komora chamber of commerce 147
trgovina trade 985
trgovina; domaća ~ domestic trade 311
trgovina; unutrašnja ~ domestic trade 311
trgovina knjigama na veliko wholesale book trade 1046
trgovinska komora chamber of commerce 147
trgovinsko pravo commercial law 184
trobojni tisak three-colour process 975
tromjesečni quarterly 774
trošak, troškovi expenses 363
troškovi; tiskarski ~ printing costs 723

troškovi izdavanja costs of publishing 258
troškovi pakovanja packing costs 618
tržište market 544
tržište knjiga book market 113
tumačenje commentary, explanation 183, 364
tumač znakova key 485
tuš Indian ink 445
TV-drama TV-play 1000

u araku in flat sheets 447
ubačeni list interleaf 461
u dva toma in two volumes 1042
udžbenik guide(-book), manual, school-book 417, 540, 854
u formi knjige in volume form 471
ugovor contract 221
ugovor; izdavački/nakladni ~ publisher's agreement 762
ugovor; okvirni ~ blanket agreement 89
ugovor; zastupnički ~ agency agreement 19
ugovorena odšteta penalty 642
ugovorna kazna penalty 642
ugovorno područje "contract territory" 223
ugovor o iznajmljivanju (muzičkih materijala) hire contract 425
ugovor o izvedbi/o izvođenju contract authorizing public performances 222
ugovor o podizdavačkom pravu sub-publishing agreement 938
ugovor o pozajmici (muzičkih materijala) hire contract 425
u izdanju ... published by 758
u kartonskom uvezu cardboard-bound 137
ukoričiti to bind 83
ulomak; izabrani ulomci teksta selected passages 865
u mekom uvezu stitched 928
umetnut čist list interleaf 461
umetnuti to insert 452
umetnuti čiste listove to interleave 462
umjetnička knjiga art book 44
umjetnički tisak artistic print 46
umjetnik-izvoditelj performing artist 647
umnožavanje reproduction[2] 822
u nakladi ... published by 758
Univerzalna konvencija o autorskom pravu Universal Copyright Convention 1022
unutrašnja trgovina domestic trade 311
upit inquiry 451
upitni list questionnaire 775
upitnica questionnaire 775
upravo izašlo iz tiska just issued 482
uputa za slaganje printing order 727
urediti to compile 193
urednički odbor editorial board 332
urednik editor[1] 330
urednik; glavni ~ editor-in-chief 337
urednik; glavni ~ naklade chief editor 155
uredništvo editorial department[2] 334
uređivanje editing 327
urez, urezivanje engraving 342
uskladištenje storage 931
uskoro izlazi (iz štampe) to appear shortly 39
ustup prava (kome) assignment[1] 50
u štampi in the press 464
utiskivalo block 92
utiskivanje stamping 918
u tisku in the press 464
u tvrdom povezu hardcover 422
u tvrdom uvezu bound 122
uvez binding 84
uvez; bez ~a unbound 1019
uvez; cijena u mekom ~u price calculated on the stitched copy 704
uvez; cjeloplatneni ~ cloth binding 165
uvez; gibak ~ flexible cover 379
uvez; izdanje u jeftinom ~u paperback 626
uvez; kartonski ~ cardboard binding 136
uvez; knjiga u mekom ~u paper-bound book 628
uvez; kožni ~ leather binding 494
uvez; meki ~ paper cover(s) 629
uvez; plastični ~ plastic binding 673
uvez; spiralni ~ spiral binding 914
uvez; u mekom ~u stitched 928
uvez; u tvrdom ~u bound 122
uvezan bound 122
uvezati to bind 83
uvezati; meko ~ to sew 880
uvez u meke korice binding in paper covers 85
uvid; na ~ on approval 599
uvjeti isporuke terms of delivery 969
uvlačiti to indent 443
uvod preface 695
uvod u ... guide(-book) 417
uvod u knjizi introduction[1] 465
uvući (red) to indent 443
uzajamnost reciprocity 791
uzorni primjerak dummy 317

vakat blank[1] 87
valuta currency 267
vanjski suradnik outside collaborator 614
varijanta version 1036
veletrgovac knjigama wholesaler 1049
veletrgovina knjigama wholesale book trade 1046
veličina slova body size 98
velika slova capital letters 134
»veliko pravo« "grands droits" 414
velikoprodajna cijena wholesale price 1048
verzija version 1036
viđenje; na ~ on approval 599
visoki format upright format 1028
visoki tisak relief printing 808
visokosjajni papir super-calendered paper 944
višak overstock 615
vitrina showcase 889

vjeran prijevod faithful translation 369
vjerodostojan authentic 53
vlasnik prava copyright owner 246
vlasnik prava; opunomoćeni ~ copyright holder 243
vrijeme; zaštitno ~ period of protection 653
vrijeme isporuke date of delivery 277
vrijeme izlaska/izlaženja date of publication 279
vrijeme proizvodnje term of production 968
vrpca; magnetofonska ~ tape 956
vrpca; reklamna ~ advertising strip 17
vrpca za snimanje tape 956

zabavna literatura cheap novel, light reading 153, 512
zabilješka remark 813
zabilješka; podnožna ~ footnote 389
zajedničko djelo composite work 204
zajedničko izdanje joint edition 479
zakon law 487
zakonska licencija legal licence 497
zakonsko pravo korišćenja legal licence 497
zaliha inventory, stock 467, 929
zaliha; rezervne zalihe reserve stock 826
zaliha na skladištu stock 929
zapisnik protocol 747
zastarjelost statutory limitation 926
zastupnički ugovor agency agreement 19
zastupstvo; generalno ~ general agency 403
zastupstvo; isključivo ~ exclusive agency 356
zaštićen(o) autorskim pravom "protected by copyright" 745
zaštitni karton slip case 894
zaštitni omot book-jacket 109
zaštitni period period of protection 653
zaštitno vrijeme period of protection 653
zavod institute 454
zavod za zaštitu autorskih prava copyright protection office 248
zbirka collection 172
zemljopisna karta/mapa map 543
zemljovid map 543
znak; izdavački ~ publisher's emblem 764
znak; korekturni ~ proof-correction symbol 739
znanost science 855
znanstveno djelo scientific publication 857
znanstveno-fantastični roman science fiction 856
znanstveno-popularan popular[2] 687
zvučni snimak sound recording 905

životopis biography 86

CZECH — ČESKY

a/á, b, c, č, d/ď, e/é/ě, f, g, h, ch, i/í, j, k, l, m, n/ň, o/ó, p, q, r, ř, s, š, t/ť, u/ú/ů, v, w, x, y/ý, z, ž

adresa address 12
adresář mailing list 534
album album 21
anonymní anonymous 35
anotovaný annotated 29
antikva roman type 845
antikvární exemplář second-hand copy 863
antologie anthology 36
aranžmá adaptation, arrangement 9, 43
arch sheet 881
arch; tiskový ~ printed sheet 714
arch; v arších in flat sheets 447
atlas atlas 52
autentický authentic 53
autobiografie autobiography 66
autor author[1,2], editor-in-chief 54, 55, 337
autor; jevištní ~ playwright 677
autorizace authorization 57
autorizované vydání authorized edition 59
autorizovaný překlad authorized translation 60
autorizovat to authorize 58
autorská korektura author's corrections 63
autorská ochranná organizace copyright protection office,
copyright protection society 248, 249
autorská smlouva publisher's agreement 762
autorské povolení author's consent 61
autorské právo copyright[1] 236
autorské právo literárních a uměleckých děl
literary and artistic copyright 520
autorský kolektiv corporate author 251
autorský rejstřík author index 56
autorství authorship 65

balík package 617
balík; poštovní ~ post parcel 691
barevná tabulka colo(u)r plate 176
barva; tiskárenská ~ printer's ink 711
báseň poem 682
básnictví poetry 684
básník poet 683
beletrie belles-lettres 73
Bernská konvence Berne Convention 74
bestseller best-seller 75
bezdřevý papír paper without woodpulp 633
bez vazby unbound 1019
bibliofilské vydání bibliophile edition 80
bibliografie bibliography[1] 77
bibliografie; odborná ~ special bibliography 907
bibliový papír bible paper 76
blanket form 391
blok; knižní ~ copy in sheets 234
bod; typografický ~ typographical point 1013
brak trash 995
braková literatura cheap novel, trash 153, 995
brožovaná cena price calculated on the
stitched copy 704
brožovaná kniha paper-bound book 628
brožování binding in paper covers,
paper cover(s) 85, 629
brožovaný stitched 928
brožovat to sew, to stitch 880, 927
brožura paper-bound book 628
brožurka pamphlet 624
bulletin bulletin 130

celní prohlídka customs clearance 269
celní sazba customs rate 270
celní sazebník customs tariff 271
celoplátěná vazba cloth binding 165
celostránková ilustrace plate[1] 674
celostránkový full-page 400
cena price 703
cena; brožovaná ~ price calculated
on the stitched copy 704

cena; ceníková ~ list price 517
cena; katalogová ~ catalog(ue) price 143
cena; maloobchodní ~ retail price 829
cena; netto ~ net price 577
cena; prodejní ~ sales price 850
cena; přednostní ~ special price 910
cena; velkoobchodní ~ wholesale price 1048
cena; výhodná ~ special price 910
cena; základní ~ basic price 72
ceník price list 705
ceníková cena list price 517
cenová nabídka quotation[2] 777
cenzura censorship 145
cese (práv) assignment[1] 50
citát citation 160
clo customs 268
comics comic strip 181
copyright copyright[2] 237

časopis periodical[1] 650
časopis; odborný ~ special journal 908
časopisy periodicals 652
část part 636
částka; účetní ~ invoice amount 470
činohra play 676
číslo number[1, 2] 589, 590
číslo; ukázkové ~ examination copy 353
číslo strany folio[2] 387
číslování archů numbering of sections 592
číslovaný exemplář numbered copy 591
číst to read 780
čítanka reading book 785
článek article, contribution, paper(s) 45, 224, 631
čtenář reader[1] 781
čtenářská obec interested readers 460
čtenářské družstvo book club 104
čtvrtletní, čtvrtroční quarterly 774
čtyřbarevní tisk four-colour process 395

další vydání reprint[2] 819
daň tax 957
daň; dědická ~ inheritance tax 449
daň; důchodová ~ income tax 440
daněprostý tax-free 960
daňová sazba tax rate 961
daň z obratu turnover tax 999
daň z příjmů income tax 440
dát k dispozici to place at somebody's disposal 670
datum tisku date of printing 278
datum vydání date of publication 279
dědická daň inheritance tax 449
dedikace dedication 283
dedikovaný dedicated 282
dějiny history 428
deník diary 298
desetinné třídění decimal classification 280
deska; gramofonová ~ phonograph record 655
deska; přední ~ boards 97
desky cover 259
detektivní román crime fiction 264
dětská kniha children's book 156
dětská literatura juvenile literature 483
diagram diagram 297
dílo work 1055
dílo; kolektivní ~ composite work 204
dílo; posmrtné ~ posthumous work 690
dílo; sebraná díla complete (collection of) works 197
dílo; vědecké ~ scientific publication 857
dílo; volné ~ domaine public 310
dílo; základní ~ standard work 921
diskotéka record library 795
dispozice; dát k dispozici to place at somebody's disposal 670
distribuce distribution[1], marketing 306, 545
distribuční oblast territory of distribution 970
divadelní hra play 676
divadelní úprava stage adaptation 916
doba; ochranná ~ period of protection 653
dobírka cash on delivery 141
dodací lhůta date of delivery, time of delivery 277, 978
dodací list delivery note 288
dodací podmínky terms of delivery 969
dodání number[2] 590
dodatečná lhůta extended term 366
dodatek appendix, supplement[1] 40, 945
dodatkové půjčovné supplementary hire fee 948
dodávka delivery[2] 287
dohoda contract 221
dokumentace documentation 309
domácí korektor printer's reader 720
dopis letter[2] 502
doplněk addendum 10
doplnění completion 199
doslov epilogue 347
doslovně, doslovný literal, word for word 518, 1053
dostat available 67
dotaz inquiry 451
dotazník questionnaire 775
dotisk reprint[1] 818
dramatik playwright 677
druhé vydání reprint[2] 819
družstvo; čtenářské ~ book club 104
držitel práva copyright owner 246
dřevitý papír wood-pulp paper 1051
důchodová daň income tax 440
duplikát duplicate 318
duševní vlastnictví intellectual property 458
dvojjazyčný bilingual 81

ediční plán publishing programme 770
ediční série serialization 875
emblém nakladatelství publisher's emblem 764
epilog epilogue 347
errata errata 348

esej essay, treatise 350, 996
exemplář copy[3] 230
exemplář; antikvární ~ second-hand copy 863
exemplář; číslovaný ~ numbered copy 591
exemplář; klepaný ~ typescript 1005
exemplář; nerozřezaný ~ unopened copy 1023
exemplář; poškozený ~ damaged copies 275
exemplář; ukázkový ~ specimen copy 911
exemplář; základní ~ reference copy 802
expedice delivery[1] 286
externí spolupracovník outside collaborator 614
externista outside collaborator 614

faksimile facsimile 368
falc fold 383
filmové právo film rights 375
foliant folio[1] 386
fólie transparent foil 993
fond; knižní ~ inventory 467
formát format 392
formát; příční ~ oblong format 595
formát na výšku upright format 1028
formulář form 391
fotografický obtah photographic print 658
fotografie photograph 657
fotokopie photocopy 656
fototypie phototype 660
frontispice frontispiece 399

generální zastoupení general agency 403
grafický graphic(al) 415
grafika; notová ~ engraving of music 343
gramofonová deska phonograph record 655

harmonie orchestral parts 602
heslo entry, subject heading 346, 935
historie history 428
hladká sazba plain matter 672
hlava chapter 150
hlavní titulek headline 424
hlubotisk intaglio printing 457
hlubotisk; rotační ~ rotogravure 846
hodnověrný authentic 53
honorář royalty 848
honorář; paušální ~ outright fee 613
honorář; prováděcí ~ za vysílání broadcasting royalty 127
honorář; provozovací ~ broadcasting royalty 127
hra; divadelní ~ play 676
hra; rozhlasová ~ radio-play 778
hra; televizní ~ TV-play 1000
hřbet (knihy) back 68
hudba music 568
hudba; scénická ~ stage music 917
hudebniny printed music 713
hudebniny; vydavatelství hudebnin music publisher 571
humoristický seriál comic strip 181

chráněno autorským právem "protected by copyright" 745
chyba; tisková ~ misprint 557
chybná sazba error in composition 349

ilustrace figure[1], illustration 372, 431
ilustrace; celostránková ~ plate[1] 674
ilustrace v textě text illustration 973
impressum colophon, imprint[1] 175, 437
imprimatur imprimatur 436
index; věcný ~ subject index 936
inzerát advertisement 16

jazyk language 486
je na skladě available 67
jevištní autor playwright 677
jmenný seznam author index 56
jméno name 573
jméno autora name of author 575

kalendář calendar 131
kapesní partitura pocket score 680
kapesní příručka pocket-book, pocket-size edition 678, 681
kapesní slovník pocket dictionary 679
kapitálka small capitals 896
kapitola chapter 150
kapitola; název/titul kapitoly chapter heading 151
kartáčový obtah/otisk hand proof 421
kartón slip case 894
kartónový cardboard-bound 137
katalog catalog(ue) 142
katalog; lístkový ~ card index 139
katalog; nakladatelský ~ publisher's catalogue 763
katalog; vydavatelský ~ publisher's catalogue 763
katalogová cena catalog(ue) price 143
klavír; pro ~ a zpěv piano-song version 663
klavírní výtah piano score 662
klepaný exemplář typescript 1005
klíčový román "roman à clef" 844
kniha book 101
kniha; brožovaná ~ paper-bound book 628
kniha; dětská ~ children's book 156
kniha; kuchařská ~ cookbook 227
kniha; obrázková ~ picture-book[1,2] 665, 666
kniha; odborná ~ professional publication 734
kniha; poškozená ~ damaged copies 275
kniha; vázaná ~ hardcover 422
kniha měsíce book of the month 114
knihkupec bookseller 117
knihkupecký komisionář wholesale distributing agent 1047
knihkupectví bookshop, book trade 118, 119
knihověda bibliology 79

knihovna library 505
knihovna; odborná ~ special library 909
knihovna; zemská ~ national library 576
knihtisk typography 1014
knihy všech oborů general books 404
knížka; modlitební ~ prayer-book 694
knížka pro děti children's book 156
knižně in volume form 471
knižní blok copy in sheets 234
knižni fond inventory 467
knižní trh book market 113
knižní veletrh book fair 107
knižní velkoobchod wholesale book trade 1046
kolektiv; autorský ~ corporate author 251
kolektivní dílo/práce composite work 204
kolportáž colportage 178
kolportážní román cheap novel 153
komedie comedy 180
komentář commentary 183
komise commission 185
komisionář commission merchant 187
komisionář; knihkupecký ~ wholesale distributing agent 1047
kompendium digest 300
kompletní hudební materiál complete set of music material 198
komponista composer 202
kompozice composition[1] 205
komuniké press release 702
konference conference 213
kongres congress 214
konvence convention 226
konvence; Bernská ~ Berne Convention 74
konvence; Mezinárodní ~ o autorskem právu Universal Copyright Convention 1022
klíč značek key 485
kopie copy[1] 228
korektor proof-reader 740
korektor; domácí ~ printer's reader 720
korektorská revize rukopisu copy preparation 235
korektorské značky proof-correction symbol 739
korektura correction 254
korektura; autorská ~ author's corrections 63
korektura; sloupcová ~ reading (the) galley proofs 786
korespondence correspondence 256
kožená vazba leather binding 494
krásná literatura belles-lettres 73
kratší román short story 888
kresba design[1] 293
kresba čárami line drawing 513
kreslený humoristický seriál comic strip 181
kriminální román crime fiction 264
kritika critique 266
kruh; redakční ~ editorial board 332
kruh čtenářů interested readers 460
kuchařská kniha cookbook 227
kurzíva italics 475
kus piece 667

laciné vydání cardboard binding, paperback 136, 626
lámání make-up[1] 536
lámaný obtah page proof 621
lámat to make up 538
legenda legend 498
legenda pro sazeče printing order 727
lektor publisher's reader 765
lektorát editorial department[1] 333
lesklý papír glazed paper 408
leták leaflet[1] 492
letecký papír onion-skin 601
lexikon encyclop(a)edia 341
ležáky; prodávat ~ pod cenou to remainder 809
lhůta; dodací ~ date of delivery, time of delivery 277, 978
lhůta; dodatečná ~ extended term 366
libretista librettist 506
libreto libretto 507
licence; zákonná ~ legal licence 497
licenční právo na nové vydání licence of reprinting 511
linotyp linotype 514
linotypie linotype 514
list sheets 882
list; dodací ~ delivery note 288
list; odborný ~ special journal 908
list; skládací ~ throw-out 977
list; titulní ~ title page 980
list; vložený ~ interleaf 461
lístek mezinárodního formátu fiche internationale 370
lístkový katalog card index 139
literární vedoucí chief editor 155
literatura bibliography[2], literature[1] 78, 524
literatura; braková ~ cheap novel, trash 153, 995
literatura; dětská ~ juvenile literature 483
literatura; krásná ~ belles-lettres 73
literatura; použitá ~ bibliography[2] 78
literatura; románová ~ fiction 371
literatura; zábavná ~ light reading 512

majuskule capital letters 134
maketa dummy 317
makulatura spoiled sheet 915
makulovat to pulp 773
malá práva "petits droits" 654
maloobchodní cena retail price 829
mapa map 543
marketing marketing 545
materiál copy[4], paper(s) 231, 631
materiál; kompletní hudební ~ complete set of music material 198
materiál odplatně půjčený material on hire 546
matrica matrix 547
memoáry memoirs 550
měna currency 267
měsičník monthly publication 564
Mezinárodní konvence o autorském právu Universal Copyright Convention 1022

mikrofilm microfilm 553
mikrokopie micro-copy 552
minuskula small letters 897
místnost; redakční ~ editorial offices 336
mít na skladě to stock 930
modlitební knížka prayer-book 694
monografie monograph 562
monotyp(ie) monotype 563
musical musical 569
mutace duplicate print, parallel print 319, 635

nabídka offer 596
nabídka; cenová ~ quotation[2] 777
nabídka ceny quotation[2] 777
náčrt úpravy sazby layout[1] 488
náhrada škody indemnification 442
náklad edition[2], size of edition 329, 890
nakladatel publisher 759
nakladatelský katalog publisher's catalogue 763
nakladatelství publishing house 769
nákladem ... published by 758
náklady expenses 363
náklady balení packing costs 618
náklady tisku printing costs 723
náklady vydání costs of publishing 258
námezdní práce jobwork 478
napínavý román thriller 976
napodobenina copy[2], imitation 229, 433
nástupce; právní ~ successor 942
nátisk; stupnicový/škálový ~ progressive colour proof 735
na ukázku on approval 599
na vlastní účet for own account 393
návrh design[2] 294
název kapitoly chapter heading 151
nedostat out of stock 612
nechráněný non-protected 585
nekrácené unabridged 1015
neoprávněný unauthorized 1018
neořezaný untrimmed 1026
neprodané výtisky remainders 810
nerozřezaný exemplář unopened copy 1023
nesešitý; skládané archy nesešité copy in sheets 234
netto cena net price 577
nevázaný unbound 1019
nevydaný unpublished 1024
nevýhradní non-exclusive 583
nezákonné vydání pirated edition 669
nezkrácené unabridged 1015
nezměněný unchanged 1021
nosič zvuku recording 794
notová grafika engraving of music 343
notový papír music paper 570
novela short story 888
nové vydání new edition, re-issue 578, 807
novinka new publication 579
novinový papír newsprint 581
noviny newspaper 580
novotisk reprint[1] 818

obal; ochranný ~ book-jacket 109
obálka cover 259
obálku navrhl(a) cover design 260
obec; čtenářská ~ interested readers 460
oběžník circular 158
obchod trade 985
obchod; vnitřní ~ domestic trade 311
obchod; vydavatelský ~ publishing trade 772
obchod; zásilkový ~ mail-order business 535
obchodní komora chamber of commerce 147
obchodní právo commercial law 184
objednávka order 603
objednávka; trvalá ~ standing order 922
oblast; distribuční ~ territory of distribution 970
oblast; smluvní ~ "contract territory" 223
obrat; daň z ~u turnover tax 999
obraz picture 664
obrázek figure[1] 372
obrázková kniha picture-book[1, 2] 665, 666
obrázkový svazek volume of illustrations 1041
obsah contents, table of contents 218, 954
obsah; podaní ~u synopsis 951
obsah; stručný ~ outline(s)[1] 609
obtah proof 738
obtah; fotografický ~ photographic print 658
obtah; kartáčový ~ hand proof 421
obtah; lámaný ~ page proof 621
obtah; sloupcový ~ galley proof 401
obtah; stránkový ~ page proof 621
odborná bibliografie special bibliography 907
odborná kniha professional publication 734
odborná knihovna special library 909
odborný časopis/list special journal 908
oddělení; výrobní ~ production department 733
odevzdání povinného výtisku copyright deposit 242
odložená sazba standing type 923
odložit sazbu to keep standing 484
odstavec paragraph 634
odškodné indemnification 442
o dvou svazcích in two volumes 1042
ofset offset printing 598
ohebná vazba flexible cover 379
ochranná doba period of protection 653
ochranná organizace; autorská ~ copyright protection office, copyright protection society 248, 249
ochranné pouzdro slip case 894
ochranný obal book-jacket 109
ochranný svaz copyright protection society 249
opis copy[1] 228
opravené vydání corrected edition 253
opravit to correct 252
oprávněný copyright holder 243
opsat to copy 232
organizace; autorská ochranná ~ copyright protection office, copyright protection society 248, 249

originál first edition 376
originální original[1] 604
ořezaný trimmed 998
osobní právo autorské droit moral 316
otisk print[2] 708
otisk; kartáčový ~ hand proof 421
otisk; sépiový ~ sepia print 872
ozalit blueprint[1] 93
označení copyrightu copyright notice 245
oznámení communication 188

paginace pagination 623
paginovat to paginate 622
paměti memoirs 550
paperback cardboard binding, paperback 136, 626
papír paper 625
papír; bezdřevý ~ paper without woodpulp 633
papír; bibliový ~ bible paper 76
papír; dřevitý ~ wood-pulp paper 1051
papír; lesklý ~ glazed paper 408
papír; letecký ~ onion-skin 601
papír; notový ~ music paper 570
papír; novinový ~ newsprint 581
papír; plněný ~ art paper 47
papír; překlepový ~ onion-skin 601
papír; tiskový ~ book paper, printing paper 115, 728
papír s vysokým leskem super-calendered paper 944
papír na umělecký tisk art paper 47
partitura score 858
partitura; kapesní ~ pocket score 680
páska; reklamní ~ advertising strip 17
páska; zvuková ~ tape 956
patisk pirated edition 669
patitul half-title 418
paušální honorář outright fee 613
periodica periodicals 652
periodický periodical[2] 651
písemní in writing 472
píseň song 903
písmeno letter[1] 501
písmo script[1], type(s)[1] 861, 1001
písmo; tučné ~ bold face 100
písmo; základní ~ body type 99
placení payment 641
plagiát plagiarism 671
plakát poster 688
plán; ediční/vydavatelský ~
publishing programme 770
platba payment 641
plněný papír art paper 47
počet archů size of the book 892
počet stran total number of pages 982
podání obsahu synopsis 951
poděkování autora acknowledgements 7
podléhající clu dutiable 321
podléhající dani taxable 958
pododdíl subchapter 934
podtitul subtitle 941
poezie poetry 684
pojištění insurance 456
pokračování continuation 219
pokračování příště to be continued 220
pokuta; smluvni ~ penalty 642
poptávka demand 291
populárně vědecký popular[2] 687
populární popular[1] 686
porušení autorského práva
infringement of copyright 448
porušení smlouvy breach of contract 123
posmrtné dílo posthumous work 690
posmrtný posthumous 689
posthumní posthumous 689
postoupení práv assignment[1] 50
postskriptum postscript 692
poškozená kniha damaged copies 275
poškozený exemplář damaged copies 275
poštovní balík post parcel 691
pouzdro; ochranné ~ slip case 894
použitá literatura bibliography[2] 78
použití utilization 1031
povídka story 932
povinný výtisk deposit copy 292
povinný výtisk; odevzdání povinného výtisku
copyright deposit 242
povolení; autorské ~ author's consent 61
poznámka remark 813
poznámka; s ~mi annotated 29
poznámka pod čarou footnote 389
pozůstalost remains 811
práce; kolektivní ~ composite work 204
práce; námezdní ~ jobwork 478
pramen source 906
práva → právo
právě vyšlo just issued 482
právní nástupce successor 942
právo law 487
právo; autorské ~ copyright[1] 236
právo; autorské ~ literárních a uměleckých děl
literary and artistic copyright 520
právo; filmové ~ film rights 375
právo; licenční ~ na nové vydání
licence of reprinting 511
právo; obchodní ~ commercial law 184
právo; osobní ~ autorské droit moral 316
právo; práva na televizní vysílání
television-broadcasting rights 966
právo; vedlejší práva subsidiary rights 940
právo; velká práva "grands droits" 414
právo; vydavatelské ~ publishing rights 771
právo mechanického rozmnožení
mechanical reproduction rights 549
právo na rozmnožení right(s) of reproduction 843
právo na vydání publishing rights 771
právo předvedení performing right(s) 648
právo výhradního prodeje
sole selling rights 902
právo vysílání broadcasting right(s) 126
premiéra première 697
prodávat ležáky pod cenou to remainder 809

prodej sale(s) 849
prodej; výhradný ~ exclusive distribution 357
prodej hudebnin sheet music sales 884
prodejní cena sales price 850
prohlášení declaration 281
prohlídka; celní ~ customs clearance 269
projekt design[2] 294
prokládat to interleave 462
pro klavír a zpěv piano-song version 663
promlčení statutory limitation 926
propaganda publicity 752
prospekt prospectus 744
prostý cla duty-free 322
protihodnota consideration 215
protokol protocol 747
prováděcí honorář za vysílání broadcasting royalty 127
prověření commission 185
provize commissions 186
provozovací honorář broadcasting royalty 127
próza prose 743
průvodce guide(-book) 417
přebal guardsheet 416
přebytek overstock 615
předloha artwork 48
předmluva preface 695
přednáška lecture 495
přednes; veřejný ~ public reading 755
přední deska boards 97
přednostní cena special price 910
předpis regulation 805
předplacení subscription 939
předsádka fly-leaf 380
představení performance[2] 646
představení; veřejné ~ public performance 754
předvedení performance[2] 646
předznamenání booking 108
přehled digest 300
překlad translation 991
překlad; autorizovaný ~ authorized translation 60
překlad; surový ~ literal translation 519
překlad; věrný ~ faithful translation 369
překládat to translate 990
překlep typist's error 1012
překlepový papír onion-skin 601
přelámat to remake up 812
přeložit to translate 990
přenos transmission 992
přepis transcription 988
přepracované vydání revised edition 839
přepracovaný revised 838
přepracovat to adapt, to rewrite 8, 841
přepychové vydání de luxe edition 290
příběh story 932
příční oblong 594
příční formát oblong format 595
přídavek additional copy 11
přihláška copyrightu copyright application 240
příloha annex, appendix, supplement[2] 28, 40, 946
připravený k expedici ready for dispatch 787
připravený na tisk good for print, ready for the press 412, 789
připravil ... complied by 194
připravit do tisku to edit[2], to pass for press 324, 639
příručka guide(-book), handbook, reference book 417, 419, 801
příručka; kapesní ~ pocket-size edition 681
příruční slovník practical dictionary 693
přislušnost soudu jurisdiction 481
příspěvek contribution, paper(s) 224, 631
psát to write 1058
pseudonym literary pseudonym, pseudonym 522, 748
publikace publication[1, 2] 749, 750
publikování v tisku reprint(ing) in the press 820
půjčovna knih lending library 500
půjčovné hire fee 426
půjčovné; dodatkové ~ supplementary hire fee 948
původní original[1] 604
původní text original text 608
původní vydání first edition 376
původní vydavatel original publisher(s) 607

rabat discount 305
rada; redakční ~ editorial board 332
rámcová smlouva blanket agreement 89
raster screen 859
razidlo block 92
ražba stamping 918
ražení; reliéfové ~ embossing 340
ražení; vypouklé ~ embossing 340
recenze review[1] 832
recenzent critic 265
recenzní výtisk complimentary copy[2], review copy 201, 835
recenzovat to review 834
reciprocita reciprocity 791
recto right-hand page 842
redakce editing, editorial department[2] 327, 334
redakčně zpracoval ... compiled by 194
redakční kruh editorial board 332
redakční místnost editorial offices 336
redakční rada editorial board 332
redaktor editor[1], editor-in-chief 330, 337
redigovat to edit[1] 323
referát account 6
registrace copyrightu copyright registration 250
rejstřík; autorský ~ author index 56
rejstřík; věcný ~ subject index 936
rejstřík slov vocabulary 1038
reklamace claim 161
reklamní páska advertising strip 17
reklamní vložka blurb 95
reklamovat to lodge a claim 527
reliéfové ražení embossing 340
remitenda returns 830
repartice práv distribution[2] 307
reprodukce copy[2], reproduction[2] 229, 822

reprografie reprography 823
resumé summary 943
retušovat to touch up 983
revize revision 840
revize rukopisu copy preparation 235
revue review[2] 833
rezervní zásoby reserve stock 826
ročenka almanac, year-book 23, 1065
ročně, roční annual[2] 33
ročník annual volume 34
rok vydání date of printing 278
román novel 586
román; detektivní ~ crime fiction 264
román; klíčový ~ "roman à clef" 844
román; kolportážní ~ cheap novel 153
román; kratší ~ short story 888
román; kriminální ~ crime fiction 264
román; napínavý/sensační ~ thriller 976
román; vědecko-fantastický ~ science fiction 856
román na pokračování serialization 875
románopisec novelist 588
románová literatura fiction 371
rotační hlubotisk rotogravure 846
rozebrané out of print, out of stock 611, 612
rozhlas broadcast(ing) 125
rozhlasová hra radio-play 778
rozhlasové vysílání broadcast(ing) 125
rozmnožení reproduction[2] 822
rozmnožení; právo mechanického ~
mechanical reproduction rights 549
rozmnožení; právo na ~
right(s) of reproduction 843
rozprodáno temporarily out of print 967
rozšířené vydání enlarged edition 344
rukopis copy[4], manuscript 231, 542
rukopis; korektorská revize ~u
copy preparation 235
rukověť handbook, reference book 419, 801
rytina engraving 342

sazba composition[2], matter, setting up in type 206, 548, 878
sazba; celní ~ customs rate 270
sazba; daňová ~ tax rate 961
sazba; hladká ~ plain matter 672
sazba; chybná ~ error in composition 349
sazba; odložená ~ standing type 923
sazba; základní ~ body type 99
sazebník; celní ~ customs tariff 271
sázecí stroj composing machine 203
sazeč compositor 207
sázet se zarážkou to indent 443
sbírka collection 172
scénář scenario 852
scénická hudba stage music 917
sdělení communication 188
sebraná díla complete (collection of)
works 197
sebrané spisy complete (collection of) works 197
sensační román thriller 976
separát offprint 597
sépiový otisk sepia print 872
seriál serial 874
seriál; (kreslený) humoristický ~
comic strip 181
série series 876
série; ediční ~ serialization 875
sestavil ... edited by 325
sešit booklet, number[2] 110, 590
sešít to sew 880
sešrotovat to pulp 773
seznam list 516
seznam; jmenný ~ author index 56
seznam knih booklist 111
shrnutí summary 943
signální výtisk advance sheet 15
sjezd congress 214
skica sketch 893
sklad; je na ~ě available 67
skládací list throw-out 977
skládané archy nesešité copy in sheets 234
skladatel composer 202
skladba composition[1] 205
skladování storage 931
skladovat to stock 930
skříň; výkladní ~ showcase 889
sleva z ceny discount 305
sloupcová korektura reading (the) galley proofs 786
sloupcový obtah galley proof 401
sloupec column 179
slovníček vocabulary 1038
slovník dictionary 299
slovník; kapesní ~ pocket dictionary 679
slovník; příruční ~ practical dictionary 693
slovo word 1052
směnka bill of exchange 82
smlouva contract 221
smlouva; autorská ~ publisher's agreement 762
smlouva; rámcová ~ blanket agreement 89
smlouva; subvydavatelská ~
sub-publishing agreement 938
smlouva; vydavatelská ~ publisher's agreement 762
smlouva; zastupielská ~ agency agreement 19
smlouva o předvedení
contract authorizing public performances 222
smlouva o zapůjčení materiálu
hire contract 425
smluvní oblast "contract territory" 223
smluvní pokuta penalty 642
snášení (listů) gathering 402
sortimentář retail bookseller 828
současný, soudobý contemporary 217
spirálová vazba spiral binding 914
spis; sebrané ~y
complete (collection of) works 197
spisovatel writer[1] 1059
splácení instalment 453
splátka instalment 453
splnění performance[1] 645
společné vydání joint edition 479

spoluautor co-author 166
spoluautorství co-authorship 167
spolupracovník contributor 225
spolupracovník; externí ~
outside collaborator 614
s poznámkami annotated 29
srážka deduction 284
stáhnout z oběhu
to withdraw from circulation 1050
standardní vydání standard edition 920
stánek stand 919
stornovat to cancel (an order) 132
strana page 619
strana; počet stran
total number of pages 982
strana; titulní strany prelims 696
stránkování pagination 523
stránkovat to paginate 622
stránková zarážka break 124
stránkový obtah page proof 621
stroj; sázecí ~ composing machine 203
strojem psaný, strojopisný typewritten 1010
stručný concise 208
stručný obsah outline(s)[1] 609
studie study 933
stupen písma body size 98
stupnicový nátisk progressive colour proof 735
subskripce subscription 939
subvydavatelská smlouva
sub-publishing agreement 938
subvydavatelství sub-publishing 937
superobal guardsheet 416
surový překlad literal translation 519
svaz; ochranný ~
copyright protection society 249
svazek volume 1040
svazek; obrázkový ~
volume of illustrations 1041
svazek; o dvou svazcích in two volumes 1042
svazek; ukázkový ~ advance copy 13
svaz přátelů krásných knih book club 104
s věnováním dedicated 282
světlotisk phototype 660
synopsis synopsis 951

šéfredaktor chief editor 155
šek cheque 154
škálový nátisk progressive colour proof 735
škrt cancelling 133
škrtnutí cancelling 133
štoček cliché 163

tabulka table 953
tabulka; barevná ~ colo(u)r plate 176
televize television 965
televizní hra TV-play 1000
text text 971
text; původní ~ original text 608
text na záložce blurb-text 96
text písně lyrics 532
teze synopsis 951
tiráž imprint[1] 437
tisk press[1], printing 699, 722
tisk; čtyřbarevní ~ four-colour process 395
tisk; trojbarevný ~ three-colour process 975
tisk; umělecký ~ artistic print 46
tisk; v ~u in the press 464
tisk z výšky relief printing 808
tiskárenská barva printer's ink 711
tiskárna book-printing office,
printing office 116, 726
tiskař printer 715
tisknout to print 711
„Tiskopis" "printed matter" 712
tisková chyba misprint 557
tiskovina print[1] 707
tiskový arch printed sheet 714
tiskový papír book paper, printing paper 115, 728
titul title 979
titul kapitoly chapter heading 151
titulek; hlavní ~ headline 424
titulek; zalomený ~ headline 424
titulní list title page 980
titulní strany prelims 696
transkripce transcription 988
trh market 544
trh; knižní ~ book market 113
trojbarevný tisk three-colour process 975
trvalá objednávka standing order 922
třídění; desetinné ~ decimal classification 280
tučné písmo bold face 100
tuš Indian ink 445
týdeník weekly[1] 1043
týdenně weekly[2] 1044
týdenní weekly[2] 1044
typ type[2] 1002
typografické vyznačení layout[2] 489
typografický bod typographical point 1013
typografie typography 1014

učebnice manual, school-book 540, 854
účet invoice 468
účet; na vlastní ~ for own account 393
účetní částka invoice amount 470
účtovat to invoice 469
ukazatel; věcný ~ subject index 936
ukázka; na ukázku on approval 599
ukázka vazby model cover 559
ukázkové číslo examination copy 353
ukázkový exemplář specimen copy 911
ukázkový svazek advance copy 13
ukázky textu selected passages 865
umělec; výkonný ~ performing artist 647
umělecká kniha art book 44
umělecký tisk artistic print 46
úplné vydání complete edition 196
úplný complete 195

úprava book design 105
úprava; divadelní ~ stage adaptation 916
úprava; vnější ~ technical make-up 964
upravit to adapt 8
ústav institute 454
útraty expenses 363
uvedení pramenů background material 69
uveřejnění publication[1] 749
uveřejnění materiálů transactions 986
úvod introduction[1] 465
úvod do . . . guide(-book) 417

vadný defective 285
váha papíru paper weight 632
vakat blank[1] 87
v arších in flat sheets 447
vázaná kniha hardcover 422
vázané vydání hardcover 422
vázaně, vázaný bound 122
vázat to bind 83
vazba binding 84
vazba; bez vazby unbound 1019
vazba; celoplátěná ~ cloth binding 165
vazba; kožená ~ leather binding 494
vazba; ohebná ~ flexible cover 379
vazba; spirálová ~ spiral binding 914
vazba PVC plastic binding 673
vazbu navrhl(a) cover design 260
věcný index/rejstřík/ukazatel
subject index 936
věda science 855
vědecké dílo scientific publication 857
vědecko-fantastický román science fiction 856
vědecký; populárně ~ popular[2] 687
vedlejší práva subsidiary rights 940
vedoucí; literární ~ chief editor 155
vedoucí propagačního oddělení
publicity manager 753
veletrh; knižní ~ book fair 107
velká práva "grands droits" 414
velkoobchod; knižní ~
wholesale book trade 1046
velkoobchodní cena wholesale price 1048
velkoobchodník wholesaler 1049
věnování dedication 283
věnování; s ~m dedicated 282
věrný překlad faithful translation 369
verso verso 1037
verzálka capital letters 134
verze version 1036
veřejné představení public performance 754
veřejný přednes public reading 755
veselohra comedy 180
"veškerá práva vyhrazena" "all rights reserved" 22
vícejazyčný polyglot 685
vlastnictví; duševní ~ intellectual property 458
vlastní životopis autobiography 66
vložený list interleaf 461
vložit to insert 452
vložka; reklamní ~ blurb 95
vnější úprava technical make-up 964
vnitřní obchod domestic trade 311
volné dílo domaine public 310
volný výtisk author's copy 62
v tisku in the press 464
vyběr selection[2] 867
vybraná díla selection[1] 866
vydání appearance, edition[1] 38, 328
vydání; autorizované ~ authorized edition 59
vydání; bibliofilské ~ bibliophile edition 80
vydání; další ~ reprint[2] 819
vydání; laciné ~ cardboard binding,
paperback 136, 626
vydání; náklady ~ costs of publishing 258
vydání; nezákonné ~ pirated edition 669
vydání; nové ~ new edition, re-issue 578, 807
vydání; přepracované ~ revised edition 839
vydání; přepychové ~ de luxe edition 290
vydání; původní ~ first edition 376
vydání; rozšířené ~ enlarged edition 344
vydání; společné ~ joint edition 479
vydání; standardní ~ standard edition 920
vydání; úplné ~ complete edition 196
vydání; vázané ~ hardcover 422
vydání; zkrácené ~ abridged edition 3
vydání na volných listech
loose-leaf book 528
vydání v tisku
reprint(ing) in the press 820
vydat to publish 756
vydávat paperbacky to paperback 627
vydavatel editor[2], publisher 331, 759
vydavatel; původní ~ original publisher(s) 607
vydavatelská smlouva publisher's agreement 762
vydavatelské právo publishing rights 771
vydavatelský katalog publisher's catalogue 763
vydavatelský obchod publishing trade 772
vydavatelský plán publishing programme 770
vydavatelství publishing house 769
vydavatelství hudebnin music publisher 571
výhodná cena special price 910
výhradné zastoupení exclusive agency 356
výhradný exclusive 355
výhradný prodej exclusive distribution 357
vyjde nejblíže to appear shortly 39
vyjít to appear 37
výklad explanation 364
výkladní skříň showcase 889
výkonný umělec performing artist 647
výloha shop-window, showcase 886, 889
vyložené zboží showcase 889
výlučný exclusive 355
vyobrazení figure[1] 372
vypouklé ražení embossing 340
vypracovat to elaborate 339
vyprodáno temporarily out of print 967
vypůjčení, výpůjčka lending 499
výrobní doba term of production 968
výrobní oddělení production department 733

vysázet to set up 879
vysílání; právo na ~ broadcasting right(s) 126
vysílání; prováděci honorař za ~ broadcasting royalty 127
vysílání; rozhlasové ~ broadcast(ing) 125
výstava exhibition 361
výstava knih book exhibition 106
výstřižek z novin press cutting 701
vyška; formát na výšku upright format 1028
vyška; tisk z výšky relief printing 808
vyšlo; právě ~ just issued 482
vytah abstract, excerpt(s) 5, 354
výtah; klavírní ~ piano score 662
výtisk; neprodané ~y remainders 810
výtisk; povinný ~ deposit copy 292
výtisk; recenzní ~ complimentary copy[2], review copy 201, 835
výtisk; signální ~ advance sheet 15
výtisk; volný ~ author's copy 62
vyúčtování statement of account 924
vyznačení; typografické ~ layout[2] 489
vzor vazby dummy 317

xerografie xerography 1063

zábavná literatura light reading 512
zakázka order 603
základní cena basic price 72
základní dílo standard work 921
základní exemplář reference copy 802
základní písmo/sazba body type 99
základy compendium, outline(s)[2] 189, 610
zákon law 487
zákonná licence legal licence 497
záloha na honorář advance royalty 14
zalomený titulek headline 424
záložka jacket-flap 477
zápis protocol 747
zarážka; sázet se zaražkou to indent 443
zarážka; stránková ~ break 124
zásilkový obchod mail-order business 535
zásoba; železná ~ minimum stock 555
zásoby stock 929
zásoby; rezervní ~ reserve stock 826
zastoupení; generální ~ general agency 403
zastoupení; výhradné ~ exclusive agency 356
zastupitelská smlouva agency agreement 19
záznam; zvukový ~ sound recording 905
zboží; vyložené ~ showcase 889
zdanění taxation 959
zdarma free of charge 397
zemská knihovna national library 576
zfilmování use in film 1030
zkrácené vydání abridged edition 3
zkrácení abridgement 4
zkratka abbreviation 1
zlom fold 383
změna change 148
změnit to change 149
značka; korektorské značky proof-correction symbol 739
znak nakladatelství publisher's emblem 764
zpěv song 903
zpěvník song-book 904
zpracování adaptation, arrangement 9, 43
zpracovat to compile 193
zpráva account, report 6, 817
zpráva o jednání transactions 986
zrcadlo sazby type area 1003
zvuková páska tape 956
zvukový záznam sound recording 905

žádost o copyright (formulář) copyright application form 241
železná zásoba minimum stock 555
životopis biography 86
životopis; vlastní ~ autobiography 66

DANISH — DANSK

a, b, c, d, e/é, f, g, h, i, j, k, l, m, n, o, p, q, r, s, t, u, v, w, x, y, z, æ, ø, å

abbreviation, abbreviatur abbreviation **1**
abonnement subscription **939**
adresse address **12**
adresseliste mailing list **534**
afbestille to cancel (an order) **132**
afdeling; forlagskonsulenternes ~ editorial department[1] **333**
afdeling; teknisk ~ production department **733**
afdrag deduction **284**
afdragsvis instalment **453**
affattelse version **1036**
afgift tax **957**
afgiftsfri tax-free **960**
afgiftspligtig taxable **958**
afhandling paper(s), study, treatise **631, 933, 996**
afkortning abbreviation **1**
afregning statement of account **924**
afskrift copy[1] **228**
afskrive to copy **232**
afsnit paragraph **634**
afsætningsområde territory of distribution **970**
aftryk print, proof correction symbol **708, 739**
agenturkontrakt agency agreement **19**
album album **21**
»alle rettigheder forbeholdes« "all rights reserved" **22**
almanak almanac, calendar **131**
almen kontrakt blanket agreement **89**
almindelig litteratur general books **404**
anmelde to review **834**
anmeldelse review[0] **832**
anmelder critic **265**
anmeldereksemplar review copy **835**
anmærkning remark **813**
annonce advertisement **16**
anonym anonymous **35**
antal number[1] **589**
antikva roman type **845**
antikvarisk eksemplar second-hand copy **863**
antologi anthology **36**
appendix appendix **40**
ark sheet **881**
ark; trykt ~ printed sheet **714**
arknummerering numbering of sections **592**
arrangement adaptation, arrangement **9, 43**
arrangere to adapt **8**
artikel article **45**
artist; opførende ~ performing artist **647**
arveafgift inheritance tax **449**
arveskat inheritance tax **449**
atlas atlas **52**
autentisk authentic **53**
autorisere to authorize **58**
autoriseret; ikke ~ unauthorized **1018**
autoriseret oversættelse authorized translation **60**
autoriseret udgave authorised edition **59**
autorisering authorization **57**
avertissement advertisement **16**
avis newspaper **580**
avispapir newsprint **581**
avisudklip press cutting **701**

bagside verso **1037**
bearbejde to compile **193**
benyttelse utilization **1031**
beretning account, bulletin, report **6, 130, 817**
berettige to authorize **58**
Bernerkonventionen Berne Convention **74**
beskadiget eksemplar damaged copies **275**
beskatning taxation **959**
beskyttelsesblad guardsheet **416**
beskyttelsesbladets indre side jacket-flap **477**
beskyttelsesperiode period of protection **653**
beskåret trimmed **998**
bestand inventory **467**

bestilling ordre 603
bestilling; løbende ~ standing order 922
bestseller best-seller 75
betaling payment 641
bibelpapir bible paper 76
bibliofiludgave bibliophile edition 80
bibliografi bibliography[1, 2] 77, 78
bibliologi bibliology 79
bibliotek library 505
bidrag contribution 224
billedalbum picture-book 665
billedbind volume of illustrations 1041
billedbog picture-book 666
billede figure[1], picture 372, 664
billedtekst, billedunderskrift legend 498
billigbog paperback, pocket-book, pocket-size edition 626, 678, 681
bind binding, volume 84, 1040
bind; i to ~ in two volumes 1042
biografi biography 86
birettigheder subsidiary rights 940
blad sheets 882
blad; gennemsigtigt ~ transparent foil 993
blad; indskudt ~ interleaf 461
blanket form 391
blank side blank[1] 87
blank øverdel break 124
blød kartonnage flexible cover 379
blåtryk blueprint[1] 93
bog book 101
bog; brocheret ~ paper-bound book 628
bogform; i ~ in volume form 471
bogfortegnelse booklist 111
boggrosserer wholesale distributing agent 1047
boghandel bookshop, book trade 118, 119
boghandler bookseller 117
bogklub book club 104
bogkundskab bibliology 79
boglade bookshop 118
bogladepris retail price, sales price 829, 850
bogmarked book market 113
bogmesse book fair 107
«bog per post» mail-order business 535
bogryg back 68
bogstav letter[1] 502
bogstav; lille ~ small letters 897
bogstav; stort ~ capital letters 134
bogstavelig literal 518
bogtryk typography 1014
bogtrykker printer 715
bogtrykkeri book-printing office, printing ofice 116, 726
bogtrykkerkunst typography 1014
bogtrykpapir book paper 115
bogudstilling book exhibition 106
brev letter[2] 502
brevveksling correspondence 256
brochere to stitch 927
brocheret stitched 928
brocheret; pris ~ price calculated on the stitched copy 704
brocheret bog paper-bound book 628
brochering binding in paper covers, paper cover(s) 85, 629
brochure booklet, pamphlet 110, 624
brug utilization 1031
bryde om to remake up 812
brødskrift body type, plain matter 99, 672
Bureau til varetagelse af autorrettigheder copyright protection office 248
bønnebog prayer-book 694
børnebog children's book 156
børsteaftryk hand proof 421
bånd tape 956

cartonnage cardboard binding 136
censur censorship 145
check cheque 154
chefredaktør chief editor, editor[1], editor-in-chief 155, 330, 337
cirkulære circular 158
citat citation 160
collo package 617
copyright copyright[2] 237
copyright notits copyright notice 245

dagblad newspaper 580
dagbog diary 298
decimalklassifikation decimal classification 280
dedikation dedication 283
dedikation; med ~ dedicated 282
dedikations- dedicated 282
defekt defective 285
del part 636
detektivroman crime fiction 264
diagram diagram 297
digt poem 682
digtekunst poetry 684
digter poet 683
digtning belles-lettres, poem 73, 682
diskotek record library 795
dobbeltaftryk duplicate print, parallel print 319, 635
dokumentation documentation 309
domstol; kompetent ~ jurisdiction 481
drama play 676
dramatiker playwright 677
dramatiske rettigheder "grands droits" 414
drejebog scenario 852
droit moral droit moral 316
dublet duplicate 318
dybtryk intaglio printing 457

efterfølger successor 942
efterkrav cash on delivery 141
efterladte skrifter remains 811
efterskrift epilogue, postscript 347, 692
efterspørgsel demand 291

eftertryk reprint[1] 818
eftertryk i pressen reprint(ing) in the press 820
ejendom; litterær ~ intellectual property 458
eksemplar copy[3] 230
eksemplar; antikvarisk ~ second-hand copy 863
eksemplar; beskadiget ~ damaged copies 275
eksemplar; maskinskrevet ~ typescript 1005
eksemplar; nummererede ~ numbered copy 591
eksemplar; uopskåret ~ unopened copy 1023
eksemplar i materie copy in sheets, in flat sheets 234, 447
ekspedition delivery[1] 286
ekstraeksemplar additional copy 11
emneregister subject index 936
encyklopædi encyclop(a)edia 341
endnu ikke disponibel temporarily out of print 967
eneberettiget forhandler exclusive agency 356
engangsbeløb outright fee 613
engroshandlende wholesaler 1049
engrospris wholesale price 1048
erindringer memoirs 550
erklæring declaration 281
essay essay 350
excerpt excerpt(s) 354

facsimile facsimile 368
fagbibliografi special bibliography 907
fagbibliotek special library 909
fagblad special journal 908
fagbog professional publication 734
fagtidsskrift special journal 908
faksimile facsimile 368
fakture invoice 468
fals fold 383
farveplanche colo(u)r plate 176
farvetavle colo(u)r plate 176
fast bestand minimum stock 555
favørpris special price 910
fed skrift bold face 100
fejlsliste errata 348
figur figure[1], illustration 372, 431
fiktionslitteratur belles-lettres 73
filmatisering use in film 1030
filmatiseringsretter, filmrettigheder film rights 375
firfarvetryk four-colour process 395
fjernsyn television 965
fjernsynafgift broadcasting royalty 127
fjernsynsspil TV-play 1000
flyveblad leaflet[1] 492
fodnote footnote 389
foldeplanche throw-out 977
foliant folio[1] 386
folie transparent foil 993
folio folio[1] 386
folkelig popular 686
forandre to change 149
forandring change 148
forbedre to correct 252
forbedret udgave corrected edition 253
fordeling distribution[1,2], marketing 306, 307, 545
foredrag lecture 495
forelæsning lecture 495
forespørgsel inquiry 451
forfatter author[1,2], writer[1] 54, 55, 1059
forfatter; korporativ ~ corporate author 251
forfatterens navn name of author 575
forfatterens pseudonym literary pseudonym 522
forfatterens rettelser author's corrections 63
forfatterens samtykke author's consent 61
forfatterhonorar royalty 848
forfatterkorrektur author's corrections 63
forfatterregister author index 56
forfatterret copyright[1] 236
forfatterrettens registrering copyright registration 250
forfatterskab authorship 65
forhandler; eneberettiget ~ exclusive agency 356
forhandlinger transactions 986
forklaring explanation 364
forkortelse abridgement 4
forkortet concise 208
forkortet udgave abridged edition 3
forkortning abridgement 4
forlag publishing house 769
forlagseksemplar reference copy 802
forlagskatalog publisher's catalogue 763
forlagskonsulent publisher's reader 765
forlagskonsulenternes afdeling editorial department[1] 333
forlagsprogram publishing programme schedule 770
forlagsredaktion editorial department[1] 333
forlagsreklame blurb, blurb-text 95, 96
forlagsret publishing rights 771
forlagsvirksomhed publishing trade 772
forlægge to publish 756
forlægger editor[2], publisher, publishing house 331, 759, 769
forlæggerkontrakt publisher's agreement 762
forlæggermærke publisher's emblem 764
forlængelse extended term 366
format format 392
format; kort i internationalt ~ fiche internationale 370
formgivning book design, technical make-up 105, 964
formular form 391
forord preface 695
forråd stock 929
forsats fly-leaf 380
forsatsblad, forsatsspejl fly-leaf 380
forsendelse delivery[1] 286
forsending delivery[1] 286
forsending; færdig til ~ ready for dispatch 787
forside right-hand page 842
forsikring insurance 456
forskrift regulation 805
fortoldning customs clearance 269
fortsættelse continuation 219

fortsættelse følger to be continued 220
fortsættelsesværk serial 874
fortsættes to be continued 220
fortælling story 932
forøget udgave enlarged edition 344
fotoaftryk photographic print 658
fotografi photograph 657
fotokopi photocopy 656
fra tiden contemporary 217
fremlæggelse showcase 889
fremstillingstid term of production 968
fri domaine public 310
frieksemplar author's copy 62
fri medarbejder outside collaborator 614
fri værk domaine public 310
frontispice frontispiece 399
fuldstændig complete, unabridged 195, 1015
fuldstændig udgave complete edition 196
fællesarbejde composite work 204
fællesudgave joint edition 479
fællesværk composite work 204
færdig til forsending ready for dispatch 787
fører guide(-book) 417
første opførelse première 697
førsteudgave first edition 376

generalagentur general agency 403
gengivelse; ret til ~ right(s) of reproduction 843
gennemsigtigt blad transparent foil 993
gennemsnitshonorar outright fee 613
gennemsyn; til ~ on approval 599
gensidighed reciprocity 791
glacépapir, glanspapir glazed paper 408
glossar vocabulary 1038
godkendelse til tryk imprimatur 436
grafisk graphic(al) 415
grammofonplade phonograph record 655
grands droits "grands droits" 414
gratis free of charge 397
grosserer wholesaler 1049
grundpris basic price 72
grundskrift body type 99
grundtekst original text 608
gyser thriller 976

handel trade 985
handelskammer chamber of commerce 147
handelsretten commercial law 184
ha på lager to stock 930
helsides- full-page 400
helskindbind leather binding 494
hellærredsbind cloth binding 165
hidtil utrykt unpublished 1024
historie history, story 428, 932
hjemlån lending 499
honorarforskud advance royalty 14
hovedagentur general agency 403
hovedredaktør chief editor 155
hovedskrift body type 99
huskorrekturlæser printer's reader 720
hæfte[1] booklet 110
hæfte[2] to sew 880
hævd statutory limitation 926
højformat upright format 1028
højglittet papir super-calendered paper 944
højtryk relief printing 808
hørespil radio-play 778
håndbog handbook, outline(s)[2], reference book 419, 610, 801
håndeksemplar specimen copy 911

i bogform in volume form 471
ikke autoriseret unauthorized 1018
ikke offentliggørt unpublished 1024
ikke på lager out of stock 612
ikke udelukkende non-exclusive 583
illustration figure[1], illustration, picture, text illustration 372, 431, 664, 973
i materie in flat sheets 447
imitation copy[2], imitation 229, 433
imprint imprint[1] 437
indbinde to bind 83
indbinding binding 84
indbunden hardcover 422
indbundet bound 122
indenrigshandel domestic trade 311
indhold contents 218
indholdsfortegnelse table of contents 954
indholdsoversigt abstract, outline(s)[1], synopsis 5, 609, 951
indhæfte to insert 452
indiapapir bible paper 76
indklæbe to insert 452
indkomstskat income tax 440
indledning introduction[1] 465
indpakningsomkostninger packing costs 618
indrykke to indent 443
indskudt blad interleaf 461
indskyde to interleave 462
indsætte to insert 452
indvende to lodge a claim 527
indvending claim 161
institut institute 454
interfoliere to interleave 462
iscenesættelse stage adaptation 916
i to bind in two volumes 1042
i tryk give to edit[2], to pass for press 324, 639
i trykken in the press 464

kalender calendar 131
kalkerpapir onion-skin 601
kan leveres/skaffes available 67
»kan trykkes« good for print, ready for the press 412, 789
kapitel chapter, small capitals 150, 896

kapiteloverskrift chapter heading 151
kartonnage; blød ~ flexible cover 379
kartonneret cardboard-bound 137
kartotek card index 139
kassette slip case 894
katalog catalog(ue) 142
katalogpris catalog(ue) price, list price 143, 517
kegel body type 99
kilde source 906
kildeangivelse background material 69
kiosk stand 919
klaff jacket-flap* 477
klaverudtog piano score 662
kliché cliché 163
klumme column, type area 179, 1003
knaldroman cheap novel 153
kogebog cookbook 227
kolofon colophon 175
kolportage colportage 178
kolumne type area 1003
komedie comedy 180
kommentar commentary 183
kommenteret annotated 29
kommission commission 185
kommissionsboghandel wholesale book trade 1046
kommissionær commission merchant 187
kompendium compendium 189
kompetent domstol jurisdiction 481
kompilator compiled by 194
komplet complete 195
komplet orkestermateriale complete set of music material 198
komponist composer 202
komposition composition[1] 205
konference conference 213
kongres congress 214
kontrakt contract 221
kontraktbeløb consideration 215
kontraktbrud breach of contract 123
kontraktområde "contract territory" 223
konvention convention 226
konventionalbøde penalty 642
konversationsleksikon encyclop(a)edia 341
kopi copy[1] 228
kopiere to copy 232
korporativ forfatter corporate author 251
korrektur correction 254
korrektur; ombrudt ~ page proof 621
korrektur; sidste ~ revision 840
korrekturlæser proof-reader 740
korrekturlæsning correction 254
korrekturtegn proof-correction symbol 739
korrespondance correspondence 256
kort[1] concise 208
kort[2] map 543
kortfattet concise 208
kort i internationalt format fiche internationale 370
kortkatalog card index 139
kriminalroman crime fiction 264
kritik critique 266
krænkelse af ophavsretten infringement of copyright 448
kulørt litteratur trash 995
kunstbog art book 44
kunsttryk artistic print 46
kunsttrykpapir art paper 47
kursiv italics 475
kvartalsrevy quarterly 774
kvartalsskrift quarterly 774

lade blive stående to keep standing 484
lager; ikke på ~ out of stock 612
landkort map 543
layout layout[1, 2], printing order 488, 489, 727
lejekontrakt hire contract 425
lejemateriale material on hire 546
leverance delivery[2] 287
levere; kan ~s available 67
levering delivery[2] 287
leveringsbetingelser terms of delivery 969
leveringsfrist time of delivery 978
leveringstid date of delivery 277
leveringsvilkår terms of production 968
libretto libretto 507
librettoforfatter librettist 506
licens til eftertryk licence of reprinting 509
lige udkommet just issued 482
lille bogstav small letters 897
linotype linotype 514
liste list 516
litteratur literature[1] 524
litteratur; almindelig ~ general books 404
litteratur; kulørt ~ trash 995
litteraturhenvisning background material 69
litterær ejendom intellectual property 458
lommeordbog pocket dictionary 679
lommepartitur pocket score 680
lommeudgave pocket book, pocket-size edition 678, 681
lov law 487
luksusudgave de luxe edition 290
lydbånd tape 956
lydoptagelse recording, sound recording 794, 905
lystryk phototype 660
lystspil comedy 180
lærebog guide(-book), manual 417, 540
læse to read 779
læsebog reading book 785
læsekreds interested readers 460
læser reader[1] 781
læsere interested readers 460
løbende bestilling standing order 922
lønarbejde jobwork 478
løsbladsbog loose-leaf book 528
lån lending 499

magasinering storage 931
majuskel capital letters 134
makulatur spoiled sheet 915

makulaturark spoiled sheet 915
mangfoldiggørelse reproduction 822
manuskript copy[4], manuscript 231, 542
manuskriptets forberedelse/fremstilling copy preparation 235
marked market 544
maskinskrevet typewritten 1010
maskinskrevet eksemplar typescript 1005
materialeleje hire fee, supplementary hire fee 426, 948
matrice matrix 547
mavebælte advertising strip 17
medarbejder contributor 225
medarbejder; fri ~ outside collaborator 614
med dedikation dedicated 282
meddelelse bulletin, communication 130, 188
meddelelser transactions 986
medforfatter co-author 166
medforfattere corporate author 251
medforfatterskab co-authorship 167
med noter annotated 29
mekanisk reproduktionsret mechanical reproduction rights 549
memoirer memoirs 550
mikrofilm microfilm 553
mikrofilmkopi, mikrokopi micro-copy 552
minuskel small letters 897
modværdi consideration 215
monografi monograph 562
monotype monotype 563
montre shop-window, showcase 886, 889
musical musical 569
musik music 568
musikalier printed music 713
musikforlægger music publisher 571
»mutation« parallel print 635
månedens bog book of the month 114
månedsskrift monthly publication 564

nationalbibliotek national library 576
navn name 573
navn; forfatterens ~ name of author 575
navneregister author index 56
netop udkommet just issued 482
nettopris net price 577
nodepapir music paper 570
noder printed music 713
nodesalg sheet music sales 884
nodestik engraving of music 343
note remark 813
novelle short story 888
nummer number[2] 590
nummerere to paginate 622
nummererede eksemplar numbered copy 591
nutidig contemporary 217
nyhed new publication 579
nyrevideret revised 838
nyudgave new edition 578
nyudkommen just issued 482
nøgleroman "roman à clef" 844

offentliggøre to edit[2], to publish 324, 756
offentliggørelse publication[1] 749
offentliggørt; ikke ~ unpublished 1024
offentlig opførelse public performance, public reading 754, 755
offerte offer 596
offerte med prisangivelser quotation 777
officin book-printing office, printing office 116, 726
offsettryk offset printing 598
omarbejde to adapt, to compile, to rewrite 8, 193, 841
omarbejdet revised 838
ombrudt korrektur page proof 621
ombryde to make up 538
ombrydning make-up[1] 536
omfang size of the book 892
omskrivning copy[1] 228
omslag book-jacket, cover 109, 259
omslagsbillede cover design 260
omsætning marketing 545
omsætningsafgift turnover tax 999
opfyldelse performance[1] 645
opførelse performance[2] 646
opførelse; første ~ première 697
opførelse; offentlig ~ public performance, public reading 754, 755
opførelsekontrakt contract authorizing public performances 222
opførelsesret performing right(s) 648
opførende artist performing artist 647
ophavsret copyright[1] 236
ophavsret af litterære og kunstværker literary and artistic copyright 520
ophavsretligt beskyttet "protected by copyright" 745
ophavsretsformular copyright application form 241
ophavsrettens registrering copyright application 240
oplag edition[2], size of edition 329, 890
oplagstal size of edition 890
opløse (makulatur) to pulp 773
oprindelig original[1] 604
opslagsord entry 346
opslagsværk reference book 801
opstille regningen to invoice 469
opsætning layout[1], printing order, setting up in type 488, 727, 878
optagning gathering 402
optryk print, re-issue, reprint[2] 708, 807, 819
ord lyrics, word 532, 1052
ordbog dictionary 299
ordbog; praktisk ~ practical dictionary 693
ordningsord entry 346
ordre order 603
ordre; stående ~ standing order 922
ordret word for word 1053
ordret oversættelse literal translation 519
organisation til realisation af autorrettigheder copyright protection society 249

original original[1] 604
originalbillede artwork 48
originalforlag original publisher(s) 607
originaltekst original text 608
originaludgave first edition 376
orkestermateriale orchestral parts 602
orkestermateriale; komplet ~ complete set of music material 198
orkesterstemmer orchestral parts 602
overanslag break 124
overdragelse assignment[1] 50
oversigt compendium 189
overskrift; stor ~ headline 424
oversætte to translate 990
oversættelse translation 991
oversættelse; autoriseret ~ authorized translation 60
oversættelse; ordret ~ literal translation 519
oversættelse; tro ~ faithful translation 369

paginere to paginate 622
paginering pagination 623
papir paper 625
papir; højglittet ~ super-calendered paper 944
papir; træfrit ~ paper without woodpulp 633
papir; træholdigt ~ wood-pulp paper 1051
papirets vægt paper weight 632
papæske slip case 894
partitur score 858
pauschalhonorar outright fee 613
periodicum periodical[1] 650
periodika periodicals 652
periodisk periodical[2] 651
perm boards 97
petits droits "petits droits" 654
piratudgave pirated edition 669
pjece booklet, pamphlet 110, 624
plade phonograph record 655
pladesamling record library 795
plagiat plagiarism 671
plakat poster 688
planche plate 674
planche; udfoldelig ~ throw-out 977
plastikbind plastic binding 673
pligtaflevering copyright deposit 242
pligtafleveringseksemplar, pfligteksemplar deposit copy 292
poesi poetry 684
poet poet 683
polyglot- polyglot 685
populær popular[1] 686
populær videnskabelig popular[2] 687
posthum posthumous 689
posthumt værk posthumous work 690
postpakke post parcel 691
postscriptum postscript 692
pragtudgave de luxe edition 280
praktisk ordbog practical dictionary 693

preliminærblade prelims 696
premiere première 697
presse press 699
presseinformation press release 702
pressemeddelelse press release 702
pris price 703
prisangivelser; offerte med ~ quotation 777
pris brocheret price calculated on the stitched copy 704
prisfortegnelse, priskurant, prisliste price list 705
prosa prose 743
prospekt prospectus 744
protokol protocol 747
provision commissions 186
prøvebind dummy 317
prøveeksemplar complimentary copy[2], examination, specimen copy 201, 353, 911
prøveomslag model cover 559
prøvepap dummy 317
prøvetryk progressive colour proof 735
prøvetryk af farvetryk progressive colour proof 735
prægestempel block 92
prægning stamping 918
pseudonym literary pseudonym, pseudonym 522, 748
publication appearance, edition[1], publication[1,2] 38, 328, 749, 750
publikationsomkostninger costs of publishing 258
punkt; typografisk ~ typographical point 1013
på egen regning for own account 393

rabat discount 305
radioafgift broadcasting royalty 127
radiorettigheder broadcasting right(s) 126
radiosending, radiospredning, radiotransmission broadcast(ing) 125
radioudsendelseshonorar broadcasting royalty 127
radioudsendelsesret broadcasting right(s) 126
rapport account, report 6, 817
raster screen 859
ratebetaling instalment 453
recensent critic 265
recension review 832
rectoside right-hand page 842
redaktion editorial department[1], editorial offices 334, 336
redaktionskomité editorial board 332
redaktør editor[1] 330
redigere to compile, to edit[1] 193, 323
redigeret edited by 325
redigering editing 327
referat abstract 5
regel regulation 805
registrering; forfatterrettens ~ copyright registration 250
regning; opstille ~en to invoice 469
regning; på egen ~ for own account 393
regningsbeløb invoice amount 470
reklamation claim 161

reklame publicity 752
reklameafdelingschef publicity manager 753
reklamebanderole advertising strip 17
reklamere to lodge a claim 527
reklamevirksomhed publicity 752
relieftryk embossing 340
rentryk advance copy 13
reproduktion copy[2], reproduction 229, 822
reproduktionsret; mekanisk ~ mechanical reproduction rights 549
reprografi reprography 823
reserveforråd minimum stock, reserve stock 555, 826
restoplag overstock, remainder, stock 615, 810, 929
restoplag; usolgt ~ returns 830
résumé abstract, summary 5, 943
ret law 487
ret; udelukkende ~ til forhandling exclusive distribution 357
retouchere to touch up 983
retsindehaver copyright holder, copyright owner 243, 246
rette to correct 252
rettelse correction 254
ret til gengivelse licence of reprinting, right(s) of reproduction 509, 843
retureksemplarer returns 830
revideret revised 838
revideret udgave revised edition 839
revision revision 840
roman novel 586
romandigtning fiction 371
romanforfatter novelist 588
rotationsdybtryk rotogravure 846
royalty royalty 848
rundskrivelse circular 158
rundskue (tidsskrift) review 833
ryg back 68
række series 876

sagregister subject index 936
salg marketing, sale(s) 545, 849
samlede skrifter/værker complete (collection of) works 197
samling collection 172
sammendrag digest 300
sammenfatning summary 943
samtidig contemporary 217
sang song 903
sangbog song-book 904
sats composition[2], matter 206, 548
sats; skær ~ plain matter 672
sats; stående ~ standing type 923
satsbillede layout[1, 2] 488, 489
satsfejl error in composition 349
scenearrangement stage adaptation 916
science fiction science fiction 856
seddelkatalog card index 139
selvbiografi autobiography 66
sepiatryk sepia print 872
serie series 876
side page 619
sidetal folio[2], total number of pages 387, 982
sidste korrektur revision 840
signaturforklaring key 485
skadeserstatning indemnification 442
skaffe; kan ~s available 67
skat tax 957
skattebeløb tax rate 961
skattefri tax-free 960
skattepligtig taxable 958
skindbind leather binding 494
skitse design[2], sketch 294, 893
skolebog manual, school-book 540, 854
skribent writer[1] 1059
skrift script 861
skrift; efterladte ~er remains 811
skrift; samlede ~er complete (collection of) works 197
skriftgrad body size 98
skriftlig in writing 470
skriftsnit type(s)[1, 2] 1001, 1002
skrive to write 1058
skuespil play 676
skuespilforfatter playwright 677
skønlitteratur belles-lettres 73
skær sats plain matter 672
slagfejl typist's error 1012
smudsomslag book-jacket 109
smudstitel half-title 418
»små store« small capitals 896
sortimentsboghandler retail bookseller 828
spalte column 179
spaltekorrektur galley proof 401
spaltekorrekturlæsning reading (the) galley proofs 786
specialbibliografi special bibliography 907
specialbibliotek special library 909
specifikation delivery note 288
spiralhæftning spiral binding 914
sprog language 486
spørgeliste, spørgeskema questionnaire 775
standardkontrakt blanket agreement 89
standardudgave standard edition 920
standardværk standard work 921
statsbibliotek national library 576
stempel block 92
stik engraving 342
stikord entry, subject heading 346, 935
stille til disposition to place at somebody's disposal 670
stor overskrift headline 424
stort bogstav capital letters 134
stregtegning line drawing 513
stykke piece 667
stykke; udvalgte ~r selected passages, selection[1, 2] 865, 866, 867
størrelse format 392
stående ordre standing order 922
stående sats standing type 923
subforlag sub-publisher 937

subforlagsaftale sub-publishing agreement 938
subskription booking, subscription 108, 939
supplement annex, supplement[2] 28, 946
støbeform matrix 547
særtryk offprint 597
sætning composition[2], matter 206, 548
sætte to set up 879
sættemaskine composing machine 203
sætter compositor 207

tabel table 953
tage ud of omløb to withdraw from circulation 1050
taksigelse for medarbejde acknowledgements 7
tal number[1] 589
tavle plate 674
teaterbearbejdelse stage adaptation 916
teaterdigter playwright 677
teatermusik stage music 917
tegneserie comic strip 181
tegning design[1] 293
teknisk afdeling production department 733
tekst lyrics, text 532, 971
tekstbillede text illustration 973
tekstforfatter librettist 506
tekst op klaff blurb-text 96
television television 965
tidsskrift periodical[1] 650
tidsskrifter periodicals 652
tilbud offer 596
tilføjelse addendum, completion, supplement[1] 10, 199, 945
til gennemsyn on approval 599
tilladelse til eftertryk licence of reprinting 509
tillæg annex, appendix, supplement[2] 28, 40, 946
tilsvarende værdi consideration 215
»til tryk« good for print, ready for the press 412, 789
titel title 979
titelark prelims 696
titelblad, titelside title page 980
told customs 268
toldfri duty-free 322
toldpligtig dutiable 321
toldtarif customs tariff 271
toldtarifsats customs rate 270
tosproget bilingual 81
transkription transcription 988
transmission transmission 992
trefarvetryk three-colour process 975
tro oversættelse faithful translation 369
tryk printing 722
tryk; i ~ give to pass for press 639
tryk; i ~ken in the press 464
trykfarve printer's ink 819
trykfejl misprint 557
trykke to print 711
trykke; kan ~s good for print 412
trykkeri printing office 726
trykkeår date of printing, date of publication 278, 279
trykklar ready for the press 789
trykning printing 722
trykningsomkostninger printing costs 723
trykpapir printing paper 728
tryksag print 707
tryksager "printed matter" 712
tryksværte printer's ink 719
trykt ark printed sheet 714
træfrit papir paper without woodpulp 633
træholdigt papir wood-pulp paper 1051
tusch Indian ink 445
tvangslicens legal licence 497
TV-rettigheder television-broadcasting rights 966
TV-spil TV-play 1000
tvær- oblong 594
tværformat oblong format 595
type type(s)[1, 2] 1001, 1002
typografisk punkt typographical point 1013

ubeskyttet non-protected 585
ubeskåret untrimmed 1026
udarbejde to elaborate 339
udbud offer 596
uddrag excerpt(s) 354
udelukkende exclusive 355
udelukkende; ikke ~ non-exclusive 583
udelukkende ret til forhandling exclusive distribution 357
udelukkende ret til salg sole selling rights 902
udfoldelig planche throw-out 977
udgave edition[1, 2], publication[2] 328, 329, 750
udgave; autoriseret ~ authorized edition 59
udgave; forbedret ~ corrected edition 253
udgave; forøget ~ enlarged edition 344
udgave; fuldstændig ~ complete edition 196
udgave; ny ~ new edition 578
udgave; revideret ~ revised edition 839
udgave; uforkortet ~ complete edition 196
udgave for klaver og sang piano-song version 663
udgave i fortsættelse serialization 875
udgive to edit[2], to publish 324, 756
udgive i paperback to paperback 627
udgivelse appearance 38
udgivelse; under ~ in the press 464
udgiver compiled by, editor[2], publisher 194, 331, 759
udgivet edited by 325
udgivet af ... published by 758
udhæng, udhængsark advance sheet 15
udkast design[2] 294
udklip press cutting 701

udkomme to appear 37
udkommer i nær fremtid to appear shortly 39
udkommet; lige/netop ~ just issued 482
udlæg expenses 363
udlån lending 499
udlånsbibliotek lending library 500
udsendelse transmission 992
udslettelse cancelling 133
udsolgt out of print 611
udstilling exhibition 361
udstillingsvindue showcase 889
udstregning cancelling 133
udsælge to remainder 809
udtalelse declaration 281
udvalg, udvalgte stykker selected passages, selection[1, 2] 865, 866, 867
udvalgte værker selection[1] 866
uforandret unchanged 1021
uforkortet udgave complete edition 196
ugeblad weekly[1] 1043
ugentlig weekly[2] 1044
ugeskrift weekly[1] 1043
uindbundet unbound 1019
uindbundet eksemplar copy in sheets 234
ukomplet defective 285
underafsnit subchapter 934
underholdningslitteratur cheap novel, light reading 153, 512
undertitel subtitle 941
under udgivelse in the press 464
ungdomslitteratur juvenile literature 483
uopskåret eksemplar unopened copy 1023
usolgt restoplag returns 830
utrykt; hidtil ~ unpublished 1024

valuta currency 267
variant version 1036
varig bestand minimum stock 555
vaskeseddel blurb 95
vejledning guide(-book) 417
veksel bill of exchange 82
verdenophavsretskonventionen Universal Copyright Convention 1022
versal capital letters 134
videnskab science 855
videnskabelig; populær ~ popular[2] 687
videnskabelig meddelelse paper(s) 631
videnskabeligt værk scientific publication 857
vinduesudstilling showcase 889
vægt; papirets ~ paper weight 632
værk work 1055
værk; posthumt ~ posthumous work 690
værk; samlede ~er complete (collection of) works 197
værk; udvalgte ~er selection[1] 866
værk; videnskabeligt ~ scientific publication 857

xerografi xerography 1063

ændring change 148

årbog almanac, year-book 23, 1065
årgang annual volume 34
årlig annual[2] 33
årsberetning, årsskrift year-book 1065

DUTCH — NEDERLANDS

a, b, c, d, e, f, g, h, i, j, k, l, m, n, o, p, q, r, s, t, u, v, w, x, y, z

aanbieding offer **596**
aanbod offer **596**
aanhaling citation **160**
aanhangsel appendix **40**
aanmelding van het auteursrecht copyright application **240**
aanplakbiljet poster **688**
aantal van de bladzijden total number of pages **982**
aantal van de gedrukte bladzijden size of the book **892**
aantekening remark **813**
aanvraag inquiry **451**
aanvullende materiaalhuur supplementary hire fee **948**
aanvulling completion, supplement[1] **199, 945**
aanwijzing voor het zetten layout[1], printing order **488, 727**
abonnement subscription **939**
accijns turnover tax **999**
addenda addendum **10**
adres address **12**
adreslijst mailing list **534**
advertentie advertisement **16**
adviseur publisher's reader **765**
afbeelding figure[1], illustration **372, 431**
afbeelding in de tekst text illustration **973**
afbestellen to cancel (an order) **132**
afbetaling bij termijnen instalment **453**
afdeling; technische ~ production department **733**
afdeling van de lectors editorial department[1] **333**
afdruk photographic print, print[2] **658, 708**
afdruk; fotografische ~ photographic print **658**
„afdrukken" good for print **412**
afgedrukt vel advance sheet **15**
afgeleiderechten subsidiary rights **940**
afgesneden trimmed **998**
afkorting abbreviation **1**
aflevering delivery[1], number[2] **286, 590**
afrekening statement of account **924**
afschrift copy[1] **228**
agentuur; contract inzake ~ agency agreement **19**
album album **21**
algemene boeken/literatuur general books **404**
alleenverkooprecht sole selling rights **902**
alleenvertegenwoordiging exclusive agency **356**
„alle rechten voorbehouden" "all rights reserved" **22**
almanak almanac, calendar, year-book **23, 131, 1065**
als boek in volume form **471**
als paperback uitgeven to paperback **627**
anoniem anonymous **35**
annotaties commentary **183**
antiqua roman type **845**
antiquarisch exemplaar second-hand copy **863**
antologie anthology, selection[2] **36, 867**
appendix appendix **40**
arrangement adaptation **9**
artikel article **45**
atlas atlas **52**
auteur author[1, 2] **54, 55**
auteur; gemeenschappelijke ~s corporate author **251**
auteurschap authorship **65**
auteurscollectief corporate author **251**
auteurscorrecties author's corrections **63**
auteursexemplaar author's copy **62**
auteurshonorarium royalty **848**
auteursnaam name of author **575**
auteursrecht copyright[1] **236**
auteursrechtelijk beschermd "protected by copyright" **745**
auteursrechtrepartitie distribution[2] **307**
auteursregister author index **56**
authentiek authentic **53**
autobiografie autobiography **66**
autorisatie authorization **57**
autoriseren to authorize **58**

band binding, cover, tape, volume **84, 259, 956, 1040**
band; (heel) linnen ~ cloth binding **165**
band; in twee ~en in two volumes **1042**
band; lederen/leren ~ leather binding **494**
band; papieren ~ paper cover(s) **629**
band; plastic ~ plastic binding **673**
band; soepele ~ flexible cover **379**
bandmodel dummy **317**
bandontwerp model cover **559**
basis-lettertype body type **99**
basisprijs basic price **72**
basis-zetwerk body type **99**
bedrag van de rekening invoice amount **470**
beeld figure[1], illustration, picture **372, 431, 664**
beeldverhaal comic strip **181**
bekorting abridgement **4**
belastbaar taxable **958**
belasting tax, taxation **957, 959**
belastingplichtig taxable **958**
belastingpost tax rate **961**
belastingvrij tax free **960**
belletrie belles-lettres **73**
beoordeling critique, review[1] **266, 832**
bereid tot aflevering ready for dispatch **787**
Berner Conventie Berne Convention **74**
beschadigde exemplaren damaged copies **275**
beschermingsduur period of protection **653**
bespreken to review **834**
bespreking review[1] **832**
bestelling order **603**
bestelling; doorlopende ~ standing order **922**
bestseller best-seller **75**
betaling payment **641**
bevoegde rechtbank jurisdiction **481**
bewerken to adapt, to compile, to rewrite **8, 193, 841**
bewerking adaptation, arrangement **9, 43**
bewerkt door . . . compiled by, edited by **194, 327**
bewijsexemplaar, bewijsnummer reference copy **802**
bezit stock **929**
bezorgen; in druk ~ to edit[2] **324**
bibliofiel uitgave bibliophile edition **80**
bibliografie bibliography[1, 2] **77, 78**
bibliografie; speciale ~ special bibliography **907**
bibliografisch adres imprint[1] **437**
bibliologie bibliology **79**
bibliotheek library **505**
bibliotheek; nationale ~ national library **576**
bijbelpapier bible paper **76**
bijblad supplement[2] **946**
bijdrage contribution **224**
bijlage annex **28**
bijschrift legend **498**
bijvoegsel appendix **40**
bijzondere prijs special price **910**
binnenkort; verschijnt ~ to appear shortly **39**
binnenlandse handel domestic trade **311**
biografie biography **86**
blad sheets **882**
blad-muziek printed music **713**
bladzijde page **619**
blanke bladzijde blank[1] **87**
blauwdruk blueprint[1] **93**
blijspel comedy **180**
blinddruk embossing **340**
bloemlezing anthology, selection[1, 2] **36, 866, 867**
blurb blurb-text **96**
boek book **101**
boek; algemene ~en general books **404**
boek; als ~ in volume form **471**
boek; gebrocheerd ~ paper-bound book **628**
boek; gedrukt ~ print[1] **707**
boek; geillustreerd ~ picture-book[2] **666**
boek; losbladig ~ loose-leaf book **528**
boek; non-fiction ~ professional publication **734**
boekband binding, cover **84, 259**
boekdruk relief printing, typography **808, 1014**
boekdrukkerij book-printing office **116**
boekdrukpapier book paper **115**
boekenbeurs book fair **107**
boekenclub book club **104**
boekenexpositie book exhibition **106**
boekengroothandelaar wholesaler **1049**
boekengrossier wholesaler **1049**
boekenlijst booklist **111**
boekenmarkt book market **113**
boekenstalletje stand **919**
boekerij library **505**
boekhandel book trade **119**
boekhandelaar bookseller, wholesale distributing agent **117**
boekhandelaar; sortiments ~ retail bookseller **828**
boeking (van een order) booking **108**
boekje booklet **110**
boek van de maand book of the month **114**
boekvorm; in ~ in volume form **471**
boekwinkel bookshop **118**
boete; contractuele ~ penalty **642**
bord boards **97**
borstelproef hand proof **421**
bovenkast capital letters **134**
brief letter[2] **502**
briefwisseling correspondence **256**
brocheren to sew, to stitch **880, 927**
brocheren; het ~ binding in paper covers **85**
brochering pamphlet **624**
brochure booklet **110**
bron source **906**
bronnenopgave background material **69**
bulletin bulletin **130**
bureau ter bescherming van auteursrechten copyright protection office **248**

calqueerpapier onion-skin **601**
cartotheek card index **139**
catalogus catalog(ue) **142**

catalogusprijs catalog(ue) price, list price 143, 517
censuur censorship 145
cessie (van den rechten) assignment[1] 50
cheque cheque 154
chromé art paper 47
cijns tax 957
cijnsbaar taxable 958
cijnsplichtig taxable 958
cijnspost tax rate 961
circulaire circular 158
citaat citation 160
classificatie; decimale ~ decimal classification 280
cliché cliché 163
co-auteur co-author 166
co-auteurschap co-authorship 167
co-editie joint edition 479
collectie collection 172
collectief werk composite work 204
collo package 617
colofon colophon 175
colportage colportage 178
commentaar commentary 183
commissie commission 185
commissieboekhandel wholesale book trade 1046
commissionair commission merchant 187
communiqué bulletin 130
competende rechtbank jurisdiction 481
compleet complete 195
componist composer 202
compositie composition[1] 205
conferentie conference 213
congres congress 214
consignatie boekhandelaar wholesale distributing agent 1047
contemporain, contemporair contemporary 217
contract contract 221
contractbreuk breach of contract 123
contract inzake agentuur agency agreement 19
contractsgebied "contract territory" 223
contract tussen auteur en uitgever publisher's agreement 762
contractuele boete penalty 642
conventie convention 226
copyright copyright[2] 237
copyrightformulier copyright application form 241
copyrightvermelding copyright notice 245
correctie correction 254
correctieteken proof-correction symbol 739
correctie van de losse proeven reading (the) galley proofs 786
corrector proof-reader 740
corrector van de drukkerij/uitgeverij printer's reader 720
correspondentie correspondence 256
corrigeren; het ~ correction 254
courant currency, newspaper 267, 580
cursief, cursieve letter italics 475

dagblad newspaper 580
dagboek diary 298
datum van verschijning date of publication 279
decimale classificatie decimal classification 280
declaratie declaration 281
declaratie van het auteursrecht copyright application 240
deel part, volume 636, 1040
deel; in twee ~en in two volumes 1042
deel levering number[2] 590
deknaam literary pseudonym 522
detectiveroman crime fiction 264
diagram diagram 297
dichter poet 683
dichtkunst poetry 684
Didot-punt typographical point 1013
diepdruk intaglio printing 457
discotheek record library 795
dissertatie essay, treatise 350, 996
documentatie documentation 309
doorhaling cancelling 133
doorlopende bestelling standing order 922
doublet duplicate 318
draaiboek scenario 852
drama play 676
dramatisering stage adaptation 916
driekleurendruk three-colour process 975
driemaandelijks tijdschrift quarterly 774
druk edition[1], printing 328, 722
drukfout misprint 557
drukinkt printer's ink 719
drukken to print 711
drukken; laten ~ to pass for press 639
drukker printer 715
drukkerij printing office 726
drukkosten printing costs 723
drukpapier printing paper 728
drukproef proof 738
drukwerk print[1], "printed matter" 707, 712
dubbel exemplaar duplicate 318
dummy dummy 317
dundrukpapier bible paper 76
duplicaat duplicate 318
dwanglicentie legal licence 497
dwars oblong 594
dwarsformaat oblong format 595

editie print[2] 708
editie; populaire ~ paperback 626
een vel druks sheet 881
eenvoudig zetsel plain matter 672
eerste opvoering première 697
eerste uitgave first edition 376
eigendom; intellectuele ~ intellectual property 458
encyclopedie encyclop(a)edia 341
erfbelasting inheritance tax 449
errata errata 348
essay essay, paper(s) 350, 631
étalage showcase 889

excerpt excerpt(s) 354
exclusief exclusive 355
exclusief verspreidingsrecht exclusive distribution 357
exemplaar copy[3] 230
exemplaar; antiquarisch ~ second-hand copy 863
exemplaar; beschadigte exemplaren damaged copies 275
exemplaar; dubbel ~ duplicate 318
exemplaar; genummerd ~ numbered copy 591
exemplaar; niet opengesneden ~ unopened copy 1023
exemplaar in albis copy in sheets 234
exemplaar in losse vellen copy in sheets 234
extra-exemplaar additional copy 11
extra materiaalhuur supplementary hire fee 948

facsimile facsimile 368
factureren to invoice 469
faktuur invoice 468
feuilleton serialization 875
„fiche internationale" fiche internationale 370
filmrechten film rights 375
flap jacket-flap 477
flaptekst blurb-text 96
folder leaflet[1] 492
folio folio[1] 386
fondscatalogus publisher's catalogue 763
formaat format 392
formaat; oblong ~ oblong format 595
formulier form 391
foto photo 657
fotocopie photocopy 656
fotografie photograph 657
fotografische afdruk photographic print 658
Franse titel half-title 418
free-lancer outside collaborator 614
frontispice frontispiece 399
full-page full-page 400

geannoteerd annotated 29
geautoriseerde uitgave authorized edition 59
geautoriseerde vertaling authorized translation 60
gebedenboek prayer-book 694
gebonden bound 122
gebonden uitgave hardcover 422
gebrocheerd stitched 928
gebrocheerd boek paper-bound book 628
gebruik utilization 1031
gedenkschriften memoirs 550
gedicht poem 682
gedrukt boek print[1] 707
gedrukt(e) katern printed sheet 714
gedrukt vel printed sheet 714
gedrukt werk print[1] 707
geglaceerd papier glazed paper 408
geillustreerd boek picture-book[2] 666
gekartonneerd cardboard-bound 137
geleide; ten ~ introduction[1] 465
geleidebiljet delivery note 288
geluidsdrager recording 794
gemeenschappelijke auteurs corporate author 251
gemeenschappelijke uitgave joint edition 479
genummerd exemplaar numbered copy 591
geografische kaart map 548
gesatineerd papier glazed paper 408
geschiedenis history 428
getikt typewritten 1010
getikte tekst typescript 1005
getypt typewritten 1010
getypte tekst typescript 1005
gezangboek song-book 904
gids guide(-book) 417
glacépapier glazed paper 408
glansfolie transparent foil 993
glanzend papier glazed paper 408
glossarium vocabulary 1038
grafiek diagram 297
grafisch graphic(al) 415
grammofoonplaat phonograph record 655
gratis free of charge 397
graveren van noten, het ~ engraving of music 343
gravure engraving 342
griezelverhaal thriller 976
grondprijs basic price 72
groothandel wholesale book trade 1046
groothandelsprijs wholesale price 1048
groot recht "grands droits" 414

handboek handbook, outline(s)[2] 419, 610
handel trade 985
handel; binnenlandse ~ domestic trade 311
handelingen transactions 986
handelsrecht commercial law 184
handleiding digest, guide(-book), outline(s)[2] 300, 417, 610
handschrift manuscript 542
handwoordenboek practical dictionary 693
hedendags contemporary 217
heel linnen band cloth binding 165
herdruk re-issue, reprint[1, 2] 807, 818, 819
herdruk; nog niet in ~ temporarily out of print 967
heruitgave reprint[1] 818
herziene uitgave revised, revised edition 838, 839
honorarium royalty 848
honorarium in een bedrag ineens outright fee 613
hoofdagentschap general agency 403
hoofdletter capital letters 134
hoofdredacteur chief editor 155
hoofdstuk chapter 150
hoofdstuktitel chapter heading 151
hoogdruk relief printing 808
hoogglans super-calendered paper 944

hoorspel radio-play 778
houthoudend (papier) wood-pulp paper 1051
houtvrij paper without woodpulp 633
huis-aan-huis verkoop colportage 178
huiscorrector printer's reader 720
huurmateriaal material on hire 546
huurvereenkomst (voor orkestmateriaal) hire contract 425

illegale nadruk pirated edition 669
illustratie figure[1], illustration, picture, text illustration 372, 431, 664, 973
illustratieband volume of illustrations 1041
imitatie imitation 433
imprimatur imprimatur 436
imprint imprint[1] 437
inbinden to bind 83
in boekvorm in volume form 471
inbreuk op het auteursrecht infringement of copyright 448
in druk bezorgen to edit[2] 324
ingebonden bound 122
ingenaaid stitched 928
inhoudsopgave contents, table of contents 218, 954
inhoudsoverzicht outline(s)[1], synopsis 609, 951
inkomstenbelasting income tax 440
inkt; Oostindische ~ Indian ink 445
inleiding introduction[1], preface 465, 695
in losse vellen in flat sheets 447
innaaien to sew, to stitch 880, 927
inschrijving van een auteursrecht copyright registration 250
inspringen; laten ~ to indent 443
instituut institute 454
intellectuele eigendom intellectual property 458
interfoliëren to interleave 462
in twee deelen/banden in two volumes 1042
inventaris inventory, stock 467, 929
invoegen to insert 452
in voorraad hebben/houden to stock 930
inzage; ter ~ on approval 599

jaarbericht year-book 1065
jaarboek almanac, year-book 23, 1065
jaargang annual volume 34
jaarlijks annual[2] 33
jaar van druk date of printing 278
jeugdboek children's book 156
jeugdboeken juvenile literature 483

kaart map 548
kaartcatalogus card index 139
kaft book-jacket 109
kalender calendar 131
kamer van koophandel chamber of commerce 147
kapitaal capital letters 134
kartonnen band cardboard binding 136
katern; gedrukt(e) printed sheet 714
katernnummering numbering of sections 592
keur uit de werken selection[1] 866
kinderboek children's book 156
klankopname sound recording 905
klavieruittreksel piano score 662
kleine kapitaal small capitals 896
kleine letters small letters 897
kleine partituur pocket score 680
klein recht "petits droits" 654
kleurengammaafdruk progressive colour proof 735
kleurenillustratie colo(u)r plate 176
knipsel press cutting 701
kolom column 179
komedie comedy 180
kookboek cookbook 227
kop headline 424
kopie copy[1,2,4] 228, 229, 231
kopieren to copy 232
kopij manuscript 542
kopijrecht publishing rights, right(s) of reproduction 771, 843
kort concise 208
korting deduction 284
kort verhaal short story 888
kosten expenses 363
krant newspaper 580
krantenknipsel press cutting 701
krantepapier newsprint 581
kritiek critique, review[1] 266, 832
kunstboek art book 44
kunstdruk artistic print, art paper 46, 47
kunstdrukpapier art paper 47
kunstenaar; uitvoerend ~ performing artist 647
kwartaalschrift quarterly 774

landkaart map 548
laten drukken to pass for press 639
laten inspringen to indent 443
lector publisher's reader 765
lederen band leather binding 494
leerboek guide(-book), manual, school-book 417, 540, 854
leesbibliotheek lending library 500
leesboek reading book 785
legende key, legend 485, 498
leren band leather binding 494
letter letter[11], type(s)[1,2] 501, 1001, 1002
letter; cursieve ~ italics 475
letter; kleine ~s small letters 897
letterdieverij plagiarism 671
letteren literature[1] 524
letteren; schone ~ belles-lettres 73
lettergrootte body size 98
letterlijk literal 518
letterzetmachine monotype 563
letterzetten matter 548
letterzetter compositor 207
levensbeschrijving, levensgeschiedenis biography 86
leverbaar available 67

levering delivery[1, 2] 286, 287
leveringstermijn date of delivery, time of delivery 277, 978
leveringsvoorwarden terms of delivery 969
lezen to read 780
lezer publisher's reader, reader[1] 765, 781
lezers interested readers 460
lezerskring interested readers 460
lezing lecture, paper(s) 495, 631
librettist librettist 506
libretto libretto 507
librettoschrijver librettist 506
licentiehouder copyright holder 243
lichtdruk phototype 660
lied song 903
lied(er)boek song-book 904
liedertekst lyrics 532
liedje song 903
liedjetekst, liedtekst lyrics 532
lijntekening line drawing 513
lijst list 516
lijst van drukfouten errata 348
linnen band cloth binding 165
linotype linotype 514
literair en artistiek auteursrecht literary and artistic copyright 520
literatuur literature[1] 524
literatuur; algemene ~ general books 404
literatuur; minderwaardige ~ trash 995
loonarbeid jobwork 478
losbladig boek, losbladige uitgave loose-leaf book 528
losse proeven galley proof 401
luxe-editie de luxe edition 290

maandblad monthly publication 564
maatschappij voor bescherming van de auteursrechten copyright protection society 249
maculatuur spoiled sheet 915
magazijnexemplaren stock 929
magnetofoonband tape 956
manuscript copy[4], manuscript 231, 542
markt market 544
materiaalhuur hire fee 426
materiaalhuur; aanvullende/extra ~ supplementary hire fee 948
matrijs matrix 547
mechanisch reproduktierecht mechanical reproduction rights 549
mede-auteur co-author 166
mede-auteurschap co-authorship 167
mededeling communication 188
mededelingen transactions 986
medewerker contributor 225
meertalige uitgave parallel print 635
memoires memoirs 550
met opdracht dedicated 282
met wit (papier) doorschieten to interleave 462
microfilm microfilm 553
microfotocopie micro-copy 552
minderwaardige literatuur trash 995
minimum voorraad minimum stock 555
misdruk spoiled sheet 915
model dummy 317
monografie monograph 562
monotype monotype 563
monster dummy 317
moreel recht droit moral 316
musical musical 569
mutatie duplicate print 319
muziek music 568
muziekuitgever music publisher 571

naam name 573
naberícht epilogue 347
nadruk copy[2], imitation, reprint[1] 228, 433, 818
nadruk; illegale ~ pirated edition 669
nadruk in de pers reprint(ing) in the press 820
nadruklicentie licence of reprinting 509
nagelaten posthumous 689
nagelaten werk posthumous work 690
nagelatene werken remains 811
namaak imitation 433
narede epilogue 347
naschrift postscript 692
naslagwerk reference book 801
nationale bibliotheek national library 576
nawoord epilogue 347
nettoprijs net price 577
nevenrechten subsidiary rights 940
niet-geautoriseerd unauthorized 1018
niet gebonden unbound 1019
niet gerechtigt unauthorized 1018
niet ingebonden unbound 1019
niet in voorraad out of stock 612
niet opengesneden exemplaar unopened copy 1023
niet-uitsluitend non-exclusive 583
nieuwe oplage re-issue, reprint[2] 807, 819
nieuwe termijn extended term 366
nieuwe uitgave new edition, re-issue 578, 807
nog niet in herdruk temporarily out of print 967
non-fiction boek professional publication 734
noot remark 813
notenpapier music paper 570
notulen protocol 747
novelle short story, story 888, 932
nummer number[2] 590
nummereren to paginate 622
nummering van bladzijden pagination 623
nummer van de bladzijde folio[2] 387

oblong oblong 594
oblong formaat oblong format 595
offerte met prijsaangeving quotation[2] 777

offsetdruk offset printing **598**
ommezijde verso **1037**
omslag book-jacket **109**
omslagontwerp cover design **260**
omslagtekst blurb **95**
omvang van het boek size of the book **892**
omwerken to rewrite **841**
omzetbelasting turnover tax **999**
onafgesneden untrimmed **1026**
onbeschermd non-protected **585**
onderkapittel subchapter **934**
onderkast small letters **897**
onder rembours cash on delivery **141**
onderschrift legend **498**
ondertitel subtitle **941**
onderuitgever sub-publisher **937**
onderwerpsregister subject index **936**
onderwerpswoord subject heading **935**
ongebonden unbound **1019**
onrechtmatig unauthorized **1018**
ontspanningslectuur light reading **512**
ontwerp design[2] **294**
onuitgegeven unpublished **1024**
onveranderd unchanged **1021**
onvolledig defective **285**
oorspronkelijk original[1] **604**
oorspronkelijke tekst original text **608**
oorspronkelijke uitgave first edition **376**
oorspronkelijke uitgever original publisher(s) **607**
Oostindische inkt Indian ink **445**
opdracht commission, dedication **185, 283**
opdracht; met ~ dedicated **282**
openbare uitvoering public performance **754**
openbare voordracht public reading **755**
openbare voorstelling public performance **754**
open ruimte boven aan de eerste pagina break **124**
oplage edition[2] **329**
oplage; nieuwe ~ re-issue, reprint[2] **807, 819**
oplagecijfer size of edition **890**
opmaak layout[2] **489**
opmaken to make up **538**
opnieuw opmaken to remake up **812**
opruimen tegen verlaagde prijs to remainder **809**
opschrift headline **424**
opslag storage **931**
opstel paper(s) **631**
opvoering performance[2] **646**
opvoering; eerste ~ première **697**
opvoeringscontract contract authorizing public performances **222**
opvoeringshonorarium performing right(s) **648**
opvoeringsrecht performing right(s) **648**
op zicht on approval **599**
order order **603**
origineel artwork, original text **48, 608**
originele uitgave first edition **376**
overdruk offprint **597**
over hele pagina full-page **400**
overschot; uitgevers ~ overstock **615**
overzicht compendium, outline(s)[2] **189, 610**

pagina page **619**
pagineren to paginate **622**
paginering folio[2], pagination **387, 623**
paperback paperback **626**
papier paper **625**
papier; geglaceerd/gesatineerd/glanzend ~ glazed paper **408**
papier; transparant ~ onion-skin **601**
papieren band paper cover(s) **629**
papiergewicht paper weight **632**
paragraaf paragraph **634**
parallele uitgave parallel print **635**
partijen orchestral parts **602**
partituur peinted music, score **713, 858**
partituur; kleine ~ pocket score **680**
pas verschenen just issued **482**
periodiek periodical[2] **651**
periodieken periodicals **652**
pers press[1] **699**
pers; ter ~e in the press **464**
persbericht press release **702**
persklaar good for print, ready for the press **412, 789**
persklaar maken to edit[2] **324**
pianouittreksel piano score **662**
plaat plate[1] **674**
plaat; uitvouwbare ~ throw-out **977**
plaatwerk picture-book[1] **665**
plagiaat plagiarism **671**
plan van de uitgeverij publishing programme **770**
plastic band plastic binding **673**
plat boards **97**
pocketboek pocket book **678**
poëzie poetry **685**
populair popular[1] **686**
populaire editie paperback **626**
populairwetenschappelijk popular[2] **687**
poster poster **688**
postorderbedrijf mail-order business **535**
postpakket, poststuk post parcel **691**
postuum posthumous **689**
postuum werk posthumous work **690**
prachtuitgave de luxe edition **290**
première première **697**
prent engraving, plate[1] **342, 674**
prentenboek picture-book[1, 2] **665, 666**
present free of charge **397**
presentexemplaar complimentary copy[2] **201**
prijs price **703**
prijs; bijzondere ~ special price **910**
prijs; particuliere ~ catalog(ue) price **143**
prijsaanbieding quotation[2] **777**
prijsaangeving; offerte met ~ quotation[2] **777**
prijscourant price list **705**

prijs gebrocheerd price calculated on the stitched copy 704
prijslijst price list 705
productieafdeling production department 733
productietermijn term of production 968
proef proof 738
proefblad page proof 621
proefdruk advance sheet, print[2] 15, 708
proefexemplaar advance copy, examination copy, specimen copy 13, 353, 911
proefnummer examination copy 353
proefpagina page proof 621
proeven; losse ~ galley proof 401
propaganda publicity 752
propagandachef publicity manager 753
prospectus prospectus 744
provisie commissions 186
proza prose 743
proza; verhalend ~ fiction 371
pseudoniem literary pseudonym, pseudonym 527, 748
publicatie appearance, publication[1, 2] 38, 749, 750
publiek domein domaine public 310
punt typographical point 1013

raamcontract, raamverdraag blanket agreement 89
rabatt discount 305
radiouitzending broadcast(ing) 125
rams overstock 615
rapport report 817
raster screen 859
recensent critic 265
recenseren to review 834
recensie review[1] 832
recensie-exemplaar review copy 835
recht law 487
recht; groot ~ "grands droits" 414
recht; klein ~ "petits droits" 654
recht; moreel ~ droit moral 316
rechthebbende op het auteursrecht copyright owner 246
recht tot nadruk licence of reprinting, licence of reproduction 509, 843
recht tot (radio)uitzending broadcasting right(s) 126
recht tot uitgeven publishing rights 771
rechtverkrijgende successor 942
reciprociteit reciprocity 791
reclame claim 161
reclameren to lodge a claim 527
reclameren; het ~ claim 161
reclamestrook advertising strip 17
recto right-hand page 842
redacteur editor[1], editor-in-chief 330, 337
redactie editorial board, editorial department[2] 332, 334
redactiebureaus editorial offices 336
redactiecommissie editorial board 332
redigeren to compile, to edit[1] 193, 323
redigeren; het ~ editing 327
reeks series 876
referaat account 6
regelen regulation 805
register list 516
registratie van een auteursrecht copyright registration 250
rekening invoice 468
rekening; voor eigen ~ for own account 393
reliefdruk embossing 340
rembours cash on delivery 141
reprographie reprography 823
reproductie copy[2] 229
reservevoorraad reserve stock 826
restant van de oplage remainders 810
retoucheren to touch up 983
retouren returns 830
revisie revision 840
revue review[2] 833
roman novel 586
romanliteratuur fiction 371
romanschrijver novelist 588
romein roman type 845
rondschrijven circular 158
roofdruk pirated edition 669
rotatiediepdruk, rotogravure rotogravure 846
royalties royalty 848
rug back 68
rugformaat upright format 1028
ruwe vertaling literal translation 519

samenstellen to compile, to edit[1] 193, 323
samenvatting abstract, compendium, summary, synopsis 5, 189, 943, 951
scenario scenario 852
schadevergoeding indemnification 442
schets abstract, compendium, design[2], sketch 5, 189, 294, 893
schone letteren belles-lettres 73
schoolboek manual, school-book 540, 854
schrift script[1] 861
schriftelijk in writing 472
schrijven to write 1058
schrijver author[2], writer[1] 55, 1059
schrijversexemplaar author's copy 62
schuilnaam literary pseudonym 522
schutblad fly-leaf, guardsheet 380, 416
schutkarton slip case 894
sensatieroman cheap novel 153
sepiadruk sepia print 872
serie serial, series 874, 876
signatuur numbering of sections 592
simultane uitgave parallel print 635
slotwoord epilogue 347
sleutelroman "roman à clef" 844
smouten to keep standing 484
soepele band flexible cover 379
som van de rekening invoice amount 470
sortiments boekhandelaar retail bookseller 828
speciale bibliografie special bibliography 907
speciale bibliotheek special library 909
specificatie delivery note 288

speudersroman crime fiction 264
spiraalband spiral binding 914
staan; (zetsel) laten ~ to keep standing 484
staande order standing order 922
staand zetsel standing type 923
staatsbibliotheek national library 576
standaarduitgave standard edition 920
standaardwerk standard work 921
stempel block 92
stempeling stamping 918
stofomslag book-jacket 109
stripboek comic strip 181
studie study 933
studiepartituur pocket score 680
stuiversroman cheap novel 153
stuk package, piece 617, 667
sub-uitgavekontrakt sub-publishing agreement 938
sub-uitgever sub-publisher 937
succesboek best-seller 75
supplement addendum, annex 10, 28

taal language 486
tabel table 953
tal number[1] 589
technische afdeling production department 733
technisch tijdschrift special journal 908
tegenwaarde consideration 215
tekening design[1] 293
tekst text 971
tekst; getikte/getypte ~ typescript 1005
tekst; oorspronkelijke ~ original text 608
tekstboekje libretto 507
tekstproeven selected passages 865
televisie television 965
televisierechten television-broadcasting rights 966
televisiespel TV-play 1000
ten geleide introduction[1] 465
tentoonstelling exhibition, showcase 361, 889
ter beschikking stellen
to place at somebody's disposal 670
ter inzage on approval 599
termijn; nieuwe ~ extended term 366
ter perse in the press 464
thriller thriller 976
tijdschrift periodical[1] 650
tijdschrift; driemaandelijks ~ quarterly 774
tijdschrift; technisch ~ special journal 908
tikfout typist's error 1012
titel title 979
titel; Franse ~ half-title 418
titelblad frontispiece, title page 399, 980
titelpagina title page 980
titelvignet frontispiece 399
titelwoord entry 346
toekomstroman science fiction 856
toelichting commentary 183
toestemming van de auteur author's consent 61
toevoegsel supplement[1] 945
tol customs 268
tolformaliteiten customs clearance 269
tolplichtig dutiable 321
toltarief customs tariff 271
toltariefpost customs rate 270
tolvrij duty-free 322
toneelbewerking stage adaptation 916
toneeldichter playwright 677
toneelmuziek stage music 917
toneelschrijver playwright 677
toneelspel, toneelstuk play 676
transcriptie transcription 988
translitteratie transcription 988
transparante folie transparent foil 993
transparant papier onion-skin 601
trefwoord entry, subject heading 346, 935
trouwe vertaling faithful translation 369
tussenblad interleaf 461
tweetalig bilingual 81
typografie typography 1014

uit de circulatie nemen
to withdraw from circulation 1050
uit dezelfde tijd contemporary 217
uitdossing technical make-up 964
uiterlijke vormgeving technical make-up 964
uitgave edition[1] 328
uitgave; bibliofiel ~ bibliophile edition 80
uitgave; eerste ~ first edition 376
uitgave; gebonden ~ hardcover 422
uitgave; gemeenschappelijke ~
joint edition 479
uitgave; herziene ~ revised,
revised edition 838, 839
uitgave; losbladige ~ loose-leaf book 528
uitgave; meertalige ~ parallel print 635
uitgave; nieuwe ~ new edition,
re-issue 578, 807
uitgave; oorspronkelijke/originele ~
first edition 376
uitgave; parallele/simultane ~ parallel print 635
uitgave; verbeterde ~ corrected edition 253
uitgave; verkorte ~ abridged edition 3
uitgave; vermeerderde ~ enlarged edition 344
uitgave; volledige ~ complete edition 196
uitgave in serie serialization 875
uitgave in zakformaat pocket-size edition 681
uitgavekosten costs of publishing 258
uitgaven expenses 363
uitgaverestant remainders 810
uitgegeven van ... published by 758
uitgeven to publish 756
uitgever editor[2], publisher 331, 759
uitgever; oorspronkelijke ~
original publisher(s) 607
uitgeverij publishing house 769
uitgeverij-boekhandel publishing trade 772
uitgeversmerk publisher's emblem 764
uitgevers overschot overstock 615
uitleenbibliotheek lending library 500

uitlening lending 499
uitlevering delivery[2] 287
uitsluitend exclusive 355
uittreksel digest, excerpt(s) 300, 354
uitverkocht out of print 611
uitverkopen to remainder 809
uitvoerend kunstenaar performing artist 647
uitvoering performance[1, 2] 645, 646
uitvoering; openbare ~ public performance 754
uitvouwbare plaat throw-out 977
uitwerken to elaborate 339
uitzending transmission 992
uitzendrecht broadcasting right(s) 127
Universele Auteursrecht Conventie Universal Copyright Convention 1022

vakbibliografie special bibliography 907
vakbibliotheek special library 909
vakblad special journal 908
vakboek professional publication 734
vaktijdschrift special journal 908
valuta currency 267
veeltalig polyglot 685
vel sheet 881
vel; afgedrukt ~ advance sheet 15
vel; gedrukt ~ printed sheet 714
vel; in losse ~len in flat sheets 447
vel druks printed sheet 714
veranderen to change 149
verandering change 148
verbeterde uitgave corrected edition 253
verbeteren to correct 252
verbreiding distribution[1], marketing 306, 545
verbreidingsgebied territory of distribution 970
verdeling marketing 545
verdrag contract 221
verfilming use in film 1030
verfilmingsrechten film rights 375
vergaren; het ~ gathering 402
verhaal short story, story 888, 932
verhaal; kort ~ short story 888
verhalend proza fiction 371
verhandeling essay, treatise 350, 996
verjaring statutory limitation 926
verklaring commentary, explanation 183, 364
verklaring der tekens key 485
verkoop sale(s) 849
verkoopprijs retail price, sales price 829, 850
verkoop van muziekbladen sheet music sales 884
verkort concise 208
verkorte uitgave abridged edition 3
verkorte versie digest 300
verkrijgbaar available 67
verlengingstermijn extended term 366
verlof tot afdrukken imprimatur 436
vermeerderde uitgave enlarged edition 344
vermelding van de medewerkers acknowledgements 7
vermenigvuldigen; het ~ reproduction[2] 822
vernietigen to pulp 773
verpakkingkosten packing costs 618
verpflicht; wettelijk ~ deposit copy 292
vers poem 682
verschenen; pas ~ just issued 482
verschenen; zo juist ~ just issued 482
verschijnen to appear 37
verschijnen; het ~ appearance 38
verschijnt binnenkort to appear shortly 39
versie version 1036
versie; verkorte ~ digest 300
verslag account, report 6, 817
verslagen transactions 986
verso verso 1037
verspreidingsrecht; exclusief ~ exclusive distribution 357
vertalen to translate 990
vertaling translation 991
vertaling; ruwe ~ literal translation 519
vertaling; trouwe ~ faithful translation 369
vertelling story 932
vervaardigingstermijn term of production 968
verveelvoudiging reproduction[2] 822
vervolg continuation 219
verzameling collection 172
verzekering insurance 456
vet bold face 100
vette letter bold face 100
vierkleurendruk four-colour process 395
vitrine shop-window, showcase 886, 889
vlot zetsel plain matter 672
vlugschrift leaflet[1] 492
vocabularium vocabulary 1038
voetnoot footnote 389
volgreeks series 876
volksuitgave to paperback 627
volledig complete, unabridged 195, 1015
volledige uitgave complete edition 196
volledige werken complete (collection of) works 197
volledig muziek materiaal complete set of music material 198
volledig orkestmateriaal complete set of music material 198
voorbereiding van het manuscript copy preparation 235
voordracht lecture 495
voordracht; openbare ~ public reading 755
voor eigen rekening for own account 393
voorraad inventory, stock 467, 929
voorraad; in ~ hebben/houden to stock 930
voorraad; minimum ~ minimum stock 555
voorraad; niet in ~ out of stock 612
voorrede preface 695
voorschot op honorarium/royalties advance royalty 14
voorschrift regulation 805
voorstelling; openbare ~ public performance 754

voortitel half-title 418
voorwerk prelims 696
voorwoord introduction[1], preface 465, 695
voorzijde right-hand page 842
vormgeving book design, design[2], make-up[1], technical make-up 105, 294, 536, 964
vouw fold 383
vraag demand 291
vrachtgoed package 617
vragenlijst questionnaire 775
vrij van auteursrecht non-protected 585
vrij van auteursrechten domaine public 310

wederkerigheid reciprocity 791
weekblad weekly[1] 1043
weerpagina verso 1037
wekelijks weekly[2] 1044
werk work 1055
werk; collectief ~ composite work 204
werk; gedrukt ~ print[1] 707
werk; nagelaten/postuum ~ posthumous work 690
werk; nagelatene ~en remains 811
werk; volledige ~en complete (collection of) works 197
werk; wetenschappelijk ~ scientific publication 857
werk in afleveringen serial 874
werk in opdracht jobwork 478
werk op contract jobwork 478
werk vrij van auteursrechten domaine public 310
wet law 487
wetenschap science 855
wetenschappelijke toekomstroman science fiction 856
wetenschappelijk werk scientific publication 857
wettelijk depot copyright deposit 242
wettelijk verplicht deposit copy 292
wijziging change 148
winkelbibliotheek lending library 500
wissel bill of exchange 82
wisselbrief bill of exchange 82
woord word 1052
woorden text 971
woordenboek dictionary 299
woordenlijst vocabulary 1038
woord vooraf preface 695
woord voor woord word for word 1053
wordt vervolgd to be continued 220

xerografie xerography 1063

zaakregister subject index 936
zakwoordenboek pocket dictionary 679
zang song 903
zang- en pianopartij piano-song version 663
zetfout error in composition, misprint 349, 557
zetletter type[2] 1002
zetmachine composing machine 203
zetsel composition, matter, setting up in type 206, 548, 878
zetsel; eenvoudig/vlot ~ plain matter 672
zetsel; staand ~ standing type 923
zetsel laten staan to keep standing 484
zetspiegel type area 1003
zetten to set up 879
zetter compositor 207
zicht; op ~ on approval 599
zijde page 619
zo juist verschenen just issued 482

FINNISH — SUOMI

a, b, c, d, e, f, g, h, i, j, k, l, m, n, o, p, r, s/š, t, u, v/w, x, y, z, ä, ö

aika; sen ajan contemporary 217
aikakaus- periodical[2] 651
aikakausjulkaisu, aikakauskirja periodical[1] 650
aikakauslehdet periodicals 652
aikakauslehti periodical[1] 650
aikakauslehti; teknillinen ~ special journal 908
ajan → aika
ajanvietekirjallisuus cheap novel, light reading 153, 512
aksiisi turnover tax 999
alahuomautus footnote 389
alaluku subchapter 934
alanimike subtitle 941
alanootti, alaviite footnote 389
albumi album 21
alennus discount 305
alennushinta special price 910
alikustannussopimus sub-publishing agreement 938
alikustantaja sub-publisher 937
alkukuva frontispiece 399
alkulause preface 695
alkuperäinen original[1] 604
alkuperäinen kustantaja original publisher(s) 607
alkuperäinen kuva artwork 48
alkuperäisteksti original text 608
alkusanat preface 695
alkuteksti original text 608
almanakka almanac, calendar 23, 131
aloittaa uusi kappale to indent 443
ammattijulkaisu, ammattikirja professional publication 734
ammattikirjasto special library 909
ammattilehti special journal 908
anonyymi anonymous 35
antiikva roman type 845
antikvaarinen kappale second-hand copy 863
antologia anthology 36
arkki sheet 881
arkkien koonti gathering 402
arkkien numerointi numbering of sections 592
arkkimäärä size of the book 892
arkkinumerointi numbering of sections 592
artikkeli article, contribution 45, 224
arvostelija critic 265
arvostelija; käsikirjoitusten ~ publisher's reader 765
arvostelijankappale review copy 835
arvostella to review 834
arvostelu critique 266
asettaa käytettäväksi
to place at somebody's disposal 670
asiahakemisto subject index 936
asiamies, asioitsija commission merchant 187
aukileikkaamaton kappale unopened copy 1023
autenttinen authentic 53
avainromaani "roman à clef" 844
avustaja contributor 225
avustaja; ulkonainen ~ outside collaborator 614

Bernin sopimus Berne Convention 74
bibliofiilipainos bibliophile edition 80
bibliografia bibliography[1] 77
brošyyri pamphlet 624

copyright-merkki copyright notice 245

"dekkari" crime fiction 264
diagrammi diagram 297
diskoteekki record library 795
dokumentaatio documentation 309
draama play 676
dramatisointi stage adaptation 916

edustaja; oikeudenomistajan ~ copyright holder 243
edustussopimus agency agreement 19

ei vielä varastossa tmporarily out of print 967
elokuvaamisoikeus film rights 375
elokuvakäsikirjoitus scenario 852
elokuvaus use in film 1030
elämäkerta biography 86
ennakkoarkki advance sheet 15
ennakkokappale advance copy 13
ennakkotilaus booking 108
ensiesitys, ensi-ilta première 697
ensimmäinen painos, ensipainos first edition 376
ensyklopedia encyclop(a)edia 341
epäyksinomainen non-exclusive 583
erehdyksiä ja virheitä errata 348
erikoisalan päätoimittaja editor-in-chief 337
erikoisbibliografia special bibliography 907
erikoiskirjasto special library 909
erikoistutkielma, erikoistutkimus monograph 562
eripainos offprint 597
esinimeke, esinimiö half-title 418
esipuhe preface 695
esite prospectus 744
esitellä to review 834
esitelmä lecture 495
esitelmät paper(s) 631
esittelijä critic 265
esittely review[1] 832
esittelylehti(nen) prospectus 744
esittelyteksti blurb, blurb-text 95, 96
esittelyvihko(nen) prospectus 744
esittäjä performing artist 647
esittäminen, esitys performance[2] 646
esitys; graafinen ~ diagram 297
esitys; julkinen ~ public performance, public reading 754, 755
esitys; suppea ~ compendium 189
esitys; tekijänpalkkio esityksestä performing right(s) 648
esitysoikeus performing right(s) 648
esitysoikeus televisiossa television-broadcasting rights 966
esiökuva frontispiece 399
essee essay, study 350, 933
etukäteisarkki advance sheet 15
etukäteiskappale advance copy 13
etupaperi fly-leaf 380

faksimile facsimile 368
faktuura invoice 468
filmatisointi use in film 1030
filmaus use in film 1030
folio folio[1] 386
formaatti format 392
fotokopio photocopy 656

graafinen graphic(al) 415
graafinen esitys diagram 297

hakemisto subject index 936
hakusana entry, subject heading 346, 935
hakuteos reference book 801
hankinta delivery[2] 287
hankinta-aika time of delivery 978
hankintaehdot terms of delivery 969
hankintamääräpäivä date of delivery 277
harhalyönti typist's error 1012
harjavedos hand proof 421
hinnasto price list 705
hinta price 703
hinta; luettelonmukainen ~ list price 517
hintaluettelo price list 705
hinta nidottuna price calculated on the stitched copy 704
hintatarjous quotation[2] 777
hiokepitoinen paperi wood-pulp paper 1051
hiokkeeton paperi paper without woodpulp 633
historia history 428
huomautus remark 813
huvinäytelmä comedy 180
hylkyarkki spoiled sheet 915
hyväksyminen authorization 57
hyväksymätön unauthorized 1018
hyväksytty painettavaksi good for print, ready for the press 412, 789
hyväksytty painos authorized edition 59

ilmainen free of charge 397
ilmestyminen appearance 38
ilmestynyt; juuri/vasta ~ just issued 482
ilmestyy kohdakkoin to appear shortly 39
ilmestyä to appear 37
ilmoitus advertisement 16
imprimatur imprimatur 436
intianpaperi bible paper 76
irtoarkkeina in flat sheets 447
irtoarkki kappale copy in sheets 234
irtolehtijulkaisu, irtolehtikirja loose-leaf book 528
iskuotsikko headline 424
iso kirjain capital letters 134
isyys (teoksen) authorship 65

jakelu distribution[1] 306
jakelukirje circular 158
jakso paragraph 634
jatko continuation 219
jatkoa seuraa to be continued 220
jatkojulkaisu serial 874
jatkokertomus serialization 875
jatkoteos serial 874
jatkotilaus standing order 922
jatkuu to be continued 220
johtaja; kirjallisuusosaston ~ chief editor 155
johtaja; mainososaston ~ publicity manager 753
johtaja; tieteellinen ~ editor-in-chief 337
juliste poster 688
julkaisematon unpublished 1024

julkaiseminen appearance, edition[1], publication[1] 38, 328, 749
julkaisija editor[2] 331
julkaista to edit[2], to publish 324, 756
julkaistu edited by 325
julkaisu edition[1], publication[1, 2] 328, 749, 750
julkaisuaika date of printing 278
julkaisuoikeus publishing rights 771
julkaisutiedot imprint[1] 437
julkaisuvuosi date of printing 278
julkinen esitys public performance, public reading 754, 755
julkispainos authorized edition 59
juuri ilmestynyt just issued 482
jäljennös copy[1] 228
jäljittely copy[2], imitation 229, 433
jälkeenjääneet teokset remains 811
jälkeenjäänyt teos posthumous work 690
jälkeis- posthumous 689
jälkeisteos posthumous work 690
jälkikirjoitus postscript 692
jälkilause epilogue 347
jälkipainanta reprint[1] 818
jälkipainantaoikeus licence of reprinting, right(s) of reproduction 509, 843
jälkipainos reprint[1] 818
jälkipainos lehdissä reprint(ing) in the press 820
jälkipainosoikeus licence of reprinting, right(s) of reproduction 509, 843
jälkisanat epilogue 347
jälkivaatimus cash on delivery 141
jännityskertomus, jännitysromaani thriller 976
jättää painettavaksi to pass for press 639
jäännöserä overstock, remainders, stock 615, 810, 929

kaavake tekijänoikeutta koskevaa tiedotusta varten copyright application form 241
kahdessa nidoksessa in two volumes 1042
"kaikki oikeudet pidätetään" "all rights reserved" 22
kaiverros engraving 342
kaksikielinen bilingual 81
kaksoiskappale duplicate 318
kalenteri calendar 131
kangassidos cloth binding 165
kansainvälinen vakiokortti fiche internationale 370
kansalliskirjasto national library 576
kansanomainen, kansantajuinen popular[1] 686
kansi boards, cover 97, 259
kansikuva cover design 260
kansilehti cover 259
kansimalli model cover 559
kansio album 21
kansivuoraus fly-leaf 380
kanta- original[1] 604
kantapainos first edition 376
kapiteeli small capitals 896
kappale copy[3], piece 230, 667
kappale; aloittaa uusi ~ to indent 443
kappale; antikvaarinen ~ second-hand copy 863
kappale; aukileikkaamaton ~ unopened copy 1023
kappale; irtoarkki ~ copy in sheets 234
kappale; numeroitu ~ numbered copy 591
kappale; sitomaton ~ copy in sheets 234
kappale; vahingoittunut ~ damaged copies 275
kappale; valitut ~et excerpt(s) 354
kappale; ylimääräinen ~ additional copy 11
kappalemäärä inventory 467
kartasto atlas 52
kartonkikansissa cardboard-bound 137
kartta map 543
karttakirja atlas 52
katsaus review[2] 833
kaunokirjallisuus belles-lettres 73
kaupitsija commission merchant 187
kauppa, kauppa-ala trade 985
kauppakamari chamber of commerce 147
kauppaoikeus commercial law 184
keili body type 99
keittiökirja cookbook 227
kerran viikossa (ilmestyvä) weekly[2] 1044
kertomus story 932
kertomus; lyhyt ~ short story 888
kieli language 486
kierrenidonta spiral binding 914
kiertokirje circular 158
kiitollisuudenosoitus acknowledgements 7
kiiltopaperi glazed paper 408
kioski stand 919
kioskikirja cheap novel 153
kirja book 101
kirja; nidottu/paperikantinen ~ paper-bound book 628
kirjailija writer[1] 1059
kirjailijannimi, kirjailijan salanimi literary pseudonym 522
kirjailmoitus review[1] 832
kirjaimellinen, kirjaimellisesti literal 518
kirjain letter[1] 501
kirjain; lihava ~ bold face 100
kirjakauppa bookshop, book-trade 118, 119
kirjakauppa-ala book trade 119
kirjakauppahinta retail price, sales price 829, 850
kirjakauppias bookseller, retail bookseller 117, 828
kirjake type(s)[1, 2] 1001, 1002
kirjakerho book club 104
kirjallinen in writing 472
kirjallinen omistus intellectual property 458
kirjallinen omistusoikeus copyright[1] 236
kirjallinen perintö remains 811
kirjallinen varkaus plagiarism 671
kirjallisesti in writing 472
kirjalista booklist 111
kirjallisten ja taideteosten tekijänoikeus literary and artistic copyright 520
kirjallisuus literature[1] 524
kirjallisuus; yleinen ~ general books 404
kirjallisuusluettelo bibliography[1, 2] 77, 78
kirjallisuusosaston johtaja chief editor 155
kirjallisuuspalvelu documentation 309
kirjaluettelo booklist 111
kirjamarkkina book market 113
kirjamessut book fair 107

kirjana in volume form 471
kirjanen pamphlet 624
kirjankansi boards 97
kirjankustantaja publisher, publishing house 759, 769
kirjan muodossa in volume form 471
kirjanäyttely book exhibition 106
kirjaoppi bibliology 79
kirjapainaja printer 715
kirjapaino book-printing office, printing office 116, 726
kirjapainotaito typography 1014
kirjapaperi book paper 115
kirjasin type(s)[1,2] 1001, 1002
kirjasinaste body size 98
kirjasto library 505
kirjatiede bibliology 79
kirjauutuus new publication 579
kirje letter[2] 502
kirjeenvaihto correspondence 256
kirjoittaa to write 1058
kirjoittaja author[2] 55
kirjoittaja; oopperatekstin ~ librettist 506
kirjoitus article, contribution, script 45, 224, 861
klassillinen painos standard edition 920
klassillinen teos standard work 921
klišee cliché 163
kloottisidos cloth binding 165
kohdakkoin; ilmestyy ~ to appear shortly 39
kohopainanta relief printing 808
kohopuristus embossing 340
koko format 392
kokoelma collection 172
kokonaissumma; tekijänpalkkion ~ outright fee 613
kokooja, kokoonpanija compiled by 194
kokosivun, koko sivun käsittävä full-page 400
kolli package 617
kolmiväripainanta three-colour process 975
komedia comedy 180
kommentaari commentary 183
kompendi(umi) compendium, outline(s)[2] 189, 610
koneella kirjoitettu typewritten 1010
koneella kirjoitettu kappale typescript 1005
konekirjoite typescript 1005
konferenssi conference 213
kongressi congress 214
koonti gathering 402
koostaa to compile 193
koostaja compiled by 194
koota to compile 193
kootut teokset complete (collection of) works 197
kopio copy[1] 228
kopioida to copy 232
korjata to correct 252
korjattu käsikirjoitus copy preparation 235
korjattu painos corrected edition 253
korjaus correction 254
korjauslukija proof-reader 740
korjausluku correction 254
korjausluku; käsikirjoituksen ~ copy preparation 235
korjausmerkki proof-correction symbol 739
korkopainanta relief printing 808
korkopuristus embossing 340
korrehtuuri correction 254
korrehtuurimerkki proof-correction symbol 739
kortisto, korttiluettelo card index 139
korupainos de luxe edition 290
korvaus; vahinkojen ~ indemnification 442
kotimaankauppa domestic trade 311
koulukirja manual, school-book 540, 854
kovakantinen hardcover 422
kserografia, kseropainanta, kserotypia xerography 1063
kulut expenses 363
kunniakappale author's copy 62
kunto; laatia ~on to edit[1] 323
kunto; saattaa ~on to elaborate 339
kursiivi italics 475
kustanneluettelo publisher's catalogue 763
kustannusala publishing trade 772
kustannuskulut costs of publishing 258
kustannusliike publisher, publishing house 759, 769
kustannussopimus publisher's agreement 762
kustannussuunnitelmat publishing programme schedule 770
kustannustoimittaja publisher's reader 765
kustantaa to publish 756
kustantaja editor[2], publisher, publishing house 331, 759, 769
kustantaja; alkuperäinen ~ original publisher(s) 607
kustantajan luettelo publisher's catalogue 763
kustantajanmerkki publisher's emblem 764
kustantama(na); . . . n ~ published by 758
kustantamo publisher, publishing house 759, 769
kuukausijulkaisu, kuukausilehti monthly publication 564
kuultolehti transparent foil 993
kuultopaperi onion-skin 601
kuunnelma radio-play 778
kuva figure[1], illustration, picture 372, 431, 664
kuva; alkuperäinen ~ artwork 48
kuva-albumi picture-book[1] 665
kuvake cliché 163
kuvakirja picture-book[1,2] 665, 666
kuvalaatta cliché 163
kuvanidos, kuvaosa volume of illustrations 1041
kuvataulu plate[1] 674
kuvateksti legend 498
kymmenluokitus decimal classification 280
kyselylomake questionnaire 775
kysyntä demand 291
käsikirja handbook, outline(s)[2], reference book 419, 610, 801
käsikirjoituksen korjausluku copy preparation 235
käsikirjoitus copy[4], manuscript 231, 542
käsikirjoitus; korjattu ~ copy preparation 235
käsikirjoitusten arvostelija publisher's reader 765
käsisanakirja practical dictionary 693
käyrästö diagram 297
käytettävä; asettaa ~ksi to place at somebody's disposal 670
käyttö utilization 1031
käyttö; luovuttaa/myöntää ~ön to place at somebody's disposal 670
käännös translation 991

käännös; sananmukainen ~ literal translation 519
käännös; tarkka ~ faithful translation 369
käännös; tekijän luvalla julkaistu ~ authorized translation 60
kääntää to translate 990
kääntöpuoli verso 1037

laajennettu painos enlarged edition 344
laajuus size of the book 892
laatia (paino)kuntoon to edit[1] 323
ladonta setting up in type 878
lados composition[2], matter 206, 548
ladosala type area 1003
lainakirjasto lending library 500
lainaus citation, lending 160, 499
lainausmaksu hire fee 426
laitos edition[1, 2], institute 328, 329, 454
laitos; lyhennetty ~ abridged edition, digest 3, 300
laitos; täydellinen ~ complete edition 196
laitos; täydennetty ~ enlarged edition 344
laittaa valmiiksi to elaborate 339
laki law 487
lasikaappi, lasikko showcase 889
lasku; omaan ~un for own account 393
laskun summa invoice amount 470
laskuttaa to invoice 469
lastenkirja children's book 156
latoa (koko teksti) to set up 879
latoja compositor 207
latomakone composing machine 203
latominen composition[2], matter, setting up in type 206, 548, 878
latomisohjeet layout[2], printing order 489, 727
latomisvirhe error in composition 349
laulu song 903
laulu; pianosäestyksellinen ~ piano-song version 663
laulukirja song-book 904
lausuma, lausunto declaration 281
lehdissä → lehti
lehdistö press 699
lehdistötiedote press release 702
lehti newspaper, sheets 580, 882
lehti; jälkipainos lehdissä reprint(ing) in the press 820
leikattu trimmed 998
leike press cutting 701
leikkaamaton untrimmed 1026
lentokirjanen pamphlet 624
lentolehtinen leaflet[1] 492
levittäminen colportage 178
libretisti librettist 506
libretto libretto 507
lihava kirjain bold face 100
liike; poistaa liikkeestä to withdraw from circulation 1050
liite addendum, annex, supplement[1] 10, 28, 945
liitelehti, liitesivu interleaf 461
liittää väliin to insert 452

linotyyppi linotype 514
lisäkappale additional copy 11
lisälehti annex, supplement[2] 28, 946
lisämääräaika extended term 366
lisätty painos enlarged edition 344
lisävihko annex, appendix, supplement[2] 28, 40, 940
lisävuokra supplementary hire fee 948
lisäys completion, supplement[1] 199, 945
loistopainos de luxe edition 290
lomake form 391
loppunut varastosta out of stock 612
loppuunmyydä to remainder 809
loppuunmyyty out of print 611
luento lecture 495
luettelo catalog(ue), list 142, 516
luettelo; kustantajan ~ publisher's catalogue 763
luettelohinta catalog(ue) price 143
luettelonmukainen hinta list price 517
lukea to read 780
lukemisto reading book, selection[2] 785, 867
lukija reader[1] 781
lukijakunta interested readers 460
luku chapter, number[1] 150, 589
luku kirjassa chapter 150
lukumäärä number[1] 589
luonnos design[2], layout[1], sketch 294, 488, 893
luovuttaa käyttöön to place at somebody's disposal 670
luovutus assignment[1] 50
lupa authorization 57
lupa; tekijän luvalla julkaistu käännös authorized translation 60
luvaton unauthorized 1018
luvunotsikko chapter heading 151
lyhennetty laitos abridged edition, digest 3, 300
lyhennetty painos abridged edition 3
lyhennys abbreviation, abridgement 1, 4
lyhyt concise 208
lyhyt kertomus short story 888
lyöntivirhe typist's error 1012
lähde source 906
lähdeviite, lähdeviittaus background material 69
lähettäminen delivery[1] 286
lähetys delivery[1], transmission 286, 992
lähetyslasku invoice 468

mainos advertisement, poster 16, 688
mainososaston johtaja publicity manager 753
mainostus publicity 752
mainosvyö(te) advertising strip 17
majuskeli capital letters 134
"makkeli" spoiled sheet 915
maksu payment 641
maksuton free of charge 397
makulatuuri(arkki) spoiled sheet 915
mallikansi model cover 559
mallikirja, mallinidos, mallisidos dummy 317
markkina market 544
materiaalimaksu hire fee 426

matriisi matrix 547
mekanisoimisoikeus
mechanical reproduction rights 549
menekkiykkönen best-seller 75
menot expenses 363
merkkien selitykset key 485
mikrofilmi microfilm 553
mikrofilmijäljennös, mikrofilmikopio micro-copy 552
minuskeli small letters 897
molemminpuolisuus reciprocity 791
monikielinen, monikielis- polyglot 685
monistaminen, monistus reproduction 822
monografia monograph 562
monotyyppi monotype 563
moraalinen oikeus droit moral 316
muistelmat memoirs 550
muistutus remark 813
mukailla to adapt 8
mukailtu revised 838
mukailu adaptation 9
muotoilu book design, layout[1] 105, 488
muoto-ohje layout[1] 488
muovisidos plastic binding 673
musical musical 569
musiikinkustantaja music publisher 571
musiikki music 568
musiikkikustantaja music publisher 571
musiikkiteos printed music 713
muunnos version 1036
muutettu painos parallel print 635
muutos change 148
muuttaa to change 149
muuttaa massaksi to pulp 773
muuttumaton unchanged 1021
myynti sale(s) 849
myynti; nuottien ~ sheet music sales 884
myyntialue territory of distribution 970
myyntihinta sales price 850
myyntikomissio commission 185
myyntitoiminta marketing 545
myyntiykkönen best-seller 75
myöhästyskorko penalty 642
myöntää käyttöön
to place at somebody's disposal 670
määräaika; pidennetty ~ extended term 366
määräys commission, regulation 185, 805

nahkasidos leather binding 494
nauha tape 956
nauhoite, nauhoitus sound recording 905
neliväripainanta four-colour process 395
neljästi vuodessa ilmestyvä quarterly 774
nidos volume 1040
nidos; kahdessa nidoksessa in two volumes 1042
nidottu stitched 928
nidottu; pehmeäkantinen ~ to paperback 627
nidottu kirja paper-bound book 628
nidottuna stitched 928
nimeke title 979
nimetön anonymous 35
nimi name, title 573, 979
nimihakemisto author index 56
nimiö title 979
nimiökuva frontispiece 399
nimiölehdet prelims 696
nimiölehti, nimiösivu title page 980
nimiösivut prelims 696
nitoa to sew, to stitch 880, 927
novelli short story 888
numero number[1, 2] 589, 590
numeroida to paginate 622
numerointi; arkkien ~ numbering of sections 592
numeroitu kappale numbered copy 591
nuorisokirjallisuus juvenile literature 483
nuottiaineisto; täydellinen ~
complete set of music material 198
nuottienkaiverrus engraving of music 343
nuottien myynti sheet music sales 884
nuottimateriaali orchestral parts 602
nuottipaperi music paper 570
nyky-, nykyaikainen, nykyajan contemporary 217
nähtäväksi on approval 599
näyteikkuna shop-window, showcase 886, 889
näytekappale examination copy, specimen copy 353, 911
näytelmä play 676
näytelmänkirjoittaja playwright 677
näyttely exhibition 361
näyttämömusiikki stage music 917

offsetpainanta offset printing 598
oheisoikeudet subsidiary 940
oikaista to correct 252
oikaisu correction 254
oikaisulukija proof-reader 740
oikaisuluku correction 254
oikea sivu right-hand page 842
oikeudenomistaja copyright owner 246
oikeudenomistajan edustaja copyright holder 243
oikeus; moraalinen ~ droit moral 316
oikeus; pienet oikeudet "petits droits" 654
oikeus; suuret oikeudet "grands droits" 414
oikeus mekaaniseen monistamiseen
mechanical reproduction rights 549
oikeuttaa to authorize 58
omaan laskuun for own account 393
omaelämäkerta autobiography 66
oma korrehtuurinlukija (kirjapainossa)
printer's reader 720
oma tekemä elämäkerta autobiography 66
omiste dedication 283
omistettu, omistuksineen dedicated 282
omistus; kirjallinen ~ intellectual property 458
omistuskirjoitus dedication 283
omistusoikeus; kirjallinen ~ copyright[1] 236
oopperateksti libretto 507
oopperatekstin kirjoittaja librettist 506
opas guide(-book), introduction[1], outline(s)[2] 417, 465, 610
opaskirja introduction[1] 465

oppikirja guide(-book), manual 417, 540
osa part 636
osasto; teknillinen ~ production department 733
osoite address 12
osoiteluettelo mailing list 534
otteita excerpt(s) 354

pahvikannet cardboard binding 136
pahvikotelo slip case 894
pahvisidos cardboard binding 136
painaa to print 711
painaminen, painanta printing 722
painate print[2] 708
painattaa to pass for press 639
painatusaika term of production 968
painatuslupa imprimatur 436
"painettakoon!" good for print 412
painettava; jättää ~ksi to pass for press 639
paino; paperin ~ paper weight 632
paino; valmistaa ~on to edit[2] 324
painoarkki printed sheet 714
painokulut printing costs 723
painolupa imprimatur 436
painomuste printer's ink 719
painopaperi printing paper 728
painos edition[1, 2] 328, 329
painos; ensimmäinen ~ first edition 376
painos; klassillinen ~ standard edition 920
painos; korjattu ~ corrected edition 253
painos; laajennettu ~ enlarged edition 344
painos; lisätty ~ enlarged edition 344
painos; lyhennetty ~ abridged edition 3
painos; muutettu ~ parallel print 635
painos; toiskielinen ~ duplicate print, parallel print 319, 635
painos; täydennetty ~ enlarged edition 344
painos; uusi ~ new edition 578
painos; uusittu ~ revised edition 839
painosmäärä size of edition 890
painossa in the press 464
painotarkastus censorship 145
painotiedot colophon, imprint[1] 175, 437
painotuote print[1] 707
painotuotteet "printed matter" 712
painovalmis ready for the press 789
painovirhe misprint 557
painovuosi date of printing, date of publication 278, 279
painoväri printer's ink 719
pakkauskulut packing costs 618
pakkokappale deposit copy 292
pakkolupa legal licence 497
pala; valitut ~t selected passages 865
palautuskappaleet returns 830
palsta column 179
palstavedos galley proof 401
palstavedoskorjausluku reading (the) galley proofs 786
paperi paper 625
paperi; hiokepitoinen ~ wood-pulp paper 1051
paperi; hiokkeeton ~ paper without woodpulp 633
paperi; superkalanteroitu ~ super-calendered paper 944
paperikansissa cardboard-bound 137
paperikantinen kirja paper-bound book 628
paperinidonta binding in paper covers 85
paperin paino paper weight 632
paperisidos paper cover(s) 629
partituuri score 858
pehmeäkantinen nidottu to paperback 627
perintö; kirjallinen ~ remains 811
perintövero inheritance tax 449
perushinta basic price 72
peruspainos standard edition 920
peruuttaa (tilaus) to cancel (an order) 132
pianosovitus piano score 662
pianosäestyksellinen laulu piano-song version 663
pidennetty määräaika extended term 366
pienet oikeudet "petits droits" 654
pieni kirjain small letters 897
pienoispartituuri pocket score 680
piirros, piirustus design[1] 293
piste; typografinen ~ typographical point 1013
pistää väliin to insert 452
pitää varastossa to stock 930
plagiaatti, plagiointi plagiarism 671
plakaatti poster 688
poikittainen, poikittais- oblong 594
poikittaiskoko, poikittaismuoto oblong format 595
poiminto selected passages 865
poistaa liikkeestä to withdraw from circulation 1050
poisto cancelling 133
postilähetysliike mail-order business 535
postipaketti post parcel 691
postuumi posthumous 689
postuumi teos posthumous work 690
premiääri première 697
proosa prose 743
prospekti prospectus 744
provisio commissions 186
pseudonyymi pseudonym 748
puhtohinta net price 577
puristus stamping 918
puristuslaatta block 92
puutteellinen defective 285
pystyformaatti, pystykoko, pystymuoto upright format 1028
pysyväistilaus standing order 922
päiväkirja diary 298
päivälehti newspaper 580
pääedustus general agency 403
päätoimittaja chief editor 155
päätoimittaja; erikoisalan ~ editor-in-chief 337
pöytäkirja protocol 747

raamattupaperi bible paper 76
radiolähetyksen esityskorvaus broadcasting royalty 127
radiolähetys broadcast(ing) 125
radiolähetysoikeus broadcasting right(s) 126
radio-oikeus broadcasting right(s) 126
rahalaji currency 267
rahtikirja delivery note 288
rasteri screen 859
referaatti account 6
rekisteröinti; tekijänoikeuden ~ copyright registration 250
reklamaatio claim 161
reklamoida to lodge a claim 527
reklamointi claim 161
reprografia reprography 823
retušoida to touch up 983
revideeri revision 840
romaani novel 586
romaanikirjailija novelist 588
romaanikirjallisuus, romaanilaji fiction 371
roskakirjallisuus trash 995
rukouskirja prayer-book 694
runkosopimus blanket agreement 89
runo, runoelma poem 682
runoilija poet 683
runous poetry 684
runovalikoima anthology 36
ryhmäkirje circular 158
ryhmätekijä corporate author 251

saatavissa available 67
saattaa kuntoon to elaborate 339
salanimi literary pseudonym, pseudonym 522, 748
salapoliisiromaani crime fiction 264
samanaikainen contemporary 217
sana word 1052
sana; ~sta ~an word for word 1053
sana; ~t lyrics, text 532, 971
sanakirja dictionary 299
sanaluettelo vocabulary 1038
sananmukainen word for word 1053
sananmukainen käännös literal translation 519
sanasanainen, sanasta sanaan word for word 1053
sanasto vocabulary 1038
sanat lyrics, text 532, 971
sanomalehdistö press 699
sanomalehti newspaper 580
sanomalehtileike press cutting 701
sanomalehtipaperi newsprint 581
sarja series 876
sarjakuva comic strip 181
seepiapainate sepia print 872
selitykset → selitys
selityksillä varustettu annotated 29
selityksiä commentary 183
selitys explanation 364
selitys; merkkien selitykset key 485
selkä back 68
selostaa to review 834
selostaja critic 265
seloste summary 943
selostus account, report, review[1] 6, 817, 832
sen ajan contemporary 217
sensuuri censorship 145
seuraa; jatkoa ~ to be continued 220
seuraaja successor 942
sidonta, sidos binding 84
sidos; taipuisa ~ flexible cover 379
sidottu bound, hardcover 122, 422
sidottuna bound 122
siirto assignment[1] 50
siirtokirjoitus transcription 988
sinikopio blueprint[1] 93
sisällys contents 218
sisällyskatsaus synopsis 951
sisällyskeskite summary 943
sisällysluettelo table of contents 955
sisällystiiviste abstract, outline(s)[1] 5, 609
sisäpuoli; suojalehden ~ jacket-flap 477
sitaatti citation 160
sitoa to bind 83
sitomaton unbound 1019
sitomaton kappale copy in sheets 234
sivu page 619
sivu; oikea ~ right-hand page 842
sivumäärä size of the book,
total number of pages 892, 982
sivunumero folio[2] 387
sivunumerointi pagination 623
skenaario scenario 852
skitsi design[2], sketch 294, 893
sopimuksen rikkominen breach of contract 123
sopimus contract, convention 221, 226
sopimusalue "contract territory" 223
sopimus esityksestä
contract authorizing public performances 222
sovittaa to adapt, to rewrite 8, 841
sovitus arrangement 43
summa; laskun ~ invoice amount 470
suoja-aika period of protection 653
suojaamaton non-protected 585
suojakartonki slip case 894
suojalehden sisäpuoli jacket-flap 477
suojalehti guardsheet 416
suojapäällys book-jacket 109
suostumus authorization 57
suostumus; tekijän ~ author's consent 61
superkalanteroitu paperi
super-calendered paper 944
suppea concise 208
suppea esitys compendium 189
suuret oikeudet "grands droits" 414
suurotsikko headline 424
synopsis synopsis 951
syväpainanta intaglio printing 457
syväpainantarotaatio rotogravure 846
syväpaino intaglio printing 457
säilyttää to keep standing 484
säilölados standing type 923
sävellys composition[1] 205

säveltäjä composer 202
säännös, sääntö regulation 805

šekki cheque 154

taidekirja art book 44
taidepainate artistic print 46
taidepainopaperi art paper 47
taipuisa sidos flexible cover 379
taite fold 383
taiteliite throw-out 977
taittaa to make up 538
taittaa uudestaan to remake up 812
taitto make-up[1] 536
taittovedos page proof 621
taive fold 383
taiveliite throw-out 977
tarjonta offer 596
tarjouksenpyyntö inquiry 451
tarjous offer 596
tarkistettu revised 838
tarkistusvedos revision 840
tarkka käännös faithful translation 369
tasalados plain matter 672
taskukirja paperback, pocket-book 626, 678
taskukoko, taskupainos pocket-size edition 681
taskusanakirja pocket dictionary 679
tasoitettu trimmed 998
tasoittamaton untrimmed 1026
taulukko table 953
tavarakolli package 617
tavaraluettelo delivery note 288
teatterimusiikki stage music 917
tekijyys authorship 65
tekijä author[1,2], writer[1] 54, 55, 1059
tekijä; toinen ~ co-author 166
tekijähakemisto author index 56
tekijäkumppani co-author 166
tekijäkumppanuus co-authorship 167
tekijäkunta corporate author 251
tekijän luvalla julkaistu käännös
authorized translation 60
tekijännimetön anonymous 35
tekijän nimi name of author 575
tekijänoikeuden loukkaus
infringement of copyright 448
tekijänoikeuden rekisteröinti copyright registration 250
tekijänoikeus copyright[1,2] 236, 237
tekijänoikeusjärjestö
copyright protection society 249
tekijänoikeuslain suojaama
"protected by copyright" 745
tekijänoikeusmerkintö copyright notice 245
tekijänoikeustoimisto copyright protection office,
copyright protection society 248, 249
tekijänoikeutta koskeva tiedotus
copyright application 240
tekijänpalkkio royalty 848
tekijänpalkkioennakko advance royalty 14
tekijänpalkkio esityksestä performing right(s) 648
tekijänpalkkion kokonaissumma outright fee 613
tekijän suostumus author's consent 61
tekijänvedos author's corrections 63
teknillinen aikakauslehti special journal 908
teknillinen osasto production department 733
teksti lyrics, text 532, 971
tekstikirja book of the month 114
tekstikuva text illustration 973
tekstilados body type, plain mattter 99, 672
tekstinäytteet selected passages 865
televisio television 965
teokset → **teos**
teos work 1055
teos; jälkeenjäänyt ~ posthumous work 690
teos; klassillinen ~ standard work 921
teos; kootut teokset
complete (collection of) works 197
teos; postuumi ~ posthumous work 690
teos; tieteellinen ~ scientific publication 857
teos; valitut teokset selection[1] 866
teos; vapaapainantainen ~ domaine public 310
"thrilleri" thriller 976
tiede science 855
tiedonanto, tiedotus bulletin, communication,
report 130, 188, 817
tiedotus; tekijänoikeutta koskeva ~
copyright application 240
tieteellinen johtaja editor-in-chief 337
tieteellinen teos scientific publication 857
tieteiskertomus, tieteisromaani science fiction 856
tietosanakirja encyclop(a)edia 341
tiivistelmä abstract, outline(s)[1], summary 5, 609, 943
tilaus order, subscription 603, 939
tilinteko statement of account 924
tilitys distribution[2], statement of account 307, 924
toimeksianto commission 185
toimitettu edited by 325
toimittaa to compile, to edit[1] 193, 323
toimittaja editor[1] 330
toimittaminen editing 327
toimituksia transaction 986
toimitus editorial department[2], editorial offices 334, 336
toimitusosasto editorial department[1,2] 333, 334
toimitusvaliokunta editorial board 332
toinen tekijä co-author 166
toiskielinen painos duplicate print,
parallel print 319, 635
toiste citation 160
transkriptio transcription 988
"trilleri" thriller 976
tukkuhinta wholesale price 1048
tukkukauppias wholesale distributing agent,
wholesaler 1047, 1049
tukkukirjakauppa wholesale book trade 1046
tukkukirjakauppias wholesaler 1049
tulli customs 268
tullikäsittely customs clearance 269
tullinalainen dutiable 321

tullitaksa customs rate 270
tullitariffi customs tariff 271
tulliton, tullivapaa duty-free 322
tulovero income tax 440
tuomiovallanalaisuus jurisdiction 481
tuotanto-osasto production department 733
tušši Indian ink 445
tutkielma paper(s), study, treatise 631, 933, 996
TV-näytelmä TV-play 1000
tyhjä osa break 124
tyhjä sivu blank[1] 87
typografinen piste typographical point 1013
työkappale reference copy 802
työ tilaajan (antamista) aineista jobwork 478
täydellinnen complete, unabridged 195, 1015
täydellinen laitos complete edition 196
täydellinen nuottiaineisto complete set of music material 198
täydennetty laitos/painos enlarged edition 344
täydennys completion, supplement[1] 199, 945
täydennysosa appendix 40
täyttäminen performance[1] 645

ulkoasu, ulkomuoto technical make-up 964
ulkonainen avustaja outside collaborator 614
uusintapainos reprint[2] 819
uusi painos new edition, re-issue 578, 807
uusittu revised 838
uusittu painos revised edition 839
uutuus new publication 579

vahingoittunut kappale damaged copies 275
vahinkojen korvaus indemnification 442
vakiokortti; kansainvälinen ~ fiche internationale 370
vakiopainos standard edition 920
vakuutus insurance 456
valikoima selection[1, 2] 866, 867
valiokunta commission 185
valittaa to lodge a claim 527
valitus claim 161
valitut kappaleet excerpt(s) 354
valitut palat selected passages 865
valitut teokset selection[1] 866
valmis (lähetyserä) ready for dispatch 787
valmistaa to elaborate 339
valmistaa painoon to edit[2] 324
valmistusaika term of production 968
valojäljennös photographic print 658
valokuva photograph 657
valopainate phototype 660
valtionkirjasto national library 576
valuutta currency 267
vanhentuminen statutory limitation 926
vapaa(-) free of charge 397
vapaakappale author's copy, complimentary copy[2] 62, 201
vapaakappaleluovutus copyright deposit 242
vapaapainantainen teos domaine public 310
varaerät reserve stock 826
varakappaleet minimum stock 555
varamäärä reserve stock 826
varaspainos pirated edition 669
varasto inventory, stock 467, 929
varasto; loppunut ~sta out of stock 612
varasto; pitää ~ssa to stock 930
varastointi storage 931
varastoon jääneet kappaleet stock 929
varastossa olevat kappaleet stock 929
varastosäilytys storage 931
varkaus; kirjallinen ~ plagiarism 671
varustettu; selityksillä ~ annotated 29
vasta-arvo consideration 215
vasta ilmestynyt just issued 482
vedos proof 738
vekseli bill of exchange 82
vero tax 957
verokanta tax rate 961
veronalainen taxable 958
veroton tax-free 960
verotus taxation 959
verovapaa tax-free 960
verovelvollinen taxable 958
versaali capital letters 134
vihko booklet, number[2], pamphlet 110, 590, 624
vihkonen pamphlet 624
viihdekirjallisuus light reading 512
viikko- weekly[2] 1044
viikkojulkaisu, viikkolehti weekly[1] 1043
viimeinen tarkistusvedos revision 840
viivapiirros, viivapiirustus line drawing 513
viivästyskorko penalty 642
vinokirjoitus italics 475
vitriini showcase 889
vuokra hire fee 426
vuokra-aineisto, vuokramateriaali material on hire 546
vuokrasopimus hire contract 425
vuosi- annual[2] 33
vuosikerta annual volume 34
vuosikirja almanac, year-book 23, 1065
vuotuinen, vuotuis- annual[2] 33
vähennys deduction 284
vähittäismaksu instalment 453
väliin; liittää/pistää ~ to insert 452
välilehdittää to interleave 462
välilehti interleaf 461
välitys transmission 992
välityskirjakauppa wholesale book trade 1046
välityspalkkio commissions 186
väriasteikkovedos progressive colour proof 735
värikuvaliite, väripainanta colo(u)r plate 176

yhteisjulkaisu joint edition 479
yhteisteos, yhteistyö composite work 204
yksin- exclusive 355
yksinedustus exclusive agency 356
yksinjakelu(oikeus) exclusive distribution 357

yksinmyyntioikeus sole selling rights **902**
yksinomainen exclusive **355**
yksitatteiskoko folio[1] **386**
yleinen kirjallisuus general books **404**
yleismaailmallinen tekijänoikeussopimus Universal Copyright Convention **1022**
yleistajuinen tieteellinen popular[2] **687**
ylimääräinen kappale additional copy **11**

äänilevy phonograph record **655**
äänilevyarkisto, äänilevykokoelma record library **795**
äänite recording **794**
äänitys sound recording **905**
äänitysnauha tape **956**

HUNGARIAN — MAGYAR

a/á, b, c, cs, d, dz, dzs, e/é, f, g, gy, h, i/í, j, k, l, ly, m, n, ny, o/ó, ö/ő, p, q, r, s, sz, t, ty, u/ú, ü/ű, v, w, x, y, z, zs

ábra figure[1], illustration, picture **372, 431, 664**
ábra; sematikus ~ diagram **297**
ábra; szövegközi ~ text illustration **973**
ábra; vonalas ~ line drawing **513**
ábraaláírás legend **498**
„Acta” transactions **986**
adaptálni to adapt **8**
adó tax **957**
adó; forgalmi ~ turnover tax **999**
adó; jövedelmi ~ income tax **440**
adó; örökösödési ~ inheritance tax **449**
adóköteles taxable **958**
adókulcs tax rate **961**
adómentes tax-free **960**
adótétel tax rate **961**
adózás taxation **959**
ajánlás dedication **283**
ajánlással dedicated **282**
ajánlat offer **596**
ajánlatkérés inquiry **451**
alapár basic price **72**
alapjai; a ... ~ outline(s)[2] **610**
alapvetés outline(s)[2] **610**
alapvető mű standard work **921**
alapvonalai; a ... ~ outline(s)[2] **610**
album album **21**
album; képes ~ picture-book[1] **665**
alcím subtitle **941**
alfejezet subchapter **934**
alkalmazás; színpadra ~ stage adaptation **916**
alkiadási szerződés sub-publishing agreement **938**
alkiadó sub-publisher **937**
állandó rendelés standing order **922**
állni hagyni (a szedést)
to keep standing (the matter) **484**
álló formátum upright format **1028**
álló szedés standing type **923**
állomány inventory **467**
almanach almanac **23**
álnév pseudonym **748**
álnév; írói ~ literary pseudonym **522**
általános (tárgyú) irodalom/könyv
general books **404**
annotáció outline(s)[1] **609**
annotált annotated **29**
antikva roman type **845**
antikvár példány second-hand copy **863**
antológia anthology **36**
„anyag” copy[4] **231**
anyag; írásos ~ paper(s) **631**
anyagbérleti díj hire fee **426**
anyagbérleti szerződés hire contract **425**
anyagdíj alá eső zeneanyag
material on hire **546**
anyagdíjmegváltás supplementary hire fee **948**
anyagkölcsöndíj hire fee **426**
anyagkölcsön-szerződés hire contract **425**
ár price **703**
ár; árjegyzéki ~ list price **517**
ár; bolti ~ sales price **850**
ár; kedvezményes ~ special price **910**
ár; kiskereskedelmi ~ retail price **829**
ár; nagykereskedelmi ~ wholesale price **1048**
ár; nettó ~ net price **577**
árajánlat quotation[2] **777**
árengedmény discount **305**
árjegyzék price list **705**
árjegyzéki ár list price **517**
arranzsálás arrangement **43**
árujegyzék delivery note **288**
átdolgozás adaptation **9**
átdolgozás; színpadi ~ stage adaptation **916**
átdolgozni to adapt, to rewrite **8, 841**
átdolgozott revised **838**
átdolgozott kiadás revised, revised edition **838, 839**
átdolgozva revised **838**

átfutás; nyomdai ~ term of production 968
átírás transcription 988
atlasz atlas 52
átnézés revision 840
átruházás assignment[1] 50
áttördelni to remake up 812
autentikus authentic 53
autorizáció authorization 57
autorizációk felsorolása acknowledgements 7
autorizált fordítás authorized translation 60
autorizált kiadás authorized edition 59

behúzott szórólap blurb 95
beilleszteni to insert 452
beillesztett lap interleaf 461
bekezdeni, bekezdéssel szedni to indent 443
bekötés binding 84
bekötés papírba binding in paper covers 85
bekötni to bind 83
belkereskedelem domestic trade 311
belőni to interleave 462
belőtt lap interleaf 461
belső korrektor printer's reader 720
bemutató előadás première 697
bérmunka; (nyomdai ~) jobwork 478
Berni Egyezmény Berne Convention 74
bestseller best-seller 75
beszámoló account, report 6, 817
beszolgáltatás; köteles példány ~a
copyright deposit 242
betekintésre on approval 599
betétlap (könyvben) interleaf 461
betördelni to make up 538
betű letter[1], script[1], type[2] 501, 861, 1002
betű; dőlt ~ italics 475
betű; kövér ~ bold face 100
betű; vastag ~ bold face 100
betűfokozat body size 98
betűhiba error in composition 349
betűnagyság body size 98
betű szerint literal 518
betűtípus type(s)[1] 1001
beütés break 124
bevezetés introduction[1], preface 465, 695
bevezetés a ...ba guide(-book) 417
bezúzni to pulp 773
biblianyomó papír, bibliapapír bible paper 76
bibliofil kiadás bibliophile edition 80
bibliográfia bibliography[1] 77
bírálat critique, review[1] 266, 832
bíráló critic 265
bírói illetékesség jurisdiction 481
bíróság; illetékes ~ jurisdiction 481
bizomány commission 185
bizományi könyvkereskedő
wholesale distributing agent 1047
bizományos commission merchant 187
biztosítás insurance 456
bolti ár sales price 850
borító cover 259
borítóterv cover design 260
bőrkötés leather binding 494
bővített kiadás enlarged edition 344
brosúra pamphlet 624
bulletin bulletin 130
burkoló book-jacket 109
bűnügyi történet crime fiction 264

cédulakatalógus card index 139
cég; postai könyvterjesztő ~
mail-order business 535
cenzúra censorship 145
cikk article, contribution 45, 224
cím address, publication,[2], title 12, 750, 979
cím; nagybetűs ~ headline 424
címjegyzék mailing list 534
címkép frontispiece 399
címlap title page 980
címmetszet frontispiece 399
címnegyed prelims 696
címoldalak prelims 696
címszó entry (word), subject heading 346, 935
„comics" comics 181
copyright copyright[2] 237
copyrightbejegyzés copyright registration 250
copyrightbejelentés copyright application 240
copyrightbejelentési űrlap
copyright application form 241
„copyright"-jegyzet/jelzet copyright notice 245
copyrightolás copyright application,
copyright registration 240, 250

csekk cheque 154
csomagolási költség packing costs 618
csonkítatlan kiadás complete edition 196

dal song 903
daloskönyv song-book 904
dalszöveg lyrics 532
darab piece 667
dedikálva dedicated 282
detektívregény crime fiction 264
diagram diagram 297
díj; anyagbérleti ~ hire fee 426
díszkiadás de luxe edition 290
dokumentáció documentation 309
domborítás embossing 340
dombornyomás stamping 918
dőlt betű italics 475
dráma play 676
duplikátum duplicate 318

egészoldalas full-page 400
Egyetemes Szerzői Jogi Egyezmény
Universal Copyright Convention 1022

egyezmény convention 226
eladás sale(s) 849
elbeszélés short story, story 888, 932
elbeszélés; tudományos-fantasztikus ~ science fiction 856
életrajz biography 86
elévülés statutory limitation 926
ellenérték consideration 215
előadás lecture, performance[2] 495, 646
előadás; bemutató ~ première 697
előadás; első ~ première 697
előadás; nyilvános ~ public performance, public reading/presentation 754, 755
előadási jog performing right(s) 648
előadási jogdíj performing right(s) 648
előadási szerződés contract authorizing public performances 222
előadóművész performing artist 647
előállítási idő term of production 968
előfizetés subscription 939
előírás regulation 805
előjegyzés booking 108
előkészületben to appear shortly 39
előpéldány advance copy 13
előszó preface 695
előzékek prelims 696
előzéklap fly-leaf 380
előzetes példány advance copy 13
első előadás première 697
első kiadás first edition 376
elszámolás statement of account 924
embléma; kiadó emblémája publisher's emblem 764
emlékiratok memoirs 550
enciklopédia encyclop(a)edia 341
ének song 903
énekkönyv song-book 904
ének–zongora letét piano-song version 663
érdeklődés inquiry 451
érdeklődők interested readers 460
eredeti original[1] 604
eredeti kiadás first edition 376
eredeti kiadó original publisher(s) 607
eredeti szöveg original text 608
errata errata 348
értekezés treatise 996
esszé essay 350
év; kiadás ~e date of printing 278
évente annual[2] 33
éves annual[2] 33
évfolyam annual volume 34
évi annual[2] 33
évkönyv almanac, year-book 23, 1065
expediálás delivery[1] 286

fakszimile facsimile 368
famentes papír paper without woodpulp 633
fatartalmú papír wood-pulp paper 1051
fedél cover 259
fedőlap guardsheet 416
fejezet chapter 150
fejezetcím chapter heading 151
feladás delivery[1] 286
feldolgozás adaptation 9
feldolgozni to compile 193
felhasználás utilization 1031
felhasznált irodalom bibliography[2] 78
feljogosítani to authorize 58
felolvasás lecture 495
felolvasás; nyilvános ~ public reading 755
felosztás distribution[2] 307
feltétel; szállítási ~ek terms of delivery 969
felvágatlan példány unopened copy 1023
fénykép photograph 657
fényképmásolat photographic print 658
fénymásolat blueprint[1] 93
fénynyomás, fénynyomat phototype 660
fénypapír glazed paper 408
fett bold face 100
„fiche" fiche internationale 370
filmjogok film rights 375
fizetés payment 641
flexikötés flexible cover 379
fokozat body size 98
fólia transparent foil 993
fóliáns, fólióalak folio[1] 386
folyóirat periodical[1] 650
folyóirat; havi ~ monthly publication 564
folyóirat; negyedéves ~ quarterly 774
folyóiratok periodicals 652
folyószámlakivonat statement of account 924
folytatás continuation 219
folytatása következik to be continued 220
folytatásokban történő kiadás serialization 875
folytatásos mű serial 874
fordítani to translate 990
fordítás translation 991
fordítás; autorizált ~ authorized translation 60
fordítás; hű ~ faithful translation 369
fordítás; jogosított ~ authorized translation 60
forgalmi adó turnover tax 999
forgalomból kivonni to withdraw from circulation 1050
forgatókönyv scenario 852
formátum format 392
formátum; álló ~ upright format 1028
formátum; széles ~ oblong format 595
forrás source 906
forrásmegjelölés background material 69
fotó photograph 657
fotokópia photocopy 656
főcím headline, title, title page 424, 979, 980
fölös készlet, fölösleg overstock 615
főszerkesztő chief editor, editor-in-chief 155, 337
főszöveg szedése body type 99
függelék annex, appendix 28, 40
fül jacket-flap 477
fülke stand 919
fülszöveg blurb-text 96

füzet booklet, number[2], pamphlet 110, 590, 624
fűzni to sew, to stitch 880, 927
fűzött stitched 928
„fűzött ár" price calculated on the stitched copy 704
fűzött könyv paper-bound book 628
fűzve stitched 928

gépelési hiba typist's error 1012
gépelt példány typescript 1005
gépirat manuscript 542
géppel írt typewritten 1010
gerinc back 68
gondozni to edit[2] 324
grafikai graphic(al) 415
grafikon diagram 297
grafikus graphic(al) 415

gyermekkönyv children's book 156
gyűjtemény collection 172

hagyaték remains 811
hajtás fold 383
hangfelvétel sound recording 905
hangjáték radio-play 778
hanglemez phonograph record 655
hangrögzítés recording 794
hangszalag tape 956
haránt oblong 594
háromszínnyomás three-colour process 975
hasáb column 179
hasábkorrektúra galley proof, reading (the) galley proofs 401, 786
hasáblevonat galley proof 401
határidő; szállítási ~ time of delivery 978
határnap; szállítási ~ date of delivery 277
hátlap, hátoldal verso 1037
„hátrahagyott művek" remains 811
havi folyóirat monthly publication 564
heti weekly[2] 1044
hetilap weekly[1] 1043
hiányos defective 285
hiánytalan complete 195
hiba; gépelési ~ typist's error 1012
hibaigazító errata 348
hibás defective 285
hirdetés advertisement 16
hírverés publicity 752
hiteles authentic 53
hónap könyve; a ~ book of the month 114
honorárium royalty 848
húzás abridgement 4
hű fordítás faithful translation 369

idézet citation 160
idő; előállítási ~ term of production 968
idő; védelmi ~ period of protection 653
időpont; megjelenés ~ja date of publication 279
időszaki periodical[1] 651
ifjúsági irodalom juvenile literature 483
igazgató editor-in-chief 337
illetékes bíróság jurisdiction 481
illetékesség; bírói ~ jurisdiction 481
illusztráció figure[1], illustration, picture 372, 431, 664
imakönyv prayer-book 694
impresszum imprint[1] 437
imprimált ready for the press 789
imprimatúra imprimatur 436
inautorizált unauthorized 1018
index author index, subject index 56, 936
ingyen(es) free of charge 397
ingyenes példány complimentary copy[2] 201
ingyenes pótpéldány additional copy 11
ingyenpéldány complimentary copy[2] 201
intézet institute 454
írás script[1] 861
írásban in writing 472
írásos anyag paper(s) 631
írni to write 1058
író writer[1] 1059
iroda; szerzői jogvédő ~ copyright protection office 248
irodalmi és művészeti alkotások szerzői joga literary and artistic copyright 520
irodalmi vezető chief editor 155
irodalom bibliography[2], literature[1] 78, 524
irodalom; általános (tárgyú) ~ general books 404
irodalom; ifjúsági ~ juvenile literature 483
irodalom; selejtes ~ trash 995
irodalom; szórakoztató ~ cheap novel, light reading 153, 512
írógéppel írt typewritten 1010
írói álnév literary pseudonym 522
ismeretterjesztő; (tudományos ~) popular[2] 687
ismertetés review[1] 832
ismertetni to review 834
ív sheet 881
ív; nyomdai ~ printed sheet 714
ívben in flat sheets 447
ívszámozás numbering of sections 592
ívterjedelem size of the book 892

javítani to correct 252
javítás correction 254
javítás; szerzői ~ author's corrections 63
javított kiadás corrected edition 253
jegyzék list 516
jegyzet remark 813
jegyzet; magyarázó ~ commentary 183
jegyzetekkel ellátott, jegyzetes annotated 29
jegyzőkönyv protocol 747
jelenleg nem kapható temporarily out of print 967
jelentés report 817
jelmagyarázat key 485

jobb oldal right-hand page 842
jog law 487
jog; előadási ~ performing right(s) 648
jog; irodalmi és művészeti alkotások szerzői ~a literary and artistic copyright 520
jog; kereskedelmi ~ commercial law 184
jog; kiadás ~a publishing rights 771
jog; kiadói ~ publishing rights 771
jog; kizárólagos eladási ~ sole selling rights 902
jog; mechanikai többszörözési ~ mechanical reproduction rights 549
jog; megfilmesítési ~ok film rights 375
jog; sugárzási ~ broadcasting right(s) 126
jog; származékos ~ok subsidiary rights 940
jog; szerzői ~ copyright[1] 236
jog; szerzői személyiségi ~ droit moral 316
jog; televíziós ~ok television-broadcasting rights 966
jog; többszörözési ~ right(s) of reproduction 843
jog; törvényi felhasználási ~ legal licence 497
jog; utánnyomási ~ licence of reprinting 509
jogátruházás assignment[1] 50
jogbitorlás; szerzői ~ infringement of copyright 448
jogdíj royalty 848
jogdíj; előadási ~ performing right(s) 648
jogdíj; sugárzási ~ broadcasting royalty 127
jogdíj; szerzői ~ royalty 848
jogdíjak felosztása distribution[2] 307
jogdíjátalány outright fee 613
jogdíjelőleg advance royalty 14
jogosítani to authorize 58
jogosítás authorization 57
jogosítatlan unauthorized 1018
jogosított copyright holder 243
jogosított fordítás authorized translation 60
jogosított kiadás authorized edition 59
jogtulajdonos copyright holder, copyright owner 243, 246
jogutód successor 942
jövedelmi adó income tax 440
jutalék commissions 186

kalandregény thriller 976
kalendárium calendar 131
kalózkiadás pirated edition 669
kamara; kereskedelmi ~ chamber of commerce 147
kapható available 67
kapitälchen small capitals 896
karcolat sketch 893
kártérítés indemnification 442
kartonálva cardboard-bound 137
kartonborítású könyv paper-bound book 628
katalógus catalog(ue) 142
katalógus; kiadó ~a publisher's catalogue 763
katalógusár catalog(ue) price 143
kedvezményes ár special price 910
kefe, kefelenyomat hand proof 421
kékmásolat blueprint[1] 93
keltezés; kiadvány ~e date of printing 278
keménykötésű kiadás hardcover 422
keménypapír kötés cardboard binding 136
kép figure[1], illustration, picture 372, 431, 664
képaláírás legend 498
képeredeti artwork 48
képes album picture-book[1] 665
képes kötet volume of illustrations 1041
képeskönyv picture-book[2] 666
képregény comics 181
képszöveg legend 498
képtábla plate[1] 674
képtábla; színes ~ colo(u)r plate 176
képviselet; kizárólagos ~ exclusive agency, general agency 356, 403
képviseleti szerződés agency agreement 19
kérdőív questionnaire 775
kereskedelem trade 985
kereskedelmi jog commercial law 184
kereskedelmi kamara chamber of commerce 147
kereslet demand 291
keretszerződés blanket agreement 89
készlet inventory, stock 467, 929
készlet; fölös ~ overstock 615
készlet; maradék ~ remainders 810
készleten tartani, készletezni to stock 930
két kötetben in two volumes 1042
kétnyelvű bilingual 81
kézikönyv handbook, outline(s)[2], reference book 419, 610, 801
kézírás script[1] 861
kézirat copy[4], manuscript 231, 542
kézirat-előkészítés copy preparation 235
kéziszótár practical dictionary 693
kiadás edition[1, 2] 328, 329
kiadás; átdolgozott ~ revised, revised edition 838, 839
kiadás; autorizált ~ authorized edition 59
kiadás; bibliofil ~ bibliophile edition 80
kiadás; bővített ~ enlarged edition 344
kiadás; csonkítatlan ~ complete edition 196
kiadás; első/eredeti ~ first edition 376
kiadás; folytatásokban történő ~ serialization 875
kiadás; javított ~ corrected edition 253
kiadás; jogosított ~ authorized edition 59
kiadás; keménykötésű ~ hardcover 422
kiadás; közös ~ joint edition 479
kiadás; második ~ reprint 819
kiadás; népszerű ~ paperback 626
kiadás; népszerű ~ban megjelentetni to paperback 627
kiadás; ..... nyelvű ~ version 1036
kiadás; rövidített ~ abridged edition 3
kiadás; standard ~ standard edition 920
kiadás; szabadlapos ~ loose-leaf book 528
kiadás; teljes ~ complete edition 196
kiadás; új ~ new edition, re-issue 578, 807
kiadás; változatlan új ~ reprint[2] 819
kiadásában; ... ~ published by 758
kiadás éve date of printing 278
kiadási költségek costs of publishing 258
kiadás joga publishing rights 771
kiadások expenses 363

kiadatlan unpublished 1024
kiadni to publish 756
kiadó publisher 759
kiadó; eredeti ~ original publisher(s) 607
kiadó emblémája publisher's emblem 764
kiadóhivatal editorial offices 336
kiadói igazgató editor-in-chief 337
kiadói jog publishing rights 771
kiadói szerződés publisher's agreement 762
kiadói terv publishing programme 770
kiadó katalógusa publisher's catalogue 763
kiadóvállalat publishing house 769
kiadvány publication[2] 750
kiadvány; új ~ new publication 579
kiadvány keltezése/kelte date of printing 278
kialakítás book design 105
kiállítás exhibition, technical make-up 361, 964
kiárusítani to remainder 809
kidolgozni to elaborate 339
kiegészítés addendum, completion, supplement[1] 10, 199, 945
kifogásolás claim 161
kifogásolni to lodge a claim 527
kifogyott out of print, out of stock 611, 612
kihajtható lap throw-out 977
kijavítani to correct 252
kínálat offer 596
kinyomatni to pass for press 639
kinyomtatni to pass for press, to print 639, 711
kirakat shop-window 886
kirakatszekrény showcase 889
kisbetű(k) small letters 897
kisjog "petits droits" 654
kiskereskedelmi ár retail price 829
kispartitúra pocket score 680
kisregény short story 888
kis szótár vocabulary 1038
kiszedés setting up in type 878
kiszedni to set up 879
kivonat digest, synopsis 300, 951
kivonat; tartalmi ~ abstract, outline(s)[1] 5, 609
kizárólag(os) exclusive 355
kizárólagos eladási jog sole selling rights 902
kizárólagos képviselet exclusive agency, general agency 356, 403
kizárólagos terjesztés(i jog) exclusive distribution (rights) 357
klisé block, cliché 92, 163
kollektív munka composite work 204
kolofon colophon 175
kolportázs colportage 178
kommentár commentary 183
kommüniké press release 702
kompendium compendium, digest 189, 300
komplett zeneanyag/kottaanyag complete set of music material 198
konferencia conference 213
konferenciaanyag paper(s), transactions 631, 986
kongresszus congress 214
korabeli contemporary 217
korrektor proof-reader 740
korrektor; belső ~ printer's reader 720
korrektor; saját ~ printer's reader 720
korrektúra correction 254
korrektúra; szerzői ~ author's corrections 63
korrektúrajel proof-correction symbol 739
korrigálás correction 254
kortársi contemporary 217
kottaanyag; komplett ~ complete set of music material 198
kottaeladás sheet music sales 884
kottagrafika engraving of music 343
kottapapír music paper 570
kölcsönkönyvtár lending library 500
kölcsönzés lending 499
költemény poem 682
költészet poetry 684
költő poet 683
költség; csomagolási ~ packing costs 618
költség; kiadási ~**ek** costs of publishing 258
köntös technical make-up 964
könyv book 101
könyv; általános (tárgyú) ~ general books 404
könyv; fűzött/kartonborítású ~ paper-bound book 628
könyv; művészeti ~ art book 44
könyv; sérült ~ damaged copies 275
könyvalakban in volume form 471
könyvbizományos wholesale distributing agent 1047
könyvborító book-jacket 109
könyvecske booklet 110
könyvesbolt bookshop 118
könyvészet bibliology 79
„könyvet postán" mail-order business 535
könyvgerinc back 68
könyvjegyzék booklist 111
könyvkereskedelem book trade 119
könyvkereskedelem; nagybani ~ wholesale book trade 1046
könyvkereskedés bookshop 118
könyvkereskedő bookseller, retail bookseller 117, 828
könyvkereskedő; bizományi ~ wholesale distributing agent 1047
könyvkiadás publishing trade 772
könyvkiadó publisher 759
könyvkiadó vállalat publishing house 769
könyvkiállítás book exhibition 106
könyvklub book club 104
könyvnagykereskedő wholesaler 1049
könyvnyomda book-printing office, printing office 116, 726
könyvnyomó papír book paper 115
könyvpiac book market 113
könyvszakma publishing trade 772
könyvszedés body type 99
könyvtár library 505
könyvtár; országos ~ national library 576
könyvtudomány bibliology 79
könyvújdonság new publication 579
könyvüzlet retail bookseller 828

könyvvásár book fair 107
kör; olvasók ~e interested readers 460
körlevél circular 158
köszönetnyilvánítás acknowledgements 7
kötbér penalty 642
köteles példány deposit copy 292
köteles példány beszolgáltatása copyright deposit 242
kötés binding 84
kötés; műanyag ~ plastic binding 673
kötés nélküli unbound 1019
kötésminta model cover 559
kötet volume 1040
kötet; a képes ~ volume of illustrations 1041
kötet; két ~ben in two volumes 1042
kötetlen unbound 1019
kötött bound 122
kötve bound 122
kövér betű bold face 100
közeljövőben megjelenik to appear shortly 39
közlemény bulletin, communication 130, 188
„közlemények" transactions 986
közlés communication 188
közös kiadás joint edition 479
közös mű composite work 204
közreadta compiled by 194
közvetítés transmission 992
krimi crime fiction 264
kritika critique, review[1] 266, 832
kritikus critic 265
krúda copy in sheets 234
kulcsregény "roman à clef" 844
kurrens small letters 897
kurzív italics 475
kutyanyelv galley proof 401
különlenyomat offprint 597
külső kiállítás technical make-up 964
külső munkatárs outside collaborator 614

lábjegyzet footnote 389
lajstrom list 516
lakcím address 12
lap newspaper, sheets 580, 882
lap; beillesztett ~ interleaf 461
lap; belőtt ~ interleaf 461
lap; kihajtható ~ throw-out 977
lap; nemzetközi nyilvántartó ~ fiche internationale 370
lapszám folio[2] 387
lapszámozás pagination 623
lefordítani to translate 990
lektor publisher's reader 765
lektorátus editorial department[1] 333
lektűr light reading 512
leltár inventory 467
lemásolni to copy 232
lemezarchívum, lemeztár record library 795
lenyomat print[2] 708
lenyomtatni to print 711
leporelló throw-out 977
leszélezetlen untrimmed 1026
leszélezett trimmed 998
levágott trimmed 998
levél letter[2] 502
levelezés, levélváltás correspondence 256
levonás deduction 284
levonat proof 738
levonat; tördelt ~ page proof 621
lexikon encyclop(a)edia 341
„licence légale" legal licence 497
linotype linotype 514
lista list 516

magasnyomtatás relief printing 808
magnetofonszalag tape 956
magyarázat explanation 364
magyarázó jegyzet commentary 183
mai contemporary 217
makett dummy 317
makulatúra spoiled sheet 915
maradék készlet remainders 810
marketing marketing 545
második kiadás reprint[2] 819
másolat copy[1], photographic print 228, 658
másolni to copy 232
másolópapír onion-skin 601
matrica matrix 547
mechanikai többszörözési jog mechanical reproduction rights 549
megadóztatás taxation 959
megbízás commission 185
megfilmesítés use in film 1030
megfilmesítési jogok film rights 375
megírni to write 1058
megjegyzés remark 813
megjelenés appearance 38
megjelenés előtt in the press 464
megjelenés időpontja date of publication 279
megjelenni to appear 37
megreklamálni to lodge a claim 527
megrendelés order 603
megszerkeszteni to compile, to edit[1] 193, 323
megtervezés book design 105
megváltoztatni to change 149
mellékjogok subsidiary rights 940
melléklet annex, supplement[2] 28, 946
mélynyom(tat)ás intaglio printing 457
mélynyomtatás; rotációs ~ rotogravure 846
memoár memoirs 550
méret(ek) format 392
metszet engraving 342
mikrofilm microfilm 553
mikrokópia micro-copy 552
„minden jog fenntartva" "all rights reserved" 22
mintatábla model cover 559
módosítás change 148
monográfia monograph 562

monotype monotype 563
montázs layout[1] 488
most jelent meg just issued 482
munka; kollektív ~ composite work 204
munkaközösség; szerzői ~ corporate author 251
munkatárs contributor 225
munkatárs; külső ~ outside collaborator 614
musical musical 569
mutáció duplicate print, parallel print 319, 635
mutatványpéldány examination copy 353
mutatványszám complimentary copy[2], examination copy 201, 353
mű work 1055
mű; alapvető ~ standard work 921
mű; folytatásos ~ serial 874
mű; közös ~ composite work 204
mű; összes/összegyűjtött ~vei complete (collection of) works 197
mű; posztumusz ~ posthumous work 690
mű; standard ~ standard work 921
mű; tudományos ~ scientific publication 857
mű; válogatott ~vek selection[1] 866
műanyag kötés plastic binding 673
műfordítás translation 991
műnyomat artistic print 46
műnyomó papír art paper 47
műsorszórás broadcast(ing) 125
műszaki osztály production department 733
művészeti könyv art book 44

nagybani könyvkereskedelem wholesale book trade 1046
nagybetű(k) capital letters 134
nagybetűs cím headline 424
nagyjog "grands droits" 414
nagykereskedelmi ár wholesale price 1048
napló diary 298
naptár calendar 131
negyedéves folyóirat quarterly 774
négyszínnyomás four-colour process 395
nem kizárólagos non-exclusive 583
nem rövidített unabridged 1015
nem szépirodalom professional publication 734
nem védett domaine public, non-protected 310, 585
nemzetközi nyilvántartó lap fiche internationale 370
népszerű popular[1] 686
népszerű kiadás paperback 626
népszerű kiadásban megjelentetni to paperback 627
népszerű-tudományos popular[2] 687
nettó ár net price 577
név name 573
név; (a) szerző neve name of author 575
névmutató author index 56
névtelen anonymous 35
nincs raktáron out of stock 612
novella short story 888

nyelv language 486
nyersfordítás literal translation 519
nyilatkozat declaration 281
nyilvános előadás public performance, public reading 754, 755
nyilvános felolvasás public reading 755
nyilvánosságra hozatal appearance, publication[1] 38, 749
nyomás printing 722
nyomat print[2] 708
nyomda book-printing office, printing office 116, 726
nyomdába adni to pass for press 639
nyomdabetű type[2] 1002
nyomdafesték printer's ink 719
nyomdahiba misprint 557
nyomdahibajegyzék errata 348
nyomdai átfutás term of production 968
nyomdai bérmunka jobwork 478
nyomdai betűtípus type(s)[1] 1001
nyomdai ív printed sheet 714
nyomdai utasítás printing order 727
nyomdakész ready for the press 789
nyomdaköltség printing costs 723
nyomdász printer 715
nyomdászat typography 1014
nyomható good for print, ready for the press 412, 789
nyomópapír printing paper 728
nyomtatni to print 711
„Nyomtatvány" "printed matter" 712
nyomtatványvázlat layout[1] 488

ofszetnyomás offset printing 598
oldal page 619
oldal; tördelt ~ page proof 621
oldal; üres ~ blank[1] 87
oldalszám folio[2] 387
oldalszámozás pagination 623
oldalszámozással ellátni to paginate 622
oldalszám-terjedelem total number of pages 982
olvasni to read 780
olvasó reader[1] 781
olvasók köre interested readers 460
olvasókönyv reading book 785
olvasópéldány specimen copy 911
országos könyvtár national library 576
osztály; műszaki/termelési ~ production department 733
osztályozás; tizedes ~ decimal classification 280

önéletrajz autobiography 66
örökösödési adó inheritance tax 449
összeállítani to compile 193
összefoglalás outline(s)[1], summary, synopsis 609, 943, 951
összefoglaló transactions 986
összegyűjtött művei complete (collection of) works 197
összehordás gathering 402
összes művei complete (collection of) works 197

paginázás pagination 623
paperback paperback 626
papír paper 625
papír; biblianyomó ~ bible paper 76
papír; famentes ~ paper without woodpulp 633
papír; fatartalmú ~ wood-pulp paper 1051
papír; műnyomó ~ art paper 47
papír; rotációs ~ newsprint 581
papír; transzparens ~ onion-skin 601
papír; tükörfényezett ~ super-calendered paper 944
papírkötés paper cover(s) 629
papírkötésben cardboard-bound 137
papírlemez kötés cardboard binding 136
papírsúly paper weight 632
partitúra score 858
példány copy[3] 231
példány; antikvár ~ second-hand copy 863
példány; előzetes ~ advance copy 13
példány; felvágatlan ~ unopened copy 1023
példány; gépelt ~ typescript 1005
példány; ingyenes ~ complimentary copy[2] 201
példány; köteles ~ deposit copy 292
példány; raktáron levő/maradt ~ok stock 929
példány; recenziós ~ review copy 835
példány; sérült ~ damaged copies 275
példány; számozott ~ numbered copy 591
példányszám edition[2], size of edition 329, 890
pénznem currency 267
piac market 544
plágium plagiarism 671
plakát poster 688
pont; tipográfiai ~ typographical point 1013
ponyva trash 995
postacsomag package, post parcel 617, 691
postai könyvterjesztő cég/üzletág mail-order business 535
poszter poster 688
posztumusz posthumous 689
posztumusz mű posthumous work 690
pótanyagdíj supplementary hire fee 948
póthatáridő extended term 366
pótlás addendum, completion, supplement[1] 10, 199, 945
pótpéldány; ingyenes ~ additional copy 11
premier première 697
préselés stamping 918
próbakötet dummy 317
propaganda publicity 752
propagandaosztály-vezető publicity manager 753
prospektus prospectus 744
provízió commissions 186
próza prose 743

rabatt discount 305
rádióra való átdolgozás joga broadcasting right(s) 126
rádiósugárzás broadcast(ing) 125
rádiózás broadcast(ing) 125
rajz design[1], sketch 293, 893
raktáron levő/maradt példányok stock 929
raktáron tartani to stock 930
raktározás storage 931
raszter screen 859
recenzálni to review 834
recenzió review[1] 832
recenziós példány review copy 835
referátum account 6
regény fiction, novel 371, 586
regény; tudományos-fantasztikus ~ science fiction 856
regényíró novelist 588
regényirodalom fiction 371
regényműfaj fiction 371
reklamáció claim 161
reklamálni to lodge a claim 527
reklámcédula blurb 95
reklámszalag advertising strip 17
rektó right-hand page 842
remittenda returns 830
rémtörténet thriller 976
rendelés; állandó ~ standing order 922
rendelkezésre bocsátani to place at somebody's disposal 670
rendezni; sajtó alá ~ to edit[2] 324
rendszeres ... outline(s)[2] 610
„repertoár" publisher's catalogue 763
reprodukálás reproduction[2] 822
reprodukció copy[2] 229
reprográfia reprography 823
rész part 636
részlet excerpt(s) 354
részletfizetés instalment 453
retusálni to touch up 983
revízió revision 840
rotációs mélynyomtatás rotogravure 846
rotációs papír newsprint 581
röpirat leaflet, pamphlet 492, 624
rövid concise 208
rövidítés abbreviation, abridgement 1, 4
rövidített kiadás abridged edition 3

saját korrektor printer's reader 720
saját számlára for own account 393
sajtó press[1] 699
sajtó alá rendezni to edit[2] 324
sajtó alatt in the press 464
sajtóhiba misprint 557
sajtótermék print[1] 707
sci-fi science fiction 856
selejtes irodalom trash 995
sematikus ábra diagram 297
sérült könyv/példány damaged copies 275
sima szedés plain matter 672
skálalevonat; (színes ~) progressive colour proof 735
slejfni advertising strip 17
sokszorosítás reproduction[2] 822
sorozat serial, series 874, 876
spirálkötés spiral binding 914

„stand" stand 919
standard kiadás standard edition 920
standard mű standard work 921
stornírozni to cancel (an order) 132
sugárzási jog broadcasting right(s) 126
sugárzási jogdíj broadcasting royalty 127

szabadlapos kiadás loose-leaf book 528
szabály regulation 805
szakácskönyv cookbook 227
szakasz paragraph 634
szakbibliográfia special bibliography 907
szakfolyóirat special journal 908
szakkönyv professional publication 734
szakkönyvtár special library 909
szaklap special journal 908
szalagcím half-title 418
szállítás delivery[2] 287
szállítási feltételek terms of delivery 969
szállítási határidő time of delivery 978
szállítási határnap date of delivery 277
szállításra kész ready for dispatch 787
szállítólevél delivery note 288
szám number[1, 2] 589, 590
számla invoice 468
számla; saját számlára for own account 393
számlaösszeg invoice amount 470
számlázni to invoice 469
számozott példány numbered copy 591
származékos jogok subsidiary rights 940
szedés composition[2], matter, setting up in type 206, 548, 878
szedés; álló ~ standing type 923
szedés; sima ~ plain matter 672
szedéshiba error in composition 349
szedési utasítás printing order 727
szedési vázlat layout[1] 488
szedéstükör type area 1003
szedő compositor 207
szedőgép composing machine 203
széles formátum oblong format 595
szellemi tulajdon intellectual property 458
szemelvény excerpt(s) 354
szemelvények selected passages 865
szemelvénygyűjtemény selection[2] 867
szemle review[2] 833
szemleív advance sheet 15
szennycím half-title 418
szépianyomat sepia print 872
szépirodalom belles-lettres 73
szerkeszteni to compile, to edit[1] 193, 323
szerkesztés editing 327
szerkesztette ... compiled by, edited by 194, 325
szerkesztő editor[1, 2] 330, 331
szerkesztőbizottság editorial board 332
szerkesztőség editorial department[2], editorial offices 334, 336
szerzemény composition[1] 205
szerző author[1, 2] 54, 55
szerző; színpadi ~ playwright 677
szerző beleegyezése author's consent 61
szerző neve name of author 575
szerződés contract 221
szerződés; alkiadási ~ sub-publishing agreement 938
szerződés; anyagbérleti ~ hire contract 425
szerződés; előadási ~ contract authorizing public performances 222
szerződés; képviseleti ~ agency agreement 19
szerződés; kiadói ~ publisher's agreement 762
szerződési terület "contract territory" 223
szerződésszegés breach of contract 123
szerzői javítás author's corrections 63
szerzői jog copyright[1] 236
szerzői jogbitorlás infringement of copyright 448
szerzői jogdíj royalty 848
szerzői jogértékesítő társaság copyright protection society 249
szerzői jogilag védett "protected by copyright" 745
szerzői jog megsértése infringement of copyright 448
szerzői jogvédő iroda copyright protection office 248
szerzői jogvédő társaság copyright protection society 249
szerzői korrektúra author's corrections 63
szerzői munkaközösség corporate author 251
szerzői személyiségi jog droit moral 316
szerzőség authorship 65
szignet publisher's emblem 764
színdarab play 676
színdarabíró playwright 677
színes (kép)tábla colo(u)r plate 176
színes skálalevonat progressive colour proof 735
színjáték play 676
színmű play 676
szinopszis outline(s)[1], synopsis 609, 951
színpadi átdolgozás stage adaptation 916
színpadi szerző playwright 677
színpadi zene stage music 917
színpadra alkalmazás stage adaptation 916
szó word 1052
szó szerint literal, word for word 518, 1053
szó szerinti word for word 1053
szójegyzék vocabulary 1038
szólam; zenekari ~ok orchestral parts 602
szórakoztató irodalom cheap novel, light reading 153, 512
szórólap; behúzott ~ blurb 95
szortimenter retail bookseller 828
szószedet vocabulary 1038
szótár dictionary 299
szótár; kis ~ vocabulary 1038
szöveg lyrics, text 532, 971
szöveg; eredeti ~ original text 608
szövegíró author[2], librettist 55, 506
szövegkönyv libretto 507
szövegközi ábra text illustration 973

tábla boards 97
tábla; színes ~ colo(u)r plate 176
táblaminta model cover 559
táblázat table 953
tájékoztató bulletin 130
támpéldány reference copy, review copy 802, 835
tanácsadó reference book 801
tankönyv guide(-book), manual, school-book 417, 540, 854
tanulmány paper(s), study 631, 933
tárgymutató subject index 936
társaság; szerzői jogvédő/jogértékesítő ~
copyright protection society 249
társszerző co-author 166
társszerzőség co-authorship 167
tartalékkészlet reserve stock 826
tartalmi kivonat abstract, outline(s)[1] 5, 609
tartalom contents 218
tartalomjegyzék table of contents 954
televízió television 965
televíziós jogok television-broadcasting rights 966
teljes complete, unabridged 195, 1015
teljesítés delivery[2], performance[1] 287, 645
teljes kiadás complete edition 196
terjedelem size of the book 892
terjesztés distribution[1], marketing 306, 545
terjesztés; kizárólagos ~ exclusive distribution 357
terjesztési terület territory of distribution 970
térkép map 543
térképgyűjtemény atlas 52
termelési osztály production department 733
terület; szerződési ~ "contract territory" 223
terület; terjesztési ~ territory of distribution 970
terv design[2] 294
terv; kiadói ~ publishing programme 770
tervezet design[2] 294
tervrajz design[2] 294
tipografálás layout[2] 489
tipográfia typography 1014
tipográfiai pont typographical point 1013
tiszteletpéldány author's copy 62
tizedes osztályozás decimal classification 280
tok slip case 894
többnyelvű polyglot 685
többszörözés reproduction[2] 822
többszörözési jog right(s) of reproduction 843
tömör concise 208
tömörítvény abstract, digest 5, 300
tördelés make-up[1] 536
tördelni to make up 538
tördelt levonat page proof 621
tördelt oldal page proof 621
törlés cancelling 133
történelem history 428
történet story 932
történet; bűnügyi ~ crime fiction 264
törvény law 487
törvényi felhasználási jog legal licence 497
transzparens fólia transparent foil 993
transzparens papír onion-skin 601
tudomány science 855
tudományos-fantasztikus elbeszélés/regény
science fiction 856
tudományos ismeretterjesztő popular[2] 687
tudományos mű scientific publication 857
tulajdon; szellemi ~ intellectual property 458
túlkészletezés overstock 615
tus Indian ink 445
tükör type area 1003
tükörfényezett papír super-calendered paper 944
tv-játék TV-play 1000

újdonság new publication 579
új kiadás new edition, re-issue 578, 807
új kiadvány new publication 579
újratördelni to remake up 812
újság newspaper 580
újság; utánnyomás ~**ban**
reprint(ing) in the press 820
újságkivágás press cutting 701
utánnyomás reprint[1, 2] 818, 819
utánnyomási jog licence of reprinting 509
utánnyomás újságban reprint(ing) in the press 820
utánvét cash on delivery 141
utánzás imitation 433
utánzat copy[2] 229
utasítás; nyomdai ~ printing order 727
utasítás; szedési ~ printing order 727
utóirat postscript 692
utószó epilogue 347

üres oldal blank[1] 87
űrlap form 391
űrlap; copyright-bejelentési ~
copyright application form 241
üzletág; postai könyvterjesztő ~
mail-order business 535

vakát blank[1] 87
vállalat; könyvkiadó ~
publishing house 769
válogatás selection[1, 2] 866, 867
válogatott művek selection[1] 866
váltó bill of exchange 82
változat version 1036
változatlan unchanged 1021
változatlan új kiadás reprint[2] 819
változtatás change 148
változtatni to change 149
vám customs 268
vámkezelés customs clearance 269
vámköteles dutiable 321
vámmentes duty-free 322
vámtarifa customs tariff 271
vámtétel customs rate 270
vastag betű bold face 100
vastartalék minimum stock 555
vászonkötés cloth binding 165

vázlat design[2], outline(s)[1], sketch 294, 609, 893
vázlat; szedési ~ layout[1] 488
védelmi idő period of protection 653
védett; nem ~ domaine public 310
védőborító book-jacket 109
védőtok slip case 894
verzó verso 1037
véset block 92
vevőlista mailing list 534
vezérfonal guide(-book) 417
vezérképviselet general agency 403
vezető; irodalmi ~ chief editor 155
vígjáték comedy 180
viszonosság reciprocity 791
visszaemlékezések memoirs 550
visszáru returns 830
visszavonni to cancel (an order) 132
vitrin showcase 889
vonalas ábra line drawing 513

xerográfia xerography 1063

zene music 568
zene; színpadi ~ stage music 917
zeneanyag; anyagdíj alá eső ~ material on hire 546
zeneanyag; komplett ~ complete set of music material 198
zenekari szólamok orchestral parts 602
zenemű composition[1], printed music 205, 713
zeneműkiadó music publisher 571
zeneszerző composer 202
zongorakivonat piano score 662
zúzdába adni to pulp 773

zsebkiadás pocket-size edition 681
zsebkönyv pocket-book 678
zsebpartitúra pocket score 680
zsebszótár pocket dictionary 679

ITALIAN — ITALIANO

a/à, b, c, d, e/è/é, f, g, h, i/ì/í, j, k, l, m, n, o/ò/ó, p, q, r, s, t, u/ù, v, w, x, y, z

abbonamento subscription **939**
abbozzo sketch **893**
abbozzo della disposizione per la composizione layout[1] **488**
abbozzo di copertina cover design **260**
abbreviazione abbreviation, abridgement **1, 4**
accorciatura abridgement **4**
accordo cornice blanket agreement **89**
a cura di . . . compiled by, edited by **194, 325**
adattamento allo schermo/cinematografico use in film **1030**
adattamento per la scena stage adaptation **916**
adattare to adapt **8**
adempimento performance[1] **645**
agenzia esclusiva exclusive agency **356**
aggiornare to adapt **8**
aggiunta completion **199**
aggiunto addendum, supplement[1] **10, 945**
albo, album album **21**
album illustrato picture-book[1] **665**
alinea; fare un'~ to indent **443**
aliquota della tassa tax rate **961**
alla lettera literal, word for word **518, 1053**
almanacco almanac, year-book **23, 1065**
amministrazione editorial department[2] **334**
ammontare della fattura invoice amount **470**
amplitudine del libro size of the book, total number of pages **892, 982**
annali year-book **1065**
annata annual volume **34**
annesso appendix, supplement[1] **40, 945**
annotato annotated **29**
annotazione remark **813**
annotazione sul copyright copyright notice **245**
annuale, annualmente annual[2] **33**
annuario year-book **1065**
annullare to cancel (an order) **132**
annunzio advertisement **16**
anonimo anonymous **35**
anticipo sui diritti d'autore advance royalty **14**
antiporta fly-leaf, frontispiece **380, 399**
antologia anthology **36**
appena pubblicato just issued **482**
appendice appendix **40**
approvazione dell'autore author's consent **61**
armonia orchestral parts **602**
articolo article, contribution **45, 224**
a scopo di esame on approval **599**
assegno cheque **154**
assegno; contro ~ cash on delivery **141**
assicurazione insurance **456**
assoluta; prima ~ première **697**
assortimento inventory **467**
assortimento; tenere in ~ to stock **930**
atlante atlas **52**
atti paper(s) **631**
atti della conferenza transactions **986**
autentico authentic **53**
autobiografia autobiography **66**
autore author[1] **54**
autore collettivo corporate author **251**
autore del testo librettist **506**
autore drammatico playwright **677**
autorizzare to authorize **58**
autorizzato; non ~ unauthorized **1018**
autorizzazione authorization **57**
avente diritto copyright holder, copyright owner **243, 246**
avere in giacenza to stock **930**

belle lettere belles-lettres **73**
best seller best-seller **75**
bibliografia bibliography[1, 2] **77, 78**
bibliografia speciale special bibliography **907**
bibliologia bibliology **79**

biblioteca library 505
biblioteca circolante lending library 500
biblioteca nazionale national library 576
biblioteca speciale special library 909
bilingue bilingual 81
biografia biography 86
bollettino bulletin 130
bozza correction 254
bozza a colori semplici progressive colour proof 735
bozza a mano hand proof 421
bozza d'impaginazione page proof 621
bozza di stampa proof 738
bozza in colonnini galley proof 401
bozze di vantaggio galley proof 401
bozzetto definitivo artwork 48
brani scelti dal testo selected passages 865

calendario calendar 131
cambiale bill of exchange 82
cambiamento change 148
cambiare to change 149
camera di commercio chamber of commerce 147
canto-pianoforte piano-song version 663
canzone song 903
canzoniere song-book 904
capitolo chapter 150
capo servizio propaganda publicity manager 753
capoverso paragraph 634
carattere letter[1], type(s)[1,2] 501, 1001, 1002
carattere corsivo italics 475
carattere grassetto/grasso bold face 100
carattere italico italics 475
carattere nero bold face 100
carattere romano roman type 845
caratteri di base body type 99
caratteri maiuscoli capital letters 134
carta paper 625
carta; libro legato in ~ paper-bound book 628
carta; rilegatura in ~ paper cover(s) 629
carta avorio art paper 47
carta bibbia bible paper 76
carta da musica music paper 570
carta da stampa book paper, printing paper 115, 728
carta di pasta di legno wood-pulp paper 1051
carta d'Oxford bible paper 76
carta fortemente calandrata super-calendered paper 944
carta geografica map 543
carta indica bible paper 76
carta lucida glazed paper 408
carta patinata art paper 47
carta pieghevole throw-out 977
carta rotativa newsprint 581
carta senza pasta di legno paper without woodpulp 633
carta sottile onion-skin 601
carta ultra-patinata super-calendered paper 944
cartello artistico poster 688
casa che manda i libri per posta mail-order business 535
casa editrice publishing house 769
casa editrice di musica music publisher 571
cassatura cancelling 133
catalogo catalog(ue) 142
catalogo a schede card index 139
catalogo editoriale publisher's catalogue 763
censura censorship 145
cessione (di un diritto) assignment[1] 50
chiave; romanzo a ~ "roman à clef" 844
chiesta di notizie inquiry 451
cianografia blueprint[1] 93
circolare circular 158
circolo di lettori book club 104
citazione citation 160
clandestino unauthorized 1018
classificazione decimale decimal classification 280
cliché block, cliché 92, 163
coautore co-author 166
cofanetto slip case 894
collaboratore contributor 225
collaboratore esterno outside collaborator 614
collana series 876
collezione collection 172
collo package 617
colonna, colonnina column 179
comitato di redazione editorial board 332
comitato editoriale editorial board 332
commedia comedy 180
commedia musicale musical 569
commento commentary, remark 183, 813
commerciante di libri bookseller, retail bookseller 117, 828
commercio trade 985
commercio (di libri) ambulante colportage 178
commercio del libro book trade 119
commercio di libri per posta mail-order business 535
commercio editoriale publishing trade 772
commercio interno domestic trade 311
commissionario commission merchant 187
commissione commission, order 185, 603
communicato stampa press release 702
compendio compendium, handbook, outline(s)[2], summary 189, 419, 610, 943
competenza giudiziaria jurisdiction 481
compilare to compile 193
compilato da . . . compiled by 194
completo complete, unabridged 195, 1015
comporre to set up 879
comporre una alinea to indent 443
compositore composer, compositor 202, 207
composizione composition[1,2], matter, setting up in type 205, 206, 548, 878
composizione a dilungo plain matter 672
composizione conservata standing type 923
composizione; istruzioni per la ~ printing order 727
comunicazione bulletin, communication 130, 188

conciso concise 208
condizioni di fornitura terms of delivery 969
condizioni generali terms of delivery 969
conferenza conference 213
congresso congress 214
con margini non tagliati untrimmed 1026
consegna delivery[2] 287
consenso dell'autore author's consent 61
conservare la composizione to keep standing 484
contemporaneo contemporary 217
contenuto contents 218
continua . . . to be continued 220
continuazione continuation 219
conto; per ~ proprio for own account 393
contratto contract 221
contratto di agenzia agency agreement 19
contratto di edizione publisher's agreement 762
contratto di noleggio materiali hire contract 425
contratto di pubblicazione publisher's agreement 762
contratto di rappresentanza agency agreement 19
contratto di rappresentazione contract authorizing public performances 222
contratto di sub-edizione sub-publishing agreement 938
contributo contribution 224
contro assegno cash on delivery 141
contromandare to cancel (an order) 132
controvalore consideration 215
convenzione convention 226
Convenzione di Berna Berne Convention 74
Convenzione Universale per la protezione del diritto d'autore Universal Copyright Convention 1022
copertina boards, cover 97, 259
copertina editoriale/mobile book-jacket 109
copia copy[1, 4], print 228, 231, 708
copia fotografica photographic print 658
copia giustificativa reference copy 802
copia gratuita complimentary copy[2] 201
copia-omaggio author's copy 62
copiare to copy 232
copia scritta a macchina typescript 1005
co-pubblicazione joint edition 479
copyright copyright[2] 237
correggere to correct 252
correttore proof-reader 740
corretore interno printer's reader 720
correzione correction 254
correzione; segni per la ~ delle bozze proof-correction symbol 739
correzione delle bozze reading (the) galley proofs 786
correzioni dell'autore author's corrections 63
corrispondenza correspondence 256
corsivo italics 475
corso; in ~ di stampa in the press 464
crestomazia selection[2] 867
critica critique 266
critico critic 265
cuciniere cookbook 227
cucire to sew, to stitch 880, 927
cucito stitched 928
cura; a ~ ~ di . . . compiled by, edited by 194, 325
curare l'edizione to edit[2] 324
custodia cover, slip case 259, 894

dare alla stampa to pass for press 639
data di pubblicazione date of publication 279
data di stampa date of printing 278
dattiloscritto typewritten 1010
dedica dedication 283
dedicato dedicated 282
dedicazione dedication 283
deduzione deduction 284
dell'epoca contemporary 217
denunzia di copyright copyright application 240
departamento di produzione production department 733
departamento tecnico production department 733
deposito legale copyright deposit 242
dettaglio; prezzo al ~ retail price 829
diagramma diagram 297
diario diary 298
dichiarazione declaration 281
didascalia legend 498
difettoso defective 285
diffusione distribution[1], marketing 306, 545
diffusione esclusiva exclusive distribution 357
diffusione radiofonica broadcast(ing) 125
dilungo; composizione a ~ plain matter 672
direttore della sezione editoriale editor-in-chief 337
diritti cinematografici film rights 375
diritti complessivi outright fee 613
diritti d'autore royalty 848
diritti dell'adattamento televisivo television-broadcasting rights 966
diritti di adattamento allo schermo film rights 375
diritti di esecuzione performing right(s) 648
diritti di rappresentazione performing right(s) 648
diritti di riproduzione right(s) of reproduction 843
diritti di riproduzione meccanica mechanical reproduction rights 549
diritti di televisione television-broadcasting rights 966
diritti di trasmissione broadcasting royalty 127
diritti secondari subsidiary rights 940
diritto law 487
diritto commerciale commercial law 184
diritto d'autore copyright[1] 236
diritto della trasmissione (radiofonica) broadcasting right(s) 126
diritto di diffusione esclusiva exclusive distribution 357
diritto di pubblicazione publishing rights 771
diritto di ristampa licence of reprinting 509
diritto morale droit moral 316
diritto personale droit moral 316
disco phonograph record 655
discorso lecture 495
discorso pubblico public reading 755

discoteca record library 795
disegno design[1,2] 293, 294
disegno al tratto line drawing 513
disegno definitivo artwork 48
dispensa number[2] 590
disposizione; mettere a ~ to place at somebody's disposal 670
disposizione; porre a ~ to place at somebody's disposal 670
disposizione di una composizione layout[2] 489
divulgativo popular[2] 687
divulgazione appearance, publication[1] 38, 749
dizionario dictionary, practical dictionary 299, 693
dizionario tascabile pocket dictionary 679
documentazione documentation 309
dogana customs 268
domanda demand 291
dominio; in pubblico ~ domaine public 310
dorso back 68
dramma play 676
dramma radiofonico radio-play 778
drammatizzazione stage adaptation 916
duplicato copy[1], duplicate 228, 318
durata di produzione term of production 968

ebdomadario weekly[1] 1043
eccedenza overstock 615
editore publisher 759
editore capo editor-in-chief 337
editore di musica music publisher 571
editore originale original publisher(s) 607
editoria edition[1] 328
editori di libri publishing house 769
edizione edition[1,2] 328, 329
edizione; nuova ~ re-issue 807
edizione; seconda ~ reprint[2] 819
edizione; uscire una ~ to publish 756
edizione accorciata abridged edition 3
edizione a fogli mobili loose-leaf book 528
edizione aumentata enlarged edition 344
edizione autorizzata authorized edition 59
edizione classica standard edition 920
edizione congiunta joint edition 479
edizione contraffatta pirated edition 669
edizione corretta corrected edition 253
edizione di base standard edition 920
edizione di lusso de luxe edition 290
edizione economica paperback 626
edizione economica; fare una ~ to paperback 627
edizione economica; stampare una ~ to paperback 627
edizione emendata corrrected edition 253
edizione fondamentale standard edition 920
edizione «hardcover» hardcover 422
edizione in puntate serialization 875
edizione integrale complete edition 196
edizione legittima authorized edition 59
edizione originale first edition 376
edizione per bibliofili bibliophile edition 80
edizione piena complete edition 196
edizione popolare paperback 626
edizione principe first edition 376
edizione riveduta revised edition 839
edizione simultanea con mutamenti paralleli parallel print 635
edizione tascabile pocket-size edition 681
elaborare to elaborate 339
elenco list 516
elenco degli indirizzi mailing list 534
elenco delle autorizzazioni acknowledgements 5
elenco di spedizione delivery note 288
emblema publisher's emblem 764
emendamenti dell'autore author's corrections 63
emissione radiofonica broadcast(ing) 125
emmendare to correct 252
enciclopedia encyclop(a)edia 341
epilogo epilogue 347
epoca; dell'~ contemporary 217
equivalente consideration 215
errata errata 348
errore dattilografico typist's error 1012
errore di stampa misprint 557
esame; a scopo di ~ on approval 599
esaurito out of print, out of stock, temporarily out of print 611, 612, 967
esclusività di vendita sole selling rights 902
esclusivo exclusive 355
esecutore performing artist 647
esecuzione performance[1,2] 645, 646
esecuzione in pubblico public performance 754
esemplare copy[3] 230
esemplare con margini non tagliati unopened copy 1023
esemplare danneggiato damaged copies 275
esemplare del deposito legale deposit copy 292
esemplare di saggio specimen copy 911
esemplare di seconda mano second-hand copy 863
esemplare d'obbligo deposit copy 292
esemplare d'occasione second-hand copy 863
esemplare gratuito author's copy 62
esemplare in fogli piegati copy in sheets 234
esemplare numerato numbered copy 591
esemplare per recensione review copy 835
esemplare stampato prima della regolare pubblicazione advance copy 13
esemplare supplementare (gratuito) additional copy 11
esente da tasse tax-free 960
esente di dogana duty-free 322
esposizione exhibition 361
esposizione di libri book exhibition 106
essere pubblicato to appear 37
estratto digest, excerpt(s), offprint 300, 354, 597

facsimile facsimile 368
fantascienza science fiction 856
fare un'alinea to indent 443

fare un'edizione economica to paperback 627
fascetta editoriale advertising strip 17
fascicolo booklet, number[2] 110, 590
fattura invoice 468
fatturare to invoice 469
«fiche» fiche internationale 370
fiera di libri book fair 107
figura figure[1], illustration, picture, text illustration 372, 431, 664, 973
filmare use in film 1030
fodera book-jacket 109
foglietto blurb 95
foglio folio[1], sheet, sheets 386, 881, 882
foglio; in fogli in flat sheets 447
foglio bianco inserito interleaf 461
foglio di guardia fly-leaf, guard-sheet 380, 416
foglio di stampa printed sheet 714
foglio scartato spoiled sheet 915
foglio volante leaflet[1] 492
fogli piegati copy in sheets 234
fogli preliminari prelims 696
fogli sciolti prima della pubblicazione completa advance sheet 15
fondo stock 929
fonoincisione sound recording 905
fonte source 906
formato format 392
formato oblungo oblong format 595
formato verticale upright format 1028
formazione (del libro) book design 105
formulario form 391
fotocopia photocopy 656
fotografia photograph 657
fototipia phototype 660
franco di dogana duty-free 322
frontespizio frontispiece, title page 399, 980
fumetti comic strip 181

già apparso available 67
giacenza overstock 615
giacenza; avere in ~ to stock 930
giornale newspaper 580
giornale; ristampa in un ~ reprint(ing) in the press 820
giornale settimanale weekly[1] 1043
giorno di scadenza di consegna date of delivery 277
giurisdizione jurisdiction 481
giustezza completa plain matter 672
glossario vocabulary 1038
grafico[1] graphic(al) 415
grafico[2] diagram 297
grandezza del corpo body size 98
«grands droits» "grands droits" 414
gratuito free of charge 397
guida guide(-book) 417

I. G. E. turnover tax 999
illustrazione figure[1], illustration, picture 372, 431, 664
illustrazione piegata throw-out 977
«il territorio contrattuale» "contract territory" 223
imitazione copy[2], imitation 229, 433
immagine picture 664
impaginare to make up 538
impaginazione make-up[1] 536
imponibile taxable 958
imposizione di tasse taxation 959
imposta tax 957
imposta sul giro d'affari turnover tax 999
imposta sulle successioni inheritance tax 449
imposta sul reddito income tax 440
impressione edition[2], print[2], printing 329, 708, 722
impressione simultanea con mutamenti duplicate print 319
impressione simultanea con mutamenti paralleli parallel print 635
imprimatur imprimatur 436
impronte matrix 547
incarico commission 185
inchiostro della Cina Indian ink 445
inchiostro tipografico printer's ink 719
incisione engraving, recording, sound recording 342, 794, 905
incisione (grafica) di musica engraving of music 343
incompleto defective 285
in corso di stampa in the press 464
indennità indemnification 442
indicazione delle fonti background material 69
indicazione sul copyright copyright notice 245
indicazione sulla paternità copyright notice 245
indice bibliografico bibliography[2] 78
indice degli autori author index 56
indice delle materia table of contents 954
indice onomastico author index 56
indice per soggetti subject index 936
indirizzo address 12
in dominio pubblico non-protected 585
in due volumi in two volumes 1042
inedito unpublished 1024
in fogli (non piegati) in flat sheets 447
in iscritto in writing 472
in piena pagina full-page 400
in pubblico dominio domaine public 310
inserire, intercalare to insert 452
interfogliare to interleave 462
interpretare to translate 990
interpretatore performing artist 647
intestazione subject heading 935
intestazione di capitolo chapter heading 151
introduzione introduction[1], preface 465, 695
invariato unchanged 1021
in vendita available 67
inventario inventory 467
invio delivery[1] 286
involucro book-jacket 109
in volume in volume form 471
iscritto → scritto
istituto institute 454

istruzioni per la composizione printing order 727
italico italics 475

lascito remains 811
lastra incisa cliché 163
lavoro a cottimo jobwork 478
legare alla rustica to sew 880
legato alla rustica stitched 928
legato in cartone cardboard-bound 137
legatura binding 84
legatura all'inglese cloth binding 165
legatura a spirale spiral binding 914
legatura flessibile flexible cover 379
legatura in carta
binding in paper covers 85
legatura in cartone cardboard binding 136
legatura in cuoio leather binding 494
legatura in plastico plastic binding 673
legatura in tutta tela cloth binding 165
legatura pieghevole flexible cover 379
legge law 487
leggenda key, legend 485, 498
leggere to read 780
lesione del contratto breach of contract 123
lessico encyclop(a)edia 341
lettera letter[1, 2] 501, 502
lettera; alla ~ literal, word for word 518, 1053
lettera . . . → carattere, lettere . . .
letterale literal 518
letteratura literature[1] 524
letteratura generale general books 404
letteratura gialla cheap novel, trash 153, 995
letteratura mediocre trash 995
letteratura per la gioventù juvenile literature 483
letteratura per l'infanzia juvenile literature 483
lettere di bassa cassa small letters 897
lettere maiuscole capital letters 134
lettere minuscole small letters 897
lettore reader[1] 781
lettore (nella casa editrice) publisher's reader 765
lettore principale chief editor 155
lettura lecture 495
lettura amena/ricreativa light reading 512
letture reading book 785
libraio bookseller, reatil bookseller 117, 828
libraio commissionario wholesale distributing agent, wholesaler 1047, 1049
libreria bookshop 118
libreria commissionaria wholesale book trade 1046
librettista librettist 506
libretto libretto 507
libri di «primo approccio» general books 404
libri nuovi new publication 579
libro book 101
libro a fogli mobili loose-leaf book 528
libro cucito paper-bound book 628
libro danneggiato damaged copies 275
libro d'arte art book 44
libro del mese book of the month 114
libro di cucina cookbook 227
libro di devozione prayer-book 694
libro di grande successo best-seller 75
libro di preghiere prayer-book 694
libro illustrato picture-book[2] 666
libro legato in carta paper-bound book 628
libro per ragazzi children's book 156
libro sciolto paper-bound book 628
libro scolastico guide(-book), manual, school-book 417, 540, 854
libro tecnico professional publication 734
licenza legale legal licence 497
licenziare per la stampa
to pass for press 639
lingua language 486
linotype linotype 514
lista vocabulary 1038
listino list 516
listino dei prezzi price list 705
listino di libri booklist 111
lucido transparent foil 993

macchina compositrice composing machine 203
macero; mettere in ~ to pulp 773
magazzinaggio storage 931
maiuscole capital letters 134
maiuscoletti small capitals 896
maiuscoli capital letters 134
mandare a monte to cancel (an order) 132
manoscritto copy[4], manuscript 231, 542
manoscritto dattilografato typescript 1005
manuale guide(-book), handbook 417, 419
manuale di consultazione reference book 801
manualetto tascabile pocket-book 678
marca editoriale publisher's emblem 764
margini; con ~ non tagliati untrimmed 1026
materiale completo d'orchestra
complete set of music material 198
materiale musicale fornito in sottomesso al noleggio
material on hire 546
matrice matrix 547
memorie memoirs 550
mercato market 544
mercato del libro book market 113
merce di ritorno returns 830
mettere a disposizione
to place at somebody's disposal 670
mettere in macero to pulp 773
mezzo titolo half-title 418
microfilm microfilm 553
microfotocopia micro-copy 552
minuscole; lettere ~ small letters 897
modello dummy 317
modificare to change 149
modulo form 391
modulo per la denunzia di copyright
copyright application form 241
monografia monograph 562
monotype monotype 563
musica music 568

musica di teatro stage music 917
musica stampata printed music 713
musica sul palco stage music 917
musiche printed music 713
mutare to change 149

narrazione story 932
nastro magnetico tape 956
nastro pubblicitario advertising strip 17
noleggio hire fee 426
noleggio supplementare supplementary hire fee 948
nolo hire fee 426
nome name 573
nome dell'autore name of author 575
non-accorciato unabridged 1015
non autorizzato unauthorized 1018
non censurato unabridged 1015
non-esclusivo non-exclusive 583
non protetto domaine public, non-protected 310, 585
non rilegato unbound 1019
nota remark 813
nota di spedizione delivery note 288
nota in calce footnote 389
note tipografiche colophon, imprint[1] 175, 437
novella short story, story 888, 932
novità new publication 579
numerare le pagine to paginate 622
numerazione dei fogli numbering of sections 592
numero number[1] 589
numero della pagina folio[2] 387
numero delle pagine total number of pages 982
numero delle pagine stampate size of the book 892
numero di saggio examination copy 353
nuova edizione new edition, re-issue 578, 807

oblungo oblong 594
occhietto half-title 418
offerta offer, quotation 596, 777
onorario royalty 848
onorario forfetario outright fee 613
opera work 1055
opera a dispense serial 874
opera classica standard work 921
opera collettiva composite work 204
opera fondamentale standard work 921
opera musicale composition[1] 205
opera omnia complete (collection of) works 197
opera postuma posthumous work 690
opera scientifica scientific publication 857
opere complete complete (collection of) works 197
opere scelte selection[1] 866
opuscoletto pamphlet 624
opuscolo pamphlet 624
ordinazione order 603
ordine continuo standing order 922
ordine permanente standing order 922
originale original[1] 604

pacco package 617
pacco postale post parcel 691
pagamento payment 641
pagamento rateale instalment 453
pagina page, sheets, type area 619, 882, 1003
pagina; numerare le pagine to paginate 622
pagina bianca blank[1] 87
pagina col titolo title page 980
paginazione pagination 623
palesamento publication[1] 749
paragrafo paragraph 634
parola word 1052
parola d'ordine per soggetto subject heading 935
parola fondamentale entry 346
parola per parola word for word 1053
parole lyrics 532
paroliere author[2] 55
parte part 636
parti orchestral parts 602
partitura score 858
partitura tascabile pocket score 680
paternità authorship 65
pelle d'aglio onion-skin 601
penale penalty 642
penalità penalty 642
per conto proprio for own account 393
periodici periodicals 652
periodico periodical[1, 2] 650, 651
periodico mensile monthly publication 564
periodico tecnico special journal 908
per iscritto in writing 472
persona autorizzata copyright holder 243
per visione on approval 599
peso della carta paper weight 632
«petits droits» "petits droits" 654
pezzo piece 667
pianoforte; riduzione/spartito per ~ piano score 662
piatta copertina di saggio model cover 559
piegatura fold 383
piena pagina full-page 400
plagio plagiarism 671
plastico; legatura in ~ plastic binding 673
poema poem 682
poesia poem, poetry 682, 684
poeta poet 683
poliglotta polyglot 685
poligrafia reproduction[2] 822
popolare popular[1] 686
porre a disposizione to place at somebody's disposal 670
poscritto postscript 692
posteggio stand 919
postumo posthumous 689
prefazione preface 695
preliminari prelims 696
première première 697

prenotazione (di un comando) booking 108
preparazione del manoscritto copy preparation 235
prescrizione statutory limitation 926
presentare un reclamo to lodge a claim 527
presentazione synopsis 951
prestito lending 499
prezzo price 703
prezzo al dettaglio retail price 829
prezzo all'ingrosso wholesale price 1048
prezzo calcolato sull'esemplare cucito price calculated on the stitched copy 704
prezzo di base basic price 72
prezzo di catalogo catalog(ue) price, list price 143, 517
prezzo di favore special price 910
prezzo di tariffa list price 517
prezzo di vendita sales price 850
prezzo netto net price 577
prima première 697
prima assoluta première 697
profferta di prezzo quotation[2] 777
progetto design[2] 294
programma di pubblicazione publishing programme schedule 770
pronto per la stampa ready for the press 789
pronto per spedizione ready for dispatch 787
prontuario reference book 801
propaganda publicity 752
propagazione marketing 545
proposta offer 596
proprietà intellettuale intellectual property 458
proprietà letteraria e artistica literary and artistic copyright 520
prosa prose 743
prospetto prospectus 744
protetto; non ~ non-protected 585
protetto dalla legge di autore "protected by copyright" 745
protocollo protocol 747
prova di stampa proof 738
provvigione commissions 186
provvisione commissions 186
pseudonimo pseudonym 748
pseudonimo letterario literary pseudonym 522
pubblicare to publish 756
pubblicato; appena ~ just issued 482
pubblicato; essere ~ to appear 37
pubblicato da ... compiled by, published by 194, 758
pubblicazione appearance, edition[1], publication[2] 38, 328, 750
pubblicazione a dispense serial, serialization 874, 875
pubblicità advertisement, publicity 16, 752
pubblico di lettori interested readers 460
puntata continuation 219
punto tipografico typographical point 1013

quaderno booklet 110
quadricromia four-colour process 395
qualità d'autore authorship 65
qualità di coautore co-authorship 167
questionario questionnaire 775

raccolta collection, gathering 172, 402
racconto short story, story 888, 932
rapporto account, report 6, 817
rappresentanza esclusiva exclusive agency 356
rappresentanza generale general agency 403
rappresentazione performance[2] 646
rappresentazione; diritti di ~ performing right(s) 648
rassegna review[2] 833
rasura cancelling 133
recensionare to review 834
recensione critique, review[1] 266, 832
recensione; esemplare per ~ review copy 835
recensire to review 834
reciprocità reciprocity 791
recita pubblica public reading 755
reclamare to lodge a claim 527
reclamazione claim 161
reclamo claim 161
recto right-hand page 842
redatto da ... edited by 325
redattore editor[1, 2] 330, 331
redattore capo chief editor, editor-in-chief 155, 337
redazione editing, editorial department[2], editorial offices 327, 334, 336
redigere to compile, to edit[1] 193, 323
registrazione recording 794
registrazione del copyright copyright registration 250
registrazione del suono sound recording 905
regola, regolamento regulation 805
relazione account, report 6, 817
rendiconti statement of account, transactions 924, 986
rendiconto account 6
reparto redazionale editorial department[1] 333
reprografia reprography 823
resa returns 830
resa dei conti statement of account 924
resa di copie non vendute returns 830
reticolo screen 859
revisione revision 840
revisore critic 265
riassunto abridgement, summary 4, 943
ribasso discount 305
ricapitolazione summary 943
richiamo entry 346
richiesta demand, inquiry 291, 451
ricordi memoirs 550
riduzione abridgement 4
riduzione musicale arrangement 43
riduzione per pianoforte piano score 662
rielaborare to rewrite 841
rifacimento adaptation 9
rifare to adapt 8
riferimento di grazie acknowledgements 5
rifondere to rewrite 841
rilegare to bind 83
rilegato bound 122

rilegato; non ~ unbound 1019
rilegatura binding 84
rilegatura in carta paper cover(s) 629
rilievo; stampa a/in ~ relief printing 808
rimanenza remainders, stock 810, 929
ripartizione distribution[2] 307
riproduzione copy[2], reproduction[2] 229, 822
risarcimento danni indemnification 442
riscritto revised 838
riserva reserve stock 826
ristampa re-issue, reprint[1,2] 807, 818, 819
ristampa in un giornale reprint(ing) in the press 820
risvolto jacket-flap 477
ritaglio di giornale press cutting 701
ritirare dalla circolazione to withdraw from circulation 1050
ritoccamento arrangement 43
ritoccare to rewrite, to touch up 841, 983
ritocco change 148
riunione conference 213
riveduto revised 838
rivista periodical[1], review[2] 650, 833
rivista settimanale weekly[1] 1043
rivista specializzata special journal 908
rivista trimestrale quarterly 774
romano roman type 845
romanziere novelist 588
romanzo fiction, novel 371, 586
romanzo a chiave "roman à clef" 844
romanzo giallo/poliziesco crime fiction 264
romanzo sensazionale thriller 976
rotocalco; stampa a/in ~ rotogravure 846
royalty royalty 848
rubrica column 179

saggio essay, examination copy, paper(s), study 350, 353, 631, 933
saggio gratuito complimentary copy[2] 201
sbaglio di composizione error in composition 349
scadenza di consegna date of delivery 277
scenario, sceneggiatura scenario 852
scheda internazionale fiche internationale 370
schedario card index 139
schema outline(s)[2] 610
schizzo sketch 893
scienza science 855
sconto deduction, discount 284, 305
scritto script[1] 861
scritto; in/per iscritto in writing 472
scritto a macchina typewritten 1010
scrittore writer[1] 1059
scrittura script[1] 861
scrivere to write 1058
sdoganamento customs clearance 269
seconda edizione reprint[2] 819
segni per la correzione delle bozze proof-correction symbol 739
selezione abstract, selection[1,2] 5, 866, 867
selezione dal testo selected passages 865
seppia; stampa in ~ sepia print 872
serie series 876
sesto format, type area 392, 1003
settimanale weekly[1,2] 1043, 1044
sezione editoriale editorial department[2] 334
sfornito temporarily out of print 967
sguardia fly-leaf 380
sinossi outline(s)[1], synopsis 609, 951
«si stampi» good for print 412
smerciare to remainder 809
società per la protezione dei diritti d'autore copyright protection society 249
società per la realizzazione dei diritti d'autore copyright protection society 249
soffietto editoriale blurb 95
soggetto a dogana dutiable 321
soggetto a tassa taxable 958
sommario abstract, digest, outline(s)[1] 5, 300, 609
sopraccoperta book-jacket 109
sottocapitolo subchapter 934
sottofascia "printed matter" 712
sottotitolo subtitle 941
spaginare to remake up 812
spartito per pianoforte piano score 662
spazio bianco break 124
spazio riservato al testo type area 1003
spedizione delivery[1] 286
spedizione; pronto per ~ ready for dispatch 787
spese expenses 363
spese d'imballaggio packing costs 618
spese di pubblicazione costs of publishing 258
spese di stampa printing costs 723
spettacolo play 676
spettacolo televisivo TV-play 1000
spiegazione explanation 364
spiegazione dei segni key 485
stampa edition[2], engraving, press, printing 329, 342, 699, 722
stampa; carta da ~ printing paper 728
stampa; communicato ~ press release 702
stampa; dare alla ~ to pass for press 639
stampa; pronto per la ~ ready for the press 789
stampa ad intaglio intaglio printing 457
stampa a incavo intaglio printing 457
stampa a quattro colori four-colour process 395
stampa a rilievo embossing, relief printing, stamping 340, 808, 918
stampa a rotocalco rotogravure 846
stampa artistica artistic print 46
stampa in offset offset printing 598
stampa in rilievo embossing, relief printing, stamping 340, 808, 918
stampa in rotocalco rotogravure 846
stampa in seppia sepia print 872
stampare to print 711
stampare un'edizione economica to paperback 627
stampati print[1] 707

stampato "printed matter" 712
stampatore printer 715
stamperia printing office 726
stand stand 919
stock inventory 467
storia history, story 428, 932
stornare to cancel (an order) 132
stralciare to remainder 809
stringato concise 208
studio paper(s), study 631, 933
sub-editore sub-publisher 937
successore legale successor 942
successore nei diritti successor 942
succinto concise 208
suddivizione subchapter 934
superficie della composizione type area 1003
supplemento addendum, annex, completion, supplement[1, 2] 10, 28, 199, 945, 946

tabella table 953
tagliato trimmed 998
tagliato; con margini non tagliati untrimmed 1026
tariffa price list 705
tariffa doganale customs tariff 271
tascabile pocket-size edition 681
tassa tax 957
tassabile taxable 958
tassa doganale customs rate 270
tassazione taxation 959
tasso dell'imposta tax rate 961
tavola boards, plate[1] 97, 674
tavola a colori colo(u)r plate 176
tavola colorata colo(u)r plate 176
tavola nel testo text illustration 973
teca slip case 894
telespettacolo TV-play 1000
televisione television 965
tenere in assortimento to stock 930
termine di consegna time of delivery 978
termine di protezione period of protection 653
termine supplementare extended term 366
territorio; «il ~ contrattuale» "contract territory" 223
territorio concesso "contract territory" 223
territorio di diffusione territory of distribution 970
tesi treatise 996
testo text 971
testo del risvolto blurb-text 96
testo originale original text 608
testualmente word for word 1053
tipografia book-printing office, printing office, typography 116, 726, 1014
tipografo printer 715
tiratura print[2], proof, size of edition 708, 738, 890
tiratura a parte offprint 597
titolo title 979
titolo; mezzo ~ half-title 418
titolo a grossi caratteri headline 424
titolo principale headline 424
tomo volume 1040
tomo di illustrazioni volume of illustrations 1041
torchiatura stamping 918
tradurre to translate 990
traduzione translation 991
traduzione autorizzata authorized translation 60
traduzione fedele faithful translation 369
traduzione grezza literal translation 519
traduzione legittima authorized translation 60
trascrizione transcription 988
trasmissione transmission 992
trasmissione radiofonica broadcast(ing) 125
tratta bill of exchange 82
trattato treatise 996
tricromia three-colour process 975
«tutti i diritti riservati» "all rights reserved" 22

ufficio per la protezione dei diritti d'autore copyright protection office 248
ultima riserva minimum stock 555
uscirà fra breve to appear shortly 39
uscire alla luce/alle stampe to appear 37
uscire un'edizione to publish 756
usurpazione del diritto d'autore infringement of copyright 448
utilizzazione utilization 1031

vademecum pocket-book 678
valuta currency 267
variante version 1036
velina transparent foil 993
vendita sale(s) 849
vendita; in ~ available 67
vendita di musiche sheet music sales 884
versione version 1036
versione canto-pianoforte piano-song version 663
versione in . . . version 1036
verso verso 1037
veste (tipografica) technical make-up 964
vetrina shop-window, showcase 886, 889
vetrina d'esposizione showcase 889
violazione del contratto breach of contract 123
violazione del diritto d'autore infringement of copyright 448
visione; per ~ on approval 599
vocabolario dictionary 299
volume volume 1040
volume; in ~ in volume form 471
volume; in due volumi in two volumes 1042
volume di saggio dummy 317
volume in quaderno copy in sheets 234

xerografia xerography 1063

NORWEGIAN — NORSK

a, b, c, d, e, f, g, h, i, j, k, l, m, n, o, p, q, r, s, t, u, v, w, x, y, z, æ, ø, å

abonnement subscription **939**
adresse address **12**
adresseliste mailing list **534**
agentur; eneberettiget ~ exclusive agency **356**
agentur; utelukkende ~ exclusive agency **356**
agenturkontrakt agency agreement **19**
album album **21**
«alle rettigheter forbeholdes» "all rights reserved" **22**
almanakk calendar **131**
anmelde to review **834**
anmeldelse review **832**
anmelder critic **265**
anmeldereksemplar review copy **835**
anmerkning remark **813**
annonse advertisement **16**
annotert annotated **29**
anonym anonymous **35**
antal number[1] **589**
antikva roman type **845**
antikvarisk eksemplar second-hand copy **863**
antologi anthology **36**
anvisning til setning printing order **727**
appendiks annex, appendix **28, 40**
arbeid; felles ~ composite work **204**
ark printed sheet, sheet **714, 881**
arksignering numbering of sections **592**
arrangement arrangement **43**
arrangementsskisse layout[1, 2] **488, 489**
artikkel article **45**
artist; fremfører ~ performing artist **647**
arveavgift inheritance tax **449**
atlas atlas **52**
autentisk authentic **53**
autorisere to authorize **58**
autorisering authorization **57**
autorisert oversettelse authorized translation **60**
autorisert utgave authorized edition **59**
avbestille to cancel (an order) **132**
avbetaling instalment **453**
avdeling; forlagskonsulenternes ~ editorial department **333**
avdeling; teknisk ~ production department **733**
avdrag deduction, instalment **284, 453**
avgift tax **957**
avhandling paper(s), study, treatise **631, 933, 996**
avis newspaper **580**
avispapir newsprint **581**
avisutklipp press cutting **701**
avleveringseksemplar deposit copy **292**
avregning distribution[2], statement of account **307, 924**
avskrift copy[1] **228**
avsnitt paragraph **634**
avtrykk print[2], proof **708, 738**
avtrykk med børste hand proof **421**

bakside verso **1037**
barnebok children's book **156**
bearbeide to compile **193**
behov demand **291**
benyttelse utilization **1031**
beretning account, bulletin, report **6, 130, 817**
berettige to authorize **58**
Bernkonvensjonen Berne Convention **74**
beskatning taxation **959**
beskyttelsesblad guardsheet **416**
beskyttelsesbladets indre side jacket-flap **477**
beskåret trimmed **998**
bestand inventory **467**
bestilling order **603**
bestilling; fast ~ standing order **922**
bestselger best-seller **75**
betaling payment **641**
bibelpapir bible paper **76**
bibliofilutgave bibliophile edition **80**
bibliografi bibliography[1, 2] **77, 78**

bibliologi bibliology 79
bibliotek library 505
bidrag contribution 224
bilde figure[1], illustration, picture 372, 431, 664
billedalbum picture-book[1] 665
billedbind volume of illustrations 1041
billedbok picture-book[2] 666
billedtekst, billedunderskrift legend 498
billigbok paperback, pocket-book 626, 678
bind binding, volume 84, 1040
bind; i to ~ in two volumes 1042
bind; mykt ~ flexible cover 379
biografi biography 86
blad sheets 882
blad; gjennomsiktig ~ transparent foil 993
blad; innskutt ~ interleaf 461
blankett form 391
blank overdel break 124
blankside blank[1] 87
blank side blank[1] 87
blåkopi blueprint[1] 93
bok book 101
bok; brosjert ~ paper-bound book 628
bokform; i ~ in volume form 471
bokfortegnelse booklist 111
bokfutteral slip case 894
bokgrosserer wholesale distributing agent 1047
bokhandel bookshop, book trade 118, 119
bokhandelen; pris i ~ sales price 850
bokhandler bookseller 117
bokkaseti slip case 894
bokklubb book club 104
bokkunnskap bibliology 79
boklade bookshop 118
bokladepris retail price, sales price 829, 850
bokmarked book market 113
bokmesse book fair 107
bok per post mail-order business 535
bokrygg back 68
bokstav letter[1] 501
bokstav; liten ~ small letters 897
bokstavelig literal 518
boktrykkeri book-printing office, printing office 116, 726
boktrykkerkunst typography 1014
boktrykkmetode relief printing 808
boktrykkpapir book paper 115
bokutstilling book exhibition 106
brekke om to make up, to remake up 538, 812
brev letter[2] 502
brevveksling correspondence 256
brosjere to stitch 927
brosjert stitched 928
brosjert bok paper-bound book 628
brosjert; pris ~ price calculated on the stitched copy 704
brosjyrarbeid paper cover(s) 629
brosjyre booklet, pamphlet 110, 624
bruk utilization 1031
bud offer 596
bundet bound 122
butikkvindu shop-window 886
bønnebok prayer-book 694
bånd tape 956

copyright copyright[1, 2] 236, 237
«copyright notice» copyright notice 245

dagblad newspaper 580
dagbok diary 298
dagens contemporary 217
dagsavis newspaper 580
dedikasjon dedication 283
dedikasjon; med ~ dedicated 282
defekt defective 285
del part 636
desimalklassifikasjon decimal classification 280
detektivroman crime fiction 264
diagram diagram 297
dikt poem 682
diktekunst poetry 684
dikter poet 683
diktning belles-lettres 73
diskotek record library 795
disposisjon; stille til ~ to place at somebody's disposal 670
dobbelavtrykk duplicate print, parallel print 319, 635
dokumentasjon documentation 309
domstol; kompetent ~ jurisdiction 481
drama play 676
dreiebok scenario 852
«droit moral» droit moral 316
dublett duplicate 318
dyptrykk intaglio printing 457
døgnlitteratur trash 995

eiendom; intellektuell/litterær ~ intellectual property 458
eksemplar copy[3] 230
eksemplar; antikvarisk ~ second-hand copy 863
eksemplar; maskinskrevet ~ typescript 1005
eksemplar; nummererte ~ numbered copy 591
eksemplar; ubundet ~ copy in sheets 234
eksemplar; uoppskåret ~ unopened copy 1023
eksemplar; ødelagte ~er damaged copies 275
eksemplar i materie in flat sheets 447
ekserpt excerpt(s) 354
ekspedisjon delivery[1] 286
ekstraeksemplar additional copy 11
emneregister subject index 936
endring change 148
eneberettiget agentur exclusive agency 356
engroskommisjonær wholesale distributing agent 1047
engrospris wholesale price 1048

erindringer memoirs 550
essay essay 350
etterfolger, etterfølger successor 942
etterkrav cash on delivery 141
etterlatenskap remains 811
etterskrift epilogue, postscript 347, 692
etterspørsel demand 291
ettertrykk reprint[1] 818
ettertrykk i pressen
reprint(ing) in the press 820

fagbibliografi special bibliography 907
fagbibliotek special library 909
fagblad special journal 908
fagbok professional publication 734
fagtidsskrift special journal 908
faksimile facsimile 368
faktura invoice 468
false fold 383
fargeplansje colo(u)r plate 176
fast bestilling standing order 922
fatning version 1036
favørpris special price 910
feilslag typist's error 1012
feilsliste errata 348
felles arbeid composite work 204
felles utgave joint edition 479
felles verk composite work 204
ferdig til forsendelse
ready for dispatch 787
fet skrift bold face 100
figur figure[1], illustration, picture 372, 431, 664
fiksjon belles-lettres 73
filmatisering use in film 1030
filmrettigheter film rights 375
firfargetrykk four-colour process 395
fjernsyn television 965
fjernsynsspill TV-play 1000
flygeblad leaflet[1] 492
foldeplansje throw-out 977
folio folio[1] 386
folkelig popular[1] 686
forandre to change 149
forandring change 148
forbedre to correct 252
forberedelse; manuskriptets ~
copy preparation 235
fordeling distribution[1], marketing 306, 545
foredling jobwork 478
foredrag, forelesning lecture 495
forespørsel inquiry 451
forfatter author[1, 2], writer[1] 54, 55, 1059
forfatter; korporativ ~ corporate author 251
forfatterens navn name of author 575
forfatterens pseudonym literary pseudonym 522
forfatterens rettelser author's corrections 63
forfatterens samtykke author's consent 61
forfatterhonorar royalty 848
forfatterkorrektur author's corrections 63
forfatterregister author index 56
forfatterrett copyright[1] 236
forfatterrettens registrering copyright registration 250
forfatterskap authorship 65
forhandlinger transactions 986
forklaring explanation 364
forkortelse abbreviation 1
forkortet concise 208
forkortet utgave abridged edition 3
forkortning abridgement 4
forlag publisher, publishing house 759, 769
forlagsbokhandel publishing trade 772
forlagseksemplar complimentary copy[2], reference copy 201, 802
forlagskatalog publisher's catalogue 763
forlagskonsulent publisher's reader 765
forlagskonsulenternes avdeling editorial department[1] 333
forlagskontrak publisher's agreement 762
forlagsmerke publisher's emblem 764
forlagsprogram publishing programme schedule 770
forlagsredaksjon editorial department[1] 333
forlagsrett publishing rights 771
forlagsvirksomhet publishing trade 772
forlagt av . . . edited by 325
forlegge to edit[2], to publish 324, 756
forlegger editor[2], publisher,
publishing house 331, 759, 769
forlengelse extended term 366
format format 392
formgivning book design,
technical make-up 105, 964
formular form 391
forord preface 695
forråd stock 929
forsatsblad, forsatsspeil fly-leaf 380
forsendelse delivery[1] 286
forsendelse; ferdig til ~
ready for dispatch 787
forsikring insurance 456
forskrift regulation 805
forsynt med noter annotated 29
fortegnelse list 516
fortelling story 932
for tiden ikke i trykk
temporarily out of print 967
fortsettelse continuation 219
fortsettelse; utgave i ~ serialization 875
fortsettelsesverk serial 874
fortsettes to be continued 220
forøket utgave enlarged edition 344
fotnote footnote 389
fotoavtrykk photographic print 658
fotografi photograph 657
fotokopi photocopy 656
fremfører performing artist 647
fremstillingsrett right(s) of reproduction 843
fremstillingstid term of production 968
fri domaine public, free of charge 310, 397
frieksemplar author's copy 62
frilanser outside collaborator 614
fri medarbeider outside collaborator 614

frontbilde, frontispise frontispiece 399
fullstendig complete, unabridged 195, 1015
fullstendig utgave complete edition 196
futteral slip case 894
fører guide(-book) 417
førsteutgave first edition 376

gaveeksemplar complimentary copy[2] 201
gjennomsiktig blad transparent foil 993
gjensidighet reciprocity 791
glatt sats plain matter 672
glittet papir glazed paper 408
glossar vocabulary 1038
godkjennelse till trykk imprimatur 436
grafisk graphic(al) 415
grammofonplate phonograph record 655
gratis free of charge 397
grosserer, grossist wholesaler 1049
grunnpris basic price 72
grunntekst original text 608
grøsser thriller 976
gummitrykk offset printing 598

handel trade 985
handelskammer
chamber of commerce 147
handelsretten commercial law 184
ha på lager to stock 930
hefte booklet 110
hefte[1] to sew 880
helsides full-page 400
helskinnbind leather binding 494
hevd statutory limitation 926
historie history, story 428, 932
hittil ikke trykt unpublished 1024
hjemlån lending 499
honorarforskudd advance royalty 14
hovedagentur general agency 403
hovedredaktør chief editor 155
huskorrekturleser printer's reader 720
hørespill radio-play 778
høyformat upright format 1028
høyglittet papir
super-calendered paper 944
høytrykkmetode relief printing 808
håndbok handbook, outline(s)[2],
reference book 419, 610, 801
håndeksemplar specimen copy 911

i bokform in volume form 471
ikke autorisert unauthorized 1018
ikke på lager out of stock 612
ikke utelukkende non-exclusive 583
ikke utkommet unpublished 1024
illustrasjon figure[1], illustration, picture,
text illustration 372, 431, 664, 973
illustrasjon i teksten text illustration 973
i materie in flat sheets 447
imitasjon copy[2], imitation 230, 433
indiapapir bible paper 76
inkomstskatt income tax 440
innbinde to bind 83
innbinding binding 84
innbundet bound, hardcover 122, 422
innenrikshandel domestic trade 311
innhefte to insert 452
innhold contents 218
innholdsfortegnelse table of contents 954
innholdsoversikt abstract, outline(s)[1] 5, 609
innklebe to insert 452
innledning introduction[1] 465
innpakningsomkostninger packing costs 618
innrykke to indent 443
innsette to insert 452
innskyte to interleave 462
innvende to lodge a claim 527
innvending claim 161
inskutt blad interleaf 461
institutt institute 454
intellektuell eiendom intellectual property 458
interfoliere to interleave 462
internasjonalt katalogkort fiche internationale 370
i redaksjon edited by 325
i takknemlighet acknowledgements 7
i to bind in two volumes 1042
i trykken in the press 464

kalendar calendar 131
kalkérpapir onion-skin 601
kan skaffes available 67
«kan trykkes» good for print,
ready for the press 412, 789
kapitél small capitals 896
kapittel chapter 150
kapitteloverskrift chapter heading 151
kart map 543
kartonasje slip case 894
kartonnert cardboard-bound 137
kartotek card index 139
kaseti slip case 894
katalog catalog(ue) 142
katalogkort; internasjonalt ~
fiche internationale 370
katalogpris catalog(ue) price, list price 143, 517
kegel body type 99
kilde source 906
kiosk stand 919
klaveruttog piano score 662
klisjé block, cliché 92, 163
kokebok cookbook 227
kolli package 617
kolofon colophon 175
kolportasje colportage 178
komedie comedy 180
kommentar commentary 183
kommentert annotated 29

kommisjonsbokhandel wholesale book trade 1046
kommisjonær commission merchant 187
kompendium compendium 189
kompetent domstol jurisdiction 481
komplett complete 195
komplett stemmemateriale complete set of music materials 198
komponist composer 202
komposisjon composition[1] 205
konferanse conference 213
kongress congress 214
kontrakt contract 221
kontraktbeløp consideration 215
kontraktbrudd breach of contract 123
kontraktsområde "contract territory", territory of distribution 223, 970
konvensjon convention 226
konvensjonalbot penalty 642
konversasjonsleksikon encyclop(a)edia 341
kopi copy[1, 4] 228, 231
kopiere to copy 232
korporativ forfatter corporate author 251
korrektur correction 254
korrektur; ombrukket ~ page proof 621
korrektur; siste ~ revision 840
korrekturleser proof-reader 740
korrekturlesning correction 254
korrekturtegn proof-correction symbol 739
korrespondanse correspondence 256
kort concise 208
kortfatning digest 300
kortfattet concise 208
kortkatalog card index 139
krenkelse av opphavsretten infringement of copyright 448
kriminalroman crime fiction 264
kringkasting broadcast(ing) 125
kringkastingsrettigheter broadcasting right(s) 126
kringkastingsvederlag broadcasting royalty 127
kringsjå review[2] 833
kritikk critique 266
kunstbok art book 44
kunsttrykk artistic print 46
kunsttrykkpapir art paper 47
kursiv italics 475
kvartalsrevy, kvartalsutgave quarterly 774

lager; ikke på ~ out of stock 612
layout layout[1, 2], printing order 488, 489, 727
leieavgift hire fee 426
leieavgift; tillegg til ~ supplementary hire fee 948
leieavtale hire contract 425
leiemateriale material on hire 546
lerretsbind cloth binding 165
lese to read 780
lesebok reading book 785
leser reader[1] 781
lesere interested readers 460
leveranse, levering delivery[2] 287
leveringsbetingelser terms of delivery 969
leveringsdag date of delivery 277
leveringstermin time of delivery 978
libretto libretto 507
librettoforfatter librettist 506
linotype linotype 514
lisens til ettertrykk licence of reprinting 509
liten bokstav small letters 897
litteratur general books, literature[1] 404, 524
litteraturhenvisning background material 69
litterær eiendom intellectual property 458
lommeordbok pocket dictionary 679
lommepartitur pocket score 680
lommeutgave pocket-size edition 681
lov law 487
lydbånd tape 956
lydopptak recording, sound recording 794, 905
lystrykk phototype 660
lystspill comedy 180
lærebok guide(-book), manual, school-book 417, 540, 854
løsbladbok loose-leaf book 528
lån lending 499

magasinering storage 931
majuskel capital letters 134
makulatur, makulaturark spoiled sheet 915
mangfoldiggjørelse reproduction[2] 822
manuskript copy[4], manuscript 231, 542
manuskriptets forberedelse copy preparation 235
marked market 544
maskinskrevet typewritten 1010
maskinskrevet eksemplar typescript 1005
matrise matrix 547
mavebelte advertising strip 17
medarbeider contributor 225
medarbeider; fri ~ outside collaborator 614
med dedikasjon dedicated 282
meddelelse bulletin, communication, paper(s) 130, 188, 631
meddelelser transactions 986
medforfatter co-author 166
medforfattere corporate author 251
medforfatterskap co-authorship 167
memoarer memoirs 550
mikrofilm microfilm 553
mikrofilmkopi micro-copy 552
minuskel small letters 897
monografi monograph 562
monotype monotype 563
montre showcase 889
musical musical 569
musikalier printed music 713
musikk music 568
musikkforlegger music publisher 571

«mutation» parallel print 635
mykt bind flexible cover 379
møte conference 213
månadens bok book of the month 114
månedlig publikasjon monthly publication 564

nasjonalbibliotek national library 576
navn name 573
navn; forfatterens ~ name of author 575
navneregister author index 56
nettopp utkommet just issued 482
nettopris net price 577
note remark 813
notepapir music paper 570
noter printed music 713
notesalg sheet music sales 884
notestikk engraving of music 343
novelle short story 888
nummer number[2] 590
nummerere to paginate 622
nummerering av ark numbering of sections 592
nummererte eksemplar numbered copy 591
nyhet new publication 579
ny utgave new edition 578
nøkkelroman "roman à clef" 844
nåværende contemporary 217

offentliggjøre to publish 756
offentliggjørelse publication[1] 749
offentlig oppførelse public performance, public reading 754, 755
offerte offer 596
offerte med prisangivelser quotation[2] 777
offisin book-printing office, printing office 116, 726
offsettrykk offset printing 598
omarbeide to adapt, to rewrite 8, 841
omarbeidelse adaptation 9
omarbeidet revised 838
ombrekking make-up[1] 536
ombrukket korrektur page proof 621
omfang size of the book 892
omsetning marketing 545
omsetningsavgift turnover tax 999
omslag book-jacket, cover 109, 259
omslagsbilde cover design 260
omslagstekst blurb-text 96
oppdrag commission 185
oppfyllelse performance[1] 645
oppførelse performance[2] 646
oppførelse; offentlig ~ public performance, public reading 754, 755
oppførelseskontrakt contract authorizing public performances 222
oppførelsesrett performing right(s) 648
oppførende artist performing artist 647
opphavsrett copyright[1] 236
opphavsrett av litterære og kunstverker literary and artistic copyright 520
opphavsrettens registrering copyright application 240
opphavsrettens vernetid period of protection 653
opphavsrettsformular copyright application form 241
opphavsrettskontor copyright protection office 248
opphavsrettslig vernet "protected by copyright" 745
opphavsrettsselskap copyright protection office, copyright protection society 248, 249
opplag edition[2], size of edition 329, 890
opplagstall size of edition 890
oppløse to pulp 773
opprinnelig original[1] 604
oppslagsord entry 346
oppslagsverk reference book 801
oppstille regningen to invoice 469
oppsummering summary 943
opptaknig gathering 402
opptrykk re-issue, reprint[2] 807, 819
opsetting setting up in type 878
ord word 1052
ordbok dictionary 299
ordbok; praktisk ~ practical dictionary 693
ord for ord literal, word for word 518, 1053
ordningsord entry 346
ordre order 603
ordre; stående ~ standing order 922
ordrett word for word 1053
ordrett oversettelse literal translation 519
original original[1] 604
originalbilde artwork 48
originalforlag, originalforlegger original publisher(s) 607
originaltekst original text 608
original utgave first edition 376
orkesterstemmer orchestral parts 602
overdel; blank ~ break 124
overdragelse assignment[1] 50
overenskomst contract 221
overflødig overstock 615
oversette to translate 990
oversettelse translation 991
oversettelse; autorisert ~ authorized translation 60
oversettelse; ordrett ~ literal translation 519
oversettelse; tro ~ faithful translation 369
oversikt compendium, outline(s)[1], synopsis 189, 609, 951
oversiktsverk compendium 189
overskrift; stor ~ headline 424

paginere to paginate 622
paginering pagination 623
paperback paperback 626
paperback; utgi i ~ to paperback 627
papir paper 625
papir; glittet ~ glazed paper 408

papir; høyglittet ~ super-calendered paper 944
papir; trefritt ~ paper without woodpulp 633
papir; treholdig ~ wood-pulp paper 1051
papirets vekt paper weight 632
pappbind, pappermer cardboard binding 136
partitur score 858
pauschalhonorar outright fee 613
periodika periodicals 652
periodikum periodical[1] 650
periodisk periodical[2] 651
perm boards 97
piano og sang piano-song version 663
piratutgave pirated edition 669
plagiat plagiarism 671
plansje plate 674
plansje; sammenfoldet ~ throw-out 977
plastikkbind plastic binding 673
plate phonograph record 655
platesamling record library 795
pliktavlevering copyright deposit 242
pliktavleveringseksemplar deposit copy 292
«pocketbok» paperback, pocket book 626, 678
poesi poetry 684
polyglott polyglot 685
populær popular[1] 686
populærvitenskapelig popular[2] 687
poster poster 688
posthum posthumous 689
posthumt verk posthumous work 690
postpakke post parcel 691
praktisk ordbok practical dictionary 693
praktutgave de luxe edition 290
preging stamping 918
preliminærblad prelims 696
première première 697
presse presentation copy 698
pressemelding press release 702
pris price 703
prisangivelser; offerte med ~ quotation[2] 777
pris brosjert price calculated on the stitched copy 704
pris i bokhandelen sales price 850
priskurant, prisliste price list 705
prosa prose 743
prospekt prospectus 744
protokoll protocol 747
provetrykk (av fargetrykk) progressive colour proof 735
provisjon commissions 186
prøvebind dummy 317
prøveeksemplar examination copy, specimen copy 353, 911
prøveomslag model cover 559
pseudonym literary pseudonym, pseudonym 522, 748
publikasjon appearance, edirion[1], publication[1, 2] 38, 328, 749, 750
publikasjon; månedlig ~ monthly publication 564
publikasjonsomkostninger costs of publishing 258
publisere to publish 756

punkt; typografisk ~ typographical point 1013
på avdrag instalment 473
på egen regning for own account 393
på flere språk polyglot 685

rabatt discount 305
rammeavtale blanket agreement 89
rapport account, report 6, 817
raster screen 859
ratebetaling instalment 453
recensent critic 265
recensjon review[1] 832
rectoside right-hand page 842
redaksjon editorial department[2], editorial offices 334, 336
redaksjon; i ~ . . . edited by 325
redaksjonskomite editorial board 332
redaktør compiled by, editor[1] 194, 330
redigere to compile, to edit[1] 193, 323
redigering editing 327
regel regulation 805
registrering; opphavsrettens ~ copyright application 240
regning; på egen ~ for own account 393
regningsbeløp invoice amount 470
rekke series 876
reklamasjon claim 161
reklame publicity 752
reklameavdelinggsjef publicity manager 753
reklamebanderole advertising strip 17
reklamere to lodge a claim 527
relieftrykk embossing 340
renskåret trimmed 998
rentrykk advance copy 13
reproduksjon copy[2], reproduction[2] 230, 822
reproduksjonsrett licence of reprinting, right(s) of reproduction 509, 843
reprografi reprography 823
reserveeksemplarer minimum stock 555
reserveforråd minimum stock, reserve stock 555, 826
restopplag remainders, stock 810, 929
resymé abstract, outline(s)[1] 5, 609
rette to correct 252
rettelse correction 254
rettet utgave corrected edition 253
rettigheter; små ~ "petits droits" 654
rettigheter; store ~ "grands droits" 414
rettighetshaver copyright holder 243
rettsinnehaver copyright owner 246
rett til mekanisk reproduksjon mechanical reproduction rights 549
returеksemplarer returns 830
retusjere to touch up 983
revidert revised 838
revidert utgave revised edition 839
revisjon revision 840
revy review[2] 833
roman novel 586
romanforfatter novelist 588
romanlitteratur fiction 371

rotasjonsdyptrykk rotogravure 846
royalty royalty 848
rundskriv circular 158
rundskue review[2] 833
rygg back 68

sakregister subject index 936
salg marketing, sale(s) 545, 849
salg; utelukkende rett til ~ sole selling rights 902
samlede skrifter/verker complete (collection of) works 197
samling collection 172
sammendrag summary 943
sammenfatning summary 943
sammenfoldet plansje throw-out 977
sammensett av . . . compiled by 194
samtidig contemporary 217
sang song 903
sang; piano og ~ piano-song version 663
sangbok song-book 904
sats composition[2], matter 206, 548
sats; glatt ~ plain matter 672
sats; stående ~ standing type 923
satsfeil error in composition 349
satsflate type area 1003
satsspeil type area 1003
science fiction science fiction 856
seddelkatalog card index 139
selvbiografi autobiography 66
sensur censorship 145
sepiatrykk sepia print 872
serie series 876
seriesverk serial 874
setning composition[2], matter 206, 548
setning; anvisning til ~ printing order 727
setningsanvisning printing order 727
sette (ferdig) to set up 879
settemaskine composing machine 203
setter compositor 207
side page 619
side; beskyttelsesbladets indre ~ jacket-flap 477
sidetall folio[2], total number of pages 387, 982
sirkulære circular 158
siste korrektur revision 840
sitat citation 160
sjefredaktør chief editor, editor-in-chief 155, 337
sjekk cheque 154
skadeserstatning indemnification 442
skaffe; kan ~s available 67
skatt tax 957
skattebeløp tax rate 961
skattefri tax-free 960
skattepliktig taxable 958
skisse design[2], layout[1], sketch 294, 488, 893
skjema form 391
skolebok manual, school-book 540, 854
skrift script[1] 861
skrift; fet ~ bold face 100
skrift; samlede ~er complete (collection of) works 197
skriftgrad body size 98
skriftlig in writing 472
skriftsnitt type(s)[1] 1001
skrifttype type(s)[1, 2] 1001, 1002
skrive to write 1058
skuespill play 676
skuespillbearbeidelse stage adaptation 916
skuespillforfatter playwright 677
skønnlitteratur belles-lettres 73
slutningstittel colophon 175
smussomslag book-jacket 109
smusstittel half-title 418
små rettigheter "petits droits" 654
sortimentsbokhandler retail bookseller 828
spalte column 179
spaltekorrektur galley proof 401
spaltekorrekturlesning reading (the) galley proofs 786
spesialbibliografi special bibliography 907
spesialbibliotek special library 909
spesifikasjon delivery note 288
spiralhefting spiral binding 914
språk language 486
spørreliste, spørreskjema questionnaire 775
standardutgave standard edition 920
standardverk standard work 921
statsbibliotek national library 576
stemmemateriale; komplett ~ complete set of music material 198
stifte to stitch 927
stifting binding in paper covers 85
stikk engraving 342
stikkord entry, subject heading 346, 935
stille til disposisjon to place at somebody's disposal 670
stor bokstav capital letters 134
store rettigheter "grands droits" 414
stor overskrift headline 424
strektegning line drawing 513
stykke piece 667
stykke; utvalgte ~r selected passages, selection[1, 2] 865, 866, 867
størrelse format 392
stående; ha satsen ~ to keep standing 484
stående ordre standing order 922
stående sats standing type 923
subforlagsavtale sub-publishing agreement 938
subforlegger sub-publisher 937
sub-rettigheter subsidiary rights 940
subskripsjon booking, subscription 108, 939
supplement annex, supplement[2] 28, 946
synopsis outline(s)[1], synopsis 609, 951
særtrykk offprint 597

tabell table 953
tal, tall number[1] 589

ta ut av omløpet
to withdraw from circulation 1050
teatermusikk stage music 917
tegneserie comic strip 181
tegnforklaring key 485
tegning design[1] 293
teknisk avdeling production department 733
tekst lyrics, text 532, 971
tekstforfatter librettist 506
thriller thriller 976
tidsskrift periodical[1] 650
tidsskrifter periodicals 652
tilbud offer 596
til gjennomsyn on approval 599
tillegg addendum, annex, appendix, completion,
supplement[1,2] 10, 28, 40, 199, 945, 946
tillegg til leieavgift
supplementary hire fee 948
tittel title 979
tittelark prelims 696
tittelblad, tittelside title page 980
toll customs 268
tollfri duty-free 322
tollklarering customs clearance 269
tollpliktig dutiable 321
tolltariff customs tariff 271
tolltariffsats customs rate 270
transkripsjon transcription 988
transmisjon transmission 992
trefargetrykk three-colour process 975
trefritt papir paper without woodpulp 633
treholdig papir wood-pulp paper 1051
tro oversettelse faithful translation 369
trospråklig bilingual 81
trykk print[2], printing 708, 722
trykk; i ~en in the press 464
trykk; «kan ~es» good for print,
ready for the press 412, 789
trykk; utgi i ~ to pass for press 629
trykkangivelse imprint[1] 437
trykke to print 711
trykker printer 715
trykkeri printing office 726
trykkeår date of printing,
date of publication 278, 279
trykkfarge printer's ink 719
trykkfeil misprint 557
trykkferdig ready for the press 789
trykking printing, typography 722, 1014
trykkingsomkostninger printing costs 723
trykk-klar ready for the press 789
trykkpapir printing paper 728
trykksak print[1] 707
trykksaker "printed matter" 712
trykksverte printer's ink 719
trykt ark printed sheet 714
tusj Indian ink 445
tvangslisens legal licence 497
tverr oblong 594
tverrformat oblong format 595
TV-rettigheter
television-broadcasting rights 966
TV-teater TV-play 1000
type type(s)[1,2] 1001, 1002
typelegeme body type 99
typestørrelse body size 98
typografisk punkt typographical point 1013

ubeskyttet non-protected 585
ubeskåret untrimmed 1026
ubundet unbound 1019
ubundet eksemplar copy in sheets 234
uforandret unchanged 1021
ukeblad weekly[1] 1043
ukentlig weekly[2] 1044
ukeskrift weekly[1] 1043
ukomplett defective 285
underavsnitt subchapter 934
underholdningslitteratur
cheap novel, light reading 153, 512
undertittel subtitle 941
ungdomslitteratur juvenile literature 483
uoppskåret eksemplar unopened copy 1023
utarbeide to elaborate 339
utdrag excerpt(s) 354
utelukkende exclusive 355
utelukkende; ikke ~ non-exclusive 583
utelukkende agentur exclusive agency 356
utelukkende rett til fordeling
exclusive distribution 357
utelukkende rett til salg
sole selling rights 902
utgave edition[1], publication[2] 328, 750
utgave; autorisert ~ authorized edition 59
utgave; felles ~ joint edition 479
utgave; forkortet ~ abridged edition 3
utgave; fullstendig ~ complete edition 196
utgave; ny ~ new edition 578
utgave; original ~ first edition 376
utgave; rettet ~ corrected edition 253
utgave; revidert ~ revised edition 839
utgave i fortsettelse serialization 875
utgi to publish 756
utgi i paperback to paperback 627
utgi i trykk to pass for press 639
utgitt av . . . published by 758
utgivelse appearance 38
utgiver edited by, editor[2] 325, 331
uthengsark advance sheet 15
utkast design[2] 294
utklipp press cutting 701
utkomme to appear 37
utkommer i nær fremtid
to appear shortly 39
utkommet; nettopp ~ just issued 482
utlegg expenses 363
utlegging showcase 889
utlån lending 499
utlånsbibliotek lending library 500

utselge to remainder 809
utsendelse transmission 992
utsolgt out of print 611
utstilling exhibition 361
utstillingsvindu showcase 889
utstrykelse cancelling 133
uttalelse declaration 281
utvalg, utvalgte stykker selected passages, selection[1, 2] 865, 866, 867
utvalgte verker selection[1] 866
utvidet utgave enlarged edition 344

valuta currency 267
variant version 1036
vaskeseddel blurb 95
vedtekt regulation 805
veiledning guide(-book) 417
veksel bill of exchange 82
vekt; papirets ~ paper weight 632
Verdenskonvensjonen på opphavsrettensområde Universal Copyright Convention 1022
verk work 1055
verk; felles ~ composite work 204
verk; posthumt ~ posthumous work 690
verk; samlede ~er complete (collection of) works 197
verk; utvalgte ~er selection[1] 866
verk; vitenskapelig ~ scientific publication 857
vernet; opphavsrettslig ~ "protected by copyright" 745
vernetid period of protection 653
verneting jurisdiction 481
versal capital letters 134
vil bli fortsat[t] to be continued 220
vitenskap science 855
vitenskapelig; populær ~ popular[2] 687
vitenskapelig meddelelse paper(s) 631
vitenskapelig verk scientific publication 857

xerografi xerography 1063

ødelagte eksemplarer damaged copies 275

årbok almanac, year-book 23, 1065
årgång annual volume 34
årlig annual[2] 33
årsberetning, årsskrift almanac, year-book 23, 1065

POLISH — POLSKI

a, ą, b, c, ć, d, e, ę, f, g, h, i, j, k, l, ł, m, n, ń, o, ó, p, r, s, ś, t, u, w, y, z, ź, ż

Acta transactions **986**
adaptacja arrangement **43**
adaptować to adapt **8**
adiustacja maszynopisu copy preparation, layout[2], printing order **235, 489, 727**
adnotacja outline(s)[1] **609**
adres address **12**
agencja autorska copyright protection office **248**
akompaniament dla sceny stage music **917**
aktualnie wyczerpany temporarily out of print **967**
album album, picture-book[1] **21, 665**
almanach almanac, year-book **23, 1065**
alonż throw-out **977**
aneks annex, appendix **28, 40**
ankieta questionnaire **775**
anonimowy anonymous **35**
anons advertisement **16**
antologia anthology **36**
antykwa roman type **845**
anulować to cancel (an order) **132**
apendyks appendix, supplement[1] **40, 945**
aranżować to adapt **8**
aranżowanie arrangement **43**
arkusz printed sheet, sheet **714, 881**
arkusz; w ~ach in flat sheets **447**
arkusz drukarski printed sheet **714**
arkusz druku printed sheet **714**
arkusze sygnałowe advance sheet **15**
arkusz książki printed sheet **714**
arkusz papieru sheets **882**
arkusz tytułowy prelims **696**
artykuł article, contribution, paper(s) **45, 224, 631**
artysta performing artist **647**
atlas atlas **52**
audycja transmission **992**
audycja radiowa broadcast(ing) **125**
autentyczny authentic **53**
autobiografia autobiography **66**
autor author[1, 2] **54, 55**
autor sceniczny playwright **677**
autorstwo authorship **65**
autoryzacja authorization **57**
autoryzować to authorize **58**
autoryzowany; nie ~ unauthorized **1018**

beletrystyka belles-lettres **73**
bestseler best-seller **75**
bezimienny anonymous **35**
bezpłatnie, bezpłatny free of charge **397**
bez skróceń unabridged **1015**
bibliografia bibliography[1] **77**
bibliografia fachowa/przedmiotu special bibliography **907**
bibliografia i wydawnictwo bibliology **79**
biblioteka lending library, library **500, 505**
biblioteka działowa/fachowa/specjalna special library **909**
biblioteka narodowa national library **576**
biblioznawstwo bibliology **79**
biografia biography **86**
biuletyn bulletin **130**
biuletyn wydawniczy booklist **111**
blok książki w stanie surowym copy in sheets **234**
błąd drukarski misprint **557**
błąd składu zecerskiego error in composition **349**
błąd w maszynopisie typist's error **1012**
broszura pamphlet, paper-bound book, paper cover(s) **624, 628, 629**
broszura; w broszurze stitched **928**
broszurować to stitch **927**
broszurowanie binding in paper covers **85**

całkowicie zmieni(a)ć to rewrite 841
całkowicie zmieniony revised 838
całostronny full-page 400
celofan transparent foil 993
cena price 703
cena brutto egzemplarza broszurowego price calculated on the stitched copy 704
cena detaliczna retail price 829
cena egzemplarza sales price 850
cena hurtowa wholesale price 1048
cena katalogowa catalog(ue) price, list price 143, 517
cena netto net price 577
cena podstawowa basic price 72
cena sprzedaży sales price 850
cena ulgowa special price 910
cennik price list 705
cenzura censorship 145
cesja praw assignment[1] 50
chroniony; nie ~ non-protected 585
chroniony przez prawo autorskie "protected by copyright" 745
ciąg; dalszy ~ continuation 219
ciąg dalszy nastąpi to be continued 220
cło customs 268
cyjanotypia blueprint[1] 93
cykl produkcyjny term of production 968
cytata citation 160
czasopisma periodicals 652
czasopismo periodical[1] 650
czasopismo fachowe special journal 908
czcionka type[2] 1002
czcionki tekstowe small letters 897
czek cheque 154
część part 636
część ilustracyjna volume of illustrations 1041
czytać to read 780
czytanki reading book 785
czytelnicy interested readers 460
czytelnik reader[1] 781

dać wydrukować to pass for press 639
dalszy ciąg continuation 219
dedykacja dedication 283
dedykacja; z dedykacją dedicated 282
deklaracja declaration 281
diagram diagram 297
dodatek addendum, annex, appendix, supplement[1, 2] 10, 28, 40, 945, 946
dodatkowa opłata za wynajem supplementary hire fee 948
dokumentacja documentation 309
domaine public domaine public 310
do nabycia available 67
doniesienie communication 188
dopiero co ukazało się just issued 482
dopisek postscript 692
do przejrzenia on approval 599
dosłownie literal, word for word 518, 1053
dosłowny literal 518
dostarczenie delivery[2] 287
dostarczenie egzemplarzy obowiązkowych copyright deposit 242
dostawa delivery[2] 287
dramat play 676
dramatopisarz, dramaturg playwright 677
dramatyzacja stage adaptation 916
druk print[1, 2], "printed matter", printing 707, 708, 712, 722
druk; w ~u in the press 464
drukarnia book-printing office, printing office 116, 726
drukarskie pismo type[2] 1002
drukarz printer 715
druk czterobarwny four-colour process 395
druk offsetowy offset printing 598
drukować to print 711
druk pochyły italics 475
druk trójbarwny three-colour process 975
druk wklęsły intaglio printing 457
druk wypukły typograficzny relief printing 808
druk z podwójnym nakładaniem duplicate print 319
duplikat duplicate 318
dwujęzyczny bilingual 81
dyspozycje dot. składu printing order 727
dział produkcyjny production department 733
dzieje history 428
dzieła pozostałe remains 811
dzieła wybrane selection[1] 866
dzieło work 1055
dzieło ciągłe serial 874
dzieło naukowe scientific publication 857
dzieło pozostałe posthumous work 690
dzieło seryjne serial 874
dzieło standardowe standard work 921
dzieło w odcinkach serial 874
dzieło zbiorowe composite work 204
dziennik diary, newspaper 298, 580
dziękowanie acknowledgements 7

edytor compiled by 194
egzemplarz copy[3] 230
egzemplarz antykwaryczny second-hand copy 863
egzemplarz bezpłatny complimentary copy 201
egzemplarz dla zaopiniowania specimen copy 911
egzemplarz dodatkowy additional copy 11
egzemplarz dowodowy/gratisowy author's copy 62
egzemplarz nie rozcięty unopened copy 1023
egzemplarz numerowany numbered copy 591
egzemplarz obowiązkowy deposit copy 292
egzemplarz okazowy advance copy, advance sheet 13, 15
egzemplarz podstawowy reference copy 802
egzemplarz próbny advance copy, examination copy, specimen copy 13, 353, 911
egzemplarz recenzyjny review copy 835
egzemplarz sygnałowy advance copy 13
egzemplarzy uszkodzone damaged copies 275
egzemplarz wzorowy reference copy 802
ekspedycja delivery[1] 286
encyklopedia; mała ~ encyclop(a)edia 341
encyklopedia powszechna encyclop(a)edia 341

errata errata 348
esej essay 350

faksymile facsimile 368
faktura invoice 468
falc fold 383
farba drukarska printer's ink 719
film fabularny TV TV-play 1000
folia przezroczysta transparent foil 993
folio folio[1] 386
forma edytorska book design 105
format format 392
format podłużny oblong format 595
format składu type area 1003
format stojący upright format 1028
formularz form 391
formularz do zgłoszenia copyrightu
copyright application form 241
formuła „copyright by . . ." copyright notice 245
forzac fly-leaf 380
fotografia photograph 657
fotokopia photocopy 656
fotos photograph 657
fototypia phototype 660
futeral slip case 894

gablota showcase 889
gazeta newspaper 580
generalne przedstawicielstwo general agency 403
gotowy do druku ready for the press 789
gotowy do wysyłki ready for dispatch 787
graficzny graphic(al) 415
gramatura papieru paper weight 632
gratisowy free of charge 397
grzbiet back 68

handel trade 985
handel ksiażkami book trade 119
handel wewnętrzny domestic trade 311
harmonia orchestral parts 602
hasło entry, subject heading 346, 935
historia history, story 428, 932
historyjka short story, story 888, 932
honorarium (autorskie) royalty 848
honorarium ryczałtowe outright fee 613
hurtownik wholesaler 1049

ilość egzemplarzy na składzie stock 929
ilustracja figure[1], imaginative literature,
picture 372, 432, 664
ilustracja obłamywana text illustration 973
ilustracja oddzielna plate[1] 674
ilustracja w tekście text illustration 973
imię name 573
imitacja imitation 433
„imprimatur!" good for print 412
imprimatur imprimatur 436

indeks subject index 939
indeks nazwisk author index 56
instytut institute 454
izba handlowa chamber of commerce 147

„jako druk" "printed matter" 712
jako książka in volume form 471
język language 486

kalendarz calendar 131
kapitaliki small capitals 896
kara umowna penalty 642
karta ochronna guardsheet 416
karta tytułowa title page 980
karta wkładana interleaf 461
kartka sheets 882
kartka; międzynarodowa ~ katalogowa
fiche internationale 370
kartoteka card index 139
katalog catalog(ue) 142
katalog wydawniczy publisher's catalogue 763
kiermasz książek book fair 107
kierownik działu reklamy publicity manager 753
kierownik redakcji chief editor 155
klasyfikacja dziesiętna decimal classification 280
klisza cliché 163
klisza (drukarska) block 92
klisza obłamywana text illustration 973
klub miłośników książki book club 104
klucz podatkowy tax rate 961
koedycja joint edition 479
kolofon colophon, imprint[1] 175, 437
kolorowa wklejka colo(u)r plate 176
kolportaż colportage 178
kolumna page proof 621
komedia comedy 180
komentarz commentary 183
komiksy comic strip 181
komis commission 185
komisant, komisjoner commission merchant 187
komitet redakcyjny editorial board 332
kompetencja jurisdiction 481
kompletny complete 195
kompletny materiał muzyczny
complete set of music material 198
kompozycja composition[1] 205
kompozytor composer 202
komunikat press release 702
konferencja conference 213
kongres congress 214
konspekt (dzieła) outline(s)[1], synopsis 609, 951
kontrakt → umowa
kontynuowanie continuation 219
konwencja convention 226
Konwencja Berneńska Berne Convention 74
kopia copy[1, 2] 228, 229
kopia świetlna blueprint[1], phototype 93, 660
korekta correction 254

korekta autorska author's corrections 63
korekta w szpaltach reading (the) galley proofs 786
korektor proof-reader 740
korektor na etacie printer's reader 720
korektor wydawnictwa printer's reader 720
korespondencja correspondence 256
koszty druku printing costs 723
koszty opakowania packing costs 618
koszty wydania costs of publishing 258
koszty wydawnictwa costs of publishing 258
krąg interesujących się interested readers 460
krótki concise 208
krytyka critique 266
kserografia xerography 1063
książka book 101
książka; w postaci książki in volume form 471
książka dla dzieci children's book 156
książka do modlitwy prayer-book 694
książka fachowa professional publication 734
książka kieszonkowa pocket-size edition 681
książka kucharska cookbook 227
książka miesiąca book of the month 114
książka specjalistyczna professional publication 734
książka szkolna school-book 854
książka sztuki art book 44
książka w oprawie miękkiej paper-bound book 628
książka z czytankami reading book 785
książka z obrazkami picture-book[2] 666
księga book 101
księga ilustracyjna picture-book[1] 665
księgarnia bookshop 118
księgarstwo book trade 119
księgarstwo hurtowe wholesale book trade 1046
księgarstwo nakładowe publishing trade 772
księgarz bookseller 117
księgarz komisowy wholesale distributing agent 1047
księgarz sortymentowy retail bookseller 828
kursywa italics 475
kwartalnik quarterly 774
kwestionariusz questionnaire 775

legenda key 485
lekka lektura light reading 512
leksykon encyclop(a)edia 341
lektura; lekka ~ light reading 512
lewa stronica verso 1037
librecista librettist 506
libretto libretto 507
licencja przedruku licence of reprinting 511
licencja przymusowa legal licence 497
liczba number[1] 589
liczba stron total number of pages 982
linotyp linotype 514
list letter[2] 502
list przewozowy delivery note 288
litera letter[1] 501
literalnie, literalny literal 518
literatura literature[1] 524
literatura brukowa cheap novel, trash 153, 995
literatura młodzieżowa juvenile literature 483
literatura piękna belles-lettres 73
literatura powieściowa fiction 371
literatura powszechna general books 404
literatura rozrywkowa cheap novel, light reading 153, 512
literatura straganowa trash 995
literówka error in composition, misprint 349, 557

łamać to make up 538
łamanie make-up[1] 536

magazynowanie storage 931
mający braki/usterki defective 285
majuskuły capital letters 134
makieta dummy 317
makieta do składu i łamania layout[1] 488
makulatura spoiled sheet 915
mała encyklopedia encyclop(a)edia 341
mała partytura pocket score 680
małe prawa "petits droits" 654
mały podręcznik/poradnik pocket-book 678
mapa atlas, map 52, 543
mapka map 543
maszyna do składania composing machine 203
maszynopis copy[4], manuscript, typescript 231, 542, 1005
materiał copy[4] 231
materiał; kompletny ~ muzyczny complete set of music material 198
materiał wynajmowany/zwrotowy material on hire 546
materiały paper(s) 631
materiały konferencji/konferencyjne/zjazdowe transactions 986
matryca block, matrix 92, 547
matrycowanie stamping 918
metryka książki colophon, imprint[1] 175, 437
mieć w zapasie to stock 930
miesięcznik monthly publication 564
międzynarodowa kartka katalogowa fiche internationale 370
Międzynarodowa umowa dot. ochrony dzieł literackich i artystycznych Universal Copyright Convention 1022
mikrofilm microfilm 553
mikrokopia micro-copy 552
minuskuły small letters 897
modlitewnik prayer-book 694
monografia monograph, professional publication 562, 734
monotyp monotype 563
mowa language 486
musical musical 569
mutacja duplicate print, parallel print 319, 635
muzyka music 568
muzykalia printed music 713
muzyka sceniczna stage music 917

nabycie; do nabycia available 67
nadmiar zapasu overstock 615
nagłówek headline 424

nagranie sound-recording 905
nagrywanie dźwięku sound recording 905
nakład edition[2], size of edition 329, 890
nakładem published by 758
należność za użytkowanie/wynajem hire fee 426
na piśmie in writing 472
na pokaz on approval 599
narada conference 213
naruszenie prawa autorskiego infringement of copyright 448
naruszenie umowy breach of contract 123
następca successor 942
następca prawny successor 942
naśladowanie imitation 433
nauka science 855
na własny rachunek for own account 393
nazwisko name 573
nazwisko autora name of author 575
nie autoryzowany unauthorized 1018
niebieska kopia blueprint[1] 93
nie chroniony non-protected 585
niekompletny defective 285
nielegalne wydanie pirated edition 669
nieobcięty untrimmed 1026
nieobcinany untrimmed 1026
nie ochroniony domaine public 310
nieoprawny unbound 1019
niepodlegający ocleniu duty-free 322
nie podlegający opodatkowaniu tax-free 960
nieskrócony unabridged 1015
nie wydany unpublished 1024
nie wyłączny non-exclusive 583
niezmienny unchanged 1021
niezupełny defective 285
nośnik dźwięku recording 794
notatka; z ~mi annotated 29
notka remark 813
notka informacyjna synopsis 951
notki i zapowiedzi (na skrzydełkach) blurb-text 96
nowela short story, story 888, 932
nowelka short story 888
nowe wydanie new edition, re-issue 578, 807
nowo opracowany revised 838
nowość just issued, new publication 482, 579
numer number[1, 2] 589, 590
numeracja arkuszy numbering of sections 592
numer próbny examination copy 353
numer stronicy folio[2] 387

obcięty trimmed 998
objaśnienie commentary, explanation 183, 364
objaśnienie znaków key 485
objętość (arkuszowa) size of the book 892
obrazek picture 664
obwoluta book-jacket, guardsheet 109, 416
ochroniony; nie ~ domaine public 310
odbijanie stamping 918
odbitka print[2], proof 708, 738
odbitka fotograficzna photographic print 658
odbitka korektorska galley proof 401
odbitka skałowa progressive colour proof 735
odbitka szczotkowa hand proof 421
odbitka wyjątkowa offprint 597
odcinek continuation 219
odczyt lecture 495
odczyt publiczny public reading 755
oddać do drukarni/druku to pass for press 639
odliczenie deduction 284
odpisać to copy 232
odprawa celna customs clearance 269
odstąpienie praw assignment[1] 50
odszkodowanie indemnification 442
odtwarzanie, odtworzenie copy[2] 229
oferta quotation[2], offer 596, 777
offset offset printing 598
ogłoszenie advertisement 16
okładka boards, cover 97, 259
okładka próbna model cover 559
okładka przezroczysta guardsheet 416
okładzina cover 259
okólnik circular 158
okres ochronny period of protection 653
opakowania; koszty ~ packing costs 618
opiniodawca publisher's reader 765
opis rysunku legend 498
opłata; dodatkowa ~ za wynajem supplementary hire fee 948
opłata za prawo przedstawienia performing right(s) 648
opłata za użytkowanie/wynajem hire fee 426
opodatkowanie taxation 959
opowiadanie short story, story 888, 932
opowieści rysunkowe comic strip 181
opowieść story 932
opracować to compile, to edit[1] 193, 323
opracowanie adaptation 9
opracowanie dla sceny stage adaptation 916
opracowanie graficzne book-design, technical make-up 105, 964
oprawa binding 84
oprawa; w oprawie papierowej/tekturowej cardboard-bound 137
oprawa broszurowa paper cover(s) 619
oprawa kartonowa cardboard binding 136
oprawa miękka flexible cover 379
oprawa plastyczna plastic binding 673
oprawa płócienna cloth binding 165
oprawa skórzana leather binding 494
oprawa tekturowa cardboard binding 136
oprawa w skórze leather binding 494
oprawa z tworzywa plastic binding 673
oprawić to bind 83
oprawiony bound 122
oryginalny original[1] 604
oryginał artwork 48
ośrodek institute 454
oświadczenie declaration 281
oznaczenie źródeł background material 69

paczka package 617
paczka pocztowa post parcel 691
pagina folio[2], pagination 387, 623
paginacja pagination 623
paginować to paginate 622
pamiętnik diary 298
pamiętniki memoirs 550
paperback paperback 626
papier paper 625
papier bezdrzewny paper without woodpulp 633
papier biblijny bible paper 76
papier drzewny wood-pulp paper 1051
papier dziełowy book paper 115
papier kredow(an)y art paper 47
papier nutowy music paper 570
papier ochronny guardsheet 416
papier pelurowy onion-skin 601
papier rotacyjny newsprint 581
papier satynowany (z połyskiem) glazed paper 408
papier satynowany z wysokim połyskiem super-calendered paper 944
papier typograficzny printing paper 728
paragraf paragraph 634
partia part 636
partie orkiestralne orchestral parts 602
partytura score 858
partytura; mała ~ pocket score 680
partytura kieszonkowa/podręczna pocket score 680
pasek reklamowy advertising strip 17
pełne wydanie complete edition 196
pełny complete 195
periodyczny periodical[2] 651
periodyki periodicals 652
pieśń song 903
pisać to write 1058
pisany na maszynie typewritten 1010
pisarz writer[1] 1059
pisemny in writing 472
pisma dla młodzieży juvenile literature 483
pisma wybrane selection[1] 866
pismo script[1], type(s)[1] 861, 1001
pismo; drukarskie ~ type[2] 1002
pismo fachowe special journal 908
pismo grube bold face 100
pismo tekstu głównego body type 99
pismo ulotne leaflet[1] 492
piśmiennictwo literature[1] 524
piśmiennictwo działowe/fachowe/zakresu special bibliography 907
placówka institute 454
plagiat plagiarism 671
plakat poster 688
plan map 543
plan tematyczny/wydawniczy publishing programme 770
płacenie, płatność payment 641
płótno cloth binding 165
płyta (gramofonowa) phonograph record 655
płytoteka record library 795
pobranie cash on delivery 141
podatek tax 957
podatek dochodowy income tax 440
podatek obrotowy turnover tax 999
podatek spadkowy inheritance tax 449
podaż offer 596
podlegający; nie ~ opodatkowaniu tax-free 960
podlegający ocleniu dutiable 321
podlegający opodatkowaniu taxable 958
podłużny oblong 594
podpisy pod rysunkami legend 498
pod redakcją edited by 325
„Pod redakcją ..." compiled by, edited by 194, 325
podręcznik guide(-book), handbook, manual, outline(s)[2], pocket-book, professional publication, reference book 417, 419, 540, 610, 678, 734, 801
podrozdział subchapter 934
Podstawy ... outline(s)[2] 610
podtytuł subtitle 941
podwydawca sub-publisher 937
podział (honorariów autorskich) distribution[2] 307
podziękowanie acknowledgements 7
poemat poem 682
poeta poet 683
poezja poem, poetry 682, 684
pokaz; na ~ on approval 599
polecenie commission 185
policzyć to invoice 469
poligrafia typography 1014
poprawi(a)ć to correct 252
poprawiony revised 838
poprawka correction 254
popularno-naukowy popular[2] 687
popularny popular[1] 686
popyt demand 291
poradnik guide(-book), pocket-book 417, 678
poruczenie commission 185
posłowie epilogue 347
postscriptum postscript 692
pośmiertny posthumous 689
poświęcony dedicated 282
potrącenie deduction 284
powiastka short story 888
powielanie reproduction[2] 822
powieściopisarz novelist 588
powieści fantastyczno-naukowe science fiction 856
powieść novel 586
powieść kryminalna crime fiction 264
powieść z kluczem "roman à clef" 844
„Powszechna Księgarnia Wysyłkowa" mail-order business 535
pozostać to keep standing 484
pozycja publication[2] 750
pożyczenie lending 499
praca work 1055
praca naukowa scientific publication 857
praca pośmiertna posthumous work 690
praca w odcinkach serial 874
praca zbiorowa composite work 204
„praca zbiorowa" corporate author 251
prasa press[1] 699
prawa do nadawania w telewizji television-broadcasting rights 966

prawa sfilmowania film rights 375
prawa stronica right-hand page 842
prawa uboczne subsidiary rights 940
prawa wtórne subsidiary rights 940
prawo law 487
prawo; wielkie prawa "grands droits" 414
prawo autora dzieła literackiego, naukowego lub artystycznego literary and artistic copyright 520
prawo autorskie copyright[1] 237
prawo do publikowania dzieła publishing rights 771
prawo handlowe commercial law 184
prawo mechanicznego powielania mechanical reproduction rights 549
prawo moralne/osobowościowe droit moral 316
prawo powielania right(s) of reproduction 843
prawo przedruku licence of reprinting 511
prawo przedstawienia performing right(s), "petits droits" 648, 654
prawo reprodukowania right(s) of reproduction 843
prawo transmisji broadcasting right(s) 126
prawo wydania publishing rights 771
prawo wyłącznej sprzedaży sole selling rights 902
premiera première 697
prenumerata subscription 939
projekt design[2] 294
propaganda publicity 752
prospekt prospectus 744
protokół protocol 747
prowizja commissions 186
proza prose 743
przedawnienie statutory limitation 926
przedłużka throw-out 977
przedmowa preface 695
przedruk form, re-issue, reprint[1] 391, 807, 818
przedruk w prasie reprint(ing) in the press 820
przedstawicielstwo; generalne ~ general agency 403
przedstawicielstwo; wyłączne ~ exclusive agency 356
przedstawienie performance[2] 646
przedstawienie publiczne public performance 754
przedtytuł half-title 418
przegląd syntetyczny table 953
przejrzenie revision 840
przejrzenie; do przejrzenia on approval 599
przekład translation 991
przekład; surowy ~ literal translation 519
przekład; wierny ~ faithful translation 369
przekładać to translate 990
przekład autoryzowany authorized translation 60
przełamać to remake up 812
przemleć to pulp 773
przeniesienie praw assignment[1] 50
przepis regulation 805
przepisany na maszynie typewritten 1010
przerobić to adapt, to rewrite 8, 841
przeróbka adaptation 9
przesyłka package 617
przewóz delivery[2] 287
„przeznaczony dla ..." interested readers 460
przezroczysta; okładka ~ guardsheet 416
przygotować do druku to edit[2] 324
przygotowanie maszynopisu do składania copy preparation 235
przypis remark 813
przypis; z ~ami annotated 29
przypis (pod tekstem) footnote 389
przy współudziale ... contributor 225
pseudonym literary pseudonym, pseudonym 522, 748
publikacja publication[1] 749
publikować to publish 756
publikowanie appearance, publication[1] 38, 749
punkt typograficzny typographical point 1013

rabat discount 305
rachunek invoice 468
rachunek; na własny ~ for own account 393
raster screen 859
recenzent critic, publisher's reader 265, 765
recenzja review[1] 832
recenzować to review 834
recto right-hand page 842
recytacja lecture, public reading 495, 755
redagować to compile 193
redakcja editing, editorial board, editorial department[1, 2], editorial offices 327, 332, 333, 334, 336
redaktor editor[1], publisher's reader 330, 765
redaktor naczelny chief editor, editor-in-chief 155, 337
referat account 6
referaty transactions 986
rejestr list 516
reklama publicity 752
reklamacja claim 161
reklamować to lodge a claim 527
relacja communication, report 188, 817
relief embossing 340
remanent inventory, stock 467, 929
remitenda returns 830
reprodukcja artistic print, copy[2], reproduction[2] 46, 229, 822
reprografia reprography 823
reszta nakładu remainders 810
retuszować to touch up 983
rewers hire contract 425
rewia review[2] 833
rewizja revision 840
rezerwa reserve stock 826
rękopis manuscript 542
rocznie annual[2] 33
rocznik almanac, year-book 23, 1065
roczny annual[2] 33
rok annual volume 34
rok wydania date of printing 278
rotograviura rotogravure 846
rozdawanie distribution[1] 306
rozdział chapter 150
rozliczenie statement of account 924
rozmaitości paper(s) 631
rozpocząć z wcięciem to indent 443
rozpowszechnianie marketing 545
rozpowszechnianie wysyłkowe mail-order business 535

rozprawa paper(s), treatise 631, 996
rozsprzedane out of print 611
równowartość consideration 215
rycina engraving, line drawing 342, 513
rycina na karcie tytułowej frontispiece 399
rynek market 544
rynek księgarski book market 113
rysunek design[1], picture 293, 664

scenariusz scenario 852
science-fiction, sci-fi science fiction 856
separatum offprint 597
sepia sepia print 872
seria series 876
seria wydawnicza serialization 875
sfilmowanie use in film 1030
skład composition[2], matter, setting up in type 206, 548, 878
składacz compositor 207
składać to set up 879
skład nieruszony standing type 923
składować to stock 930
składowanie storage 931
skład stały standing type 923
skład zwykły plain matter 672
skopiować to copy 232
skreślenie cancelling 133
skrócenie abridgement 4
skrócony concise 208
skrót abbreviation, abridgement 1, 4
skrzydełko jacket-flap 477
słowa text 971
słowa do pieśni lyrics 532
słownik dictionary, vocabulary 299, 1038
słownik kieszonkowy pocket dictionary 679
słownik podręczny practical dictionary 693
słownik terminów/wyrazów vocabulary 1038
słowo word 1052
słowo wstępne preface 695
słuchowisko radio-play 778
sortymenter retail bookseller 828
spełnienie performance[1] 645
spis list 516
spis nazwisk author index 56
spis odbiorców mailing list 534
spis rzeczy subject index, table of contents 936, 954
spis terminów vocabulary 1038
spis treści table of contents 954
spis wyrazów vocabulary 1038
splata w ratach/na raty instalment 453
sporządzić to edit[1] 323
spółka dla ochrony praw autorskich copyright protection society 249
sprawozdania z posiedzeń transactions 986
sprawozdanie account, report 6, 817
sprzedać za bezcen to remainder 809
sprzedać z zniżką cen to remainder 809
sprzedaż marketing, sale(s) 545, 849
sprzedaż; wyłączna ~ exclusive distribution 357
sprzedaż nut sheet music sales 884
stałe zamówienie standing order 922
stawiać do dyspozycji to place at somebody's disposal 670
stawka celna customs rate 270
stoisko stand 919
stopa celna customs rate 270
stopień czcionki body size 98
„stopka" imprint[1] 437
stornować to cancel (an order) 132
streszczenie abstract, digest, outline(s)[1], summary 5, 300, 609, 943
strona page, sheets 619, 882
strona nieparzysta right-hand page 842
strona odwrotna verso 1037
strona tytułowa title page 980
stronica; prawa ~ right-hand page 842
studia paper(s), study 631, 933
subskrypcja booking, subscription 108, 939
subwydawca sub-publisher 937
suma invoice amount 470
suplement annex, supplement[1] 28, 945
surowe tłumaczenie literal translation 519
surowy przekład literal translation 519
szata graficzna book design, technical make-up 105, 964
szata graficzna okładki cover design 260
szczotkowa; odbitka ~ hand proof 421
szkic sketch 893
szkic do składu layout[2] 489
szkic do składu i łamania layout[1] 488
szmuctytuł half-title 418
szpalta column, galley proof 179, 401
sztuka piece 667
sztuka radiowa radio-play 778
sztuka teatralna play 676
sztuka telewizyjna TV-play 1000
sztych engraving 342
sztych nut engraving of music 343

śpiewnik song-book 904
światło break 124

tabela table 953
tablica table 953
tablica ilustracyjna plate[1] 674
tablica wielobarwna colo(u)r plate 176
tantiema za transmisję radiową broadcasting royalty 127
targi książki book fair 107
taryfa celna customs tariff 271
taśma magnetofonowa/magnetyczna tape 956
taśma z nagraniem tape 956
tekst lyrics, text 532, 971
tekst oryginalny original text 608
tekst propagandowy blurb-text 96
telewizja television 965
teren rozpowszechniania territory of distribution 970
teren umowny "contract territory" 223
termin dodatkowy extended term 366

termin dostawy date of delivery, time of delivery 277, 978
termin ukazania się książki date of publication 279
thriller thriller 976
tłoczenie embossing, stamping 340, 918
tłumaczenie translation 991
tłumaczenie; surowe ~ literal translation 519
tłumaczenie; wierne ~ translation; faithful ~ 369
tłumaczenie autoryzowane authorized translation 60
tłumaczyć to translate 990
tom, tomik volume 1040
tom; w dwóch ~ach in two volumes 1042
tomik z serii popularnej paperback 626
tom z czytankami reading book 785
tom z ilustracjami volume of illustrations 1041
towarzystwo miłośników książki book club 104
transkrypcja arrangement, transcription 43, 988
transkrypcja „na głos i fortepian" piano-song version 663
transmisja transmission 992
transmisja radiowa broadcast(ing) 125
transparent transparent foil 993
treść contents 218
tusz Indian ink 445
tygodnik weekly[1] 1043
tygodniowy weekly[2] 1044
typografia typography 1014
tytuł publication[2], title 750, 979
tytuł rozdziału chapter heading 151
tytuł rysunku legend 498
tytuł wstępny half-title 418

ubezpieczenie insurance 456
ukazać się (w druku) to appear 37
ukazanie się appearance 38
ukaże się wkrótce to appear shortly 39
ulotka blurb, leaflet[1] 95, 492
ułożyć to edit[1] 323
umowa contract 221
umowa blankietowa blanket agreement 89
umowa najmu hire contract 425
umowa o prawie wykonania utworu contract authorizing public performances 222
umowa podwydawnicza sub-publishing agreement 938
umowa przedstawicielska agency agreement 19
umowa ramowa blanket agreement 89
umowa reprezentacyjna agency agreement 19
umowa wydawnicza publisher's agreement 762
upowazni(a)ć to authorize 58
upoważnienie authorization 57
upoważniony copyright holder 243
upowszechnianie distribution[1] 306
uprawnić to authorize 58
usługi jobwork 478
ustawa law 487
uszkodzone; egzemplarzy ~ damaged copies 275
utwór muzyczny composition[1] 205
utwór sceniczny play 676
uwaga remark 813
uzupełnienie completion 199

użyć na makulaturę/przemiał to pulp 773
używanie utilization 1031

vacat blank[1] 87
verso verso 1037

wadliwy defective 285
waluta currency 267
w arkuszach in flat sheets 447
warsztat edytorski editorial offices 336
warunki dostawy terms of delivery 969
w broszurze stitched 928
wciąć to indent 443
w druku in the press 464
w dwóch tomach in two volumes 1042
weksel bill of exchange 82
wersaliki capital letters 134
wersja version 1036
wiadomości transactions 986
wielkie prawa "grands droits" 414
wielojęzyczny polyglot 685
wierne tłumaczenie faithful translation 369
wierny przekład faithful translation 369
witryna shop-window, showcase 886, 889
wklejka interleaf 461
wklejka; kolorowa ~ colo(u)r plate 176
wkładać to insert 452
wkładka interleaf 461
własność umysłowa intellectual property 458
właściciel prawa (autorskiego) copyright owner 246
włożyć to insert 452
„wolno drukować!" good for print 412
wolny od cła duty-free 322
w oprawie bound 122
w oprawie papierowej/tekturowej cardboard-bound 137
wpisanie booking 108
w postaci książki in volume form 471
wskaźnik podatkowy tax rate 961
wspomnienia memoirs 550
wspólne wydanie joint edition 479
współautor co-author 166
współautorstwo co-authorship 167
współczesny contemporary 217
współpracownik contributor 225
współpracownik na zlecenie outside collaborator 614
wstawić to insert, to interleave 452, 462
wstawić rachunek to invoice 469
wstęp introduction[1], preface 465, 695
wstęp do . . . guide(-book) 417
„wszelkie prawa zastrzeżone" "all rights reserved" 22
wszystkie dzieła complete (collection of) works 197
wtórnik duplicate 318
wybór selection[1, 2] 866, 867
wybór tekstów selected passages 865
wyciąg fortepianowy piano score 662
wycinek z gazety press cutting 701

wycofać z obiegu to withdraw from circulation 1050
wyczerpane out of stock 612
wydać to publish 756
wydać w oprawie broszurowej to paperback 627
wydanie edition[1, 2] 328, 329
wydanie; nielegalne ~ pirated edition 669
wydanie; nowe ~ new edition, re-issue 578, 807
wydanie; pełne ~ complete edition 196
wydanie; wspólne ~ joint edition 479
wydanie autoryzowane authorized edition 59
wydanie bibliofilskie bibliophile edition 80
wydanie kieszonkowe pocket-size edition 681
wydanie kompletne complete edition 196
wydanie luksusowe de luxe edition 290
wydanie pierwsze first edition 376
wydanie pirackie pirated edition 669
wydanie poprawione corrected edition 253
wydanie poszerzone enlarged edition 344
wydanie przejrzane revised edition 839
wydanie rozszerzone enlarged edition 344
wydanie skrócone abridged edition 3
wydanie standardowe standard edition 920
wydanie uzupełnione enlarged edition 344
wydanie w luźnych arkuszach loose-leaf book 528
wydanie w odcinkach serial 874
wydanie w twardej oprawie hardcover 422
wydatki expenses 363
wydawca compiled by, editor[2], publisher 194, 331, 759
wydawca oryginalny original publisher(s) 607
wydawnictwo publishing house 769
wydawnictwo ciągłe/seryjne serial, serialization 874, 875
wydawnictwo muzyczne music publisher 571
wyjaśnienie explanation 364
wyjątek excerpt(s) 354
wykaz list 516
wykaz autorów author index 56
wykaz literatury bibliography[2] 78
wyklejka fly-leaf 380
wykład lecture 495
wykonanie performance[1] 645
wykorzystanie utilization 1031
wykres diagram 297
wyłączna sprzedaż exclusive distribution, sole selling rights 357, 902
wyłączne przedstawicielstwo exclusive agency 356
wyłączny exclusive 355
wyłączny; nie ~ non-exclusive 583
wynagrodzenie consideration 215
wynagrodzenie za szkodę indemnification 442
wynajęcie hire contract 425
wypisy selection[2] 867
wypożyczalnia książek lending library 500
wypracować to elaborate 339
wyrażenie wdzięczności acknowledgements 7
wystawa exhibition, shop-window, showcase 361, 886, 889
wystawa książek book exhibition 106
wysyłka delivery[1, 2] 286, 287
wytwór poligraficzny print[1] 707
wzajemność reciprocity 791
wznowienie re-issue, reprint[2] 807, 819

zakład (poli)graficzny printing office 726
zakład wydawniczy publishing house 769
zaliczanie pocztowe cash on delivery 141
zaliczka (na honorarium) advance royalty 14
zamówienie order 603
zamówienie; stałe ~ standing order 922
zamówienie na stałe standing order 922
zapas inventory, stock 467, 929
zapas rezerwowy reserve stock 826
zapas żelazny minimum stock 555
zapisanie booking 108
zapisek „copyright by . . .” copyright notice 245
zapłata payment 641
zapłata ratalna instalment 453
zapłata za transmisję radiową broadcasting royalty 127
zapytanie inquiry 451
zarejestrowanie publikacji przez Copyright Office copyright application, copyright registration 240, 250
zarys compendium, outline(s)[2], sketch 189, 610, 893
zasób stock 929
zasób rezerwowy reserve stock 826
zbieranie (złamanych arkuszy) gathering 402
zbiorowe autorstwo co-authorship 167
zbiór collection 172
zbiór terminów/wyrazów vocabulary 1038
zbyt marketing 545
z dedykacją dedicated 282
zecer compositor 207
zespół autorski corporate author 251
zespół redakcyjny editorial board 332
zestawienie autorów author index 56
zeszyt booklet, number[2], pamphlet 110, 590, 624
zeszywać to sew 880
zezwolenie autora author's consent 61
zgłoszenie copyrightu copyright application 240
zgoda autora author's consent 61
zjazd congress 214
zjdęcie photograph 657
złamanie umowy breach of contract 123
złożyć to set up 879
zmiana change 148
zmienić to change 149
znak copyright copyright[2] 237
znak firmowy publisher's emblem 764
znak korektorski proof-correction symbol 739
znak wydawnictwa publisher's emblem 764
z notatkami annotated 29
z przypisami annotated 29
zredagować to compile 193
zszywać to sew, to stitch 880, 927
zszywanie binding in paper covers 85
zszywanie spiralą spiral binding 914
zwięzły concise 208

źródło source 906

życiorys biography 86

PORTUGUESE — PORTUGUÊS

a/ã/á/â, b, c/ç, d, e/é/ê, f, g, h, i/í, j, l, m, n, o/õ/ó/ô, p, q, r, s, t, u/ú, v, x, z

abatimento discount 305
abreviação abridgement 4
abreviado; não ~ unabridged 1015
abreviatura abbreviation 1
acaba de publicar-se just issued 482
a continuar to be continued 220
acta protocol, transactions 747, 986
actas transactions 986
actualmente esgotado temporarily out of print 967
adaptação adaptation 9
adaptação cénica stage adaptation 916
adaptação cinematográfica use in film 1030
adaptar to adapt 8
adiantamento do honorário advance royalty 14
aditamento supplement[1] 945
agência de expedição postal mail-order business 535
agência exclusiva exclusive agency 356
agência geral general agency 403
a imprimir-se in the press 464
agradecimentos aos colaboradores acknowledgements 7
álbum album 21
álbum de imagens picture-book[1] 665
alçado gathering 402
alinear to indent 443
almanaque almanac, calendar 23, 131
alteração change 148
alterar to change 149
amostra; de ~ on approval 599
amostra da capa da encadernação model cover 559
anexo annex, appendix 28, 40
ano annual volume 34
ano da publicação date of printing 278
anónimo anonymous 35
anotação footnote 389
anotação final imprint[1] 437
anotado annotated 29
antologia anthology, selection[2] 36, 867
anual annual[2] 33
anuário year-book 1065
anular to cancel (an order) 132
anúncio advertisement 16
anúncio dos direitos de autor copyright application 240
anverso right-hand page 842
aparecer to appear 37
aparecerá em breve to appear shortly 39
aparecimento appearance 38
apelido name 573
apêndice annex, appendix, supplement[1] 28, 40, 945
apresentação advance sheet, technical make-up 15, 964
a publicar brevemente to appear shortly 39
argumento (cinematográfico) scenario 852
armazenagem storage 931
arte poética poetry 684
artigo article, contribution 45, 224
atlas atlas 52
a toda a página full-page 400
audição transmission 992
auténtico authentic 53
autobiografia autobiography 66
autor author[1, 2] 54, 55
autor de obras dramáticas playwright 677
autoria authorship 65
autorização authorization 57
autorização; sem ~ unauthorized 1018
autorização legal legal licence 497
autorizar to authorize 58
à venda available 67
azul; cópia ~ blueprint[1] 93

bandas de sobrecapa jacket-flap 477
barraca stand 919
base outline(s)[2] 610

belas-letras belles-lettres 73
«best-seller» best-seller 75
bibliografia bibliography[1, 2] 77, 78
bibliografia especializada special bibliography 907
bibliologia bibliology 79
biblioteca library 505
biblioteca ambulante lending library 500
biblioteca especializada special library 909
biblioteca nacional national library 576
biblioteca para subscritores lending library 500
biblioteca pública lending library 500
bilingue bilingual 81
biografia biography 86
boas-letras belles-lettres 73
boletim bulletin, report 130, 817
bosquejo book design, design[2] 105, 294
brochado paperback, stitched, unbound 626, 928, 1019
brochar to sew, to stitch 880, 927
brochura binding in paper covers, paper cover(s) 85, 629

cabeçalho de materia subject heading 935
calendário calendar 131
cámara de comércio chamber of commerce 147
campo de divulgação territory of distribution 970
cancelamento cancelling 133
cancioneiro song-book 904
canto song 903
capa boards, cover 97, 259
capa do livro book-jacket 109
capítulo chapter 150
carácter type(s)[1, 2] 1001, 1002
caracteres negros bold face 100
carta letter[2] 502
carta geográfica map 543
cartaz poster 688
cartonado cardboard-bound 137
casa editora publishing house 769
catálogo catalog(ue) 142
catálogo de editor publisher's catalogue 763
censura censorship 145
chefe da redacção chief editor 155
chefe da secção de publicidade publicity manager 753
cheque cheque 154
cianotipo blueprint[1] 93
ciência science 855
cinta blurb-text 96
cinta de publicidade advertising strip, blurb 17, 95
circular circular 158
circular comercial prospectus 744
citação citation 160
classificação decimal decimal classification 280
cliché block, cliché 92, 163
clube de bibliófilos book club 104
clube do livro book club 104
co-autor co-author 166
co-autoria co-authorship 167
coberta guardsheet 416
cobertura do livro book-jacket 109
cobre-livro book-jacket 109
coevo contemporary 217
colaborador contributor 225
colaborador exterior outside collaborator 614
colecção collection 172
colofone colophon, imprint[1] 175, 437
coluna column 179
com dedicação dedicated 282
começar uma linha deixando to indent 443
comédia comedy 180
comédia musical musical 569
comentário commentary 183
comerciante de livros por junto wholesale distributing agent 1047
comércio trade 985
comércio de livros book trade, publishing trade 119, 772
comércio de livros por grosso wholesale book trade 1046
comércio interior domestic trade 311
comissão commission, commissions 185, 186
comissão de redacção editorial board 332
comissionário commission merchant 187
comissionista commission merchant 187
communicação bulletin 130
compaginação make-up[1] 536
compaginar make-up[2] 537
compêndio abstract, compendium, handbook, outline(s)[2], summary 5, 189, 419, 610, 943
compensação consideration 215
compilado por . . . compiled by 194
compilar to compile 193
complemento addendum 10
completação completion 199
completo complete, unabridged 195, 1015
completo material musical complete set of music material 198
compor to set up 879
composição composition[1, 2], matter, setting up in type 205, 206, 548, 878
composição conservada standing type 923
composição simples (sem alínea) plain matter 672
compositor composer, compositor 202, 207
com todas as margens untrimmed 1026
comunicação communication 188
comunicado press release 702
comunidade de autores corporate author 251
conciso concise 208
conclusão epilogue 347
condições de entrega/venda terms of delivery 969
conferência conference, lecture 213, 495
conferência pública public reading 755
conforme à letra do texto literal 518
congresso congress 214
consentimento do autor author's consent 61
conservar a composição to keep standing 484
conta; por ~ própria for own account 393
contemporâneo contemporary 217

conteúdo contents 218
continua to be continued 220
continuação continuation 219
conto short stroy, story 888, 932
conto de fantasmas thriller 976
conto em imagens comic strip 181
contos fantásticos científicos science fiction 856
contrato contract 221
contrato de edição publisher's agreement 762
contrato de empréstimo hire contract 425
contrato de representação agency agreement 19
contrato de subedição sub-publishing agreement 938
contrato entre autor e editor publisher's agreement 762
contrato geral blanket agreement 89
contrato para representação contract authorizing public performances 222
contribuição contribution, taxation 224, 959
convenção convention 226
Convenção de Berna Berne Convention 74
Convenção Universal sobre os Direitos de Autor Universal Copyright Convention 1022
cópia copy[1] 228
cópia azul blueprint[1] 93
copiar to copy 232
copirraite copyright[3] 238
copyright copyright[2] 237
copyright por ... "protected by copyright" 745
corpo body size 98
corporação de autores corporate author 251
correcção da prova de granel reading (the) galley proofs 786
correcção de provas correction 254
corrector proof-reader 740
corrector de imprensa printer's reader 720
correspondência correspondence 256
corrigir to correct 252
corte abridgement 4
crestomatia selection[2] 867
crítica critique, review[1] 266, 832
crítico critic 265
cumprimento performance[1] 645

•

dactilografado typewritten 1010
data da impressão date of printing 278
data de entrega date of delivery 277
data de publicação date of publication 279
de amostra on approval 599
declaração declaration 281
dedicação; com ~ dedicated 282
dedicado dedicated 282
dedicatória dedication 283
de divulgação científica popular[2] 687
dedução deduction 284
defeituoso defective 285
depósito; sem existências no ~ out of stock 612
depósito legal copyright deposit 242
desconto deduction, discount 284, 305
desenho design[1] 293
desenho a traços line drawing 513
desenho da capa cover design 260
desenho para a disposição da composição layout[1] 484
despacho aduaneiro customs clearance 269
despacho de alfândega customs clearance 269
despesas expenses 363
detentor dos direitos de autor copyright holder 243
diagrama diagram 297
diário diary, newspaper 298, 580
diário técnico special journal 908
dicionário dictionary 299
dicionário de bolso pocket dictionary 679
dicionário portátil practical dictionary 693
difusão distribution[1] 306
direcção address 12
director de propaganda publicity manager 753
direito comercial commercial law 184
direito de autor copyright[1], royalty 236, 848
direito de radiodifusões broadcasting right(s) 126
direito de reimpressão licence of reprinting 509
direito de representações performing right(s) 648
direito de reprodução right(s) of reproduction 843
direito de reprodução mecânica mechanical reproduction rights 549
direito de venda exclusivo sole selling rights 902
direito exclusivo de difusão exclusive distribution 357
direito moral do autor droit moral 316
direito pequeno "petits droits" 654
direitos adicionais subsidiary rights 940
direitos cinematográficos film rights 375
direitos de alfândega customs 268
direitos de autor por radiodifusões broadcasting royalty 127
direitos de televisão television-broadcasting rights 966
direitos editoriais publishing rights 771
direitos subsidiários subsidiary rights 940
disco de gramofone phonograph record 655
discoteca record library 795
disponível available 67
disposição da composição layout[2] 489
dissertação treatise 996
distribução distribution[2] 307
divisa currency 267
divulgação distribution[1], marketing 306, 545
divulgação; de ~ científica popular[2] 687
divulgação de livros colportage 178
documentação background material, documentation, paper(s) 69, 309, 631
drama play 676
dramaturgo playwright 677
duplicado duplicate 318

edição edition[1,2], print[2] 328, 329, 708
edição; nova ~ new edition 578
edição; nova ~ inalterada reprint[2] 819
edição; primeira ~ first edition 376

edição; segunda ~ reprint[2] 819
edição abreviada abridged edition 3
edição aumentada enlarged edition 344
edição autorizada authorized edition 59
edição básica standard work 921
edição cartonada hardcover 422
edição clássica standard edition 920
edição colectiva joint edition 479
edição com capa rígida hardcover 422
edição completa complete edition 196
edição de bolso pocket-size edition 681
edição definitiva standard edition 920
edição de luxo de luxe edition 290
edição emendada corrected edition 253
edição normal standard edition 920
edição original first edition 376
edição para bibliófilos bibliophile edition 80
edição pirata pirated edition 669
edição popular paperback 626
edição revisada revised edition 839
editado por . . . edited by, published by 325, 758
edital advance sheet 15
editar to edit[2], to publish 324, 756
editor editor[2], publisher 331, 759
editora publishing house 769
editor de músicas music publisher 571
editor original original publisher(s) 607
elaboração jobwork 478
elaborar to compile, to elaborate 193, 339
em dois volumes in two volumes 1042
emenda prévia copy preparation 235
emendar to correct 252
emendas do autor author's corrections 63
em folhas soltas in flat sheets 447
em forma de livro in volume form 471
em impressão in the press 464
emprego utilization 1031
empréstimo hire fee, lending 426, 499
encadernação binding 84
encadernação de plástico plastic binding 673
encadernação em cartão cardboard binding 136
encadernação em couro leather binding 494
encadernação em espiral spiral binding 914
encadernação em pano cloth binding 165
encadernação flexível flexible cover 379
encadernado bound 122
encadernar to bind 83
encadernar; sem ~ unbound 1019
encapar to bind 83
encargo commission 185
enciclopédia encyclop(a)edia 341
encomenda order, package 603, 617
encomenda postal post parcel 691
endereço address 12
ensaio essay, paper(s) 350, 631
entrefolha; por ~s to interleave 462
entrega delivery[2] 287
entrelinha break 124
envío delivery[1] 286
epígrafe legend 498
epílogo epilogue 347
equivalência consideration 215
equivalente consideration 215
errata errata, error in composition, misprint 348, 349, 557
erro de dactilografia typist's error 1012
escrever to write 1058
escrita script[1] 861
escrito in writing 472
escrito a máquina typewritten 1010
escritor writer[1] 1059
esboço book design, design[2], sketch 105, 294, 893
esfera do contrato "contract territory" 223
esgotado out of print, out of stock, temporarily out of print 611, 612, 967
espaço em branco break 124
espécime advance sheet, examination copy 15, 353
estampado stamping 918
estampado em relevo embossing 340
estatuto law 487
estreia première 697
estudo paper(s), study 631, 933
estujo slip case 894
exclusivo exclusive 355
execução performance[2] 646
executante performing artist 647
exemplar copy[3] 230
exemplar anticipado advance copy 13
exemplar antigo second-hand copy 863
exemplar com todas as margens unopened copy 1023
exemplar dactilografado typescript 1005
exemplar dado em homenajem complimentary copy[2] 201
exemplar de amostra examination copy, specimen copy 353, 911
exemplar de consulta reference copy 802
exemplar de crítica review copy 835
exemplar de depósito legal deposit copy 292
exemplar de referência reference copy 802
exemplar de resenha review copy 835
exemplar deteriorado damaged copies 275
exemplar em folhas soltas copy in sheets 234
exemplares em mau estado damaged copies 275
exemplares não vendidos returns 830
exemplar excedente (gratuito) additional copy 11
exemplar gratuito author's copy, complimentary copy[2] 62, 201
exemplar intonso unopened copy 1023
exemplar numerado numbered copy 591
exibição exhibition 361
existências inventory, overstock, stock 467, 615, 929
existências de reserva reserve stock 826
expedição delivery[1] 286
explicação explanation 364
explicação de/dos sinais key 485
exposição account, exhibition 6, 361
exposição de livros book exhibition 106
extracto excerpt(s) 354

fachada fly-leaf 380
fac-símile facsimile 368
factura invoice 468
facturar to invoice 469
fardo package 617
fascículo booklet, number[2] 110, 590
fazer parágrafo to indent 443
feira de livros book fair 107
ficha internacional fiche internationale 370
ficheiro card index 139
fita de magnetofone tape 956
folha sheet, sheets 881, 882
folha; em ~s soltas in flat sheets 447
folha destacável throw-out 977
folha intercalada interleaf 461
folha mal impressa spoiled sheet 915
folha satinada transparent foil 993
folheto booklet, leaflet[1], pamphlet 110, 492, 624
fonte source 906
forma; em ~ de livro in volume form 471
formar estoque to stock 930
formato format 392
formato alongado upright format 1028
formato in-fólio folio[1] 386
formato oblongo oblong format 595
formato vertical upright format 1028
foto photograph 657
fotocópia photocopy 656
fotocópia em papel azul blueprint[1] 93
fotografia photograph 657
fototipia phototype 660
frontispício frontispiece 399

gastos de edição costs of publishing 258
gastos de embalagem packing costs 618
gastos de impressão printing costs 723
girada bill of exchange 82
glossário vocabulary 1038
gráfico[1] diagram 297
gráfico[2] graphic(al) 415
gralha error in composition, misprint 349, 557
gramofone; disco de ~ phonograph record 655
grandes direitos "grands droits" 414
gratis free of charge 397
gratuito free of charge 397
gravação recording 794
gravação de música engraving of music 343
gravação do som sound recording 905
gravura engraving, illutration, picture, text illustration 342, 431, 664, 973
guardar a composição to keep standing 484
guia delivery note, guide(-book) 288, 417
guia de domicilios mailing list 534

hebdomadário weekly[1] 1043
herança remains 811
história history 428
honorário royalty 848
honorários globales outright fee 613

idioma language 486
ilustração figure[1], illustration, picture 372, 431, 664
ilustração no texto text illustration 973
imagem figure[1], illustration, picture 372, 431, 664
imitação copy[2], imitation 229, 433
importância invoice amount 470
imposição taxation 959
imposto tax 957
imposto de transmissão inheritance tax 449
imposto sobre a venda turnover tax 999
imposto sobre o rendimento income tax 440
imprensa book-printing office, press[1], printing office 116, 699, 726
impressão printing 722
impressão; em ~ in the press 464
impressão artística artistic print 46
impressão em quatro cores four-colour process 395
impressão em relevo relief printing 808
impressão em sépia sepia print 872
impressão em três cores three-colour process 975
impressão offset offset printing 598
impresso form, print[1], "printed matter" 391, 707, 712
impresso para o anúncio do direito de autor copyright application form 241
impressor printer 715
imprima-se ready for the press 789
imprimátur imprimatur 436
imprimir to pass for press, to print 639, 711
imprimível good for print, ready for the press 412, 789
inalterado unchanged 1021
indemnização indemnification 442
independente outside collaborator 614
indicação das fontes background material 69
índice table of contents 954
índice das matérias subject index 936
índice de autores author index 56
inédito unpublished 1024
informação bulletin, communication, report 130, 188, 817
informação de imprensa press release 702
informe report 817
infracção do tratado breach of contract 123
inserir to insert 452
instituto institute 454
instrução para a disposição da composição printing order 727
integral unabridged 1015
intercalar to insert 452
interfoliar to interleave 462
interpretação performance[2] 646
intérprete performing artist 647
introdução guide(-book), introduction[1] 417, 465
inventário inventory 467

isento de direitos duty-free 322
isento de impostos tax-free 960
itálicos italics 475

jornal newspaper 580
jornal técnico special journal 908
jurisdição jurisdiction 481

lámina plate[1] 674
lámina a cores colo(u)r plate 176
lámina despregável throw-out 977
legenda legend 498
lei law 487
leitor publisher's reader, reader[1] 765, 781
leitorado editorial department[1] 333
leitores interested readers 460
ler to read 780
letra script[1], text, type[2] 861, 971, 1002
letra de caixa baixa small letters 897
letra de câmbio bill of exchange 82
letra de canção lyrics 532
letra minúscula small letters 897
letra redonda roman type 845
letra versal capital letters 134
letreiro headline 424
libretista author[2], librettist 55, 506
libreto libretto 507
licença legal legal licence 497
língua language 486
linótipo linotype 514
liquidação de contas statement of account 924
liquidar to remainder 809
lista list 516
lista da clientela mailing list 534
lista dos livros booklist 111
literal(mente) literal, word for word 518, 1053
literatura literature[1] 524
literatura amena light reading 512
literatura barata cheap novel, trash 153, 995
literatura de ficção fiction 371
literatura de ficção científica science fiction 856
literatura geral general books 404
literatura para jovens juvenile literature 483
literatura recreativa light reading 512
livraria bookshop 118
livro book 101
livro brochado paper-bound book 628
livro de amostra dummy 317
livro de arte art book 44
livro de cozinha cookbook 227
livro de folhas soltas loose-leaf book 528
livro de imagens picture-book[2] 666
livro de leitura reading book 785
livro de maior venda best-seller 75
livro de orações prayer-book 694
livro de receitas cookbook 227
livro do mes book of the month 114
livro escolar manual, school-book 540, 854
livro para crianças children's book 156
livro técnico professional publication 734
loja de livros bookshop 118
lombada (de livro) back 68
lugar da redacção editorial offices 336

maculatura spoiled sheet 915
maiúscula capital letters 134
manual handbook, manual, outline(s)[2], school-book 419, 540, 610, 854
manuscrito copy[4], manuscript 231, 542
mapa map 543
maqueta dummy 317
maqueta da capa cover design 260
maquieta dummy 317
máquina de composição composing machine 203
marcação booking 108
marca de editor publisher's emblem 764
margen; com todas as ~s untrimmed 1026
«material» copy[4] 231
material; completo ~ musical complete set of music material 198
material alugado material on hire 546
matriz matrix 547
memórias memoirs 550
menção do direito de autor copyright notice 245
mercado market 544
mercado de livros book market 113
microcópia micro-copy 552
microfilme, micropelícula microfilm 553
modelo artwork 48
modificação change 148
modificar to change 149
molde matrix 547
monografia monograph 562
monopólio exclusive distribution 357
monótipo monotype 563
montra shop-window, showcase 886, 889
mudar to change 149
multa contratual/convencional penalty 642
multiplicação reproduction[2] 822
música music 568
música de cena stage music 917
musical musical 569
músicas printed music 713
mutação duplicate print, parallel print 319, 635

não abreviado unabridged 1015
não cortado untrimmed 1026
não-exclusivo non-exclusive 583
não protegido domaine public, non-protected 310, 585
narração story 932
narrativa story 932
negociante de livros por grosso wholesaler 1049
nome name 573
nome do autor name of author 575

no prelo in the press 464
norma regulation 805
nota remark 813
nova edição new edition 578
nova edição inalterada reprint[2] 819
nova tiragem re-issue 807
novela short story 888
novidade literária new publication 579
numeração das folhas numbering of sections 592
numerar as páginas to paginate 622
número number[1, 2] 589, 590
número das folhas size of the book 892
número de página folio[2] 387
número de páginas total number of pages 982

oblongo oblong 594
obra work 1055
obra científica scientific publication 857
obra colectiva composite work 204
obra de consulta reference book 801
obra impressa print[2] 708
obra póstuma posthumous work 690
obras completas complete (collection of) works 197
obras póstumas remains 811
observação remark 813
ocogravura intaglio printing 457
oferta offer, quotation[2] 596, 777
oficina para a protecção dos direitos de autor copyright protection office 248
opúsculo leaflet[1], pamphlet 492, 624
ordem commission 185
original original[1], original text 604, 608
original; edição ~ first edition 376
orquestração orchestral parts 602

pacto contract 221
padrão artwork 48
paga, pagamento payment 641
pagamento de impostos taxation 959
pagamento em prestações instalment 453
página page, sheets 619, 882
página; a toda a ~ full-page 400
paginação pagination 623
página em branco blank[1] 87
paginar to paginate 622
páginas (pre)liminares prelims 696
palavra word 1052
pantalha screen 859
papel paper 625
papel assetinado glazed paper 408
papel Biblia bible paper 76
papel cebolha onion-skin 601
papel de celulose wood-pulp paper 1051
papel de diário newsprint 581
papel de impressão book paper 115
papel de imprimir printing paper 728
papel de música music paper 570
papel de periódico newsprint 581
papel para reproduções artísticas art paper 47
papel pautado music paper 570
papel sem celulose paper without woodpulp 633
papel setim glazed paper 408
papel superassetinado super-calendered paper 944
papel transparente onion-skin 601
parágrafo paragraph 634
parte part 636
partes orquestrais orchestral parts 602
partitura score 858
partitura de bolso/estudo pocket score 680
partitura para piano piano score 662
partitura para piano e canto piano-song version 663
pavilhão stand 919
peça piece 667
peça de teatro play 676
peça radiofónica radio-play 778
pedido demand, order 291, 603
pedido com a continuação standing order 922
pedido permanente standing order 922
pergunta inquiry 451
periódico[1] newspaper 580
periódico[2] periodical[2] 651
peso de papel paper weight 632
plágio plagiarism 671
plano design[2] 294
plano da composição type area 1003
plano editorial publishing programme 770
pliego de imprensa printed sheet 714
poema poem 682
poesia poem, poetry 682, 684
poeta poet 683
poliglota polyglot 685
popular popular[1, 2] 686, 687
pôr à disposição (de) to place at somebody's disposal 670
por conta própria for own account 393
pôr entrefolhas to interleave 462
por escrito in writing 472
portada title page 980
pós-escrito postscript 692
poster poster 688
posto stand 919
póstumo posthumous 689
prazo de entrega time of delivery 978
prazo de produção term of production 968
prazo legal de protecção period of protection 653
preço price 703
preço de amigo special price 910
preço de base basic price 72
preço de capa sales price 850
preço de catálogo catalog(ue) price 143
preço de venda list price, retail price, sales price 517, 829, 850
preço especial special price 910
preço líquido net price 577
preço por grosso wholesale price 1048

preço posto ao livro brochado price calculated on the stitched copy 704
prefácio preface 695
prensa press[1] 699
prescrição regulation, statutory limitation 805, 926
primeira edição first edition 376
primeira prova hand proof 421
princípio outline(s)[2] 610
procura demand 291
projecto design[2] 294
pronto a ser expedido ready for dispatch 787
prontuário pocket book, reference book 678, 801
propagação distribution[1], marketing 306, 545
propaganda publicity 752
propina de empréstimo hire fee 426
propina suplementar de empréstimo supplementary hire fee 948
propriedade intelectual intellectual property 458
propriedade literaria e artística literary and artistic copyright 520
proprietário dos direitos de autor copyright owner 246
prorrogação de prazo extended term 366
prosa prose 743
prospecto bulletin, prospectus 130, 744
protegido; não ~ domaine public, non-protected 310, 585
protegido pelo direito autoral "protected by copyright" 745
protestar to lodge a claim 527
protocolo protocol 747
prova; primeira ~ hand proof 421
prova a cores progressive colour proof 735
prova a escova hand proof 421
prova de granel galley proof 401
prova de página page proof 621
prova de tipocromia progressive colour proof 735
prova positiva photographic print 658
prova tipográfica proof 738
pseudónimo literary pseudonym, pseudonym 522, 748
publicação appearance, publication[1,2] 38, 749, 750
publicação em série serialization 875
publicação mensal monthly publication 564
publicação nova new publication 579
publicação serial serial 874
publicado por ... published by 758
publicado recentemente just issued 482
publicar to publish 756
publicar; a ~ brevemente to appear shortly 39
publicar-se to appear 37
publicar-se; acaba de ~ just issued 482
publicidade publicity 752
público interested readers 460
punto (Didot) typographical point 1013

quadro sinóptico table 953
questionário questionnaire 775
quiosque stand 919

radiodifusão broadcast(ing) 125
rascunho sketch 893
realização performance[1] 645
recensão review[1] 832
recibo delivery note 288
reciprocidade reciprocity 791
recitação pública public reading 755
reclamação claim 161
reclamar to lodge a claim 527
recompaginar to remake up 812
recortado trimmed 998
recorte press cutting 701
redacção editing, editorial department[2], editorial offices 327, 334, 336
redactor editor[1] 330
redactor-chefe chief editor, editor[1], editor-in-chief 150, 330, 337
redigido por ... edited by 325
redigir to compile, to edit[1], to elaborate 193, 323, 339
redução abridgement 4
reduzir (papel velho) a massa to pulp 773
reedição new edition 578
reeditar em edição corrente to paperback 627
reeditar em edição popular to paperback 627
reembolso cash on delivery 141
refazer to rewrite 841
refundido revised 838
refundir to adapt, to rewrite 8, 841
registração do direito de autor copyright registration 250
registro list 516
registro dos direitos de autor copyright application 240
regra, regulamento regulation 805
reimpressão re-issue, reprint[1,2] 807, 818, 819
reimpressão num periódico reprint(ing) in the press 820
relação report 817
relatório account 6
repartição distribution[2] 307
repertório subject index 936
representação performance[2] 646
representação pública public performance 754
reprodução copy[2], reproduction[2], reprography 229, 822, 823
reprografia reprography 823
resenha review[1] 832
resenhar to review 834
«reservados todos os direitos» "all rights reserved" 22
resto de edição remainders 810
resumido concise 208
resumo abstract, digest, outline(s)[1], summary, synopsis 5, 300, 609, 943, 951
retirar de circulação to withdraw from circulation 1050
retocar to touch up 983
reverso verso 1037
revisão revision 840
revista periodical[1], review[2] 650, 833

revistas periodicals 652
revista semanal weekly[1] 1043
romance novel 586
romance de aventura thriller 976
romance de clave "roman à clef" 844
romance policial crime fiction 264
romancista novelist 588
rotogravure rotogravure 846

sair to appear 37
saldo duma conta statement of account 924
secção de produção production department 733
segunda edição reprint[2] 819
seguro insurance 456
selecção selection[1,2] 866, 867
selecções selected passages 865
semanal weekly[2] 1044
sem autorização unauthorized 1018
sem encadernar unbound 1019
sem existências no depósito out of stock 612
separata offprint 597
série series 876
sinal de correcção proof-correction symbol 739
sinopse outline(s)[1], synopsis 609, 951
sobejos returns 830
sobras overstock 615
sociedade para a protecção dos direitos de autor copyright protection society 249
stock overstock 615
subcapítulo subchapter 934
subeditora sub-publisher 937
subscrição subscription 939
subtítulo sub-title 941
sucessor successor 942
sucinto concise 208
sujeito a direitos dutiable 321
sujeito a impostos taxable 958
sumário abstract, outline(s)[1], summary, table of contents 5, 609, 943, 954
superfície da composição type area 1003
suplemento addendum, annex, appendix, supplement[1,2] 10, 28, 40, 945, 946

tabela table 953
tabela de preços price list 705
tarifa de alfândegas customs tariff 271
taxa de direitos de alfândega customs rate 270
taxa de impostos tax rate 961
teleteatro TV-play 1000
televisão television 965
ter em stock to stock 930
texto text 970
texto explicativo legend 498
tinta da China Indian ink 445
tinta de impressão printer's ink 719
tipo type(s)[1,2] 1001, 1002
tipo de imprensa letter[1] 501
tipografia book-printing office, printing office, typography 116, 726, 1014
tipógrafo compositor, printer 207, 715
tipos usados na composição do livro body type 99
tiragem size of edition 890
tiragem; nova ~ re-issue 807
título entry, headline, subject heading, title 346, 424, 935, 979
título abreviado half-title 418
título do capítulo chapter heading 151
tomo volume 1040
tomo de imagens volume of illustrations 1041
trabalho contratual/remunerado jobwork 478
tradução translation 991
tradução autorizada authorized translation 60
tradução fiel faithful translation 369
tradução literal literal translation 519
traduzir to translate 990
transcrição arrangement, copy[1], transcription 43, 228, 988
transferência assignment[1] 50
transmissão transmission 992
tratado contract, treatise 221, 996
tribunal competente jurisdiction 481
tributação taxation 959
tricromia three-colour process 975
trimestral quarterly 774
troços selectos selected passages, selection[1] 865, 866

últimas reservas minimum stock 555
uso, utilização utilization 1031

venda sale(s) 849
venda; à ~ available 67
venda de músicas sheet music sales 884
vendedor (de livros) bookseller 117
vendedor (de livros) a retalho retail bookseller 828
vender com rebaixa to remainder 809
versal capital letters 134
versalete small capitals 896
versão translation, version 991, 1036
verter to translate 990
vinco fold 383
violação de contrato breach of contract 123
violação dos direitos de autor infringement of copyright 448
vitrina shop-window, showcase 886, 889
vocabulário vocabulary 1038
volume size of the book, volume 892, 1040
volume; em dois ~s in two volumes 1042

xerografia xerography 1063

ROMANIAN — ROMÂN

a, ă, â, b, c, d, e, f, g, h, i, î, j, k, l, m, n, o, p, q, r, s, ş, t, ţ, u, v, w, x, y, z

a adapta, a apărea, a ... → adapta, apărea, ...
abonament subscription 939
abreviaţie abbreviation 1
acord convention 226
acord de la Bern Berne Convention 74
adaos supplement[1] 945
adapta to adapt 8
adaptare pentru scenă stage adaptation 916
adnotat annotated 29
adresă address 12
adresă bibliografică imprint[1] 437
adunarea colilor gathering 402
afacere de prelucrare jobwork 478
albitură de cap de pagină break 124
album album 21
album de vederi picture-book[1] 665
alegere selection[2] 867
alegere; pentru ~ on approval 599
ales; bucăţi ~e selected passages 865
ales; opere ~e selection[1] 866
ales; pagini ~e excerpt(s), selected passages 354, 865
almanah almanac 23
amănunt; librar cu ~ul retail bookseller 828
amănunt; preţ cu ~ul retail price 829
ambalaj; cheltuieli de ~ packing costs 618
amendă convenţională penalty 642
amintiri memoirs 550
amînare de termen extended term 366
an annual volume 34
anexă annex, appendix 28, 40
angrosist wholesaler 1049
anonim anonymous 35
anticvă roman type 845
antologie anthology 36
anual annual[2] 33
anuar year-book 1065
anunţ bulletin 130
apare în curînd to appear shortly 39
apariţie appearance 38
apărea to appear 37
apărut; recent ~ just issued 482
apendice annex, appendix 28, 40
aranja to adapt 8
aranjament arrangement 43
aranjament pentru pian şi cîntare piano-song version 663
artă; carte de ~ art book 44
articol article, contribution, paper(s) 45, 224, 631
asigurare insurance 456
asociaţie de bibliofili book club 104
atlas atlas 52
audiţie lecture, performance[2] 495, 646
autentic authentic 53
autobiografie autobiography 66
autor author[1, 2] 54, 55
autoriza to authorize 58
autorizare authorization 57
autorizare la reeditare licence of reprinting 509
avans de onorariu advance royalty 14

bandă de magnetofon tape 956
bandă sonoră tape 956
banderolă de publicitate advertising strip 17
barem de impozit tax rate 961
beletristică belles-lettres 73
Bern; acord de la ~ Berne Convention 74
bestseler best-seller 75
bibliografie bibliography[1, 2] 77, 78
bibliografie specială special bibliography 907
bibliologie bibliology 79
bibliotecă library 505
bibliotecă de împrumut lending library 500
bibliotecă naţională national library 576
bibliotecă specială special library 909
bilingv bilingual 81

biografie biography 86
biroul pentru apărarea dreptului de autor copyright protection office 248
bordero de livrare delivery note 288
boxă stand 919
brevet de autor copyright[1] 236
broşa to sew, to stitch 880, 927
broşare în spirală spiral binding 914
broşat paperback, stitched 626, 928
broşat; preţ ~ price calculated on the stitched copy 704
broşură pamphlet 624
bucată piece 667
bucăţi alese selected passages 865
buletin bulletin 130
bun de tipar good for print, imprimatur, ready for the press 412, 436, 789

caiet booklet, pamphlet 110, 624
calendar calendar 131
calitate de autor authorship 65
calitate de coautor co-authorship 167
cameră de comerţ chamber of commerce 147
capitaluţă small capitals 896
capitol chapter 150
caracter type(s)[1] 1001
caractere cursive italics 475
caractere pentru cules de carte body type 99
caractere tipografice type[2] 1002
carnet pocket book 678
carte book 101
carte; cărţi returnate returns 830
cartea lunii book of the month 114
„cartea prin poştă" mail-order business 535
carte broşată paper-bound book 628
carte cu figuri/poze picture-book[2] 666
carte de artă art book 44
carte de bucate cookbook 227
carte de citire reading book 785
carte de consultare reference book 801
carte de cîntece song-book 904
carte de rugăciuni prayer-book 694
carte de specialitate professional publication 734
carte de şcoală school-book 854
carte ilustrată picture-book[2] 666
carte pentru copii children's book 156
cartonaj cardboard binding, paper covers 136, 629
cartonare binding in paper covers 85
cartonat cardboard-bound 137
carton de protecţie slip case 894
cartotecă card index 139
casă de editură publishing house 769
casă de expediţie mail-order business 535
catalog catalog(ue) 142
catalog de editură publisher's catalogue 763
călăuză reference book 801
călăuzitor; fir ~ guide(-book) 417
cărţi returnate returns 830
căutare demand 291
cec cheque 154
cenzură censorship 145
cerc de cititori interested readers 460
cerere demand 291
cerneală de tipar printer's ink 719
cheltuieli expenses 363
cheltuieli de ambalaj packing costs 618
cheltuieli de editare costs of publishing 258
cheltuieli de tipărit printing costs 723
chestionar questionnaire 775
cianotipie blueprint[1] 93
cifră number[1] 589
circulară circular 158
citat citation 160
citi to read 780
cititor reader[1] 781
cititor; cerc de ~i interested readers 460
cîntare song 903
cîntec song 903
clapă de supracopertă jacket-flap 477
clasificaţie decimală decimal classification 280
clişeu book, cliché 92, 163
club de carte book club 104
coală sheet[1] 881
coală; adunarea colilor gathering 402
coală definitivă advance sheet 15
coală de tipar printed sheet 714
coautor co-author 166
coeditare joint edition 479
colaborator contributor 225
colaborator disponibil/exterior outside collaborator 614
colectiv; operă ~ă composite work 204
colectiv de autori corporate author 251
colecţie collection 172
colet package 617
colet poştal post parcel 691
coli size of the book 892
coli, colilor → coală
coli; în ~ in flat sheets 447
coli adunate nelegate copy in sheets 234
colportaj colportage 178
comandă order 603
comandă continuă/permanentă standing order 922
combie bill of exchange 82
comedie comedy 180
comentar commentary 183
comerţ trade 985
comerţ de cărţi book trade 119
comerţ de cărţi en gros wholesale book trade 1046
comerţ interior domestic trade 311
comics comic strip 181
comision commission, commissions 185, 186
comisionar commission merchant 187
comisionar librar wholesale distributing agent 1047
comitetul de redacţie editorial board 332
compendiu compendium 189
complet complete 195
complet; ediţie ~ă complete edition 196
complet; opere ~e complete (collection of) works 197

completare completion, supplement[1] 199, 945
compozitor composer 202
compoziţie composition, printed music 205, 713
compune to compile 193
comunicare communication 188
comunicat bulletin, communication 130, 188
comunicat (pentru presă) press release 702
concasa to pulp 773
condiţie grafică technical make-up 964
condiţii de livrare terms of delivery 969
concis concise 208
conferinţă conference, lecture 213, 495
conferinţă publică public reading 754
congres congress 214
consimţămînt de autor author's consent 61
conspect digest, synopsis 300, 951
cont; pe ~ propriu for own account 393
contemporan contemporary 217
continuare continuation 219
contract contract 221
contract cu editură publisher's agreement 762
contract de executare/interpretare contract authorizing public performances 222
contract de reprezentanţă agency agreement 19
contract de subeditare sub-publishing agreement 938
contract în cadră blanket agreement 89
contravaloare echivalentă consideration 215
contribuţie contribution 224
conţinut contents 218
Convenţie mondială/universală de drept de autor Universal Copyright Convention 1022
copaternitate co-authorship 167
copertă cover 259
copia to copy 232
copie copy[1, 4], photographic print 228, 231, 658
copie neautorizată imitation 433
copil; carte pentru copii children's book 156
corecta to correct 252
corectare de şpalt reading (the) galley proofs 786
corector proof-reader 740
corector de tipografie printer's reader 720
corectură correction, hand proof 254, 421
corectură de autor author's corrections 63
corectură de pagini page proof 621
corecţie de autor author's corrections 63
corespondenţă correspondence 256
cotor de carte back 68
crestomatie selection[2] 867
critică critique, review[1, 2] 266, 832, 833
cronică review[2] 833
cu dedicaţie dedicated 282
culegător compositor 207
culege to set up 879
culege un alineat to indent 443
culegere composition[2], matter 206, 548
culegere netedă plain matter 672
cules composition[2], matter, setting up in type 205, 548, 878
cules neted plain matter 672
cules rezervat standing type 923
cunoştinţă; de răspîndirea cunoştinţelor popular[2] 687
cuprins contents, outline(s)[1] 218, 609
curînd; apare în ~ to appear shortly 39
curmeziş oblong 594
curs school-book 854
cursiv; caractere ~e italics 475
cuvînt word 1052
cuvînt de încheiere epilogue 347
cuvînt semnal, cuvînt-titlu entry 346

dactilografiat typewritten 1010
da la tipar to pass for press 639
data apariţiei date of publication 279
data ediţiei/publicaţiei date of printing 278
dată de livrare date of delivery 277
date tipografice (de carte) colophon 175
debuşeu market 544
declaraţia dreptului de autor copyright application 240
declaraţie declaration 281
decont, decontare statement of account 924
dedicat dedicated 282
dedicaţie dedication 283
dedicaţie; cu ~ dedicated 282
defectuos defective 285
de pagină întreagă full-page 400
de popularizare popular[2] 687
depozitare storage 931
depozit legal copyright deposit 242
de răspîndirea cunoştinţelor popular[2] 687
de săptămînă weekly[2] 1044
desen design[1] 293
despăgubire indemnification 442
devize currency 267
de vînzare available 67
diagramă diagram 297
dicţionar dictionary 299
dicţionar de buzunar pocket dictionary 679
dicţionar enciclopedic encyclop(a)edia 341
dicţionar portativ practical dictionary 693
difuzare distribution[1], marketing 306, 545
difuzare exclusivă exclusive distribution 357
disc phonograph record 655
discotecă record library 795
disertaţie treatise 996
dispoziţie; pune la ~ to place at somebody's disposal 670
distractiv; literatură ~ă light reading 512
documentaţie documentation 309
dos back 68
dos de pagină verso 1037
dramatizare stage adaptation 916
dramaturg playwright 677
dramă play 676
drept law 487
drept commercial commercial law 184
drept de autor; înregistrarea dreptului de autor copyright registration 250
drept de autor copyright[1] 236

drept de autor individual droit moral 316
drept de autor pentru opere literare şi artistice literary and artistic copyright 520
drept de multiplicare right(s) of reproduction 843
drept la emisiune broadcasting right(s) 126
drept la reprezentare performing right(s) 648
„drept mare/major“ "grands droits" 414
„drept minor“ "petits droits" 654
drept moral de autor droit moral 316
drept pentru multiplicare mecanică mechanical reproduction rights 549
drepturi de editare publishing rights 771
drepturi de filmare film rights 375
drepturi de transmisiune prin televiziune television-broadcasting rights 966
drepturi subsidiare subsidiary rights 940
duplicat duplicate 318

echivalent; contravaloare ~ă consideration 215
edita to edit[1, 2], to publish 323, 324, 756
edita în formă broşată to paperback 627
editare edition[1] 328
editare (de cărţi) publishing trade 772
ediţie edition[1, 2] 328, 329
ediţie; întîia ~ first edition 376
ediţie a doua neschimbată reprint[2] 819
ediţie autorizată authorized edition 59
ediţie cartonată hardcover 422
ediţie completă complete edition 196
ediţie cu foi nebroşate loose-leaf book 528
ediţie de buzunar pocket-size edition 681
ediţie de lux de luxe edition 290
ediţie nelegată paperback 626
ediţie lărgită enlarged edition 344
ediţie neautorizată pirated edition 669
ediţie nouă new edition, re-issue 578, 807
ediţie originală first edition 376
ediţie pentru bibliofili bibliophile edition 80
ediţie populară paperback 626
ediţie princeps first edition 376
ediţie revăzută corrected edition, revised edition 253, 839
ediţie scurtată abridged edition 3
ediţie standard standard edition 920
editor editor[2], publisher 331, 759
editură publishing house 769
editură de muzică music publisher 571
editură originală original publisher(s) 607
elabora to elaborate 339
elaborare nouă new edition 578
elemente outline(s)[2] 610
emblema de editură publisher's emblem 764
epuizat out of print, out of stock, temporarily out of print 611, 612, 967
erată errata 348
eroare de tipar misprint 557
eseu essay 350
excedent overstock 615
exclusiv exclusive 355
executare performance[1] 645
exemplar copy[3, 4] 230, 231
exemplar dactilografiat typescript 1005
exemplar de control reference copy 802
exemplar de depozit deposit copy 292
exemplar de la anticar second-hand copy 863
exemplar de probă advance copy, specimen copy 13, 911
exemplar de recenzie review copy 835
exemplar deteriorat damaged copies 275
exemplare nevîndute/remitente returns 830
exemplar gratuit author's copy 62
exemplar netăiat unopened copy 1023
exemplar numerotat numbered copy 591
exemplar omagial complimentary copy[2] 201
exemplar suplimentar (gratuit) additional copy 11
expediere delivery[1] 286
expediţie delivery[1] 286
explicaţie explanation 364
explicaţia semnelor key 485
expoziţie exhibition 361
expoziţie de cărţi book exhibition 106
extras offprint 597
extras pentru pian piano score 662

facsimil facsimile 368
factura to invoice 469
factură invoice 468
falţ fold 383
fasciculă booklet, number[2], pamphlet 110, 590, 624
faţă right-hand page 842
fel de literă type(s)[1] 1001
figură figure[1], illustration, picture 372, 431, 664
figură în text text illustration 973
figură liniată line drawing 513
filmare use in film 1030
fir călăuzitor guide(-book) 417
fişă internaţională fiche internationale 370
fişier card index 139
foaie sheets 882
foaie de titlu title page 980
foaie subţire transparent foil 993
foaie volantă leaflet[1] 492
folio folio[1] 386
folosire utilization 1031
fond inventory 467
fond de rezervă minimum stock 555
fond rezervă intangibilă minimum stock 555
fonogramă sound recording 905
formare book design 105
format format 392
format de album oblong format 595
format-folio folio[1] 386
format în folio folio[1] 386
format stătător upright format 1028
formă; în ~ de carte in volume form 471
formular form 391
formular pentru declaraţia dreptului de autor copyright application form 241
forşlag break 124

forzaţ flat sheets 380
fotocopie photocopy 656
fotocopie prin cianotipie blueprint[1] 93
fotografie photograph 657
fototipie phototype 660
fragment excerpt(s) 354
frontispiciu frontispiece, title page 399, 980
fundamental; operă ~ă standard work 921

gata de expediere ready for dispatch 787
gazetă newspaper 580
glosar vocabulary 1038
grafic graphic(al) 415
grai language 486
gratuit free of charge 397
gravură block, engraving 92, 342
gravură de note engraving of music 343
greşeală dactilografică typist's error 1012
greşeală de cules error in composition 349
greşeală de tipar misprint 557
greutate de hîrtie paper weight 632

hartă map 543
hebdomadar weekly[1] 1043
hîrtie paper 625
hîrtie; greutate de ~ paper weight 632
hîrtie cretată art paper 47
hîrtie de muzică music paper 570
hîrtie de tipar book paper, printing paper 115, 728
hîrtie de tipar subţire bible paper 76
hîrtie de ziar newsprint 581
hîrtie lucioasă glazed paper 408
hîrtie lustruită super-calendered paper 944
hîrtie pelur bible paper 76
hîrtie satinată glazed paper 408
hîrtie semivelină wood-pulp paper 1051
hîrtie subţire de protecţie guardsheet 416
hîrtie transparentă onion-skin 601
hîrtie velină paper without woodpulp 633

ieşi de sub tipar to appear 37
ilustraţie figure[1], illustration, picture 372, 431, 664
ilustraţie în text text illustration 973
imitaţie copy[2], imitation 229, 433
impozabil taxable 958
impozit tax 957
impozit pe cifra de afaceri turnover tax 999
impozit pe succesiune inheritance tax 449
impozit pe venit income tax 440
imprimare printing, proof 722, 738
imprimat "printed matter" 712
imprimerie printing office 726
impunere taxation 959
incomplet defective 285
indicarea izvoarelor folosite
background material 69
indice author index, subject index 56, 936

inedit unpublished 1024
iniţiere guide(-book) 417
inscripţie de ilustraţii legend 498
insera to insert 452
institut institute 454
introducere introduction[1], preface 465, 695
instrucţiuni cu schiţă pentru cules layout[1] 488
instrucţiuni de/pentru culegere printing order 727
intercala to insert, to interleave 452, 462
interesaţi interested readers 460
interfolia to interleave 462
interpret, interpretă performing artist 647
interpretare performance[2] 646
inventar inventory 467
inventar de mărfuri stock 929
istorie history 428
italice italics 475
izvor source 906

împărţirea drepturilor distribution[2] 307
împrumut; → taxă de ~ ... hire fee 426
împrumutare lending 499
încadra to insert 452
încălcarea al contractului breach of contract 123
în coli in flat sheets 447
îndeplinire delivery[2], performance[1] 287, 645
în două limbi bilingual 81
în editură ... published by 758
în formă de carte in volume form 471
îngriji apariţia unei opere to edit[2] 324
înmagazinare storage 931
înregistrarea dreptului de autor
copyright registration 250
înregistrare a sunetelor recording 794
însărcinare commission 185
în scris in writing 472
întîia ediţie first edition 376
întipărire stamping 918
întocmi to edit[1] 323
întrebare inquiry 451
întru două volume in two volumes 1042
înveliş (protector) book-jacket 109

jurisdicţie jurisdiction 481
jurnal diary 298

la editură ... published by 758
lămurire explanation 364
lărgit; ediţie ~ă enlarged edition 344
lector publisher's reader 765
lectorat editorial department[1] 333
lectură lecture 495
lega (o carte) to bind 83
legat bound 122
legătură cover 259
legătură de carte binding 84
legătură de carte în pînză cloth binding 165

legătură flexibilă flap 379
legătură în carton cardboard binding 136
legătură în material plastic plastic binding 673
legătură în piele leather binding 494
lege law 487
legendă key 485
legendă de figuri legend 498
lexicon encyclop(a)edia 341
liber de vamă duty-free 322
librar bookseller 117
librar cu amănuntul retail bookseller 828
librărie bookshop 118
libret de operă libretto 507
libretist author[2], librettist 55, 506
licență legală legal licence 497
limbă language 486
limbă; în două limbi bilingual 81
linotip linotype 514
listă list 516
listă de cărți booklist 111
listă de prețuri price list 705
literal literal, word for word 518, 1053
literatură literature[1] 524
literatură de proastă calitate cheap novel 153
literatură distractivă light reading 512
literatură în general general books 404
literatură pentru tineret juvenile literature 483
literatură proastă trash 995
literă letter[1], type(s)[1] 501, 1001
literă; fel de ~ type(s)[1] 1001
literă cu literă word for word 1053
literă mare capital letters 134
literă mică small letters 897
literă minusculă small letters 897
litere grase bold face 100
livrabil available 67
livrare delivery[2] 287
lucru colectiv composite work 204
lumina paginii/zațului type area 1003
lunar; revistă ~ă monthly publication 564

maculatură spoiled sheet 915
magnetofon; bandă de ~ tape 956
majusculă capital letters 134
manșetă (de ziar) headline 424
manual guide(-book), handbook, manual, outline(s)[2], school-book 417, 419, 540, 610, 854
manual; mic ~ pocket-book 678
manuscris manuscript 542
mare; literă ~ capital letters 134
mașină de cules composing machine 203
material copy[4] 231
material muzical complet
complete set of music material 198
materiale de conferință transactions 986
materiale muzicale pentru taxă de împrumut
material on hire 546
materie paper(s) 631
matriță matrix 547

mărime de litere de tipar body size 98
memorii memoirs 550
memoriu diary 298
mic manual pocket book 678
microcopie micro-copy 552
microfilm microfilm 553
minuscul; literă ~ă small letters 897
misiune commission 185
modelare book design 105
modificare change 148
molitvelnic prayer-book 694
monografie monograph, professional publication 562, 734
monograma editurii publisher's emblem 764
monopol de vînzare sole selling rights 902
monotip monotype 563
moștenire literară remains 811
multiplicare reproduction[2] 822
mutație duplicate print, parallel print 319, 635
muzical musical 569
muzică music 568
muzică scenică stage music 917

neapărat non-protected 585
neautorizat unauthorized 1018
neautorizat; copie ~ă imitation 433
neautorizat; ediție ~ă pirated edition 669
nebroșat; ediție cu foi ~e
loose-leaf book 528
neexclusiv non-exclusive 583
nelegat unbound 1019
nelegat; ediție ~ă paperback 626
neocrotit domaine public 310
neprescurtat unabridged 1015
nepublicat unpublished 1024
neschimbat unchanged 1021
neschimbat; ediție a două ~ă reprint[2] 819
netăiat împrejur untrimmed 1026
notă remark 813
notă de subsol footnote 389
note printed music 713
notiță remark 813
nou-elaborat revised 838
noutate în librării new publication 579
număr number[1] 589
număr de probă examination copy 353
numărul paginii folio[2] 387
numărul total paginilor total number of pages 982
nume name 573
numele autorului name of author 575
numerotarea colilor numbering of sections 592
nu se găsește
temporarily out of print 967
nuvelă short story 888

observație remark 813
ocrotit prin dreptul de autor
"protected by copyright" 745
ofertă offer, quotation[2] 596, 777

ofsettipie offset printing 598
oglinda paginii type area 1003
omagiu author's copy, complimentary copy[2] 62, 201
onorar royalty 848
onorar global outright fee 613
onorariu royalty 848
onorariu global outright fee 613
onorariu paușal outright fee 613
onorar paușal outright fee 613
onorar pentru emisiune broadcasting royalty 127
operă work 1055
operă colectivă composite work 204
operă fundamentală standard work 921
operă literară în continuări serial 874
operă musicală printed music 713
operă postumă posthumous work 690
operă științifică scientific publication 857
opere alese selection[1] 866
opere complete complete (collection of) works 197
ordin order 603
organizare book design 105
original original[1] 604
originalul planșei artwork 48

pact convention 226
pact de la Bern Berne Convention 74
pagina to make up, to paginate 537, 622
pagina din nou to remake up 812
paginare folio[2], make-up[1], pagination 387, 536, 623
paginație make-up[1], pamphlet 536, 624
pagină page 619
pagină; de ~ întreagă full-page 400
pagină albă blank[1] 87
pagină intermediară interleaf 461
pagini alese excerpt(s), selected passages 354, 865
pagini de titlu prelims 696
parafrază arrangement 43
paragraf paragraph 634
pasaj paragraph 634
parte part 636
partitură score 858
partitură de buzunar pocket score 680
partitură mică pocket score 680
paternitate (a unei cărți) authorship 65
patrucromie four-colour process 395
pe cont propriu for own account 393
pentru alegere on approval 599
perempțiune statutory limitation 926
perie hand proof 421
periodic periodical[2] 651
periodice periodicals 652
persoană autorizată copyright owner 246
pe săptămînă weekly[2] 1044
piesă de teatru play 676
piesă radiofonică radio-play 778
piață market 544
piață de cărți book market 113
placă de patefon phonograph record 655
plagiat plagiarism 671
plan design[2] 294
plan tematic publishing programme 770
planșă illustration, picture, plate 431, 664, 674
planșă în culori colo(u)r plate 176
planșă pliantă throw-out 977
plată payment 641
plată în rate instalment 453
plus overstock 615
poemă poem 682
poet poet 683
poezie poetry 684
policromie colo(u)r plate 176
poliglot polyglot 685
poligrafie typography 1014
poligrafist printer 715
poliță bill of exchange 82
popular popular[1] 686
popularizare; de ~ popular[2] 687
„poster“ poster 688
post-scriptum postscript 692
postum posthumous 689
poștă; cartea prin ~ mail-order business 535
poveste short story, story 888, 932
poveste științifică fantastică science fiction 856
poză photograph 657
poză; carte cu poze picture-book[2] 666
precorectură copy preparation 235
predare delivery[2] 287
prefață introduction[1], preface 465, 695
prejudiciul dreptului de autor infringement of copyright 448
prelegere publică public reading 754
prelucra to adapt, to rewrite 8, 841
prelucra cărți pentru fabricarea hîrtiei to pulp 773
prelucrare adaptation 9
premieră première 697
presă press[1] 699
presă periodică periodicals 652
prescripție regulation 805
prescurtare abbreviation 1
preț price 703
preț broșat price calculated on the stitched copy 704
preț cu amănuntul retail price 829
preț de bază basic price 72
preț de catalog catalog(ue) price 143
preț de favoare special price 910
preț de listă list price 517
preț de vînzare sales price 850
preț en gros wholesale price 1048
preț net net price 577
principii outline(s)[2] 610
probă de înveliș model cover 559
probă de scală progressive colour proof 735
probă de scoarță model cover 559
probă de tipar proof 738
proces-verbal protocol 747
proiect design[2] 294
proiect de copertă cover design 260
propagandă publicity 752
propagare distribution[1], marketing 306, 545
proprietate intelectuală intellectual property 458

prospect prospectus 744
protocol protocol 747
proză prose 743
pseudonim literary pseudonym, pseudonym 522, 748
publica to publish 756
publica; se ~ to appear 37
publicare publication[1] 749
publicaţie print[1], publication[2], work 707, 750, 1055
publicaţie nouă new publication 579
publicitate advertisement, publicity 16, 752
punct tipografic typographical point 1013
pune în pagină to make-up 538
pune la dispoziţie
to place at somebody's disposal 670
punere în pagină make-up[1] 536

rabat discount 305
radere cancelling 133
radioemisiune broadcast(ing) 125
rambursa cash on delivery 141
raport account, report 6, 817
raster screen 859
răspîndirea cunoştinţelor; de ~ popular[2] 687
recapitulare summary 943
recent apărut just issued 482
recent ieşit de sub tipar just issued 482
recenza to review 834
recenzent critic 265
recenzie review[1] 832
reciprocitate reciprocity 791
reclama to lodge a claim 527
reclamare claim 161
reclamă publicity 752
recto right-hand page 842
recunoştinţa autorului către colaboratori
acknowledgements 7
redacta to compile 193
redactare copy preparation, editing 235, 327
redactat de ... edited by 325
redactor editor[1] 330
redactor-şef chief editor, editor-in-chief 155, 337
redacţie editorial department[2], editorial offices 334, 336
reducere abridgement 4
redus concise 208
referat account, report 6, 817
registru list 516
registru de adrese mailing list 534
registru de cuvinte vocabulary 1038
regulament regulation 805
repartiţia drepturilor distribution[2] 307
reprezentanţa exclusivă exclusive agency 356
reprezentanţa generală general agency 403
reprezentanţa unică exclusive agency 356
reprezentaţie performance[2] 646
reprezentaţie publică public performance 754
reproducere reprint[1] 818
reproducere în presă reprint(ing) in the press 820
reproducţie artistic print, reproduction[2] 46, 822
reprografie reprography 823
rest de tiraj remainders 810
retransmisie transmission 992
retuşa to touch up 983
revăzut revised 838
revedea to correct 252
revers verso 1037
revistă periodical[1], review[2] 650, 833
revistă de specialitate special journal 908
revistă lunară monthly publication 564
revistă trimestrială quarterly 774
revizie revision 840
rezerva (cules) to keep standing 484
rezerve stock 929
rezumat abstract, digest, outline(s)[1], summary,
synopsis 5, 300, 609, 943, 951
roman fiction, novel 371, 586
roman bulevardier cheap novel 153
romancier novelist 588
roman cu cheie "roman à clef" 844
roman de aventură thriller 976
roman poliţist crime fiction 264

săptămînal weekly[1, 2] 1043, 1044
săptămînă; de/pe ~ weekly[2] 1044
scăzămînt deduction 284
scenariu scenario 852
scenă; adaptare pentru ~ stage adaptation 916
schimba to change 149
schimbare change 148
schiţă design[2], sketch 294, 893
scoarţă boards 97
scoate din circulaţie
to withdraw from circulation 1050
scrie to write 1058
scriere script[1] 861
scriitor writer[1] 1059
scrisoare letter[2] 502
scurt concise 208
scurtare abridgement 4
scurtat concise 208
scutit de impozite tax-free 960
scutit de vamă duty-free 322
secţie de producţie production department 733
secţie tehnică production department 733
semn de corectură proof-correction symbol 739
semnul „copyright" copyright[2] 237
semnul dreptului de autor copyright[2] 237
semnul editurii publisher's emblem 764
serializare serialization 875
serie annual volume, series 34, 876
serviciu poligrafic jobwork 478
societate de exploatare drepturilor de autor
copyright protection society 249
societate pentru protecţia de autor
copyright protection society 249
solda cu reducerea preţurilor to remainder 809
spectacol public public performance 754
speze expenses 363
stampă print[2] 708
statut law 487

stoc inventory, stock 467, 929
stoc; ţine în ~ to stock 930
stoca to stock 930
stocaj storage 931
stoc de rezervă reserve stock 826
storna to cancel (an order) 132
studiu paper(s), study 631, 933
subcapitol subchapter 934
subeditura sub-publisher 937
subediţie sub-publisher 937
sub îngrijirea ... compiled by 194
subscripţie booking 108
sub tipar in the press 464
subtitlu subtitle 941
succesor (legal) successor 942
sumar abstract, outline(s)[1], transactions 5, 609, 986
sumă de cont invoice amount 470
supliment addenda, annex, appendix, supplement[1, 2] 10, 28, 40, 945, 946
supracopertă book-jacket 109
supunere la taxe taxation 959
supus vămii dutiable 321

şef de secţie de propagandă publicity manager 753
şmuţtitlu half-title 418
şpalt column, galley proof 179, 401
ştanţare stamping 918
ştergere cancelling 133
ştiinţă science 855

tabel table 953
tablă de materii contents, subject index, table of contents 218, 936, 953
tablou figure[1] 372
tarif price list 705
tarif vamal customs tariff 271
taxă de împrumut hire fee 426
taxă de împrumut pentru materiale muzicale suplimentară supplementary hire fee 948
taxă de tarif vamal customs rate 270
tăiat trimmed 998
tăiere abridgement 4
tăietură din ziar press cutting 701
telepiesă TV-play 1000
televiziune television 965
teritoriu contractual de exploatare "contract territory" 223
teritoriu de vînzare territory of distribution 970
termen de livrare time of delivery 978
termen nou extended term 366
text lyrics, text 532, 971
text de reclamă blurb 95
text de reclamă în supracopertă blurb-text 96
text original original text 608
textual literal, word for word 518, 1053
textul dreptului de autor copyright notice 245
tifdruc intaglio printing 457
tifdruc de rotaţie rotogravure 846
timp de producţie term of production 968
timp de protecţie period of protection 653
tipar print[2], printing 708, 722
tipar de corectură galley proof 401
tipar de sepie sepia print 872
tipar înalt relief printing 808
tipar în relief embossing 340
tipar în tricromie three-colour process 975
tiparul de probă hand proof 421
tipări to pass for press, to print 639, 711
tipăritură print[1], "printed matter" 707, 712
tipograf printer 715
tipografic; caractere ~e type[2] 1002
tipografie book-printing office, printing office, typography 116, 726, 1014
tipografizare layout[2] 489
tiraj edition[2], size of edition 329, 890
titlu subject heading, title 935, 979
titlu de capitol chapter heading 151
titular de drept de autor copyright holder 243
titulatură title 979
tîrg de cărţi book fair 107
„toate drepturile rezervate" "all rights reserved" 22
tom volume 1040
traduce to translate 990
traducere translation 991
traducere autorizată authorized translation 60
traducere fidelă faithful translation 369
traducere literală literal translation 519
transcripţie transcription 988
transfer (al unor drepturi) assignment[1] 50
transmisie transmission 992
transverzal oblong 594
tras galley proof, hand proof, print[2], proof 401, 421, 708, 738
tratat manual, treatise 540, 996
tratat de împrumut pentru materiale muzicale hire contract 425
tribunal competent jurisdiction 481
tuş Indian ink 445

ţine în stoc to stock 930

urma; va ~ to be continued 220

vacat blank[1] 87
valută currency 267
vamă customs 268
va urma to be continued 220
vămuire customs clearance 269
vedetă bold face 100
versiune version 1036
verso verso 1037
verzală capital letters 134
vitrină shop-window, showcase 886, 889
vîndut out of print 611

vînzare sale(s) 849
vînzare; de ~ available 67
vînzare ambulantă de cărţi colportage 178
vînzare de note sheet music sales 884
vînzare exclusivă exclusive distribution 357
vocabular vocabulary 1038
voci orchestrale orchestral parts 602
volum size of the book, volume 892, 1040
volum; întru două ~e in two volumes 1042
volum de planşe volume of illustrations 1041
volum model dummy 317
vorbă word 1052

xerografie xerography 1063

zaţ composition[2], matter, setting up in type 206, 548, 878
zeţar compositor 207
zeţui to set up 879
ziar newspaper 580

SERBIAN — СРПСКИ

а, б, в, г, д, ђ, е, ж, з, и, ј, к, л, љ, м, н, њ, о, п, р, с, т, ћ, у, ф, х, ц, ч, џ, ш

авантуристички роман thriller 976
агенција; ауторска ~
copyright protection office 248
адаптација adaptation 9
адаптација; сценска ~ stage adaptation 916
адаптација за филм use in film 1030
адаптирати to adapt 8
адреса address 12
аконтација на хонорар advance royalty 14
албум album 21
албум слика picture-book[1] 665
алманах almanac, year-book 23, 1065
анкетни лист questionnaire 775
аноним anonymous 35
анотиран annotated 29
антиква roman type 845
антикварни примерак second-hand copy 863
антологија anthology 36
арак sheet 881
арак; нумерисање ~а numbering of sections 592
арак; огледни ~ advance sheet 15
арак; у ~у in flat sheets 447
аранжман arrangement 43
аранжман за клавир и певање
piano-song version 663
атлас atlas 52
аутентичан authentic 53
аутобиографија autobiography 66
аутор author[1, 2] 54, 55
ауторизација authorization 57
ауторизовани превод authorized translation 60
ауторизовано издање authorized edition 59
ауторизовати to authorize 58
аутор-сарадник co-author 166
ауторска агенција copyright protection office 248
ауторска коректура author's corrections 63
ауторски хонорар royalty 848
ауторско право copyright[1] 236
ауторско право; друштво за заштиту ауторског права
copyright protection society 249
ауторско право; завод за заштиту ауторских права
copyright protection office 248
ауторско право; издавачко и ~ copyright[1] 236
ауторско право; морално ~ droit moral 316
ауторско право књижевних и уметничких дела
literary and artistic copyright 520
ауторство authorship 65
ауторство; колективно ~ co-authorship 167

бездрвна хартија paper without woodpulp 633
без повеза unbound 1019
белетристика belles-lettres 73
белешка remark 813
белешка; снабдевен ~ма annotated 29
белешка о ауторском и издавачком праву
copyright notice, copyright registration 245, 250
Бернска конвенција Berne Convention 74
бесплатни допунски егземплар/примерак
additional copy 11
бесплатни примерак complimentary copy[1] 201
бесплатно free of charge 397
бестселер best-seller 75
библијска хартија bible paper 76
библиографија bibliography[1, 2] 77, 78
библиографија; стручна ~ special bibliogrpahy 907
библиологија bibliology 79
библиотека library 505
библиотека; народна ~ national library 576
библиотека; позајмна ~ lending library 500
библиотека; стручна ~ special library 909
библиофилско издање bibliophile edition 80
билтен bulletin 130
биографија biography 86
боја; штампарска ~ printer's ink 719
брисање cancelling 133

број number[1, 2] 589, 590
бројно стање inventory 467
број страница total number of pages 982
броширана књига paper-bound book 628
броширан(о) stitched 928
броширати to sew, to stitch 880, 927
брошура booklet, pamphlet 110, 624
буквалан literal 518
буквално literal, word for word 518, 1053

вакат blank[1] 87
валута currency 267
варијанта version 1036
везати; меко ~ to sew 880
велетрговац књигама wholesaler 1049
велетрговина књигама wholesale book trade 1046
велика слова, велико слово capital letters 134
»велико право« "grands droits" 414
великопродајна цена wholesale price 1048
величина слова body size 98
веран превод faithful translation 369
верзија version 1036
веродостојан authentic 53
висока штампа relief printing 808
високи формат upright format 1028
високосатинисана/високосјајна хартија
super-calendered paper 944
витрина showcase 889
вишак overstock 615
власник права copyright owner 246
време; заштитно ~ period of protection 653
време излажења/изласка date of publication 279
време испоруке date of delivery 277
време производње term of production 968
врпца; рекламна ~ advertising strip 17

генерално заступништво/представништво general agency 403
географска карта map 543
гибак повез flap 377
глава chapter 150
главни наслов headline 424
главни уредник chief editor, editor-in-chief 155, 337
глоба penalty 642
година annual volume 34
година издања date of printing 278
годишњак year-book 1065
годишњи annual[2] 33
годиште annual volume 34
грамофонска плоча phonograph record 655
графикон diagram 297
графички graphic(al) 415
графичко упутство за слагање layout[1] 488
грешка; слагачка ~ error in composition 349
грешка; штампарска ~ misprint 557
грешка у куцању typist's error 1012
гросист(а) wholesaler 1049
гусарско издање pirated edition 669

дактилографски typewritten 1010
дати у штампу to pass for press 639
датум издања date of printing 278
датум излажења/изласка date of publication 279
двојезичан bilingual 81
двоструки отисак duplicate print 319
девизе currency 267
делатност; издавачка ~ publishing trade 772
дело work 1055
дело; заједничко ~ composite work 204
дело; коришћена дела bibliography[2] 78
дело; музичка дела printed music 713
дело; научно ~ scientific publication 857
дело; стандардно ~ standard work 921
дело; целокупна дела
complete (collection of) works 197
дело у наставцима serial 874
део part 636
десна страна right-hand page 842
дефектан defective 285
децимална класификација decimal classification 280
дијаграм diagram 297
дијазо-копија sepia print 872
дискотека record library 795
дистрибуција marketing 545
дневник diary 298
добава delivery[2] 287
додатак addendum, annex, appendix,
supplement[1] 10, 28, 40, 945
доказни примерак reference copy 802
документација documentation 309
дописивање correspondence 256
допуна addendum, appendix, supplement[1] 10, 40, 945
допунска свеска annex 28
допунска пристојба на материјал
supplementary hire fee 948
допунски егземплар/примерак additional copy 11
допунски рок extended term 366
допуњавање completion 199
допуњено издање enlarged edition 344
дослован literal 518
дословно literal, word for word 518, 1053
доставница delivery note 288
доштампано издање reprint[2] 819
драма play 676
драматичар playwright 677
драмски писац playwright 677
друштво за заштиту ауторског права
copyright protection society 249
дубока штампа intaglio printing 457
дупликат duplicate 318
духовна својина intellectual property 458

егземплар; бесплатни (допунски) ~ additional copy 11
егземплари; оштећени ~ damaged copies 275
еквивален(а)т consideration 215
екранизација use in film 1030
екранизација; права екранизације film rights 375
експедиција delivery[1] 286

емблем; издавачки ~ publisher's emblem 764
емитовање; право на ~ broadcasting right(s) 126
есеј essay 350

животопис biography 86

забавна литература cheap novel, light reading 153, 512
забележка footnote, remark 389, 813
завод institute 454
завод за заштиту ауторских права copyright protection office 248
заједничко дело composite work 204
заједничко издање joint edition 479
закон law 487
законска лиценција legal licence 497
законско право коришћења legal licence 497
залиха inventory, stock 467, 929
залиха на складишту stock 929
залихе remainders 810
залихе; резервне ~ reserve stock 826
записник protocol 747
застарелост statutory limitation 926
заступнички уговор agency agreement 19
заступништво; генерално ~ general agency 403
заступништво; искључиво ~ exclusive agency 356
заштитни картон slip case 894
заштитни лист guardsheet 416
заштитни омот book-jacket 109
заштитни период period of protection 653
заштитно време period of protection 653
заштићен(о) ауторским правом "protected by copyright" 745
збирка, зборник collection 172
земљописна карта map 543
знак; коректурни ~ proof-correction symbol 739

изабрани одломци текста selected passages 865
избор selection[2] 867
извадак; клавирски ~ piano score 662
извештај account, bulletin, report, communication 6, 130, 188, 817
извод abridgement, abstract, synopsis 4, 5, 951
извод из садржаја outline(s)[1] 609
извођење performance[2] 646
извођење; јавно ~ public performance 754
извор source 906
извршење performance[1] 645
издавање edition[1], publication[1] 328, 749
издавати to publish 756
издавач publisher 759
издавач; оригинални ~ original publisher(s) 607
издавачка делатност publishing trade 772
издавачка кућа publishing house 769
издавачка редакција editorial department[1] 333
издавачки емблем publisher's emblem 764
издавачки каталог publisher's catalogue 763
издавачки план publishing programme 770
издавачки уговор publisher's agreement 762
издавачко и ауторско право copyright[1] 236
издавачко право publishing rights 771
издавачко предузеће publishing house 769
издавачко предузеће за музикалије music publisher 571
издање edition[1, 2] 328, 329
издање; ауторизовано ~ authorized edition 59
издање; библиофилско ~ bibliophile edition 80
издање; гусарско ~ pirated edition 669
издање; допуњено ~ enlarged edition 344
издање; доштампано ~ reprint[2] 819
издање; заједничко ~ joint edition 479
издање; луксузно ~ de luxe edition 290
издање; ново ~ new edition, re-issue 578, 807
издање; оригинално ~ first edition 376
издање; поправљено ~ corrected edition 253
издање; посмртно ~ posthumous work 690
издање; потпуно ~ complete edition 196
издање; прво ~ first edition 376
издање; проширено ~ enlarged edition 344
издање; ревидирано ~ revised edition 839
издање; стандардно ~ standard edition 920
издање; скраћено ~ abridged edition 3
издање; трошкови издања costs of publishing 258
издање; у издању . . . published by 758
издање; џепно ~ paperback 626
издање у јефтином повезу paperback 626
издање у наставцима serialization 875
издатак (издаци) expenses 363
издати to publish 756
изјава declaration 281
изјава захвалности acknowledgements 7
излагање summary 943
излагање; кратко ~ садржаја outline(s)[1] 609
излажење appearance 38
излажење; време излажења date of publication 279
излазак; време изласка date of publication 279
излазити to appear 37
излазити; ускоро излази to appear shortly 39
излог shop-window, showcase 886, 888
изложба exhibition 361
изложба књига book exhibition 106
измена change 148
изнајмљени музички материјал material on hire 546
износ; рачунски ~ invoice amount 470
израдио . . . compiled by 194
израдити to elaborate 339
изрез из новина press cutting 701
илустрација figure[1], illustration, picture 372, 431, 664
имати на складишту to stock 930
име name 573
име; књижевно ~ literary pseudonym 522
име аутора name of author 575
именик; предметни ~ subject index 936
именски регистар author index 56
имитација imitation 433
импресум imprint[1] 437
импримату́р imprimatur 436
инвентар inventory 467

индекс subject index 936
индекс аутора/имена author index 56
институт institute 454
инструкција за типографизирање layout[2] 489
информације paper(s) 631
исечак press cutting 701
искључив exclusive 355
искључиво заступништво exclusive agency 356
искључиво право продаје sole selling rights 902
искључиво растурање exclusive distribution 357
испорука; време испоруке date of delivery 277
исправка correction 254
исправке errata 348
исправљати to correct 252
испуњење performance[1] 645
историја history 428
источник source 906

јавно извођење public performance 754
јавно предавање public reading 755
језик language 486

казало list 516
казало предмета subject index 936
казна; уговорна ~ penalty 642
календар calendar 131
капител small capitals 896
карта; географска/земљописна ~ map 543
картица; међународна каталошка ~ fiche internationale 370
картон; заштитни ~ slip case 894
картонисано cardboard-bound 137
картонски повез cardboard binding 136
картотека card index 139
каталог catalog(ue) 142
каталог; издавачки ~ publisher's catalogue 763
каталог на листићима card index 139
квартални часопис quarterly 774
клавирски извадак piano score 662
клапна jacket-flap 477
класификација; децимална ~ decimal classification 280
клише block, cliché 92, 163
клуб пријатеља књиге book club 104
кључ; порески ~ tax rate 961
књига book 101
књига; броширана ~ paper-bound book 628
књига; стручна ~ professional publication 734
књига; уметничка ~ art book 44
књига; џепна ~ pocket-size edition 681
књига за децу children's book 156
књига месеца book of the month 114
књига са неповезаним/слободним листовима
loose-leaf book 528
књига у меком повезу paper-bound book 628
књиге за свакога general books 404
књижар bookseller, retail bookseller 117, 828
књижар; комисиони ~ wholesale distributing agent 1047
књижара bookshop, retail bookseller 118, 828
књижар на велико wholesaler 1049
књижарство book trade 119
књижевна оставштина remains 811
књижевник writer[1] 1059
књижевно име literary pseudonym 522
књижевност literature[1] 524
књижевност; лепа ~ belles-lettres 73
књижевност; омладинска ~ juvenile literature 483
књижевност; популарна ~ general books 404
књижна хартија book paper 115
књижница library 505
књижница; позајмна ~ lending library 500
књижница; стручна ~ special library 909
коаутор co-author 166
коауторство co-authorship 167
кожни повез leather binding 494
који захвата целу страницу full-page 400
колектив аутора corporate author 251
колективни рад composite work 204
колективно ауторство co-authorship 167
колето; (поштанско ~) package 617
колофон colophon, imprint[1] 175, 437
колпортажа colportage 178
комад piece 667
комад; позоришни ~ play 676
комедија comedy 180
коментар commentary 183
комисион commission 185
комисионар commission merchant 187
комисиони књижар wholesale distributing agent 1047
комора; трговачка/трговинска ~
chamber of commerce 147
комплетан complete 195
комплетан музички материјал
complete set of music material 198
комплетне музикалије
complete set of music material 198
композитор composer 202
композиција composition[1] 205
комунике(ј) press release 702
конвенција convention 226
конвенција; Бернска ~ Berne Convention 74
конвенција; Универзална ~ о ауторском праву
Universal Copyright Convention 1022
конверзациони лексикон encyclop(a)edia 341
конгрес congress 214
конференција conference 213
копија copy[1] 228
копија; фотографска ~ photographic print 658
копија; цијанотипијска ~ blueprint[1] 93
копирајт copyright[2] 237
коректор proof-reader 740
коректор; кућни ~ printer's reader 720
коректор штампарије printer's reader 720
коректура correction 254
коректура; ауторска ~ author's corrections 63
коректура у ступцу
reading (the) galley proofs 786
коректурни знак proof-correction symbol 739
коректурни отисак hand proof 421
коректурни отисак ступца galley proof 401

кореспонденција correspondence 256
кориговање correction 254
корица boards 97
корице boards, cover 97, 259
»коришћена дела« bibliography[2] 78
коришћење utilization 1031
кратак concise 208
кратак преглед compendium 189
кратица abbreviation 1
кратка прича short story 888
кратко излагање садржаја outline(s)[1] 609
криминални роман crime fiction 264
критика critique, review[1] 266, 832
критичар critic 265
круг читалаца interested readers 460
ксерографија xerography 1063
кувар cookbook 227
курентна слова small letters 897
курзив italics 475
курзивно писмо italics 475
кућа; издавачка ~ publishing house 769
кућни коректор printer's reader 720
куцано писаћом машином typewritten 1010

легенда key 485
лексикон; конверзациони ~ encyclop(a)edia 341
лектор publisher's reader 765
лепа књижевност belles-lettres 73
летак leaflet[1] 492
летопис year-book 1065
либретист(а) author[2], librettist 55, 506
либрето libretto 507
ликовни прилог plate[1] 674
ликовни прилог у боји colo(u)r plate 176
ликовни уметак plate[1] 674
линијски цртеж line drawing 513
линотип linotype 514
лист newspaper, sheets 580, 882
лист; анкетни ~ questionnaire 775
лист; заштитни ~ guardsheet 416
лист; књига са неповезаним/слободним ~овима loose-leaf book 528
лист; насловни ~ title page 980
лист; преклопни ~ throw-out 977
лист; приложени ~ supplement[1] 946
лист; убачени ~ interleaf 461
лист; уметнути чисте ~ове to interleave 462
листа list 516
листић рекламе blurb 95
литература background material, bibliography[2], literature 69, 78, 524
литература; забавна ~ cheap novel, light reading 153, 512
лиценција; законска ~ legal licence 497
луксузно издање de luxe edition 290

магнетофонска трака tape 956
мајускула capital letters 134
макета dummy 317
макулатура spoiled sheet 915
макулатура; прерадити као макулатуру to pulp 773
»макулирати« to pulp 773
мала партитура pocket score 680
»мала права« "petits droits" 654
мала слова small letters 897
мали речник vocabulary 1038
малопродајна цена retail price 829
мањичав, мањкав defective 285
мапа map 543
масна слова bold face 100
материјал; изнајмљени музички ~ material on hire 546
материјал; комплетан музички ~ complete set of music material 198
материјал са конференције transactions 986
матрица matrix 547
машина; куцано писаћом машином typewritten 1010
машина; слагачка ~ composing machine 203
међународна каталошка картица fiche internationale 370
меки повез paper cover(s) 629
меко везати to sew 880
мемоари memoirs 550
меница bill of exchange 82
месечник monthly publication 564
место; чисто (нештампано) ~ над поглављем break 124
механичко право умножавања mechanical reproduction rights 549
микрокопија micro-copy 552
микрофилм microfilm 553
минускула small letters 897
мјузикел musical 569
многојезичан polyglot 685
модификација change 148
молитвеник prayer-book 694
моментално распродано temporarily out of print 967
монографија monograph 562
монотип monotype 563
морално ауторско право droit moral 316
мотив; оркестарски ~и orchestral parts 602
музика music 568
музика; сценска ~ stage music 917
музикалије printed music 713
музикалије; комплетне ~ complete set of music material 198
музичка дела printed music 713
мутација duplicate print, parallel print 319, 635

на властити рачун for own account 393
надлежни суд, надлежност суда jurisdiction 481
најава издавачког и ауторског права copyright application 240
најамни рад jobwork 478
наклада edition, size of edition 329, 890
накнада штете indemnification 442
налази се у продаји available 67
наличје verso 1037
налог commission 185
напис article 45

написмено in writing 472
напомена remark 813
на преглед on approval 599
на разматрање on approval 599
народна библиотека national library 576
наруџбина order 603
наследник successor 942
наслов title 979
наслов; главни ~ headline 424
насловна реч entry, subject heading 346, 935
насловна страна корица boards 97
насловна страница title page 980
насловне странице prelims 696
насловни лист title page 980
насловну корицу је израдио ... cover design 260
наслов поглавља chapter heading 151
наставак continuation 219
наставак следи to be continued 220
наставиће се to be continued 220
настављање continuation 219
на увид on approval 599
наука science 855
научно дело scientific publication 857
научно-популаран popular[2] 686
научно-фантастични роман science fiction 856
нацрт design[2], sketch 294, 893
нацртано упутство за слагање layout[1] 488
неауторизован unauthorized 1018
недељна публикација weekly[1] 1043
недељни weekly[2] 1044
недељник weekly[1] 1043
незаштићен domaine public, non-protected 310, 585
неиздат unpublished 1024
неименован anonymous 35
неискључив(о) non-exclusive 583
»нека се штампа« good for print 412
нема на складишту out of stock 612
необрађени превод literal translation 519
необрезан unpublished 1024
неовлашћен unauthorized 1018
неопорезован tax-free 960
неповезан unbound 1019
неповезани примерак copy in sheets 234
непотпун defective 285
непродани примерци на складишту stock 929
непромењено unchanged 1021
неразрезани примерак unopened copy 1023
нерастурени слог standing type 923
нескраћен unabridged 1015
нето-цена net price 577
нештампано место над поглављем break 124
нова публикација new publication 579
новела short story 888
новине newspaper 580
новинска хартија newsprint 581
нови тираж re-issue 807
ново издање new edition, re-issue 578, 807
нумерисан примерак numbered copy 591
нумерисање арака/табака
numbering of sections 592

обавезан; порезно ~ taxable 958
обавезни примерак deposit copy 292
обавезни примерак; предаја обавезног примерка
copyright deposit 242
обим size of the book 892
обичан слог plain matter 672
објава advertisement 16
објавити у џепном издању to paperback 627
објављивање appearance 38
објашњење commentary, explanation 183, 364
објашњење знакова key 485
обликовање book design 105
обрада arrangement 43
обрадити to compile 193
образац form 391
обрачун statement of account 924
обрезан trimmed 998
овластити to authorize 58
овлашћење authorization 57
оглас advertisement 16
оглед essay, paper(s) 350, 631
огледни арак advance sheet 15
огледни примерак издања advance copy 13
огледни табак advance sheet 15
одабрана дела selection[1] 866
одбитак deduction 284
одељак paragraph 634
одељење; техничко ~ production department 733
одељење производње production department 733
одломак excerpt(s) 354
одломци; изабрани ~ текста
selected passages 865
одобрено за штампу ready for the press 789
одобрење аутора author's consent 61
одобрење за штампу imprimatur 436
од речи до речи literal 518
одсек поглавља subchapter 934
означење извора background material 69
оквирни уговор blanket agreement 89
окружница circular 158
омладинска књижевност juvenile literature 483
омот cover 259
омот; заштитни ~ book-jacket 109
опис слика legend 498
опорежљив taxable 958
опорезовање taxation 959
опрема technical make-up 964
опуномоћени власник права
copyright holder 243
општи приказ outline(s)[2] 610
оригинал artwork 48
оригиналан original[1] 604
оригинални издавач original publisher(s) 607
оригинални текст original text 608
оригинално издање first edition 376
оркестарски мотиви orchestral parts 602
осврт synopsis, transactions 951, 986
осигурање insurance 456
ослобођен од пореза tax-free 960
ослобођен царине duty-free 322

основе ... outline(s)[2] 610
основна цена basic price 72
основно писмо body type 99
оставштина; књижевна ~ remains 811
остатак тиража remainders 810
отисак proof 738
отисак; двоструки ~ duplicate print 319
отисак; коректурни ~ hand proof 421
отисак; коректурни ~ ступца galley proof 401
отисак; посебни ~ offprint 597
отисак преломљеног слога page proof 621
отисак скале (у боји) progressive colour proof 735
отисак четком hand proof 421
откуцани примерак typescript 1005
отпрема delivery[1,2] 286, 287
отпремница delivery note 288
отштета indemnification 442
офсетно штампање offset printing 598
оцена critique 266
оценити to review 834
оштећени егземплари damaged copies 275

пагина folio[2], page 386, 619
пагинација pagination 623
пагинирати to paginate 622
пакет; поштански ~ post parcel 691
паковање; трошкови паковања packing costs 618
папир paper 625
параграф paragraph 634
партитура score 858
партитура; мала/џепна ~ pocket score 680
патворина imitation 433
паушални хонорар outright fee 613
певање song 903
пелир-папир onion-skin 601
период; заштитни ~ period of protection 653
периодика periodicals 652
периодичан periodical[2] 651
песма poem, song 682, 903
песмарица song-book 904
песник poet 683
песништво poetry 684
пијаца market 544
писати to write 1058
писац writer[1] 1059
писац; драмски ~ playwright 677
писац либрета author[2] 55
писац позоришних комада playwright 677
писац текста librettist 506
писмено in writing 472
писмо letter[2], script[1] 502, 861
писмо; курзивно ~ italics 475
писмо; основно ~ body type 99
писмо; циркуларно ~ circular 158
питање inquiry 451
плагијат plagiarism 671
плакат poster 688
план design[2] 294
план; издавачки ~ publishing programme 770
пластични повез plastic binding 673
плаћање payment 641
плаћање у ратама instalment 453
плоча; грамофонска ~ phonograph record 655
повез binding 84
повез; без ~а unbound 1019
повез; гибак ~ flap 377
повез; издање у јефтином ~у paperback 626
повез; картонски ~ cardboard binding 136
повез; књига у меком ~у paper-bound book 628
повез; кожни ~ leather binding 494
повез; меки ~ paper cover(s) 629
повез; пластични ~ plastic binding 673
повез; спирални ~ spiral binding 914
повез; у картонском ~у cardboard-bound 137
повез; у меком ~у stitched 928
повез; у тврдом ~у bound, hardcover 122, 422
повез; целоплатнени ~ cloth binding 165
повез; цена у меком ~у price calculated on the stitched copy 704
повезан bound 122
повезати to bind 83
повез у меке корице binding in paper covers 85
повез у платну cloth binding 165
повест history, story 428, 932
повлашћена цена special price 910
повреда ауторског права infringement of copyright 448
повући из промета to withdraw from circulation 1050
повући поруџбину to cancel (an order) 132
поглавље chapter 150
поговор epilogue 347
подиздавач sub-publisher 937
подлежан царини dutiable 321
поднаслов subtitle 941
подручје; уговорно ~ "contract territory" 223
подручје растурања territory of distribution 970
поезија poetry 684
позајмљивање lending 499
позајмна библиотека/књижница lending library 500
позоришни комад play 676
полиглотски polyglot 685
поново преламати (слог) to remake up 812
понуда offer, quotation[2] 596, 777
попис list 516
поправљати to correct 252
поправљено издање corrected edition 253
попречан oblong 594
популаран popular[1] 686
популарна књижевност general books 404
попуст discount 305
попуст; цена са ~ом special price 910
порез tax 957
порез на наследство inheritance tax 449
порез на приход income tax 440

порез на промет turnover tax 999
порезно обавезан taxable 958
пореска ставка tax rate 961
порески кључ tax rate 961
поруџбина order 603
поруџбина; стална ~ standing order 922
посвета dedication 283
посвета; с посветом dedicated 282
посвећен dedicated 282
посебни отисак offprint 597
посмртни posthumous 689
посмртно издање posthumous work 690
постава flat sheets 378
»постер« poster 688
постскриптум postscript 692
посуђивање lending 499
потпун complete, unabridged 195, 1015
потпуно издање complete edition 196
поузеће cash on delivery 141
почасни примерак author's copy 62
поштански пакет post parcel 691
поштанско колето package 617
права екранизације film rights 375
право law 487
право → **ауторско** ~
право; »велико ~**«** "grands droits" 414
право; законско ~ **коришћења** legal licence 497
право; издавачко ~ publishing rights 771
право; механичко ~ **умножавања**
mechanical reproduction rights 549
право; пренос права assignment[1] 50
право; споредна права subsidiary rights 940
право; телевизијска права
television-broadcasting rights 966
право; трговинско ~ commercial law 184
право; уступ права assignment[1] 50
право; филмска права film rights 375
право извођења performing right(s) 648
право издавања publishing rights 771
право на емитовање broadcasting right(s) 126
право на механичка умножавања
mechanical reproduction rights 549
право на умножавање right(s) of reproduction 843
право прештампавања licence of reprinting 509
правни наследник successor 942
празна страница blank[1] 87
прво издање first edition 376
превести to translate 990
превод translation 991
превод; ауторизовани ~ authorized translation 60
превод; веран ~ faithful translation 369
превод; необрађени ~ literal translation 519
превод; сирови ~ literal translation 519
преводити to translate 990
прегиб табака fold 383
преглед review[2], revision 833, 840
преглед; на ~ on approval 599
преглед; сажети ~ outline(s)[2] 610
предавање lecture 495
предавање; јавно ~ public reading 755
предаја обавезног примерка copyright deposit 242
предбележење booking 108
предговор preface 695
предлистак flat sheets 378
предметни именик subject index 936
предметни регистар subject index 936
преднаслов half-title 418
представа performance[2] 646
представништво; генерално ~ general agency 403
предузеће; издавачко ~ publishing house 769
предузеће за отпрему књига поштом
mail-order business 535
предујам на хонорар advance royalty 14
преклопна табла throw-out 977
преклопни лист throw-out 977
прекршај уговора breach of contract 123
преламање make-up[1] 536
преламати (слог) to make up 538
преламати; поново ~ to remake up 812
прелом (слога) make-up[1] 536
премијера premiere 697
пренос transmission 992
пренос права assignment[1] 50
пренумерација booking 108
препис copy[1], transcription 228, 788
преписати to copy 232
преписка correspondence 256
прерада adaptation 9
прерада за позориште stage adaptation 916
прерадити to adapt, to rewrite 8, 841
прерадити као макулатуру to pulp 773
прерађен(о) revised 838
претплата subscription 939
прецртавање cancelling 133
прештампавање у новинама
reprint(ing) in the press 820
прештампање reprint[1] 818
приговор; ставити ~ to lodge a claim 527
приказ review[1] 832
приказ; општи ~ outline(s)[2] 610
приказати to review 834
прилог annex, contribution (paper),
supplement[2] 28, 224, 946
прилог; ликовни ~ plate[1] 674
прилог; ликовни ~ **у боји** colo(u)r plate 176
приложени лист supplement[2] 946
примедба remark 813
примерак copy[3] 230
примерак; антикварни ~ second-hand copy 863
примерак; бесплатни ~ complimentary copy[1] 201
примерак; доказни ~ reference copy 802
примерак; (бесплатни) допунски ~
additional copy 11
примерак; неповезани ~ copy in sheets 234
примерак; непродани примерци на складишту stock 929
примерак; неразрезани ~ unopened copy 1023
примерак; нумерисан ~ numbered copy 591
примерак; обавезни ~ deposit copy 292
примерак; огледни ~ **издања** advance copy 13
примерак; откуцани ~ typescript 1005

примерак; почасни ~ author's copy 62
примерак; пробни ~ издања advance copy 13
примерак; пробни ~ корица model cover 559
примерак; рецензијски ~ review copy 835
примерак; угледни ~
advance sheet, examination copy 15, 353
примерак; узорни ~ dummy 317
примерак за рецензију review copy 835
примерак за читање specimen copy 911
приповетка short story, story 888, 932
приповетка у сликама comic strip 181
припремање рукописа copy preparation 235
припремљено за експедицију/отпрему
ready for dispatch 787
приредити to compile 193
приредити за штампу to edit[2] 324
приручник guide(-book), handbook, outline(s)[2],
pocket-book, reference book 417, 419, 610, 678, 801
приручни речник practical dictionary 693
пристанак аутора author's consent 61
пристојба; допунска ~ на материјал
supplementary hire fee 948
пристојба за посуђивање hire fee 426
прича story 932
прича; кратка ~ short story 888
пробна табела model cover 559
пробни примерак издања advance copy 13
пробни примерак корица model cover 559
провизија commissions 186
продаја sale(s) 849
продаја; налази се у продаји available 67
продаја нота sheet music sales 884
продајна цена sales price 850
проза prose 743
производ; штампарски ~ print[1] 707
производња; време производње
term of production 968
производња; одељење производње
production department 733
пројек(а)т design[2] 294
пројект корица cover design 260
пројектовање book design 105
промена change 148
променити to change 149
променити прелом (слога) to remake up 812
промет; повући из ~а
to withdraw from circulation 1050
промет; порез на ~ turnover tax 999
пропаганда publicity 752
пропис regulation 805
проспект prospectus 744
противредност consideration 215
прошивати to sew 880
проширено издање enlarged edition 344
псеудоним literary pseudonym, pseudonym 522, 748
публикација appearance, publication[2],
work 38, 750, 1055
публикација; недељна ~ weekly[1] 1043
публикација; нова ~ new publication 579
публиковање edition[1], publication[1] 328, 749
публиковати to publish 756
пустоловни роман thriller 976

рабат discount 305
рад; колективни ~ composite work 204
рад; најамни ~ jobwork 478
радио-драма radio-play 778
радио-емисија broadcast(ing) 125
разматрање; на ~ on approval 599
размножење reproduction[2] 822
разрадити to elaborate 339
расподела distribution[2] 307
расположење; ставити на ~
to place at somebody's disposal 670
распоређај слога type area 1003
расправа treatise 996
распродано; моментално ~ temporarily out of print 967
распродати to remainder 809
распродато out of print, out of stock 611, 612
растер screen 859
растурање distribution, marketing 306, 545
растурање; искључиво ~ exclusive distribution 357
растурање; подручје растурања
territory of distribution 970
рата; плаћање у ~ма instalment 453
рачун; на властити ~ for own account 393
рачунски износ invoice amount 470
реверс hire contract 425
ревидирано издање revised edition 839
ревизија revision 840
регистар аутора/имена author index 56
регистар; именски ~ author index 56
регистар; предметни ~ subject index 936
регистровање издавачког и ауторског права
copyright registration 250
редактирао ... compiled by 194
редакција editorial department[2], editorial offices 334, 336
редакција; издавачка ~ editorial department[1] 333
резање нота engraving of music 343
резерва stock 929
резервне залихе reserve stock 826
резиме abstract, digest, summary 5, 300, 943
рекапитулација summary 943
рекламација claim 161
рекламирати to lodge a claim 527
рекламна врпца advertising strip 17
рељефна штампа stamping 918
рељефно штампање embossing 340
ремитенда returns 830
репрографија reprography 823
репродукција copy[2], reproduction[2] 229, 822
репродукција; штампање уметничких ~
artistic print 46
ретуширати to touch up 983
реферат account, report 6, 817
рецензент critic, publisher's reader 265, 765
рецензија review[1] 832
рецензијски примерак review copy 835
рецензовати to review 834

51*

реч word 1052
реч; насловна ~ entry, subject heading 346, 935
реч; од ~и до ~и literal 518
речи песме lyrics 532
речник dictionary 299
речник; мали ~ vocabulary 1038
речник; приручни ~ practical dictionary 693
речник; џепни ~ pocket dictionary 679
рок; допунски ~ extended term 366
рок испоруке time of delivery 978
роман novel 586
роман; авантуристички ~ thriller 976
роман; криминални ~ crime fiction 264
роман; научно-фантастични ~ science fiction 856
роман; пустоловни ~ thriller 976
роман са кључем "roman à clef" 844
романи fiction 371
романописац novelist 588
ротациона хартија newsprint 581
ротационо дубоко штампање rotogravure 846
руководилац одељења за пропаганду publicity manager 753
рукопис copy[4], manuscript 231, 542
рукопис; припремање ~а copy preparation 235

сабор; уреднички ~ editorial board 332
савез за заштиту ауторског права copyright protection society 249
савремени contemporary 217
садржај contents, table of contents 218, 954
сажет concise 208
сажетак abridgement 4
сажети преглед outline(s)[2] 610
сајам књига book fair 107
самлети to pulp 773
саопштавање communication 188
саопштења paper(s), transactions 631, 986
саопштење communication 188
сарадник contributor 225
сарадник; спољни ~ outside collaborator 614
саставио . . . compiled by, edited by 194, 325
саставити to edit[1] 323
свакогодишњи annual[2] 33
»сва права задржана« "all rights reserved" 22
свежањ package 617
свеска booklet, number[2], pamphlet, volume 110, 590, 624, 1040
свеска; допунска ~ annex 28
својина; духовна ~ intellectual property 458
седница conference 213
сепарат offprint 597
серија serial, series 874, 876
сећања memoirs 550
синопсис outline(s)[1], synopsis 609, 951
сирови превод literal translation 519
сјајна хартија glazed paper 408
скица sketch 893
скица за слагање layout[1] 488
складиште; имати на складишту to stock 930
складиште; нема на складишту out of stock 612
складиште; непродани примерци на складишту stock 929
скраћеница abbreviation 1
скраћено издање abridged edition 3
скупљање штампаних арака gathering 402
слагање setting up in type 878
слагач compositor 207
слагачка грешка error in composition 349
слагачка машина composing machine 203
слика figure[1], illustration, picture 372, 431, 664
слика у тексту text illustration 973
сликовница picture-book[2] 666
слово letter[1] 501
слово; велико ~ capital letter(s) 134
слово; курентна слова small letters 897
слово; мала слова small letters 897
слово; штампарска слова type[2] 1002
слог; нерастурени ~ standing type 923
слог; обичан ~ plain matter 672
слог; штампарски ~ composition[2], matter 206, 548
сложити to set up 879
смештање у складиште storage 931
снабдевен белешкама annotated 29
снимање; тонско ~ recording 794
снимање звука sound recording 905
снмање на траку sound recording 905
снимање на филм use in film 1030
снимка; тонска ~ sound recording 905
сортиментер retail bookseller 828
спирални повез spiral binding 914
списак list 516
списак адреса mailing list 534
списак књига booklist 111
списак купаца/претплатника mailing list 534
списак речи vocabulary 1038
списак (штампарских) грешака errata 348
спољни сарадник outside collaborator 614
споразум contract 221
споредна права subsidiary rights 940
с посветом dedicated 282
спремно за штампу ready for the press 789
средство за тонско снимање recording 794
ставити на расположење to place at somebody's disposal 670
ставити приговор to lodge a claim 527
ставити слог нерастурено на страну to keep standing 484
ставити у рачун to invoice 469
ставка; пореска ~ tax rate 961
ставка; царинска ~ customs rate 270
стална поруџбина standing order 922
стални резервни фонд minimum stock 555
стандардно дело standard work 921
стандардно издање standard edition 920
стање; бројно ~ inventory 467
стих poem 682
стојећи формат upright format 1028
сторнирати to cancel (an order) 132

страна; десна ~ right-hand page 842
страница page 619
страница; који захвата целу страницу full-page 400
страница; насловна ~ title page 980
страница; насловне странице prelims 696
страница; празна ~ blank[1] 87
стрип comic strip 181
стручна библиографија special bibliography 907
стручна библиотека special library 909
стручна књига professional publication 734
стручна књижница special library 909
стручни часопис special journal 908
стубац column 179
студија study 933
суаутор co-author 166
суауторство co-authorship 167
суд; надлежни ~ jurisdiction 481
суд; надлежност ~а jurisdiction 481
суплемент annex 28
сценарио scenario 852
сценска адаптација stage adaptation 916
сценска музика stage music 917

табак sheet 881
табак; нумерисање ~а
numbering of sections 592
табак; огледни/угледни ~ advance sheet 15
табак; у ~у in flat sheets 447
табак; штампани ~ printed sheet 714
табела table 953
табела; пробна ~ model cover 559
табла; преклопна ~ throw-out 977
танак заштитни лист guardsheet 416
тарифа price list 705
тарифа; царинска ~ customs tariff 271
тачка; типографска ~ typographical point 1013
ТВ-драма TV-play 1000
тежина хартије paper weight 632
тезга stand 919
текст lyrics, text 532, 971
текст; оригинални ~ original text 608
текст испод слике legend 498
текст на клапни blurb-text 96
телевизија television 965
телевизијска права television-broadcasting rights 966
техничко одељење production department 733
типографизирање layout[2] 489
типографска тачка typographical point 1013
тип слова type(s)[1] 1001
тираж edition[2], size of edition 329, 890
тираж; нови ~ re-issue 807
тисак print[2] 708
»Тисканица« "printed matter" 712
тискање printing 722
тискар printer 715
тискара book-printing office 116
тискати to print 711
том volume 1040
том; у два ~а in two volumes 1042
том са илустрацијама/сликама
volume of illustrations 1041
тонска снимка sound recording 905
тонско снимање recording 794
тражење обавештења inquiry 451
тражња demand 291
трака; магнетофонска ~ tape 956
трака за снимање tape 956
транскрипција transcription 988
транспарентна фолија transparent foil 993
трговачка комора chamber of commerce 147
трговина trade 985
трговина; унутрашња ~ domestic trade 311
трговина књигама на велико
wholesale book trade 1046
трговинска комора chamber of commerce 147
трговинско право commercial law 184
тржиште market 544
тржиште књига book market 113
тробојна штампа three-colour process 875
тромесечни часопис quarterly 774
трошак (трошкови) expenses 363
трошкови; штампарски ~ printing costs 723
трошкови издања costs of publishing 258
трошкови паковања packing costs 618
тумачење commentary, explanation 183, 364
туш Indian ink 445

у араку in flat sheets 447
убачени лист interleaf 461
увид; на ~ on approval 599
увод introduction[1], preface 465, 695
увод у ... guide(-book) 417
увођење introduction[1] 465
увући (ред) to indent 443
угледни примерак advance sheet,
examination copy 15, 353
угледни табак advance sheet 15
уговор contract 221
уговор; заступнички ~ agency agreement 19
уговор; издавачки ~ publisher's agreement 762
уговор; оквирни ~ blanket agreement 89
уговор о извођењу
contract authorizing public performances 222
уговор о изнајмљивању/позајмици (музичких) материјала
hire contract 425
уговор о подиздавачком праву
sub-publishing agreement 938
уговорна казна penalty 642
уговорно подручје "contract territory" 223
у два тома in two volumes 1042
узајамност reciprocity 791
узорни примерак dummy 317
у издању ... published by 758
у картонском повезу cardboard-bound 137
укоричити to bind 83
у меком повезу stitched 928
уметак interleaf 461
уметак; ликовни ~ plate[1] 674

уметник-извођач performing artist 647
уметничка књига art book 44
уметничка штампа artistic print 46
уметнути to insert 452
уметнути чисте листове to interleave 462
умножавање reproduction[2] 822
Универзална конвенција о ауторском праву Universal Copyright Convention 1022
унутрашња трговина domestic trade 311
управо изашло из штампе just issued 482
упутство за слагање printing order 727
упутство за слагање; графичко/нацртано ~ layout[1] 488
уредити to compile 193
уредник editor[1, 2] 330, 331
уредник; главни ~ chief editor, editor-in-chief 155, 337
уреднички сабор editorial board 332
уредништво editorial board, editorial department[2] 332, 334
уређивање editing 327
урез, урезивање engraving 342
ускладиштење storage 931
ускоро излази (из штампе) to appear shortly 39
услови испоруке terms of delivery 969
успомене memoirs 550
уступ права assignment[1] 50
у табаку in flat sheets 447
у тврдом повезу bound, hardcover 122, 422
утискивало block 92
утискивање stamping 918
у форми књиге in volume form 471
уџбеник guide(-book), manual, school-book 417, 540, 854
у штампи in the press 464

факсимил facsimile 368
фактура invoice 468
фактурисати to invoice 469
фет bold face 100
филм; снимање на ~ use in film 1030
филмска права film rights 375
фолија; транспарентна ~ transparent foil 993
фолио folio[1] 386
фонд inventory 467
фонд; стални резервни ~ minimum stock 555
формат format 392
формат; високи ~ upright format 1028
формат; стојећи ~ upright format 1028
формат; широки ~ oblong format 595
формат слога type area 1003
формулар form 391
формулар најаве издавачког и ауторског права copyright application form 241
фотографија photograph 657
фотографска копија photographic print 658
фотокопија photocopy 656
фототипија phototype 660
фронтиспис frontispiece 399
фуснота footnote 389

хармонија orchestral parts 602
хартија paper 625
хартија; бездрвна ~ paper without woodpulp 633
хартија; библијска ~ bible paper 76
хартија; високосатинисана/високосјајна ~ super-calendered paper 944
хартија; књижна ~ book paper 115
хартија; новинска ~ newsprint 581
хартија; ротациона ~ newsprint 581
хартија; сјајна ~ glazed paper 408
хартија за копирање onion-skin 601
хартија за ноте music paper 570
хартија за уметничку штампу art paper 47
хартија за штампање printing paper 728
хартија са садржајем дрвењаче wood-pulp paper 1051
хисторија history 428
хонорар royalty 848
хонорар; ауторски ~ royalty 848
хонорар; паушални ~ outright fee 613
хонорар за емитовање broadcasting royalty 127
хрбат књиге back 68
хрестоматија selection[2] 867

царина customs 268
царинска ставка customs rate 270
царинска тарифа customs tariff 271
цариње customs clearance 269
целокупна дела complete (collection of) works 197
целоплатнени повез cloth binding 165
целостранични full-page 400
цена price 703
цена; великопродајна ~ wholesale price 1048
цена; малопродајна ~ retail price 829
цена; основна ~ basic price 72
цена; повлашћена ~ special price 910
цена; продајна ~ sales price 850
цена на велико wholesale price 1048
цена на мало retail price, sales price 829, 850
цена по каталогу catalog(ue) price, list price 143, 517
цена са попустом special price 910
цена у меком повезу price calculated on the stitched copy 704
цензура censorship 145
ценовник price list 705
цијанотипијска копија blueprint[1] 93
циркуларно писмо circular 158
цитат citation 160
цртеж design[1] 293
цртеж; линијски ~ line drawing 513

часопис periodical[1] 650
часопис; квартални ~ quarterly 774
часопис; стручни ~ special journal 908
чек cheque 154
четворобојно штампање four-colour process 395
чисто (нештампано) место над поглављем break 124
читалац reader[1] 781
читанка reading book 785

читати to read 780
чланак article, contribution, paper(s) 45, 224, 631

џепна књига pocket-size edition 681
џепна партитура pocket score 680
џепни речник pocket dictionary 679
џепно издање paperback 626

широки формат oblong format 595
шкартиран defective 285
штампа press[1], print[2] 699, 708
штампа; висока ~ relief printing 808
штампа; дубока ~ intaglio printing 457
штампа; одобрено за штампу ready for the press 789
штампа; одобрење за штампу imprimatur 436
штампа; приредити за штампу to edit[2] 324
штампа; рељефна ~ stamping 918
штампа; тробојна ~ three-colour process 875
штампа; уметничка ~ artistic print 46
штампа; у штампи in the press 464
»Штампане ствари« "printed matter" 712
штампани табак printed sheet 714
штампање printing 722
штампање; офсетно ~ offset printing 598
штампање; рељефно ~ embossing 340
штампање; ротационо дубоко ~ rotogravure 846
штампање; четворобојно ~ four-colour process 395
штампање уметничких репродукција artistic print 46
штампар printer 715
штампарија book-printing office, printing office 116, 726
штампарска боја printer's ink 719
штампарска грешка misprint 557
штампарска слова type[2] 1002
штампарска хартија за књиге book paper 115
штампарски производ print[1] 707
штампарски слог composition[2], matter 206, 548
штампарски трошкови printing costs 723
штампарство typography 1014
штампати to print 711
штанд stand 919
шунд cheap novel, trash 153, 995
шунд-литература trash 995

SLOVAK — SLOVENSKY

a/á/ä, b, c, č,d/ď, dz, dž, e/é, f, g, h, ch, i/í, j, k, l/ĺ/ľ, m, n/ň, o/ó, ô, p, q, r/ŕ, s, š, t/ť, u/ú, v, w, x, y/ý, z, ž

adresa address **12**
adresár mailing list **534**
album album **21**
anonymný anonymous **35**
anotovaný annotated **29**
antikva roman type **845**
antikvárny exemplár second-hand copy **863**
antológia anthology **36**
aranžmán arrangement **43**
atlas atlas **52**
autentický authentic **53**
autobiografia autobiography **66**
autor author[1, 2], editor-in-chief **54, 55, 337**
autor; javiskový ~ playwright **677**
autorizácia authorization **57**
autorizované vydanie authorized edition **59**
autorizovaný preklad authorized translation **60**
autorizovať to authorize **58**
autorská korektúra author's corrections **63**
autorská ochranná organizácia copyright protection office, copyright protection society **248, 249**
autorská zmluva publisher's agreement **762**
autorské povolenie author's consent **61**
autorské právo copyright[1] **236**
autorské právo; osobné ~ droit moral **316**
autorské právo; porušenie autorského práva infringement of copyright **448**
autorské právo literárnych a umeleckých diel literary and artistic copyright **520**
autorský kolektív corporate author **251**
autorský register author index **56**
autorstvo authorship **65**

balenie; náklady balenia packing costs **618**
balík package **617**
balík; poštový ~ post parcel **691**
báseň poem **682**
básnictvo poetry **684**
básnik poet **683**
beletria belles-lettres **73**
Bernská konvencia Berne Convention **74**
bestseller best-seller **75**
bezdrevný papier paper without woodpulp **633**
bez väzby unbound **1019**
bibliofilské vydanie bibliophile edition **80**
bibliografia bibliography[1] **77**
bibliografia; odborná ~ special bibliography **907**
bibliový papier bible paper **76**
blanketa form **391**
blok; knižný ~ copy in sheets **234**
bod; typografický ~ typographical point **1013**
brak; knižný ~ cheap novel **153**
braková literatúra cheap novel, trash **153, 995**
brožovaná cena price calculated on the stitched copy **704**
brožovaná kniha paper-bound book **628**
brožovanie binding in paper covers, paper cover(s) **85, 629**
brožovaný stitched **928**
brožovať to sew, to stitch **880, 927**
brožúra paper-bound book **628**
brožúrka pamphlet **624**
bulletin bulletin **130**

celoplátenná väzba cloth binding **165**
celostrán(k)ový full-page **400**
celostranová ilustrácia plate[1] **674**
cena price **703**
cena; brožovaná ~ price calculated on the stitched copy **704**
cena; cenníková ~ list price **517**
cena; katalógová ~ catalog(ue) price **143**
cena; maloobchodná ~ retail price **829**
cena; predajná ~ sales price **850**

cena; prednostná ~ special price 910
cena; veľkoobchodná ~ wholesale price 1048
cena; základná ~ basic price 72
cena podľa cenníka list price 517
cenník price list 705
cenníková cena list price 517
cenzúra censorship 145
cesia assignment[1] 50
citát citation 160
clo customs 268
colná prehliadka customs clearance 269
colná sadzba customs rate 270
colný sadzobník customs tariff 271
comics comic strip 181
copyright copyright[2] 237
cyklus series 876
cyklus; výrobný ~ term of production 968

časopis periodical[1] 650
časopis; odborný ~ special journal 908
časopisy periodicals 652
časť part 636
činohra play 676
číslo number[1, 2] 589, 590
číslo; ukážkové ~ examination copy 353
číslo strany folio[2] 387
číslovanie hárkov numbering of sections 592
číslovaný exemplár numbered copy 591
čítanka reading book 785
čítať to read 780
čitateľ reader[1] 781
čitateľská obec interested readers 460
článok article, contribution, paper(s) 45, 224, 631
členská knižnica book club 104

ďalšie (nezmenenené) vydanie reprint[2] 819
daň tax 957
daň; dôchodková ~ income tax 440
daňová sadzba tax rate 961
daňový kľúč tax rate 961
daň z obratu turnover tax 999
daň z príjmov income tax 440
dať do tlače to pass for press 639
dať k dispozícii to place at somebody's disposal 670
dátum tlače date of printing 278
dátum vydania date of publication 279
dedičská daň inheritance tax 449
dedikácia dedication 283
dedikovaný dedicated 282
dejiny history 428
denník diary 298
desatinné triedenie decimal classification 280
detská kniha children's book 156
detská literatúra juvenile literature 483
diagram diagram 297
dielo work 1055
dielo; kolektívne ~ composite work 204
dielo; posmrtné ~ posthumous work 690
dielo; vedecké ~ scientific publication 857
dielo; voľné ~ domaine public 310
dielo; vybrané diela selection[1] 866
dielo; základné ~ standard work 921
dielo; zobrané diela complete (collection of) works 197
diskotéka record library 795
dispozícia; dať k dispozícii to place at somebody's disposal 670
distribúcia distribution[1], marketing 306, 545
distribučná oblasť territory of distribution 970
divadelná hra play 676
divadelná úprava stage adaptation 916
doba; ochranná ~ period of protection 653
doba; výrobná ~ term of production 968
dobierka cash on delivery 141
dodacia lehota date of delivery, time of delivery 277, 978
dodacie podmienky terms of delivery 969
dodací list delivery note 288
dodanie number[2] 590
dodatkové požičovné supplementary hire fee 948
dodatočná lehota extended term 366
dodatok supplement[1] 945
dodávka delivery[2] 287
dohoda contract 221
dokumentácia documentation 309
domáci korektor printer's reader 720
doplnenie completion 199
doplnok addendum 10
dopyt demand 291
doska boards 97
doska; predná ~ boards 97
dosky cover 259
doslov epilogue 347
doslova literal 518
doslovne, doslovný literal, word for word 518, 1053
dostať available 67
dotaz inquiry 451
dotazník questionnaire 775
dotlač reprint[1] 818
dôchodková daň income tax 440
dramatik playwright 677
drevitý papier wood-pulp paper 1051
druhé/nezmenené/vydanie reprint[2] 819
držiteľ práva copyright owner 246
duplikát duplicate 318
duševné vlastníctvo intellectual property 458
dvojjazyčný bilingual 81

edičná séria serialization 875
edičný plán publishing programme 770
emblém vydavateľstva publisher's emblem 764
epilóg epilogue 347
erráta errata 348
esej essay, treatise 350, 996
exemplár copy[1] 230

exemplár; antikvárny ~ second-hand copy 863
exemplár; číslovaný ~ numbered copy 591
exemplár; klepaný ~ typescript 1005
exemplár; nerozrezaný ~ unopened copy 1023
exemplár; poškodený ~ damaged copies 275
exemplár; ukážkový ~ specimen copy 911
exemplár; základný ~ reference copy 802
expedícia delivery[1] 286
externý spolupracovník, externista outside collaborator 614

faksimile facsimile 368
falc fold 383
farba; tlačiarenská ~ printer's ink 719
farebná tabuľka colo(u)r plate 176
filmové právo film rights 375
fólia transparent foil 993
fólio folio[1] 386
fond; knižný ~ inventory 467
forma; vonkajšia ~ technical make-up 964
formát format 392
formát; priečny ~ oblong format 595
formát na výšku upright format 1028
formulár form 391
fotografia photograph 657
fotografický obťah photographic print 658
fotokópia photocopy 656
fototypia phototype 660
frontispice frontispiece 399

generálne zastúpenie general agency 403
grafická úprava technical make-up 964
grafický graphic(al) 415
gramofónová platňa phonograph record 655

harmónia orchestral parts 602
hárok sheet 881
hárok; tlačový ~ printed sheet 714
hárok; v hárkoch in flat sheets 447
heslo entry, subject heading 346, 935
hladká sadzba plain matter 672
hlava chapter 150
hlavný redaktor editor-in-chief 337
hlavný titulok headline 424
hĺbkotlač intaglio printing 457
hĺbkotlač; rotačná ~ rotogravure 846
hodnoverný authentic 53
honorár royalty 848
honorár; paušálny ~ outright fee 613
honorár; prevádzkový ~ za vysielanie broadcasting royalty 127
hra; divadelná ~ play 676
hra; rozhlasová ~ radio-play 778
hra; televízna ~ TV-play 1000
hudba music 568
hudba; scénická ~ stage music 917
hudobniny printed music 713
hudobný skladateľ composer 202
humoristický seriál comic strip 181

chrbát knihy back 68
chyba; tlačová ~ misprint 557
chybná sadzba error in composition 349
chybný defective 285

ilustrácia figure[1], illustration 372, 431
ilustrácia; celostranová ~ plate[1] 674
ilustrácia v texte text illustration 973
impressum colophon, imprint[1] 175, 437
imprimatur imprimatur 436
index; vecný ~ subject index 936
inzerát advertisement 16

javiskový autor playwright 677
jazyk language 486
jazyková mutácia duplicate print 319
je na sklade available 67

kalendár calendar 131
kapitálka small capitals 896
kapitola chapter 150
kartón 894
kartónový cardboard-bound 137
katalóg catalog(ue) 142
katalóg; lístkový ~ card index 139
katalóg; vydavateľský ~ publisher's catalogue 763
katalógová cena catalog(ue) price 143
kefový obťah hand proof 421
klavírny výťah piano score 662
klepaný exemplár typescript 1005
klišé cliché 163
kľúč; daňový ~ tax rate 961
kľúčový román "roman à clef" 844
kľúč značiek key 485
kniha book 101
kniha; brožovaná ~ paper-bound book 628
kniha; detská ~ children's book 156
kniha; kuchárska ~ cookbook 227
kniha; obrázková ~ picture-book[1,2] 665, 666
kniha; odborná ~ professional publication 734
kniha; poškodená ~ damaged copies 275
kniha; umelecká ~ art book 44
kniha; viazaná ~ hardcover 422
kniha mesiaca book of the month 114
kníhkupec bookseller 117
kníhkupectvo book trade 119
knihoveda bibliology 79
kníhtlač typography 1014
kníhtlačiareň book-printing office, printing office 116, 726
knihy všetkých odborov general books 404
knižka; modlitebná ~ prayer-book 694
knižka pre deti children's book 156
knižná výstava book exhibition 106

knižne in volume form 471
knižnica library 505
knižnica; členská ~ book club 104
knižnica; odborná ~ special library 909
knižný blok copy in sheets 234
knižný brak cheap novel 153
knižný fond inventory 467
knižný trh book market 113
knižný veľkoobchod wholesale book trade 1046
knižný veľtrh book fair 107
kolektív; autorský ~ corporate author 251
kolektívna práca composite work 204
kolektívne dielo composite work 204
kolportáž colportage 178
komédia comedy 180
komentár commentary 183
komisia commission 185
komisionár commission merchant, wholesale distributing agent 187, 1047
komora; obchodná ~ chamber of commerce 147
kompendium digest 300
kompletný hudobný materiál complete set of music materal 198
kompozícia composition[1] 205
komuniké press release 702
konferencia conference 213
kongres congress 214
konvencia convention 226
konvencia; Bernská ~ Berne Convention 74
konvencia; Medzinárodná ~ o autorskom práve Universal Copyright Convention 1022
kópia copy[1] 228
korektor proof-reader 740
korektor; domáci ~ printer's reader 720
korektorská revízia rukopisu copy preparation 235
korektorské značky proof-correction symbol 739
korektúra correction 254
korektúra; autorská ~ author's corrections 63
korektúra; stĺpcová ~ reading (the) galley proofs 786
korešpondencia correspondence 256
kožená väzba leather binding 494
krajinská knižnica national library 576
krásna literatúra belles-lettres 73
krátky obsah outline(s)[1] 609
kratší román short story 888
kresba design[1] 293
kresba čiarami line drawing 513
kreslený humoristický seriál comic strip 181
kriminálny román crime fiction 264
kritika critique 266
kruh; redakčný ~ editorial board 332
kruh čitateľov interested readers 460
kuchárska kniha cookbook 227
kurzíva italics 475
kus piece 667

lámanie make-up[1] 536
lámaný obťah page proof 621
lámať to make up 538
legenda legend 498
legenda pre sadzača printing order 727
lehota; dodacia ~ date of delivery, time of delivery 277, 978
lehota; dodatočná ~ extended term 366
lektor publisher's reader 765
lektorát editorial department[1] 333
lesklý papier glazed paper 408
leták leaflet[1] 492
letecký papier onion-skin 601
lexikon encyclop(a)edia 341
ležiak; predavať ~y (s veľkým rabatom) to remainder 809
libretista librettist 506
libreto libretto 507
licencia; zákonná ~ legal licence 497
licenčné právo na nové vydanie licence of reprinting 509
linotypia linotype 514
list letter[2], sheets 502, 882
list; dodací ~ delivery note 288
list; odborný ~ special journal 908
list; skladací ~ throw-out 977
list; titulný ~ title page 980
list; vložený ~ interleaf 461
lístkový katalóg card index 139
lístok medzinárodného formátu fiche internationale 370
literárna pozostalosť remains 811
literárny vedúci chief editor 155
literatúra literature[1] 524
literatúra; braková ~ cheap novel, trash 153, 995
literatúra; detská ~ juvenile literature 483
literatúra; krásna ~ belles-lettres 73
literatúra; použitá ~ bibliography[2] 78
literatúra; románová ~ fiction 371
literatúra; zábavná ~ light reading 512
lom fold 383

majuskula capital letters 134
maketa dummy 317
makulatúra spoiled sheet 915
makulovať to pulp 773
malé práva "petits droits" 654
maloobchodná cena retail price 829
mapa map 543
marketing marketing 545
materiál copy[4], paper(s) 231, 631
materiál; kompletný hudobný ~ complete set of music material 198
materiál konferencie paper(s) 631
materiál odplatne požičaný material on hire 546
mať na sklade to stock 930
matrica matrix 547
Medzinárodná konvencia o autorskom práve Universal Copyright Convention 1022
memoáre memoirs 550
mena currency 267
menný zoznam author index 56

meno name 573
meno autora name of author 575
mesačník monthly publication 564
mikrofilm microfilm 553
mikrokópia micro-copy 552
minuskula small letters 897
modlitebná knižka prayer-book 694
monografia monograph 562
monotypia monotype 563
musical musical 569
mutácia parallel print 635
mutácia; jazyková ~ duplicate print 319
muzikálie printed music 713

náčrt úpravy sadzby layout[1] 488
náhrada škody indemnification 442
náklad → náklady
náklad edition[2], size of edition 329, 890
nakladateľ publisher 759
nakladateľstvo publishing house 769
nákladom ... published by 758
náklady; tlačové ~ printing costs 723
náklady balenia packing costs 618
náklady vydania costs of publishing 258
námezdná práca jobwork 478
napínavý román thriller 976
napodobnenina copy[2], imitation 229, 433
nástupca; právny ~ successor 942
nátlačok; stupnicový ~ progressive colour proof 735
nátlačok; škálový ~ progressive colour proof 735
na ukážku on approval 599
na vlastný účet for own account 393
návrh design[2] 294
názov kapitoly chapter heading 151
nedostať out of stock 612
nechránený non-protected 585
neoprávnený unauthorized 1018
neorezaný untrimmed 1026
nepodliehajúci clu duty-free 322
nepodliehajúci dani tax-free 960
nepredané výtlačky remainders 810
nerozrezaný exemplár unopened copy 1023
neskrátené unabridged 1015
netto cena net price 577
neviazaný unbound 1019
nevydaný unpublished 1024
nevýhradný non-exclusive 583
nezákonné vydanie pirated edition 669
nezmenený unchanged 1021
nezošitý; skladané hárky nezošité copy in sheets 234
nosič zvuku recording 794
notový papier music paper 570
notový rez engraving of music 343
novela short story 888
nové vydanie new edition, re-issue, reprint[1] 578, 807, 818
novinka new publication 579
novinový papier newsprint 581
noviny newspaper 580
novotlač reprint[1] 818

obal; ochranný ~ book-jacket 109
obálka cover 259
obálku navrhol cover design 260
obeh; stiahnuť z ~u to withdraw from circulation 1050
obchod trade 985
obchod; vnútorný ~ domestic trade 311
obchod; vydavateľský ~ publishing trade 772
obchod; zásielkový ~ mail-order business 535
obchodná komora chamber of commerce 147
obchodné právo commercial law 184
obchod s knihami bookshop 118
obežník circular 158
objednávka order 603
objednávka; stála ~ standing order 922
oblasť; distribučná ~ territory of distribution 970
oblasť; zmluvná ~ "contract territory" 223
obraz picture 664
obraz; protititulný ~ frontispiece 399
obrázková kniha picture-book[1, 2] 665, 666
obrázkový zväzok volume of illustrations 1041
obrázok figure[1] 372
obsah contents, table of contents 218, 954
obsah; krátky/stručný ~ outline(s)[1] 609
obsah; podanie ~u outline(s)[1] 609
obťah proof 738
obťah; fotografický ~ photographic print 658
obťah; kefový ~ hand proof 421
obťah; lámaný ~ page proof 621
obťah; stĺpcový ~ galley proof 401
obťah; stránkový ~ page proof 621
odborná bibliografia special bibliography 907
odborná kniha professional publication 734
odborná knižnica special library 909
odborný časopis/list special journal 908
oddelenie; výrobné ~ production department 733
odložená sadzba standing type 923
odložiť sadzbu to keep standing 484
odovzdanie povinného výtlačku copyright deposit 242
odpisovať to copy 232
odsek paragraph 634
odškodné indemnification 442
odtlačok print[2] 708
odtlačok; sépiový ~ sepia print 872
ofset offset printing 598
ohybná väzba flexible cover 379
ochranná doba period of protection 653
ochranná organizácia; autorská ~ copyright protection office, copyright protection society 248, 249
ochranné puzdro slip case 894
ochranný obal book-jacket 109
opis copy[1] 228
oprava correction 254
opravené vydanie corrected edition 253
opraviť to correct 252

oprávnený copyright holder 243
orezaný trimmed 998
organizácia; autorská ochranná ~ copyright protection office, copyright protection society 248, 249
originálny original[1] 604
oslobodený od cla duty-free 322
oslobodený od dane tax-free 960
osobné právo autorské droit moral 316
ozalit blueprint[1] 93
označenie copyrightu copyright notice 245
oznam communication 188

paginácia pagination 623
paginovať to paginate 622
pamäti memoirs 550
paperback paperback 626
papier paper 625
papier; bezdrevný ~ paper without woodpulp 633
papier; bibliový ~ bible paper 76
papier; drevitý ~ wood-pulp paper 1051
papier; lesklý ~ glazed paper 408
papier; notový ~ music paper 570
papier; novinový ~ newsprint 581
papier; plnený ~ art paper 47
papier; tlačový ~ book paper, printing paper 115, 728
papier na umeleckú tlač art paper 47
papierová väzba cardboard binding 136
papier s vysokým leskom super-calendered paper 944
partitúra score 858
partitúra; vrecková ~ pocket score 680
páska; reklamná ~ advertising strip 17
páska; zvuková ~ tape 956
patitul half-titée 418
patlač pirated edition 669
paušálny honorár outright fee 613
penále penalty 642
periodický periodical[2] 651
periodika periodicals 652
pieseň song 903
písať to write 1058
písmeno letter[1] 501
písmo script[1], type(s)[1] 861, 1001
písmo; tučné ~ bold face 100
písmo; základné ~ body type 99
písomný in writing 472
plagát poster 688
plagiát plagiarism 671
plan; edičný/vydavateľský ~ publishing programme 770
platba, platenie payment 641
platňa; gramofónová ~ phonograph record 655
plnenie performance[1] 645
plnený papier art paper 47
počet hárkov size of the book 892
počet strán total number of pages 982
poďakovanie autora acknowledgements 7
podanie obsahu outline(s)[1], synopsis 609, 951
podliehajúci clu dutiable 321
podliehajúci dani taxable 958

podmienka; dodacie podmienky terms of delivery 969
pododdiel subchapter 934
podtitul subtitle 941
poézia poetry 684
poistenie insurance 456
pokračovanie continuation 219
pokračovanie nasleduje to be continued 220
pokuta; zmluvná ~ penalty 642
ponuka offer 596
ponuka ceny quotation[2] 777
populárne vydanie paperback 626
populárno-vedecký popular[2] 687
populárny popular[1] 686
porušenie autorského práva infringement of copyright 448
porušenie zmluvy breach of contract 123
posmrtné dielo posthumous work 690
posmrtný posthumous 689
posthumný posthumous 689
postskriptum postscript 692
postúpenie práv assignment[1] 50
poškodená kniha damaged copies 275
poškodený exemplár damaged copies 275
poštový balík post parcel 691
použitá literatúra bibliography[2] 78
použitie utilization 1031
poverenie commission 185
poviedka story 932
povinný výtlačok deposit copy 292
povinný výtlačok; odovzdanie povinného výtlačku copyright deposit 242
povolenie; autorské ~ author's consent 61
poznámka remark 813
poznámka pod čiarou footnote 389
poznámka; s ~mi annotated 29
pozostalosť; (literárna ~) remains 811
požičovňa kníh lending library 500
požičovné hire fee 426
požičovné; dodatkové ~ supplementary hire fee 948
pôvodina first edition 376
pôvodné vydanie first edition 376
pôvodný original[1] 604
pôvodný text original text 608
pôvodný vydavateľ original publisher(s) 607
práca; kolektívna ~ composite work 204
práca; námezdná ~ jobwork 478
prameň source 906
prava → pravo
práve vyšlo just issued 482
právny nástupca successor 942
právo law 487
právo → autorské ~
právo; filmové ~ film rights 375
právo; licencné ~ na nové vydanie licence of reprinting 509
právo; malé práva "petits droits" 654
právo; obchodné ~ commercial law 184
právo; osobné ~ autorské droit moral 316
právo; práva na televízne vysielanie television-broadcasting rights 966

právo; vedľajšie práva subsidiary rights 940
právo; veľké práva "grands droits" 414
právo; vydavateľské ~ publishing rights 771
právo mechanického rozmnoženia mechanical reproduction rights 549
právo na vydanie publishing rights 771
právo predvedenia performing right(s) 648
právo rozmnoženia right(s) of reproduction 843
právo vyhradného predaja sole selling rights 902
právo vysielania broadcasting right(s) 126
prebal book-jacket, guardsheet 109, 416
prebytok overstock 615
predaj sale(s) 849
predaj; výhradný ~ exclusive distribution 357
predaj hudobnin sheet music sales 884
predajná cena sales price 850
predávať ležiaky s veľkým rabatom to remainder 809
preddavok na honorár advance royalty 14
predloha artwork 48
predná doska boards 97
prednáška lecture 495
prednázov half-title 418
prednes; verejný ~ public reading 755
prednostná cena special price 910
predpis regulation 805
predplatenie subscription 939
predsádka fly-leaf 380
predslov preface 695
predstavenie performance[2] 646
predstavenie; verejné ~ public performance 754
predvedenie performance[2] 646
predvedenie; právo predvedenia performing right(s) 648
predznačenie booking 108
prehľad digest 300
prehliadka; colná ~ customs clearance 269
preklad translation 991
preklad; autorizovaný ~ authorized translation 60
preklad; surový ~ literal translation 519
preklad; verný ~ faithful translation 369
prekladať to interleave, to translate 462, 990
pre klavír a spev piano-song version 663
preklep typist's error 1012
prelámať to remake up 812
preložiť to translate 990
premiéra première 697
premlčanie statutory limitation 926
prenos transmission 992
prepis transcription 988
prepracované vydanie revised edition 839
prepracovanie adaptation 9
prepracovaný revised 838
prepracovať to adapt, to rewrite 8, 841
prepychové vydanie de luxe edition 290
prevádzkový honorár za vysielanie broadcasting royalty 127
príbeh story 932
prídavok additional copy 11
priečny oblong 594
priečny formát oblong format 595
prieklepový papier onion-skin 601
prihláška copyrightu copyright application 240
príloha annex, appendix, supplement[2] 28, 40, 946
pripravený k expedícii ready for dispatch 787
pripravený na tlač good for print, ready for press 412, 789
pripravil ... compiled by 194
pripraviť do tlače to edit[2] 324
príručka guide(-book), handbook, reference book 417, 419, 801
príručka do vrecka pocket-book, pocket-size edition 678, 681
príručný slovník practical dictionary 693
príspevok contribution, paper(s) 224, 631
projekt design[2] 294
propaganda publicity 752
prospekt prospectus 744
protihodnota consideration 215
protititulný obraz frontispiece 399
protokol protocol 747
provízia commissions 186
próza prose 743
pseudonym literary pseudonym, pseudonym 522, 748
publikácia publication[1, 2] 749, 750
publikovanie v tlači reprint(ing) in the press 820
puzdro; ochranné ~ slip case 894

rabat discount 305
rada; redakčná ~ editorial board 332
rámcová zmluva blanket agreement 89
raster screen 859
razenie stamping 918
razenie; reliéfové ~ embossing 340
razidlo block 92
recenzent critic 265
recenzia review[1] 832
recenzný výtlačok complimentary copy[1], review copy 201, 835
recenzovať to review 834
reciprocita reciprocity 791
recto right-hand page 842
redakcia editing, editorial department[2], editorial offices 327, 334, 336
redakčná rada editorial board 332
redakčne spracoval ... compiled by 194
redakčný kruh editorial board 332
redaktor editor[1] 330
redaktor; hlavný ~ editor-in-chief 337
redigovať to edit[1] 323
referát account 6
register; autorský ~ author index 56
register slov vocabulary 1038
registrácia copyrightu copyright registration 250
reklamácia claim 161
reklamná páska advertising strip 17
reklamná vložka blurb 95

reklamovať to lodge a claim 527
reliéfové razenie embossing 340
remitenda returns 830
repartícia práv distribution[2] 307
reprodukcia copy[2], reproduction[2] 229, 822
reprografia reprography 823
resumé summary 943
retušovať to touch up 983
revízia revision 840
revízia rukopisu copy preparation 235
revue review[2] 833
rez; notový ~ engraving of music 343
rezervné zásoby reserve stock 826
ročenka almanac, year-book 23, 1065
ročne annual[2] 33
ročník annual volume 34
ročný annual[2] 33
rok vydania date of printing 278
román novel 586
román; kľúčový ~ "roman à clef" 844
román; kratší ~ short story 888
román; kriminálny ~ crime fiction 264
román; napínavý/senzačný ~ thriller 976
román; vedecko-fantastický ~ science fiction 856
román na pokračovanie serialization 875
románopisec novelist 588
románová literatúra fiction 371
rotačná hĺbkotlač rotogravure 846
rozhlas broadcast(ing) 125
rozhlasová hra radio-play 778
rozmnoženie reproduction[2] 822
rozmnoženie; právo mechanického rozmnoženia
mechanical reproduction rights 549
rozobrané out of print, out of stock 611, 612
rozprávka story 932
rozpredané temporarily out of print 967
rozšírené vydanie enlarged edition 344
rukopis copy[1], manuscript 231, 542
rukoväť handbook, reference book 419, 801
rytina engraving 342

sádzací stroj composing machine 203
sadzač compositor 207
sádzať so zarážkou to indent 443
sadzba composition[2], matter, setting
up in type 266, 548, 878
sadzba; colná ~ customs rate 270
sadzba; daňová ~ tax rate 961
sadzba; hladká ~ plain matter 672
sadzba; chybná ~ error in composition 349
sadzba; odložená ~ standing type 923
sadzba; základná ~ body type 99
sadzobník; colný ~ customs tariff 271
scenár scenario 852
scénická hudba stage music 917
senzačný román thriller 976
separát offprint 597
sépiový odtlačok sepia print 872
séria series 876
séria; edičná ~ serialization 875
seriál serial 874
seriál; humoristický ~ comic strip 181
sfilmovanie use in film 1030
signálny výtlačok advance sheet 15
skica sketch 893
sklad; je na ~e available 67
sklad; stav ~u stock 929
skladací list throw-out 977
skladané hárky nezošité copy in sheets 234
skladateľ; hudobný ~ composer 202
skladba composition[1] 205
skladovanie storage 931
skladovať to stock 930
skrátené vydanie abridged edition 3
skrátenie abridgement 4
skratka abbreviation 1
skriňa; výkladná ~ showcase 889
slovníček vocabulary 1038
slovník dictionary 299
slovník; príručný ~ practical dictionary 693
slovník; vreckový ~ pocket dictionary 679
slovo word 1052
sortimentár retail bookseller 828
spev song 903
spevník song-book 904
spis; zobrané ~y
complete (collection of) works 197
spisovateľ writer[1] 1059
splácanie, splátka instalment 453
splnenie performance[1] 645
spoločné vydanie joint edition 479
spoluautor co-author 166
spoluautorstvo co-authorship 167
spolupracovník contributor 225
spolupracovník; externý ~
outside collaborator 614
s poznámkami annotated 29
spracovanie arrangement 43
spracovať to compile 193
správa account, communication, report 6, 188, 817
správa o rokovaní transactions 986
sprievodca guide(-book) 417
zrážka deduction 284
stála objednávka standing order 922
stánok stand 919
stav skladu stock 929
stiahnuť z obehu
to withdraw from circulation 1050
stĺpcová korektúra
reading (the) galley proofs 786
stĺpcový obťah galley proof 401
stĺpec column 179
stornovať to cancel (an order) 132
strana page 619
strana; titulné strany prelims 696
stránkovanie pagination 623
stránkovať to paginate 622
stránková zarážka break 124
stránkový obťah page proof 621

stroj; sádzací ~ composing machine 203
strojom písaný typewritten 1010
strojopisný typewritten 1010
stručný concise 208
stručný obsah outline(s)[1] 609
stupeň písma body size 98
stupnicový nátlačok progressive colour proof 735
subskripcia subscription 939
subvydavateľská zmluva sub-publishing agreement 938
subvydavateľstvo sub-publisher 937
súčasný contemporary 217
súdna príslušnosť jurisdiction 481
súdobý contemporary 217
suma; účtovaná ~ invoice amount 470
superobal guardsheet 416
surový preklad literal translation 519
s venovaním dedicated 282
svetlotlač phototype 660
synopsis synopsis 951

šéfredaktor chief editor 155
šek cheque 154
škálový nátlačok progressive colour proof 735
škrt, škrtnutie cancelling 133
špirálová väzba spiral binding 914
štandardné vydanie standard edition 920
štoček cliché 163
štúdia study 933
štvorfarebná tlač four-colour process 395
štvrťročný quarterly 774

tabuľka table 953
tabuľka; farebná ~ colo(u)r plate 176
televízia television 965
televízna hra TV-play 1000
text text 971
text; pôvodný ~ original text 608
text na záložke blurb-text 96
text piesne lyrics 532
tézy synopsis 951
tiráž imprint[1] 437
titul title 979
titulné strany prelims 696
titulný list title page 980
titulok; hlavný/zalomený ~ headline 424
tlač press[1], print[1], printing 699, 707, 722
tlač, dať do ~e to pass for press 639
tlač; rotačná ~ z hĺbky rotogravure 846
tlač; štvorfarebná ~ four-colour process 395
tlač; trojfarebná ~ three-colour process 975
tlač; umelecká ~ artistic print 46
tlač; v tlači in the press 464
tlač z výšky relief printing 808
tlačiar printer 715
tlačiareň book-printing office,
printing office 116, 726
tlačiarenská farba printer's ink 719
tlačiť to print 711
„Tlačivo" "printed matter" 712
tlačová chyba misprint 557
tlačové náklady printing costs 723
tlačový hárok printed sheet 714
tlačový papier book paper, printing paper 115, 728
transkripcia transcription 988
trh market 544
trh; knižný ~ book market 113
triedenie; desatinné ~ decimal classification 280
trojfarebná tlač three-colour process 975
trovy expenses 363
tučné písmo bold face 100
tuš Indian ink 445
typ type[2] 1002
typografia typography 1014
typografické vyznačenie layout[2] 489
typografický bod typographical point 1013
týždenne weekly[2] 1044
týždenník weekly[1] 1043
týždenný weekly[2] 1044

učebnica manual, school-book 540, 854
účet invoice 468
účet; na vlastný ~ for own account 393
účtovaná suma invoice amount 470
účtovať to invoice 469
ukazovateľ; vecný ~ subject index 936
ukážka; na ukážku on approval 599
ukážka väzby model cover 559
ukážkové číslo examination copy 353
ukážkový exemplár specimen copy 911
ukážkový zväzok advance copy 13
ukážky textu selected passages 865
umelec; výkonný ~ performing artist 647
umelecká kniha art book 44
umelecká tlač artistic print 46
úplné vydanie complete edition 196
úplný complete 195
úprava book design, technical make-up 105, 964
úprava; divadelná ~ stage adaptation 916
úprava; grafická ~ technical make-up 964
upraviť to adapt 8
úryvok excerpt(s) 354
ústav institute 454
útraty expenses 363
uvedenie prameňov background material 69
uverejnenie publication[1] 749
uverejnenie materiálov transactions 986
úvod introduction[1] 465
úvod do ... guide(-book) 417

váha papiera paper weight 632
vakat blank[1] 87
väzba binding 84
väzba; bez väzby unbound 1019
väzba; celoplátenná ~ cloth binding 165
väzba; kožená ~ leather binding 494
väzba; ohybná ~ flexible cover 379

väzba; papierová ~ cardboard binding **136**
väzba; špirálová ~ spiral binding **914**
väzba PVC plastic binding **673**
väzbu navrhol cover design **260**
v dvoch zväzkoch in two volumes **1042**
vecný index/ukazovateľ subject index **936**
vecný zoznam subject index **936**
veda science **855**
vedecké dielo scientific publication **857**
vedecko-fantastický román science fiction **856**
vedľajšie práva subsidiary rights **940**
vedúci; literárny ~ chief editor **155**
vedúci propagačného oddelenia publicity manager **753**
veľké práva "grands droits" **414**
veľkoobchod; knižný ~ wholesale book trade **1046**
veľkoobchodná cena wholesale price **1048**
veľkoobchodník wholesaler **1049**
veľtrh; knižný ~ book fair **107**
venovanie dedication **283**
verejné predstavenie public performance **754**
verejný prednes public reading **755**
verný preklad faithful translation **369**
verso verso **1037**
verzálka capital letters **134**
verzia version **1036**
veselohra comedy **180**
v hárkoch in flat sheets **447**
viacjazyčný polyglot **685**
viazaná kniha hardcover **422**
viazane bound **122**
viazané vydanie hardcover **422**
viazaný bound **122**
viazať to bind **83**
vlastníctvo; duševné ~ intellectual property **458**
vlastný životopis autobiography **66**
vložený list interleaf **461**
vložiť to insert **452**
vložka; reklamná ~ blurb **95**
vnútorný obchod domestic trade **311**
voľné dielo domaine public **310**
voľný výtlačok author's copy **62**
vonkajšia forma technical make-up **964**
vrecková partitúra pocket score **680**
vreckový slovník pocket dictionary **679**
„všetky práva vyhradené" "all rights reserved", "protected by copyright" **22, 745**
v tlači in the press **464**
výber selection[2] **867**
vybrané diela selection[1] **866**
vydal ... edited by **325**
vydané nakladateľstvom ... edited by **325**
vydanie appearance, edition[1] **38, 328**
vydanie; autorizované ~ authorized edition **59**
vydanie; bibliofilské ~ bibliophile edition **80**
vydanie; druhé/ďalšie (nezmenené) ~ reprint[2] **819**
vydanie; nezákonné ~ pirated edition **669**
vydanie; nové ~ new edition, re-issue, reprint[1] **578, 807, 818**
vydanie; opravené ~ corrected edition **253**
vydanie; populárne ~ paperback **626**
vydanie; pôvodné ~ first edition **376**
vydanie; práva na ~ publishing rights **711**
vydanie; prepracované ~ revised edition **839**
vydanie; prepychové ~ de luxe edition **290**
vydanie; rozšírené ~ enlarged edition **344**
vydanie; skrátené ~ abridged edition **3**
vydanie; spoločné ~ joint edition **479**
vydanie; štandardné ~ standard edition **920**
vydanie; úplné ~ complete edition **196**
vydanie; viazané ~ hardcover **422**
vydanie na voľných listoch loose-leaf book **528**
vydanie v tlači reprint(ing) in the press **820**
vydať to edit[1], to publish **323, 756**
vydavateľ editor[2], publisher **331, 759**
vydavateľ; pôvodný ~ original publisher(s) **607**
vydavateľská zmluva publisher's agreement **762**
vydavateľské právo publishing rights **771**
vydavateľský katalóg publisher's catalogue **763**
vydavateľský obchod publishing trade **772**
vydavateľský plán publishing programme **770**
vydavateľstvo publishing house **769**
vydavateľstvo hudobnín music publisher **571**
vydávať paperbacky to paperback **627**
vyhlásenie declaration **281**
výhradné zastúpenie exclusive agency **356**
výhradný exclusive **355**
výhradný predaj exclusive distribution **357**
vyjde najbližšie to appear shortly **39**
vyjsť to appear **37**
výklad explanation, shop-window, showcase **364, 886, 889**
výkladná skriňa showcase **889**
výkonný umelec performing artist **647**
výlučný exclusive **355**
vyobrazenie figure[1] **372**
vypožičanie, výpožička lending **499**
vypracovať to elaborate **339**
vypredané temporarily out of print **967**
výrobná doba term of production **968**
výrobné oddelenie production department **733**
výrobný cyklus term of production **968**
výsádzať to set up **879**
vysielanie; práva na televízne ~ television-broadcasting rights **966**
vysielanie; právo vysielania broadcasting right(s) **126**
vysielanie; prevádzkový honorár za ~ broadcasting royalty **127**
výstava exhibition **361**
výstava; knižná ~ book exhibition **106**
výstava kníh book exhibition **106**
výstrižok z novín press cutting **701**
výška; tlač z výšky relief printing **808**
vyšlo; práve ~ just issued **482**
výťah abstract, excerpt(s) **5, 354**
výťah; klavírny ~ piano score **662**
vytlačiť to print **711**
výtlačok → povinný ~

výtlačok; recenzný ~ complimentary copy[1], review copy 201, 835
výtlačok; signálny ~ advance sheet 15
výtlačok; voľný ~ author's copy 62
vyúčtovanie statement of account 924
vyznačenie; typografické ~ layout[2] 489
vzor väzby dummy 317

xerografia xerography 1063

zábavná literatúra light reading 512
zadarmo free of charge 397
zákazka order 603
základná cena basic price 72
základná sadzba body type 99
základné dielo 921
základné písmo body type 99
základný exemplár reference copy 802
základy compendium, outline(s)[2] 189, 610
zákon law 487
zákonná licencia legal licence 497
založený titulok headline 424
záložka jacket-flap 477
zápis, zápisnica protocol 747
zarážka; stránková ~ break 124
zarážka; sadzať so zarážkou to indent 443
zásielkový obchod mail-order business 535
zásoba; železná ~ minimum stock 555
zásoby stock 929
zásoby; rezervné ~ reserve stock 826
zastúpenie; generálne ~ general agency 403
zastúpenie; výhradné ~ exclusive agency 356
zastupiteľská zmluva agency agreement 19
záznam; zvukový ~ sound recording 905
zbierka collection 172
zdanenie taxation 959
zhrnutie summary 943
zjazd congress 214
zľava discount 305
zmena change 148
zmeniť to change 149
zmenka bill of exchange 82
zmluva contract 221
zmluva; autorská ~ publisher's agreement 762
zmluva; porušenie zmluvy breach of contract 123
zmluva; rámcová ~ blanket agreement 89
zmluva; subvydavateľská ~ sub-publishing agreement 938
zmluva; vydavateľská ~ publisher's agreement 762
zmluva; zastupiteľská ~ agency agreement 19
zmluva o predvedení contract authorizing public performances 222
zmluva o zapožičaní materiálu hire contract 425
zmluvná oblasť "contract territory" 223
zmluvná pokuta penalty 642
značka; korektorské značky proof-correction symbol 739
znak vydavateľstva publisher's emblem 764
znášanie (listov) gathering 402
zobrané diela/spisy complete (collection of) works 197
zošit booklet, number[2] 110, 590
zošiť to sew 880
zošrotovať to pulp 773
zoznam list 516
zoznam; menný ~ author index 56
zoznam; vecný ~ subject index 936
zoznam kníh booklist 111
zrevidovaný revised 838
zrkadlo sadzby type area 1003
zväzok volume 1040
zväzok; obrázkový ~ volume of illustrations 1041
zväzok; ukážkový ~ advance copy 13
zväzok; v dvoch zväzkoch in two volume 1042
zväz priateľov krásnych kníh book club 104
zvuková páska tape 956
zvukový záznam sound recording 905

železná zásoba minimum stock 555
žiadosť o copyright (tlačivo) copyright application form 241
životopis biography 86
životopis; vlastný ~ autobiography 66

SWEDISH — SVENSK

a, b, c, d, e/é, f, g, h, i, j, k, l, m, n, o, p, q, r, s, t, u, v/w, x, y, z, å, ä, ö

abbreviation abbreviation 1
abonnemang subscription 939
adress address 12
adresslista mailing-list 534
agenturavtal agency agreement 19
album album 21
»alla rättigheter förbehållna» "all rights reserved" 22
alla veckor weekly[2] 1044
allmän litteratur general books 404
almanack(a) almanac, calendar 23, 131
angivande av källa background material 69
anmäla to review 834
anmälan review[1] 832
anmälare critic 265
anmälningsblankett för copyright copyright application form 241
anmärkning remark 813
annaler year-book 1065
annons advertisement 16
annoterad annotated 29
anonym anonymous 35
anstalt institute 454
antal number[1] 589
anteckning booking 108
antikva roman type 845
antikvariskt exemplar second-hand copy 863
antologi anthology 36
användning utilization 1031
appendix appendix 40
arbete work 1055
ark sheet 881
ark; i lösa ~ in flat sheets 447
ark; rentryckt ~ advance sheet 15
arknumrering numbering of sections 592
artikel article 45
artist performing artist 647
arvode commissions 186
arvskatt inheritance tax 449
assurans insurance 456
atlas atlas 52
auktorisera to authorize 58
auktoriserad översättning authorized translation 60
auktorrätt copyright[1] 236
auktorskap authorship 65
autentisk authentic 53
autorisation authorization 57
avbeställa to cancel 132
avbetalning instalment 453
avdelning paragraph 634
avdelning; teknisk ~ production department 733
avdrag deduction, discount, proof 284, 305, 738
avdrag i pressen reprint(ing) in the press 820
av författaren godkänd upplaga authorized edition 59
avhandling paper(s), treatise 631, 996
avklappning med borste hand proof 421
avräkning distribution[2], statement of account 307, 924
avskriva to copy 232
avsättning marketing 545
avsättningsområde territory of distribution 970
avtal contract 221
avtryck proof 738

band binding, cover, tape, volume 84, 259, 956, 1040
band; flexibelt ~ flexible cover 379
band; i två ~ in two volumes 1042
banderoll advertising strip 17
bandupptagning sound recording 905
barnbok children's book 156
bearbeta to adapt, to compile 8, 193
bearbetning adaptation, arrangement, stage adaptation 9, 43, 916
begagnande utilization 1031

belletristik belles-lettres 73
beläggexemplar complimentary copy[2], reference copy 201, 802
Bernkonventionen Berne Convention 74
berättelse report, story 817, 932
berättiga to authorize 58
beskattning taxation 959
bestseller best-seller 75
bestånd inventory 467
beställning order 603
beställningsregister mailing list 534
betalning payment 641
bibelpapper bible paper 76
bibliofilupplaga bibliophile edition 80
bibliografi bibliography[1,2] 77, 78
bibliologi bibliology 79
bibliotek library 505
biblioteksexemplar deposit copy 292
bidrag contribution 224
bihang annex, supplement[1] 28, 945
bilaga annex, appendix, supplement[2] 28, 40, 946
bild figure[1], illustration, picture 372, 431, 664
bildband volume of illustrations 1041
bilderbok picture-book[1,2] 665, 666
bildtext legend 498
billigbok paperback, paper-bound book 626, 628
binda (in) to bind 83
bindning binding 84
biografi biography 86
birättigheter subsidiary rights 940
blad sheets 882
blankett form 391
blanksida, blank sida blank[1] 87
blank överdel break 124
blåkopia blueprint[1] 93
bok book 101
bok; nyutkommen ~ new publication 579
bokband cover 259
bokcirkel book club 104
bokform; i ~ in volume form 471
bokförlag publishing house 769
bokförläggare publisher 759
bokhandel bookshop, book trade 118, 119
bokhandlare bookseller 117
bokklubb book club 104
bokkunskap bibliology 79
boklista booklist 111
boklåda bookshop 118
bokmarknad book market 113
bokmässa book fair 107
boknyhet new publication 579
bokpapper book paper 115
bokpärm boards 97
bokrygg back 68
bokstav letter[1] 501
boktryckare printer 715
boktryckeri book-printing office 116
bokutställning book exhibition 106
borstavdrag hand proof 421
brev letter[2] 502
brevväxling correspondence 256
broschera to stitch 927
broscherad stitched 928
broschering binding in paper covers 85
broschyr pamphlet 624
broschyrhäftning binding in paper covers 85
bruk utilization 1031
bryta om to make up 538
brödstil body type, plain matter 99, 672
bulletin bulletin 130
bunden bound 122
bönbok prayer-book 694

censur censorship 145
check cheque 154
cirkulär circular 158
citat citation 160
copyright copyright[1,2] 236, 237
copyright-anmälning copyright application 240
copyright-uppgift copyright notice 245

dagbok diary 298
daglig tidning newspaper 580
decimalklassifikation decimal classification 280
deckare crime fiction 264
dedicerad dedicated 282
dedikation dedication 283
defekt defective 285
del part 636
detektivroman crime fiction 264
diagram diagram 297
dikt poem 682
diktare poet 683
diskotek record library 795
distribution distribution[1] 306
djuptryck intaglio printing 457
dokumentation documentation 309
drain to withdraw from circulation 1050
drama play 676
dramatisk författare playwright 677
dubblett duplicate 318
dummy dummy 317

edition edition[1,2] 328, 329
efterbildning copy[2] 229
efterfrågan demand, inquiry 291, 451
efterfråging inquiry 451
efterföljare successor 942
efterkrav cash on delivery 141
efterlämnad posthumous 689
efterlämnade verk remains 811
efterlämnat verk posthumous work 690
efterskrift epilogue, postscript 347, 692
eftertryck pirated edition, reprint[1] 669, 818
»eftertryck förbjudet» "all rights reserved" 22
eftertrycksrätt licence of reprinting 509
egentlig textstil body type 99

ej skyddad non-protected 585
ekvivalent consideration 205
emballagekostnader packing costs 618
engrospris wholesale price 1048
ensamagentur exclusive agency 356
ensamförsäljning exclusive distribution 357
ensamförsäljningsrätt sole selling rights 902
ensamrätt till försäljning sole selling rights 902
errata errata 348
essä essay, study 350, 933
excerpt excerpt(s) 354
exemplar copy[3] 230
exemplar; maskinskrivet ~ typescript 1005
exemplar; numrerat ~ numbered copy 591
exemplar; ouppskuret ~ unopened copy 1023
exemplar; skadad ~ damaged copies 275
exemplar i lösa ark copy in sheets 234
exemplar till påseende specimen copy 911
extraexemplar additional copy 11

fackbibliografi special bibliography 907
fackbok professional publication 734
facktidskrift special journal 908
faksimil(e) facsimile 368
faktura invoice 468
fakturabelopp invoice amount 470
fakturera to invoice 469
fals fold 383
fet stil, fetstil bold face 100
fickbok paperback, paper-bound book, pocket-book 626, 628, 678
fickboksupplaga pocket-size edition 681
fickordbok pocket dictionary 679
fickpartitur pocket score 680
fickupplaga pocket-size edition 681
figur figure[1], illustration, picture 372, 431, 664
filmatisering use in film 1030
filmrättigheter film rights 375
flerspråkig polyglot 685
flexibelt band flexible cover 379
flik jacket-flap 477
flygblad, flygskrift leaflet[1] 492
fodral slip case 894
foliant, folio folio[1] 386
folklig popular[1] 686
format format 392
formulär form 391
fortsättning continuation 219
fortsättning följer to be continued 220
fortsättningsverk serial 874
fotnot footnote 389
foto, fotografi photograph 657
fotostatkopia photocopy 656
fototypi phototype 660
fraktsedel delivery note 288
framförande performance[2] 646
framställningstid term of production 968
frilans outside collaborator 614
fritt verk domaine public 310
frontespis frontispiece 399
frågeformulär questionnaire 775
fullgörande performance[1] 645
fullständig complete, unabridged 195, 1015
fullständigt material complete set of music material 198
fullständig upplaga complete edition, complete (collection of) works 196, 197
fyrfärgstryck four-colour process 395
färdig till försändning ready for dispatch 787
färgplansch colo(u)r plate 176
följd series 876
följesedel delivery note 288
följetong serialization 875
förbereda på tryck to edit[2] 324
förbättra to correct 252
fördrag contract 221
föredrag lecture 495
föredrag; offentligt ~ public reading 755
för egen räkning for own account 393
föreläsning lecture 495
föreskrift regulation 805
föreställning performance[2] 646
företal preface 695
författa to write 1058
författare author[1, 2] 54, 55
författare; dramatisk ~ playwright 677
författare; korporativ ~ corporate author 251
författarens namn name of author 575
författarens samtycke author's consent 61
författarhonorar royalty 848
författarkorrektur author's corrections 63
författarregister authorindex 56
författarrätt copyright[1] 236
författarskap authorship 65
förhandlingar transactions 986
förhandsexemplar advance copy 13
förklaring declaration, explanation 281, 364
förkortad upplaga abridged edition 3
förkortning abbreviation 1
förlag publishing house 769
förlagd av ... published by 758
förlagsavtal publisher's agreement 762
förlagsbokhandel publishing trade 772
förlagskatalog publisher's catalogue 763
förlagskontrakt publisher's agreement 762
förlagsmärke publisher's emblem 764
förlagsprogram publishing programme 770
förlagsreklam blurb, blurb-text 95, 96
förlagsrätt publishing rights 771
förlägga to publish 756
förläggare publisher 759
förlängd termin extended term 366
förord preface 695
förpackningskostnader packing costs 618
förråd stock 929
försedd med noter annotated 29
förskottshonorar advance royalty 14
första upplaga first edition 376
förströelselektyr, förströelselitteratur light reading 512
försäkring insurance 456

försäljning sale(s) 849
försäljningspris sales price 850
försändelse delivery[1] 286
försättsblad fly-leaf 380
förteckning list 517
förtitel half-title 418
förändra to change 149
förändring change 148

gemena small letters 897
gemensamt verk composite work 204
gemensam upplaga joint edition 479
generalagentur general agency 403
genomsedd upplaga corrected edition 253
gestaltning book design 105
ge ut, giva ut to publish 756
glanspapper glazed paper 408
glanzfolie transparent foil 993
glossarium vocabulary 1038
grafisk graphic(al) 415
grammofonskiva phonograph record 655
gratis free of charge 397
gratisexemplar author's copy 62
gravyr engraving 342
gravyr av noter engraving of music 343
grosshandelspris wholesale price 1048
grossist wholesaler 1049
grunddragen outline(s)[2] 610
grundpris basic price 72

handbok handbook 419
handel trade 985
handelskammare chamber of commerce 147
handelsrätt commercial law 184
handledning guide(-book) 417
handlexikon practical dictionary 693
handlingar transactions 986
handskrift manuscript 542
hardpärmad inbunden hardcover bound 422
ha stående to keep standing 484
hava i lager to stock 930
helfranskt band leather binding 494
helsides- full-page 400
helt klotband/linneband cloth binding 165
hemmakorrekturläsare printer's reader 720
historia history, story 428, 932
huvudredaktör chief editor, compiled by, editor-in-chief 155, 194, 337
huvudstil body type 99
hyresavgift hire fee 426
hyreskontrakt hire contract 425
hyresmaterial material on hire 546
häfta to paperback, to sew, to stitch 627, 880, 927
häftad stitched 928
häftad bok paper-bound book 628
häfte booklet, number[2] 110, 590
högersida right-hand page 842
högglättat papper super-calendered paper 944
höjdformat upright format 1028
hörspel radio-play 778

i bokform in volume form 471
icke-uteslutande non-exclusive 583
ideell rätt droit moral 316
illustration figure[1], illustration, picture 372, 431, 664
i lösa ark in flat sheets 447
imitation imitation 433
imprimatur imprimatur 436
inbunden bound 122
indiapapper bible paper 76
indra(ga) to indent 443
infoga to insert 452
inkomstskatt income tax 440
inledning introduction[1] 465
innehåll contents 218
innehållsförteckning table of contents 954
inregistrering av copyright/upphovsrätt copyright registration 250
inrikeshandel domestic trade 311
inskrift colophon 175
institut institute 454
inte i lager out of stock 612
interfoliera to interleave 462
internationellt katalogkort fiche internationale 370
intresse inquiry 451
inventarium inventory 467
i pappband cardboard-bound 137
iscensättning stage adaptation 916
i två band in two volumes 1042
itvärformat oblong 594

kalender calendar 131
kalkerpapper onion-skin 601
kan skaffas available 67
kapitel chapter 150
kapitelrubrik chapter heading 151
kapitäl small capitals 896
karta map 543
kartong slip case 894
kartonnerad cardboard-bound 137
kassett slip case 894
katalog catalog(ue) 142
katalogkort; internationellt ~ fiche internationale 370
katalogpris catalog(ue) price, list price 143, 517
kiosklitteratur cheap novel 153
klaff jacket-flap 477
kli(s)ché block, cliché 92, 163
klotband; helt ~ cloth binding 165
knubb dummy 317
kokbok cookbook 227
kolli package 617
kolofon imprint[1] 437
kolportage colportage 178
kolumn column 179
komedi comedy 180

kommentar commentary 183
kommenterad annotated 29
kommission commission 185
kommissionsbokhandel wholesale book trade 1046
kommissionsbokhandlare wholesale distributing agent, wholesaler 1047, 1049
kommissionär commission merchant 187
kompendium compendium, outline(s)[2] 189, 610
kompilator compiled by 194
komplett serie (av musikalier) complete set of music material 198
komposition composition[1] 205
kompositör composer 202
koncis concise 208
konferens conference 213
kongress congress 214
konstbok art book 44
konstnär; utövande ~ performing artist 647
konsttryck artistic print 46
konsttryckpapper art paper 47
kontrakt contract 221
kontrakt berättigende till uppförande contract authorizing public performances 222
kontraktsbrott breach of contract 123
kontraktsområde "contract territory" 223
konvention convention 226
konventionalstraff penalty 642
konversationslexikon encyclop(a)edia 341
kopia copy[1, 2], photographic print 228, 229, 658
kopiering copy[2] 229
korporativ författare corporate author 251
korrektur correction 254
korrekturavdrag i spalter galley proof 401
korrekturläsare printer's reader, proof-reader 720, 740
korrektur; ombrutet ~ page proof 621
korrekturtecken proof-correction symbol 739
korrespondens correspondence 256
kortfattad concise 208
kortfattad lärobok guide(-book) 417
kortkatalog card index 139
krestomati selection[2] 867
kriminalroman crime fiction 264
kritik critique, review[1] 266, 832
kursiv(stil) italics 475
kvarlåtenskap remains 811
kvartalsrevy, kvartalsskrift quarterly 774
källa source 906

lag law 487
laga domstol jurisdiction 481
lager stock 929
lager; hava i ~ to stock 930
lager; inte i ~ out of stock 612
layout layout[1, 2] 488, 489
legoarbete jobwork 478
lektris publisher's reader 765
lektör publisher's reader 765
leverans delivery[2] 287
leveransklar available 67
leveranstid date of delivery, time of delivery 277, 978
leveransvillkor terms of delivery 969
lexikon dictionary 299
libretto libretto, text 507, 971
librettoförfattare librettist 506
licens för eftertryckning licence of reprinting 509
linneband cloth binding 165
linotype linotype 514
lista list 516
liten bokstav small letters 897
litteratur literature[1] 524
litteratur; allmän ~ general books 404
litteratur; värdelös ~ trash 995
litterär och konstnärlig upphovs(manna)rätt literary and artistic copyright 520
litterär äganderätt intellectual property 458
ljudband tape 956
ljudupptagning recording, sound recording 794, 905
ljustryck phototype 660
lustspel comedy 180
lämna till tryckning to pass for press 639
lån(e)bibliotek lending library 500
lärobok manual, school-book 540, 854
lärobok; kortfattad ~ guide(-book) 417
läsa to read 780
läsare reader[1] 781
läsebok reading book 785
läsekrets interested readers 460
lösbladsbok loose-leaf book 528

magasinering storage 931
majuskel capital letters 134
makulaturark spoiled sheet 915
makulera to pulp 773
mala till pappersmassa to pulp 773
manuskript copy[4], manuscript 231, 542
manuskript; maskinskrivet ~ typescript 1005
manuskriptsh0rställning copy preparation 235
marknad market 544
maskinskriven typewritten 1010
maskinskrivet exemplar/manuscript typescript 1005
maskinskrivningsfel typist's error 1012
material; fullständigt ~ complete set of music material 198
matris matrix 547
medarbetare contributor 225
meddelande bulletin, communication 130, 188
meddelanden transactions 986
medeltalshonorar outright fee 613
medförfattare co-author 166
medförfattarskap co-authorship 167
med noter annotated 29
mekaniska rättigheter mechanical reproduction rights 549
mellanblad interleaf 461
memoarer memoirs 550
mikrofilm microfilm 553
mikrofilmkopia micro-copy 552
minnen memoirs 550

minuskel small letters 897
minutpris retail price 829
mjukpärmad häfta to paperback 627
mjukt flexible cover 379
modifiera to change 149
modifikation change 148
monografi monograph 562
monotype monotype 563
monter showcase 889
motsvarande värde consideration 215
mottagningsbevis delivery note 288
musical musical 569
musik music 568
musikalier printed music 713
musikförläggare music publisher 571
mutation parallel print 635
månadsskrift monthly publication 564
månatlig publikation monthly publication 564
mångfaldigande reproduction[2] 822

namn name 573
nationalbibliotek national library 576
nedslag break 124
nettopris net price 577
not remark 813
notbladhandel sheet music sales 884
noter printed music 713
notmaterialstämmor orchestral parts 602
notpapper music paper 570
novell short story 888
nummer number[2] 590
numrerat exemplar numbered copy 591
nutidig contemporary 217
nyckelroman "roman à clef" 844
nyhet new publication 579
nytryck reprint[2] 819
nyttjande utilization 1031
ny upplaga new edition, re-issue 578, 807
nyutkommen just issued 482
nyutkommen bok new publication 579

oberättigad unauthorized 1018
obunden unbound 1019
offentliggörande publication[1] 749
offentligt föredrag public reading 755
offentligt uppförande public performance 754
offert offer, quotation[2] 596, 777
offsettryck offset printing 598
ofullständig defective 285
oförkortad upplaga complete edition 196
oförändrad unchanged 1021
oinbunden unbound 1019
omarbeta to rewrite 841
omarbetad revised 838
ombrutet korrektur page proof 621
ombrytning make-up[1] 536
omfång size of the book 892
oms turnover tax 999
omslag book-jacket, cover 109, 259
omslagsklaff jacket-flap 477
omslagspresentation blurb-text 96
omslagsteckning cover design 260
omsättningsskatt turnover tax 999
omtryck reprint[2] 819
ord word 1052
ordagrann literal, word for word 518, 1053
ordagrann översättning literal translation 519
ordbok dictionary 299
order commission 185
order; stående ~ standing order 922
ord för ord word for word 1053
ordförteckning, ordlista vocabulary 1038
ordningsord entry 346
original artwork 48
original- original[1] 604
originalförlag original publisher(s) 607
originaltext original text 608
originalupplaga first edition 376
originell original[1] 604
orkesterstämmor orchestral parts 602
oskuren untrimmed 1026
otryckt unpublished 1024
ouppskuret exemplar unopened copy 1023
outgiven unpublished 1024

paginasiffra folio[2] 387
paginera to paginate 622
paginering pagination 623
pappask slip case 894
pappband; i ~ cardboard-bound 137
papper paper 625
papper; högglättat ~ super-calendered paper 944
papper; träfritt ~ paper without woodpulp 633
papper; trähaltigt ~ wood-pulp paper 1051
pappersband paper cover(s) 629
pappersvikt paper weight 632
pappärmar cardboard binding 136
paragraf paragraph 634
partipris wholesale price 1048
partitur score 858
pauschalhonorar outright fee 613
periodica periodicals 652
periodicum periodical[1] 650
periodisk periodical[2] 651
periodisk skrift periodical[1] 650
per vecka weekly[2] 1044
pianoutdrag piano score 662
piratupplaga pirated edition 669
pjäs play 676
plagiat plagiarism 671
plakat poster 689
plansch plate[1] 674
plastband plastic binding 673
pliktexemplar deposit copy 292
pliktleverans copyright deposit 242
pocketbok paperback, pocket-book 626, 678
poesi poetry 684

poet poet 683
polyglott- polyglot 685
populär popular[1] 686
populärvetenskaplig popular[2] 687
postförskott cash on delivery 141
postorderaffär mail-order business 535
postorderfirma mail-order business 535
postpaket post parcel 691
postskripten postscript 692
postum posthumous 689
postumt verk posthumous work 690
praktupplaga de luxe edition 290
premiär première 697
prenumeration subscription 939
preskription statutory limitation 926
press press[1] 699
presskommuniké press release 702
presslägga to edit[2] 324
pris price 703
priset på häftat
price calculated on the stitched copy 704
priskurant price list 705
prislista price list 705
prisuppgift quotation[2] 777
produktionsavdelning production department 733
produktionstid term of production 968
propaganda publicity 752
prosa prose 743
prospekt prospectus 744
protokoll protocol 747
provband model cover 559
provexemplar examination copy 353
provision commissions 186
provtryck av färgtryck progressive colour proof 735
prägling stamping 918
pseudonym literary pseudonym, pseudonym 522, 748
publicera to publish 756
publiceras to appear 37
publiceras inom kort to appear shortly 39
publicering appearance 38
publikation publication[2] 750
punkt typographical point 1013
påseende; till ~ on approval 599
pärm boards 97

rabatt discount 305
radiopjäs radio-play 778
radiorätt broadcasting right(s) 126
radioutsändning broadcast(ing) 125
radioutsändningsrätt broadcasting right(s) 126
ramavtal blanket agreement 89
rapport report 817
raster screen 859
recensent critic 265
recensera to review 834
recension review[1] 832
recensionsexemplar review copy 835
reciprocitet reciprocity 791
recto right-hand page 842
redaktion editing, editorial department[1, 2], editorial offices 327, 333, 334, 336
redaktionschef chief editor 155
redaktionskommitté editorial board 332
redaktör compiled by, editor[1, 2] 194, 330, 331
redigera to edit[1] 323
redigerad edited by 325
redogörelse report 817
referat account 6
register list 516
reklam publicity 752
reklamation claim 161
reklambanderoll advertising strip 17
reklamchef publicity manager 753
reklamera to lodge a claim 527
relieftryck embossing, relief printing 340, 808
rentryck advance copy, advance sheet 13, 15
rentryckt ark advance sheet 15
reproduktion reproduction[2] 822
reproduktionsrätt right(s) of reproduction 843
reprografi reprography 823
reservförråd minimum stock 555
reservlager reserve stock 826
restupplaga overstock, remainders, stock 615, 810, 929
resumé abridgement, abstract, outline(s)[1], summary, synopsis 4, 5, 609, 943, 951
returer returns 830
retuschera to touch up 983
revers hire contract 425
reviderad revised 838
reviderad upplaga revised edition 839
revision revision 840
roman novel 586
romanförfattare novelist 588
romanlitteratur fiction 371
rotogravyr rotogravure 846
royalty royalty 848
rubrik headline 424
rundskrivelse circular 158
rygg back 68
»rysare» thriller 976
räkning invoice 468
räkning; för egen ~ for own account 393
rätt law 487
rätt; ideell ~ droit moral 316
rättelse correction 254
rättelser errata 348
rättigheter; små ~ "petits droits" 654
rättsföreträdare copyright holder 243
rättsinnehavare copyright owner 246

sakregister subject index 936
samlade verk complete (collection of) works 197
samling collection 172
sammandrag abridgement, digest, summary 4, 300, 943
sammanfattning summary 943
sammanfattning av innehållet
outline(s)[1], synopsis 609, 951

samtida contemporary 217
samtycke; författarens ~ author's consent 61
sats composition[2], matter 206, 548
sats; slät ~ plain matter 672
sats; stående ~ standing type 923
satsanordning layout[2] 489
satsens utforming layout[2] 489
satsyta type area 1003
scenario scenario 852
»science fiction» science fiction 856
sepiatryck sepia print 872
serie series 876
serie; komplett ~ (av musikalier) complete set of music material 198
serie; tecknad ~ comic strip 181
»short story» short story 888
sida page 619
sidantal total number of pages 982
sidnummer folio[2] 387
självbiografi autobiography 66
skadad exemplar damaged copies 275
skadeersättning indemnification 442
skaffas; kan ~ available 67
skald poet 683
skatt tax 957
skattefot tax rate 961
skattefri tax-free 960
skattepliktig taxable 958
skattskyldig taxable 958
skinnband leather binding 494
skiss design[2], sketch 294, 893
skiva phonograph record 655
skivarkiv record library 795
skolbok manual, school-book 540, 854
skrift script[1] 861
skrift; periodisk ~ periodical[1] 650
skrift; tryckt ~ print[1] 707
skrifter i urval selection[1] 866
skriftlig in writing 472
skriftställare writer[1] 1059
skriva to write 1058
skuren trimmed 998
skyddad; ej ~ non-protected 585
skyddad genom upphovsrätten "protected by copyright" 745
skyddsblad guardsheet 416
skyddsomslag book-jacket 109
skyddstid period of protection 653
skyltfönster shop-window 886
skyltskåp showcase 889
skådespel play 676
skönlitteratur belles-lettres 73
slagord subject heading 935
slumpa bort to remainder 809
slutord epilogue 347
slät sats plain matter 672
smutstitel half-title 418
små rättigheter "petits droits" 654
småtryck pamphlet 624
smörja trash 995
sortimentsbokhandlare retail bookseller 828
spalt column 179
spaltkorrekturläsning reading (the) galley proofs 786
specialbibliografi special bibliography 907
specialbibliotek special library 909
speditionsbokhandel wholesale book trade 1046
spiralhäftning spiral binding 914
spridning distribution[1] 306
språk language 486
standardupplaga standard edition 920
standardverk standard work 921
stick engraving 342
stickord entry 346
stil type(s)[1] 1001
stil; fet ~ bold face 100
stora rättigheter "grands droits" 414
stor bokstav capital letters 134
storlek format 392
streckteckning line drawing 513
studie study 933
studiepartitur pocket score 680
stycke piece 667
stående; ha satsen ~ to keep standing 484
stående order standing order 922
stående sats standing type 923
stålband tape 956
stånd stand 919
ställa till någons förfogande to place at somebody's disposal 670
stämpel block 92
subförlag sub-publisher 937
subförlagskontrakt sub-publishing agreement 938
»sublitteratur» trash 995
subskription booking 108
subskriptionspris special price 910
successor successor 942
supplement addendum, annex, appendix, supplement[1] 10, 28, 40, 945
synopsis outline(s)[1], synopsis 609, 952
sång song 903
sångbok song-book 904
sång och piano piano-song version 663
sändning delivery[1] 286
särtryck offprint 597
sätta med indrag to indent 443
sättare compositor 207
sätta upp to set up 879
sättfel error in composition 349
sättmaskin composing machine 203
sättning composition[2], matter, setting up in type 206, 548, 878
sättningsanvisning printing order 727

tabell table 953
tacksägelse acknowledgements 7
tal number[1] 589
teamwork composite work 204
teatermusik stage music 917

teckenförklaring key 485
tecknad serie comic strip 181
teckning design[1] 293
teknisk avdelning production department 733
teknisk tidskrift special journal 908
television television 965
televisionsrättigheter television-broadcasting rights 966
termin; förlängd ~ extended term 366
text lyrics, text 532, 971
textfigur text illustration 973
textförfattare librettist 506
textillustration text illustration 973
textstil; egentlig ~ body type 99
»thriller» thriller 976
tidning newspaper 580
tidningspapper newsprint 581
tidningsutklipp press cutting 701
tidskrift periodical[1], review[2] 650, 833
tidskrift; teknisk ~ special journal 908
tidskrifter periodicals 652
till påseende on approval 599
tillåtelse för eftertryckning licence of reprinting 509
tillägg appendix, completion, supplement[1, 2] 40, 199, 945, 946
tilläggsavgift för hyresmaterial supplementary hire fee 948
titel title 979
titelark prelims 696
titelblad title page 980
tjuvtryck pirated edition 669
tolkning version 1036
transkription transcription 988
trefärgstryck three-colour process 975
trogen översättning faithful translation 369
trovärdig authentic 53
tryck print[1, 2], printing 707, 708, 722
trycka to print 711
tryckark printed sheet 714
tryckeri printing office 726
tryckfel error in composition, misprint 349, 557
tryckfärdig good for print, ready for the press 412, 789
tryckfärg printer's ink 719
tryckning printing 722
tryckningskostnader printing costs 723
tryckningstillstånd imprimatur 436
tryckort imprint[1] 437
tryckpapper printing paper 728
trycksak(er) "printed matter" 712
tryckstil type[2] 1002
trycksvärta printer's ink 719
tryckt skrift print[1] 707
tryckuppgift imprint[1] 437
tryckår date of printing 278
träfritt papper paper without woodpulp 633
trähaltigt papper wood-pulp paper 1051
tull customs 268
tullbehandling customs clearance 269
tullfri duty-free 322
tullpliktig dutiable 321
tullsats customs rate 270
tulltariff customs tariff 271
tusch Indian ink 445
TV-spel TV-play 1000
tvångslicens legal licence 497
tvåspråkig bilingual 81
tvärformat oblong format 595
typer type(s)[1] 1001
typgrad body size 98
typografi typography 1014

undantagspris special price 910
underkapitel subchapter 934
undertitel subtitle 941
under tryckning in the press 464
ungdomslitteratur juvenile literature 483
uppdrag commission 185
uppförande performance[2] 646
uppförande; offentligt ~ public performance 754
uppföranderätt performing right(s) 648
upphovs(manna)rätt copyright[1] 236
upphovsrättssällskap copyright protection office, copyright protection society 248, 249
upplaga edition[1, 2] 328, 329
upplaga; av författaren godkänd ~ authorized edition 59
upplaga; fullständig ~ complete edition, complete (collection of) works 196, 197
upplaga; förkortad ~ abridged edition 3
upplaga; första ~ first edition 376
upplaga; genomsedd ~ corrected edition 253
upplaga; ny ~ new publication, re-issue 578, 807
upplaga; oförkortad ~ complete edition 196
upplaga; reviderad ~ revised edition 839
upplaga; utvidgad/utökad ~ enlarged edition 344
upplaga med motsvarande förändringar duplicate print 319
upplagans storlek size of edition 890
upplagesiffra size of edition 890
uppsats paper(s), study 631, 933
uppslag jacket-flap 477
uppslagsbok reference book 801
uppslagsord entry 346
upptagning gathering 402
urval selected passages, selection[2] 865, 867
utarbeta to elaborate 339
utdrag abridgement, excerpt(s) 4, 354
uteslutande exclusive 355
utformning book design 105
utföranderättsersättning broadcasting royalty 127
utgift expenses 363
utgiva to publish 756
utgivande publication[1] 749

utgivare editor[2] 331
utgiven edited by 325
utgiven av . . . published by 758
utgivning publication[1] 749
utgivningskostnader costs of publishing 258
utgivningsrätt publishing rights 771
utgivningsår date of publication 279
utgången out of print 611
utgåva edition[1, 2] 328, 329
uthängs advance sheet 15
utkast book design, design[2], sketch 105, 294, 893
utkomma to appear 37
utkommer inom kort to appear shortly 39
utlåning lending 499
utlägg expenses 363
utstrykning cancelling 133
utstyrsel technical make-up 964
utställning exhibition 361
utsåld out of print 611
utsändning transmission 992
utvidgad upplaga enlarged edition 344
utvikningskarta throw-out 977
utvikningsplansch throw-out 977
utökad upplaga enlarged edition 344
utövande konstnär performing artist 647

valda stycken selected passages 865
valda verk selection[1] 866
valuta currency 267
variant version 1036
vecka; alla veckor weekly[2] 1044
vecka; per ~ weekly[2] 1044
veckoskrift, veckotidning weekly[1] 1043
verk work 1055
verk; efterlämnat ~ posthumous work 690
verk; fritt ~ domaine public 310
verk; gemensamt ~ composite work 204
verk; postumt ~ posthumous work 690
verk; samlade ~ complete (collection of) works 197
verk; valda ~ selection[1] 866
verk; vetenskapligt ~ scientific publication 857
versal capital letters 134
version version 1036
verso verso 1037
vetenskap science 855
vetenskapligt verk scientific publication 857
vitterhet belles-lettres 73
volym volume 1040
vänstersida verso 1037
värdelös litteratur trash 995
Världskonventionen om upphovsrätt
Universal Copyright Convention 1022
växel bill of exchange 82

xerografi xerography 1063

årgång annual volume 34
årlig annual[2] 33
årsbok, årsskrift year-book 1065
återombryta to remake up 812

äganderätt; litterär ~ intellectual property 458
ämnesord subject heading 935
ändring change 148
ännu ej tillgängelig
temporarily out of print 967

ömsesidighet reciprocity 791
överlåtelse assignment[1] 50
översikt compendium, outline(s)[2] 189, 610
översätta to translate 990
översättning translation 991
översättning; auktoriserad ~
authorized translation 60
översättning; ordagrann ~ literal translation 519
översättning; trogen ~ faithful translation 369
överträdelse av upphovsrätten infringement of copyright 448